AF561918

GUIDE
DU MARIN

I

Paris. — Imprimerie de P.-A. BOURDIER et Cie, rue Mazarine, 30.
Imprimeurs de la Société des Ingénieurs civils.

GUIDE DU MARIN

RÉSUMÉ

DES CONNAISSANCES LES PLUS UTILES AUX MARINS

BIBLIOTHÈQUE IMPÉRIALE

PAR MM.

DE KERHALLET

CAPITAINE DE VAISSEAU DE LA MARINE IMPÉRIALE

DE FRÉMINVILLE

INGÉNIEUR CONSTRUCTEUR DE LA MARINE

BOUTROUX

INGÉNIEUR HYDROGRAPHE DE LA MARINE

TERQUEM

PROFESSEUR D'HYDROGRAPHIE

CH. LABOULAYE

ANCIEN OFFICIER D'ARTILLERIE

Ouvrage illustré de 300 gravures dans le texte

ET DE CARTES GRAVÉES SUR CUIVRE PAR MM. JACOBS ET CARRÉ

graveurs du Dépôt des cartes de la marine

TOME PREMIER

PARIS

LIBRAIRIE SCIENTIFIQUE, INDUSTRIELLE ET AGRICOLE

EUGÈNE LACROIX, ÉDITEUR

LIBRAIRE DE LA SOCIÉTÉ DES INGÉNIEURS CIVILS

QUAI MALAQUAIS, 15

1863

PRÉFACE.

Les traités de navigation que les marins ont entre les mains sont tous presque uniquement consacrés aux calculs nécessaires pour déterminer les longitudes et les latitudes, et par suite la position d'un navire, au moyen d'observations convenables. Si les connaissances qu'on y puise sont indispensables, sont-elles les seules nécessaires ? Nul ne le prétendrait. Combien de questions de tout genre auxquelles bien des ouvrages sont consacrés, et dont une juste appréciation forme la science de nombre de marins et d'ingénieurs distingués ! Citons, entre autres, celles qui se rapportent à la construction, à la forme des navires, à la théorie mécanique de leurs mouvements, à celle de la machine à vapeur ; celles relatives à la physique du globe, aux vents, aux courants, au milieu desquels vit le marin. Est-il permis, ou plutôt est-il possible de rester étranger aux résultats acquis par la science sur tous ces sujets parmi beaucoup d'autres ? Évidemment non, et cependant le temps manque à l'homme de mer pour consulter des ouvrages volumineux, et il est réduit à admettre ou quelques théories traditionnelles ou celles que l'expérience lui suggère, mais qui, quand elles ne sont pas inexactes, sont toujours incomplètes, et sont en tout cas perdues pour les progrès de la science nautique.

Nous avons donc cru entreprendre une œuvre incontestablement utile et qui serait accueillie avec faveur, en cherchant à résumer, sous une forme simple et pratique, les derniers progrès des sciences applicables à la navigation, les résultats les plus remarquables de l'expérience des plus habiles ingénieurs et marins; en réunissant tous les renseignements pouvant leur être utiles, et formant ainsi une Encyclopédie pratique de la profession, qui sera pour tous un précieux et intéressant compagnon de navigation.

Cet ouvrage a été conçu par des amis de Vincendon-Dumoulin, l'ingénieur de l'expédition de Dumont d'Urville, dont les beaux travaux hydrographiques sont si justement estimés. C'est avec cet esprit éminent que nous en avions discuté les premières bases. Poursuivi pour ainsi dire en mémoire de l'ami que nous venions de perdre, mené à bonne fin surtout grâce à l'activité de M. de Kerhallet, commandant du *Phare* dans la belle campagne hydrographique qu'ils avaient accomplie ensemble, nous avons encore eu la douleur de voir succomber à la maladie, au moment où nous terminions notre travail, ce savant marin si bon et si dévoué. C'est à la mémoire de ces deux amis, qui ont laissé dans la marine de si excellents souvenirs, que nous dédions cette œuvre. Puisse-t-elle contribuer à perpétuer la renommée de leurs travaux !

Nous n'avons pas à indiquer comment nous nous sommes efforcé de remplir le cadre si vaste de l'œuvre que nous avons osé entreprendre ; la table des matières placée ci-après montrera combien de questions de haute importance nous avons eu à traiter. Nous pouvons assurer que, grâce au concours des savants collaborateurs qui ont compris l'extrême utilité de notre œuvre et ont bien voulu s'y associer, nous sommes plein de confiance dans l'accueil que les marins lui réservent.

CH. LABOULAYE.

pres, que nous éditons cette année. Puissent-ils contribuer à perpétuer la renommée de leurs travaux.

Nous n'avons pas à indiquer comment nous nous sommes efforcés de remplir le cadre si vaste de l'œuvre que nous avons [illegible] la table des matières placée ci-après montrera combien de questions de haute importance nous avons eu à traiter. Nous pouvons assurer que, grâce au concours des [illegible] collaborateurs [illegible] l'extrême [illegible] [illegible] bien voulu [illegible] leurs conseils [illegible] [illegible]

TABLE DES MATIÈRES

LIVRE PREMIER.

CONSTRUCTION ET MÉCANIQUE DU NAVIRE

PREMIÈRE PARTIE.

CONSTRUCTION DU NAVIRE, PAR M. DE FRÉMINVILLE.

Pages

DEUXIÈME PARTIE.

MÉCANIQUE DU NAVIRE, PAR MM. DE KERHALLET ET CH. LABOULAYE.

LIVRE DEUXIÈME.

NAVIGATION,

PAR M. TERQUEM.

LIVRE TROISIÈME.

HYDROGRAPHIE,

PAR M. BOUTROUX.

LIVRE QUATRIÈME.

PHYSIQUE,

PAR MM. DE KERHALLET ET BOUTROUX.

PREMIÈRE PARTIE.

DE L'ATMOSPHÈRE, PAR M. DE KERHALLET.

LIVRE CINQUIÈME.

DES PRINCIPALES ROUTES DE NAVIGATION.

PAR M. DE KERHALLET.

NOTES ET TABLES DIVERSES.

FIN DE LA TABLE DES MATIÈRES.

GUIDE DU MARIN

BIBLIOTHÈQUE ... IMPR.

LIVRE PREMIER

CONSTRUCTION DU NAVIRE ET MÉCANIQUE
APPLIQUÉE A LA NAVIGATION

PREMIÈRE PARTIE

CONSTRUCTION DU NAVIRE.

CHAPITRE PREMIER.

DU NAVIRE.

1. Définitions. Les formes des bâtiments ne sont engendrées suivant aucune loi mathématique ; il serait à désirer sans doute que l'état de la science fût assez avancé pour permettre d'établir *à priori* les équations des surfaces extérieures d'un navire, les plus convenables pour satisfaire aux conditions multiples de la navigation ; mais il n'en est pas ainsi : les formes actuellement en usage résultent uniquement d'une expérience traditionnelle, qui a conduit peu à peu à réaliser un certain ensemble de bons résultats, et il serait à craindre de les compromettre si l'on voulait s'en écarter au delà de certaines limites.

Le navire ne jouit que d'uue seule propriété géométrique, consistant à être partagé en deux moitiés symétriques, par un plan vertical dirigé dans le sens de la longueur, et nommé le plan *diamétral longitudinal;* quant à ses formes en général, elles sont combinées principalement dans le but d'atténuer les résistances qu'il éprouve à se mouvoir à travers la mer. L'extrémité opposée au mouvement doit être propre à diviser la masse liquide, elle est façonnée en coin plus ou moins effilé, et formée le plus ordinairement de surfaces convexes; l'autre extrémité du navire doit présenter des flancs largement évidés, propres à faciliter l'accès de l'eau qui se précipite de toutes parts dans le sillon creusé par la partie antérieure : elle est généralement plus effilée que cette dernière, et formée par des surfaces concaves. Mais quoi qu'il en soit des formes particulières de ces deux parties, toujours est-il qu'elles doivent être éminemment distinctes : la première reçoit le nom de *proue* ou *avant,* la deuxième celui de *poupe* ou *arrière.* La proue et la poupe sont raccordées par une portion cylindrique de longueur variable, quelquefois réduite à un élément très-court, auquel on donne le nom de *maîtresse partie.*

Si l'on suppose un observateur placé à l'arrière du bâtiment et tourné vers l'avant, toute la partie située par rapport à lui, à la droite du plan diamétral, reçoit le nom de *tribord,* et toute la partie située à gauche, celui de *bâbord;* ces désignations de tribord et bâbord s'appliquent également à tous les objets placés soit d'un côté soit de l'autre du plan diamétral.

Dans le sens de la hauteur, le navire est divisé en deux parties distinctes par son intersection avec le plan de niveau de la mer, nommé *plan de flottaison,* ou simplement *flottaison;* toute la partie située au-dessous de la flottaison reçoit le nom de *carène* ou *œuvres vives,* et celle qui la surmonte est nommée *accastillage* ou *œuvres mortes.*

La carène est la partie essentielle, la partie vitale du navire, son volume détermine les capacités intérieures, et par suite la quantité de chargement que l'on peut transporter; de ses formes résulte la résistance que le navire éprouve à se mouvoir dans la mer, ou en d'autres termes la vitesse dont il est susceptible, sous une impulsion déterminée; de ces formes résultent encore les conditions d'équilibre, plus ou moins favorables dont il est doué sous l'action des efforts compliqués qui le sollicitent, ou en termes généraux : *sa stabilité.* Ainsi que nous le disions en commençant, les carènes des navires sont déterminées empiriquement; mais une fois constituées on peut les soumettre au calcul, et déterminer sinon avec une exactitude rigoureuse, du moins avec une approximation suffisante, leur volume, la position de leur centre de gravité ainsi que les éléments de leur stabilité; on peut également calculer *à priori* les conséquences de modifications qui seraient apportées aux formes primitives.

Les œuvres mortes remplissent, dans l'économie générale du navire, un rôle moins important que celui de la carène; elles sont destinées à fournir les points d'appui nécessaires à la mâture, à présenter de larges espaces pour la manœuvre, et enfin, ce qui est le point capital pour les bâtiments de guerre, elles doivent être appropriées au service d'une artillerie puissante; mais ces conditions sont simples relativement à celles que la carène doit remplir, et d'ailleurs comme les œuvres mortes sont entièrement hors de l'eau, et accessibles de toutes parts, il est toujours facile de reconnaître les défectuosités qu'elles présentent, et d'y porter remède au besoin.

2. Description sommaire de la charpente du navire. L'élément principal de la charpente des navires consiste en une série de pièces présentant quelque analogie avec les côtes d'un animal gigantesque et qui reçoivent le nom de *couples*. Les couples sont réunis par de fortes planches ou plutôt de véritables madriers nommés *bordages*, qui les croisent à angle droit; les bordages doivent être assez exactement joints les uns avec les autres, pour constituer avec les couples un vase parfaitement étanche.

Les couples sont formés de deux plans de charpente superposés, et composés chacun de pièces de longueur et de courbure modérées, placées bout à bout de manière à reproduire le contour voulu; les extrémités jointives des pièces de l'un des deux plans correspondent au milieu des pièces de l'autre, et les deux plans sont ensuite chevillés l'un par l'autre, de manière à former un ensemble rigide. Ce système de construction est d'ailleurs le même que celui employé par le célèbre Philibert de l'Orme, pour les toitures à grande portée, il permet d'exécuter les charpentes les plus considérables avec des matériaux de petite dimension et de faible valeur.

La face de jonction des deux plans de bois du couple reçoit le nom de *plan de gabariage*, ou de *plan du couple*. Les couples sont répartis à distance égale sur la longueur du navire, celui qui correspond à la maîtresse partie reçoit le nom de *maître-couple*; les autres sont nommés *couples avant*, ou *couples arrière*, suivant la position qu'ils occupent. Les couples consécutifs laissent, entre leurs faces latérales, des espaces libres plus ou moins considérables nommés *mailles;* cette disposition a pour but d'alléger l'ensemble de la construction, et surtout de permettre la circulation de l'air à l'intérieur de la charpente, condition indispensable à sa conservation, et faute de laquelle elle serait attaquée par la pourriture et détruite avec une rapidité que l'on aurait peine à imaginer.

Les couples sont réunis à leur partie inférieure par une longue pièce prismatique à section rectangulaire, nommée la *quille*, dont l'axe de figure est situé dans le plan diamétral, et dont les faces latérales sont parallèles à ce plan. A l'avant la quille s'assemble avec une pièce cylindrique présentant une courbure assez prononcée à la partie inférieure, nommée l'*étrave;* à l'arrière elle reçoit l'*étambot* dirigé verticalement ou légèrement incliné sur l'arrière. (Pl. I.)

Les bordages sont simplement juxtaposés à plat joint, mais leur contact ne saurait jamais être assez exact pour s'opposer au passage de l'eau, que l'on arrête en introduisant de l'étoupe fortement comprimée dans les interstices qu'ils laissent entre eux ; cette opération constitue le *calfatage*, elle est indispensable pour rendre la carène complétement étanche. Les bordages s'assemblent avec la quille, l'étrave et l'étambot dans une rainure à section triangulaire (*a*, *b*, *c*, *fig.* 1), nommée la *rablure*; ses trois arêtes qui passent respectivement par les points *a*, *b*, *c*, reçoivent chacune un nom particulier : la première est nommée indifféremment *trait supérieur*, ou *intérieur* de la rablure, ou encore *dessus de quille;* le deuxième est le *fond de rablure;* et le troisième, le trait *inférieur* ou

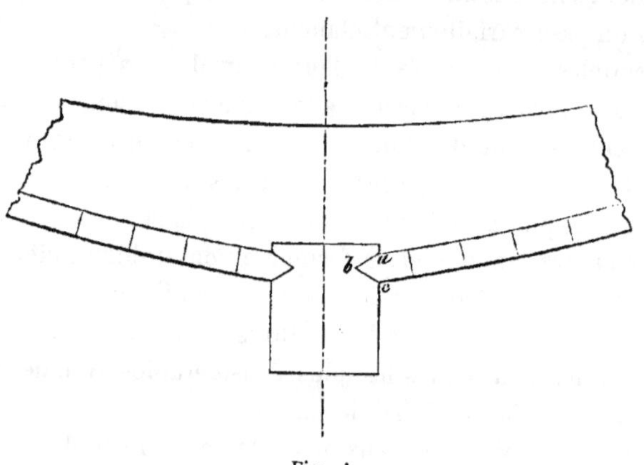

Fig. 1.

extérieur de la rablure. Les rablures de l'étrave et de l'étambot forment le prolongement de celle de la quille, et leurs arêtes conservent les mêmes désignations.

Le système des couples ordinaires ne convient pas aux formes des extrémités avant et arrière, et il est nécessaire pour ces parties de recourir à d'autres dispositions; celles de l'avant sont excessivement simples et il est inutile de s'y arrêter; quant à celles de l'arrière, elles sont un peu plus compliquées et méritent de fixer particulièrement l'attention.

La charpente de l'arrière, nommée l'*arcasse*, consiste en une série de *barres* horizontales (*fig.* 2 et 3) fixées en leur milieu sur l'étambot

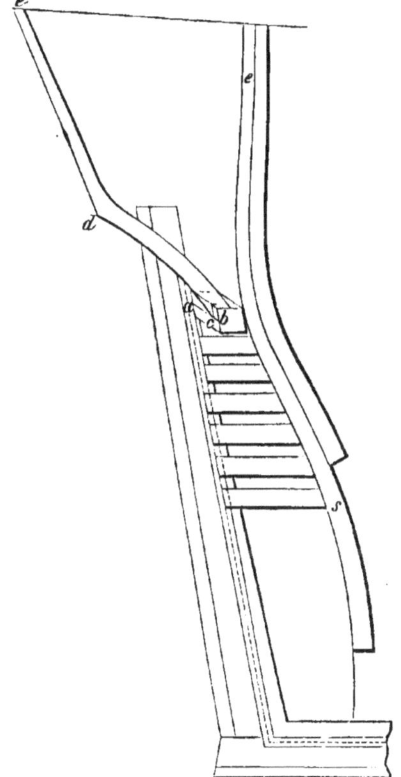

Fig. 2.

et ajustées par leurs extrémités sur les faces planes d'un couple *e s* dirigé obliquement par rapport au plan diamétral et nommé l'*estain*. L'arcasse, considérée isolément, forme comme une petite carène dont l'étambot serait la quille, et les barres, les couples; l'estain sert à raccorder cette charpente avec la carène. La barre la plus élevée *a b* reçoit le nom de *barre d'hourdy*, elle est comprise entre des surfaces cylindriques dont les génératrices sont horizontales et verticales et dont les directrices sont des arcs de cercle de grand rayon ; elle reçoit les aboutissements d'une partie des bordages de la carène dans une rablure d'une forme particulière, nommée *rablure de la barre d'hourdy*.

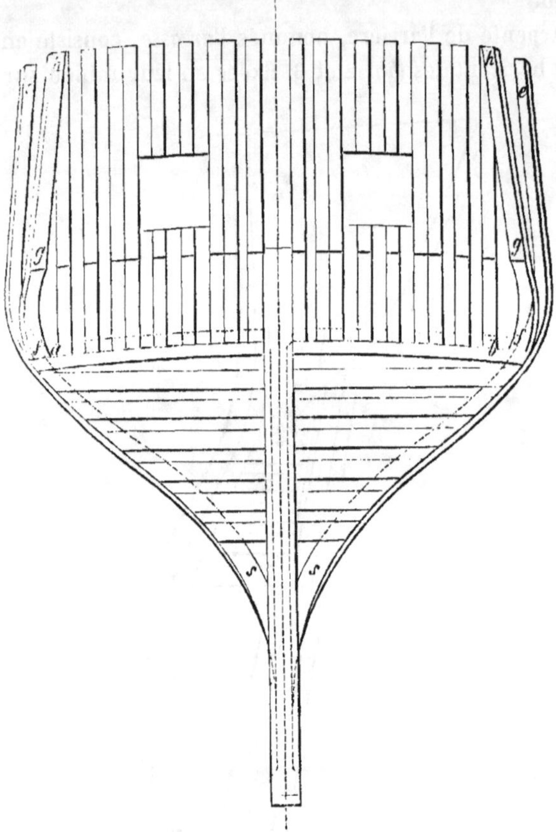

Fig. 3.

Sur la barre d'hourdy repose la charpente qui termine l'accastillage ; cette charpente est composée de membrures simples parallèles au plan diamétral, à leur partie inférieure elles présentent une assez forte saillie *c d* (*fig.* 2) constituant la *voûte*, et leur partie supérieure *de*, moins inclinée sur l'horizon, forme le *tableau de la poupe* ; les portions inférieures de ces membrures sont nommées *allonges de voûte*, et les parties supérieures, *quenouillettes du tableau*. La jonction des murailles latérales avec celles de la voûte et du tableau est opérée au moyen de l'*allonge de cornière f g h*, dont les formes sont assez compliquées et qui ne présente aucune face plane.

Indépendamment du bordé extérieur, les couples sont assujettis par un revêtement intérieur composé de bordages longitudinaux désignés sous le nom de *vaigrages* ou *vaigres;* ils règnent depuis la naissance des couples jusqu'à leur extrémité supérieure.

La charpente du navire composée des couples et des revêtements tant extérieurs qu'intérieurs jouit d'une certaine solidité; cependant, elle ne présenterait pas la rigidité suffisante pour résister aux pressions latérales qu'elle supporte, et il est indispensable de maintenir l'écartement des murailles à l'aide de fortes pièces de bois disposées par files transversales et nommées *baux* ou *barrots* (*fig.* 4, *a b*, *c d*). Ces

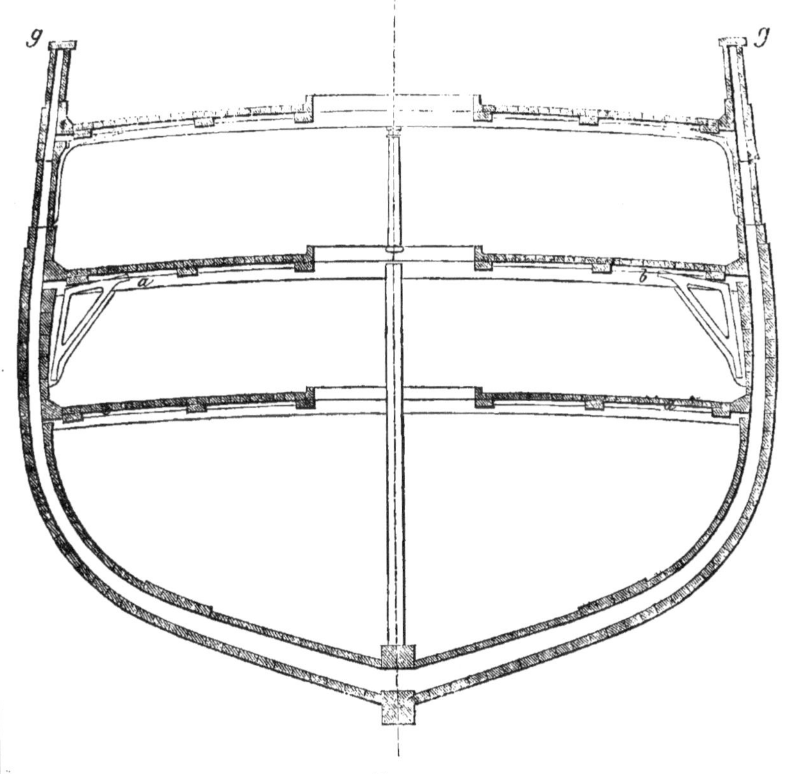

Fig. 4.

pièces de charpente sont ensuite réunies par un bordé longitudinal et constituent ainsi des planchers ou *ponts* qui partagent le navire en plusieurs compartiments affectés à divers usages, suivant la position qu'ils occupent : le compartiment le plus bas, situé entièrement au-dessous de l'eau, est la *cale*, il sert à emmagasiner les objets pesants et qui ne redoutent pas l'humidité ; la cale est quelquefois séparée en deux, dans le sens de la hauteur, par une *plate-forme* légère sur laquelle sont placés les cordages de rechange, les voiles, etc.

Le pont *c d*, qui limite la cale à la partie supérieure, est situé au-dessous de la flottaison, il est nommé le *faux pont*, ainsi que l'étage qu'il constitue ; il est affecté aux logements des officiers et d'une partie de l'équipage. Les étages qui surmontent le faux pont sont tous affectés au service de l'artillerie et reçoivent la désignation générale de *batteries ;* dans les bâtiments à plusieurs batteries, la plus basse est la *première batterie*, puis viennent successivement la deuxième et la troisième. On ne construit pas de navires de guerre ayant plus de trois batteries couvertes. Le pont qui recouvre la dernière batterie est désigné sous le nom de *pont des gaillards*, il est spécialement destiné à la manœuvre des voiles ; cependant on y place aussi une artillerie légère dans le système dit à *batterie barbette*.

La muraille du bâtiment s'élève au-dessus du pont des gaillards d'une quantité dont la hauteur peut varier entre des limites très-étendues, de 0^{m},30 à 1^{m},80, par exemple ; elle est construite plus légèrement que dans les autres parties du navire et reçoit le nom de *pavoi des gaillards ;* elle est terminée en hauteur par une pièce à double courbure qui recouvre les extrémités de la membrure, et nommée le *plat bord* (*g g*, *fig.* 4).

3. Définition des différentes classes de navires à voiles. Les bâtiments de guerre proprement dits sont les *vaisseaux*, *frégates* et *corvettes*. On les distingue par le nombre de leurs batteries couvertes : les *vaisseaux* ont au moins deux batteries couvertes et une batterie barbette sur les gaillards ; les *frégates* ont une seule batterie couverte, et les gaillards armés en barbette ; les *corvettes* ont une batterie couverte et deux ou trois bouches à feu seulement sur les gaillards.

Les vaisseaux, frégates et corvettes constituent les bâtiments de *haut bord ;* ils sont subdivisés en différentes classes suivant le nombre de bouches à feu dont ils sont armés.

Indépendamment des vaisseaux et frégates, la flotte comprend des bâtiments légers, tels que : les corvettes-avisos, les bricks, les goëlettes et les cutters. Tous ces bâtiments n'ont pas de batteries couvertes et sont armés en barbette ; ils sont caractérisés par l'espèce de leur mâture.

Les *corvettes-avisos* ont trois mâts verticaux avec voiles carrées.

Les *bricks* reçoivent deux mâts verticaux avec voiles carrées.

Les *goëlettes* ont deux mâts dont un seul avec voiles carrées.

Les *cutters* n'ont qu'un seul mât vertical sans voile carrée.

4. **Tracé des plans de navires.** Les plans de navires représentent la surface extérieure de la membrure au moyen de ses projections sur trois plans rectangulaires, savoir : le *longitudinal* (*pl.* I, *fig.* 1), parallèle au plan diamétral ; l'*horizontal* (*fig.* 2), parallèle au plan de flottaison, et le *vertical*, parallèle au plan des couples (*fig.* 3).

Pour exécuter le longitudinal, on commence par tracer une horizontale indéfinie représentant le dessus de quille ; sur cette droite on mesure une longueur AB (*fig.* 1), égale à celle de la flottaison, et, par ses extrémités A et B, on élève des *perpendiculaires* destinées à servir de repères pour toutes les mesures de longueur qu'il y a lieu de porter ultérieurement. Ces perpendiculaires passent par les points d'intersection de la flottaison avec les fonds de rablure de l'étrave et de l'étambot, que l'on considère comme les limites de la carène ; elles définissent la longueur maximum de la carène, que pour cette raison on désigne habituellement en ces termes : *longueur de perpendiculaires en perpendiculaires.* Quelquefois les perpendiculaires sont menées par l'intersection du pont avec les rablures, d'autres fois elles passent par les intersections de la flottaison avec les traits *extérieurs* des rablures d'étrave et d'étambot ; mais, à moins de désignations explicites, on devra toujours les supposer tracées, ainsi que nous le disions en commençant, par les intersections des *fonds* de rablure avec la flottaison.

On continue le tracé en représentant les fonds de rablure de l'étrave et de l'étambot ; ce dernier est vertical ou légèrement incliné sur l'arrière ; la distance A*a*, du pied de la perpendiculaire arrière au point de rencontre du fond de rablure de l'étambot avec le dessus de quille, est nommée la *quête* de l'étambot ; elle détermine son inclinaison. Pareillement la distance B*b*, du pied de la perpendiculaire avant à l'aboutissement de la rablure d'étrave sur quille, est nommée l'*élancement de l'étrave.* On est dans l'habitude de représenter les trois traits des rablures de la quille, de l'étrave et de l'étambot, qui sont nécessaires pour les diverses opérations du tracé.

Le *plat bord* est projeté suivant une ligne courbe $c'd'e'$, dont la convexité est tournée vers la quille; la flèche de cette courbe est appelée la *tonture* du bâtiment.

Les *couples* sont des plans verticaux perpendiculaires au diamétral; ils se projettent sur ce plan suivant leurs traces M'M, $c'c$, $d'd$, $e'e$..... perpendiculaires au-dessus de quille.

Les *lignes d'eau* étant des plans horizontaux, leurs projections sur le plan longitudinal sont des droites FL, $f'l'$, $f''l''$, etc., parallèles à la quille; elles sont réparties à distances égales depuis la flottaison jusqu'à la limite inférieure de la carène, qui peut être, soit le *dessus de quille*, soit le *trait inférieur de la rablure*, suivant que l'on représente la carène hors membres, ou hors bordages. Dans l'un ou l'autre cas, la *profondeur de carène* doit en effet être mesurée de la flottaison à l'une ou l'autre de ces limites. La position de la flottaison est déterminée par sa distance à la face inférieure de la fausse quille, ou, en d'autres termes, par le *tirant d'eau*. En général, lorsqu'un navire est à flot, la quille n'est pas parallèle au plan de flottaison, et le tirant d'eau est variable avec le point de la longueur auquel il est mesuré, aussi les tirants d'eau sont-ils toujours pris aux perpendiculaires avant et arrière, et leur moyenne, ou *tirant d'eau moyen*, détermine la hauteur à laquelle est menée la flottaison *supposée parallèle à la quille*.

Les couples et les lignes d'eau déterminent les formes de la carène; celles de l'accastillage sont définies au moyen des couples et des intersections de la surface de la muraille par celles des ponts. Les ponts sont engendrés par un bau glissant le long d'une directrice arbitraire située dans le diamétral; quant aux baux, ce sont des pièces courbes comprises entre deux plans verticaux et deux surfaces cylindriques, dont les génératrices sont horizontales, et dont les directrices sont des arcs de cercles de grands rayons, définis par leur corde ou *ligne droite*, et leur flèche ou *bouge*. La surface des ponts est engendrée par la directrice courbe du *bau* glissant par son sommet, le long de la directrice arbitraire tracée dans le plan diamétral, tandis que sa ligne droite reste perpendiculaire à ce plan; les surfaces ainsi engendrées coupent la paroi extérieure de la muraille suivant des courbes ghf, $g'h'f'$ (*pl.* I, *fig.* 1), nommées *livets*, dont les projections sur les trois plans jouent pour l'accastillage le même rôle que les lignes d'eau pour la carène.

Les ponts sont définis par les hauteurs hd, $h'd$; gc, $g'c$, etc., des différents points de leurs livets au-dessus de quille; ces hauteurs correspondent également aux intersections des lignes droites des baux avec le plan diamétral; pour cette raison on les désigne en ces termes : *creux de dessus quille, à la ligne droite des baux du pont.* Les creux ne sont donnés que pour le pont le plus bas, les autres ponts sont déduits de celui-là, en conservant entre les livets des distances verticales constantes, nommées *hauteurs de livet en livet*, ou *de ligne droite en ligne droite.*

Indépendamment des lignes indispensables pour définir les formes du bâtiment, on est dans l'usage de représenter sur le plan longitudinal différents éléments qu'il importe de connaître; de ce nombre sont les *sabords* ou embrasures qui reçoivent les canons, ce sont des ouvertures rectangulaires limitées en largeur par les membrures voisines et en hauteur par des pièces de bois horizontales; celle placée à la partie inférieure reçoit le nom de *seuillet*, et celle qui occupe la partie supérieure, celui de *sommier*. Les dimensions des sabords sont mises en rapport avec le calibre des bouches à feu auxquelles ils sont destinés, et pour une même batterie, armée de pièces d'un calibre uniforme, les sommiers et seuillets sont situés à des hauteurs constantes au-dessus du pont, par suite ils sont alignés en tonture parallèlement aux livets.

La hauteur des seuillets de sabord, au-dessus de la flottaison, est ce qu'on appelle la *hauteur de batterie;* elle est variable de l'avant à l'arrière; on la mesure toujours au point où elle est le moins considérable, c'est-à-dire au milieu de la longueur à la première batterie; cette hauteur n'a d'ailleurs de signification qu'autant qu'elle est prise lorsque le bâtiment est à son immersion maximum, c'est ce qui explique la désignation habituelle de *hauteur de batterie, au milieu au tirant d'eau en charge.*

On représente encore sur le plan longitudinal les *préceintes*, fortes virures de bordages, placées un peu au-dessous des seuillets de sabord, et qui jouent un rôle important dans la construction; leurs arêtes supérieures et inférieures sont nommées *cans*, elles sont parallèles aux livets, ainsi d'ailleurs que toutes les lignes tracées sur l'accastillage. Il est quelquefois commode de faire usage, dans le tracé, des lignes des seuillets ou de celles des sommiers ou des cans de préceintes, en place des livets; il n'y a aucune règle à cet égard, toutes ces lignes peuvent être employées à volonté et sont désignées sous le nom de *lisses à double courbure* ou de *lisses au carré.*

Sur le plan horizontal (*pl.* I, *fig.* 2), les couples sont projetés suivant leurs traces perpendiculaires à l'axe; la flottaison et les lignes d'eau sont représentées en vraie grandeur; le plat bord, ainsi que toutes les lisses à double courbure, sont simplement en projection. Le plan horizontal contient encore les projections de l'arcasse, de l'arête de cornière *pqrs* et des intersections de la voûte et du tableau avec les surfaces des ponts *qq'*, *rr'*, *ss'*. Les deux côtés du bâtiment étant symétriques, il suffit d'en tracer un seul, ainsi qu'on le fait toujours pour les lignes d'eau et les lisses au carré.

Le *plan vertical* (*fig.* 3) représente les couples en vraie grandeur; comme pour les lignes d'eau, il suffit de tracer une moitié de leur contour; habituellement on figure à droite de l'axe la partie relative à l'avant, et à gauche celle relative à l'arrière du bâtiment. Les lignes d'eau sont représentées suivant leurs traces, les livets sont en projection. Les lignes d'eau et les lisses au carré étant données sur le plan horizontal, les contours des couples en sont déduits en projetant sur le plan vertical les points d'intersection de leurs traces avec ces différentes lignes. Par exemple, si l'on veut construire le dixième couple arrière, il suffira de porter sur les projections verticales des lignes d'eau, et, à partir de l'axe, des longueurs égales aux ordonnées Cα, Cβ, Cγ, mesurées sur le plan horizontal, et l'on obtiendra ainsi les points α' β' γ'..., etc., du couple cherché. Pour les points appartenant aux lisses à double courbure, pour un point c' du plat bord, par exemple, on observera que le point cherché doit se trouver sur une horizontale élevée au-dessus de quille de la quantité *cc'* mesurée sur le plan longitudinal, et que la distance à l'axe est donnée en vraie grandeur en Cc_1 sur le plan horizontal, et l'on trouvera ainsi le point C' sur le vertical.

Le système des couples, des lignes d'eau et des lisses à double courbure suffit, à la rigueur, pour déterminer la surface du navire; cependant il laisse à désirer, surtout pour les extrémités de la carène, à cause de la grande obliquité sous laquelle les traces des lignes d'eau rencontrent le contour des couples sur le vertical, obliquité qui entraîne une certaine incertitude sur la position réelle des points d'intersection. Pour remédier à ce défaut, on coupe la carène par des plans obliques perpendiculaires au vertical, en choisissant leur direction, de manière que leurs traces soient normales au plus grand nombre possible de couples; les intersections de ces plans avec la surface extérieure du navire sont nommées *lisses planes* ou *lisses obliques*. En vertu des différences que présentent les formes de l'avant et de l'arrière, les inclinaisons des lisses satisfaisant à la condition voulue pour l'une des extrémités du navire ne conviendraient pas pour l'extrémité opposée; aussi chaque lisse est-elle déterminée par deux plans distincts d'inclinaisons différentes, mais passant par un même point du maître-couple, en sorte que la *lisse* proprement dite tracée sur la carène est une courbe continue. Les lisses se projettent sur le vertical suivant leurs traces; d'après l'observation que nous venons de faire, on comprend que les traces des portions avant et arrière d'une même lisse aboutissent sur l'axe à des hauteurs différentes, comme K L, K'L' (*fig.* 3) qui sont les traces de la première lisse. Il serait facile de déterminer les projections des lisses sur les deux autres plans, mais on se dispense de cette opération et l'on préfère construire leur rabattement sur le plan horizontal; à cet effet, pour la première lisse, par exemple, on portera sur les traces des couples des longueurs égales aux quantités $K\lambda'$, $K\lambda_1'$, $K\lambda_2'$... etc., mesurées sur le vertical, et l'on obtiendra les points λ, λ_1, λ_2, du rabattement cherché; les rabattements des portions avant et arrière de la lisse, construits de la sorte, donneraient deux courbes distinctes aboutissant normalement sur la trace du maître-couple aux points *t*, *u*, éloignés l'un de l'autre d'une quantité égale à K L—K' L', mesurée sur le vertical; quelquefois, en effet, les lisses sont tracées de cette manière; cependant, on préfère généralement les représenter sous une forme continue en faisant glisser l'axe de rabattement de la partie de l'avant, parallèlement à lui-même, d'une quantité égale à la différence de longueur des projections verticales des deux moitiés de la lisse.

Enfin, pour préciser davantage les formes de l'avant et de l'arrière, on a recours à un quatrième système de sections planes, parallèles au plan longitudinal et nommées *sections longitudinales*; leurs projections sur les plans horizontaux et verticaux sont des droites $S_1' S_2' S_3'$ ..., S_1 S_2 parallèles à l'axe; elles sont reproduites en vraie grandeur sur le longitudinal; on les construit facilement au moyen de leurs points de rencontre avec les couples et les lignes d'eau.

5. Tracé des bâtiments à arrières ronds. Le mode de tracé que nous venons de décrire se rapporte spécialement aux navires pourvus d'une arcasse, ou, suivant l'expression consacrée, aux navires à *arrières carrés*, qui étaient d'un usage exclusif dans l'ancienne marine. Mais ce système d'arrière est sujet à de nombreux inconvénients : en premier lieu, sa charpente manque de solidité et ne saurait résister aux projectiles de l'ennemi, en sorte qu'un bâtiment pris en enfilade serait bientôt obligé d'amener pavillon; en second lieu, par suite des directions respectives des murailles latérales et du tableau, ainsi que de l'étendue habituelle du champ de tir résultant de la dimension des sabords, il arrive nécessairement que les feux du canon de retraite et du dernier canon de la batterie ne se croisent pas, mais divergent, au contraire, d'un angle assez notable, nommé *angle mort*, en sorte que l'espace compris dans cet angle reste entièrement à l'abri des projectiles, et qu'un navire venant s'y placer pourrait impunément écraser son ennemi, quand bien même celui-ci serait d'une force bien supérieure. D'après ces considérations, les anciennes formes d'arrières ont été totalement abandonnées dans la marine militaire; actuellement l'accastillage est terminé par le prolongement des murailles latérales raccordées d'un bord à l'autre par des contours arrondis, et relié également à la carène au moyen de surfaces continues; les arrières de cette espèce sont nommés *arrières ronds*, par opposition aux arrières carrés qu'ils remplacent. Leur construction est considérablement simplifiée par la suppression de l'arcasse, et leur

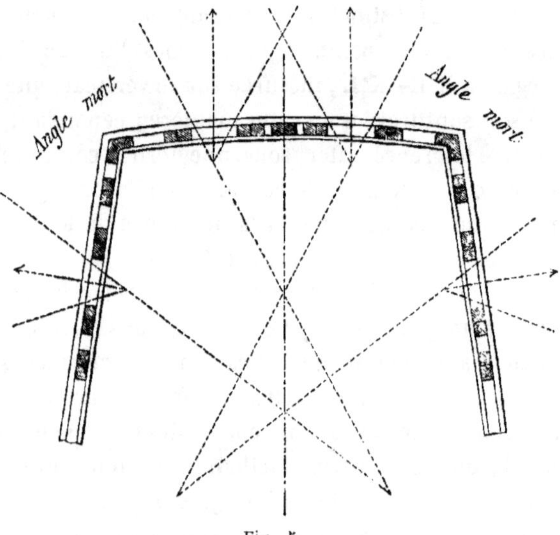

Fig. 5.

charpente est composée de *couples* répartis en éventail, sous les obliquités convenables pour se rapprocher peu à peu du plan diamétral, tout en donnant l'appui convenable aux revêtements intérieurs et extérieurs; les sabords y sont répartis uniformément, de manière à battre tous les points de l'horizon, et, grâce à leurs formes spéciales, on ne rencontre plus aucune difficulté pour obtenir le croisement des feux et supprimer les angles morts : les arrières ronds sont donc doublement satisfaisants au point de vue de la solidité et du service de l'artillerie ; ils sont maintenant employés d'une manière exclusive dans la marine militaire pour laquelle les arrières carrés sont définitivement repoussés ; les figures 5 et 6 font ressortir les différences capitales de ces deux systèmes.

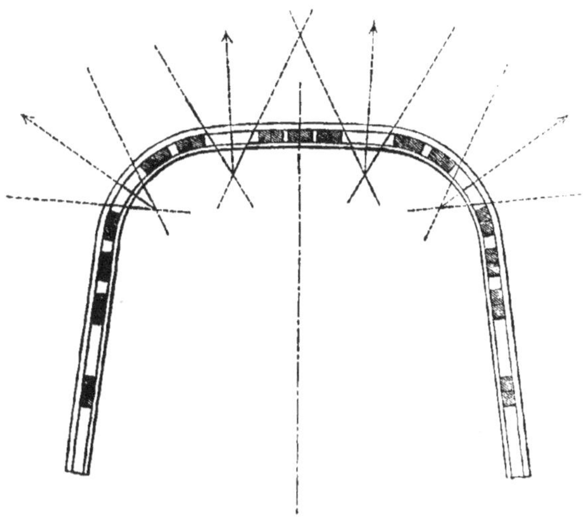

Fig. 6.

Le tracé des bâtiments à arrières ronds éprouve de notables simplifications. On se contente de donner le contour de l'intersection de l'accastillage avec le plan diamétral, contour désigné quelquefois sous le nom d'*allonge de poupe*. Quant aux formes de l'arrière, elles sont déterminées par des couples ordinaires suffisamment multipliés, par des lisses à double courbure, par des sections horizontales auxiliaires, et surtout par des sections longitudinales ; ce n'est qu'une fois les formes complétement arrêtées à l'aide de ces différentes lignes, que l'on trace les couples obliques ou *couples dévoyés*, qui doivent servir pour l'exécution de la charpente.

CHAPITRE DEUXIÈME.

CALCULS DE DÉPLACEMENT ET DE STABILITÉ.

6. Calcul de la surface et du centre de gravité d'une ligne d'eau. Les formes de la carène étant déterminées par les couples et les lignes d'eau, on peut calculer approximativement ses éléments géométriques :

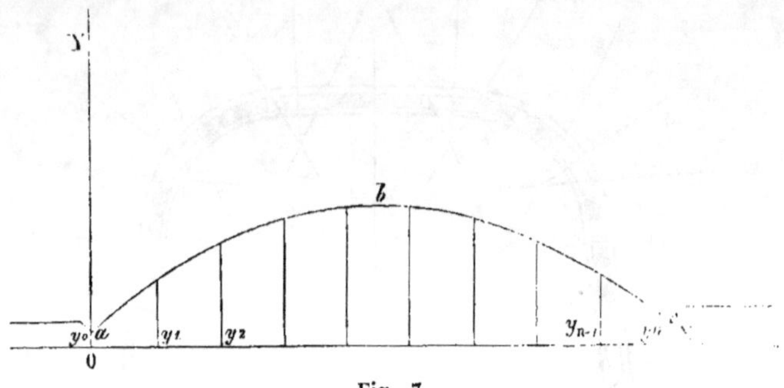

Fig. 7.

Soit $a\,b\,c$ (*fig.* 7) la projection d'une ligne d'eau rapportée aux deux axes rectangulaires O X, O Y (*fig.* 7), en désignant par x et y les coordonnées d'un point quelconque de la courbe; on sait que l'expression générale de la surface S est l'intégrale $\int y\,dx$, prise entre les ordonnées extrêmes; on aura donc

$$S = \int_a^c y\,dx.$$

Si l'équation de la courbe était connue, on aurait *rigoureusement* sa surface ; mais comme cette équation n'existe pas, on doit se contenter d'une évaluation approximative, très-suffisante d'ailleurs dans la pratique, et que l'on obtient par une opération graphique bien simple.

Le ligne d'eau $a\,b\,c$ étant décomposée en n, trapèzes élémentaires par les ordonnées équidistantes $y_0, y_1, y_2 \ldots y_{n-1}, y_n$, éloignées d'une quantité a, chacun des trapèzes ainsi formés aura pour expression

$$a\left(\frac{y_0 + y_1}{2}\right)$$

$$a\left(\frac{y_1+y_2}{2}\right)$$

$$a\left(\frac{y_2+y_3}{2}\right)$$

....

$$a\left(\frac{y_{n-1}+y_n}{2}\right)$$

et la surface totale de la ligne d'eau pourra être prise approximativement égale à la somme de ces trapèzes, et l'on aura :

$$S=a\left\{\frac{y_0+y_1}{2}+\frac{y_1+y_2}{2}+\ldots.\ \frac{y_{n-2}+y_{n-1}}{2}+\frac{y_{n-1}+y_n}{2}\right\},$$

ou en réduisant :

$$S=a\left\{\frac{y_0}{2}+y_1+y_2+\ \ldots\ldots\ y_{n-1}+\frac{y_n}{2}\right\};$$

l'erreur commise est d'autant moins grande que le nombre des ordonnées est plus considérable; dans la pratique il suffit de partager la distance $a\ c$ en vingt parties égales. Quelquefois la distribution des couples du tracé a été faite en vue des calculs ultérieurs, et les ordonnées des lignes d'eau sont immédiatement mesurées sur ce plan ; mais si cette disposition n'a pas été prise, il y a lieu de faire une division et un tracé spécial. On doit remarquer que la valeur de S, établie comme nous venons de l'indiquer, donne la surface de *la moitié* d'une ligne d'eau, pour obtenir la surface entière, cette valeur devra donc être doublée.

Pour calculer le centre de gravité de l'aire abc, supposons comme tout à l'heure cette surface décomposée en éléments différentiels, compris entre deux ordonnées consécutives : le moment d'un de ces éléments par rapport à l'origine des coordonnées sera $x \times y dx$, et le moment de l'aire totale de la courbe sera égal à la somme des moments des éléments qui la composent, en sorte que si on désigne par S la surface, et par X l'abscisse de son centre de gravité, on aura :

$$SX=\int_a^c xy\,dx; \qquad \text{d'où} \qquad X=\frac{\int_a^c xy\,dx}{S};$$

posons $xy=u$, l'intégrale $\int_a^c xy\,dx$ devient $\int_a^c u\,dx$ et prend la même forme que celle que nous venons de calculer pour obtenir la surface de la ligne d'eau, elle aura pour expression :

$$\int_a^c u\,dx = a\left\{\frac{u_0}{2} + u_1 + u_2 + \ldots\ldots\ldots u_{n-1} + \frac{u_n}{2}\right\}$$

dans laquelle les valeurs de $u_0, u_1 \ldots\ldots u_n$ sont respectivement : $x_0 y_0$, $x_1 y_1, \ldots\ldots x_n y_n$; d'ailleurs si les ordonnées y sont également espacées de la quantité a, les valeurs de $x_0, x_1, \ldots\ldots$ seront : $o, a, 2a, 3a, \ldots\ldots na$, et par suite la relation précédente devient :

$$\int_a^c u\,dx \quad a^2\left\{\frac{o\times y_0}{2} + 1\times y_1 + 2\times y_2 + .\ .(n-1)(y_{n-1}) + \frac{n\times y_n}{2}\right\}$$

et enfin,

$$X = \frac{a^2\left\{\frac{o\times y_0}{2} + 1\times y_1 + 2y_2 + \ldots\ldots (n-1)(y_{n-1}) + \frac{n\times y_n}{2}\right\}}{S}$$

cette valeur de X donne l'abscisse du centre de gravité de la moitié de la ligne d'eau ; mais comme celle-ci est symétrique par rapport à l'axe longitudinal, il est évident que pour la ligne entière la valeur reste la même. On obtiendrait l'ordonnée du centre de gravité de la demi-ligne d'eau en calculant de la même manière $\int y\,x\,d\,y$, mais cette recherche serait sans utilité ; quant à l'ordonnée du centre de gravité de la ligne d'eau entière, elle est nécessairement nulle.

7. Volume de la carène. — Tableau de déplacement. Ces préliminaires étant établis, il est facile de calculer *le volume de la carène*. Si l'on imagine la carène proprement dite partagée en tranches infiniment minces, par m plans écartés d'une quantité constante $c = d\,z$, en désignant par u la surface de la section déterminée dans la carène par l'un quelconque de ces plans, le volume élémentaire compris entre deux plans consécutifs sera $u\,dz$, et le volume V de la carène aura pour expression $\int_o^{mc} u\,dz$, ou, d'après ce que nous avons démontré plus haut :

$$V = \int_a^c u\,dz = c\left\{\frac{u_0}{2} + u_1 + u_2 + \ldots\ldots + u_{m-1} + \frac{u_m}{2}\right\}.$$

Dans la pratique, les plans équidistants sont ceux des lignes d'eau; on en trace habituellement 10; les valeurs de $u_0\,u_1\ldots\ldots u_m$ seront donc les aires de ces lignes d'eau exprimées par la formule générale :

$$a\left\{\frac{y_0}{2} + y_1 + y_2 + \ldots\ldots + y_{n-1} + \frac{y_n}{2}\right\}$$

et *si toutes les lignes d'eau ont même longueur,* de manière que pour un même nombre n d'ordonnées, leur écartement a soit constant, le volume de la carène aura pour expression :

$$V = a \times c \times \left\{ \begin{array}{l} \left(\frac{y_0}{4} + \frac{y_1}{2} + \frac{y_2}{2} + \ldots\ldots\ldots\ldots + \frac{y_{n-1}}{2} + \frac{y_n}{4} \right) \\ + \left(\frac{y'_0}{2} + y'_1 + y'_2 + \ldots\ldots\ldots\ldots + y'_{n-1} + \frac{y'_n}{2} \right) \\ + \ldots\ldots\ldots\ldots\ldots\ldots\ldots\ldots\ldots\ldots\ldots\ldots \\ + \left(\frac{y_0^{m-1}}{2} + y_1^{m-1} + y_2^{m-1} + \ldots\ldots + y_{n-1}^{m-1} + \frac{y_n^{m-1}}{2} \right) \\ + \left(\frac{y_0^{m}}{4} + \frac{y_1^{m}}{2} + \frac{y_2^{m}}{2} + \ldots\ldots\ldots\ldots + \frac{y_{n-1}^{m}}{2} + \frac{y_n^{m}}{4} \right) \end{array} \right.$$

Pour exécuter les calculs relatifs au volume de la carène, on relève les ordonnées des lignes d'eau et l'on en forme le tableau suivant :

NUMÉROS DES COUPLES.	Dessus de quille, 1/2 ordonnées.	LIGNES D'EAU. 1re	2e	3e	....	8e	9e	1/2 ordonnées de la flottaison.	Sommes des ordonnées par couples.
1er PP, AR $\left(\frac{1}{2}\right)$	$\frac{1}{4}y_0$	$\frac{1}{2}y'_0$	$\frac{1}{2}y''_0$	....	....	....	$\frac{1}{2}y^{IX}_0$	$\frac{1}{4}y^{X}_0$	β_0
2e	$\frac{1}{2}y_1$	y'_1	y''_1	....	....	....	y^{IX}_1	$\frac{1}{2}y^{X}_1$	β_1
3e	$\frac{1}{2}y_2$	y'_2	y''_2	....	....	....	y^{IX}_2	$\frac{1}{2}y^{X}_2$	β_2
4e	....	....	....	....	....	....	....	....	...
....	....	....	....	....	....	....	....	....	...
....	....	....	....	....	....	....	....	....	...
19e	$\frac{1}{2}y_{18}$	y'_{18}	y''_{18}	....	....	....	y^{IX}_{18}	$\frac{1}{2}y^{X}_{18}$	β_{18}
20e	$\frac{1}{2}y_{19}$	y'_{19}	y''_{19}	....	....	....	y^{IX}_{19}	$\frac{1}{2}y^{X}_{19}$	β_{19}
21e PP, AV $\left(\frac{1}{2}\right)$	$\frac{1}{4}y_{20}$	$\frac{1}{2}y'_{20}$	$\frac{1}{2}y''_{20}$	....	....	....	$\frac{1}{2}y^{IX}_{20}$	$\frac{1}{4}y^{X}_{20}$	β_{20}
Sommes des ordonnées par lignes d'eau.	α_0	α_1	α_2	....	....	....	α_9	α_{10}	Σ

Les sommes $\mathcal{C}_0$, $\mathcal{C}_1$, $\mathcal{C}_2$ . . . . exécutées par lignes horizontales sont proportionnelles aux surfaces des couples ; ces surfaces elles-mêmes s'obtiendraient en les multipliant par la distance constante c des lignes d'eau. Les sommes α_0, α_1, α_2 . . . exécutées par colonnes verticales, sont proportionnelles aux surfaces des lignes d'eau ; pour en déduire ces surfaces elles-mêmes, on doit les multiplier par la distance constante a de leurs ordonnées. La somme totale des ordonnées $\Sigma = \alpha_0 + \alpha_1 + \alpha_2 + \ldots = \mathcal{C}_0 + \mathcal{C}_1 + \mathcal{C}_2 \ldots$ multipliée par le produit $a \times c$ représente le volume de *la moitié* de la carène, le volume total V sera donc donné par l'expression

$$V = 2ac \times \Sigma.$$

Le volume de la carène étant connu, si on désigne par π le poids de l'unité de volume de l'eau de mer, $\pi \times V$ sera le poids du volume d'eau de mer *déplacé* par la carène ; ce poids est égal à celui du bâtiment tout entier, coque et chargement ; c'est ce que l'on appelle son *déplacement;* le tableau des ordonnées qui sert à le calculer reçoit pour cette raison le nom de *tableau de déplacement.* On prend habituellement le mètre cube pour unité de volume, et alors $\pi = 1025$ kil.

8. Échelle de solidité. Si le chargement d'un navire vient à augmenter ou à diminuer, son déplacement éprouve des variations correspondantes, et il est bon de pouvoir apprécier à l'avance les immersions ou les émersions qui en seront la conséquence ; à cet effet, on construit l'*échelle de solidité,* indiquant les déplacements de la carène, en la supposant arrêtée successivement à chaque ligne d'eau, depuis la première jusqu'à la flottaison. Ces déplacements successifs se déduisent facilement du tableau précédent ; ils ont pour expression :

Pour la 1re tranche, $\pi a c \times (\alpha_0 + \alpha_1)$,

Pour la 2e — $\pi a c \left[(\alpha_0 + \alpha_1) + (\alpha_1 + \alpha_2) \right]$,

. . . .

Pour la 10e — $\pi a c \times \left[(\alpha_0 + \alpha_1) + (\alpha_1 + \alpha_2) + \ldots (\alpha_9 + \alpha_{10}) \right]$.

En divisant le déplacement de chaque tranche comprise entre deux lignes d'eau consécutives, par son épaisseur mesurée en centimètres, on obtient ce que l'on appelle le déplacement moyen pour un centimètre d'immersion dans l'épaisseur de cette tranche ; c'est une mesure approximative qui sert à apprécier les variations de tirant d'eau correspondantes à un changement quelconque dans le chargement, à tel ou tel degré d'immersion de la coque. Habituellement les positions des lignes d'eau limitant les immersions successives de la carène, sont définies par leur distance à la face inférieure de la fausse quille ou, en d'autres termes, par les tirants d'eau, et les résultats obtenus sont groupés dans un tableau auquel on donne la forme suivante :

TIRANTS D'EAU moyens pris de dessous la fausse quille.	DÉPLACEMENTS correspondants.	DÉPLACEMENTS moyens par centimètres d'un tirant d'eau à l'autre.	OBSERVATIONS.

On peut encore représenter ces résultats au moyen d'une courbe, dont les ordonnées sont les tirants d'eau, et les abscisses les déplacements correspondants, mesurés en tonneaux ; nous donnons (*fig.* 8)

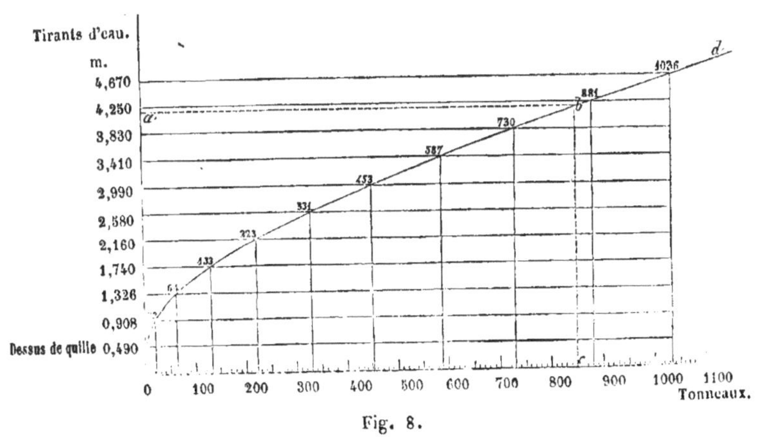

Fig. 8.

une courbe de cette espèce tracée pour un bâtiment de transport de

600 tonneaux de jauge. On y voit de suite que, pour un tirant d'eau Oa, le déplacement est $Ob = Oc = 850$ tonneaux; réciproquement pour un déplacement donné Oc, on trouve le tirant d'eau correspondant cb en élevant par le point c une verticale jusqu'à sa rencontre en b avec la courbe Obd; ces explications suffisent pour faire comprendre l'utilité de cette courbe, son usage est des plus faciles.

9. Calcul du centre de carène. Une des données qu'il importe de connaître, est la position du centre de *gravité de la carène;* soient z_1, son ordonnée verticale, et x_1, son abscisse, mesurée à partir de la perpendiculaire arrière; en maintenant les notations établies précédemment, on aura :

$$V z_1 = \int_o^{mc} z \times u dz;$$

et en posant $uz = v$, on aura :

$$V z_1 = \int_o^{mc} v dz = c \left[\frac{v_0}{2} + v_1 + v_2 + \ldots\ldots v_{n-1} + \frac{v_n}{2} \right]$$

et en remarquant que les valeurs successives de z sont o, c, $2c$, etc. Celles de v_0, v_1, v_2, etc., seront

$$v_0 = o \times u_0,\ v_1 = c \times u_1,\ v_2 = 2c \times u_2 \ldots,\ v_m = mc \times u_m,$$

et l'on aura :

$$V z_1 = c^2 \left[\frac{o \times u_0}{2} + 1\, u_1 + 2\, u_2 + \ldots\ldots (m-1)(u_{m-1}) + \frac{m \times u_m}{2} \right];$$

on obtiendra le terme entre parenthèses en multipliant les sommes des ordonnées par lignes d'eau $\alpha_0\ \alpha_1\ \alpha_2 \ldots$, du tableau de déplacement, par les facteurs 0, 1, 2...., en faisant la somme Δ du produit ainsi obtenu, et en la multipliant par la distance a des ordonnées des lignes d'eau, et l'expression Vz_1 deviendra :

$$V z_1 = ac^2 \Delta; \quad \text{mais } V = ac\,\Sigma,$$

donc :

$$z_1 = c \times \frac{\Delta}{\Sigma}.$$

A proprement parler, cette expression donne l'ordonnée du centre de gravité de la moitié de la carène; mais il est évident que cette ordonnée reste la même pour le centre de gravité de la carène totale, puisque ses deux moitiés sont symétriques.

Pour déterminer l'abscisse x_1, on opère d'une manière entièrement semblable; en considérant la carène comme partagée en n volumes élémentaires, par des plans parallèles aux couples, et espacés d'une quantité constante a, on trouve :

$$Vx_1 = a\left[\frac{o \times v_0}{2} + a \times v_1 + 2a \times v_2 + \ldots (n-1)a \times v_{n-1} + \frac{na \times v_n}{2}\right]$$

dans laquelle les quantités $v_0\ v_1\ v_2 \ldots$ représentent les surfaces des couples. On obtient le terme entre parenthèses en multipliant successivement les sommes des ordonnées par couple, $\mathcal{C}_0, \mathcal{C}_1, \mathcal{C}_2 \ldots$, par les facteurs 0, 1, 2...., en faisant leur somme H et en la multipliant par c, ce qui donne :

$$Vx_1 = a^2 c H; \qquad \text{ou} \qquad x_1 = a \times \frac{H}{\Sigma}.$$

Il est d'ailleurs évident que le centre de gravité de la carène est situé dans le plan diamétral, par conséquent sa position est entièrement déterminée.

10. Tracé de la carène hors bordages. Les calculs que nous venons d'expliquer se rapportent à la coque recouverte de ses bordages, tandis qu'en général les plans ne donnent que la carène *hors membres*, et il est nécessaire de déduire de cette dernière les ordonnées de lignes d'eau *hors bordé*. Soient P, Q, R, trois lignes d'eau consécutives hors membres (*fig.* 9), imaginons en un point A un plan

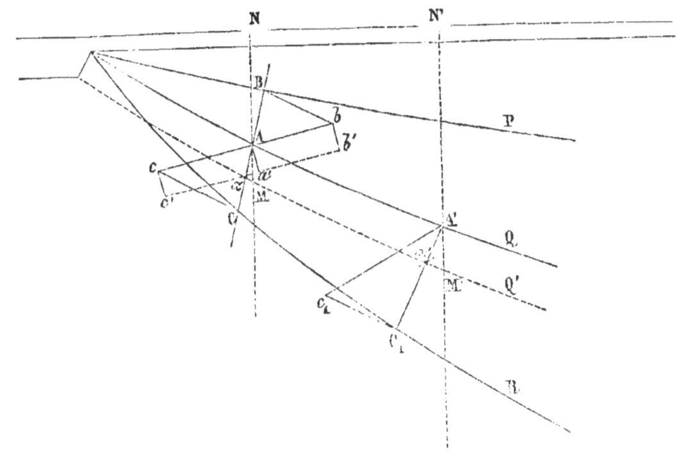

Fig. 9.

normal à la surface de la carène, l'intersection de ce plan avec celui de la ligne d'eau Q sera une normale BAC au contour de cette ligne d'eau, qui sera en même temps la projection de son intersection avec la surface de la carène ; cherchons le rabattement de ce plan en le faisant tourner autour de sa trace BC ; dans ce mouvement, les points projetés en B et C sur les lignes d'eau P et Q se rabattent sur les perpendiculaires B*b*, C*c* à la droite BC, à des distances égales à l'intervalle qui sépare les lignes d'eau, en sorte que *b*A*c* est l'intersection cherchée du plan normal avec la carène hors membres. En élevant ensuite, par es différents points de cette courbe, des normales égales à l'épaisseur des bordages, on obtiendra l'intersection *c'a'b'* du même plan avec la carène hors bordé; le point α, où cette courbe rencontre la trace B*c* du plan normal, est un point de la ligne d'eau hors bordages.

Dans l'exécution, la courbe *c*A*b* se confond sensiblement avec une droite, et la construction précédente peut être simplifiée de la manière suivante : par un point A' de la ligne d'eau cherchée, on élève une normale $A'C_1$ au contour curviligne Q; par le point de rencontre C_1 de cette normale avec la ligne d'eau suivante, on mène C_1c_1 perpendiculaire à $A'C_1$; l'on prend C_1c_1 égale à la distance des lignes d'eau on joint c_1A' et l'on mène une parallèle à cette droite à une distance égale à l'épaisseur des bordages ; son intersersection α' avec $A'C_1$ appartient à la courbe cherchée.

En faisant passer un trait continu par tous les points tels que $\alpha, \alpha', \ldots$, etc., on obtient le contour Q' de la ligne d'eau hors bordages, et ses intersections M, M', ..., avec les traces des couples, donnent les ordonnées M N, M' N', ..., qu'il convient de substituer dans les calculs aux ordonnées A N, A'N', ... , de la carène hors membres.

En formant le tableau de déplacement on suppose implicitement que l'intervalle entre les ordonnées des lignes d'eau est constant; mais bien que cette condition soit remplie dans la plus grande longueur du navire, il n'en est pas de même aux extrémités avant et arrière, à cause de la quête de l'étambot et de l'élancement de l'étrave, et l'on doit, avant d'opérer les calculs, amener les aboutissements de toutes les lignes d'eau aux perpendi-

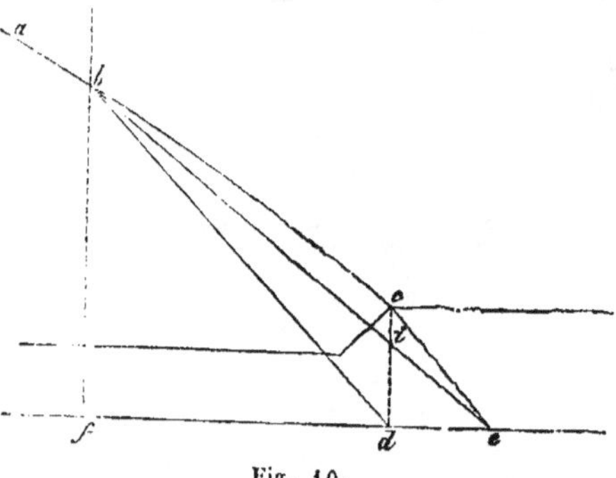

Fig. 10.

culaires : soit abc (*fig.* 10), une ligne d'eau aboutissant au point c, à une distance cd, de l'axe longitudinal, on commencera par la remplacer par une autre de surface égale et aboutissant sur l'axe même; à cet effet joignons bd, menons ce parallèle à db, et joignons bc; la surface bef est équivalente à la surface $bcdf$; en effet, en admettant que l'arc de courbe bc puisse être considéré comme se confondant avec sa corde, on aura :

$$bcf = bcdf - bic + die,$$

or les deux triangles bcd, ebd, sont égaux comme ayant même base et même hauteur, et si l'on en retranche la partie commune bid, les portions restantes bie et die seront égales, donc enfin :

$$bef = bedf.$$

Ce point étant résolu, soit abc (*fig.* 11), une ligne d'eau dont la dernière ordonnée est nulle, soit a la distance constante entre les ordonnées, k la distance de la dernière de ces ordonnées à l'aboutissement

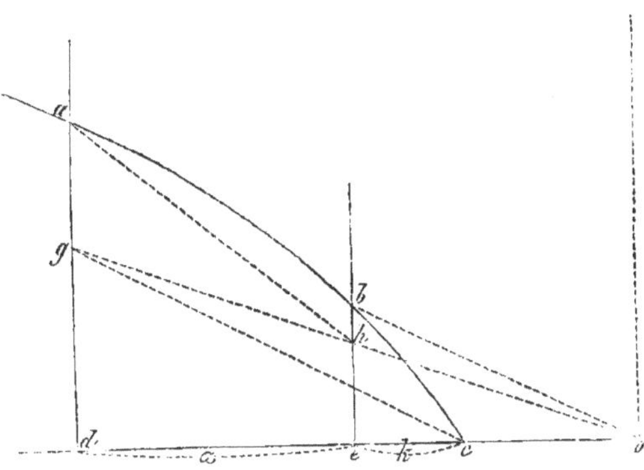

Fig. 11.

c sur l'axe, et y' l'ordonnée be, la surface de la ligne d'eau aura pour expression

$$S = a\left(\frac{y_0}{2} + y_1 + y_2 + \dots + \frac{y'}{2}\right) + \frac{ky'}{2};$$

pour ramener cette formule à la forme ordinaire, il faut substituer à l'ordonnée y' une autre ordonnée y'', telle que l'on ait :

$$\frac{ay}{2} + \frac{ky'}{2} = ay'', \quad \text{ou} \quad y'' = \frac{a+k}{2a}\,y';$$

pour construire cette valeur, joignons le point b à un point o éloigné du point c de la quantité constante a, et menons og parallèle à bo; les triangles semblables gcd, boe, donnent :

$$y' : gd :: a : a+k \qquad gd = y' \frac{a+k}{2a};$$

mais puisque $oe = de = a$, si l'on mène og, on aura $ch = \frac{ad}{2}$. Donc

$$ch = y' \times \frac{a+k}{2a} = y'';$$

ch est la quantité qu'il convient de substituer à be dans le tableau de déplacement.

11. De la stabilité sur une eau tranquille. Considérons un bâtiment en équilibre sur une eau calme, et soit FL (*fig.* 12) son plan

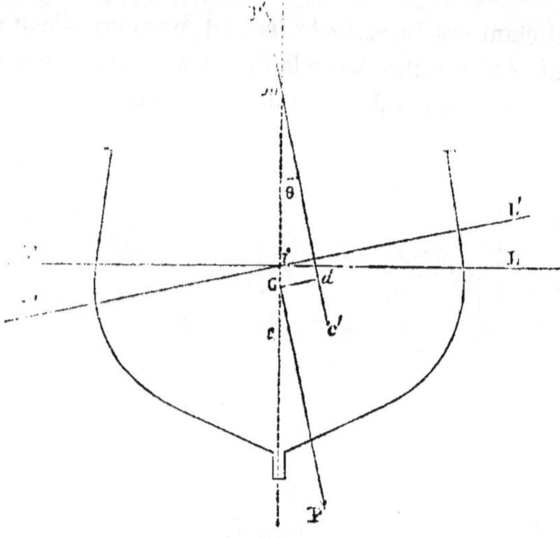

Fig. 12.

de flottaison; il est sollicité par deux forces égales et contraires, l'une égale au poids P de tout le système, dirigée de haut en bas et appliquée à son centre de gravité G, l'autre égale au déplacement $\pi \times$ V, dirigée de bas en haut et appliquée au centre de carène C; si par une cause quelconque le bâtiment est dérangé de sa position initiale, et prend une inclinaison θ, telle que la flottaison devienne F'L', le volume immergé de la carène reste le même, mais le centre de carène occupe une nouvelle position C'; le bâtiment est alors sollicité par les forces P et πV, appliquées respectivement au centre de gravité G et au nouveau centre de carène C′; ces deux forces constituent un couple qui tend à ramener le bâtiment à sa première position, et qui reçoit le nom de *couple de stabilité*. Le point m, où la nouvelle direction C′P′ de la poussée du liquide rencontre la verticale mC, est nommé le *métacentre*, et la distance de ce point au centre de carène C est le *rayon* du métacentre, nous le désignerons par la lettre ρ. Si du point G on abaisse Gd, perpendiculaires à C′P′, le couple des deux forces P et P′ aura pour expression $P \times Gd$, et en désignant par a la distance du centre de gravité au centre de carène, on aura :

$$Gd = mG \sin.\theta = (mC - GC) \sin.\theta = (\rho - a) \sin.\theta :$$

et
$$P \times Gd = P(\rho - a) \sin.\theta.$$

Telle est l'expression habituelle du couple de stabilité ; or la nouvelle carène, déterminée par la flottaison F′L′, est égale à l'ancienne diminuée d'un onglet projeté en FIF′ (*fig.* 13) et augmentée d'un

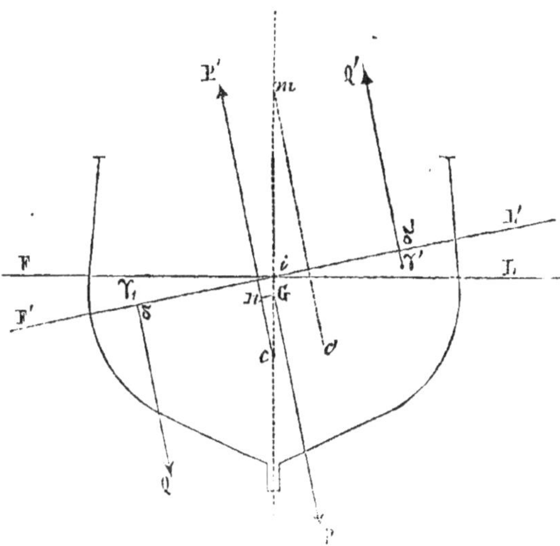

Fig. 13.

onglet d'égal volume projeté en LIL′ ; en sorte qu'en désignant par Q et Q′ les déplacements de ces onglets on peut, au lieu de la force P′ appliquée en C′, considérer la force P appliquée en C et les deux forces Q et Q′ appliquées aux centres de gravité γ et γ' des onglets et dirigées en sens contraire ainsi que l'indique la figure ; on peut également remplacer le couple unique $P \times Gd$, par la résultante des couples de signes contraires $P \times Gn$ et $Q \times \delta\delta'$. Le premier a pour expression $P \times a \sin. \theta$, et toutes les fois que le centre de gravité est situé au-dessus du centre de carène, ainsi que cela a toujours lieu pour nos bâtiments, il tend à augmenter l'inclinaison du navire; on lui donne le nom de *stabilité de poids*. Le deuxième couple, $Q\delta\delta'$, est de signe contraire au premier, il tend à ramener le navire à sa position initiale; il est nommé couple de *stabilité de forme*. Le couple final sera donc égal à la différence des deux, on a :

$$Q\delta\delta' - P a \sin. \theta.$$

Lorsque l'angle θ est très-petit, les deux onglets peuvent être considérés comme des solides de révolution, et l'on démontre facilement que leurs moments sont égaux, en sorte qu'au lieu de $Q\delta\delta'$, on peut écrire $2Q\delta i$; quant au déplacement de l'onglet, il est égal au produit de la longueur δi par la surface de la demi-flottaison, par l'angle θ et par la densité de l'eau de mer, expression dans laquelle tout est connu excepté δi, en sorte que finalement le calcul du couple de stabilité de forme est réduit à l'évaluation de cette quantité, ou en d'autres termes, au calcul de l'abscisse du centre de gravité de l'onglet. Soient donc (*fig.* 14) les projections horizontales des deux flot-

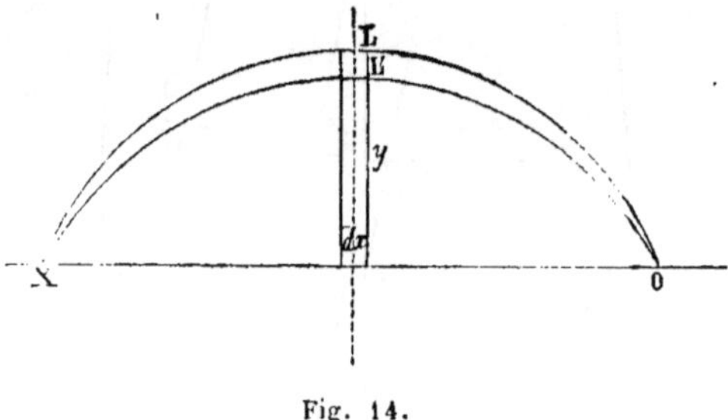

Fig. 14.

taisons FL et F'L'; le volume élémentaire compris entre ces deux surfaces et deux plans verticaux écartés d'une quantité dx aura pour expression :

$$y \sin. \theta \times \frac{y}{2} dx = \frac{y^2 dx \sin. \theta}{2};$$

le déplacement élémentaire correspondant et son moment seront respectivement,

$$\frac{\pi y^2 \sin. \theta \, dx}{2}, \quad \text{et} \quad \tfrac{2}{3} \frac{\pi y^3 dx \sin. \theta}{2},$$

et le moment final $2Q\delta i$ est égal à la somme des moments des éléments différentiels, prise dans toute l'étendue de la ligne d'eau, ce qui donne :

$$2Q\,\delta i = \tfrac{2}{3}\pi \sin.\theta \int y^3 dx\,;$$

en reportant cette valeur dans l'expression du moment de stabilité final, on trouve :

$$2Q\delta i - Pa \sin.\theta = \tfrac{2}{3}\pi \sin.\theta \int y^3 dx - Pa \sin.\theta = P(\rho - a) \sin.\theta\,;$$

et en remplaçant P par πV, on en déduit :

$$\rho = \tfrac{2}{3}\int \frac{y^3 dx}{V},$$

et l'expression générale du moment de stabilité devient :

$$\left(\frac{2}{3}\pi \int y^3 dx - Pa\right) \sin.\theta.$$

En résumé, pour une carène donnée la stabilité de forme augmente comme le cube des ordonnées de la flottaison, *par conséquent de faibles modifications apportées à la largeur du bâtiment auront une très-grande influence sur sa stabilité*; quant à la stabilité de poids, elle ne dépend que de la distance du centre de gravité au centre de carène, et toutes les fois que l'on aura pour but d'augmenter la stabilité, on devra s'attacher à réduire cette distance, en combinant convenablement la position des masses pesantes placées à bord.

Pour que la question soit complétement résolue, il reste à calculer numériquement la valeur de $\rho = \frac{2}{3}\int \frac{y^3 dx}{V}$; à cet effet, on posera $y^3 = u$ et, d'après les méthodes indiquées précédemment, on aura :

$$\int y^3 dx = \int u dx = a\left(\frac{u_0}{2} + u_1 + u_2 + \ldots, \frac{u_n}{2}\right);$$

et en remplaçant u_0, u_1, u_2 .... par leurs valeurs

$$\int y^3 dx = a\left(\frac{y_0^3}{2} + y_1^3 + y_2^3 + \ldots, \frac{y_n^3}{2}\right).$$

La quantité entre parenthèses s'obtient facilement à l'aide du tableau de déplacement, en faisant les cubes des ordonnées de la demi-flottaison, en prenant la moitié seulement de ces cubes pour les ordonnées extrêmes et en faisant la somme.

12. Calcul de la stabilité longitudinale. Les explications précédentes se rapportent à la stabilité *transversale* du navire, lorsqu'il est incliné autour d'un axe situé dans le plan diamétral; il est également intéressant de déterminer la stabilité *longitudinale*, ou l'effort qui tend à ramener le navire à sa position initiale lorsqu'il tourne autour d'un axe perpendiculaire au plan diamétral. Soient donc (*fig.* 15) FL, F'L', les deux flottaisons successives, G le centre de gravité C le centre de carène primitif, C' le nouveau centre de carène,

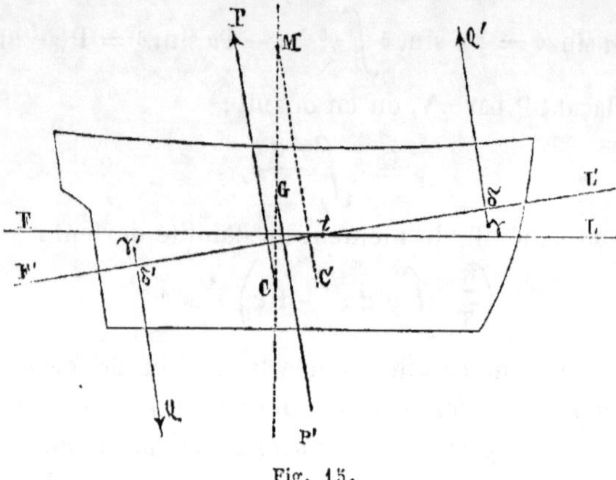

Fig. 15.

M sera le métacentre; en désignant par R la distance CM, et en conservant d'ailleurs les mêmes notations que précédemment, on aura :

$$P(R-a)\ sin.\ \theta = Q\delta\delta' - Pa sin.\ \theta;$$

l'intersection des plans FL, F'L', passe par leur centre de gravité, mais les formes de l'avant et de l'arrière sont trop différentes pour que l'on puisse considérer les moments des deux onglets pris par rapport à cette intersection comme égaux, et l'on devra les faire figurer séparément dans les calculs, ce qui donne :

$$P\,(R-a)\ \sin.\ \theta = \tfrac{1}{3}\pi\ \sin.\ \theta\left(\int y^3 dx + \int y'^3 dx\right) - Pa\ \sin.\ \theta,$$

en désignant par y les ordonnées de la partie arrière et par y' celle de la partie avant de la flottaison; de cette expression on déduit :

$$R = \tfrac{1}{3}\,\frac{\int y^3 dx + \int y'^3 dx}{V}.$$

Il est à remarquer que les ordonnées y et y' qui entrent dans cette formule sont dirigées dans le sens de la longueur et ne sont pas tracées sur le plan; on peut cependant se dispenser de les exécuter, et calculer la valeur de R au moyen des ordonnées transversales employées précédemment, en opérant de la manière suivante : représentons sur un plan horizontal la projection de l'onglet LiL' rapporté aux axes rectangulaires O X, et OY (*fig.* 16) et imaginons dans cet onglet une section ab, par un plan perpendiculaire à OX ; la surface de cette section sera : $2xy \sin. \theta$, le volume d'une tranche élémentaire ayant cette section pour base et une épaisseur égale à dx aurait pour expression : $2yx \sin. \theta\, dx$; et son déplacement $2\pi yx \sin. \theta\, dx$; quant à la distance du centre de gravité de ce volume à l'axe, il est évidemment égal à x, par conséquent son moment sera :

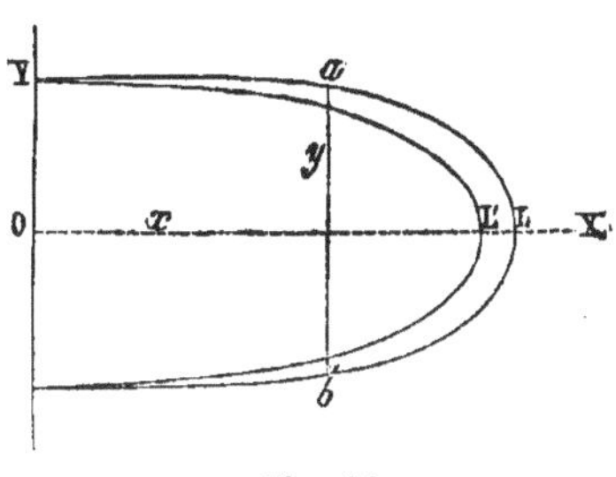

Fig. 16.

$$2\pi y x^2 \sin. \theta\, dx,$$

et le moment $Q\delta\delta'$ sera l'intégrale de cette quantité prise dans toute l'étendue de la flottaison de l'avant à l'arrière :

$$2\pi\theta \int x^2 y dx.$$

Pour déterminer cette intégrale nous opérerons comme précédemment ; en posant $x^2y = u$, on aura :

$$\int x^2 y dx = \int u dx = a\left[\frac{u_0}{2} + u_1 + u_2 + \ldots\ldots + \frac{u_n}{2}\right].$$

Quant aux valeurs de u et de a elles sont respectivement :

$$u_0 = x_0^2 y_0 \quad u_1 = x_1^2 y_1 \quad u_2 = x_2^2 y_2 \quad u_3 = x_3^2 y_3 \quad u_n = x_n^2 y_n$$
$$x_0 = o \quad x_1 = a \quad x_2 = 2a \quad x_3 = 3a \quad x_n = na;$$

par suite

$$\int u dx = a^3\left[\frac{y}{2} + y_1 \times 4y_3 + 9y_2 + \ldots\ldots + \frac{n^2 y_n}{2}\right].$$

On calculera cette expression à l'aide des données inscrites au tableau de déplacement et l'on en déduira finalement la valeur du couple de stabilité longitudinale, ou celle de R si c'est cette quantité qu'il importe d'obtenir.

15. Observations sur le moment de stabilité transversale. Pour qu'un bâtiment soit dans une position d'équilibre stable, il faut que le couple de *stabilité transversale* ait une valeur positive, ou, en d'autres termes, que le couple de stabilité *de forme* soit plus grand que le couple de stabilité de poids, ou enfin, d'après l'expression générale $P(\rho - a)\sin\theta$, que le rayon du métacentre soit plus grand que la distance du centre de gravité au-dessus du centre de carène. Si l'on avait $\rho = a$, le moment de stabilité serait nul, le bâtiment dérangé de sa position d'équilibre n'y serait ramené par aucune force, il conserverait l'inclinaison à laquelle il aurait été amené. Si ρ était plus petit que a, le couple de stabilité serait négatif, c'est-à-dire qu'aussitôt que le bâtiment aurait reçu une inclinaison quelconque, ce couple aurait pour effet de l'écarter de plus en plus de la position initiale; le bâtiment chavirerait complétement, ou se coucherait sur le côté, ou enfin prendrait une position stable correspondante à ses formes, mais qui serait le plus souvent tout à fait incompatible avec les conditions de navigabilité.

Pour les navires à voiles, le moment de stabilité doit être assez grand, non-seulement pour assurer la permanence de la position habituelle, mais encore pour équilibrer le moment d'inclinaison provenant de la voilure, sans que cette inclinaison devienne incommode ou dangereuse. En désignant par S la surface de voilure, par H la hauteur de son centre de gravité au-dessus de celui du bâtiment, et par K un coefficient constant; la force impulsive du vent peut être représentée par K S, et son moment par rapport à l'axe horizontal passant par le centre de gravité du navire, par K S H; elle fera incliner le navire jusqu'à ce qu'il y ait équilibre entre ce moment et celui de la stabilité, ou jusqu'à ce que l'on ait la relation :

$$(a) \qquad KSH = P(\rho - a)\sin\theta.$$

Si SH est déterminé, ainsi que l'angle θ, pour un bâtiment connu, dont le déplacement P est fixé à l'avance, la quantité $\rho - a$ devra être déduite de cette expression; mais les deux éléments ρ et a restent

(*a*) Il est supposé implicitement que les angles θ n'ont que de faibles valeurs; lorsqu'on imprime au bâtiment des inclinaisons considérables, la valeur du couple de stabilité change avec les inclinaisons; l'étude de la stabilité dans ces conditions entraîne à des considérations qui sortent du cadre que nous nous sommes proposé, et nous nous bornerons à l'étude de la stabilité pour des inclinaisons peu étendues, telles qu'elles se présentent dans les circonstances ordinaires de la navigation, il est reconnu d'ailleurs que pour des angles variant de 2 à 20°, on peut considérer le couple de stabilité et la valeur de ρ comme constants.

indéterminés jusqu'à un certain point, et l'on pourra donner plus ou moins d'importance à la stabilité de forme ou la stabilité de poids, suivant les conditions dans lesquelles on se trouvera placé.

14. Mesure expérimentale de la stabilité. Nous avons vu précédemment comment on calcule la quantité ρ; quant à celle que nous avons désignée par a, on ne peut pas la déterminer à priori; mais, une fois le bâtiment terminé et mis à la mer, on l'obtient très-exactement au moyen d'une expérience directe connue sous le nom *d'expérience de stabilité.* Le chargement étant disposé de manière à ramener l'axe du bâtiment dans une direction verticale, on place sur le pont des poids égaux p, p' (*fig.* 17), ayant leurs centres de

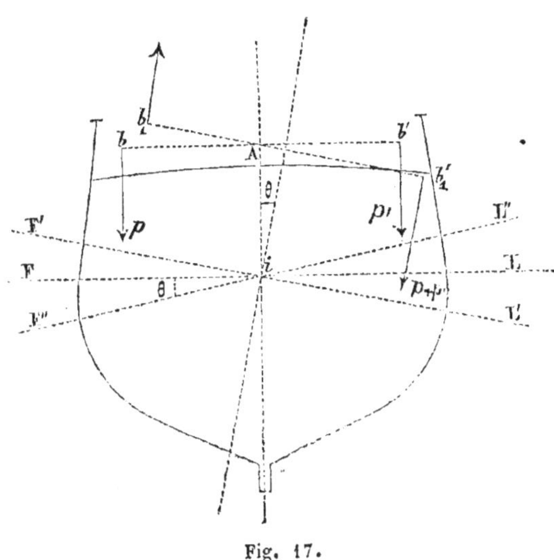

Fig. 17.

gravité b, b', également écartés du plan diamétral ; puis l'on fixe quelque part un fil à plomb ou un pendule de construction simple, propre à mesurer les inclinaisons du navire; les choses étant en cet état, on déplace un des poids tel que p pour l'ajouter à p', en ayant soin que le centre de gravité de la masse $p+p'$ reste à la même distance de l'axe que celui de p'; le bâtiment incline sous l'action d'un couple $M = 2p \times Ab' = p \times bb'$, jusqu'à ce que ce couple soit équilibré par la stabilité transversale, ou que l'on ait la relation

$$p \times bb' = P(\rho - a) \sin.\theta;$$

lorsque le bâtiment reste immobile dans sa nouvelle position, on observe la direction du fil à plomb ou du pendule qui en tient lieu, et l'on en déduit la valeur de l'angle θ ; la distance bb' est mesurée directement, la valeur de ρ a été calculée par les moyens ordinaires, en sorte que dans la relation précédente tout est connu, excepté a ; on calculera donc cette quantité, et l'on aura la position exacte du centre de gravité du navire rapportée à son centre de carène, et comme celui-ci est parfaitement défini, le centre de gravité le sera également.

L'expérience de stabilité a été imaginée par Borda, qui en faisait usage pour apprécier si la stabilité des bâtiments destinés à naviguer en escadre était suffisante; il avait établi à ce sujet la règle suivante: « *Placez à tribord autant d'hommes que la longueur du maître bau renferme de décimètres, et marquez extérieurement le point* L′ (fig. 17), *où s'arrête le niveau de l'eau; faites passer les mêmes hommes à bâbord, et marquez semblablement le point* L″ *correspondant à la nouvelle flottaison; si la distance* L′ L″ *est comprise entre* 15 *et* 25 *centimètres, la stabilité est bonne.* » On voit, d'après cet énoncé, que l'expérience de Borda est la même que celle que nous indiquions tout à l'heure, et qu'elle n'en diffère que par la manière d'opérer; si l'on désigne par l la largeur totale du bâtiment, $\sin.\,\theta = \frac{L'L''}{\frac{1}{2}l}$, et, par suite, la formule précédente donne :

$$\rho - a = \frac{p \times bb' \times \frac{1}{2}l}{P \times L'L''}$$

or, les quantités bb', $\frac{1}{2}l$ et p, d'après l'énoncé même de la règle, sont proportionnelles chacune à une dimension linéaire du bâtiment, et leur produit au cube de cette dimension; il en est évidemment de même pour la quantité P, en sorte que pour des bâtiments semblables, le rapport $\frac{p \times bb' \times \frac{1}{2}l}{P}$ est une constante, et si, conformément à l'énoncé de Borda, la quantité L′ L″ est également constante, il en résulte que ($\rho - a$) *doit avoir la même valeur* pour tous les bâtiments semblables.

D'un autre côté, on a :

$$KSH = P(\rho - a)\sin.\,\theta \qquad \sin.\,\theta = K \times \frac{SH}{P} \times \left(\frac{1}{\rho - a}\right);$$

or, des bâtiments destinés à naviguer de conserve doivent être animés de la même vitesse sous l'impulsion d'une même brise; ce qui exige que le rapport de la surface de voilure à la surface résistante, ou à celle du maître-couple, soit constant; il est clair, d'ailleurs, que pour des voilures de même espèce, H est proportionnel à une dimension linéaire du bâtiment; par conséquent, le rapport $\frac{SH}{P}$ est constant pour les navires semblables; donc, enfin, lorsque la valeur de $(\rho-a)$ sera constante, conformément à la règle de Borda, l'inclinaison θ sera la même pour tous les navires, sous l'action d'une même brise, condition évidemment nécessaire et rationnelle.

15. Rapport du moment de stabilité au moment de voilure. Dans l'ancienne flotte à voiles composée de types uniformes se rapprochant plus ou moins de ceux du célèbre Sané, la règle de Borda était parfaitement applicable, et la valeur constante de $(\rho-a)$ était d'environ $1^m 60$: il était avéré, en outre, que le centre de gravité du bâtiment était situé à très-peu près à la hauteur de la flottaison en charge. Mais depuis cette époque, il a été introduit dans la marine militaire des bâtiments de types et de formes très-différents, leur armement a également été sujet à des variations importantes, en sorte que la position du centre de gravité, et la valeur de $(\rho-a)$ ne présentent plus la même uniformité que par le passé; dans ces conditions, la règle de Borda devient insuffisante, et l'on doit en revenir à estimer l'inclinaison probable θ du bâtiment au moyen du rapport *du moment de voilure* au *moment de stabilité.* Ce rapport doit être déterminé non-seulement dans le cas de l'armement complet, mais encore après la consommation des vivres, car dans cet état la stabilité est généralement plus faible qu'en pleine charge, et il est bon de s'assurer si elle est suffisante pour que le bâtiment puisse encore porter sa voilure avec sécurité.

Nous avons réuni dans le tableau n° I, ci-joint, les éléments de la stabilité pour les bâtiments de la flotte à voiles qui a précédé la flotte actuelle des navires à hélices. On y remarque que la valeur de $(\rho-a)$ varie de $1^m 90$ à $1^m 40$ en pleine charge, et de $1^m 48$ à $1^m 26$ après consommation des vivres; quant au rapport du moment de stabilité au moment de voilure, il est un peu plus faible pour les petits navires que pour les grands, ce qui revient à dire que les petits bâtiments sont relativement plus chargés de voilure.

TABLEAU N° 1.

STABILITÉ DES BATIMENTS A VOILES.

	DÉSIGNATION DES BATIMENTS.		Déplacement P.	HAUTEUR du métacentre au-dessus du centre de carène ρ	HAUTEUR du centre de gravité au-dessus du centre de carène a.	DISTANCE du centre de gravité à la flottaison. + en dessus, — en dessous.	VALEUR de (ρ — a)	MOMENT de stabilité M	MOMENT de voilure M'	VALEUR du rapport $\frac{M}{M'}$
			tonn.	m.	m.	m.	m.	t. m.	t. m.	
Vaisseaux	*Turenne* de 100 canons	Complétement armé	4300	4,510	2,960	+ 0,250	1,550	6 666	81 219	0,082
		Après consommation	3950	4,720	3,501	+ 0,931	1,219	4 823	80 368	0,059
	Le Tage de 90 canons	Complétement armé	4495	4,340	2,705	— 0,115	1,635	7 349	75 920	0,096
		Après consommation	4100	4,550	3,221	+ 0,595	1,329	5 449	75 071	0,078
	Breslaw de 90 canons	Complétement armé	4244	4,125	2,730	— 0,070	1,395	5 780	75 859	0,076
		Après consommation	»	»	»	»	»	»	»	»
Frégates	*Andromaque* de 60 canons	Complétement armé	2503	3,820	1,912	— 0,298	1,908	»	»	»
		Après consommation	2324	3,980	2,596	+ 0,054	1,387	»	»	»
	Alceste de 52 canons	Complétement armé	2219	3,600	2,030	— 0,014	1,570	8 485	51 361	0,067
		Après consommation	2058	3,700	2,385	+ 0,285	1,315	2 709	50 994	0,053
	Jeanne d'Arc de 44 canons	Complétement armé	1716	3,605	2,166	+ 0,191	1,439	2 470	39 210	0,063
		Après consommation	1580	3,715	2,455	+ 0,330	1,260	1 991	38 937	0,051
Corvettes	*Euridice* de 30 canons	Complétement armé	1212	3,675	1,976	+ 0,376	1,699	2 059	26 434	0,077
		Après consommation	»	»	»	»	»	»	»	»
Bricks	*Obligado* de 10 canons	Complétement armé	570	2,730	1,900	— 0,180	1,540	878	13 448	0,065
		Après consommation	536	2,800	1,320	+ 0,000	1,480	857	13 402	0,059

Pour les bâtiments à vapeur proprement dits, tels que les navires à roues, les voiles ne jouent qu'un rôle tout à fait secondaire, il en est même, comme les paquebots, où elles ne doivent être employées que dans des cas exceptionnels. Pour ces bâtiments le moment de stabilité en charge ne doit donc plus être calculé en vue d'équilibrer le moment de voilure, mais plutôt dans le but d'assurer au navire des inclinaisons et des roulis modérés, sous l'action des causes extérieures qui le sollicitent. On arrive à ce résultat avec des valeurs de $(\rho-a)$ bien inférieures à celles qui étaient jugées nécessaires pour les navires à voiles, et il est même préférable, pour les qualités nautiques du bâtiment, que la stabilité ne soit pas trop considérable. Il est d'ailleurs de la dernière importance d'apprécier la stabilité des bâtiments à vapeur, après la consommation du charbon et des vivres; car, l'approvisionnement de charbon entrant pour une fraction importante du chargement total, lorsqu'il est épuisé le navire émerge de quantité considérable, quelquefois de plus d'un mètre; dans cet état, les valeurs de ρ et de a diffèrent notablement de celles qui correspondent à l'état de chargement complet, et, en général, le moment de stabilité diminue beaucoup et pourrait devenir insuffisant. Si le bâtiment n'est pas rendu à destination lorsque son charbon est épuisé, c'est alors qu'il est indispensable de faire usage des voiles; c'est donc avec le moment de stabilité lége que le moment de voilure doit être comparé; il pourra en résulter une surface de voilure minime relativement à celle du maître couple; mais il est évident que dans ce cas, la condition de stabilité domine et que la vitesse doit être sacrifiée.

Pour les bâtiments de guerre à hélice, l'importance de la mâture est plus considérable que pour les navires à roues, et l'on s'attache, autant que possible, à conserver la faculté de naviguer à la voile avec de belles vitesses; mais c'est encore la stabilité lége qui donne la mesure de la voilure que l'on peut leur assigner. On peut, il est vrai, compenser en partie la diminution de stabilité provenant de la consommation du charbon, en le remplaçant par de l'eau introduite dans des soutes *étanches*, construites dans cette prévision; néanmoins la voilure des bâtiments à hélices est en général inférieure à celle des navires à voiles de même rang.

Nous donnons au tableau n° II les éléments de la stabilité des différents types de navires à vapeur. On y remarque que la valeur de $(\rho-a)$ est assez faible. Cette valeur est considérée comme suffisante pour les navires à roues, lorsqu'elle est égale à $0^m,80$; pour les navires à hélices, elle est plus considérable et se rapproche, surtout à l'état de chargement complet, de celle des bâtiments à voiles, mais elle est plus faible à l'état lége ; en sorte que la stabilité, qui est peut-être un peu exagérée dans le premier cas, n'est que suffisante dans le deuxième.

On voit, d'après les considérations précédentes, qu'il est nécessaire de connaître la valeur du couple de stabilité, non-seulement au tirant d'eau normal, mais encore à différents états de chargement; il est donc également nécessaire d'avoir les ordonnées des centres de carènes et les valeurs de ρ, à différents degrés d'immersion de la carène. On calcule en effet ces quantités pour les différentes lignes d'eau du plan, et l'on trace des courbes continues, analogues à l'échelle de solidité, qui donnent les hauteurs du métacentre au-dessus du centre des carènes pour des tirants d'eau quelconques. Quant à l'expérience de stabilité, on se contente ordinairement de l'exécuter pour un cas bien circonstancié; elle détermine la position exacte du centre de gravité pour ce cas; pour un autre état de chargement, on trouve, au moyen des courbes que nous venons d'indiquer, le tirant d'eau et la valeur de ρ; quant à la position du centre de gravité, on la calcule en faisant la différence entre les sommes des moments des poids ajoutés ou retranchés, pour passer du premier cas considéré à celui que l'on se propose d'envisager ; ces éléments étant ainsi déterminés, on en déduit la valeur de $(\rho - a)$ ou le nouveau moment de stabilité.

16. Stabilité insuffisante, moyens d'y remédier. Soit faute d'avoir convenablement calculé ses divers éléments, soit par suite de changements apportés dans des dispositions intérieures primitivement bien conçues, ou enfin par suite d'erreurs quelconques, il peut arriver que la stabilité d'un bâtiment soit insuffisante. Mais cette insuffisance de stabilité est relative : ainsi un bâtiment à voiles sera considéré comme manquant de stabilité, s'il ne peut porter une voilure en rapport avec la surface de son maître couple ; tandis que pour un bâtiment à vapeur on ne se préoccupera du manque de stabilité que si les roulis sont excessifs sous l'influence de causes ordinaires. Dans ces dernières années, il a été produit quelques bâtiments dépourvus de stabilité, et cette circonstance a permis d'apprécier les valeurs limites de $(\rho - a)$; un vaisseau à trois ponts a été trouvé faible de côté, avec une valeur de $(\rho - a) = 0^m,80$, et un bateau à vapeur à roues a paru manquer *totalement* de stabilité avec $(\rho - a) = 0^m,30$; ce dernier prenait, sur une eau calme, des roulis

TABLEAU N° II.

STABILITÉ DES BATIMENTS A VAPEUR.

	DÉSIGNATION DES BATIMENTS.		Déplacement P.	Hauteur du métacentre au-dessus du centre de carène ρ.	Hauteur du centre de gravité au-dessus du centre de carène a.	Distance du centre de gravité à la flottaison, + en dessus, — en dessous.	Valeur de (ρ — a)	Rapport du moment de stabilité au moment de voilure ou $\frac{M}{M'}$.
			tonn.	m.	m.	m.	m.	
Bâtiments à roues.	*Le Gomer*, de 450 chevaux.	Armement complet.	2603	3,128	2,069	—0,038	1,059	0,083
		Vivres et charbon consommés.	»	»	»	»	»	»
	Le Colbert, de 320 chevaux.	Armement complet.	1447	2,537	1,305	»	0,832	0,072
		Vivres et charb. cons.	1171	2,890	2,050	»	0,840	0,059
	Le Cassini, de 220 chevaux.	Armement complet.	1202	2,104	1,064	—0,064	1,040	0,100
		Vivres et charb. cons.	872	2,616	1,592	+0,279	1,204	0,046
	L'Ardent, de 160 chevaux.	Armement complet.	918	1,971	1,202	—0,214	0,769	0,085
		Vivres et charb. cons.	659	2,430	1,492	—0,390	0,910	0,076
	Le Galilée, de 120 chevaux.	Armement complet..	397	1,669	0,955	—0,045	0,714	0,060
		Vivres et charb. cons.	334	1,905	1,197	+0,304	0,708	0,050
Bâtiments à hélices.	*Le Napoléon*, de 90 canons.	Armement complet..	5351	3,840	2,210	—0,734	1,630	0,115
		Vivres et charb. cons.	4680	4,160	2,530	—0,188	1,630	0,100
	Austerlitz, vaisseau de 100 c.	Armement complet..	4431	4,530	2,734	—0,036	1,796	0,087
		Vivres et charb. cons.	4067	4,630	3,050	+0,390	1,580	0,065
	Charlemagne, vaisseau de 90 c.	Armement complet..	4112	4,230	2,935	+0,225	1,295	0,073
		Vivres et charb. cons.	3817	4,425	3,367	+0,797	1,058	0,056
	L'Isly, frégate de 600 ch.	Armement complet..	2922	3,320	1,718	+0,332	1,602	0,114
		Vivres et charb. cons.	2359	3,770	2,570	+0,066	1,200	0,073
	D'Assas, corvette de 400 ch.	Armement complet..	1959	2,750	1,722	—0,157	1,028	0,094
		Vivres et charb. cons.	1532	3,190	2,386	+0,076	0,804	0,058
	Phlegeton, corvette de 400 ch.	Armement complet..	1551	2,850	1,665	—0,200	1,185	0,074
		Vivres et charb. cons.	1333	3,200	2,015	+0,475	1,185	0,064
	Duroc, aviso de 100 chev.	Armement complet..	483	2,380	1,050	+0,030	1,330	0,075
		Vivres et charb. cons.	393	2,636	1,276	+0,421	1,360	0,070

très-lents et tellement amples que l'on pouvait craindre à chaque instant qu'il ne se relevât pas.

Lorsque ce défaut se présente, on a différents moyens pour y remédier. On commence par diminuer a en abaissant le centre de gravité total, soit en ajoutant du lest, soit en réduisant le poids de l'artillerie, soit en abaissant la mâture, ce qui entraîne en même temps une réduction dans la surface de voilure et dans le moment d'inclinaison. Si ces moyens combinés ne suffisent pas, il faut augmenter la valeur de ρ, ce qui exige que l'on change les formes de la carène, en augmentant sa largueur ; on y parvient en rapportant dans le voisinage de la flottaison, par-dessus le bordé ordinaire de la carène, des bordages en sapin, de manière à constituer ce que l'on nomme un *soufflage;* la valeur de ρ croissant comme les cubes des ordonnées de la flottaison, on conçoit qu'un soufflage d'une épaisseur modérée suffise pour donner un accroissement de stabileté fort notable. Sur le vaisseau que nous indiquions tout à l'heure, un soufflage de $0^m,40$ de chaque bord a ramené la stabilité aux conditions ordinaires; pour le bateau à vapeur, le soufflage a été plus considérable et son épaisseur a été portée à $0^m,80$.

17. Différence de tirant d'eau. Lorsqu'un bâtiment est à flot, son assiette sur l'eau, ou, en d'autres termes, sa *différence de tirant d'eau* dépend des positions relatives de son centre de gravité et de son centre de carène, ainsi que de sa stabilité longitudinale.

Soient G (*fig.* 18) le centre de gravité, C le centre de carène correspondant à la flottaison sans différence F L et p la distance G b, du

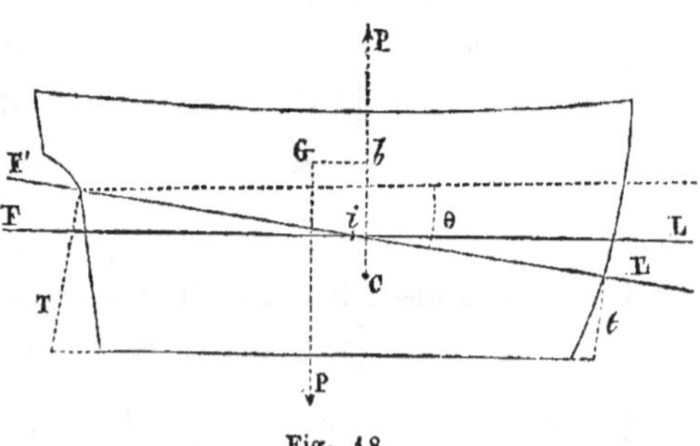

Fig. 18.

centre de gravité au centre de carène; pour maintenir le bâtiment dans la position indiquée sur la figure, il faudrait lui appliquer un couple égal et contraire à P p, susceptible d'équilibrer le couple de stabilité provenant de l'inclinaison θ des deux flottaisons FL, F'L', et l'on aura la relation :

$$Pp = P\,(R - a)\,\theta.$$

D'ailleurs, si on désigne par T et t les tirants d'eau arrière et avant, et par L la longueur du bâtiment, on a :

$$\theta = \frac{T - t}{L} \qquad \text{et} \qquad Pp = P\,(R - a)\,\frac{T - t}{L}\,;$$

d'où l'on tire :

$$T - t = \frac{Lp}{R - a}.$$

Ce qui nous montre que la différence de tirant d'eau sera déterminée si l'on connaît les quantités p et R. Dans la pratique, c'est la différence de tirant d'eau qui est donnée *à priori*, et c'est p qu'il convient de calculer, de manière à arriver à cette différence. Ce calcul est d'une importance capitale pour les bâtiments à vapeur, dans lesquels les machines et le charbon entrent pour une fraction tellement considérable de leur chargement, que, suivant la position qui leur est assignée, ils peuvent se trouver en différence sur l'avant ou sur l'arrière, sans qu'il soit possible de modifier sensiblement leur assiette par un simple changement dans la distribution des poids composant l'armement. On calcule la position du centre de gravité du chargement, en employant les méthodes ordinaires qui sont d'une application facile ; mais pour le centre de gravité de la coque ces méthodes seraient en défaut ; et l'on devra le déterminer au moyen d'une expérience de stabilité exécutée sur le bâtiment totalement lége. Il suffit d'ailleurs de quelques expériences de stabilité exécutées avec soin sur les principaux types de navires, pour que la position du centre de gravité de la coque puisse être estimée par comparaison sur les bâtiments analogues. Connaissant ainsi les positions respectives des centres de gravité de la coque et du chargement, on en déduira celle du centre de gravité finale et par suite la quantité p.

18. Du roulis sur une mer agitée. Dans ce qui précède, nous avons calculé l'expression de la stabilité du navire sur une mer calme et unie, et nous avons fait connaître les applications dont elle est susceptible dans la pratique. Lorsqu'un bâtiment est placé sur une mer agitée, il éprouve des oscillations connues sous le nom de *roulis*, lorsqu'elles ont lieu autour d'un axe longitudinal, et de *tangage* quand elles s'effectuent autour d'un axe transversal. L'amplitude et la vitesse de ces oscillations constituent ce que l'on peut appeler la ***stabilité dynamique*** du bâtiment. Les lois de la stabilité ainsi définie sont assez compliquées; on parvient cependant à déterminer d'une manière satisfaisante leurs principaux éléments.

[1] Imaginons un bâtiment flottant sur une mer houleuse, dont l'inclinaison soit représentée par $f''l''$ (*fig.* 19), et supposons pour plus de simplicité que l'axe longitudinal du bâtiment soit parallèle à celui de la lame, en sorte que $f''l''$ représente le plan de flottaison effectif;

Soit : H l'angle de la lame avec l'horizon fl;

R l'angle que l'axe oz du bâtiment fait avec la verticale du monde;

$f'l'$ la flottaison perpendiculaire au plan diamétral; elle fait avec l'horizontale fl un angle R;

g le centre de gravité du bâtiment;

o le centre de carène pour la flottaison $f'l'$.

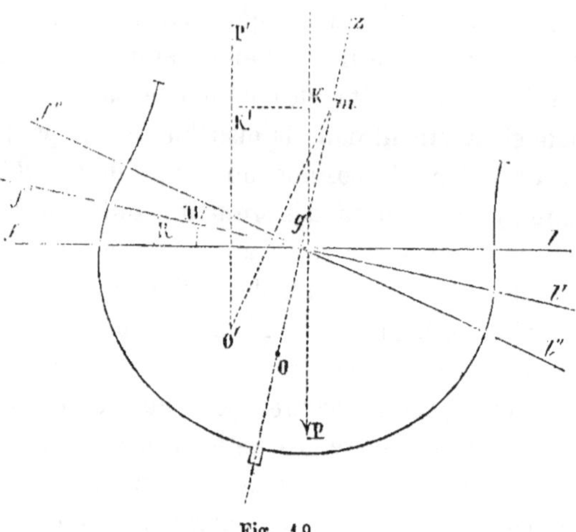

Fig. 19.

$f''l''$ étant la direction de la surface liquide sur laquelle repose le bâtiment, ou autrement dit le plan de flottaison actuel, le centre de carène occupera une nouvelle position o', et le bâtiment sera sollicité par deux forces P et P', égales et contraires, dirigées verticalement,

1. Ces considérations sont extraites d'un Mémoire de M. Dupuy de Lôme, directeur du matériel au ministère de la marine et des colonies, inséré au *Mémorial du génie maritime*, 4e livraison, année 1859.

et appliquées l'une en g et l'autre en o'; ces deux forces constituent un couple qui tend à faire incliner le bâtiment dans la direction $f'' l''$, et dont l'expression est égale à P multiplié par la distance horizontale des deux forces P et P'.

Par le point o' menons une normale à la flottaison $f'' l''$, elle rencontre l'axe oz du bâtiment en un point m, qui n'est autre chose que le métacentre transversal ; pourvu que les inclinaisons du navire, par rapport à $f'' l''$, ne dépassent pas 20°, on peut considérer les distances om et $o'm$ comme égales, et en employant les notations habituelles, on aura sur la figure :

$$og = a, \qquad om = o'm = \rho, \qquad gm = \rho - a;$$

ou en remarquant que gm est une constante dans les limites des inclinaisons supposables, et en posant $gm = d$, on a :

$$om = o'm = a + d.$$

Si l'on abaisse une perpendiculaire du point m sur les parallèles gP, o'P', on aura pour expression du couple des deux forces P et P';

$$\mathrm{P} \times kk' = \mathrm{P}\,(mk' - mk) = \mathrm{P}\,[\,(a+d) \sin \mathrm{H} - d \sin \mathrm{R}\,]. \qquad (1)$$

Supposons en premier lieu le navire vertical et soumis à l'action d'une houle inclinée sur l'horizon de l'angle H ; on aura R $= o$, et le couple qui tend à incliner le bâtiment dans le même sens que la houle, devient :

$$\mathrm{P}\,(a + d) \sin \mathrm{H} = \mathrm{P}\rho \sin \mathrm{H}\,; \qquad (2)$$

c'est-à-dire égal au poids du navire multiplié par le sinus de l'inclinaison de la houle et par la valeur de ρ, qui ne dépend que des formes de la carène, quelle que soit d'ailleurs la position du centre de gravité. Ce couple diminue d'intensité à mesure que le navire obéit à la lame, et sa valeur est donnée à chaque instant par l'expression (1). Lorsque l'axe oz du navire est normal à la houle, on a R $=$ H, et l'expression du couple d'inclinaison se réduit à :

$$\mathrm{P}\,a \sin.\ \mathrm{H}. \qquad (3)$$

Le bâtiment continuera donc à s'incliner du côté de la houle, et la flottaison $f' l'$, normale à l'axe, passera au-dessous du plan $f'' l''$ (*fig.* 20). Dans cette nouvelle période de l'oscillation, les valeurs du couple d'inclinaison sont toujours données par la formule (1), et le bâtiment s'arrêtera lorque cette valeur sera nulle, ou que l'on aura :

$$(a+d) \text{ sin. H} = d \text{ sin. R}, \qquad \text{sin. R} = \left(\frac{a}{d}+1\right) \text{ sin. H}. \qquad (4)$$

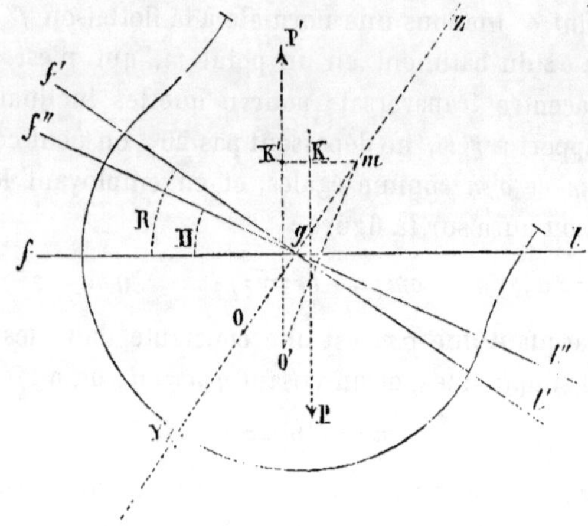

Fig. 20.

ce qui montre que le sinus de l'angle d'inclinaison au roulis sur un bord est égal au sinus de l'angle d'inclinaison de la houle, multiplié par la quantité $\left(\frac{a}{d}+1\right)$.

Enfin, si on suppose que l'axe du bâtiment ayant encore la direction *o z* (*fig.* 20), la houle prenne une direction symétrique, la valeur du couple d'inclinaison devient :

$$\text{P } (a+d) \text{ sin H} + \text{sin. R}; \qquad (5)$$

c'est en vertu de l'action de ce couple qne le bâtiment sera rejeté du bord opposé.

En résumé, il résulte des formules 2, 3, 4 et 5, que pour une même valeur de d, les forces accélératrices des roulis, ainsi que les amplitudes de ceux-ci, croissent avec a; par conséquent, si pour une même valeur de d on agrandit a, on accroît en même temps l'amplitude et la vivacité du roulis.

Si l'on agrandit a et d dans un même rapport, l'inclinaison statique du navire reste la même; mais les forces accélératrices des roulis étant proportionnelles à a, et les forces de rappel augmentant à la fois avec a et avec d, il en résulte que les roulis seront à la fois plus amples et plus vifs.

Si l'on suppose a constant et que l'on augmente d, la vivacité du roulis s'accroît, mais son amplitude diminue.

Pour avoir un roulis à la fois doux et d'une faible amplitude, il faut réduire au minimum la quantité $\left(\frac{a}{d}+1\right)$ en s'attachant en même temps à donner à a et à d les valeurs les plus faibles possibles. a peut être égal à o; quant à d, il peut être réduit à la quantité nécessaire pour que le moment de stabilité Pd conserve avec le moment de voilure le rapport convenable; dans ces conditions le moment d'inclinaison produit par la houle sur le navire primitivement vertical, serait Pd Sin. H; le couple d'inclinaison serait nul lorsque l'axe du bâtiment serait normal à la lame, le navire oscillerait doucement d'un bord à l'autre, sans dépasser sensiblement les inclinaisons de la houle. Dans un navire de guerre, il est impossible d'obtenir $a = o$; mais on ne devra pas moins s'attacher à réduire la distance du centre de gravité au centre de carène, tout en ne donnant à d que la valeur strictement nécessaire.

Lorsque l'on considère la stabilité au point de vue purement statique, il suffit que la valeur de d ou de $(\rho - a)$ soit assez grande pour assurer au moment de stabilité, P $(\rho - a)$, la valeur nécessaire pour équilibrer le moment de voilure, et peu importe que ce résultat soit obtenu avec de grandes ou de petites valeurs de ρ et de a; mais lorsque l'on veut tenir compte de la vivacité et de l'amplitude du roulis, il n'en est plus de même, et les considérations précédentes démontrent que ce sont les valeurs absolues de a et de d, ou en d'autres termes de a et de $\rho - a$ qu'il convient d'examiner.

La vivacité des roulis dépendra principalement de ρ, et leur amplitude du rapport $\frac{\rho}{\rho - a}$, ce rapport sera donc un élément de comparaison qui servira pour apprécier les qualités des roulis des différents bâtiments.

19. De la durée des oscillations de roulis. Dans ce qui précède, nous venons d'envisager le roulis comme résultant des actions combinées de l'inclinaison des lames et des couples de *stabilité de forme* et de *stabilité de poids*; il y a lieu également d'examiner l'influence de l'inertie des masses qui composent le navire, sur la durée de ses oscillations : considérons donc un bâtiment placé sur une eau calme et abandonné à lui-même, après avoir été écarté de sa position d'équilibre, d'un angle φ (fig. 21) ; il décrit des oscillations de part et d'autre de la verticale, et nous supposerons qu'elles s'effectuent autour d'un axe horizontal passant par le centre de gravité G, et situé dans le plan longitudinal.

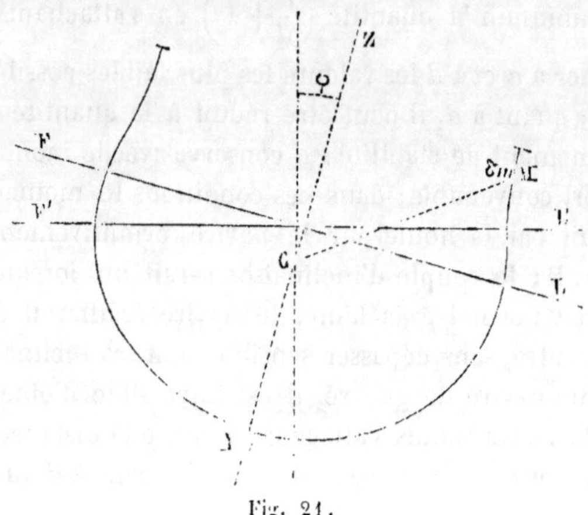

Fig. 21.

Soit h, la hauteur du métacentre au-dessus du centre de carène;
ω, la vitesse angulaire d'une masse quelconque δm, située en M;
r, la distance de cette masse, au centre de gravité G.

Le bâtiment tend à être ramené à la position verticale en vertu du couple de stabilité $Ph\varphi$; pendant l'oscillation qu'il décrit, la masse δm est sollicitée par la pesanteur, par la force centrifuge dirigée suivant GM, et égale à $\delta m \times r\omega^2$, et par une force d'inertie tangentielle, perpendiculaire à GM et égale à $r\,\frac{d\omega}{dt}$;

L'ensemble des masses qui composent le navire est donc sollicité par les forces suivantes :

Le poids P du navire;

Le couple de stabilité $Ph\varphi$;

La somme des forces centrifuges, $\Sigma\,\delta m\, r\omega^2$;

La somme des forces d'inertie tangentielles, $\Sigma\, r\delta m\,\frac{d\omega}{dt}$.

Si le navire est convenablement construit, il ne doit pas se déformer sous l'action de ces forces, et par conséquent la somme de leurs moments par rapport au centre de gravité doit être égal à zéro, ce qui donne la relation :

$$Ph\varphi + \Sigma\delta m r^2 \frac{d\omega}{dt} = 0$$

ou en remarquant que :

$$\omega = \frac{d\varphi}{dt}, \qquad \frac{d\omega}{dt} = \frac{d^2\varphi}{dt^2};$$

on a :

$$Ph\varphi + \frac{d^2\varphi}{dt^2}\,\Sigma r^2\delta m = 0.$$

Dans cette relation la variable est l'angle φ et les quantités $\Sigma r^2\delta m$ et Ph sont des constantes; en posant :

$$c^2 = \frac{Ph}{\Sigma r^2\delta m};$$

les relations précédentes deviennent :

$$c^2\varphi + \frac{d^2\varphi}{dt^2} = 0.$$

Cette équation est celle d'un pendule simple dont la longueur serait:

$$l = \frac{g}{c^2} = g \times \frac{\Sigma r^2\delta m}{Ph};$$

par conséquent le navire oscille comme un pendule simple, dont toute la masse serait concentrée en son centre de gravité, et dont la longueur serait proportionnelle au rapport du moment d'inertie au moment de stabilité.

Quant à la durée t d'une oscillation complète, elle est donnée par la relation :

$$t = \pi\sqrt{\frac{l}{g}} = \pi\sqrt{\frac{\Sigma r^2\delta m}{Ph}};$$

Pour une amplitude donnée, les roulis seront d'autant plus lents que le temps t sera plus considérable, et à ce point de vue il y aura avantage à augmenter le moment d'inertie $\Sigma r^2\delta m$, en écartant autant que possible les masses pesantes du plan diamétral; dans certains cas il pourrait même être avantageux de diminuer Ph; mais en tout cas, pour avoir des roulis satisfaisants, on devra maintenir un certain rapport entre le moment d'inertie et le moment de stabilité.

En réalité, les roulis du navire seront la résultante des deux roulis considérés isolément et provenant, l'un de l'inclinaison de la houle, et l'autre de l'inertie des masses en mouvement, et il y aura lieu de satisfaire à la fois aux conditions rationnelles imposées par l'une et par l'autre de ces deux causes.

En résumé donc : la stabilité *statique* sera déterminée par son rapport au moment de voilure : $\frac{P(\rho - a)}{SH}$; pour que le bâtiment ait des roulis d'une amplitude et d'une vivacité modérée, on devra s'attacher à réduire le plus possible la valeur du rapport $\frac{\rho}{\rho - a}$; et enfin, à amplitude égale, les roulis seront d'autant plus lents que le rapport $\frac{\Sigma r^2 \delta m}{P(\rho - a)}$ sera plus considérable. Nous avons indiqué précédemment les valeurs usuelles du rapport $\frac{P(\rho - a)}{SH}$, quant au rapport $\frac{\rho}{\rho - a}$, nous nous bornerons à indiquer qu'il est égal à 2,43 pour le vaisseau le *Napoléon*, dont les roulis sont à la fois d'une faible amplitude et d'une grande douceur, et qu'il atteint 3,35 pour le vaisseau le *Jemmapes*, dont les roulis sont très-amples et très-vifs ; ce dernier chiffre devra donc être considéré comme une limite supérieure, à laquelle il conviendra de rester notablement inférieur. Quant au rapport du moment d'inertie au moment de stabilité, il ne présenterait qu'un intérêt secondaire si l'on ne devait jamais construire que des bâtiments de même espèce ; mais pour des navires dont la structure présente des différences considérables, il prend au contraire une importance capitale, et il est indispensable de s'assurer s'il reste compris entre les limites convenables.

20. Détermination expérimentale du moment d'inertie du navire. — Le calcul direct du moment d'inertie d'un bâtiment complétement terminé et armé, présente certaines complications qui rendent son exactitude fort problématique, et l'on ne peut arriver à quelque chose de satisfaisant qu'en opérant par comparaison, en déduisant le moment d'inertie cherché, de celui d'un bâtiment connu, en tenant compte des différences provenant des masses ajoutées ou retranchées. Pour opérer de la sorte, il faut préalablement déterminer le moment d'inertie du bâtiment que l'on prend pour point de départ, et l'on y arrive à l'aide d'une expérience directe analogue à l'expérience de stabilité ordinaire. Voici en quoi consiste cette expérience : le bâtiment étant complétement armé, l'équipage est placé par files le long du bord ; à un commandement donné, on fait avancer tous les hommes d'une bordée, de *tribord* par exemple, vers le milieu, puis au moment où l'oscillation du navire commence à se prononcer, on fait avancer tous les hommes de *bâbord* vers le plan diamétral, tandis que la bordée de *tribord* se reporte vers la muraille; en répétant plusieurs fois la même manœuvre, on parvient à imprimer au bâtiment des oscillations qui atteignent 15 à 20 cent. sur un rayon de 2 mètres de longueur et par conséquent fort appréciables; lorsque les choses en sont arrivées à ce point, on ramène l'équipage à la position initiale, on maintient les hommes au repos, et, au moyen de pendules disposés à l'avance, on compte les oscillations du navire; de cette observation on déduit le temps t, d'une oscillation simple, on a préalablement mesuré le moment Ph, par une expérience de stabilité, et par suite, de la relation

$$t = \pi \sqrt{\frac{\Sigma r^2 \delta m}{Ph}},$$

on peut déduire la valeur de $\Sigma r^2 \delta m$.

Dans la pratique, ce qu'il importe de connaître, c'est moins la valeur absolue du temps t qu'une quantité proportionnelle à ce temps; or l'expression $\Sigma r^2 \delta m$ est égale à $\frac{1}{g} \times \Sigma r^2 \delta P$, qui peut se mettre sous la forme $\frac{1}{g} \times R^2 P$; dès lors le temps t est *proportionnel* à $\frac{PR^2}{Ph}$, ou a $\frac{R^2}{h}$, et l'on pourra prendre la valeur de ce rapport pour terme de comparaison.

Quoi qu'il en soit, l'expérience en question a été faite sur quelques bâtiments à hélice, et voici les résultats qu'elle a fournis:

	Donawerth. Vaisseau de 3e rang.	*Danaé.* Frégate de 2e rang.	*Junon.* Frégate de 2e rang.
$t =$	5″,8	5″,3	5″,4
$\Sigma r^2 \delta p =$	201 000tm²	105000tm²	143 533tm²
$R =$	7,00	6,64	6,43
$h =$	1,45	1,58	1,41
$\frac{R^2}{h} =$	33,6	27,8	28,9

Pour compléter ce qui est relatif à l'étude des roulis, nous ajouterons à ce qui précède quelques résultats d'observations faites par M. Delautel, sous-ingénieur de la marine, sur la durée des oscillations de plusieurs navires en cours de navigation : la durée des roulis est de 6″ pour le vaisseau de premier rang la *Bretagne*, avec des mouvements très-doux; la frégate l'*Audacieuse* a des roulis très-doux avec une durée de 6″ également, par belle mer; mais par mauvais temps l'amplitude de ces roulis augmente notablement, tandis que leur durée est réduite à 4″,6, leur vitesse augmente donc par cettedouble raison, et le bâtiment fatigue beaucoup; pour le transport la *Saône*, avec une mer moyenne, la durée du roulis varie de 4″,3 à 4″, 8, le navire fatigue; une frégate, la *Capricieuse* a les roulis doux, leur durée reste la même, 5″,5, quel que soit l'état de la mer; le transport la *Dordogne* se comporte bien, ses roulis ont sensiblement la même durée que ceux de la Bretagne.

En résumé, le temps convenable pour la durée des roulis paraît être de 5 à 6″, soit qu'on le mesure pendant la navigation, soit qu'on l'évalue par expérience en eau calme, ainsi que nous l'indiquions tout à l'heure.

Les considérations théoriques que nous venons de développer relativement au roulis s'appliquent également au tangage ; cependant, comme ce dernier s'exécute autour d'un axe perpendiculaire à celui de la houle, il en résulte que l'avant du bâtiment est constamment exposé au choc des lames, et cela avec d'autant plus d'intensité que l'immersion des extrémités est plus considérable; la condition dominante, dans ce cas, est d'atténuer ces chocs en rendant le navire propre à suivre le mouvement des lames, et l'expérience a démontré que pour arriver à ce résultat il convenait de diminuer la durée des oscillations dynamiques, en rapprochant toutes les masses pesantes du milieu du bâtiment.

CHAPITRE TROISIÈME.

FORMES ET PROPORTIONS DES CARÈNES.

21. Choix des dimensions principales de la carène. Les formes et les proportions des bâtiments de mer sont excessivement variables suivant l'usage auquel ils sont destinés. En général, le poids P du chargement est déterminé à l'avance; pour un navire de commerce, ce poids résulte principalement de celui des marchandises que l'on doit transporter; pour un navire de guerre, il résulte de l'ensemble : de l'artillerie, des munitions de guerre, des vivres, de la mâture, de son gréement, et enfin de l'équipage ; pour les navires à vapeur, à ces divers éléments viennent s'ajouter ceux qui sont relatifs à la machine et à l'approvisionnement de combustible. Dans tous les cas, ces différentes quantités sont connues, en sorte que si le poids P′ de la coque du navire l'était également, la somme P+P′ représenterait le déplacement total de la carène.

Le poids de la coque varie nécessairement avec ses formes et avec le système de sa construction ; cependant on peut admettre comme un fait d'expérience, qu'il est d'environ 0,45 à 0,48 du déplacement total pour les navires du commerce de grandes dimensions ; de 0,48 à 0,50 pour les grands bâtiments de guerre, et de 0,50 à 0,55 et même à 0,60 pour les navires de petites dimensions, soit de guerre, soit de commerce.

Le chargement d'un navire étant donné, on peut donc considérer le déplacement ou le volume de la carène comme déterminé, mais il reste à faire le choix de ses dimensions principales ainsi que de ses formes, en s'attachant à satisfaire aux conditions suivantes :

Assurer une stabilité suffisante, soit au point de vue statique, soit au point de vue dynamique;

Obtenir de belles marches, soit à la voile, soit à la vapeur, en atténuant, par un affinement convenable des extrémités, les résistances directes de la carène ;

Opposer une grande résistance à la dérive ;

Et enfin, rendre les évolutions à la voile, et principalement le virements de bord, prompts et faciles.

Ces diverses conditions ont d'ailleurs une importance plus ou moins considérable, suivant le but que l'on se propose, et il en résulte des formes de carènes très-variées, très-dissemblables, suivant que telle ou telle qualité prédominante doit leur être attribuée.

Si on désigne par L la longueur de la carène, par l sa largeur, et par h sa profondeur; son volume V est égal au produit des trois dimensions, ou au parallélipipède circonscrit, multiplié par un certain coefficient de réduction R, et l'on peut écrire :

$$V = R \times L \times l \times h.$$

Pareillement, la surface S du maître-couple peut être représentée par le produit $l \times h$ multiplié par un coefficient R′, et l'on aura :

$$S = R' \times l \times h.$$

Enfin, le volume de la carène peut être considéré comme égal au produit de la surface S du maître-couple, par la longeur L, ou au volume du cylindre circonscrit à ce maître-couple multiplié par un troisième coefficient de réduction R″, ce qui donne :

$$V = R'' \times S \times L.$$

Ces coefficients R, R′, R″ servent habituellement à apprécier l'acuïté plus ou moins grande des formes, soit du maître-couple, soit de la carène.

La profondeur de carène *h* est la conséquence de celle des rades, des ports ou des bassins dans lesquels le navire doit entrer; mais la surface S du maître-couple et la longueur L peuvent être prises arbitrairement. En général, il y aurait avantage à prendre S petit, afin d'atténuer la résistance directe, et en prenant en même temps une longueur suffisante, on parviendrait à avoir des extrémités aiguës très-propres à diviser la masse liquide; mais en opérant de la sorte on serait conduit à des carènes très-longues et très-étroites, qui pourraient être dépourvues de stabilité, et qui, lors même qu'elles ne seraient pas sujettes à ce défaut capital, présenteraient celui d'être tellement difficiles à manœuvrer, qu'elles ne sauraient être employées utilement à la navigation maritime : la longueur n'est donc pas entièrement arbitraire, et il convient de conserver entre cette dimension et la largeur un certain rapport λ compris entre des limites consacrées par l'expérience. Ce rapport λ étant connu, on l'introduira dans les relations précédentes, et l'on en déduira les quantités S, *l* et L. Il est évident d'ailleurs que le rapport λ, n'étant pas fixé d'une manière absolue, on conserve une certaine latitude dans le choix de la longueur et de la largeur : dans la plupart des cas il en sera de même pour la profondeur de carène *h*.

22. Formes du maître-couple. La longueur du bâtiment étant fixée, ainsi que la surface S du maître-couple, celui-ci est susceptible de recevoir des formes très-variées, suivant qu'il se rapproche plus ou moins du rectangle circonscrit, ou, en d'autres termes, suivant la valeur assignée au coefficient R′ des relations précédentes. Si la profondeur de carène doit rester invariable, les modifications apportées aux formes du maître-couple entraînent des changements correspondants dans la largeur, changements qui seront admissibles pourvu que le rapport λ reste compris entre les limites voulues. Si, au contraire, c'est la largeur qui est fixée d'une manière définitive, les modifications apportées aux formes du maître-couple entraînent des changements dans la profondeur de carène, ou dans le tirant d'eau. Les formes spéciales du maître-couple ont d'ailleurs une influence notable sur celles de la carène et sur les qualités nautiques du bâtiment, et leur choix dépendra de la nature du service auquel le navire devra être affecté.

Supposons en premier lieu que le tirant d'eau reste constant; si l'on fait usage d'un maître-couple se rapprochant beaucoup du rectangle circonscrit (*fig.* 22, *a*, 1), on est conduit à une flottaison étroite, et à une carène qui présente de grandes capacités vers la partie inférieure; la hauteur métacentrique est peu considérable, et le moment de stabilité doit être assez faible, à moins que par une disposition particulière du chargement, on ne parvienne à abaisser beaucoup le centre de gravité; quant aux lignes d'eau, elles présentent des contours fortement accentués.

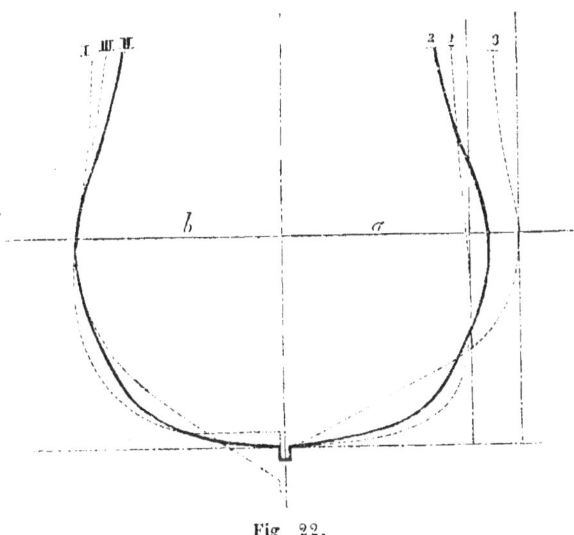

Fig 22.

Avec un maître-couple plus affiné (*a*, 2, *fig.* 22), on peut conserver des varangues plates dans les fonds en augmentant un peu la largeur, et l'on est conduit de la sorte au type adopté par le célèbre Sané, pour les vaisseaux de ligne de l'ancienne flotte à voiles; les carènes déduites de cette espèce de maître-couple ont une bonne stabilité de forme, le centre de gravité est situé à très-peu près à la hauteur de la flottaison, et sa distance au centre de carène se trouve dans les conditions convenables au point de vue de l'amplitude et de la vivacité des roulis; l'arrimage se fait aisément et dans de bonnes conditions, enfin les formes générales de la carène assurent des évolutions promptes et faciles.

Si l'on adopte un maître-couple très-fin (*a*, 3, *fig.* 22), on est conduit à élargir notablement la flottaison; il en résulte une grande stabilité de forme ou une grande hauteur métacentrique, mais en même temps les poids placés dans la cale se trouvent plus rapprochés de la flottaison que dans les deux types que nous venons d'examiner, et il en résulte nécessairement une grande élévation du centre de gravité au-dessus du centre de carène; le moment de stabilité peut, il est vrai, rester très-suffisant pour équilibrer le moment de voilure, mais avec de semblables éléments on doit redouter des roulis très-amples et très-vifs. En tout cas les formes de la carène rendent difficile l'arrimage de la cale.

Lorsque l'on modifie les formes du maître-couple en conservant une largeur constante et en faisant varier le tirant d'eau (*fig.* 22, *b*, I, II, III), la hauteur métacentrique ne change pas, et les variations qu'éprouve le moment de stabilité proviennent uniquement de ceux survenus dans la position du centre de gravité; le maître-couple le plus plein donne le moindre tirant d'eau, ce qui est considéré en général comme un avantage; mais pour un navire à voiles cet avantage serait compensé par un accroissement dans la dérive. Avec un maître-couple fortement acculé, le tirant d'eau augmente et la dérive diminue, mais en même temps, par suite de la difficulté de faire l'arrimage dans les fonds, il y a exhaussement du centre de gravité, et réduction de stabilité.

D'après ces considérations, on voit que les maîtres-couples *très-pleins* conviendraient à des navires pourvus d'une surface de voilure modérée, et dans lesquels on serait maître d'exécuter l'arrimage de la manière la plus avantageuse au point de vuë de la stabilité, c'est-à-dire à des *navires du commerce;* et que les maîtres-couples d'une *acuïté moyenne* sont les mieux appropriés aux navires de guerre chargés d'une puissante voilure, et dans lesquels la majeure partie des poids placés à bord occupe des positions déterminées, sans laisser la faculté de modifier à volonté la hauteur du centre de gravité. Les formes *très-fines* du maître-couple sont repoussées pour les grands navires, mais elles peuvent convenir pour des bâtiments légers, n'ayant qu'un faible chargement dans les hauts, et dans lesquels on est maître d'augmenter le tirant d'eau et d'accumuler dans les fonds les poids nécessaires pour assurer leur stabilité : dans ces conditions, on obtient de fins voiliers susceptibles des plus belles vitesses.

23. Proportions des navires de l'ancienne flotte à voiles. Nous avons réuni, dans le tableau n° III, les dimensions principales des navires qui ont composé l'ancienne flotte militaire à voiles; pour ces bâtiments, les qualités d'évolution dominaient toutes les autres, aussi le rapport de la longueur à la largeur est-il toujours fort modéré : il est d'environ 3,70 pour les vaisseaux; un peu plus élevé pour les frégates, il atteint 3,77, et s'élève à 3,89 pour les corvettes avisos. Le rapport du volume de la carène à celui du parallélipipède circonscrit varie de 0,62 à 0,50 pour les vaisseaux et frégates; moins considérable pour les corvettes : il est compris entre 0,49 et 0,42. Les valeurs du rapport du volume de la carène au cylindre circonscrit au maître-couple varient dans le même sens : elles sont de 0,80 à 0,70 pour les vaisseaux et frégates, et de 0,67 à 0,62 pour les corvettes. Les formes de l'avant sont toujours très-pleines, ainsi que l'indique l'angle sous lequel les lignes d'eau aboutissent sur l'axe; à la flottaison cet angle est d'environ 70° pour les vaisseaux et frégates; à la cinquième ligne d'eau il varie de 43 à 45° pour les vaisseaux, il est d'environ 35° pour les frégates. Les corvettes ont une acuïté plus grande; pour ces navires, l'angle à la flottaison varie de 56 à 50°, et celui de la cinquième ligne d'eau est compris entre 27 et 19°.

Les formes de l'arrière sont beaucoup plus évidées que celles de l'avant; il en résulte que le déplacement de la moitié avant de la carène est plus considérable que celui de la moitié arrière, par suite le maître-couple et le centre de carène sont placés en avant du milieu. Les façons renflées de l'avant et affinées de l'arrière mettent naturellement le navire en différence, et le rendent propre à s'élever facilement sur la lame lorsque l'on navigue avec la mer debout; aussi les bâtiments de cette espèce se comportent-ils fort bien avec les vitesses modérées dont ils sont animés; mais lorsque la mer est grosse et la vitesse considérable, les avants pleins présentent une très-grande résistance à la marche, la lame brise contre la muraille en produisant des chocs qui ébranlent toute la charpente, et l'eau retombe abondamment sur les ponts supérieurs, au point de produire quelquefois un véritable danger; ces effets atteignent, d'ailleurs, d'autant plus d'importance que le navire conserve plus de vitesse.

TABLEAU N° III.

BATIMENTS A VOILES. — ANCIENNE FLOTTE MILITAIRE.		Longueur de la carène à la flottaison moyenne en charge.	Largeur de la carène à la flottaison moyenne en charge.	Profondeur de la carène, de la flottaison moyenne au trait inférieur de la rablure.	Déplacement de la carène hors bordages.	Surface immergée du maître-couple.	RAPPORTS EN NOMBRES ABSTRAITS. Du volume de la carène au cylindre circonscrit au maître-couple.	Du volume de la carène au parallélipipède circonscrit.	De la surface de la flottaison au rectangle circonscrit.	De la surface du maître-couple au rectangle circonscrit.	De la longueur à la largeur.	De la largeur à la profondeur.	Angle de la flottaison avec le plan longitudinal.	Angle de la cinquième ligne d'eau avec l'axe longitudinal.
		m.	m.	m.	tonneaux.	mm.								
Vaisseaux	de 1er rang, *le Montebello*, de 120 canons.	63,200	17,004	7,459	5081,564	106,029	0,758	0,628	0,893	0,836	3,716	2,279	75°	50°
	de 2e — *l'Hercule*, 100 —	62,275	16,750	7,170	4440,464	98,239	0,725	0,578	0,873	0,818	3,717	2,336	70	45
	de 3e — *le Suffren*, 90 —	60,278	16,280	6,970	4058,200	92,251	0,731	0,578	0,873	0,813	3,702	2,335	67	43
	— *le Duquesne*, 86 —	58,603	15,586	6,798	3749,950	86,938	0,736	0,581	0,876	0,812	3,712	2,322	62	45
	de 4e — *l'Alger*, 82 —	55,300	14,903	6,376	3009,585	76,586	0,710	0,558	0,852	0,816	3,711	2,337	64	32
Frégates	de 1er rang, *l'Uranie*, 60 —	54,110	14,520	6,020	2807,037	65,557	0,750	0,591	0,880	0,770	3,726	2,411	74	39
	— *la Didon*, 60 —	54,110	14,500	5,890	2557,360	65,674	0,707	0,539	0,856	0,769	3,726	2,461	62	34
	de 2e — *l'Artémise*, 52 —	52,100	13,780	5,900	2289,497	62,196	0,700	0,527	0,841	0,065	3,775	2,335	70	35
	— *la Reine Blanche*, 52 —	52,100	13,780	5,900	2301,500	61,626	0,696	0,533	0,831	0,758	3,720	2,335	70	35
	de 3e — *l'Armide*, 44 —	45,925	12,180	4,967	1391,605	33,665	0,800	0,488	0,815	0,755	3,770	2,452	62	23
	— *la Pénélope*, 44 —	48,000	12,700	5,100	1693,769	49,870	0,810	0,531	»	0,770	3,779	2,490	»	»
	— *la Clorinde*, 44 —	48,000	13,300	5,300	1743,484	49,695	0,709	0,502	0,840	0,705	3,608	2,509	66	34
Corvettes	de 1er rang, *l'Ariane*, 30 —	42,080	10,860	4,280	1000,671	34,443	0,673	0,497	0,832	0,734	3,874	2,537	56	27
	— *la Galathée*, 30 —	43,120	12,060	4,400	1119,408	36,136	0,700	0,476	0,807	0,681	3,575	2,740	54	24
	de 2e — *la Danaïde*, 24 —	38,080	9,916	3,910	752,342	27,875	0,690	0,497	0,818	0,719	3,840	2,536	52	34
	— *la Perle*, 18 —	33,300	8,560	3,590	449,715	20,927	0,629	0,428	0,761	0,681	3,890	2,380	50	19
Bricks	*le Palynure*, de 20 canons...........	33,630	9,060	3,650	537,925	22,717	0,687	0,471	0,807	0,687	3,712	2,480	54	24
	le Faune, 16 —	28,760	8,680	3,310	349,353	18,272	0,648	0,412	0,770	0,636	3,313	2,622	54	30
	le Volage, 10 —	27,790	8,020	2,840	268,422	14,754	0,638	0,413	0,742	0,648	3,465	2,828	48	40

TABLEAU N° IV.

TRANSPORTS A VOILES ET DIVERS	Longueur de la carène à la flottaison, moyenne en charge, hors bordages	Largeur de la carène à la flottaison, moyenne en charge, hors bordages	Profondeur de la carène, de la flottaison moyenne, au trait inférieur de la rablure.	Déplacement de la carène hors bordages.	Surface immergée du maître-couple.	RAPPORTS EN NOMBRES ABSTRAITS. Du volume de la carène au cylindre circonscrit au maître-couple.	Du volume de la carène au parallélipipède circonscrit.	De la surface de la flottaison au rectangle circonscrit.	De la surface du maître-couple au rectangle circonscrit.	De la longueur à la largeur.	De la largeur à la profondeur.	Angle de la flottaison avec l'axe longitudinal.	Angle de la cinquième ligne d'eau avec l'axe longitudinal.
	m.	m.	m.	tonneaux.	mm.								
La Fortune, transp. de la marine milit. de 800 t.	43,600	10,700	4,530	1347,575	40,618	0,742	0,621	0,873	0,838	4,074	2,362	66°	48°
La Perdrix, — 600..	41,090	10,330	4,180	1029,778	33,939	0,717	0,565	0,864	0,786	3,977	2,447	66	38
La Truite, — 380..	30,850	8,640	3,300	472,827	20,899	0,715	0,524	0,820	0,733	3,570	2,618	60	42
Navires Américains. Transports à coton	61,400	13,200	5,500	3120,750	64,600	0,767	0,680	0,800	0,890	4,650	2,400	38	23
— *l'Universe*	53,800	11,920	4,920	2140,000	52,390	0,740	0,660	0,830	0,890	4,570	2,480	53	24
Red Jacket, clippers	78,200	14,000	5,600	3148,000	69,900	0,560	0,540	0,740	0,820	5,280	2,500	21	11
Ligthning, —	69,600	13,400	4,750	2355,000	53,200	0,620	0,520	0,710	0,840	5,200	2,820	14	4
Nightingale, —	51,500	10,500	4,250	1119,100	31,500	0,673	0,470	0,740	0,700	4,900	2,470	22	17
Eckfort-Webb, goëlettes de commerce	48,800	9,500	3,800	930,200	31,900	0,697	0,610	0,800	0,880	4,280	2,490	37	26
***, —	31,400	8,320	2,100	320,300	14,240	0,699	0,570	0,780	0,820	3,770	3,960	45	30
Nahun Wenson, —	26,900	8,100	2,200	237,900	14,100	0,612	0,490	0,710	0,800	3,320	3,700	29	12
*Le ****, de M. Westerveldt, goël., p. boats.	21,800	6,520	2,100	94,080	7,140	0,595	0,360	0,660	0,630	3,340	3,100	13	9
Moses Grimmell, — —	20,800	5,880	2,300	93,820	6,780	0,650	0,320	0,680	0,660	3,540	2,860	17	10
Mary Taylor, — —	20,300	5,520	1,800	76,390	6,370	0,576	0,370	0,660	0,640	3,670	3,060	17	9
America, yacht-goëlette	28,500	7,300	2,600	154,560	9,490	0,557	0,280	0,630	0,500	3,900	2,800	11	6
Sylva, — cutters	21,600	7,800	1,600	104,560	8,280	0,570	0,380	0,670	0,660	2,770	4,870	17	9
Richemond, — —	12,500	5,000	0,880	20,110	2,510	0,646	0,370	0,660	0,590	2,500	5,880	23	»

NOTA. Les données sur les navires américains qui figurent à ce tableau sont extraites d'un rapport publié par M. Pastoura, ingénieur de la marine, à la suite d'une mission en Amérique.

TABLEAU N° V.

BATEAUX A VAPEUR A ROUES.	Longueur de la carène à la flottaison, moyenne en charge, hors bordages.	Largeur de la carène à la flottaison, moyenne en charge, hors bordages.	Profondeur de la carène, de la flottaison, moyenne au trait intérieur de la rablure.	Déplacement de la carène hors bordages.	Surface immergée du maître-couple.	RAPPORTS EN NOMBRES ABSTRAITS. Du volume de la carène au cylindre circonscrit au maître-couple.	Du volume de la carène au parallélipipède circonscrit.	De la surface de la flottaison au rectangle circonscrit.	De la surface du maître-couple au rectangle circonscrit.	De la longueur à la largeur.	De la largeur à la profondeur.	Angle de la flottaison avec l'axe longitudinal.	Angle de la cinquième ligne d'eau avec l'axe longitudinal.
	m.	m.	m.	tonneaux.	mm.								
Le Descartes, de 540 chevaux	70,140	12,650	5,250	3024,694	56,041	0,750	0,632	0,867	0,843	5,540	2,409	52°	35°
L'Orénoque, 450 —	69.000	12,000	4,900	2519,640	49,823	0,715	0,601	0,846	0,841	5,750	2,418	40	24
Le Prony, 320 —	58,000	10,200	3.680	1355,090	32,018	0,711	0,606	0.819	0,852	5,686	2,779	38	28
Le Véloce, 220 —	58,050	9.160	3,680	1397,000	33,708	0.726	0,646	0,864	0,860	6,337	2.489	47	33
L'Archimède, 220 —	55,200	9,360	3,730	1201,314	29,270	0,725	0,604	0,856	0,833	5,890	2,509	51	33
Le Caire, 220 —	54,400	9.210	3,600	1024,000	27,702	0,663	0,552	0,809	0,833	5,887	2,566	28	15
Le Sésostris, 160 —	50,080	8,188	3,080	771,042	20,756	0,723	0,595	0,835	0,823	6,116	2,658	37	23
Le Télémaque, 160 —	48,875	7,960	3,005	719,608	19,893	0,712	0.599	0,844	0,827	6,140	2,548	33	22
Le Bastia, 120 —	44,500	6,910	2,450	400.776	13,414	0,655	0,516	0,788	0,788	6,412	2,832	21	15
Yacht impérial *l'Aigle*, de 600 chevaux	82,000	10,500	3,900	1909,000	33,540	0,677	0,553	0,772	0,819	7,800	2,690	8	6
— *Victoria and Albert*, 600 —	91,500	12,300	4,250	2263,000	40,120	0,617	0,473	0,588	0,767	7,440	2,890	8	5
Le Thabor, paquebot de 270 —	60,000	8,770	4,140	1121,322	29,180	0,636	0,501	0,770	0,803	6,840	2,118	»	»
L'Arago, paquebot américain	86.000	12,000	4,750	3236,000	54,000	0,679	0,640	0,730	0,900	7,160	2,670	12	»
L'Ariel, —	76,400	10,200	4,700	2313,000	42,800	0,690	0,620	0,770	0,890	7,490	2,170	14	»
Le Vanderbilt, —	98,400	15,000	5,760	5038,000	78,800	0,633	0.590	0,720	0,910	6,570	2,590	15	»

TABLEAU N° VI.

BATIMENTS A HÉLICES.	Longueur de la carène à la flottaison moyenne, hors bordages.	Largeur de la carène à la flottaison moyenne, hors bordages.	Profondeur de la carène, de la flottaison moyenne, au trait inférieur de la rablure.	Déplacement de la carène hors bordages.	Surface immergée du maître-couple.	RAPPORTS EN NOMBRES ABSTRAITS. Du volume de la carène au cylindre circonscrit au maître-couple.	Du volume de la carène au parallélipipède circonscrit.	De la surface de la flottaison au rectangle circonscrit.	De la surface du maître-couple au rectangle circonscrit.	De la longueur à la largeur.	De la largeur à la profondeur.	Angle de la flottaison avec l'axe longitudinal.	Angle de la cinquième ligne d'eau avec l'axe longitudinal.
	m.	m.	.n.	tonneaux.	mm.								
La Bretagne, vaisseau de 1er rang, 1200 chev.	81,000	18,080	7,500	6466,039	118,905	0,689	0,574	0,833	0,833	4,480	2,410	45°	22°
Le Napoléon, — 2e — 900.....	69,46	17,150	7,459	5288,000	107,524	0,690	0,581	0,848	0,811	4,050	2,299	45	15
La Gauloise, frégate cuirassée, 900.....	79,200	17,000	7,200	5790,822	103,935	0,761	0,592	0,781	0,840	4,650	2,360	25	21
La Normandie, — 900.....	77,890	17,000	7,260	5755,000	101,290	0,711	0,584	0,803	0,820	4,581	2,341	30	25
La Couronne, — 900.....	80,000	16,500	7,300	6004,279	101,860	0,718	0,613	0,814	0,815	4,848	2,260	30	26
La Souveraine, frégate de 1er rang, 809.....	74,090	14,780	5,930	3796,000	70,490	0,709	0,570	0,838	0,804	5,010	2,492	45	23
La Pallas, — transformée, 600.....	76,950	14,540	5,880	3494,000	67,518	0,656	0,531	0,796	0,764	5,290	2,472	30	27
L'Isly, — de 2e rang, 600.....	70,126	13,252	5,400	2690,000	53,401	0,700	0,522	0,819	0,743	5,291	2,454	42	24
Le Phlégéton, corvette, 400.....	56,800	11,400	4,200	1456,000	36,000	0,694	0,522	0,774	0,752	4,982	2,454	31	20
Le Dupleix, — 400.....	61,000	11,400	4,460	1676,216	38,750	0,691	0,525	0,790	0,763	5,550	2,556	27	17
Le Forbin, aviso de 1re classe, 250.....	59,000	10,000	3,700	1119,580	27,560	0,676	0,500	0,788	0,744	5,900	2,700	23	13
Le Latouche-Tréville, de 2e classe, 150.....	53,200	8,180	3,080	605,733	17,580	0,632	0,430	0,710	0,860	6,503	2,655	19	14
Le Coëtlogon, aviso de 2e classe, 150.....	54,500	8,300	2,760	606,062	16,160	0,671	0,472	0,712	0,702	6,566	3,000	17	12
Le ***, transport de 1200 tonneaux, 160.....	71,000	12,900	4,800	2729,799	49,141	0,759	0,533	0,859	0,792	5,510	2,687	»	»
Le Tarn, transport-écurie, 500.....	82,000	13,400	5,400	3456,000	60,320	0,681	0,530	0,780	0,760	6,119	2,483	21	17

24. Proportions des bâtiments de transport. Dans les bâtiments de transport, les qualités d'évolution et même celles de vitesses, sont d'un intérêt secondaire, aussi peut-on leur donner des longueurs relativement plus considérables, avec des extrémités peu affinées; c'est en effet ce qui ressort de l'examen du tableau n° IV, où nous avons inscrit les dimensions principales de plusieurs navires de cette espèce. Pour les corvettes de 800 tonneaux la *Fortune*, par exemple, le rapport de la longueur à la largeur atteint 4,00; quant aux angles de la flottaison et de la cinquième ligne d'eau, ils sont de 66 et de 48°. Dans les grands bâtiments américains, employés au transport du coton (*cotton-ships*), le rapport de la longueur à la largeur est porté à 4,66, le maître-couple est presque carré, sa surface est de 0,90 de celle du rectangle circonscrit; mais ils conservent une assez grande finesse à l'avant, ainsi l'angle de la flottaison est de 38°, et celui de la cinquième 23° seulement : aussi tout en prenant un fret considérable ont-ils de belles vitesses.

25. Goëlettes et yachts à grande vitesse. Pour les petits bâtiments destinés à avoir de grandes vitesses, mais qui ne portent qu'un chargement insignifiant, on doit avoir une grande largeur, un grand tirant d'eau, et des formes très-aiguës, comme on peut s'en convaincre à l'examen du tableau n° IV. Les navires de cette espèce les mieux caractérisés sont les goëlettes américaines (*pilot boats*) justement renommées pour leurs qualités nautiques et leurs vitesses exceptionnelles; pour celles-ci le rapport de la longueur à la largeur est assez modéré, et reste compris entre les limites usuelles pour les anciens bâtiments à voiles; le maître-couple est très-fin, sa surface n'est que 0,63 à 0,64 du rectangle circonscrit; le rapport du volume de la carène à celui du parallélipipède circonscrit est de 0,36 à 0,32 seulement; enfin les acuïtés de la flottaison et de la cinquième ligne d'eau sont de 17° et de 10°. Dans les yachts et embarcations de plaisance qui prennent part aux luttes de vitesse si populaires en Angleterre et en Amérique, ces caractères sont encore plus tranchés, le rapport de la longueur à la largeur est réduit à 2,77 et même à 2,500, le rapport au parallélipipède circonscrit n'est que de 0,37 à 0,38, enfin les angles à la flottaison sont presque nuls.

26. Bâtiments à vapeur à roues. Les conditions dans lesquelles se trouvent placés les bâtiments à vapeur diffèrent essentiellement de celles des anciens navires à voiles; pourvus d'un moteur mécanique, ils ne doivent faire usage de leur voilure que dans le cas où le vent est tout à fait favorable, et habituellement ils marchent à la vapeur seule; par conséquent les conditions de formes, relatives à la facilité d'évolution, et surtout à la promptitude des virements de bords, deviennent secondaires, tandis que celles qui se rattachent à l'établissement et au mode d'action du propulseur prennent une importance capitale. La machine occupant la partie centrale et devant reposer sur une base plane assez étendue, les maîtres-couples à varangues plates et à formes très-pleines seront les plus convenables. Les poids considérables de la machine et du combustible venant s'ajouter à ceux de l'armement normal, on ne pourrait arriver à rien de satisfaisant en conservant les proportions de longueur et de largeur usitées pour les navires à voiles; mais en augmentant la longueur relative, le déplacement reçoit l'accroissement nécessaire, sans qu'il en résulte une augmentation sensible dans la résistance directe à la marche, puisque celle-ci est considérée comme proportionnelle à la surface du maîtres-couple, et l'on parvient même à donner aux extrémités de la carène une finesse suffisante, pour rendre cette résistance plus faible qu'elle ne serait avec une longueur moindre. Et en effet, dès l'origine de la navigation à vapeur on a été conduit à porter le rapport de la longueur à la largeur à 5,3, 5,8 et même 6,00.

Les navires ainsi proportionnés ont généralement une hauteur métacentrique moindre que des bâtiments plus courts et de même largeur; mais comme leur deplacement est plus considérable, le moment de stabilité reste sensiblement le même. A l'état de chargement complet, le centre de gravité est placé assez bas, et les valeurs de ρ étant faibles, le rapport $\frac{\rho}{\rho - a}$ reste peu élevé, et l'on peut prévoir des roulis doux et d'une amplitude modérée, ainsi d'ailleurs que l'expérience le confirme le plus ordinairement. Après consommation du combustible, le bâtiment émarge beaucoup, le centre de gravité s'élève, les roulis deviennent très-amples, mais en général ils restent supportables et ne nuisent pas à la marche.

Les navires très-longs avec des avants affinés sont moins sensibles que les bâtiments à voiles à l'action des lames qui les rencontrent par l'avant, et quoiqu'ils obéissent évidemment à leur choc, leurs oscillations ne suivent pas aussi directement celles de la mer. Les tangages sont doux, mais d'une grande amplitude, et le navire est exposé à plonger fortement par l'avant; il pénètre dans la lame en la divisant et la rejetant à droite et à gauche, mais il éprouve des chocs moins violents et perd moins de vitesse qu'un bâtiment à formes pleines. Lorsqu'on adopte des formes très-fines, il convient en même temps d'augmenter la hauteur des œuvres mortes et de leur donner un revers assez prononcé, sans quoi le bâtiment serait exposé à être chargé par la mer.

En résumé, les bateaux à vapeur sont caractérisés par des maîtres-couples très-plats, une grande longueur relative, et une finesse très-prononcée; ils se comportent bien au roulis et au tangage, décrivent des cercles très-étendus en virant à la vapeur; comme navires à voiles ils sont lents à virer de bord, et en général peu maniables.

Nous avons inscrit au tableau nº V les proportions des quelques bateaux à vapeur proprement dits; nous avons déjà fixé l'attention sur le rapport de la longueur à la largeur des premiers bateaux à roues qui ont constitué l'ancienne flotte militaire à vapeur; leur finesse était assez modérée, les angles de la flottaison et de la cinquième ligne d'eau avec le plan diamétral étant de 40° et 24°, pour les frégates à roues, et de 33° et 22°, pour les avisos de 160. Dans les bâtiments à grande vitesse, de construction plus récente, on a fait usage de longueurs et de finesses beaucoup plus grandes; ainsi dans le yacht impérial l'*Aigle*, et dans celui de la reine d'Angleterre, les longueurs ont été portées à 7,8 et 7,4 fois la largeur, et l'angle des lignes d'eau n'est que de 8° et 6°; dans le *Persia*, paquebot transatlantique de la compagnie Cunard, la longueur est portée jusqu'à 8 fois la largeur, et dans les célèbres paquebots de la malle d'Irlande elle atteint jusqu'à dix fois la largeur; dans les grands navires américains, la longueur et la finesse des formes sont un peu plus modérées, ainsi pour le *Vanderbilt*, dont le service est très-satisfaisant, le rapport de la longueur à la largeur est de 6,57, et l'angle de la flottaison est de 15°.

27. Bâtiments à hélice. Les bâtiments à hélice doivent participer des qualités des navires à voiles et de celles des bateaux à vapeur à roues; on leur donne des maîtres-couples à varangues plates, mais moins pleins que ceux des bateaux à vapeur proprement dits, leur longueur et leur finesse sont également maintenues dans un certain terme moyen. Ces bâtiments sont susceptibles de porter la voile et d'évoluer avec sécurité, sinon avec la promptitude et la précision exigées dans les armées navales; ils ont de belles vitesses, leurs roulis et leurs tangages sont satisfaisants. Une grande partie des navires à hélice de la marine militaire sont d'anciens navires à voiles transformés; quelques-uns, et entre autres les frégates de premier rang, ont été notablement allongés et en même temps affinés de l'avant, cette circonstance a mis à même d'apprécier, au point de vue de la vitesse, les conséquences des modifications apportées aux formes primitives; elles ont toujours été les mêmes, et se sont traduites par une forte diminution de la résistance à la marche ou, en d'autres termes, par de plus grandes vitesses.

Le tableau n° VI indique les proportions des principaux modèles de navires à hélices : pour les vaisseaux du type *Napoléon* le rapport de la longueur à la largeur est de 4,05, les acuïtés à la première et à la cinquième ligne d'eau sont de 45° et de 15°; pour les frégates transformées la longueur s'élève jusqu'à 5,29 fois la largeur, et la finesse des première et deuxième lignes d'eau atteint 30° et 17°; enfin dans les avisos à grande vitesse le rapport de la longueur à la largeur est porté jusqu'à 6,65, et l'acuité de la flottaison à 27°. Les bâtiments à hélice sont également employés comme transports, soit dans la marine militaire, soit dans la marine marchande, ils reçoivent alors une finesse moindre tout en conservant de grandes longueurs.

28. Clippers à voiles. Nous terminerons ce rapide examen en disant quelques mots des clippers américains, qui dans ces dernières années ont vivement excité l'attention des marins; ces bâtiments, expédiés de New-York en destination pour la Chine ou la Californie, étaient chargés de matières d'un grand prix; et par la nature même des transactions dont elles étaient l'objet, les armateurs avaient le plus grand intérêt à obtenir l'avantage de vitesse, de manière à devancer leurs concurrents, ne fût-ce même que de 24 heures; pour obtenir ce résultat, on a dû affiner beaucoup les extrémités, mais, pour éviter une réduction correspondant dans les capacités intérieures de la cale, il a fallu en même temps accroître la longueur relative de la carène ; c'est ainsi que l'on est arrivé aux formes exceptionnelles de ces bâtiments qui constituent un type tout particulier. Nous indiquons au tableau n° IV les proportions de trois clippers américains célèbres par leurs belles traversées [1], leurs longueurs sont comprises entre 4,90 et 5,20 fois la largeur, les formes de leurs carènes sont très-variables, cependant les maîtres-couples

1. Ces proportions, ainsi que toutes les données relatives aux navires américains, sont extraites d'un Mémoire publié par M. Pastoureau, ingénieur de la marine, à la suite d'une mission accomplie en Amérique.

sont généralement très-pleins, et les avants aigus sont taillés en forme de coins, en sorte que les différentes lignes d'eau aboutissent sur le plan longitudinal sous des obliquités à peu près égales.

Les clippers ont accompli des traversées d'une rapidité surprenante : leur vitesse moyenne en bonne route, calculée d'après les époques du départ et de l'arrivée, est généralement de $7^n,4$ à $7^n,5$; vitesse considérable, si l'on tient compte des calmes, des vents contraires, et en général de toutes les circonstances défavorables; pour obtenir de semblables résultats, il faut que par instant les vitesses aient été de beaucoup supérieures à ces moyennes, aussi paraît-il avéré que ces clippers ont soutenu à diverses reprises, et pendant plusieurs jours consécutifs, des vitesses de $14^n,5$ et même 15 nœuds; il paraît également reconnu qu'ils se comportent bien à la mer, et qu'ils ne fatiguent pas d'une manière exceptionnelle.

29. Remarque sur la grandeur absolue des navires. Les meilleures proportions entre les différentes parties d'un navire étant fixées, il reste à déterminer sa grandeur absolue ; c'est surtout pour les transports que cette question présente de l'intérêt, car pour un bâtiment de guerre, la nature même du service auquel il est destiné détermine son déplacement et ses dimensions principales. Pour les bâtiments à vapeur et les navires marchands en général, le point important est avant tout d'économiser les frais de transport; or, quelle que soit la force motrice employée, soit que l'on fasse usage de l'impulsion du vent, soit que l'on ait recours à un appareil mécanique, cette force est proportionnelle à la surface du maître-couple ; en sorte que si on augmente toutes les dimensions d'un navire en le conservant semblable à lui-même, les capacités intérieures croissent comme le cube d'une dimension linéaire, et la résistance à la marche, ou la force poussante qui l'équilibre, comme le carré seulement de cette dimension. Ainsi, pour ne prendre qu'un exemple, si l'on double toutes les dimensions; la capacité de la cale devient 8 fois plus spacieuse, le fret est 8 fois plus considérable, tandis que la surface du maître-couple étant seulement quadruplée, la force motrice et les frais de navigation le sont également, mais la quantité de marchandises transportées étant 8 fois plus grande, le produit du fret et le bénéfice de l'armateur seront doublés. Ce fait est si bien compris, que l'on voit journellement recourir à des navires de tonnages de plus en plus élevés ; la grandeur des navires n'est limitée que par la profondeur des ports auxquels ils sont destinés, ou encore par la nature des chargements qu'ils doivent recevoir, le temps nécessaire pour les rassembler, l'importance des capitaux engagés dans leur construction et en général par des considérations indépendantes de la question d'art.

CHAPITRE QUATRIÈME.

DE LA CONSTRUCTION DES NAVIRES EN BOIS.

30. Des cales de construction. Pendant toute la durée de sa construction, le navire repose sur un plan incliné nommé *cale*; la pente de la cale est dirigée vers la mer, et calculée de telle manière que le navire étant complétement terminé et débarrassé des liens qui le retenaient jusqu'alors, la composante de son poids, parallèle à la quille, présente un léger excès sur la résistance provenant du frottement des surfaces en contact; sous l'action de cette force impulsive, le navire glisse sur sa cale et pénètre peu à peu dans la mer jusqu'à ce qu'il y flotte librement.

Le sol des cales de construction doit être consolidé en vue de prévenir les tassements qui pourraient se produire sous la charge qu'il supporte, et qui entraîneraient des altérations fâcheuses dans les formes primitives du navire. Dans les arsenaux de la marine ou dans les établissements particuliers, constitués en prévision de travaux prolongés, les cales sont fondées sur pilotis et exécutées en maçonnerie; leur construction rentre alors dans le domaine des hommes spéciaux qui s'occupent des travaux à la mer, et les constructeurs de navires n'ont à y intervenir que pour déterminer leur pente, leur longueur et leur largeur. La pente des cales est fixée à un douzième pour les grands navires; pour les petits bâtiments elle est plus considérable, et atteint un onzième, et même un dixième; leur longueur doit être assez grande pour que le bâtiment soit tout entier hors de l'eau; quant à leur largeur, elle est égale au tiers du maître-bau. La surface supérieure de la cale est garnie de fortes *traverses* disposées transversalement, et espacées de 2 mètres d'axe en axe; ces traverses sont encastrées de toute leur épaisseur ou à peu près dans la maçonnerie; elles reçoivent les *tains* ou *billots* sur lesquels repose la quille, et servent plus tard à la construction de l'appareil de lancement.

Quelquefois les cales de construction sont recouvertes de vastes

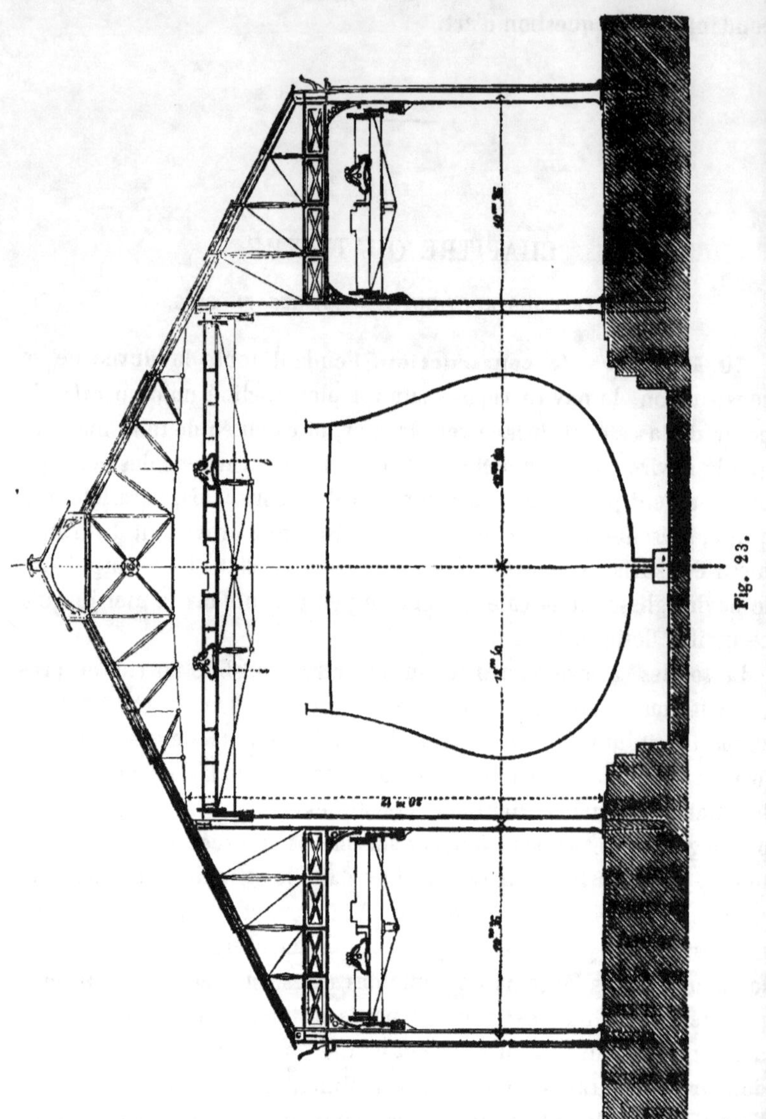

Fig. 23.

toitures, destinées à abriter les navires des intempéries atmosphériques jusqu'au jour de la mise à la mer; des cales couvertes de cette espèce ont été construites dans les divers arsenaux de la marine;

cependant elles sont beaucoup plus employées en Angleterre, où l'humidité exceptionnelle du climat les rend à peu près indispensables. Les cales couvertes, construites dernièrement à *Chatam* (*fig.* 23), sont exécutées presque entièrement en fonte et en fer forgé; elles présentent une travée principale au centre, pour le navire, et deux travées latérales dans lesquelles les ouvriers exécutent à couvert les différentes pièces de la charpente, avant de les assembler ou de les mettre en place; dans chaque travée est disposée une grue roulante ou chariot de montage, qui facilite considérablement toutes les opérations de manœuvrage, et procure ainsi une grande économie de temps et de main-d'œuvre.

Les *billots* ou *tains* qui supportent la quille sont posés verticalement sur les traverses, ils sont composés de deux ou trois pièces superposées et réunies par des gardes clouées sur le côté; leur hauteur est calculée d'après la condition que le trait inférieur de la rablure de la quille se trouve élevé de $1^{m},20$ à $1^{m},30$ au-dessus de la surface supérieure de la cale; c'est la hauteur nécessaire pour que l'on puisse exécuter sans difficulté le calfatage et le chevillage des petits fonds. Pour confectionner les tains, on emploie les recoupes des pièces principales, et, en général, des bois de déchet; mais il est important de veiller à ce que ces bois soient sains et de bonne qualité, sans quoi ils seraient exposés à pourrir pendant la durée de la construction, et le bâtiment n'étant plus convenablement soutenu éprouverait des déformations plus ou moins sensibles; la même observation est applicable aux traverses de la cale, et avant de mettre un navire en chantier il importe de vérifier leur état afin de remplacer toutes celles qui seraient pourries. Les tains étant mis en place, leur surface supérieure est soigneusement dressée dans une direction parallèle à la cale, puis on y trace à la rouanne l'axe du navire, ainsi que les faces latérales de la quille.

51. De la quille. Les différentes pièces qui composent la quille sont assemblées à *écarts longs*. La longueur de l'écart est comprise entre quatre et cinq fois la hauteur de la pièce; et son inclinaison est déterminée en élevant par ses extrémités des verticales, en les partageant en quatre parties égales et en joignant deux à deux les divisions 1 et 3 (*fig.* 24 A); la liaison des deux pièces est effectuée à l'aide de deux clous en cuivre à chaque bout d'écart et de trois ou quatre chevilles du même métal, rivées à la face inférieure de la quille.

Anciennement, les écarts de quille présentaient des adents multipliés (*fig.* 24 B) propres à résister aux efforts de traction longitudinale;

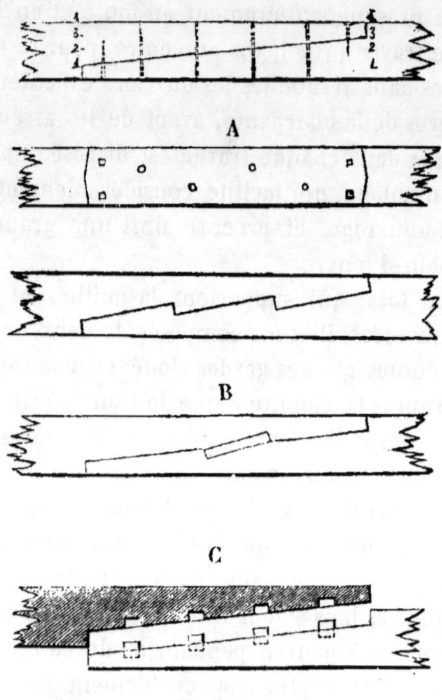

Fig. 24.

mais actuellement on a renoncé à ces assemblages compliqués dont l'efficacité repose uniquement sur la précision de la coupe des bois, et qui ne sont plus d'aucune valeur lorsque le retrait s'est fait sentir, comme cela ne manque jamais au bout de quelque temps. On s'oppose d'ailleurs aux efforts de traction longitudinale en interposant au passage des chevilles des tampons cylindriques en bois parfaitement sec, incrustés moitié par moitié dans les pièces qu'il s'agit de réunir (*fig.* 24 C); ces tampons sont ajustés avec la plus grande exactitude, et, en outre, lorsque le bâtiment est à la mer, l'humidité qui les pénètre les faisant gonfler, leur contact et leur tenue en deviennen plus énergiques encore, aussi concourent-ils puissamment à la liaison des pièces de charpente.

Pour mettre les tampons en place, on commence par percer les trous de cheville, après quoi on désassemble les pièces de quille, on les vire de manière que les deux faces de l'écart soient tournées du même côté, et l'on perce les trous destinés à recevoir les tampons, à l'aide d'un instrument particulier connu sous le nom d'*alésoir* : celui-ci se compose d'un manchon cylindrique en bronze *a b* (*fig.* 25), monté sur un axe en fer *c d*; dans une ouverture ou *lumière* latérale, le cylindre *a b* porte un fer de rabot *e f*, dont le tranchant est dirigé suivant l'un des rayons de la base, qu'il dépasse de 1 à 2 millimètres, et s'étend depuis la surface extérieure jusqu'à la tige centrale; du côté opposé est placé un petit traçoir *g*; enfin une traverse horizontale *m n* ajustée au sommet de la tige *c d* sert à lui imprimer un mouvement de rotation. Le jeu de cet instrument est facile à comprendre : la tige *c d* est introduite dans le trou de la cheville, et en la faisant tourner à la main, on perce un trou cylindrique du diamètre du manchon, et exactement centré sur celui de la cheville, en sorte qu'une fois les deux moitiés de l'écart réunies, les trous de tampons pratiqués dans chaque pièce se correspondent rigoureusement.

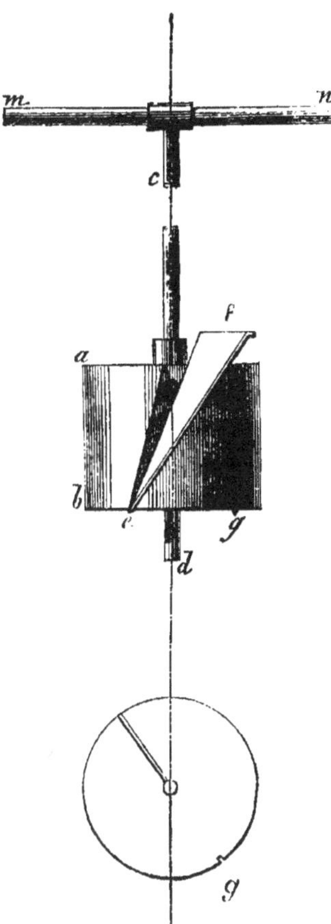

Fig. 25.

Quant aux tampons eux-mêmes, on a soin de les tourner d'un diamètre un peu plus grand que celui de l'ouverture qui les reçoit; on les met en place dans la pièce inférieure en les enfonçant à coups de masse, puis la deuxième est ajustée par-dessus; on donne un coup de tarière pour percer les tampons et y pratiquer le passage des chevilles, après quoi celles-ci sont chassées à la manière ordinaire.

La quille étant assemblée et chevillée dans toutes ses parties, on y pratique la rablure, on la met en place sur les tains, on s'assure que ses surfaces latérales sont bien planes, on la rectifie au besoin ; on l'assujetit à l'aide de taquets cloués à la face supérieure des tains, enfin on y trace l'axe longitudinal du bâtiment, ainsi que le plan de gabariage de chaque couple.

32. De l'étrave. L'étrave est composée de plusieurs pièces assemblées à écarts longs, exécutés de la même manière que ceux de la quille, et chevillés en cuivre avec tampons cylindriques. Autrefois, le raccordement de l'étrave avec la quille était formé par une pièce de bois nommée le *bryon* (*fig.* 26 A), et présentant deux branches dont l'une était placée dans la direction de la quille, et l'autre dans celle de l'étrave; cette disposition était sans doute très-satisfaisante au point de vue de la solidité, et l'on devra l'adopter toutes les fois que l'on trouvera les bois de la courbure convenable; malheureusement, les pièces de la forme voulue deviennent de plus en plus rares, et l'on est presque toujours contraint de recourir à d'autres combinaisons. La première pièce d'étrave vient alors butter contre la dernière pièce de quille, et la jonction de ces deux pièces est opérée par la contre-étrave intérieure qui les croise l'une et l'autre de quantités

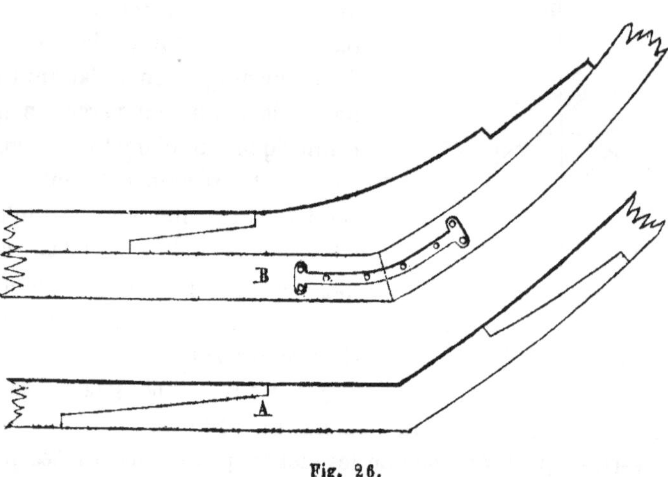

Fig. 26.

égales (*fig.* 26 B); des armatures latérales en bronze contribuent en outre à la solidité de l'assemblage. Une fois l'étrave construite et assemblée à terre, elle est saisie à l'aide de puissants appareils, et placée à l'extrémité de la quille dans la position exacte qu'elle doit occuper, elle y est maintenue ensuite à l'aide d'*accores* transversales et longitudinales. L'étrave et la quille déterminent le plan diamétral du bâtiment, et constituent la base géométrique à laquelle est rapporté tout le reste de la construction, on ne saurait donc apporter trop de soins à établir leur position rigoureuse.

33. Construction des couples. La partie capitale de la charpente du navire est la membrure qui comprend l'ensemble des couples; ceux-ci, ainsi que nous avons déjà eu occasion de le dire, sont formés de deux *plans de bois*, décomposés eux-mêmes en un certain nombre de pièces : on nomme *premier plan* celui qui est tourné vers le maître-couple, et *deuxième plan* celui qui lui est opposé; d'après cette définition, le premier plan est dirigé vers l'avant pour les couples de l'arrière, et vers l'arrière pour ceux de l'avant. La décomposition de chaque plan de bois est étudiée dans le but de mettre en rapport les longueurs et les courbures des pièces qui le constituent avec celles que présentent le plus ordinairement les bois provenant de l'exploitation des forêts. Cette décomposition peut être faite de différentes manières : suivant la méthode ancienne, le premier plan est composé, en premier lieu, d'une *varangue* b, b', présentant deux branches égales de part et d'autre de l'axe et ayant sa longueur comprise entre la moitié et le tiers du maître-bau (*fig.* 27 A); à la suite de la varangue, et toujours dans le même plan, viennent se placer successivement : de chaque bord une *première allonge* bd, une *troisième allonge* dc, ... etc., ainsi que les allonges suivantes, de rang impair et en nombres plus ou moins considérables, suivant la grandeur du bâtiment; le deuxième plan est composé de chaque bord : d'un *genou* ac, s'étendant du plan diamétral au milieu de la première allonge, puis des *deuxième*, *quatrième*, etc., allonges ce, eg, ... etc.

Dans ce système, les pièces les plus importantes par leur longueur et leur courbure sont la *varangue* et le *genou*, ce dernier surtout est une pièce fort rare, et pour réduire un peu sa longueur on prend souvent le parti, tout en faisant aboutir son extrémité supérieure au milieu de la première allonge, d'arrêter son extrémité inférieure à une certaine distance du plan diamétral. On interpose alors, entre les extrémités plus ou moins écartées des deux genoux, un remplissage mn, $m'n'$ nommé la *fausse varangue* (*fig.* 27 B), remplisage qui n'a d'ailleurs d'autre utilité que de diminuer la longueur du genou ainsi que nous venons de l'expliquer, et qui ne contribue en rien à la solidité du couple.

Depuis quelques années on emploie une autre méthode de boisage qui permet de réduire à la fois la longueur du genou et celle de la varangue, tout en assurant une plus grande résistance à la section faite dans le couple par le plan diamétral; elle consiste à placer dans chaque plan une varangue dont les deux branches sont inégales, l'une de ces branches s'étend jusqu'à la moitié ou le tiers de la demi-largeur, comme pour une varangue ordinaire, et l'autre ne dépasse l'axe que de 1 mètre à $1^{m},50$ environ, de façon que les deux *quartiers de varangue* se croisent suffisamment pour donner une bonne empature (*fig.* 27 C). Dans ce cas, les deux branches d'un même plan du couple ne sont pas symétriques : du côté de la longue branche du

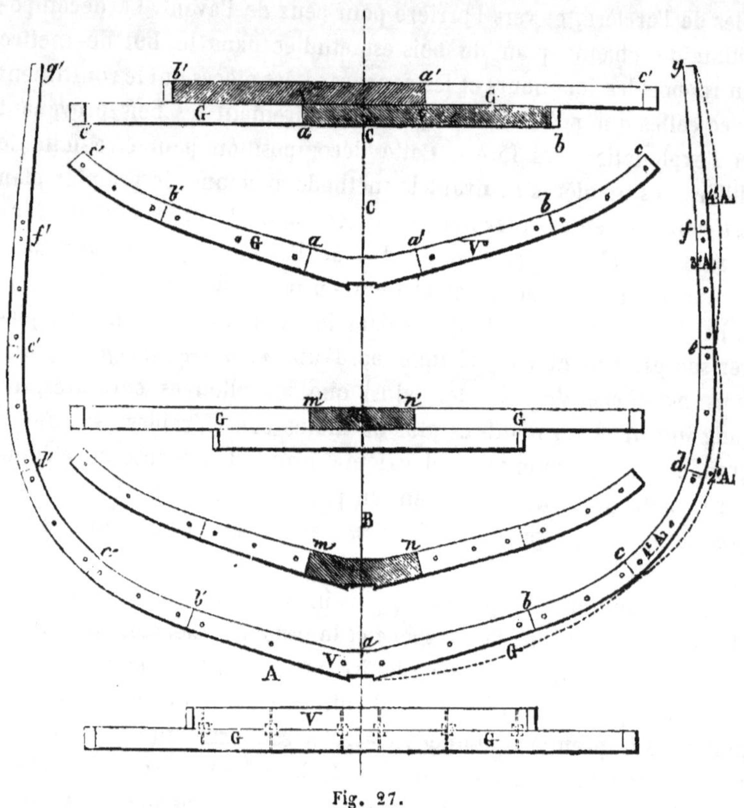

Fig. 27.

quartier de varangue, on aura : première, troisième et cinquième allonge ; et du côté de la branche courte : deuxième, quatrième et sixième allonge; quant au deuxième plan, il est composé des mêmes pièces que le premier, mais disposées symétriquement. La longueur du genou est réduite d'une quantité égale à la petite branche du quartier de varangue, et la varangue elle-même est réduite de l'excédant de la grande branche sur la petite, enfin la section résistante dans le plan diamétral est égale à la somme des sections des deux quartiers de varangue; ce mode de boisage est donc doublement avantageux, soit au point de vue de l'économie, soit à celui de la solidité.

A mesure que l'on approche des extrémités, les façons du navire devenant plus fines, il est difficile de croiser convenablement les quartiers de varangue, et l'on doit alors recourir à des varangues ordinaires, de grandes courbures et de faibles longueurs, nommées varangues *acculées*; mais dans les parties tout à fait extrêmes, où elles prendraient la forme d'une véritable fourche, on doit renoncer à les exécuter d'une seule pièce, et il convient de les composer d'assemblage : le couple comprend alors dans le premier plan deux demi-varangues, *ab*, *ab'* (*fig.* 28), qui se joignent dans le plan diamétral, et

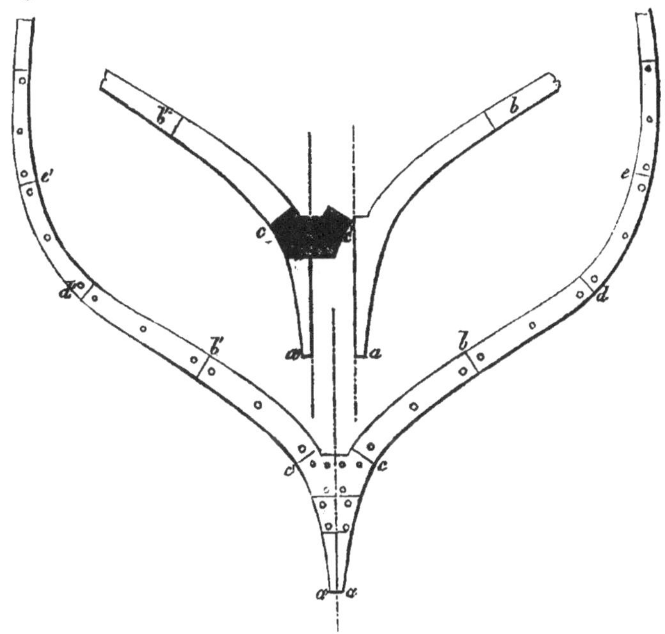

Fig. 28.

qui sont réunies par un *oreiller* ou *billot*, *cc'*, dirigé transversalement, sur lequel viennent butter, les genoux, comme sur la fausse varangue dont il était question précédemment, mais avec cette différence qu'ici l'*oreiller* est indispensable à la consolidation du couple.

Au point de vue de la solidité de la membrure, il est à désirer que les *empatures* soient les plus longues possible; mais, d'un autre côté, il convient de les maintenir entre certaines limites, afin de ne pas exagérer les longueurs des pièces qui composent le couple; on peut considérer 2 mètres comme une longueur d'empature convenable pour de grands navires; dans certains cas cette longueur peut être réduite à $1^{m},80$, et même à $1^{m},60$, mais il ne serait pas prudent de descendre au-dessous de cette limite.

Les différentes pièces qui composent les couples sont travaillées séparément au moyen de leurs *gabarits* et *équerrages* relevés sur le plan en vraie grandeur tracé à la salle des gabarits; les contours et les surfaces courbes de ces pièces étant ainsi préparés, on doit procéder à leur assemblage, de manière à reproduire exactement la forme du couple. A cet effet on choisit un terrain régulier et à peu près plan, sur lequel on dispose de distance en distance quelques traverses, destinées à supporter les extrémités des pièces du premier plan du couple; on place premièrement la *varangue* dans une position arbitraire, on la cale sur les traverses qui la supportent, puis on représente l'axe du couple au moyen d'un cordeau que l'on dirige dans le plan de la varangue, en le dégauchissant soigneusement avec la surface supérieure de celle-ci. Le plan de gabariage se trouve ainsi déterminé géométriquement, et, pour continuer l'assemblage, il suffit d'amener la surface supérieure de chaque pièce dans ce plan fictif; ce procédé est de la plus grande simplicité, il suffit de le signaler pour que l'on comprenne toute son importance.

Les pièces du premier plan étant mises bout à bout, on vérifie le contour du couple, soit à l'aide de gabarits, soit à l'aide de mesures prises suivant les lignes d'eau et les lisses, et lorsqu'on s'est assuré qu'il ne laisse plus rien à désirer, on fixe les allonges sur leurs traverses, et on les réunit deux à deux par des gardes clouées sur leurs surfaces intérieures et extérieures; sur le premier plan ainsi établi, on vient placer les pièces du deuxième travaillées à l'avance; on les assujettit solidement à la position qu'elles doivent occuper à l'aide de *manelles* ou de *bridolles*, on exécute le parage, c'est-à-dire que l'on raccorde exactement les surfaces extérieures des deux plans du couple, puis on procède au *chevillage*.

34. Chevillage des couples. Le chevillage des couples est exécuté avec des chevilles en fer carré nommées *goujons*, introduites dans des trous cylindriques percés à la tarière; ces trous ont un diamètre égal ou un peu supérieur au côté du carré qui forme la section du goujon, ils doivent être dirigés parallèlement, ou à peu près, à la surface extérieure de la membrure. On place une cheville à l'extrémité de chaque empature, et une intermédiaire, celles des extrémités doivent être éloignées du bout de la pièce, de 20 à 25 centim., il en résulte que pour une empature de 2m,20, le goujon central serait éloigné de 0m,90 de ceux des extrémités; cette distance peut être moindre sans inconvénient, cependant si elle devenait inférieure à 0m,60, il serait à craindre que les trous trop rapprochés n'affaiblissent le bois, en y déterminant des fentes, et pour des empatures très-courtes on devra se contenter de deux chevilles seulement.

Dans les anciennes constructions, le chevillage des couples a toujours été exécuté ainsi que nous venons de l'indiquer, mais dans ces conditions il était sujet à de graves inconvénients, communs d'ailleurs à toute espèce de chevillage en fer. En contact avec le bois de chêne, les chevilles en fer sont attaquées par l'acide gallique qu'il renferme, et éprouvent une certaine altération qui se déclare dès le commencement de la construction, mais qui marche lentement et n'a pas une grande importance tant que les bois sont maintenus à sec. Lorsque le bâtiment est à flot, les bois sont imprégnés d'eau de mer, et la décomposition des chevilles acquiert une bien plus grande rapidité; elle se traduit finalement par la formation d'une grande quantité d'oxyde de fer, provenant, soit de la décomposition directe de la cheville, soit de celle du gallate de fer qui injecte les fibres ligneuses, jusqu'à une certaine distance de la cheville elle-même; cet oxyde de fer désorganise les tissus dans toute la partie qu'il occupe, en sorte que la cheville se trouve entourée d'une espèce de tube composé de matières désagrégées, présentant un mélange d'oxyde de fer et de bois pulvérisé ou pourri, tandis qu'elle-même, profondément corrodée, est réduite à une tige de faible section, très-irrégulière d'ailleurs. Lorsque les choses en sont arrivées à ce point, le chevillage ne présente plus aucune tenue, la charpente est complétement déliée.

Les effets de l'oxydation ne se produisent pas avec une égale intensité sur toute la longueur de la cheville, et ils sont plus prononcés dans le voisinage des faces de joints des pièces dont elle opère la réunion. Dans les constructions anciennes il n'est pas rare de voir des chevilles littéralement *coupées* par l'oxydation, dans la partie qui correspond au placage. Cet effet provient de ce que, malgré tous les soins apportés à l'assemblage des pièces, elles ne joignent jamais bien exactement, l'humidité ou même l'eau à l'état liquide se rassemble et séjourne dans les interstices qu'elles laissent entre elles, et y produit une corrosion plus sensible que dans les autres parties.

La décomposition du chevillage en fer dans les bois placés sous l'eau est assez prompte par elle-même; mais elle acquiert une rapidité effrayante lorsque les chevilles se trouvent en contact avec quelques parties du doublage en cuivre de la carène; le cuivre et le fer, baignés d'eau de mer, constituent un élément de pile, qui provoque la décomposition du fer, avec une énergie que l'on aurait peine à se figurer, et susceptible de détruire le chevillage au bout de quelques mois; aussi ces contacts sont-ils proscrits d'une manière absolue dans la charpente des navires, et dans tous les endroits où les chevilles doivent nécessairement toucher le doublage prend-on le parti de les exécuter elles-mêmes en cuivre rouge.

On a perfectionné le goujonnage des couples en y faisant application des tampons cylindriques, exactement de la même manière que pour les écarts de quille. Ces tampons contribuent par eux-mêmes à la solidité du couple, et, comme ils sont ajustés avec une grande exactitude, ils préservent la cheville de l'humidité des faces de joints, et préviennent dans cette partie l'oxydation exceptionnelle qui s'y produit habituellement. On doit noter l'introduction des tampons cylindriques comme une importante amélioration apportée à la confection des couples; ils sont maintenant d'un usage général dans la marine militaire, et plusieurs constructeurs du commerce les ont adoptés; leur diamètre est compris entre le quart et le cinquième de l'échantillon sur le tour des pièces dans lesquelles ils sont placés, leur hauteur est égale à deux ou trois fois leur diamètre.

35. Du zingage. Il y a quelques années, on a obtenu une amélioration bien plus importante encore, en mettant les chevilles de fer complétement à l'abri des effets de l'oxydation, en les recouvrant d'une couche de zinc par une opération analogue à celle de l'étamage ordinaire. L'enduit de zinc métallique est parfaitement adhérent au fer qu'il pénètre par combinaison, ou autrement, jusqu'à une certaine profondeur, il est par lui-même peu susceptible d'oxydation, et préserve par conséquent le fer qu'il recouvre; mais de plus le zinc présente cette propriété, que s'il vient à être enlevé, et que le fer soit mis à nu sur une certaine étendue, l'oxydation se porte sur le zinc et le fer est encore protégé jusqu'à ce que le zinc soit complétement détruit. L'efficacité du zingage des chevilles en fer a été promptement démontrée de la manière la plus complète, il s'exécute à peu de frais, et actuellement tous les clous et chevilles, ainsi que la grande généralité des ferrures employées à la construction, sont zingués; on ne fait d'exception que pour les ferrures d'un poids considérable qui ne sont pas exposées directement à l'action de l'eau de mer, et pour lesquelles on se contente d'une couche de peinture au minium.

Les goujons de membrure sont donc toujours en fer zingué, et leur tenue est augmentée pour deux raisons : en premier lieu parce qu'ils ne sont pas affaiblis par l'oxydation, et ensuite parce que les bois avec lesquels ils se trouvent en contact sont exempts des causes de pourriture ou de destruction provoquées par cette oxydation. Ce perfectionnement, joint à l'usage des tampons cylindriques, procure aux couples de charpente une solidité et une durée bien supérieure à celles qu'ils pouvaient avoir dans les anciennes constructions.

Une fois les couples assemblés et chevillés, on met en place les *planches d'ouverture* ; ce sont de forts bordages en sap, cloués d'une branche à l'autre, et destinés à maintenir leur écartement ; le nombre des planches d'ouverture dépend de la grandeur du navire, on en met quatre pour un couple de vaisseau à trois ponts, trois pour vaisseaux et frégates, deux suffisent pour les petits bâtiments.

36. Des couples dévoyés. *Les couples dévoyés*, employés aux extrémités avant et arrière de la coque, ont toujours des varangues très-fines, qui doivent, pour cette raison, être composées de pièces d'assemblage ; il en résulte que les deux branches *planes* du couple peuvent être exécutées et assemblées séparément, suivant les procédés ordinaires ; il n'y a que le billot qui les réunit qui appartienne à la fois aux deux branches du couple et qui doit être travaillé à part. Pour assembler les deux moitiés du couple, il suffit de faire coïncider les faces planes des deux demi-varangues ; le couple ne peut plus alors reposer sur un plan, il ne porte sur le terrain que par quelques points, et il est nécessaire de le soutenir par des appuis provisoires ; on vérifie soigneusement sa forme, puis on place le billot et les planches d'ouverture.

37. Levée des couples. Après avoir construit et assemblé les couples à terre, il faut les amener à la position qu'ils doivent occuper sur la quille ; cette opération est nommée la *levée* des couples, elle peut être opérée de deux manières différentes : lorsque l'on ne dispose que d'un personnel restreint, on décompose le couple en plusieurs quartiers plus ou moins considérables, mais ne comprenant jamais moins de deux pièces, et on les met en place les uns après les autres, en sorte que l'on n'a à manœuvrer que des poids modérés ; ce procédé est lent, et en outre n'est pas exempt de certaines difficultés. Lorsqu'on dispose d'un personnel nombreux on peut lever les couples d'une seule pièce, même lorsqu'ils sont de la plus forte dimension ; on doit alors employer, il est vrai, des appareils d'une puissance proportionnée, mais ils sont d'une installation facile, et la mise en place des couples est plus prompte et moins coûteuse, en opérant ainsi, que lorsqu'on les décompose en plusieurs quartiers.

Aussitôt que les couples reposent sur la quille, on les réunit au moyen des *lisses* qui occupent la même position que celles du tracé. Dans la partie centrale, où les courbures sont peu prononcées, les lisses sont de longues tringles droites, en sapin, que l'on applique sur la membrure en les faisant plier, de manière à les amener aux points voulus, indiqués à l'avance par des marques pratiquées au gabariage de chaque couple. Aux extrémités, où les courbures sont plus prononcées, on est obligé de travailler les lisses suivant les formes qui leur sont propres, en faisant usage de gabarits et d'équerrages, relevés à la salle, comme pour les pièces de membrures. Les lisses étant en place et assujeties à l'aide de manelles et de bridolles, on enlève les fausses accores dont on s'est servi pour soutenir provisoirement les couples pendant l'opération de la levée, et on les remplace par des accores définitives ; ces accores buttent à leur extrémité supérieure contre les lisses, et reposent à leur extrémité inférieure sur une forte *sole* en chêne, posée simplement sur le terrain. Des coins sont interposés entre le pied de l'accore et un *taquet* cloué sur la sole ; en frappant sur ces coins à coup de masse, on fait pivoter les accores autour de leur sommet ; dans ce mouvement elles transmettent aux couples deux efforts l'un vertical et l'autre transversal, en sorte qu'en les manœuvrant convenablement, on est maître de modifier dans une certaine étendue la position et même la forme de la membrure.

La levée des couples exige un personnel nombreux, et pour l'employer le moins longtemps possible, on se contente de mettre les couples à peu près seulement à la position qu'ils doivent occuper, en se réservant de la rectifier ultérieurement, c'est dans cette prévision que les lisses ont été assujetties à faux frais à l'aide de manelles. On commence par placer les axes de tous les couples dans le plan diamétral, en agissant sur les accores ; ce résultat est obtenu, lorsque des fils à plomb, attachés au milieu de la planche d'ouverture la plus élevée, de chaque couple, se dégauchissent tous les uns par les autres, et se projettent sur l'axe de quille. On s'assure ensuite par des opérations directes, exécutées sur quelques couples, que leur axe est perpendiculaire au-dessus de la quille, et que leur plan de gabariage est normal au plan longitudinal; pour les autres couples on se dispense de ces vérifications, et l'on se contente de marquer sur les lisses, et à partir des couples ainsi rectifiés ou *perpignés*, les positions que doivent occuper leur gabariage; si les couples n'arrivent pas à ces positions, on les y amène en les faisant glisser le long des lisses dont on a largué les manelles. On vérifie encore, par des mesures prises sur place, que le contour curviligne des couples n'a pas été altéré, on le rectifie s'il y a lieu, et dès lors les formes du bâtiment sont définitivement arrêtées; les lisses sont clouées sur la membrure, et l'on doit veiller, dans la suite, à ce que la position des accores ne soit pas altérée.

58. Construction des couples de remplissage. Les couples construits d'après gabarits et dressés sur la quille, ainsi que nous venons de l'expliquer, sont désignés sous le nom de *couples de levée*; ils sont habituellement espacés de la quantité convenable pour former les façades des sabords; les couples intermédiaires ou de *remplissage* ne sont construits qu'après coup, une fois les couples de levée et les lisses définitivement arrêtés. Dans les bâtiments de guerre, les couples de remplissage sont le plus ordinairement formés de deux plans de bois comme les couples de levée; mais les deux plans, au lieu d'être jointifs, restent écartés d'une certaine quantité. Cette disposition, motivée par la nécessité de ne pas donner trop d'étendue à la maille laissée entre deux membrures voisines, entraîne comme conséquence l'impossibilité de cheviller l'un par l'autre les deux plans du couple de remplissage. La rigidité de ces couples est donc beaucoup moins grande que celle des couples de levée, puisqu'elle ne provient que des liaisons établies par les revêtements intérieurs ou extérieurs; et toutes les fois que des conditions spéciales n'imposeront pas une limite supérieure à la maille, on ne devra jamais hésiter à rapprocher les deux plans de bois jusqu'à les rendre jointifs, afin que l'on puisse les cheviller l'un par l'autre à la manière des couples de levée; on y gagnera un notable accroissement dans la solidité de la charpente.

Les couples de remplissage, simple ou double, sont souvent construits à l'aide de gabarits et équerrages, relevés directement sur les lisses, à la position qu'ils doivent occuper. Les pièces qui les composent sont travaillées grosssièrement; on ne soigne un peu que les parties qui doivent reposer sur les lisses, le reste est à peine dégrossi. Lorsque les deux plans des couples de remplissage sont jointifs, on peut également les construire sur lisses et les cheviller sur place; mais, dans ce cas, les goujons ne peuvent pas être dirigés parallèlement aux surfaces extérieures, et l'on doit les enfoncer obliquement en contrariant leur direction. Ce mode de chevillage donne une très-bonne tenue, mais il est incompatible avec l'usage des tampons cylindriques que l'on est obligé de supprimer.

Le travail des couples de remplissage sur lisses est très-expéditif, mais il ne présente jamais autant de solidité ni autant d'exactitude que le travail sur gabarits; et lorsque l'on adopte les couples de remplissage jointifs, il est préférable de les assembler à terre sur gabarits, et de les mettre en place en même temps et par les mêmes procédés que les couples de levée : c'est le système suivi actuellement pour tous les grands bâtiments de transport de la marine militaire, c'est également celui qui est adopté depuis longtemps par les constructeurs du commerce.

39. Massif arrière. L'arcasse des bâtiments à arrières carrés,

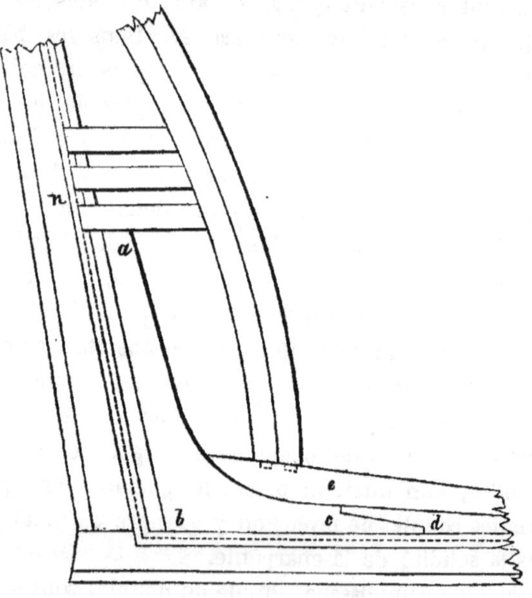

Fig. 29.

composé de l'étambot des barres et de l'estain, est assemblée à part et levée d'une seule pièce; l'étambot est relié à la quille par une courbe en bois de forte dimension *a b c* (*fig.* 29), nommée *courbe d'étambot*, dont la branche verticale chevillée sur le contre-étambot intérieur est prolongée jusqu'à la dernière barre, et dont la branche horizontale reposant sur la quille vient s'écarver avec la dernière pièce de la contre-quille intérieure; souvent la branche horizontale est recouverte par un massif en bois qui contribue à consolider les liaisons de cette partie de la charpente, et qui sert en même temps à réduire la hauteur des billots des couples. Les courbes d'étambot procurent d'excellentes liaisons, mais leurs formes et leurs dimensions exceptionnelles les rendent très-rares; et pour leur donner des angles plus ouverts et plus faciles à obtenir, on peut adopter la disposition représentée fig. 30 dans laquelle le massif est composé de plusieurs pièces superposées et fortement inclinées sur

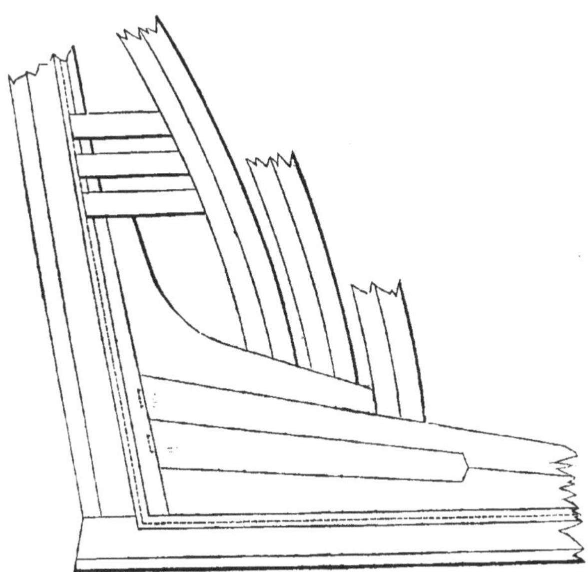

Fig. 30.

l'avant; la courbe repose sur ce massif, la longueur de ses branches est notablement réduite, et son ouverture est assez grande pour que, dans la plupart des cas, on n'éprouve pas de difficulté à se procurer la pièce nécessaire pour l'exécuter; s'il en était autrement, on pourrait encore former la courbe d'étambot au moyen de deux pièces, de courbure modérée, et assemblées par un écart long pratiqué sur le tour. Les massifs élevés sont fort employés dans les construc-

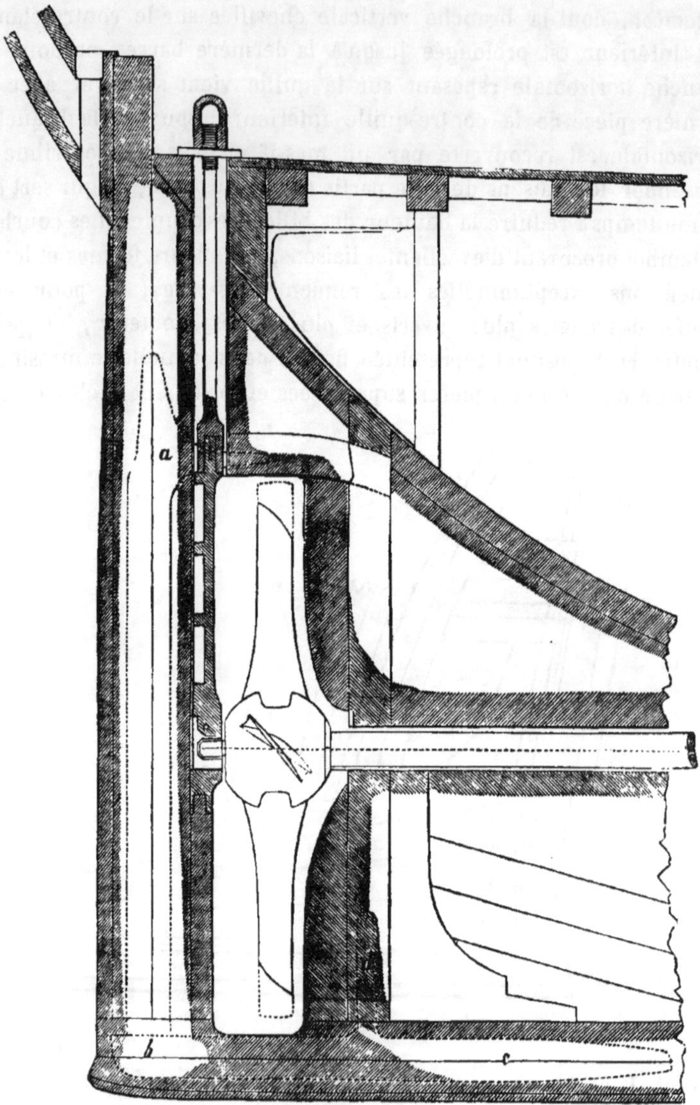

Fig. 31.

tions anglaises; on profite de leur hauteur pour réduire le plus possible les talons des couples.

Dans les arrières ronds, il n'y a pas d'arcasse, ainsi que nous l'avons déjà dit, et la charpente est composée simplement de couples dé-

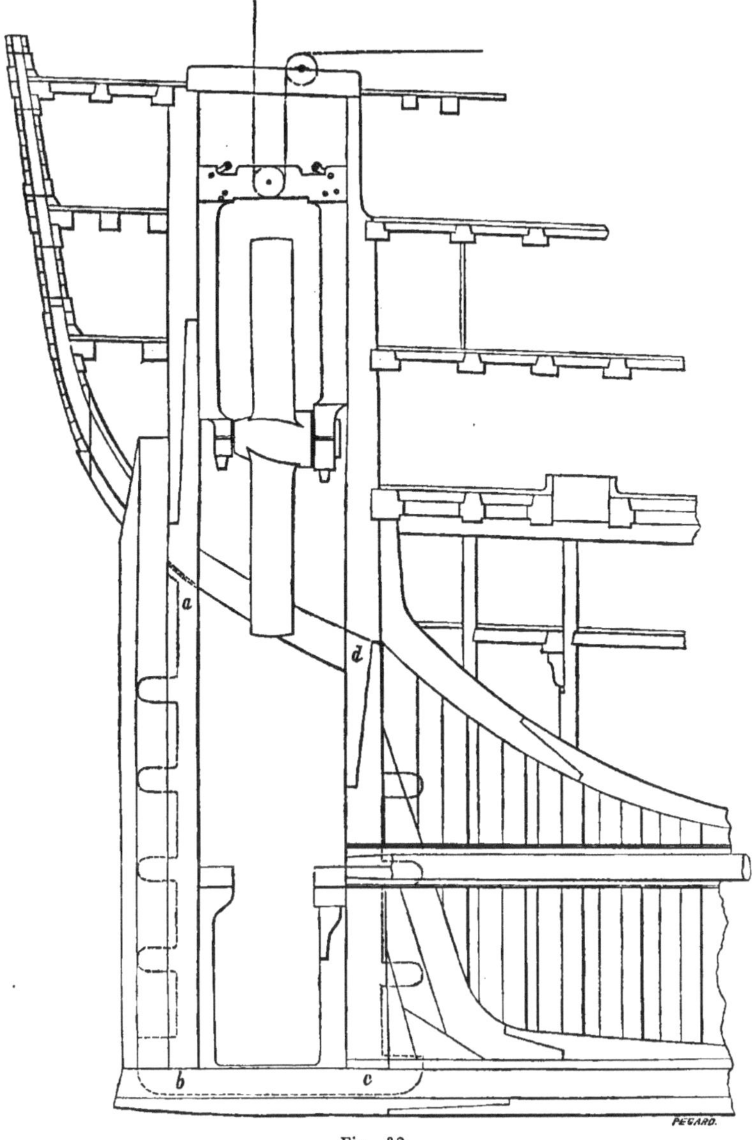

Fig. 32.

voyés répartis dans le but de conserver la position des sabords, et de réduire les équerrages des pièces de membrure ; quant au massif, il est toujours construit de la même manière, et peut être formé, soit au moyen d'une courbe d'étambot ordinaire, soit au moyen de plusieurs pièces superposées et reposant sur la quille.

Dans les bâtiments à hélice, on ne fait usage que d'arrières ronds en prolongeant les façons des œuvres mortes de la quantité nécessaire pour entourer complétement la *cage de l'hélice*; celle-ci est comprise entre les deux étambots, celui de l'avant et celui de l'arrière : le premier reçoit le plus grand nombre des bordages de la carène, il est percé d'une ouverture cylindrique qui donne passage à l'arbre du propulseur (figures 31 et 32); le deuxième supporte le gouvernail, il est maintenu à la partie supérieure entre les allonges de poupe, et son pied repose simplement sur le prolongement de la quille; toute cette partie de la charpente est consolidée et rattachée au massif arrière par une forte armature en bronze *a b c*.

Lorsque l'hélice est fixe (*fig.* 31), les façons de la carène se continuent sans interruption au-dessus de la cage de l'hélice; l'étambot avant s'arrête à la hauteur des billots des couples voisins, et vient s'assembler à la partie supérieure avec le *marsouin*; celui-ci est prolongé jusqu'à l'étambot arrière, avec lequel il est solidement chevillé.

Lorsque l'hélice est à remonter (*fig.* 32), on doit réserver dans la charpente une ouverture ou *puits*, correspondant à la cage, et destinée à lui donner passage lorsqu'on la retire hors de l'eau. Dans ce cas, les deux étambots sont prolongés jusqu'au pont supérieur, celui de l'avant peut être aussi solidement relié à l'ensemble de la charpente que lorsqu'il n'y a pas de puits, mais celui de l'arrière est dans des conditions bien moins satisfaisantes, et n'est tenu à la tête que par les allonges de poupe, et au pied par l'armature en bronze seulement.

40. Boisage des arrières ronds. Quant à la charpente des arrières ronds, elle est toujours composée de couples dévoyés; mais comme l'extrémité supérieure de ces couples est très-éloignée de leur base ou de leur talon, on serait conduit à leur donner des obliquités considérables par rapport à l'axe longitudinal, sans toutefois remplir convenablement ni les conditions d'équerrages, ni celles relatives à la position des sabords. Pour arriver à quelque chose de satisfaisant, il faut employer des couples composés de plusieurs plans, dont les directions s'accordent avec les formes particulières de la carène, dans la région qu'ils

Tome II. page 305.

CARTE THERMAL d'après MAURY.

Planche III.

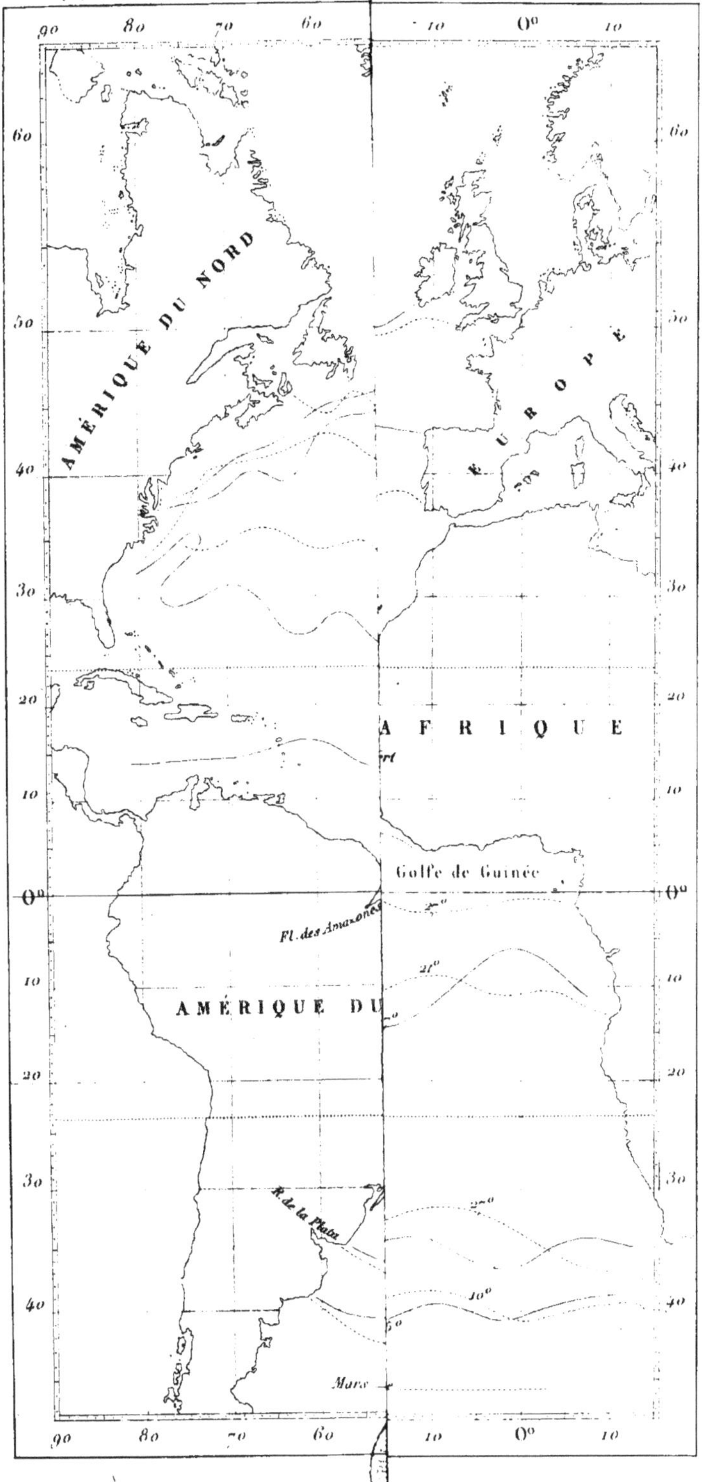
AMÉRIQUE DU NORD
EUROPE
AFRIQUE
Golfe de Guinée
Fl. des Amazones
AMÉRIQUE DU
R. de la Plata
Mars
10°

Tome II. page 305. CARTE THERMALE DE L'OCÉAN ATLANTIQUE d'après MAURY. *Planche III.*

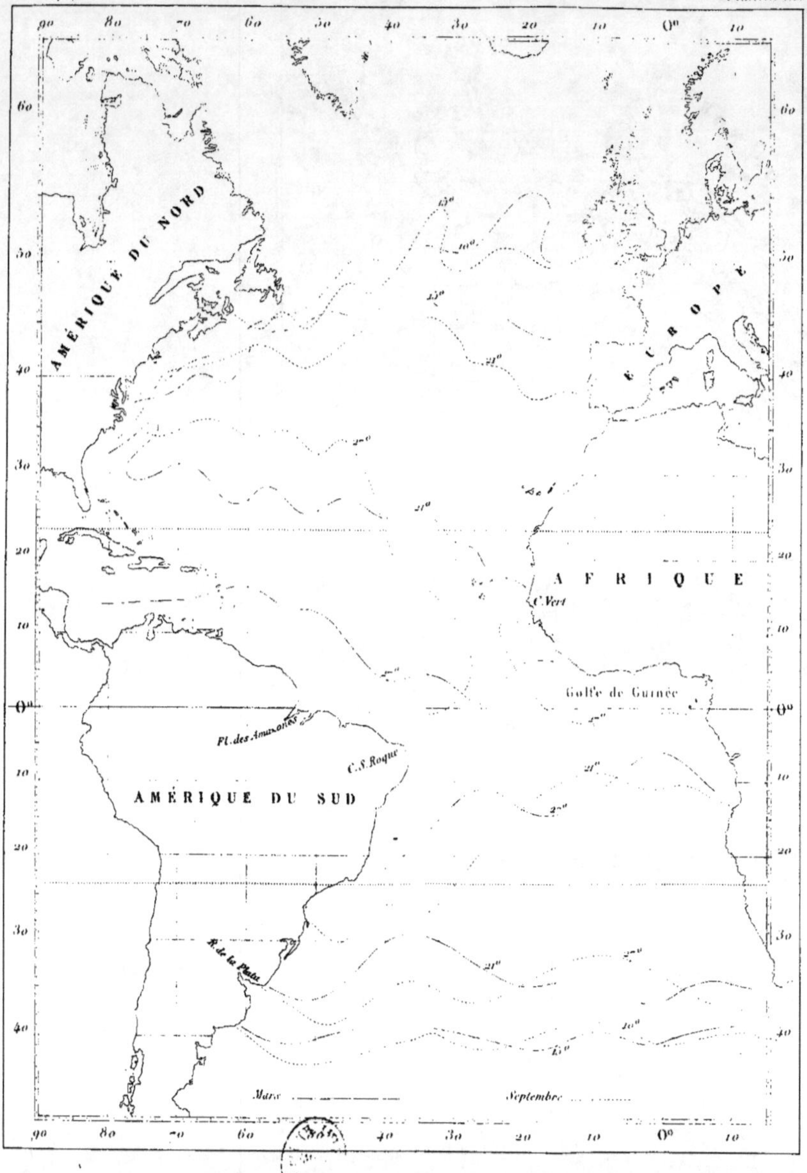

AMÉRIQUE DU NORD

EUROPE

AFRIQUE

C. Vert

Golfe de Guinée

Fl. des Amazones

C. S. Roque

AMÉRIQUE DU SUD

R. de la Plata

Mars

Septembre

occupent (*fig.* 33); mais même avec cette disposition, on évite difficilement les grands équerrages. Pour avoir des équerrages droits

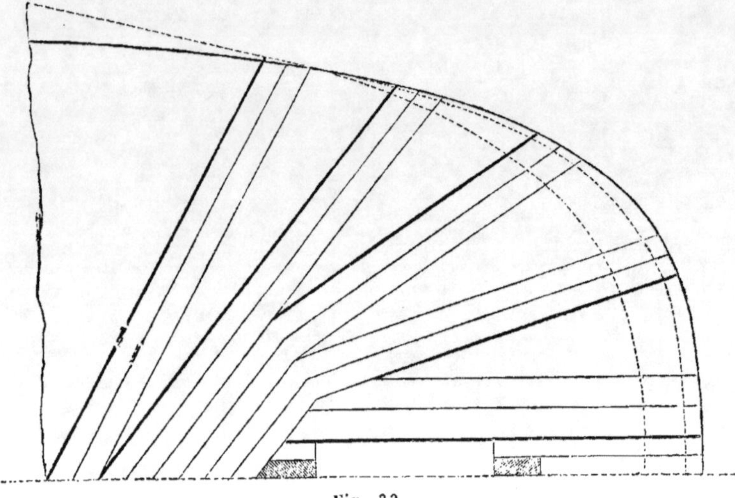

Fig. 33.

dans toute l'étendue du couple, il faut substituer aux plans de gabariage des surfaces cylindriques verticales, dont les directrices seraient des courbes normales aux sections horizontales de la carène (*fig.* 34).

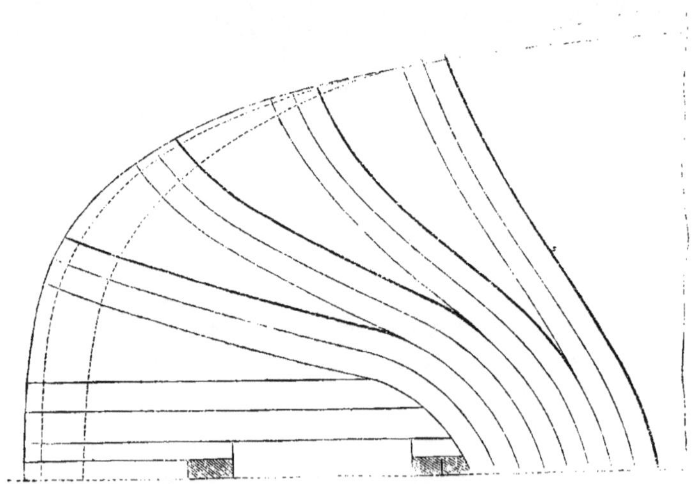

Fig. 34.

Des couples à surfaces cylindriques ainsi définies peuvent en effet être construits par des procédés assez simples; cependant ils sont peu employés, et généralement on préfère les couples deux ou trois fois dévoyés ; quelquefois même, dans le but d'éviter les difficultés d'exécution, on compose la charpente des arrières à hélice au moyen de boisages longitudinaux, qui viennent aboutir sur le dernier couple, dévoyé sous une obliquité de 45° environ ; cependant ce dernier système présente l'inconvénient grave de faire dépendre la solidité de toute la charpente arrière, de celle du couple unique sur lequel elle repose, en sorte que si ce dernier vient à être attaqué de la pourriture, elle est fortement compromise ; il est donc préférable de recourir aux couples plusieurs fois dévoyés, donc l'usage se répand d'ailleurs de plus en plus.

41. Des clefs et des anguillers, remplissages des fonds. Dans les anciennes constructions, une fois le boisage accompli, on était dans l'usage d'introduire dans la maille des *clefs* interposées entre les couples et s'étendant par files longitudinales de l'avant à l'arrière. Ces clefs avaient la forme de coins à faces peu inclinées, et s'engageaient dans des mortaises de faible profondeur, pratiquées sur les faces latérales des couples ; une fois en place, on les frappait toutes à la fois à coups de masse, de manière à établir un contact intime entre tous les couples, dont la position se trouvait ainsi assujet-

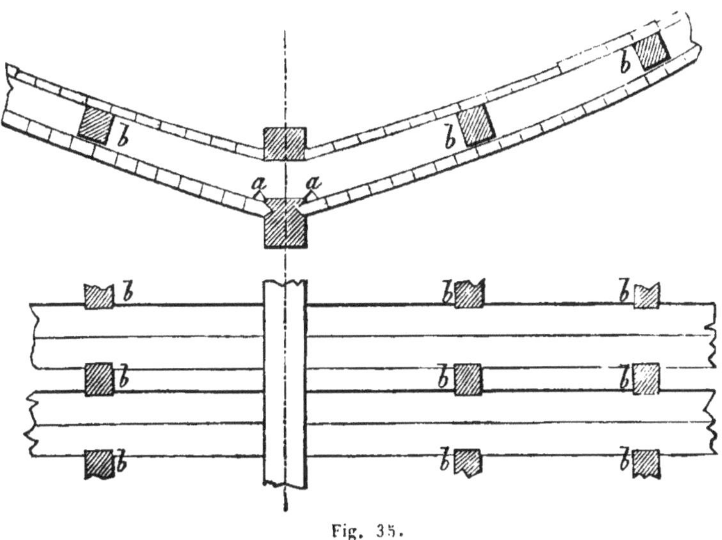

Fig. 35.

tie d'une manière invariable. Ces clefs étaient surtout utiles pour résister aux efforts de compression qui se manifestent dans les fonds du navire, aussi avait-on soin de les y multiplier ; elles sont indiquées en *b*, *b*,... (*fig.* 35). Les clefs, après avoir été forcées en place, étaient rasées suivant la surface de la muraille, et l'on y pratiquait de petits canaux à section triangulaire, nommés *anguillers*, destinés à établir dans la maille la circulation nécessaire à l'eau qui peut s'y introduire.

Des anguillers semblables *a*, *a*, étaient pratiqués au collet de la varangue, dans le but de mettre en communication toutes les mailles des petits fonds, et de permettre à l'eau qu'elles renferment de se rendre aux pompes. Ces anguillers affaiblissent la varangue dans la partie où elle fatigue le plus, mais ils sont indispensables dans le système de construction que nous décrivons en ce moment, car s'ils n'existaient pas, l'eau renfermée entre les couples ne tarderait pas, dans les pays chauds, à devenir un foyer pestilentiel des plus redoutables pour la santé de l'équipage.

Dans les constructions modernes de la marine militaire on a réalisé un progrès considérable en supprimant les clefs des petits fonds ainsi que les anguillers, et en prenant le parti de remplir complétement la maille jusqu'à l'extrémité de la varangue. A cet effet, on introduit entre les couples des remplissages en chêne, ayant sur

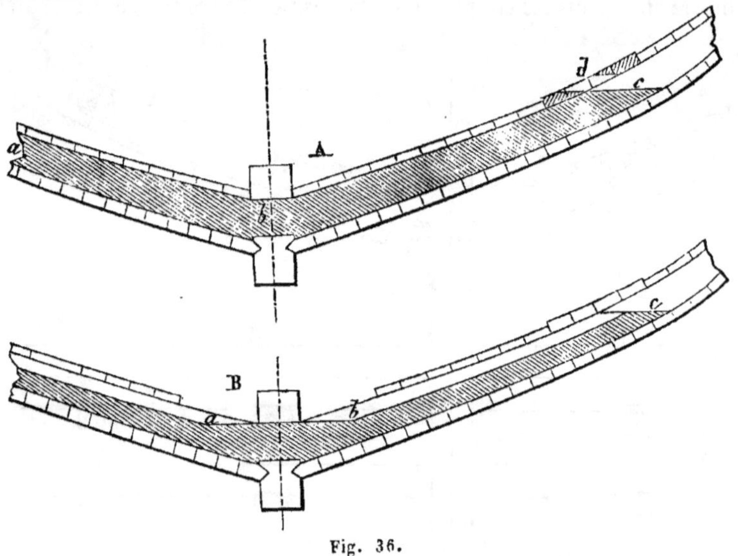

Fig. 36.

le tour même échantillon que la membrure, *a b c* (*fig.* 36), et assemblés latéralement aussi exactement que possible ; on les calfate ensuite par dedans et par dehors sur toute l'étendue des faces de joint, et jusqu'à ce que les étoupes se joignent ; on calfate également le gabariage ainsi que toutes les fentes et gerces de la membrure, en sorte que *les fonds du navire sont complètement étanches indépendamment des revêtements extérieurs.* On comprend facilement tous les avantages qui résultent de ce système de remplissage : les couples sont arcboutés bien plus solidement qu'avec les clefs, les fonds présentent une résistance considérable à la compression, et cette résistance contribue notablement à la rigidité de l'ensemble de la charpente ; les mailles des fonds étant supprimées, on n'a plus à redouter la présence des eaux stagnantes qui s'y trouvaient emprisonnées lorsque les anguillers étaient bouchés, et l'on est, par suite, dans de meilleures conditions de salubrité. Mais c'est surtout en cas d'échouage que le remplissage des fonds acquiert une importance capitale; en effet, une pièce à quille, un ou plusieurs bordages de la basse carène peuvent alors être arrachés sans qu'il en résulte la moindre voie d'eau, tandis que dans les mêmes circonstances un navire construit dans l'ancien système coulerait infailliblement.

Les remplissages des petits fonds sont actuellement réglementaires sur tous les bâtiments de la marine militaire. Lorsqu'on en fait usage, il faut avoir soin de ménager une issue à l'eau qui provient de la partie supérieure des mailles, afin qu'elle puisse s'écouler par-dessus le vaigrage de fond et se rendre aux pompes ; à cet effet, on perce dans le vaigrage à la hauteur de l'extrémité de la varangue, des ouvertures horizontales *d* (*fig.* 36 A), d'un diamètre assez grand pour permettre l'introduction de la main et donner toute facilité pour nettoyer la maille des saletés qui pourraient s'y accumuler et l'obstruer; ces ouvertures ou *accotars* traversent les serres d'empature, qu'elles découpent nécessairement au point de leur enlever toute solidité. C'est un inconvénient que l'on peut éviter en réduisant la dimension sur le tour des remplissages, et en ne leur donnant que la moitié ou les deux tiers de celle de la membrure, depuis leur extrémité supérieure *c* (*fig.* 36 B) jusqu'à la rencontre de leur contour *cb*, avec une horizontale *ab* passant par le collet de la varangue. Les remplissages ainsi constitués sont suffisants pour obtenir les résultats voulus au point de vue de la solidité et de l'étanchéité de la carène; la petite maille conservée sous le vaigrage forme un canal qui donne écoulement à l'eau et l'amène jusqu'à proximité de la carlingue; dans cette partie le vaigrage de fond est supprimé de manière à dégager l'extrénité de la maille. Pour les petits bâtiments, ce système de remplissage convient d'autant mieux qu'il est moins pesant.

Dans la marine marchande, quelques constructeurs font usage des fonds pleins, mais d'autres hésitent à les employer, dans la crainte que les eaux, s'écoulant par-dessus les varangues, au lieu de rester comprises dans les mailles des fonds, ne viennent mouiller la cargaison et y occasionner des avaries. On peut, il est vrai, éviter cet inconvénient en établissant dans la cale un faux plancher élevé de 15 à 20 centimètres au-dessus des varangues, et sous lequel les eaux circuleraient sans aucun danger pour la cargaison; mais un semblable plancher réduit toujours un peu les capacités intérieures de la cale, et ce motif le fait repousser par beaucoup d'armateurs. Il est très-regrettable que de semblables considérations éloignent du système de construction à fonds pleins, qui est incontestablement de nature à diminuer, dans une forte proportion, les sinistres et les dangers auxquels sont exposés les navigateurs.

42. Parage intérieur. Une fois les couples de remplissage construits et mis en place, ainsi que les remplissages des petits fonds, le bâtiment est ce que l'on appelle *monté en bois tors*; toute la grosse charpente est exécutée, et il faut s'occuper de la mise en place des revêtements tant intérieurs qu'extérieurs. On commence habituellement par les revêtements intérieurs, mais il faut d'abord terminer les couples de remplissage qui ont été à peine dégrossis; c'est ce qui s'exécute par l'opération du *parage* : on tend, dans le sens de la longueur, de forts cordeaux ou des lattes flexibles, que des clous croisés maintiennent appliqués sur les couples de levée; si la surface intérieure est régulière, ces cordeaux s'appliquent à la fois sur tous les couples, sans présenter aucun jarret; si quelque couple paraît faire saillie et déranger la forme naturelle du cordeau, on l'entaille jusqu'à ce que toute irrégularité disparaisse. Si la levée a été bien faite, aucune modification ne doit être apportée à la surface des couples de levée, ou, au moins, ces modifications doivent-elles rester très-limitées; si l'on était conduit à en exécuter d'une certaine importance, elles ne pourraient provenir que de quelque erreur, soit dans les formes, soit dans la position du couple, et l'on devrait commencer par les rectifier par tous les moyens possibles. A mesure que l'on exécute le parage, on enlève l'*aubier* partout où l'on en rencontre, et l'on place des *cales* dans les *défournis*. L'aubier, ne présentant par lui-même aucune consistance, ne saurait contribuer à la résistance de la pièce à laquelle il appartient, et par conséquent il est inutile, mais de plus il entre très-facilement en pourriture et provoque la décomposition du bois voisin; pour cette double raison, il convient de l'enlever. D'ailleurs, la présence d'un peu d'aubier sur les arêtes d'une pièce terminée, ne constitue pas nécessairement un défaut, et même si cet aubier se trouve réparti uniformément le long des quatre arêtes (*fig.* 37, *a*), c'est la preuve que la courbure primitive n'a pas été altérée, et que l'échantillon de la pièce brute était strictement nécessaire. Au contraire, lorsque l'on voit une pièce terminée à vive

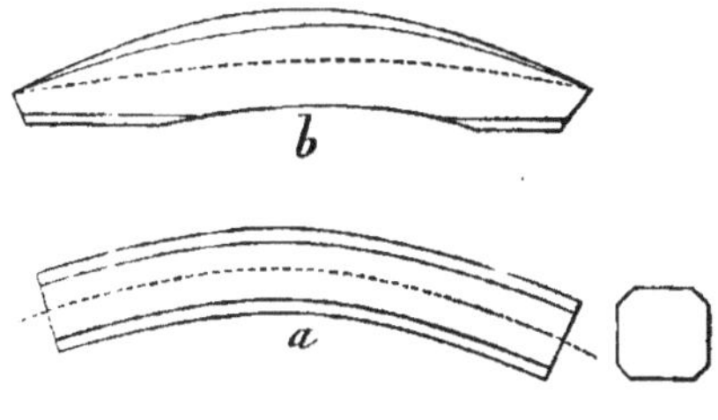

Fig. 37.

arête dans toute son étendue, il est fortement présumable que la courbure primitive a été exagérée aux dépens de l'échantillon, et qu'il y a eu un déchet considérable. Le plus ordinairement, pour les grandes courbures, on est obligé de forcer l'arc naturel et alors on obtient des pièces telles que celle indiquée en *b* (*fig.* 37), avec de fortes marques d'aubier au dos, à vive arête dans la gorge, et avec des manques de bois très-prononcées à l'intérieur, aux deux bouts ; ces manques de bois sont très-préjudiciables à la solidité des empatures, cependant par suite de la rareté des bois on est obligé de les tolérer, même lorsqu'ils atteignent le tiers ou la moitié de l'épaisseur de la pièce.

43. Des revêtements intérieurs, carlingues, vaigres d'empature. En exécutant le parage on prépare le lit de la carlingue que l'on met de suite en place : dans les grands navires, la carlingue est composée de deux plans de bois jointifs dans le plan diamétral; les pièces qui forment ces deux plans sont croisées par empatures et chevillées horizontalement. On donne ordinairement à la carlingue une épaisseur sur le droit, un peu supérieure à celle de la quille ; aux extrémités avant et arrière où la carlingue prend une courbure assez prenoncée, on réduit cette largeur à la quantité nécessaire pour qu'elle puisse être faite d'une seule pièce de bois. Sur toute la longueur du navire, la carlingue reçoit à chaque couple deux chevilles en cuivre avec tampon; ces chevilles traversent la varangue, ou les quartiers de varangue, ou les billots des couples, et sont rivées à la face inférieure de la quille.

Après la carlingue on met en place les *vaigres d'empature*, *c*, *d*, (*fig.* 38). On donne ce nom à trois ou quatre virures de vaigrage, qui croisent l'empature du genou et de la première allonge; on leur assigne une épaisseur un peu plus grande qu'au vaigrage de la cale dans le but de renforcer l'empature qu'elles recouvrent et qui est sujette à une fatigue exceptionnelle. On dispose ensuite les vaigres de fond qui n'ont qu'une utilité secondaire, surtout avec des fonds

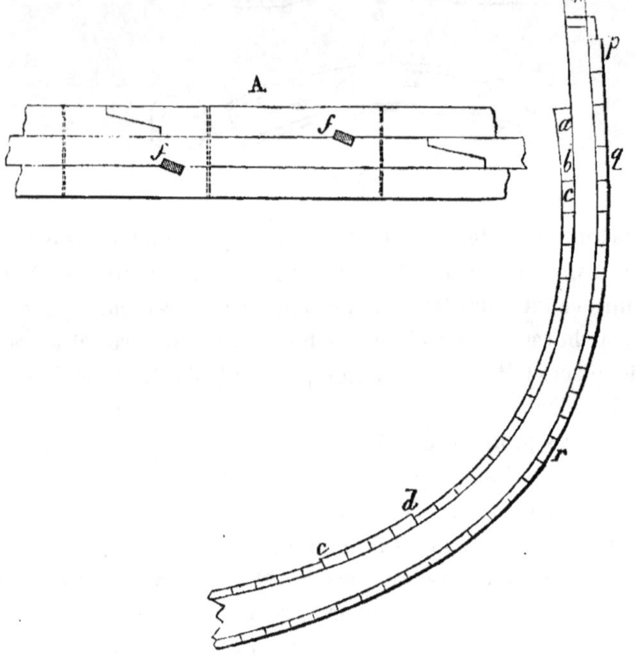

Fig. 38.

pleins; puis on s'occupe de la mise en place des *bauquières* et *sous-bauquières a*, *b*, *c*, destinées à supporter les ponts. A cet effet, on commence par tracer les livets à l'intérieur de la muraille; on apporte à cette opération des soins tout particuliers, on marque les points correspondants à chaque couple, à l'aide d'opérations directes, sans se rapporter aux points tracés à l'avance qui ne présenteraient pas une exactitude suffisante; on réunit tous les points ainsi déterminés par une latte bien apparente, et l'on corrige avec soin les irrégularités qu'elle pourrait présenter. Il n'y a d'ailleurs que le livet de la première batterie qui soit déterminé avec toutes ces précautions; pour les autres ponts on se contente de les tracer parallèlement au premier, en conservant une distance verticale constante de l'avant à l'arrière.

Le livet étant tracé, on en déduit facilement l'arête de la bauquière qui lui est parallèle; cette pièce ayant à supporter tout le poids des baux, on la consolide à l'aide de deux virures de *sous-bauquières* auxquelles on conserve une épaisseur plus considérable qu'au vairgage des autres parties de la cale. Les virures de bauquières et de sous-bauquières de la batterie sont situées dans une partie de la muraille à peu près verticale, et sont favorablement disposées pour résister aux efforts de flexion longitudinale qui sollicitent le bâtiment; on augmente encore leur résistance dans cette direction, en les assemblant à écarts longs (*fig.* 38, A); quelquefois, dans le même but, on les réunit par des chevilles verticales parallèles à la muraille, mais ce dernier système rend les réparations difficiles, et l'on arrive plus avantageusement au même résultat en interposant entre les joints longitudinaux, des clefs *f, f,* qui rendent solidaires les virures contiguës en s'opposant à tout effet de glissement des unes sur les autres.

Les bauquières et sous-bauquières, ainsi d'ailleurs que toutes les autres virures de vaigrage, sont simplement faufilées avec la membrure à l'aide de clous en fer zingués répartis de distance en distance et assez rapprochés pour les empêcher de larguer pendant le cours de la construction; plus tard elles sont fixées à demeure par les nombreuses chevilles qui proviennent des revêtements extérieurs. Le *vaigre de cale* commence au-dessous des sous-bauquières et s'étend jusqu'aux vaigres d'empature; son épaisseur est uniforme et ordinairement égale à celle du vaigre de fond.

44. Revêtements extérieurs, préceintes, bordé de diminution. On commence les revêtements extérieurs par les *grandes préceintes:* ce sont de fortes virures de bordages dirigées parallèlement au livet du pont, et dont le can supérieur est situé à 25 ou 30 cent. en contre-bas du seuillet de la première batterie. Les préceintes sont convenablement situées pour résister aux efforts de flexion longitudinale, et l'on s'attache, en conséquence, à leur donner le plus de longueur et de largeur possible; leur épaisseur est également forcée dans le but de consolider la muraille dans le voisinage de la flottaison, et d'opposer plus de résistance au projectile de l'ennemi; on en met habituellement quatre virures, elles s'étendent de p en q (*fig.* 38). Les virures de bordé, placées immédiatement au-dessous des grandes préceintes, reçoivent des dimensions moindres en longueur et en largeur, et leurs épaisseurs vont en diminuant progressivement de 5 millim. d'un can à l'autre, jusqu'à ce que l'on soit parvenu à l'épaisseur minimum au-dessous de laquelle il serait imprudent de s'abaisser. Le bordé des petits fonds conserve cette épaisseur uniforme, et pour cette raison on lui donne quelquefois le nom de *bordé de point*, par opposition au bordé d'épaisseur variable, désigné sous le nom de *bordé de diminution*, ce dernier occupe sur notre figure la partie qr.

Les préceintes, le bordé de diminution et le bordé de point sont invariablement en chêne sur les bâtiments de la marine militaire; pour le bordé des petits fonds, qui est toujours immergé et se trouve par cela même dans des conditions avantageuses de conservation, on peut employer des bois de chêne provenant des ports de la Baltique, dont l'essence est un peu tendre et qui ne conviendraient pas pour d'autres parties de la construction; quant au bordé de diminution, qui émerge lorsque le bâtiment est lége, il est soumis à des alternatives de sécheresse et d'humidité qui sont essentiellement de nature à provoquer la pourriture, et pour résister à cette condition défavorable il convient de ne l'exécuter qu'avec du chêne de France de la meilleure qualité. Les préceintes sont toujours à l'air, et moins exposés à la pourriture que le bordé de diminution, mais en considération du rôle important qu'elles ont à remplir dans les liaisons longitudinales, il convient également de les exécuter en matériaux de premier choix. Dans les constructions du commerce on emploie assez souvent le hêtre ou l'orme pour le bordé des petits fonds; l'usage de ces bois n'a pas été adopté dans la marine militaire : le hêtre est trop tendre et de peu de durée; quant à l'orme, il est presque aussi coûteux que le chêne, et de plus il est exposé à la piqûre des vers lorsqu'il reste à sec. Depuis quelque temps, cependant, on commence à employer pour bordé de carène le hêtre injecté au sulfate de cuivre.

Avant de procéder à la mise en place du bordé, il faut faire le parage extérieur de la membrure, de même que l'on a exécuté le parage intérieur avant de placer le vaigrage; cette opération s'accomplit par les procédés que nous avons déjà expliqués, avec cette différence qu'elle ne peut pas être exécuté sur toute l'étendue de la carène, ce qui conduirait forcément à enlever toutes les accores qui soutiennent le bâtiment. Il est nécessaire de ne procéder que par zones assez étroites pour qu'il n'y ait lieu de déplacer qu'une seule rangée d'accores à la fois ; lorsque cette zone est parée, on la recouvre du bordé, on applique sur celui-ci les accores momentanément enlevées, et l'on peut entreprendre le parage d'une nouvelle zone ou *passée*, et ainsi de suite.

Les virures de préceintes seules sont dirigées parallèlement aux livets ; les directions des autres virures de bordé sont déterminées de la manière suivante : pour l'avant, on partage le contour du maître couple, compris entre la râblure et le can inférieur des grandes préceintes, en un certain nombre de divisions égales, à la plus grande largeur que l'on veuille donner aux bordages; on porte sur l'étrave et entre les mêmes limites le même nombre de divisions égales entre elles, mais individuellement plus petites que les premières, et l'on prend pour les directions des arêtes des bordages, celles de cordeaux passant par les divisions de même rang de l'étrave et du maître couple, et fortement tendus sur la carène ; pour l'arrière, on opère de la même manière, avec cette différence que l'on répartit sur l'étambot et la barre d'hourdy, s'il s'agit d'un arrière carré, le nombre de divisions équidistantes, égal à celui du maître couple; s'il s'agit d'un arrière-rond, il convient de ne conserver que deux virures de préceintes faisant le tour complet du bâtiment, et de faire aboutir sur la dernière virure ainsi conservée autant bordages de la carène que sur une barre d'hourdy ordinaire.

Dans les parties centrales du navire où les courbures sont peu prononcées, on se contente de prendre des bordages droits, de largeur convenable, et on les fait ranger sur la membrure, à la position qu'ils doivent occuper. Dans ce travail, les bordages sont soumis à une flexion *transversale*, à une *torsion* provenant de la variation des équerrages des couples sur lesquels ils s'appliquent, et enfin une flexion dans le sens de la hauteur nommée l'*épaule* du bordage. Lorsque les formes de la carène ne sont pas trop accusées, les bordages supportent assez facilement ces différentes flexions ; mais, dans le cas contraire, ils fatiguent beaucoup et sont exposés à rompre.

C'est surtout l'*épaule* qu'il importe d'éviter, et l'on y parvient par un procédé bien simple : soit $m\,n\,p\,q$ (*fig.* 39), le contour d'un bordage tracé à l'avance sur la carène, on applique sur la membrure une latte flexible ab, sous la direction convenable pour qu'elle reste comprise tout entière entre les arêtes *m n p q*, en ne lui faisant éprouver qu'une simple flexion transversale, en sorte qu'elle suive la ligne de plus courte distance entre les points *a* et *b* ; cette latte étant ainsi appliquée, on vient y clouer de distance en distance de petites règles en bois ou *biquettes cc' dd'* etc., dirigées normalement à son contour et sur lesquelles on marque les points de rencontre *c d e*. . ., *c' d' e'*. . ., avec les arêtes *m n* et *p q* du bordage. Les choses étant ainsi disposées on enlève cette latte et l'on vient l'appliquer sur le bordage que l'on veut travailler; elle s'y développe suivant une ligne droite, et les extrémités des biquettes y déterminent les développements des arêtes supérieures et inférieures du bordage ; on exécute matériellement ces arêtes, et lorsque l'on vient ensuite appliquer le bordage sur la membrure, il n'éprouve qu'une simple flexion transversale, et ses cans viennent prendre les positions voulues sans qu'il y ait de flexion dans le sens de la hauteur ou de l'épaule.

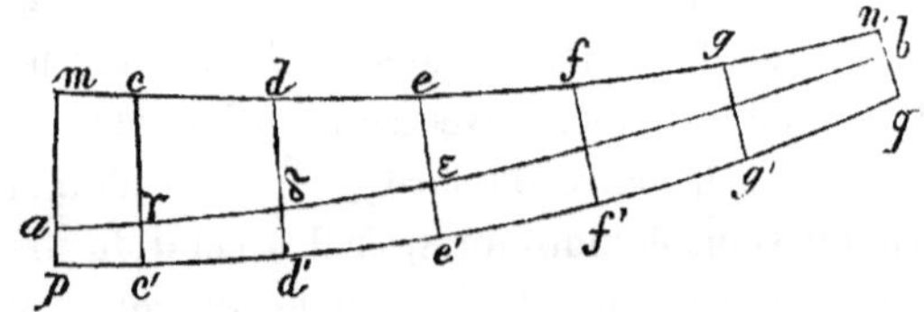

Fig. 39.

45. Des bois étuvés. Dans les parties de la carène où les courbures sont trop prononcées pour que les bordages puissent être pliés sans dépasser leur élasticité naturelle, on les soumet préalablement à un contact prolongé avec de la vapeur d'eau à 100°; le bois éprouve alors une espèce de cuisson, ses cellules ou ses fibres élémentaires s'impreignent d'eau chaude, toute sa masse se ramollit et devient beaucoup plus flexible qu'à l'état ordinaire ; tant que le bois est chaud, il peut être plié sur tel moule voulu, on l'y assujettit au moyen de coins et de manelles, et lorsqu'il est complétement refroidi, il conserve indéfiniment la forme qu'il a reçue. On conçoit toute l'importance d'un pareil procédé qui constitue en quelque sorte le *moulage des bois*, il s'aplique avec la plus grande facilité pour les pièces minces; il réussit également pour les pièces de fortes dimensions, cependant les courbures que l'on peut obtenir sont d'autant moins prononcées que les épaisseurs sont plus considérables. Cette difficulté provient de la nature même des phénomènes qui accompagnent la flexion et qui consistent en une certaine compression des fibres inférieures de la pièce de bois, et une extension des fibres supérieures, d'autant plus prononcée, qu'elles sont plus éloignées du centre. Or, les fibres ligneuses supportent bien la compression, tandis qu'elles résistent mal à l'extension, en sorte que si cette dernière dépasse certaines limites, ainsi que cela a lieu dans les pièces épaisses, les fibres extérieures se déchirent et produisent dans la pièce entière des ruptures qui pénètrent jusqu'à la profondeur à laquelle ces allongements n'ont plus que des valeurs modérées. Dans certains cas on peut augmenter la flexion dont les pièces sont susceptibles en les refendant en deux ou trois épaisseurs dans la région où la courbure est fortement prononcée; elles se trouvent ainsi décomposées en plusieurs éléments qui plient en glissant les uns sur les autres, tandis que les allongements ou les raccourcissements des fibres extérieures de chacun d'eux se produisent en vertu de leur épaisseur modérée et sans entraîner aucune rupture. Ce procédé est souvent employé avec succès, il convient, par exemple, pour certaines pièces de préceintes des arrière-ronds, dont les courbures sont trop fortes pour que l'on puisse les obtenir par les procédés ordinaires.

On parvient encore à plier les bois du plus fort échantillon et sous des courbures les plus considérables, par le procédé inventé par *M. Blanchard*; ce procédé consiste à ramollir les bois par le contact de la vapeur d'eau à la manière ordinaire, et à les courber ensuite en s'opposant totalement à l'allongement des fibres extérieures; dès lors toute chance de rupture disparaît et les modifications subies par le bois, se traduisent uniquement par des compressions qui, loin de l'affaiblir ne font qu'augmenter sa densité et sa résistance. Pour combattre l'extension de la fibre extérieure, le moyen employé est bien simple : la pièce de bois primitivement droite est garnie au dos d'une lame d'acier terminée à ses deux extrémités par des talons en retour d'équerre qui l'emboîtent exactement; lorsque l'on vient ensuite, dans ces conditions l'enrouler sur son moule, il est évident que la fibre extérieure, maintenue par l'armature méallique qui l'enveloppe, ne peut s'allonger, et que par conséquent les ruptures sont impossible.

Tel est le principe du procédé Blanchard; il permet d'obtenir artificiellement des pièces de membrures des courbures les plus rares, même dans les plus forts échantillons. Une compagnie a été constituée à Londres pour son exploitation, et il a été construit de puissants appareils destinés à la confection des membrures courbes; cependant, il ne paraît pas que ses opérations prennent un grand développement. En France, dans la marine militaire, on se borne à l'emploi des bordages chauffés à la vapeur d'eau suivant la vieille pratique de nos arsenaux.

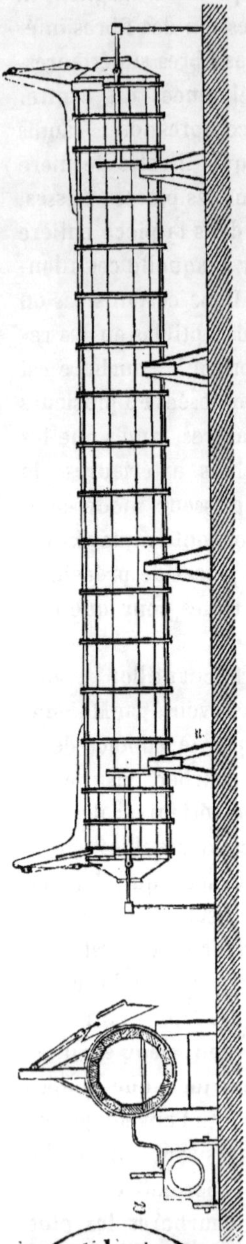

Fig. 40.

46. Étuves à bordages. Les bordages sont chauffés à la vapeur, dans une étuve consistant en un long tube cylindrique en bois, formé de douves de sapin réunies par des cercles en fer (*fig.* 40), et fermé à ses deux extrémités par des couvercles en tôle assujettis par des vis de pression. La vapeur d'eau y est envoyée par une petite chaudière à foyer intérieur *a*, chauffée avec les débris de bois sans valeur qui couvrent les chantiers, en sorte que la dépense en combustible est tout à fait insignifiante.

Les bois passés à l'étuve sont actuellement employés pour toutes les pièces courbes du vaigrage de la cale sans exception, et pour la plus grande partie des virures de bauquières et de sous-bauquières, pour le bordé de point et pour celui de diminution, ainsi que pour les pièces de préceintes de courbure modérée; on ne fait d'exception que pour les pièces de préceintes ou quelques pièces de bauquières des arrière-ronds, connues sous le nom de *pièces de tour*, dont les formes sont tellement compliquées qu'il est nécessaire de les travailler sur gabarits et équerrages d'après des procédés particuliers; mais elles sont en très-petit nombre, et pour la grande généralité des revêtements, tant intérieurs qu'extérieurs, il suffit de les passer à l'étuve.

BIBLIOTHÈQUE IMPÉRIALE

Pour que les bois étuvés plient facilement sans donner lieu à des éclats, on doit les choisir de droit fil exempts de nœuds, et, autant que possible, d'essence maigre ; les bois gras ne plient pas et cassent net sur toute leur épaisseur. A l'origine, on s'est beaucoup préoccupé de la force et de la durée des bois étuvés, et l'on craignait que l'une et l'autre ne fussent inférieures à celles des bois ordinaires ; actuellement la question est résolue par la pratique, et l'on peut assurer que leur résistance n'est pas sensiblement diminuée, tandis que leur durée serait plutôt augmentée. Ce dernier fait s'explique par l'action de la vapeur d'eau qui, pénétrant les fibres ligneuses, dissout la séve qu'elles renferment et les en dépouille complétement ; la séve est par elle-même très-sujette à la fermentation et provoque la pourriture : son enlèvement ne peut donc être que très-favorable à la conservation du bois. Le seul défaut que l'on puisse reprocher aux bois passés à l'étuve, c'est d'éprouver après leur mise en place un desséchement et un retrait plus considérables que les bois ordinaires, en sorte que leurs joints s'ouvrent beaucoup.

47. Chevillage de la carène. Le chevillage du bordé de la carène se compose de deux clous et d'une cheville en cuivre rouge à chaque écart, et de chevilles également en cuivre rouge espacées de deux mètres en deux mètres ; ces chevilles sont chassées par l'extérieur, elles traversent la membrure et le vaigrage sur lequel elles sont rivées sur virole. Des chevilles écartées de la sorte ne seraient pas suffisantes ; aussi la principale tenue du bordé de carène consiste-t-elle en des *gournables* en bois, chassées par l'extérieur comme les chevilles en cuivre, et coincées sur le vaigrage, en sorte qu'elles fixent à la fois les revêtements extérieurs et intérieurs. Chaque bordage reçoit quatre gournables par couple double et deux par couple simple, excepté dans les endroits où sont déjà placées des chevilles en cuivre ou des clous de faufilage. Les gournables donnent une très-bonne tenue, elles sont peu coûteuses et présentent l'avantage important de n'augmenter en rien le poids de la construction ; en revanche on leur reproche d'exiger des trous de gros diamètre qui affaiblissent la membrure et le bordé.

Les gournables sont en chêne d'essence maigre, et débitées de fente suivant le fil naturel du bois ; leur forme primitive est celle d'un prisme à section rectangulaire, on les travaille ensuite à huit pans, à la plane de tonnelier, en suivant soigneusement la direction des fibres ; on leur donne une forme légèrement effilée afin de faciliter leur introduction dans le trou percé dans la muraille, et de conserver plus de force à l'extrémité sur laquelle on frappe à coups de masse. Le trou qui reçoit les gournables devrait être conique pour s'accorder avec leur forme effilée, mais un trou de cette espèce serait d'une exécution trop difficile et l'on se contente de l'évaser vers l'extérieur par l'introduction, à des profondeurs variables, de tarières de grosseurs graduées.

Dans les arsenaux de la marine on emploie depuis longtemps des gournables à section circulaire, tournées à l'aide d'une machine très-ingénieuse imaginée par M. Hubert, ancien directeur des constructions navales à Rochefort; cette machine travaille la gournable suivant des diamètres décroissants, tout en lui conservant la forme curviligne ou même sinueuse qu'affectent les fibres. Les gournables rondes sont d'une meilleure tenue que les gournables octogonales, remplissent mieux le trou de tarière et sont moins exposées à faire de l'eau.

48. Gournables comprimées. Depuis quelques années, M. de Lapparent, ingénieur de la marine, a apporté aux gournables ordinaires un perfectionnement très-important, en leur faisant éprouver une forte compression avant de les mettre en place, semblablement à ce qui se pratique depuis longtemps pour les coins en bois employés à assujettir les rails des chemins de fer dans leurs coussinets. La compression des gournables s'exécute d'ailleurs avec une extrême facilité à l'aide d'un laminoir imaginé par M. Fleury, maître de l'atelier des machines au port de Cherbourg. Cet appareil (*fig.* 41)

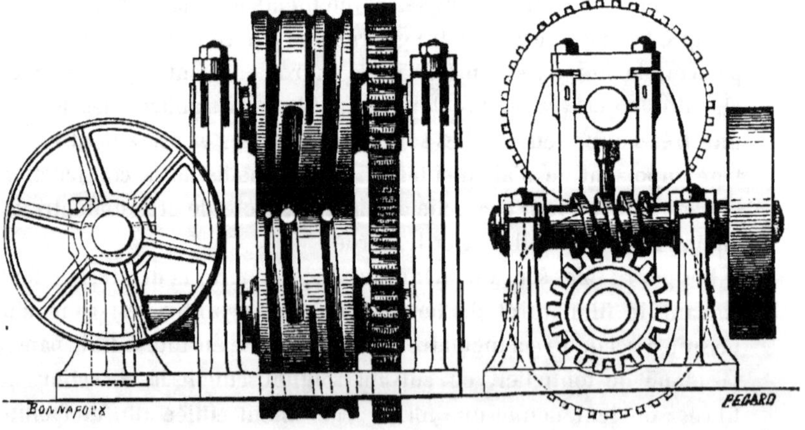

Fig. 41.

se compose de deux cylindres en fonte conduits par un engrenage à vis tangente ; la surface de ces cylindres présente des cannelures héliçoïdales à sections demi-circulaires, de diamètres variables qui se correspondent deux à deux, et qui, par leur développement réuni, formeraient le moule de la gournable conique. Les gournables sont d'abord préparées à la machine Hubert, puis passées au laminoir, où l'on peut leur faire supporter une compression très-énergique sans que la contexture fibreuse du bois en soit altérée, et loin de là, il en résulte à la fois accroissement de densité et de ténacité. D'après les expériences de M. de Lapparent, la compression des gournables est d'environ 20 pour cent, leur densité augmente de 16, et leur ténacité de 17,5 pour cent. Ajoutons, en outre, que leur tenue est bien supérieure à celle des gournables ordinaires, quoique leur diamètre soit moindre et qu'elles découpent beaucoup moins la charpente ; par contre, elles sont plus difficiles à enfoncer, et pour résister aux coups de masse, leur tête doit être garnie d'une virole conique en fer, qu'on ne place d'ailleurs qu'au moment de les enfoncer et que l'on retire ensuite pour servir de nouveau. Les gournables comprimées sont actuellement employées dans toutes les constructions de la marine militaire et donnent d'excellents résultats.

49. Chevillage de la tranche de l'exposant de charge. Dans la basse carène, les gournables toujours immergées se conservent indéfiniment ; mais il n'en est pas de même dans la tranche de *l'exposant de charge,* comprise entre la flottaison lége et la flottaison en charge ; dans cette région, les gournables fréquemment asséchées et immergées, seraient exposées à pourrir et à former *voie d'eau;* aussi leur usage y est-il absolument proscrit, et leur substitue-t-on des chevilles en cuivre rivées sur vaigrage comme celles de la basse carène; mais la tenue et la solidité de semblables chevilles étant évidemment supérieures à celles des gournables, on réduit à la fois leur diamètre et leur nombre; on en place deux par couple double et une seule par couple simple.

Les préceintes sont entièrement chevillées en fer zingué ; on y place les chevilles d'écart et les chevilles intermédiaires comme pour la carène, et deux clous sur chaque couple double, leur tenue est ensuite complétée par les nombreuses chevilles qui les traversent et qui sont nécessaires pour établir les liaisons d'autres parties de la charpente.

Le chevillage doit être exécuté avec une extrême attention afin de satisfaire à la double condition de donner une bonne tenue et d'être parfaitement étanche; pour obtenir ces résultats, il faut que les trous de tarières soient exactement proportionnés au diamètre des chevilles; s'ils sont trop justes, les chevilles ne peuvent être enfoncées et se refoulent sur elles-mêmes ou se rabattent sur le côté; si les trous sont trop libres, les chevilles les remplissent mal, n'ont pas de tenue, et laissent passage à l'eau qui suinte à l'intérieur du bâtiment. Il est vrai que pour les chevilles en fer ordinaire non zingué, l'oxydation ne tarde pas à remédier en partie à ce défaut, mais, pour les chevilles en fer zingué et pour les chevilles en cuivre, ce palliatif n'existe pas; et même pour les chevilles en cuivre, l'oxyde qui se forme étant pulvérulent, se détache des parties en contact, en sorte que la jonction devient de moins en moins intime et que le mal va toujours en augmentant. Par mesure de sûreté, il est toujours bon de garnir la tête de toute espèce de cheville ou clou, de plusieurs filets d'étoupe suiffée, cette étoupe pénètre avec la cheville dans le trou de tarière, s'y trouve comprimée, et tant qu'elle existe s'oppose au passage de l'eau.

Lorsque les précautions convenables n'ont pas été observées, chaque cheville laisse suinter quelques gouttes d'eau, et la quantité totale qui pénètre ainsi dans la cale, sans être bien considérable, suffit pour entretenir une humidité nuisible à la cargaison : mais ce que ce suintement présente de plus grave, c'est qu'il est la preuve que le navire est mal lié dans toutes ses parties et qu'il est exposé à se disjoindre complétement. Lorsque ce vice de construction se présente, il est très-difficile d'y porter remède; on ne peut songer à calfater après coup les têtes de chevilles qui font de l'eau, ce qui serait d'ailleurs un moyen de peu d'efficacité; la seule chose à faire est d'ajouter de nouvelles et nombreuses chevilles, pour suppléer à l'insuffisance des premières; mais en tout cas un pareil navire ne saurait inspirer qu'une médiocre confiance.

50. Travail et mise en place des baux. Une fois les bauquières et sous-bauquières fixées à la muraille, il convient de s'occuper des baux de la batterie; les baux sont des pièces qui présentent à la fois une grande longueur et un fort équarrissage, ils sont le plus ordinairement composés de deux, ou même de trois pièces assemblées à écarts longs. L'écart est toujours pratiqué sur le droit, c'est-à-dire qu'il est compris entre les deux faces planes du bau; pour les baux en deux pièces, la longueur de l'écart est égale au tiers de celle du bau, et pour que ses extrémités conservent une épaisseur suffisante, on exécute l'assemblage de manière que les faces latérales des deux moitiés du bau fassent l'une sur l'autre une saillie de 5 à 6 centimètres, et même quelquefois de 10 à 12 (*fig.* 42), ces saillies constituent des recouvrements ou *oreilles* qui sont ensuite cloués à plat sur le bau ; de cette manière la section transversale au milieu de l'assemblage est beaucoup plus considérable qu'aux extrémités, ce qui est d'ailleurs parfaitement rationnel, puisque c'est l'endroit où la fatigue est la plus grande. Anciennement on pratiquait dans les écarts plusieurs adents propres à résister aux efforts de traction longitudinale; actuellement ces assemblages compliqués sont supprimés, les écarts sont à surfaces planes, et l'on se contente de placer des tampons cylindriques au passage des chevilles. Les baux en trois pièces se composent de deux demi-baux abutés en leur milieu, et croisés par une pièce assemblée à écart long avec chacun d'eux; dans ce cas, la longueur de l'écart comptée à partir du plan diamétral est égale au moins au quart de la longueur totale du bau. Il est d'ailleurs exécuté de la même manière que pour les baux en deux pièces.

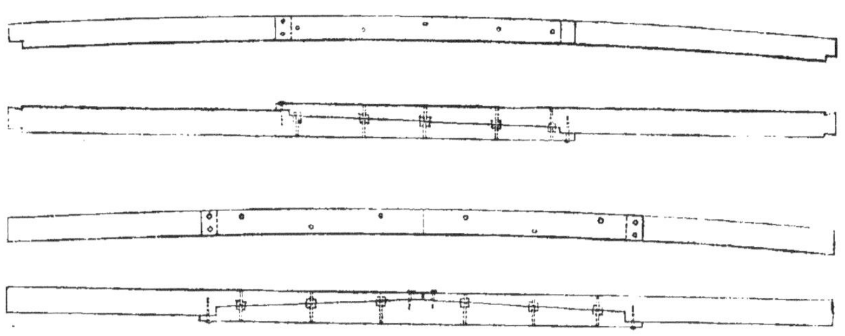

Fig. 42.

Les baux de la batterie des vaisseaux, ayant une lourde charge à supporter, sont habituellement en chêne, et même dans les endroits où ils sont soumis à une fatigue exceptionnelle, comme par le travers des mâts et des grandes écoutilles, il serait à désirer qu'ils fussent d'une seule pièce; pour les ponts supérieurs moins pesamment chargés que la batterie basse, on peut employer les baux d'une seule pièce en sapin, concurremment avec les baux d'assemblage en chêne; depuis quelque temps, la grande rareté des bois a conduit à admettre l'emploi des baux d'assemblage en sapin, et il n'en résulte pas d'inconvénients, à la condition de conserver de fortes oreilles et d'employer des tampons de gros diamètre ; les barrots d'assemblage en sapin ont même été également employés dans des batteries basses, cependant, dans ce cas, il convient toujours de les réserver pour les endroits qui fatiguent le moins. Sur le pont des gaillards, la généralité des barrots est en sapin, et l'on ne fait d'exception que par le travers des mâts et des écoutilles ; pour le faux-pont il convient d'employer les barrots en sapin, et leur longueur étant moindre que pour les autres ponts, on peut le plus souvent les exécuter d'une seule pièce.

Les baux sont ajustés avec les bauquières à l'aide d'entailles en queue d'hironde qui assurent leur position, à la fois longitudinalement et transversalement (*fig.* 43); une fois en place, les baux maintiennent donc convenablement l'écartement de la muraille, et l'on peut larguer les planches d'ouverture que l'on a dû conserver jusqu'alors.

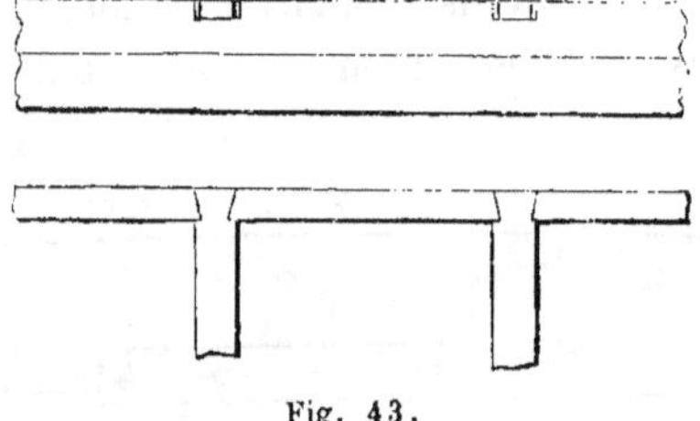

Fig. 43.

Au point de vue de la solidité de la charpente, il serait naturel de maintenir entre les baux un espacement uniforme, et de les faire correspondre aux couples de levée ; mais la position d'un certain nombre de barrots se trouve commandée par des considérations spéciales : ainsi ceux qui avoisinent les mâts sont fixés par l'emplacement assigné à ceux-ci ; il en est de même de ceux qui forment les nombreux panneaux percés dans les ponts et destinés soit à la circulation des hommes, soit à l'embarquement du matériel. Dans un bâtiment à voiles il se trouve 14 ou 15 baux à chaque pont, dont la position est commandée ; quant aux autres qui occupent les espaces intermédiaires, on les répartit autant que possible à intervalles égaux ; cette condition ne peut, il est vrai, être remplie que bien imparfaitement, mais en tout cas il convient que la distance entre deux barrots consécutifs ne soit pas inférieure à $1^{m},00$ et qu'elle n'excède pas $1^{m},30$. Dans les navires de commerce où les panneaux sont beaucoup moins multipliés que dans les navires de guerre, rien ne s'oppose à ce que les baux soient répartis à distance uniforme, et c'est en effet ce qui a lieu le plus ordinairement.

Les baux constituent la grosse charpente des ponts, mais les bordages qui les recouvrent ont besoin d'être consolidés par un réseau intermédiaire composé d'*entremises* transversales *a,a,a* (*fig.* 44) et de *lattes* *b, b, b*, allant de l'une à l'autre et dirigées parallèlement aux baux.

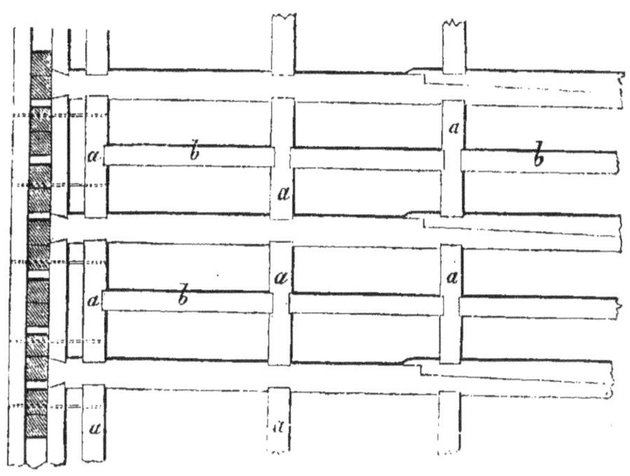

Fig. 44.

51. Fourrure de gouttière et virure de gouttière. Le système des lattes et entremises étant établi, on procède au parage général, puis on s'occupe de la mise en place de la *fourrure de gouttière;* c'est une pièce de charpente dont l'une des faces recouvre l'extrémité des

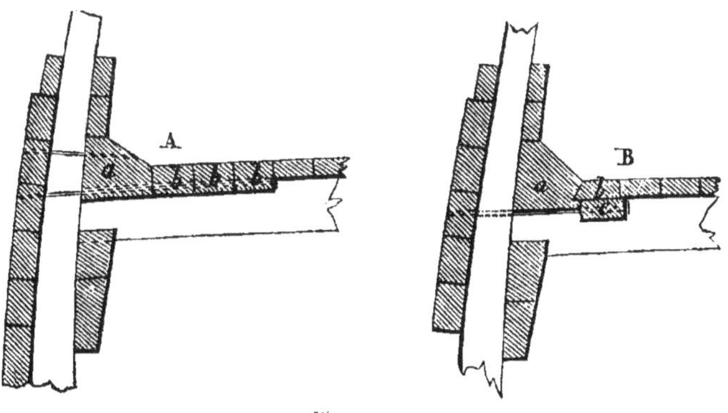

Fig. 45.

baux, tandis que l'autre face s'applique contre la muraille (*fig.* 45 *a*);

elle s'assemble avec les baux par des entailles à queue d'hironde, semblables à celles de la bauquière, elle est ensuite chevillée d'une part à travers la muraille, et de l'autre avec les baux, au moyen de chevilles à bout perdu chassées jusque dans la bauquière.

A la suite de la fourrure de gouttière, on plaçait anciennement deux ou trois virures de bordages en chêne, nommées *virures de gouttière* *b, b, b* (*fig.* 45 A), plus épaisses que les autres bordages du pont et entaillées avec les baux de la même manière que la fourrure ; les gouttières étaient fixées à la muraille à l'aide de longues chevilles chassées par l'extérieur et dirigées autant que possible de manière à aboutir sur la saillie que ces virures présentent, en contre-bas du bordé ordinaire. Tous les assemblages pratiqués entre les baux, les bauquières, les fourrures et les gouttières, ainsi que le chevillage horizontal de ces pièces, constituent un système de liaison très-important pour résister aux efforts d'arrachement qui tendent à séparer les baux de la muraille.

Dans les constructions modernes, on abandonne souvent les virures de gouttière à entaille, et l'on obtient la liaison des baux avec la muraille, à l'aide de fortes chevilles chassées par l'extérieur et qui viennent traverser la première rangée d'entremises *c* (*fig.* 45, B) sur lesquelles elles sont fortement rivées, ou assujetties par un écrou taraudé sur leur extrémité. Ces entremises procurent une liaison transversale tout aussi puissante que les virures de gouttière, et leur exécution ainsi que leur chevillage sont beaucoup plus faciles; on leur donne le nom d'*entremises gouttières,* ou d'entremises tenant lieu de gouttières. Dans ce système les virures du bordé de pont, immédiatement en contact avec la fourrure, sont dépourvues d'entailles, mais elles conservent le nom de virures de gouttière ; elles reçoivent les eaux répandues sur le pont, qui s'écoulent aux dalots, en suivant leur joint avec la fourrure. Ce joint fatigue d'une manière exceptionnelle, on est souvent obligé de reprendre son calfatage qui ne tarde pas à cracher à la face inférieure du bordage; pour éviter cet inconvénient on pratique dans la fourrure une espèce de rablure dans laquelle la gouttière s'engage par le côté (*fig.* 45 B) ; les étoupes sont retenues par l'épaulement que présente cette rablure, et le calfatage se conserve mieux.

On obtient encore de bons résultats en donnant à la *gouttière* une forme arrondie prolongeant le contour de la fourrure, de manière que son point le plus bas se trouve situé entre ses deux arêtes longitudinales (*fig.* 46 *a*); grâce à cette disposition, l'écoulement des eaux ne se fait plus suivant le joint de la fourrure, et ce dernier pourrait même se trouver en mauvais état sans que les eaux retombent nécessairement dans le faux pont.

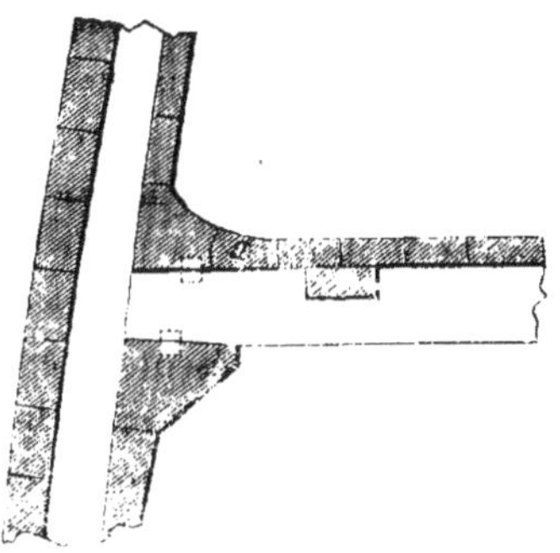

Fig. 46.

Au lieu de bauquières et de fourrures de gouttière à entailles, on emploie aussi assez souvent de fortes ceintures placées sous les baux et assemblées à plat avec ceux-ci avec tampons de jonction (*fig.* 46). Dans ces cas les entailles de la fourrure de gouttière sont supprimées, tous les assemblages sont plus simples et ne paraissent pas inférieurs à ceux des systèmes précédents.

52. Bordé du pont. Le bordé du pont est composé de bordages rectilignes dressés sur les quatre faces et dirigés parallèlement à l'axe longitudinal. Comme les ponts présentent peu de courbure, on n'a jamais de difficulté à faire ranger les bordages à la place qu'ils doivent occuper; la virure de gouttière seule suit le contour de la muraille, et reçoit dans des entailles en échelons les aboutissements des autres bordages (*fig.* 47.)

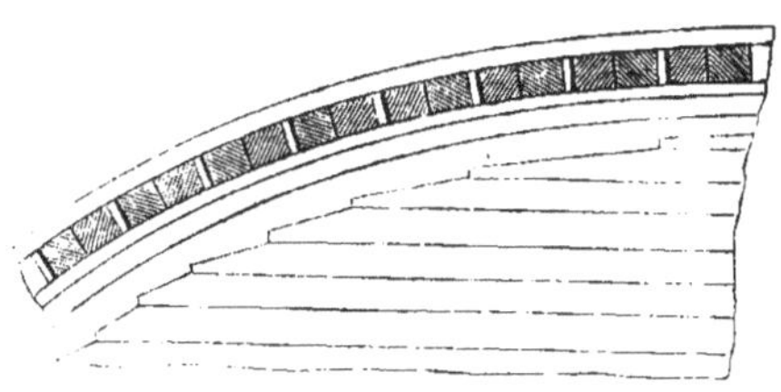

Fig. 47.

Les bordages des ponts sont en chêne dans tous les endroits où ils sont exposés au frottement des affûts de canon; partout ailleurs ils sont en bois de pin, moins lourd et moins glissant que le chêne; ils sont fixés par deux clous en fer zingué sur chaque bau, et par un seul sur chaque latte; ces clous ont une longueur égale au double de l'épaisseur du bordage, plus deux ou trois centimètres, leur tête est entièrement noyée dans l'épaisseur du bordage. Sous l'action répétée de la circulation de l'équipage, et surtout par l'effet du *briquage* usité sur les navires de guerre pour entretenir la propreté des ponts, le bordé s'use rapidement; mais comme les clous, en raison de leur dureté plus grande, s'usent moins, ils forment bientôt des saillies gênantes, et l'on est obligé de les renfoncer à coups de masse. Cette opération ébranle les clous et altère leur tenue, et de plus leurs têtes, en pénétrant dans le bordé, déchirent le bois et y provoquent la pourriture. On évite ces inconvénients en perçant à l'emplacement de la tête de chaque clou, soit à l'aide d'un alézoir de petite dimension, soit simplement avec une mèche anglaise, un trou cylindrique auquel on donne une profondeur de deux à trois centimètres, plus ou moins, suivant l'épaisseur du bordage; le clou est enfoncé comme à l'ordinaire et refoulé dans le bois; le trou d'alézoir reste libre, et on le remplit avec un petit tampon en bois sec, ajusté très-exactement et enduit de mastic à la céruse de manière à fermer le joint (*fig.* 48 *b*). On a soin que le fil du bois de ces tampons soit dirigé

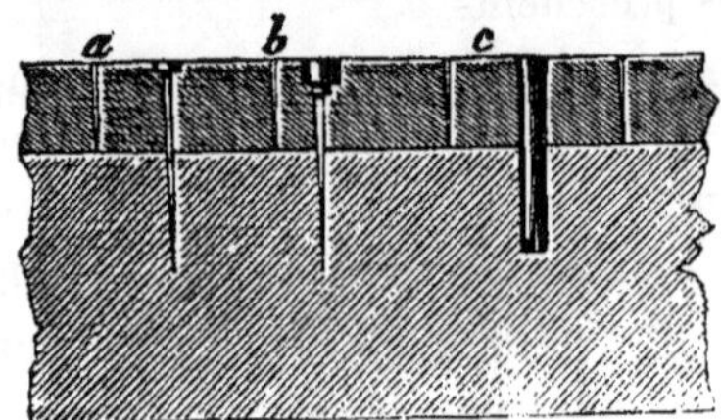

Fig. 48.

dans le même sens que celui du bordage afin que l'un et l'autre s'usent en même temps, et que les surfaces restent toujours régulières et unies jusqu'à ce que les tampons soient complétement usés; il y aurait lieu alors de renfoncer les clous, mais lorsque cette circonstance se présente, ce n'est qu'après un long service, et les bordages sont tellement affaiblis que le plus souvent on est obligé de les changer en entier. L'usage des tampons placés sur les têtes des clous doit être considéré comme un perfectionnement important dans la construction des ponts; il est réglementaire dans tous les arsenaux de la marine; les tampons sont d'ailleurs fabriqués à la machine, leur prix de revient est tout à fait minime et ne saurait faire obstacle à leur emploi. On a quelquefois essayé de remplacer les clous du bordé des ponts par des gournables à bout perdu, avec coins placés à l'avance à leur extrémité (*fig.* 48 *c*) ; ce mode de liaison n'a pas donné de résultats satisfaisants avec les gournables ordinaires, mais avec des gournables comprimées, dont la tenue est beaucoup plus grande, il pourrait en être autrement. Des expériences sont entreprises dans cette voie, et il y a lieu de croire qu'elles réussiront.

53. **Vaigre bretonne, bordé d'entre sabord, petites préceintes.** Après la mise en place des fourrures de gouttière, on peut terminer les revêtements intérieurs des entre-ponts, comprenant les *vaigres bretonnes,* qui s'élèvent jusqu'aux seuillets de sabords, et les *virures d'entre-sabord,* qui occupent l'espace compris entre la vaigre bretonne et la bauquière. Ces virures d'entre-sabord ne peuvent concourir en rien aux liaisons de bâtiment, elles servent uniquement à constituer la muraille et à clore la maille; on les exécute en sap, à l'exception de la virure la plus basse, qui reçoit plusieurs ferrures dépendant du service des bouches à feu et qui est toujours en chêne. Les vaigres bretonnes, au contraire, sont des pièces de liaison importantes; elles sont en chêne, et on leur donne la plus grande largeur possible; sur les bâtiments de guerre, leur épaisseur est limitée par la condition de ne pas trop écarter les canons de la muraille; mais sur des bâtiments marchands il y aurait avantage à forcer cette épaisseur.

Le bordé extérieur est complété par l'établissement des *petites préceintes* et des bordages d'entre-sabord; cette partie de la construction ne présente aucune particularité nouvelle, nous ne nous y arrêterons pas plus longtemps.

54. **Courbage des ponts.** Les assemblages des baux avec les bauquières, fourrures de gouttières, etc., sont de nature à établir jusqu'à un certain point leur liaison avec la muraille; mais ils sont impuissants à résister aux déformations angulaires qui se produisent dans les grands mouvements de roulis. Ces déformations, continuellement répétées, soit dans un sens, soit dans l'autre, fatiguent les joints qui les supportent, délient peu à peu le navire, et sont, en somme, l'une des principales causes de son dépérissement et de sa destruction. Pour les combattre, on s'efforce de rendre invariable l'angle d'aboutissement des baux avec la muraille. A cet effet, on employait anciennement de fortes équerres ou *courbes naturelles en bois*, ayant l'une de

leur branche chevillée contre la muraillle et l'autre sur la face latérale des baux (*fig.* 49). Ce système a donné des résultats satisfaisants et a toujours été en vigueur tant que les approvisionnements de bois ont fourni les pièces nécessaires; mais les courbes devenant de plus en plus rares, d'abord dans les gros échantillons propres à exécuter les courbes de la première batterie, puis bientôt dans les échantillons

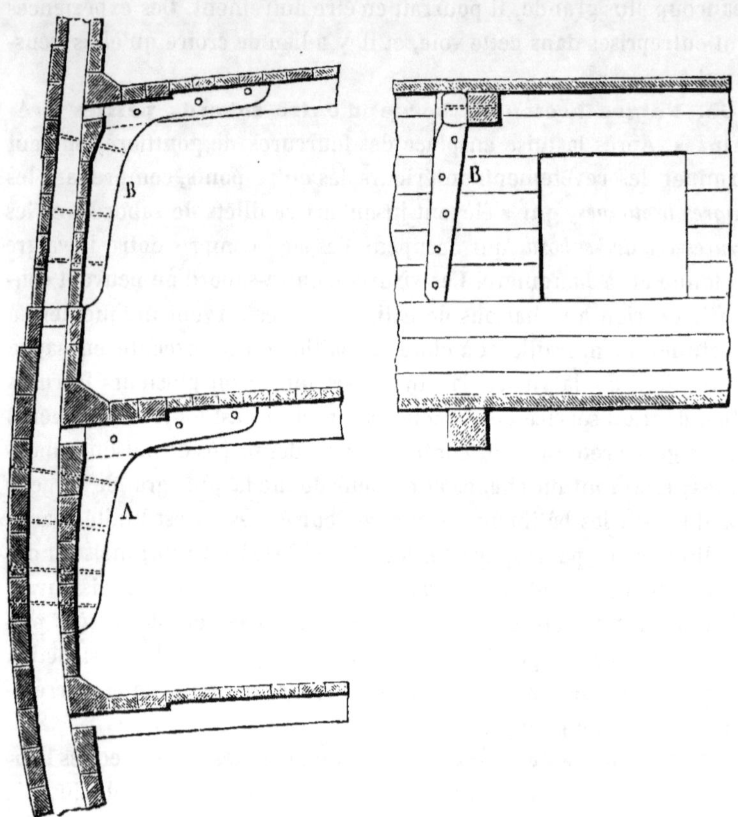

Fig. 49.

inférieurs, on a dû recourir à d'autres modes de liaison : de nombreuses tentatives ont été faites avant que l'on ait trouvé le système le plus convenable ; mais actuellement on est arrivé à une disposition satisfaisante et qui est définitivement adoptée pour la marine militaire.

Les baux de la batterie basse sont liés à la muraille au moyen d'un système composé d'un fort taquet en bois de même épaisseur que le bau, placé par-dessous celui-ci, et solidement chevillé à travers la muraille; sur les faces latérales du bau et du taquet sont ajustées, de chaque côté, des équerres ou armatures en fer avec entretoises, maintenant l'écartement invariable de leurs branches horizontales et verticales (*fi.* 50 *a*). Ces armatures sont chevillées l'une par l'autre

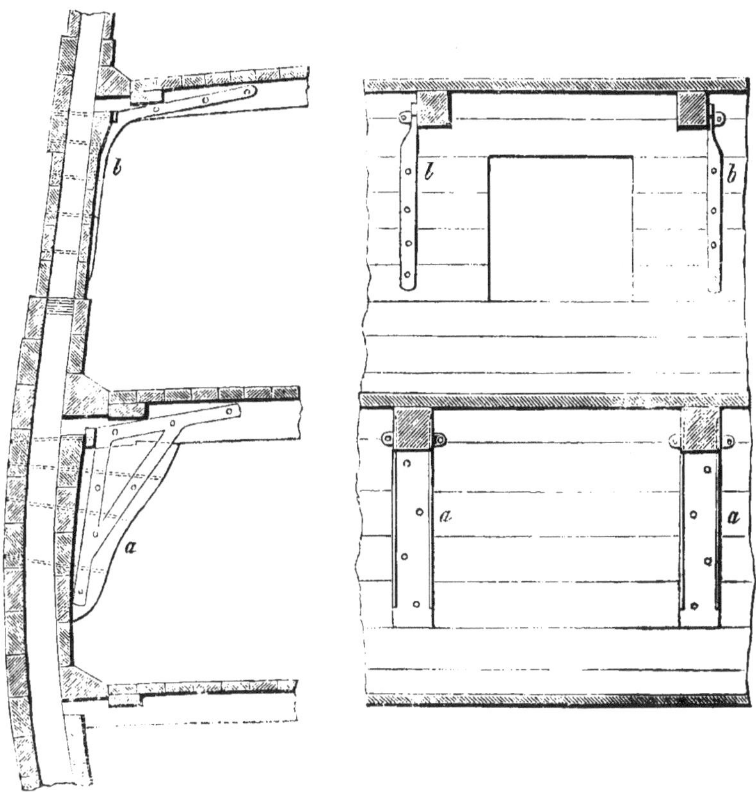

Fig. 50.

à travers le taquet, et portent en outre une forte oreille appliquée contre la muraille et traversée par une cheville de gros diamètre chassée par l'extérieur. Les *taquets à armature* constituent une excellente liaison, mais leur encombrement et leur situation forcée sous les baux s'opposent à ce qu'il en soit fait usage dans les batteries. Dans cette partie du navire on se sert de courbes en fer (*fig.* 50 *b*), placées sur le côté des baux et reproduisant autant que possible les dispositions des courbes naturelles en bois; sur la face du bau opposée à celle qui reçoit la courbe, est placée une latte à oreille en fer, sur laquelle sont rivées les chevilles de la branche horizontale de la courbe; la branche verticale repose à plat sur le vaigrage et se trouve, par conséquent, dirigée dans un plan perpendiculaire à celui de la branche horizontale; une forte oreille, placée à la jonction des deux branches, reçoit, comme celle des armatures des taquets, une cheville de liaison traversant toute la muraille. Les courbes en fer, employées déjà depuis plusieurs années, donnent de très-bons résultats; mais il faut apporter le plus grand soin à ce que la soudure des deux branches soit exécutée d'une manière complète; il est même préférable de façonner à la forge la partie de l'aisselle, avec l'amorce des deux branches, que l'on vient souder ensuite à plat, bien plus facilement que l'on ne pourrait faire dans les parties contournées de l'aisselle.

Dans les bâtiments du commerce le courbage des ponts laisse souvent beaucoup à désirer, les constructeurs repoussent les taquets à armature, comme occupant dans la cale des espaces précieux pour le chargement, et préfèrent en général des courbes en fer placées par-dessous les baux. Il est évident que des courbes de cette espèce peuvent recevoir des proportions suffisantes pour présenter même résistance que des courbes placées sur le côté; cependant, à force égale, elles sont plus lourdes que les autres; de plus le chevillage de la branche horizontale, rivé sur le bau, travaille par arrachement et se trouve dans de moins bonnes conditions de tenue, que celui des courbes placées sur le côté et dont les chevilles travaillent par guillotinements; ces dernières courbes méritent donc la préférence et leur prix de revient un peu plus élevé ne doit pas empêcher d'en faire usage.

55. Des guirlandes. Les murailles latérales du bâtiment viennent butter à l'avant contre l'étrave auquel elles ne sont réunies que par le clouage des extrémités du bordé. Ce mode de jonction est insuffisant et l'on y remédie en réunissant les murailles des deux bords par des courbes nommées *guirlandes*, dont les branches latérales croisent, de chaque côté du plan diamétral, le plus grand nombre possible de membrures. Dans les grands bâtiments, on place ainsi trois guirlandes depuis l'emplanture du mât de misaine jusqu'au faux pont. Pour les navires fins de l'avant, on trouve difficilement des courbes assez fermées pour former les guirlandes; dans ce cas on peut les exécuter en fer; mais comme elles sont placées au-dessous de la flottaison, leurs chevilles doivent être en cuivre; il n'en résulte d'ailleurs aucune oxydation exceptionnelle pourvu qu'elles ne soient pas baignées par les eaux de la cale. A la hauteur de chaque pont il est placé une guirlande ou *tablette*, dont la surface supérieure forme le prolongement de celle des baux, en sorte qu'elle reçoit les extrémités du bordé de ce pont. Anciennement il était de règle de placer une guirlande dans chaque entre-pont; depuis longtemps on les a supprimées comme trop encombrantes, mais il est possible, cependant, de relier les deux côtés de la muraille, en rasant la contre-étrave à l'épaisseur de la membrure, et en faisant croiser les vaigrages d'un côté à l'autre; on obtient ainsi une liaison d'une efficacité incontestable, qu'il est bon de ne pas négliger. Dans la partie arrière les murailles sont mieux liées et l'on n'y met pas de guirlandes.

56. Nécessité des liaisons obliques. Si l'on considère un bâtiment à l'état lége, reposant sur une eau tranquille, et si on le suppose partagé, en tranches d'égale longueur et indépendantes les unes des autres, par des plans perpendiculaires au diamétral (*fig.* 51),

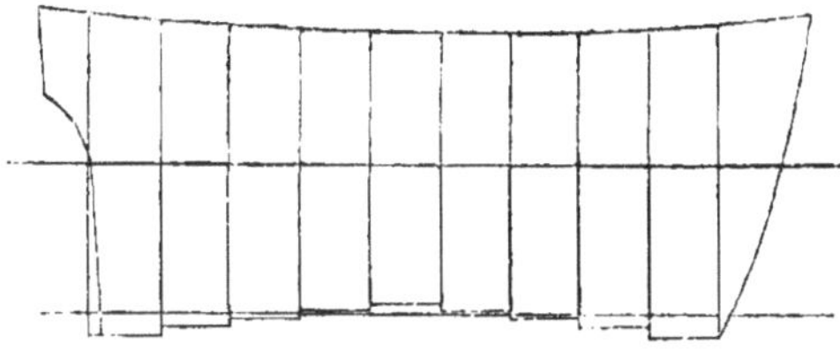

Fig. 51.

chacune de ces tranches obéira individuellement à l'action des forces qui la sollicitent, c'est-à-dire de son poids et du déplacement de la portion immergée; aux extrémités avant et arrière, les poids étant notablement supérieurs aux déplacements, les tranches de ces parties du navire devront immerger jusqu'à ce que l'équilibre soit rétabli; dans la partie centrale, la poussée du liquide l'emportant sur le poids de la charpente, les tranches devront émerger. La forme primitive de la quille sera donc altérée, elle prendra une courbure plus ou moins prononcée nommée *arc*, dont la convexité sera dirigée vers la flottaison.

Lorsque toutes les parties du navire sont reliées entre elles comme dans les constructions ordinaires, les causes de déformation que nous venons d'indiquer ne cessent pas de subsister, et sans avoir des effets aussi complets que dans l'hypothèse où nous nous étions placés, elles produisent toujours un *arc* très-sensible. Cet arc est variable d'ailleurs avec l'état de chargement du navire; c'est au moment de la mise à l'eau, lorsque le bâtiment est complétement lége que les efforts qui tendent à le produire sont le plus considérables; aussi doit-on s'empresser de les combattre en équilibrant la poussée de la partie centrale, au moyen de lest placé soit dans la cale, soit dans les batteries; pour les vaisseaux et frégates la quantité de lest embarqué dans ce but s'élève à 5 et 600 tonneaux. A l'état d'armement complet, le déplacement est dépassé vers la partie du milieu, il est équilibré dans la partie moyenne et fortement dépassé aux extrémités; lorsque le navire est mal lié, il subit des déformations correspondantes : la quille devient concave dans la partie centrale, tandis qu'elle tombe à l'avant et à l'arrière; dans un navire solidement construit, ces déformations exceptionnelles ne sont pas sensibles, et se traduisent simplement par un arc moindre. Quoi qu'il en soit, les liaisons de la charpente travaillent dans des directions variables suivant l'état du changement et subissent des altérations successives qui vont toujours en augmentant. Dans les vaisseaux de l'ancienne flotte, lorsqu'ils étaient neufs et bien construits, l'arc s'élevait à environ 30 centim. à l'état de changement complet; mais il augmentait rapidement, et atteignait souvent 60 centimètres après un certain temps de service.

Lorsque l'arc est fortement prononcé, il altère d'une manière fâcheuse les formes du navire, qui perd ses qualités de marche; mais en outre il entraîne la déliaison de la charpente, au point de rendre le calfatage impossible, et quand les choses en sont arrivées à cet état, le navire doit forcément être condamné. Depuis longtemps l'attention des constructeurs s'est portée sur les moyens de résister aux efforts qui tendent à arquer les bâtiments : du Hamel Dumonceau, Bouguer, Groignard, Chapman, se sont occupés de cette importante question, et, quoique à des époques différentes, l'ont considérée à peu près au même point de vue; ils ont remarqué que lorsqu'un navire prend de l'arc, les couples et les bordage croisés primitivement à angle droit, de manière à former des éléments rectangulaires, changent de direction, en sorte que ces éléments se transforment en parallélogrammes, exactement comme les ais d'une porte déformée par l'action du temps. Ils proposèrent en conséquence de combattre cette déviation angulaire en interposant dans les rectangles élémentaires, des diagonales rigides. Du Hamel Dumonceau et les ingénieurs de son époque réalisèrent cette condition en dirigeant le vaigrage sous une inclinaison de 45° par rapport à la membrure, dans toute la partie comprise entre les sous-bauquières de la batterie, et les vaigres d'empature. Chapman établit ses diagonales dans le plan diamétral, à l'intérieur des quadrilatères formés par les épontilles, la carlingue, et une forte hiloire renversée placée sous les baux. Bouguer emploie une disposition semblable, avec cette différence que ses diagonales sont en fer et constituent de véritables *tirans*, tandis que celles de Chapman sont en bois et travaillent par compression. En 1816, Robert Sepping, constructeur anglais, produisit également un système de charpente, basé sur les considérations que nous venons d'indiquer ; il supprimait le vaigrage de la cale depuis la sous-bauquière de la batterie jusqu'à la carlingue, et le remplaçait par un réseau de porques obliques, croisant la membrure sous des angles de 45°, et consolidés en outre par des séries d'entretoises horizontales. L'ensemble de ces porques constituait comme une deuxième charpente superposée à la première, et devait sans contredit lui donner une plus grande rigidité que les revêtements intérieurs ordinaires. L'expérience démontra en effet que les bâtiments construits dans le système de Robert Sepping étaient doués d'une solidité supérieure; mais ce résultat avantageux ne doit pas être attribué uniquement à l'effet des liaisons obliques, et il provenait également de perfectionnements d'un autre ordre apportés aux différentes parties de la charpente, et parmi lesquels il convient de citer particulièrement les remplissages des fonds, dont ce constructeur fut un des premiers à faire usage.

Les remplissages des fonds ne s'opposent pas aux déformations angulaires telles que nous les avons définies tout à l'heure, mais ils n'en résistent pas moins très-efficacement à l'arc; en effet, un navire qui se déforme peut être assimilé à un corps prismatique sollicité à la flexion et dont les fibres supérieures s'allongent, tandis que les fibres inférieures sont comprimées ; si l'on s'oppose à l'un ou l'autre de ces effets, ou à tous les deux à la fois, on empêche soit partiellement, soit complétement la flexion de se produire. Or il est évident que les remplissages des fonds résistent énergiquement à la compression, et qu'ainsi ils contribuent pour une forte part à la réduction de l'arc. Quoi qu'il en soit, le système *diagonal* de Robert Sepping a joui en Angleterre d'une certaine faveur et il en a été fait application sur un grand nombre de bâtiments de la marine militaire; il fut introduit en France, vers 1822, par M. Boucher, ancien inspecteur général du génie maritime, qui, profitant de l'accroissement de solidité résultant de l'emploi des porques obliques, réduisait l'échantillon de la membrure de la basse carène, et parvenait ainsi à construire des vaisseaux avec des bois n'ayant que l'échantillon ordinaire des frégates. Mais ce système présentait l'inconvénient d'augmenter notablement la main-d'œuvre et était sujet à plusieurs défauts, en sorte qu'il a bientôt été abandonné.

57. Vaigrage oblique et lattes en fer. Actuellement on dispose le vaigrage obliquement en lui donnant la direction convenable pour qu'il travaille par compression, et on le croise par des lattes en fer plat dirigées dans le sens de la traction. Ce mode de liaison a d'abord été employé pour les bâtiments à voiles, dont les formes ne permettaient pas de le disposer d'une manière bien efficace; mais il a pris une importance capitale dans la construction des bâtiments à vapeur qui exigeaient des moyens de consolidation exceptionnels à cause de leur grande longueur et des larges ouvertures qui interrompent leurs ponts.

La *fig.* 52 ci-jointe donne un exemple de vaigrage oblique : dans la partie supérieure des couples, la muraille est sensiblement plane, et les joints des vaigres sont dirigés suivant des *droites* inclinées à 45°; dans la portion de la carène où les courbures sont plus prononcées, ces joints sont déterminés à l'aide de lattes flexibles qui prennent la direction des lignes de plus courte distance; cette précaution est indispensable pour éviter *l'épaule* que prendraient les vaigrages, si leurs joints étaient tracés dans toute leur étendue, en prolongement de la partie supérieure. La direction des lattes en fer est obtenue de la même manière; on leur donne 15 à 20 centim. de largeur sur 15 à 18 millim. d'épaisseur; ces dimensions sont d'ailleurs proportionnées à la grandeur du bâtiment.

Les lattes placées sur vaigrage ont été primitivement fixées à la charpente, au moyen de chevilles en fer, que l'on était obligé de river sur membres, afin d'éviter leur contact avec le doublage, contact qui aurait entraîné leur prompte oxydation; cette disposition occasionne des difficultés que l'on a évitées en faisant usage de chevilles en cuivre rivées sur bordé. Ces chevilles ne subissent aucune altération et ne provoquent pas d'oxydation exceptionnelle dans les lattes qui ne sont pas baignées par l'eau de mer; en outre elles contribuent à la tenue du bordé de la carène. Actuellement on obtient de très-bons résultats en fixant les lattes au moyen de vis à bois, à bout perdu dans la membrure.

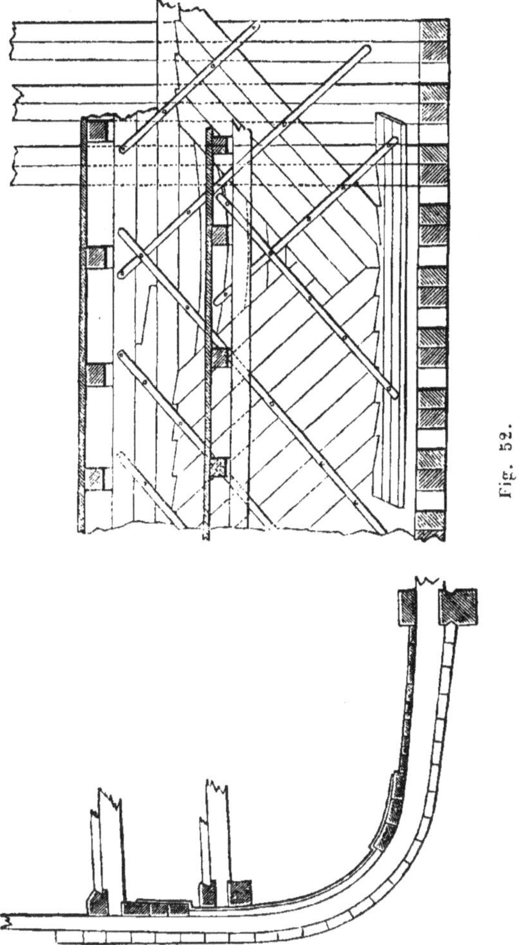

Fig. 52.

Les lattes en fer placées par-dessus le vaigrage ne travaillent pas d'une manière complétement satisfaisante; elles résistent par extension, et par suite dans la partie inférieure de la cale, où leur courbure est assez prononcée, elles peuvent se redresser entre les points qui les fixent à la coque, et laisser ainsi un certain jeu aux déformations qui tendent à se produire. Pour être dans des conditions tout à fait avantageuses à leur mode d'action, les lattes devraient être placées sur la surface extérieure de la charpente; dans ce cas la traction qu'elles éprouveraient les appliquerait de plus en plus sur la membrure sans altérer leur forme primitive. Cette disposition a été quelque fois adoptée, mais elle présente certaines difficultés; ainsi elle exige que le parage soit exécuté extérieurement sur toute la hauteur occupée par les lattes, ce qui entraîne l'enlèvement de plusieurs lisses et de plusieurs rangées d'acores à la fois; pour les grands bâtiments il pourrait en résulter des déformations sensibles; pour les petits navires ce danger est moins à craindre, on peut se contenter de les acorer par les petits fonds, lorsque les revêtements intérieurs sont en place, et l'on peut alors leur appliquer des lattes extérieures, s'étendant depuis le plat bord jusqu'au bout de la varangue, ce qui est bien suffisant pour donner de bonnes liaisons. Ce système a été employé dans nos arsenaux pour plusieurs canonnières de première classe; M. Lenormand, constructeur au Havre, en fait également usage pour des navires de trois à six cents tonneaux.

58. Lattage des vaisseaux à hélice. Pour les vaisseaux et frégates à hélice, les liaisons obliques se réduisent habituellement à un réseau de lattes en fer s'étendant depuis le pont du gaillard jusqu'à la varangue. Ces lattes sont appliquées sur les couples dans lesquels on les incruste de toute leur épaisseur, afin de ne pas compliquer ultérieurement la mise en place du vaigrage; elles sont fixées à la

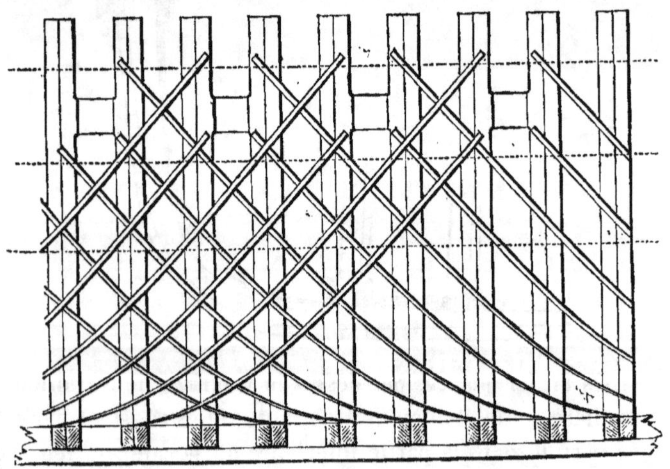

Fig. 53.

membrure par des vis à bois, le vaigrage les recouvre et contribue à les appliquer contre la muraille. Il est d'ailleurs à remarquer que lorsque les lattes sont prolongées jusqu'à la partie supérieure des couples, on ne pourrait arriver à rien de satisfaisant si l'on voulait les placer par-dessus le vaigrage, car on serait obligé de contourner les profils des fourrures de gouttière et des bauquières, et les formes compliquées qui en résulteraient pour les lattes, seraient tout à fait impropres à résister à la traction; la position des lattes sur membrure est donc à peu près commandée, elle est d'ailleurs satisfaisante au point de vue de la résistance.

Pour les frégates on n'emploie qu'un seul plan de lattes, en variant leurs inclinaisons sur l'avant et sur l'arrière (*fig.* 53); elles se croisent en deux plans vers le milieu du navire seulement, et dans cette partie l'un d'eux est entaillé dans la membrure et l'autre dans le vaigrage.

Pour les vaisseaux on emploie deux plans de lattes croisés, dans toute la longueur du bâtiment (*fig.* 54).

Fig. 54.

59. **Du poids de coque.** Dans les anciens vaisseaux à voiles,

construits suivant les méthodes ordinaires et dont toutes les parties semblent travailler aussi également que possible, le poids de la coque munie de tous ses accessoires, ainsi que des ferrements nécessaires pour l'artillerie et le gréement, est égal à 0,50 du déplacement total, et reste même quelquefois un peu inférieur à ce chiffre.

Pour des bâtiments semblables, les échantillons des diverses pièces de la charpente sont proportionnels aux racines cubiques des déplacements, ce qui conduit à des coques dont le poids reste une même fraction du déplacement total; mais il est facile de voir que ces coques ne présentent pas des résistances égales, et que les petits navires sont relativement beaucoup plus solides que les grands. En effet, si l'on passe d'un petit navire à un grand, les efforts qui sollicitent la charpente croissent comme le cube, et leurs moments comme la quatrième puissance du rapport du similitude, tandis que les résistances des pièces sollicitées à la rupture ne croissent que comme la troisième puissance de ce rapport. Ainsi, pour fixer les idées, si l'on double toutes les dimensions d'un navire, le moment de rupture qui sollicite sa section transversale deviendra 16 fois plus grand, tandis que la résistance de cette section sera seulement 8 fois plus considérable; elle supportera donc une charge élémentaire double.

Ces considérations sont d'ailleurs confirmées par l'expérience : on parvient sans difficulté à construire des petits bâtiments d'une solidité suffisante, tandis que l'on n'y réussit que très-imparfaitement pour les grands; mais en revanche les poids de coque sont toujours plus élevés pour les petits navires que pour les grands; ainsi pour ces derniers le poids de coque reste assez généralement un peu inférieur à 0,50 du déplacement total, tandis qu'il est très-difficile d'arriver au même résultat pour les petits navires, dont le poids atteint souvent 0,55, 0,60, du déplacement, et même plus encore. Cette augmentation provient de ce que dans plusieurs parties et notamment dans le bordé on n'est pas maître, dans les petits navires, de réduire l'échantillon au point voulu pour maintenir le rapport de similitude; il en résulte, il est vrai, un nouvel accroissement de consolidation; mais comme il y a déjà suffisance, sinon excès de ce côté, cette augmentation de poids constitue une véritable difficulté que le constructeur devra s'attacher à combattre par tous les moyens possibles.

Par des dispositions bien entendues de la charpente, il est évident que l'on doit obtenir une solidité plus considérable avec la même quantité de matériaux, ou une solidité égale avec moins de matières et, par conséquent, avec un poids moindre. Mais dans les bâtiments de guerre il est bien peu de parties de la charpente susceptibles de modifications; les revêtements tant intérieurs qu'extérieurs, les ponts et leur bordé sont commandés de telle sorte que l'on ne saurait y apporter aucun changement, et il n'y a guère que sur la membrure que l'on puisse obtenir quelque réduction de poids. Dans les navires destinés au combat, l'espacement des couples ou la *maille* est maintenu inférieur au diamètre ordinaire des projectiles; il en résulte une charpente excessivement massive dans laquelle le rapport du vide au plein est de 0,23. Lorsque l'on n'est pas commandé par des conditions militaires, on peut substituer des couples de remplissage doubles aux couples simples, et dès lors on doit obtenir une solidité égale avec un moins grand nombre de couples plus espacés: c'est ce qui a lieu dans les bâtiments de transport et dans les avisos, où le rapport des vides aux pleins atteint 0,50. La maille pourrait même être augmentée au delà de cette limite sans inconvénient pour la solidité; mais on est arrêté par la difficulté que l'on rencontre à plier les bordages sur des membrures trop écartées les unes des autres.

60. Couples à petites mailles. On parvient à augmenter encore le rapport du vide au plein en faisant usage de couples dans lesquels les deux plans de bois ne sont pas jointifs au gabariage et laissent entre eux une petite maille de 6 à 10 centimètres (*fig.* 55, *aa*); les deux plans de ces couples sont chevillés comme à l'ordinaire avec tampons cylindriques au passage des goujons, et ce sont ces tampons qui maintiennent leur écartement, en buttant par leurs extrémités au fond des trous d'alézoirs dans lesquels on les a introduits. On peut également maintenir l'écartement des deux moitiés du couple au moyen d'un épaulement d'épaisseur convenable réservé sur le fût du tampon comme en C. Les couples ainsi constitués restent d'ailleurs jointifs à la partie inférieure dans toute l'étendue occupée par les remplissages; une fois en place ils présentent autant de solidité que des couples ordinaires, et ils permettent de porter, le rapport du vide au plein jusqu'à l'égalité. Ce mode de construction convient particulièrement à des petits navires peu chargés d'artillerie, et en le combinant avec un système de liaisons obliques bien entendues, on arrive à réduire les poids de coque jusqu'à 0,45 du déplacement. La *fig.* 55 représente un système de cette espèce; nous y ferons remarquer les tampons cylindriques incrustés aux abouts des allonges dans le but d'augmenter la rigidité des couples.

61. Constructions en bordages croisés. Depuis quelques années on fait assez usage, principalement en Angleterre, d'un système de

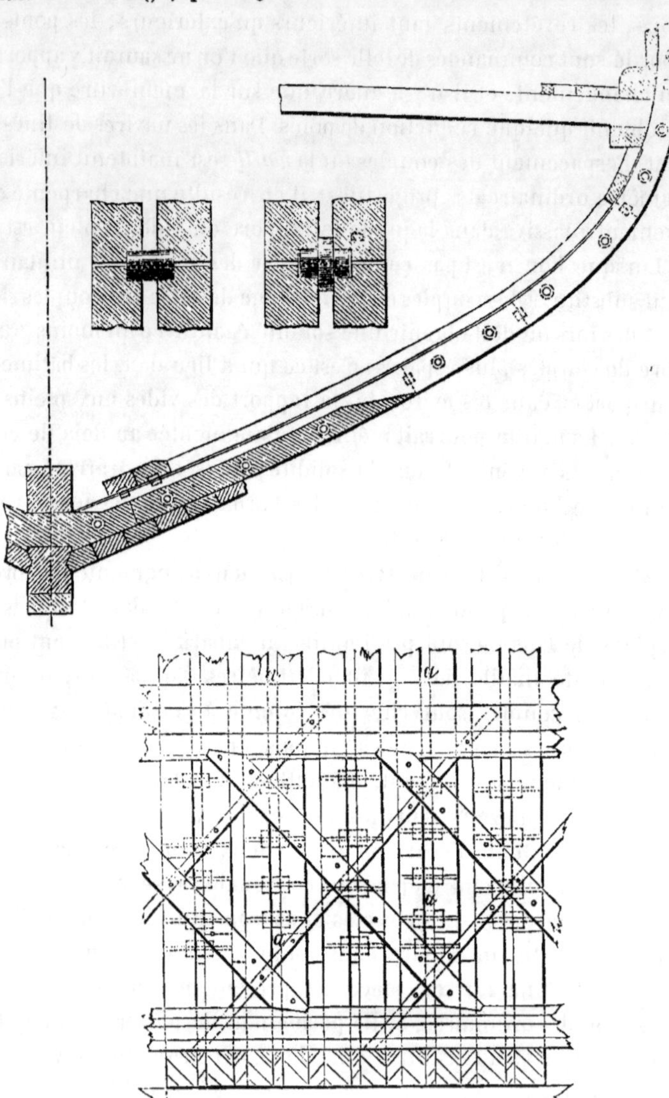

Fig. 55.

construction dans lequel les revêtements extérieurs simples sont remplacés par trois plans de bordages superposés : les deux premiers ont inclinés à 45° en sens inverse, et le troisième est dirigé horizon-

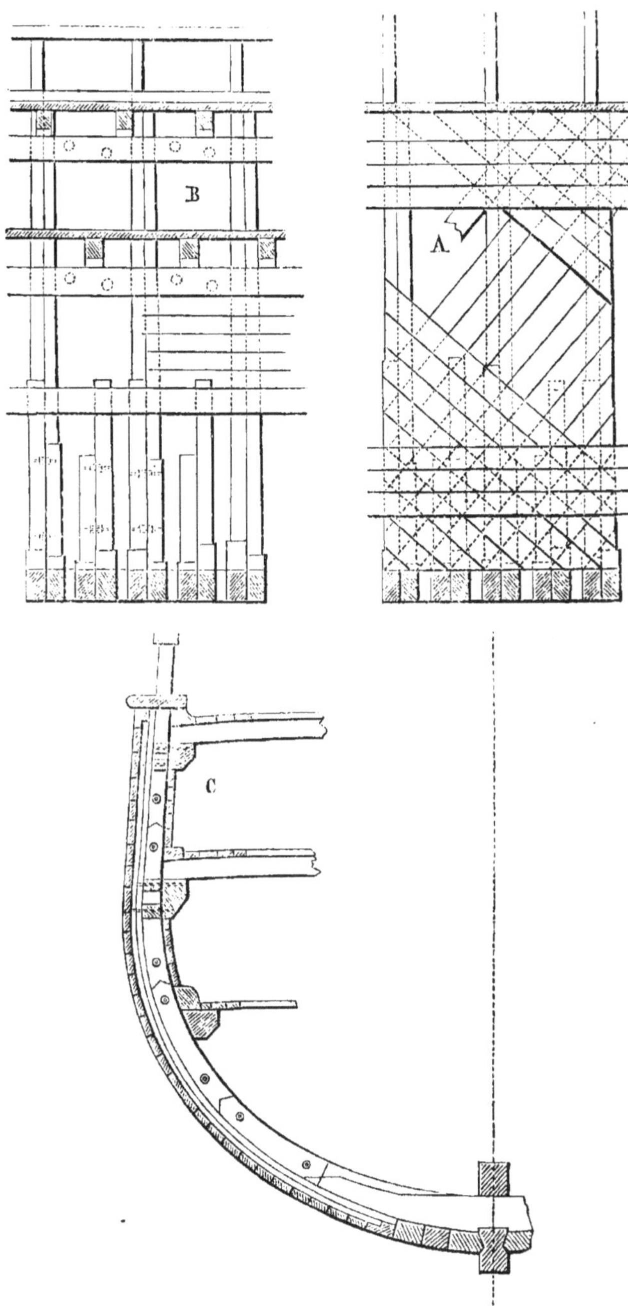

Fig. 56.

talement comme à l'ordinaire ; tous ces bordages chevillés les uns par les autres constituent un ensemble rigide qui présente une résistance considérable aux flexions longitudinales, et détermine les formes de la carène indépendamment de la membrure, qui ne sert plus qu'à résister aux pressions latérales et à répartir convenablement les efforts transmis par les ponts. Il existe d'ailleurs plusieurs systèmes de construction en bordages croisés; nous indiquerons comme exemple (*fig.* 56) celui de M. Olliver Lang, appliqué au yacht le *Victoria and Albert.* Dans ce navire il est conservé une membrure de faible échantillon qui sert à former le moule sur lequel les bordages sont appliqués; les couples de levée sont prolongés jusqu'au plat bord, les couples de remplissage sont arrêtés au genou; les revêtements intérieurs sont supprimés partout, excepté dans les entre-ponts; il n'y a pas de liaisons obliques dans la cale, celles qui proviennent du bordé extérieur sont largement suffisantes.

Ce système de construction procure à la fois une grande légèreté et une solidité considérable; mais son exécution est délicate et fort coûteuse, elle double environ le prix de la main-d'œuvre; il convient spécialement pour des navires de luxe destinés à de grandes vitesses.

62. Construction des clippers américains. Les clippers et les grands navires américains exigent une solidité exceptionnelle à cause des longueurs considérables qui leur sont assignées, et aussi à cause de leurs puissantes mâtures qui les fatiguent nécessairement beaucoup. Cette solidité est obtenue principalement au moyen des pièces de liaison longitudinales qui font partie des revêtements intérieurs, et auxquelles on donne des échantillons d'une force tout à fait inusitée chez nos constructeurs. On remarque (*fig.* 57) les carlingues accumulées formant avec la quille une arête rigide, les vaigres d'empature d'une épaisseur à peu près égale à celle de carlingues ordinaires et prolongées jusqu'au faux pont; les fourrures de gouttières, virures de gouttières, vaigres bretonnes, parfaitement entendues pour présenter une grande résistance; enfin le courbage des ponts exécuté entièrement à l'aide de courbes en bois au nombre de trois par bau; une verticale et deux placées obliquement sur le côté; enfin, les épontilles de cale munies de courbes en bois à leur jonction avec les baux et avec la carlingue.

Le bordé extérieur est relativement faible et présente une épaisseur uniforme dans toute l'étendue de la carène; cette pratique provient de ce que les Américains ne font pas usage de doublage en cuivre ; par suite le bordé extérieur est promptement attaqué par les tarets et doit être changé après un certain temps de service; dès lors il y a intérêt à lui donner un faible échantillon pour que son remplacement soit moins coûteux. Du reste, tous les bois employés à ces

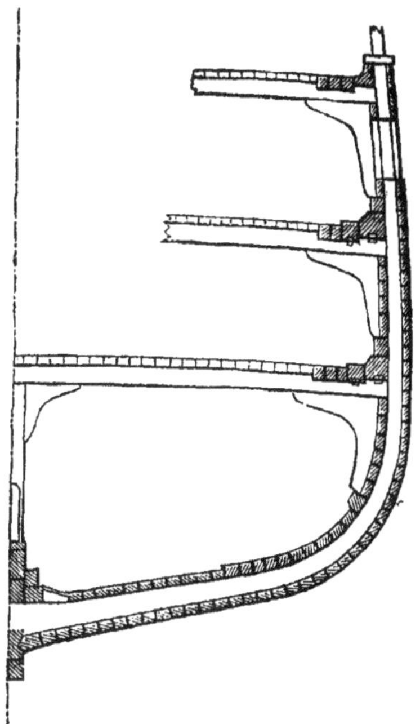

Fig. 57.

constructions sont de qualité médiocre ; la membrure est généralement en chêne blanc, et les revêtements intérieurs en *pitch pine*, qui l'un et l'autre ont une résistance bien inférieure à notre chêne de France ; enfin, toutes les chevilles sont à bout perdu et ne peuvent avoir qu'une tenue fort douteuse. C'est pour compenser ces causes d'infériorité que les constructeurs ont été conduits à exagérer les dimensions ordinaires des pièces de charpente.

63. De la durée et de la conservation des vaisseaux. Les bois qui entrent dans la construction des vaisseaux sont sujets à être atteints par la pourriture; elle est plus ou moins prompte, plus ou moins complète, mais elle finit toujours par entraîner la destruction du bâtiment. Dans des conditions ordinaires, la durée moyenne d'un vaisseau à voiles pouvait être estimée à douze années, à la condition de lui faire subir pendant ce temps les réparations nécessaires à son entretien. Arrivé à ce terme, le bâtiment pouvait recevoir une refonte plus ou moins étendue, permettant de l'employer encore pendant quelques années; mais il arrivait souvent que l'importance des travaux à exécuter était telle que l'on préférait le démolir pour tirer parti des matériaux encore susceptibles d'emploi. Pour les bâtiments à vapeur et les navires à hélices, les perfectionnements généraux apportés à la construction ont procuré une plus longue durée, quoiqu'elle reste encore assez restreinte.

Sur les cales de construction, les bâtiments se détériorent bien moins qu'à la mer; aussi les navires constituant la réserve de la flotte doivent-ils être conservés en chantier, complétement terminés, ou tout au moins à un degré d'avancement tel qu'ils puissent être achevés dans un court délai. Cependant après un séjour de plusieurs années sur les chantiers, la charpente des navires n'est pas complétement exempte de pourriture; et avant la mise à la mer il est indispensable de vérifier son état, principalement celui de la membrure qui est toujours la partie la plus altérable, et d'y remplacer toutes les pièces défectueuses; mais, en tout cas, les réparations auxquelles on est conduit de la sorte restent minimes relativement à celles que l'on aurait à exécuter sur un bâtiment qui eût été mis à la mer aussitôt après son achèvement. La durée des navires soit à flot, soit en chantier, est d'ailleurs excessivement variable, suivant les précautions observées pendant le cours de la construction.

64. De la pourriture sèche. La pourriture qui attaque les bois œuvrés est d'une espèce particulière, connue sous le nom de *pourriture sèche*; elle provient d'une véritable fermentation, ou d'une espèce de combustion lente, dans laquelle la *séve* et le *ligneux*, qui entrent dans la composition du bois, sont transformés en divers produits volatils, tels qu'acide carbonique, hydrogène carboné, etc., tandis que la *cellulose* résiste à la décomposition et conserve à la pièce attaquée sa forme primitive, jusqu'à ce que le moindre effort extérieur la fasse tomber en poussière. Les phénomènes de la pourriture se déclarent principalement au moment de l'évaporation de la séve qui entre facilement en fermentation; ils se produisent encore toutes les fois que les bois ont été imprégnés d'humidité et qu'ils sont ensuite exposés à une atmosphère chaude et humide. Les bois complétement desséchés, maintenus dans un milieu sec et bien aéré, paraissent au contraire avoir une durée indéfinie; la conservation des bois paraît également assurée, même s'ils renferment de la sève, lorsque l'on peut les maintenir à l'abri du contact de l'air, soit en les plongeant sous l'eau, soit en les enfouissant dans du sable ou de la vase humide. Des observations précédentes résultent deux systèmes distincts pour la conservation des approvisionnements de bois; dans le premier, les bois sont empilés à l'air libre sous de vastes hangars; dans le second, ils sont enclavés sous l'eau. Nous ne discuterons pas ici les mérites comparatifs de ces deux systèmes; nous ne nous en occuperons en ce moment qu'au point de vue des précautions à prendre pendant le cours de la construction, et qui sont différentes suivant que l'on a fait usage de l'un ou de l'autre.

65. **Usage des toitures mobiles.** Lorsque les bois ont été conservés à sec, il serait à souhaiter qu'ils fussent amenés à faire définitivement partie de la charpente du navire, sans avoir été exposés à l'humidité. A cet effet la membrure devrait être travaillée, assemblée et levée sous des hangars et des cales couvertes, comme cela est quelquefois pratiqué; mais le plus souvent les abris de cette espèce n'existent pas dans nos arsenaux; les couples sont travaillés et mis en place en restant exposés au climat très-pluvieux de nos côtes, et ce n'est qu'une fois la levée terminée qu'on les recouvre de toitures légères, dites *toitures mobiles*, que l'on préfère aux toitures des cales couvertes, parce qu'elles sont beaucoup moins dispendieuses, et qu'elles peuvent accompagner le navire lors de la mise à la mer pour n'être retirées qu'au moment de l'armement.

Ces toitures mobiles sont actuellement employées pour toutes les constructions de nos arsenaux et donnent de bons résultats; elles se composent (*fig.* 58): d'un *faîtage* supporté de distance en distance par des *poinçons* verticaux reposant sur les planches d'ouverture par l'intermédiaire de semelles et de bordages longitudinaux; d'une *sablière* soutenue par des *cormores* ou *forans* placés verticalement de chaque côté du bâtiment et qui servent à l'établissement des grands échafaudages, et enfin de *chevrons* reposant sur le faîtage et la sablière que nous venons d'indiquer, ainsi que sur une sablière supplémentaire, située à l'aplomb de la membrure, à laquelle elle est fixée par des supports spéciaux.

Les chevrons ont une inclinaison de 20 à 25° seulement sur l'horizon, et n'exercent qu'une faible poussée; pour la combattre, il est inutile de faire usage de *tirans*, et il suffit de les réunir deux à deux à l'aide de *gardes* placées par-dessous le faîtage. La couverture proprement dite est opérée au moyen de *toile rurale* clouée sur les chevrons dont l'écartement a été mis en rapport avec la largeur de la laise (60 centim. environ); une fois en place, cette toile est peinte, ou simplement enduite d'huile de lin bouillie avec de la litharge; sa transparence laisse passer assez de lumière pour les besoins des travaux intérieurs.

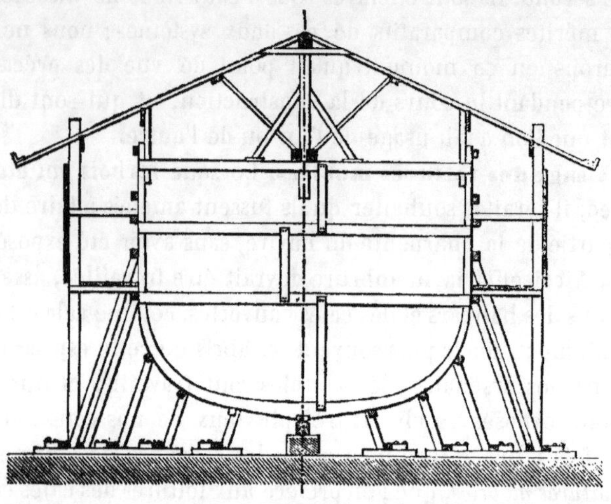

Fig. 58.

Les chevrons sont assemblés à queue d'hironde avec le faîtage, ils s'ajustent dans la sablière à l'aide de mortaises dans lesquelles ils sont assujettis par des coins placés sur le côté, en sorte que les démontages de toutes les pièces peuvent se faire avec la plus grande facilité. Lorsque les toitures ne sont plus nécessaires au bâtiment sur lequel elles étaient placées, on les démonte, en effet, et on les met en magasin jusqu'à ce qu'il y ait occasion de les monter sur un autre navire.

La toiture proprement dite dépasse le corps du bâtiment de plusieurs mètres de chaque côté, formant ainsi des auvents qui protégent les parties latérales de la muraille; mais lorsque la construction doit se prolonger pendant plusieurs années, on ne se contente pas de ce moyen de protection, et l'on enveloppe la partie supérieure du bâtiment de cloisons légères établies sur les cormores, en ayant soin de les prolonger assez bas pour que les pluies fouettées par le vent ne puissent jamais atteindre les flancs du navire.

L'usage des toitures mobiles doit être considéré comme contribuant puissamment à la conservation et à la durée des bâtiments; mais on y contribue au moins autant en apportant constamment la plus grande attention à la qualité et à l'état de siccité des bois employés. Aucune pièce ne doit être introduite dans la charpente avant l'*évaporation complète* de la séve, évaporation qui n'a lieu qu'après deux ans de coupe; cette observation est de la plus grande importance, des expériences journalières démontrent de la manière la plus concluante, que toutes les fois qu'une pièce encore fraîche est emprisonnée dans une construction de manière que l'évaporation de la séve ne puisse pas s'opérer librement, elle entre promptement en décomposition, et détermine en même temps la pourriture des pièces avec lesquelles elle se trouve en contact. Lorsque, par suite de circonstances exceptionnelles, on a été obligé de construire des navires très-rapidement et avec des bois dont la dessiccation était incomplète, les résultats ont toujours été les mêmes, c'est-à-dire qu'au bout d'un temps très-court, trois, quatre, six ans au plus, la pourriture avait fait de tels progrès que toute refonte a été jugée impossible et que la démolition a dû être décidée.

L'état de siccité du bois n'est point, d'ailleurs, le seul point qui mérite attention, il est également nécessaire d'observer leur *essence*; tous les bois qui présentent la trace d'un commencement de pourriture doivent être rebutés, car le germe de fermentation qu'ils renferment se développerait rapidement, et, dans la plupart des cas, on serait contraint de les changer avant la fin de la construction : les bois *d'essence très-grasse* sont dans le même cas et doivent être exclus, quand bien même ils ne seraient pas actuellement pourris.

66. Cas où les bois ont été conservés sous l'eau. Lorsque les bois sont conservés sous l'eau, ils sont mis en œuvre immédiatement à leur sortie des enclavements; étant alors complétement imprégnés d'humidité, ils sont plus tendres, plus faciles à travailler, et la main-d'œuvre est moins considérable. Les pièces de membrure sont assemblées à cet état sans qu'il en résulte les mêmes inconvénients que pour les bois de fraîche coupe; cette différence provient de ce que les bois, bien qu'imprégnés d'eau, sont dépouillés de leur séve, qui a été dissoute dans le liquide environnant, en sorte que la fermentation est moins à redouter, pourvu toutefois que la dessiccation puisse s'opérer librement. La membrure abandonne une partie de son humidité pendant qu'on la travaille; mais elle est loin d'en être complétement dépouillée lorsqu'elle est montée sur la quille, et il est indispensable de laisser écouler au moins une année avant de commencer la mise en place des revêtements intérieurs et extérieurs. Le bordé que l'on applique sur la membrure doit de son côté être parfaitement sec, et il faut avoir la précaution de rassembler des approvisionnements de bordages débités à l'avance et conservés sous de vastes hangars.

67. De la détérioration des bâtiments à la mer. Une fois le bâtiment à la mer, ses différentes parties ne sont pas dans les mêmes conditions de durée; le bordé de carène, constamment immergé, se conserve indéfiniment; mais la membrure, plus ou moins imprégnée d'eau, soit par le contact du bordé, soit par les suintements inévitables, et exposée à l'amosphère chaude et humide de la cale, se trouve dans les conditions les plus favorables au développement de la pourriture; aussi entre-t-elle promptement en décomposition, surtout les pièces de gros échantillons qui proviennent d'arbres sur le retour et déjà plus ou moins altérés dès l'origine Les moyens de préserver la membrure sont indiqués par les causes qui provoquent sa destruction : après tous les soins apportés à la bonne exécution de la charpente, de ses liaisons et de son chevillage, dans le but de prévenir les suintements d'eau, et par conséquent l'humidité de la cale; après avoir pris soin de tenir les mailles parfaitement propres pour assurer un libre écoulement à l'eau qui pourrait s'y rassembler; on n'a plus qu'à s'efforcer de maintenir un bon aérage dans toutes les parties de la cale, tant par une disposition bien entendue de l'arrimage que par des moyens de ventilation artificielle, soit à l'aide de manches à vent, soit autrement. L'utilité et l'efficacité de ces dispositions est parfaitement reconnue; mais il n'est pas toujours facile de les mettre en pratique, et le plus souvent les navires de guerre à voiles se trouvent placés dans les plus fâcheuses conditions; leur cale est bondée d'approvisionnements de toute espèce, dont quelques-uns ne sont jamais déplacés durant une campagne qui peut se prolonger pendant cinq années consécutives, et, en tout cas, si certaines parties de la charpente sont suffisamment aérées, il en est d'autres qui ne le sont que d'une manière tout à fait incomplète, et dans lesquelles on trouve toujours le vaigrage pourri en totalité et la membrure attaquée plus ou moins profondément. Les navires du commerce sont dans de meilleures conditions; leur cale, il est vrai, est bondée de marchandises, et pendant le cours de la traversée l'aération y est à peu près nulle; mais après chaque voyage, qui dure au plus quelques mois, le chargement entier est mis à terre, la cale est complétement vidée, nettoyée avec soin et parfaitement aérée, avant que l'on y place une nouvelle cargaison ; ce qui assure à la charpente une durée d'autant plus grande que les bois qui la composent, de faibles échantillons, proviennent d'arbres jeunes et sont, par cela même, d'une qualité meilleure. Les bâtiments à vapeur se rapprochent des navires du commerce en ce qui concerne la conservation de la charpente ; ce résultat doit être attribué à ce que toute la portion de la cale occupée par la machine, et même par les soutes à charbon, se trouve convenablement aérée ; il est dû également à ce que les eaux grasses de la machine, baignant constamment les varangues, les pénètrent de toute part et préviennent leur pourriture ; aussi avons-nous des bâtiments à roues qui comptent vingt-cinq et trente ans d'existence, et qui seraient encore susceptibles d'un bon service. Les navires à hélices sont également dans de bonnes conditions ; cependant leur création n'est pas encore assez ancienne pour que l'on ait pu recueillir de données bien positives à cet égard.

68. **Moyens de prolonger la durée du bois.** On a proposé depuis longtemps différents moyens pour prolonger la durée des bois de construction ; ainsi, on a injecté les bois de matières grasses sous l'action d'une forte pression ; on les a également imprégnés de graisse par l'application d'enduits multipliés ; ces procédés paraissent avoir une certaine efficacité, mais ils sont tellement dispendieux qu'ils ne sauraient être employés avantageusement. Un procédé plus pratique consiste à injecter les bois de sels minéraux, et notamment de sulfate de cuivre ; on parvient facilement, en effet, à faire pénétrer assez complétement ce sel dans toute la masse ligneuse, et les bois tendres, tels que le peuplier, le hêtre et le sapin, injectés de la sorte acquièrent une durée très-supérieure à celle qu'ils auraient à l'état naturel ; ce qui permet de les employer à des usages auxquels ils auraient été tout à fait impropres, par exemple à la confection des traverses de chemin de fer ; néanmoins leur résistance et leur dureté ne sont pas sensiblement augmentées, et ils ne sauraient être substitués au bois de chêne dans la construction des vaisseaux. Quant à ce dernier, il se prête assez mal à l'injection au sulfate de cuivre, qui, d'ailleurs, ne paraît pas augmenter notablement sa durée, en sorte que, finalement, c'est le bois de chêne ordinaire, qui continue à être employé d'une manière exclusive pour la grosse charpente de nos navires.

Lorsque les besoins du service obligent à construire des bâtiments avec une grande rapidité, on est exposé, ainsi que nous l'avons déjà dit, à les voir promptement détruits par la pourriture, et il serait du plus haut intérêt de n'admettre dans leur charpente que des bois parfaitement secs. Dans cette prévision, tout en admettant que la majeure partie des approvisionnements de bois doit être maintenue sous l'eau, où leur dépérissement est à peu près nul, on conserve sous des hangars à terre un approvisionnement spécial puisé dans les enclavements et suffisant pour la consommation de deux années. De la sorte, les bois employés dans une construction ont d'abord été dépouillés de leur séve par une immersion prolongée, et sont desséchés sous les hangars pendant un an au moins avant d'être mis en place. Dans ces conditions, il y a moins d'inconvénient à ce que la membrure soit recouverte du bordé aussitôt après qu'elle est montée sur la quille; cependant toutes les fois que les circonstances le permettront, il y aura avantage à conduire les travaux avec moins de précipitation.

Dans le but de prévenir la pourriture qui se déclare presque toujours au contact des pièces d'assemblage, M. de Lapparent, directeur des constructions navales, a proposé de carboniser les surfaces des bois, espérant obtenir par ce procédé une conservation analogue à celle qui se produit à l'extrémité des pieux ou des échalas que les cultivateurs ont soin de carboniser avant de les enfoncer en terre. Cette idée avait déjà été mise en pratique il y a environ cent cinquante ans sur un vaisseau anglais, le *Royal-William*, connu par sa longue durée, et qui fut construit, en totalité ou en partie, avec des bois carbonisés à la surface. Néanmoins, ce procédé ne s'était pas répandu, probablement à cause de la difficulté de le mettre en pratique; actuellement ces difficultés n'existent plus, grâce au système imaginé par M. de Lapparent, qui exécute la carbonisation avec une régularité parfaite et en l'arrêtant à telle profondeur que l'on veut, à l'aide de la flamme d'un bec de gaz. Ce système vient d'être expérimenté au port de Cherbourg, et il est acquis dès à présent que sa mise en exécution est de la plus grande facilité; quant à son efficacité, elle ne tardera pas sans doute à être démontrée, mais elle ne sera définitivement connue que lorsque l'on aura occasion de visiter à nouveau les navires auxquels il en a été fait application.

CHAPITRE CINQUIÈME.

CONSTRUCTION DES NAVIRES EN FER.

69. Premiers navires en fer. La première idée des bâtiments en fer est due à l'Angleterre, et remonte déjà à une époque assez reculée; M. Grautham, dans son *Traité sur les bâtiments en fer*, cite un écrit de 1787 dans lequel il est fait mention d'un bateau en tôle, construit par M. Wilkinson, directeur des fonderies de Bradley, et employé sur un canal à transporter les produits de son usine. L'usage de semblables bateaux n'a pas tardé à se généraliser sur les canaux; mais le premier *navire à vapeur en fer* date d'une époque beaucoup plus récente: ce fut le *Aaron Mamby*, construit par MM. Horsley et Cie du Straffordshire, et destiné à naviguer sur la Seine, entre Paris et Saint-Cloud; il arriva à Paris commandé par le capitaine Napier (devenu depuis le célèbre amiral Napier), et accomplit sa première traversée en juin 1822. Depuis lors les constructions en fer prirent une certaine importance, quoique limitées aux bateaux à vapeur de rivières, et ce n'est qu'en 1838 qu'il en a été fait application aux bâtiments marins. Les navires en fer se sont ensuite rapidement multipliés, surtout dans la marine à vapeur, à laquelle ils conviennent tout particulièrement, et paraissent appelés à acquérir une importance de plus en plus considérable.

70. Caractères propres aux bâtiments en fer. Le caractère particulier des bâtiments en fer consiste dans la disposition spéciale des revêtements extérieurs, dont les virures, au lieu d'être simplement juxtaposées et réunies par les couples, comme dans les bâtiments en bois, sont directement liées les unes aux autres le long de leurs arêtes longitudinales à l'aide de nombreux rivets. Constitué de la sorte, le bordé pourrait déterminer à lui seul les formes de la carène, si l'on voulait lui donner une épaisseur suffisante pour résister aux poussées extérieures, et la membrure ne serait pas indispensable; cependant il est nécessaire de la conserver afin d'augmenter la rigidité des murailles, et de répartir convenablement les pressions provenant soit des ponts, soit des machines qui reposent sur les fonds du navire.

71. Poids de coque. Dans les navires en fer on peut faire travailler utilement tous les matériaux employés, et les faire concourir à la solidité de l'ensemble de la construction. Le bordé, en quelque sorte d'une seule pièce, oppose une résistance considérable aux flexions longitudinales ; les membrures sont très-résistantes, quoique d'un faible volume, et enfin les liaisons transversales s'exécutent avec la plus grande facilité : aussi les bâtiments en fer présentent-ils une rigidité inconnue dans les navires en bois, quoique leur poids de coque, comparé au déplacement, reste notablement inférieur à celui de ces derniers. Ce poids de coque lui-même varie d'ailleurs entre des limites assez étendues : il est compris entre 25 et 48 pour 100 du déplacement total, suivant l'échantillon des matériaux dont il est fait usage. Les navires les plus légers sont construits avec des tôles de faible épaisseur; ils peuvent avoir une solidité très-suffisante, pourvu qu'ils soient exécutés avec soin ; mais les effets de l'oxydation y sont très-sensibles, et leur durée doit nécessairement en être affectée. Les navires plus pesants comportent des tôles plus épaisses; ils n'exigent pas une exécution aussi soignée, et résistent plus longtemps aux effets de l'oxydation. Cependant, pour obtenir de bons résultats, il n'est pas nécessaire d'exagérer l'échantillon des matériaux ; il est bien préférable d'apporter un peu plus de précision dans les différents assemblages, et l'on peut alors facilement obtenir des coques très-solides, dont le poids ne dépasse pas 36 pour 100 du déplacement total. Ce poids de coque est très-faible relativement à celui des bâtiments en bois, et constituerait déjà un avantage très-marqué pour les bâtiments en fer; mais de plus, l'épaisseur du bordé étant réduite à quelques millimètres, et celle de la membrure étant également très-restreinte, il en résulte que, à déplacement égal, l'épaisseur de la muraille est beaucoup moindre, et la capacité de la cale notablement plus grande que celle d'un bâtiment en bois, et c'est là un nouvel avantage qui ne le cède pas au premier.

72. Avantages et inconvénients des bâtiments en fer. En résumé, les bâtiments en fer jouissent d'une très-grande solidité, que le constructeur est maître d'augmenter en quelque sorte à son gré ; le poids de coque est moindre, et les capacités de la cale sont plus considérables que dans les navires en bois de même déplacement. Quant à leur durée, elle a d'abord été mise en question, et l'on redoutait qu'elle ne fût très-limitée par suite des effets de l'oxydation sur les tôles constamment en contact avec l'eau de mer ; mais l'expérience a bientôt démontré que ces craintes étaient exagérées ; l'oxydation s'opère lentement et également sur toute la surface de la tôle, et l'on peut d'ailleurs la prévenir, au moins en grande partie, en ayant soin de peindre au minium toutes les parties immergées de la carène, et d'entretenir cette peinture en bon état. Grâce à ces précautions, la durée des bâtiments en fer est en quelque sorte indéfinie, et des navires ayant plus de vingt ans d'existence font actuellement un excellent service, sans présenter aucun signe de détérioration ou de décrépitude : la longue durée de la coque doit donc être rangée au nombre des avantages propres aux navires en fer.

A côté de ces avantages considérables, on doit cependant signaler un défaut qui n'est pas sans gravité : ce défaut consiste dans le peu de résistance opposé par le bordé aux chocs extérieurs ; ainsi les projectiles y produisent de tels dégâts que, pour cette seule raison, les navires en fer ordinaires, sont dans l'impossibilité de prendre part à un combat. Dans le cas d'un échouage sur une roche dure, les tôles du bordé éprouvent des déchirures larges et profondes, susceptibles de faire couler le navire en peu d'instants : sous ce rapport les navires en fer sont inférieurs aux navires en bois à fonds pleins, qui peuvent impunément perdre une partie de leur quille ou de leur bordé. Le seul moyen de remédier à ce grave défaut consiste à partager la cale en plusieurs compartiments par des *cloisons étanches*, s'étendant d'un bord à l'autre, dans toute la partie située au-dessous de la flottaison; ces compartiments sont indépendants, ou tout au moins ne communiquent que par des ouvertures de faibles dimensions que l'on peut fermer à volonté, en sorte que si une voie d'eau se déclare, on est maître de la circonscrire dans le compartiment où elle s'est produite, et le bâtiment continue à naviguer sans danger jusqu'à ce qu'il ait atteint un port où l'on puisse le réparer.

73. Membrure, quille et carlingues. La membrure est composée de *fers d'angle* ou *cornières* pliés et équerrés à chaud, suivant les gabarits et équerrages relevés à la manière ordinaire : les cornières étant fort longues, deux ou trois au plus suffisent pour former un couple de la plus grande dimension ; on les réunit alors par des empâtures de 1 mètre à $1^{m},30$, fortement rivées l'une sur l'autre ; on peut également les faire simplement butter bout à bout, en les réunissant ensuite par des gardes ou éclisses en fer, qui jouent le même rôle que les croisements des empâtures.

Dans les fonds, les couples sont consolidés par une varangue consistant en une tôle verticale clouée sur le côté de la cornière ; la hauteur de la varangue est plus ou moins considérable, suivant la grandeur du navire ; mais dans tous les cas elle diminue progressivement, pour se réduire à rien à la naissance des façons de la carène. Dans les navires de grande dimension, la varangue est consolidée à la partie supérieure par une *cornière renversée*, placée à l'opposé de celle qui forme le couple ; cette cornière est prolongée ensuite au delà de la varangue, et vient se river le long de la face verticale de la cornière du couple, en sorte que la section transversale de celui-ci affecte la forme d'un Z (*fig.* 59, *b*). Pour les petits bâtiments, la cornière renversée s'arrête à l'extrémité de la varangue, et dans la partie haute, la membrure est composée d'une cornière simple *a*.

Les varangues des couples sont exécutées dans deux systèmes différents ; dans le premier elles croisent la quille à la manière ordinaire, tandis que dans le second elles sont séparées ainsi que les couples, en deux branches égales, réunies après coup dans le plan diamétral.

Dans le premier cas (*fig.* 59, A) on emploie généralement des quilles pleines en fer forgé, ou composées de plusieurs épaisseurs de tôles jointives et réunies par des rivets ; les couples ne font que poser sur la quille, leur jonction est opérée par les galbords pliés à peu près à angle droit, et dont un des côtés s'applique sur leur surface extérieure, et l'autre sur la face verticale de la quille. Dans ce système, les couples sont réunis en outre par des carlingues de différentes formes ; la plus usitée actuellement est une *carlingue intercalaire, a b* (*fig.* 59, A), composée de plusieurs tôles verticales, intercalées à la file les unes des autres entre les varangues avec lesquelles elles sont reliées par des cornières verticales, *c d* ; ces tôles dépassent les varangues à la partie supérieure, et leurs prolongements sont réunis à l'aide de deux fortes cornières longitudinales rivées l'une par l'autre, et rivées individuellement avec les cornières renversées des couples. Les carlingues intercalaires présentent une grande résistance à la compression et procurent une consolidation puissante sans empiéter sur les capacités de la cale.

Lorsque les varangues sont interrompues dans le plan diamétral, la quille, proprement dite, peut être complétement supprimée ; elle est remplacée par une tôle dirigée dans le plan diamétral, qui joue à la fois le rôle de la quille et celui de la carlingue (*fig.* 59, B) ; cette tôle reçoit une hauteur au moins égale à celle des varangues qui viennent s'y fixer à l'aide de fers d'angle verticaux; des rivets placés dans ces fers d'angle réunissent les deux moitiés de la varangue, en même temps qu'ils assujetissent et consolident la tôle centrale. Quelquefois la saillie extérieure de la quille est complétement

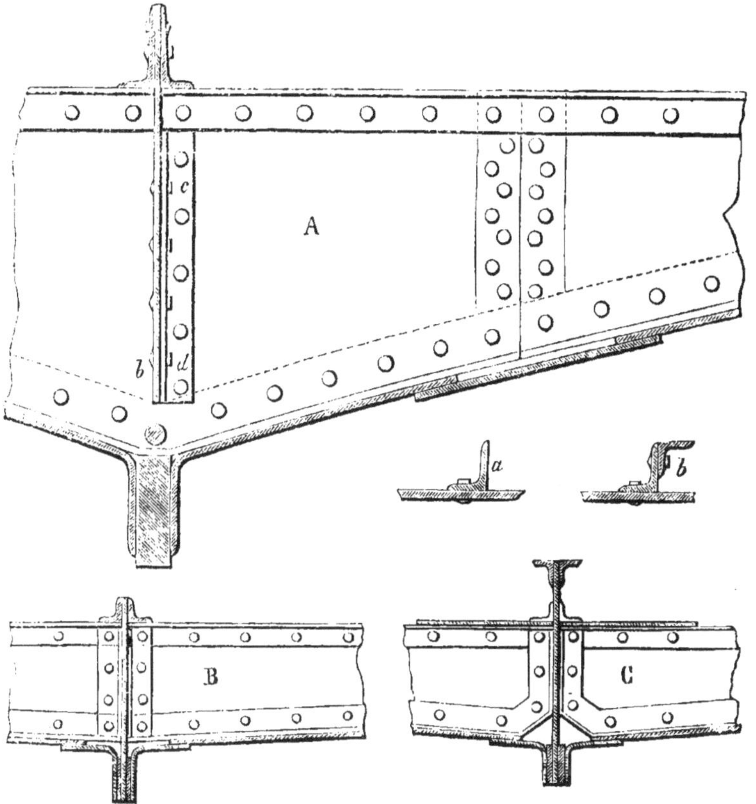

Fig. 59.

supprimée, ce qui présente l'avantage de supprimer en même temps les galbords pliés, qui sont d'une exécution difficile et exigent des tôles d'une qualité supérieure. Le plus ordinairement, toutefois, on conserve une quille saillante formée par le prolongement de la tôle centrale, et dans ce cas il convient de la consolider par des tôles placées latéralement, afin qu'avec les galbords elle présente un ensemble assez rigide pour résister aux échouages. La carlingue, constituée ainsi que nous venons de l'expliquer, présente une grande hauteur et jouit d'une résistance considérable que l'on est maître d'ailleurs d'augmenter encore en la prolongeant au-dessus des varangues, et en la consolidant à l'aide de cornières adossées et rivées sur les couples : si ce prolongement reçoit une certaine étendue, on peut même ajouter à sa partie supérieure deux cornières renversées qui lui donnent encore un surcroît de solidité (*fig.* 59, C). Il est à remarquer que dans ce système on peut sans inconvénient abattre un onglet à l'angle inférieur de chaque demi-varangue, et établir ainsi une facile circulation pour les eaux de la cale, le long de la carlingue et du bordé.

Indépendamment de la carlingue centrale, on dispose souvent des carlingues latérales dans le but de consolider les fonds du navire ; on en place deux de chaque bord : une à l'extrémité de la varangue, et l'autre à moitié-distance entre celle-là et le plan diamétral. Dans les petits navires, les carlingues latérales sont composées simplement de deux cornières adossées, rivées l'une par l'autre suivant leur côté vertical, et rivées par leur côté horizontal sur les cornières renversées des couples. Dans les grands navires, ces carlingues sont dans le système *intercalaire*, tel que nous l'avons décrit pour la carlingue principale.

74. Des baux. La structure des baux varie avec les efforts qu'ils doivent supporter. Pour les ponts lourdement chargés, ils se composent d'une bande de tôle centrale, armée à ses arêtes supérieures et inférieures de deux cornières adossées (*fig.* 60, *a*) ; les cornières

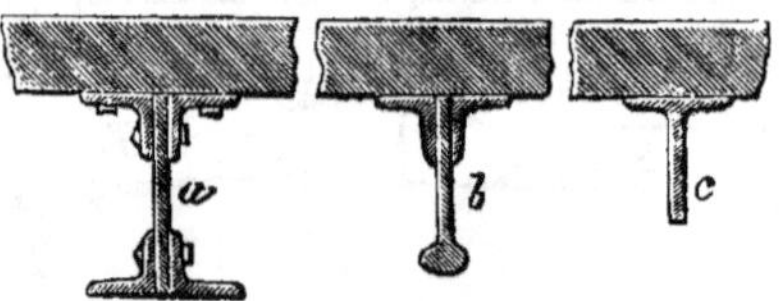

Fig. 60.

supérieures sont indispensables pour recevoir le bordé qui est toujours en bois et assujetti au moyen des vis mises par-dessous les cornières ; la tôle centrale est formée autant que possible d'une seule longueur ; actuellement les usines métallurgiques fournissent sans difficulté des tôles préparées pour cet usage, même dans les plus fortes dimensions.

Pour les baux d'une importance moindre, on emploie très-avantageusement des fers préparés, présentant à l'arête inférieure un renflement ou boudin *b*, suffisant pour donner à cette partie la rigidité nécessaire; on se contente alors de placer deux cornières à la partie supérieure. On emploie aussi quelquefois des fers façonnés en forme de T (*c*), qui présentent par eux-mêmes les dispositions convenables pour l'établissement du bordé, et qui dispensent de tout travail d'assemblage; mais les fers de cette espèce sont toujours d'assez faibles dimensions et ne conviennent que pour de petits navires, ou en général pour des ponts peu chargés. Enfin, dans des cas exceptionnels et pour de très-petits navires, les baux peuvent être formés par une cornière simple.

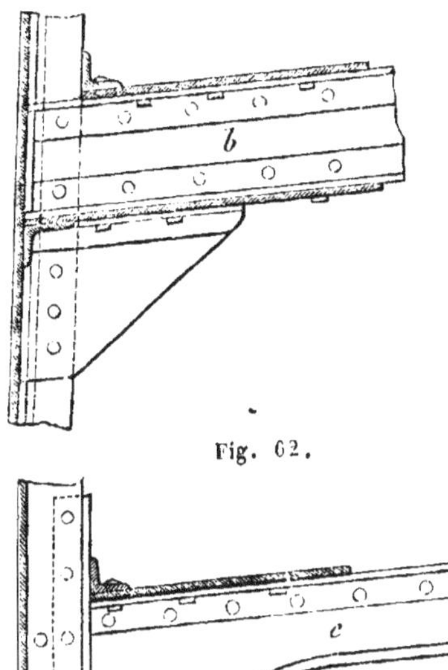

Fig. 62.

Fig. 61.

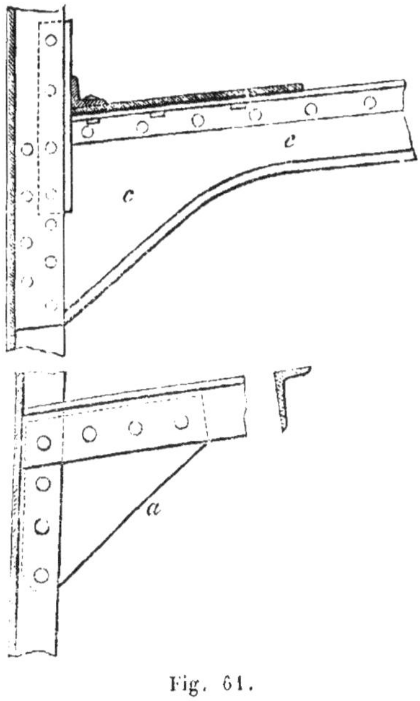

75 Liaisons des baux avec la muraille. Lorsque l'on fait la distribution des baux, il convient de faire concorder leur écartement avec celui de la membrure, afin que le plan diamétral de chacun d'eux puisse toujours venir s'appliquer contre la face plane d'un couple. Les baux légers sont reliés à la muraille à l'aide d'une équerre en fer, rivée sur le bau lui-même et sur le couple (*fig*. 61, *a*); les baux à deux cornières peuvent être fixés de la même manière, cependant il est à la fois plus élégant et plus solide de remplacer l'équerre en tôle rapportée, par un élargissement pratiqué sur le bout du bau lui-même, et qui remplit exactement le même objet que l'équerre qu'il remplace; ces baux sont en outre réunis par une virure de tôle placée à plat par-dessus, et nommée *tôle gouttière*, par analogie avec les virures des gouttières des bâtiments en bois ,dont elle occupe la position; cette virure de gouttière est quelquefois prolongée entre les couples, jusqu'au bordé extérieur auquel elle est reliée par de petits bouts de cornières; d'autres fois on se contente de l'arrêter au contact des couples, avec lesquels on la relie encore à l'aide d'une cornière longitudinale, rivée sur les cornières renversées s'il en existe, ou sur de petits bouts de cornières renversées, disposés spécialement pour établir cette jonction (*fig.* 62, *c*). Pour les baux à quatre cornières, qui appartiennent aux ponts les plus lourdement chargés et à des navires qui fatiguent beaucoup, on multiplie les moyens de liaison; ils sont d'abord soutenus par une tôle formant *bauquière*, régnant sur toute la longueur du navire et réunie à la muraille par des bouts de cornière; à leur partie supérieure est fixée une virure de gouttière, et enfin sous chacun d'eux est placée une équerre en tôle clouée d'une part sur la face latérale d'un couple, et de l'autre sur la tôle bauquière ou plutôt sur la face inférieure du bau, par l'intermédiaire d'un bout de cornière horizontale (*fig.* 62, *b*). Les baux à quatre cornières peuvent d'ailleurs être réunis à la muraille à l'aide d'un élargissement pratiqué à l'extrémité de la tôle centrale; dans ce cas, les cornières inférieures suivent leur profil, et il serait bon que l'une d'elles formât la continuation de la cornière renversée du couple.

Il n'est pas fait usage de liaisons obliques dans les bâtiments en fer; la grande rigidité du bordé de carène les rend inutiles; cependant, et surtout dans les grands navires, on ne néglige aucun moyen d'augmenter les liaisons longitudinales : ainsi on renforce quelquefois la muraille au moyen de ceintures intérieures réparties de distance en distance dans la partie verticale, et composées chacune d'une virure de tôle rivée sur les cornières renversées des couples, et consolidée par des cornières aux arêtes supérieures et inférieures. Dans les fonds, les efforts de flexion sont combattus par les carlingues centrales et latérales; enfin, au nombre des liaisons longitudinales on doit encore compter les tôles bauquières et les gouttières, qui résistent très-efficacement à la flexion; quelquefois, dans le seul but d'augmenter cette résistance, on ajoute encore par-dessus les baux des bandes de tôle dirigées obliquement d'un bord à l'autre. Enfin, dans quelques grands navires, et toujours pour augmenter les résistances à la flexion, on a pris le parti de placer un bordé général en tôle, soit par-dessous les baux, soit par-dessus, sans préjudice toutefois du bordé ordinaire en bois qui est toujours conservé.

76. Du bordé; différentes espèces de joints. Le bordé extérieur est composé de feuilles de tôle, auxquelles on conserve le plus de longueur possible, tout en leur donnant une largeur modérée, afin qu'elles puissent suivre sans difficulté les façons de la carène; les abouts des pièces composant une même virure de bordé sont réunis deux à deux par une bande de tôle de même épaisseur, qui les recouvre l'une et l'autre de quantités égales, et rivée avec chacune d'elles par un ou deux rangs de rivets (*fig.* 63, *a*, *b*).

Les joints des virures consécutives sont formés de différentes manières : les tôles peuvent butter simplement arête contre arête, et dans ce cas elles sont réunies par une bande longitudinale *c*, placée intérieurement et rivée sur chacune d'elles, comme les bandes des joints verticaux. Ce système constitue le bordé à *franc bord;* il donne

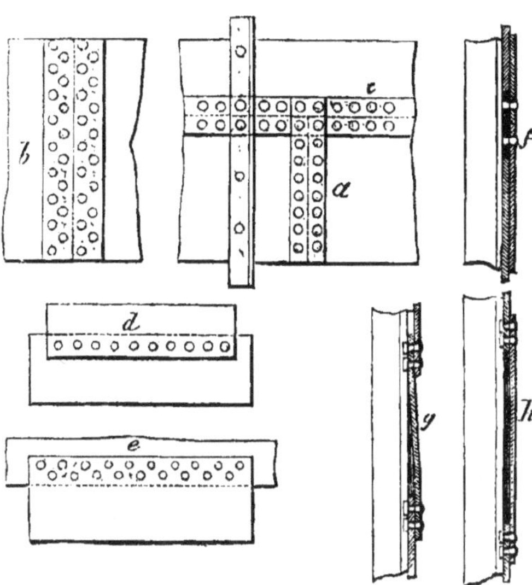

Fig. 63.

à l'extérieur une surface lisse et continue, mais à l'intérieur les bandes de recouvrement forment des saillies qui empêchent le bordé de porter directement sur la membrure; les bandes seules sont en contact avec les couples, et entre ceux-ci et le bordé il reste des espaces vides, égaux à une épaisseur de tôle; pour fixer convenablement le bordé à la membrure, il est nécessaire d'interposer des cales dans ces vides (*fig.* 63, *f*), afin que les rivets de jonction ne fassent pas gondoler les tôles.

Les joints à franc bord, lorsqu'ils sont exécutés avec soin, présentent une grande résistance à la flexion longitudinale; aussi les emploie-t-on de préférence pour la partie haute, ou pour les œuvres mortes des bâtiments en fer.

Les virures de bordé peuvent également se recouvrir mutuellement de certaines quantités, à la manière des *bordés à clins* ordinaires (*fig.* 63, *d, e*), et être réunies d'ailleurs par une ou deux lignes de rivets; dans ce cas le bordé ne touche la membrure que par ses arêtes extrêmes, en laissant entre elle et lui des vides de largeur variable, *g*; par suite les cales interposées doivent être effilées en forme de coins, ce qui complique nécessairement leur confection. Les joints à clin présentent moins de résistance à la flexion que les joints à franc bord, mais ils exigent une quantité de rivets moitié moindres et sont par conséquent moitié moins coûteux; on peut sans inconvénient les employer pour la carène, où les tôles travaillent peu par flexion dans le sens de leur hauteur, et ne sont pas sollicitées à glisser les unes sur les autres.

Depuis quelques années il a été apporté à la disposition des clins une légère modification, qui facilite notablement la mise en place du bordé et supprime les cales effilées qui sont toujours d'une exécution difficile; les virures de deux en deux sont appliquées directement sur la membrure, et les virures intermédiaires sont à recouvrement sur les deux virures voisines (*fig.* 63, *h*); ces dernières ne touchent pas la membrure, dont elles sont éloignées d'une épaisseur de tôle: il y a donc encore lieu de faire usage de cales, mais elles sont d'épaisseur uniforme, comme pour les joints à franc bord, et de plus leur nombre est moitié moindre que dans le bordé à clin ordinaire, ce qui fait une notable économie de main-d'œuvre. C'est ce système de bordé auquel on donne actuellement la préférence; il est à la fois plus simple d'exécution et plus solide que le bordé à clin ordinaire.

77. Du rivetage. Les rivets du bordé ne doivent faire aucune saillie sur la carène; en conséquence le trou percé dans la tôle extérieure est fraisé en tronc de cône, le rivet est introduit par l'intérieur et refoulé dans cette ouverture de manière à affleurer exactement la surface extérieure; dans les parties où les joints s'appliquent sur la membrure, il est même nécessaire de fraiser les rivets des deux côtés, en sorte qu'ils ne présentent aucune saillie ni à l'intérieur ni à l'extérieur; dans tous les cas, ces rivets sont refoulés ou rabattus à l'aide du marteau à main, comme les rivets de chaudières.

Le diamètre et l'espacement des rivets doivent être mis en rapport avec l'épaisseur des tôles : lorsqu'ils sont trop rapprochés, le bordé se trouve découpé le long de la couture et ne présente plus aucune résistance ; s'ils sont trop éloignés, la charge qu'ils supportent devient excessive, tandis que les tôles n'étant plus convenablement appliquées l'une contre l'autre, dans l'espace compris entre deux rivets consécutifs, ne forment pas un joint étanche. Quel que soit, d'ailleurs, le mode de rivetage et l'espèce de joint employé, ce dernier est toujours complété par le *mattage*, opération qui consiste à tailler le bord de la tôle en biseau et à refouler son arête extérieure entre les deux surfaces en contact ; mais, lorsque les rivets sont trop écartés, le mattage se fait mal, et l'inconvénient que nous venons de signaler ne cesse pas de subsister.

Dans la pratique, le diamètre des rivets est égal au double de l'épaisseur de la tôle, et leur écartement de centre en centre est de trois diamètres au moins et de quatre au plus. Pour les joints à un seul rang de rivets, on doit maintenir l'écartement à la limite inférieure ; on se tient au contraire à la limite supérieure pour les joints à deux rangées.

Lorsque les surfaces lisses ne sont pas indispensables, on ne fait pas usage de rivets à tête fraisée, mais on leur conserve des têtes saillantes façonnées au marteau à main : on peut encore, dans ce cas, former les rivures à la *bouterolle*, en plaçant sur l'extrémité saillante du rivet qu'il s'agit de rabattre une sorte d'étampe, présentant la forme qu'on veut lui donner, et en la frappant à grands coups de masse, tandis que la tête est contre-tenue du côté opposé à l'aide d'un levier ou *abattage*. Ce système de rivure est très-économique, et de plus il présente l'avantage de refouler sur lui-même le corps du rivet en lui faisant remplir très-exactement les trous percés dans les tôles, quand même ces trous n'auraient pas une forme régulière, ou ne se correspondraient pas bien exactement. Le rivetage à la bouterolle donne des joints très-solides, et souvent assez étanches pour que le mattage soit superflu ; il convient parfaitement à toutes les parties intérieures de la construction, telles que varangues, cornières renversées des couples, carlingues, bauquières, baux et cloisons étanches. Il existe des machines propres à exécuter le rivetage à la bouterolle ; elles donnent un très-bon travail, mais leur usage n'est commode qu'autant qu'il s'applique à des pièces facilement manœuvrables, et ne convient par conséquent que pour un bien petit nombre de celles qui font partie de la construction du navire.

78. Accastillage, pavois et plat bord. L'accastillage des bâtiments en fer est le plus souvent en bois; il est assez difficile d'éviter qu'à sa jonction avec la muraille en fer il ne se produise des suintements d'eau qui pénètrent dans les entre-ponts. Cet inconvénient est évité dans la disposition indiquée (*fig.* 64, A).

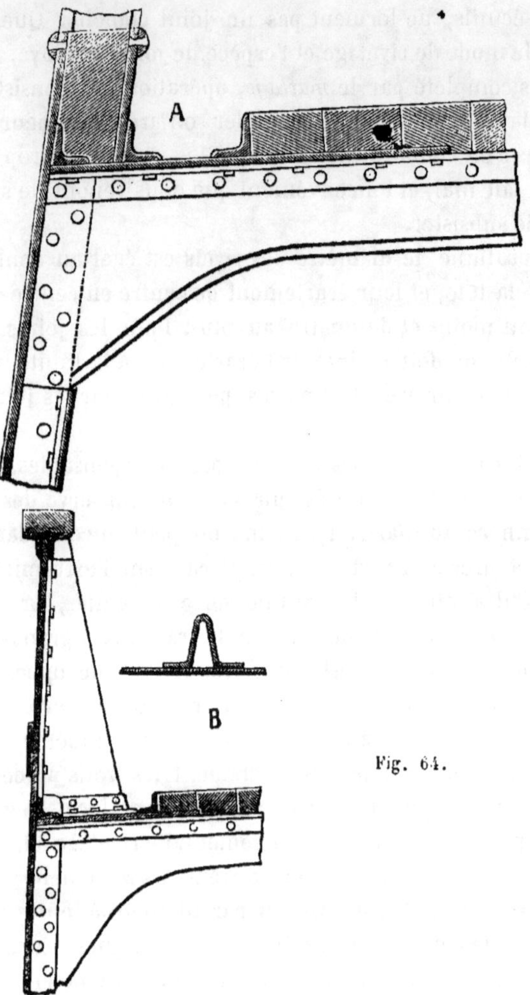

Fig. 64.

La préceinte s'élève un peu au-dessus des baux; la tôle gouttière est prolongée jusqu'au bordé, auquel elle est réunie par une cornière longitudinale; une seconde tôle est fixée sur la gouttière à l'aide d'une cornière, parallèlement à la préceinte, et forme avec cette dernière une espèce d'auge ou de sabot qui reçoit un massif en bois dans lequel s'ajustent les allonges nécessaires pour soutenir les pavois extérieurs et le plat-bord; la fourrure de gouttière est supprimée, une cornière placée parallèlement à la muraille appuie la première virure de bordé du pont, et forme avec la tôle gouttière une rigole dans laquelle les eaux se réunissent pour s'écouler ensuite par les dalots.

Dans quelques petits navires les pavois sont entièrement en tôle (*fig.* 64, B); ils sont soutenus de distance en distance par des membrures en tôles pliées.

79. Garnis intérieurs en bois. La muraille intérieure des bâtiments en fer, en contact avec l'atmosphère chargée de vapeur d'eau de la cale, joue le rôle d'un véritable condenseur, et se couvre d'humidité toutes les fois que la température extérieure est plus basse que celle de l'intérieur du navire; l'eau qui ruisselle alors sur la muraille produit une gêne intolérable dans les compartiments consacrés à l'habitation; et, dans la cale, cette eau pourrait être très-nuisible à la conservation du chargement : aussi est-on dans l'usage de recouvrir les parois intérieures d'un lambris ou pavois léger en bois, qui préserve du contact immédiat du fer. Ces pavois se composent de planches de peu d'épaisseur en sapin, clouées sur des tasseaux coincés entre les cornières renversées et le bordé; il importe d'ailleurs de ne pas augmenter inutilement les dimensions, soit du lambris, soit des cales qui servent à le fixer, car ils n'ajoutent rien à la solidité du navire, tandis qu'ils entraînent une augmentation notable de poids de coque.

80. Peinture et entretien des carènes. Nous avons suffisamment indiqué, dans ce qui précède, les avantages que présentent les bâtiments en fer, au triple point de vue de la solidité, de la légèreté et de la durée; mais ils sont sujets à un défaut d'une espèce particulière et qui leur est essentiellement propre : ce défaut consiste en ce que la carène se couvre rapidement de plantes marines et de coquillages, qui forment bientôt une couche assez épaisse pour opposer une résistance à la marche telle, qu'au bout de peu de temps, 3, 4 ou 6 mois au plus, la vitesse d'un navire à vapeur, par exemple, se trouve réduite de la manière la plus fâcheuse. Le remède est facile, il est vrai, et pour rendre au navire ses premières qualités, il suffit de l'entrer au bassin et de nettoyer et de peindre sa carène à nouveau; mais cela n'en est pas moins une sujétion coûteuse et une gêne très-notable dans le service.

Dans certaines circonstances l'on peut se débarrasser des saletés de la carène par un procédé bien simple : il n'y a qu'à placer le navire pendant quelque temps dans un courant d'eau douce, pour que les végétaux et les mollusques meurent et se détachent d'eux-mêmes, ou soient arrachés par le frottement du liquide environnant, aussitôt que le bâtiment est mis en service; un séjour d'une quinzaine de jours dans l'eau douce suffirait pour débarrasser la carène des corps étrangers qui nuisent à la marche, mais ce procédé ne peut être employé que dans le cas exceptionnel où l'on dispose d'un grand fleuve, dans lequel les navires peuvent être introduits assez loin de la mer, pour que l'eau y soit réellement douce.

On s'est efforcé de préserver les carènes des végétations et des mollusques qui les recouvrent, en les enduisant de peintures empoisonnées; mais on n'a jamais obtenu rien de satisfaisant par ce moyen. On a également essayé d'envelopper la carène en fer d'un revêtement extérieur en bois, susceptible de recevoir un doublage ordinaire en cuivre, mais ce système est très-coûteux et présente de nombreux inconvénients; en sorte que, quant à présent, l'on est réduit à se servir des carènes ordinaires en fer, en les faisant passer au bassin à peu près tous les six mois pour les nettoyer et les peindre.

CHAPITRE SIXIÈME.

MANŒUVRES RELATIVES AUX ANCRES, GOUVERNAIL, ETC.

81. Description des différentes parties des ancres. Les bâtiments sont retenus au mouillage au moyen de leur câble, fixé par l'une de ses extrémités à l'*ancre* engagée plus ou moins profondément au fond de la mer, et lié par l'extrémité opposée au corps du navire, par l'intermédiaire de l'appareil de charpente qui constitue les *bittes*. Le salut du navire ne dépend souvent que de la bonne tenue du mouillage, ou de la solidité de ses ancres, de ses câbles et en général de tous les apparaux de mouillage; aussi la confection de ces apparaux a-t-elle toujours été l'objet des plus grands soins, et celle des ancres en particulier a donné lieu à des études suivies qui ont conduit aux formes et aux proportions, ainsi qu'aux procédés de fabrication actuellement en usage et dont les résultats sont très-satisfaisants.

Les ancres sont toujours en *fer forgé* de la meilleure qualité; elles présentent deux parties distinctes : la *verge* XY, et les *bras* *cp* B, *c'p'* B' (*fig.* 65). La verge est droite; elle est percée à la partie supérieure d'une ouverture A, qui reçoit l'*organneau*, ou plutôt le boulon de jonction d'une *cigale* ou *manille*, que l'on préfère généralement à l'organneau. Les bras sont soudés à la partie inférieure de la verge; leurs extrémités reçoivent des palettes E F B, nommées les *pattes*, destinées à répartir l'effort qu'elles transmettent sur de grandes

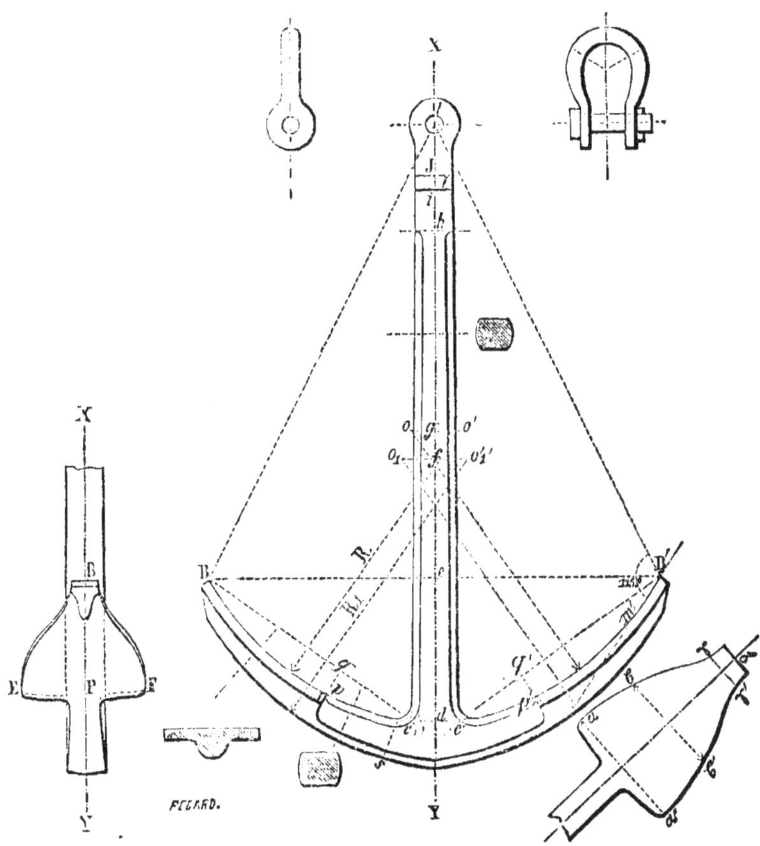

Fig. 65.

surfaces et à augmenter ainsi la tenue. Pour faciliter la pénétration de l'ancre dans les fonds résistants, les bras sont prolongés au delà de la patte, d'une certaine quantité nommée le *bec*; enfin les bras sont courbés en arc de cercle, excepté à l'intérieur et dans le voisinage du bec, où la patte est plane sur une certaine étendue B' m'. L'ancre proprement dite est toujours accompagnée d'une pièce additionnelle, ordinairement en bois, nommée le *jas*, G H, (*fig.* 66) fixée perpendiculairement à la verge, à sa partie supérieure, et normalement au plan des bras. Le jas contribue peu à la tenue de l'ancre, mais il sert à la guider de manière que les bras tombent normalement sur le sol; il est évident, en effet, que si le jas n'existait pas, l'ancre se coucherait toujours à plat sur le terrain, et que les bras n'y pénétreraient pas comme ils doivent le faire. Le jas est composé de deux pièces de bois rapprochées l'une de l'autre par des frettes en fer; il est en outre assujetti sur la verge au moyen de deux tenons *t t'* (*fig.* 65), réservés sur celle-ci et nommés les *tourillons*.

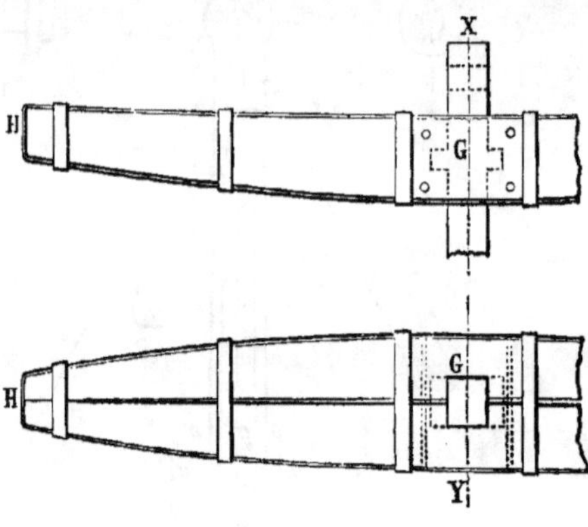

Fig. 66.

82. Tracé et proportions des ancres usitées dans la marine française. Les ancres employées dans la marine militaire sont depuis longtemps exécutées dans les forges de La Chaussade, appartenant à l'État. Toutes leurs proportions ont été calculées d'après les formules de la résistance des matériaux; des épreuves directes à la presse hydraulique ont ensuite été exécutées dans le but de contrôler par des faits l'exactitude des calculs théoriques, ou de vérifier les parties d'une exécution difficile et en particulier les soudures des bras avec la verge. En opérant de la sorte on a déterminé les formes et les dimensions d'une ancre type, de grandeur arbitraire, et les proportions de ce type ont ensuite été conservées pour les ancres de toute grandeur, c'est-à-dire que les dimensions d'une ancre d'un poid quelconque P' ont été déduites de celles de l'ancre type du poids P, en multipliant ces dernières par la racine cubique du rapport des poids P′ et P, ou par $\sqrt[3]{\frac{P'}{P}}$.

Dans les premières ancres construites à La Chaussade, les pattes étaient simplement soudées à plat sur les bras; cette disposition manquait de solidité, et l'on y a complétement renoncé pour adopter exclusivement les ancres dites à la *hollandaise*, dans lesquelles les pattes sont forgées et étampées d'une seule pièce avec les bras.

Les éléments géométriques qui déterminent la forme de ces ancres sont les suivants :

La longueur totale, X Y (*fig.* 65), mesurée de l'extrémité de la verge au sommet ;

La largeur de la verge à la croisée, $c\,c'$;

La longueur totale de l'envergure, ou ligne des becs, B B′;

La distance e Y de la ligne des becs au sommet Y;

La longueur des bras, c B, mesurée depuis l'angle de l'aisselle jusqu'au bout des bras ;

La direction de la partie plane, B′ m', de la patte; elle s'obtient en joignant le centre A, de l'organneau au bec B′, et en menant la droite B′ m', faisant avec A B′ un angle de 115°;

La courbure intérieure des bras; elle est déterminée par la flèche ou *cintre* $p'\,q'$, menée perpendiculairement à B′ c' par l'extrémité de la patte; le contour intérieur des bras est d'ailleurs un arc de cercle, on donne son rayon R, et la position de son centre O, définie par ses distances à l'axe de la verge et au sommet de l'ancre;

Le contour extérieur des bras; ce contour est également un arc de cercle dont on donne le rayon R′ et les centres déterminés par leurs coordonnées prises par rapport au sommet de l'ancre.

Nous donnons ici les dimensions de l'ancre de 4,700 kilogrammes, ainsi que les rapports de ces dimensions à la longueur, rapports qui peuvent servir à déterminer toutes les parties d'une ancre quelconque dont la longueur est connue.

DIMENSIONS DE L'ANCRE DE 4700 kilog.		m.	RAPPORT à la longueur.
Longueur totale (a).	XY.	5,004	1,00000
Largeur de la verge à la croisée	c c'.	0,370	0,07396
Longueur totale de l'envergure ou ligne des becs	BB'.	3,513	0,70203
Distance de la ligne des becs au sommet de l'ancre	OY.	1,470	0,29370
Long. du bras mesurée de l'angle de l'aisselle au bout des becs.	c B.	1,891	0,37780
Rayon de courbure intérieure des bras	R.	2,330	0,46560
Distance du centre à l'axe de la verge	O g.	0,218	0,04356
Distance du centre au sommet de l'ancre	g Y.	2,712	0,54190
Rayon de courbure extérieure des bras	R'.	2,381	0,47840
Distance du centre à l'axe de la verge	$O_1 f$.	0,340	0,06794
Distance du centre au sommet de l'ancre	f Y.	2,360	0,47160
DÉTAIL DE LA VERGE.			
Épaisseur à la croisée		0,262	0,05235
Largeur au milieu de la longueur totale		0,337	0,06734
Épaisseur id. id.		0,225	0,04496
Largeur à la naissance de la culasse (en h)		0,269	0,05375
Épaisseur id. id.		0,190	0,03796
Rayon du congé des aisselles		0,112	0,02238
Distance d Y, du sommet à la ligne des aisselles supposées à angle vif.		0,418	0,08353
CULASSE.			
Longueur de la culasse	h X.	1,000	0,19980
Largeur uniforme de la culasse		0,269	0,05375
Épaisseur uniforme de la culasse		0,190	0,03796
Largeur et saillie des tourillons (t)		0,070	0,01398
Largeur au renflement du trou A		0,347	0,06934
Diamètre du trou de l'organneau		0,117	0,02338
Distance du trou de l'organneau au bout de la verge	l X.	0,145	0,02897
BRAS.			
Largeur du bras à la croisée mesurée au défaut du congé	r S.	0,360	0,07194
Épaisseur du bras à la croisée id. id.		0,252	0,05055
Largeur du bras au milieu de la longueur		0,330	0,06594
Épaisseur du bras id. id.		0,235	0,04696
Largeur près des pattes (en p)		0,290	0,05795
Épaisseur id. id.		0,208	0,04156
PATTES.			
Longueur développée de la patte et du bec	c p B.	1,236	0,24700
1re coupe à la plus grande largeur — Largeur		0,946	0,18900
— Épaisseur au milieu		0,276	0,05515
— Id. vers les bords		0,052	0,01039
2e coupe, au milieu de la patte, sans le bec — Largeur		0,761	0,15200
— Épaisseur au milieu		0,213	0,04256
— Id. vers le bord		0,052	0,01039
Coupe à la naissance des becs — Largeur		0,190	0,03796
— Épaisseur au milieu		0,135	0,02717
— Id. vers le bord		0,052	0,01039
BECS.			
Longueur du bec		0,175	0,03497
Longueur du chanfrein qui termine le bec		0,115	0,02298
Largeur du chanfrein qui termine le bec		0,020	0,00390
(NOTA — Le chanfrein est un plan parallèle à la verge.)			
Distance du bout de chaque bec à la verge		1,577	0,31514
Largeur correspondante de la verge		0,360	0,07194
Cintre des bras mesuré sur l'arête de la patte	p q.	0,185	0,03690

NOTA. — Dans les parties arrondies de la verge et des bras, la section doit être un cercle coupé par deux cordes parallèles ; la longueur de ces cordes détermine à chaque endroit la largeur des plates-bandes.

(a) Les lettres inscrites à ce tableau se rapportent à la figure 63.

Le jas est le plus souvent en bois, ainsi que nous le disions en commençant; cependant on emploie aussi des jas en fer consistant en une simple barre ronde, traversant la verge dans un trou circulaire, percé au-dessous de celui de l'organneau (*fig.* 67). Ce jas est maintenu

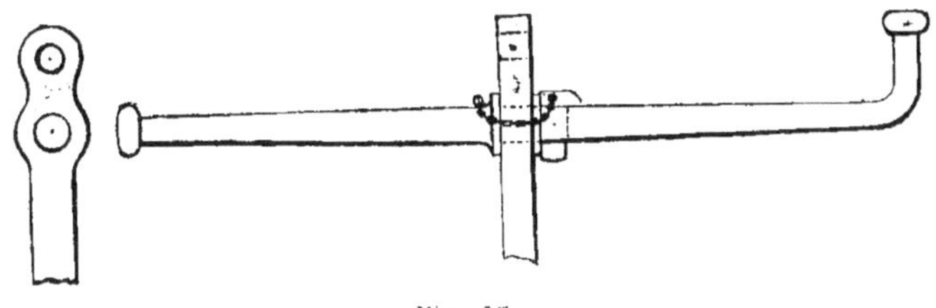

Fig. 67.

en position par un épaulement et une clavette; lorsque l'ancre n'est pas en service, on repousse la clavette, et on le fait glisser jusqu'à son extrémité recourbée à angle droit; le jeu laissé libre dans l'ouverture de la verge permet d'y introduire cette partie, en le faisant tourner de 90°, de manière à l'appliquer le long de la verge; on l'amarre dans cette position, et l'ancre est alors bien moins encombrante, et plus facile à placer en réserve. Les jas en fer n'ont été employés à l'origine que pour les ancres de petites dimensions, mais actuellement leur usage se répand de plus en plus, et on les emploie volontiers pour les ancres du plus fort échantillon.

83. Divers modèles d'ancres anglaises. Les ancres de la marine militaire d'Angleterre sont depuis lontemps d'un modèle uniforme, connu sous le nom de *modèle de l'amirauté;* elles sont à pattes hollandaises, et leurs formes diffèrent peu de celles des ancres françaises; cependant les pattes sont moins développées, la verge et les bras sont plus gros, tous les contours sont arrondis, et les angles ou les arêtes vives sont évités avec soin (*fig.* 68, A); le jas est généralement en fer, mais les tourillons de la verge sont conservés, afin que l'on puisse y placer un jas en bois, dans le cas où le premier serait brisé ou tordu, sans que l'on eût à bord les moyens de le réparer.

De nombreux modèles ont été présentés comme supérieurs à celui de l'amirauté, mais ayant été soumis à des expériences comparatives, on a toujours vu s'évanouir les prétentions dont ils étaient l'objet. Parmi ces ancres nous citerons cependant celle du lieutenant *Rodgers* (*fig.* 68, B), caractérisée par la petitesse de ses pattes et la force considérable des bras; son jas est en fer, il n'est pas d'un démontage facile. Nous citerons encore celle de M. Trotman, perfectionné par M. Porter, et qui présente des dispositions nouvelles méritant,

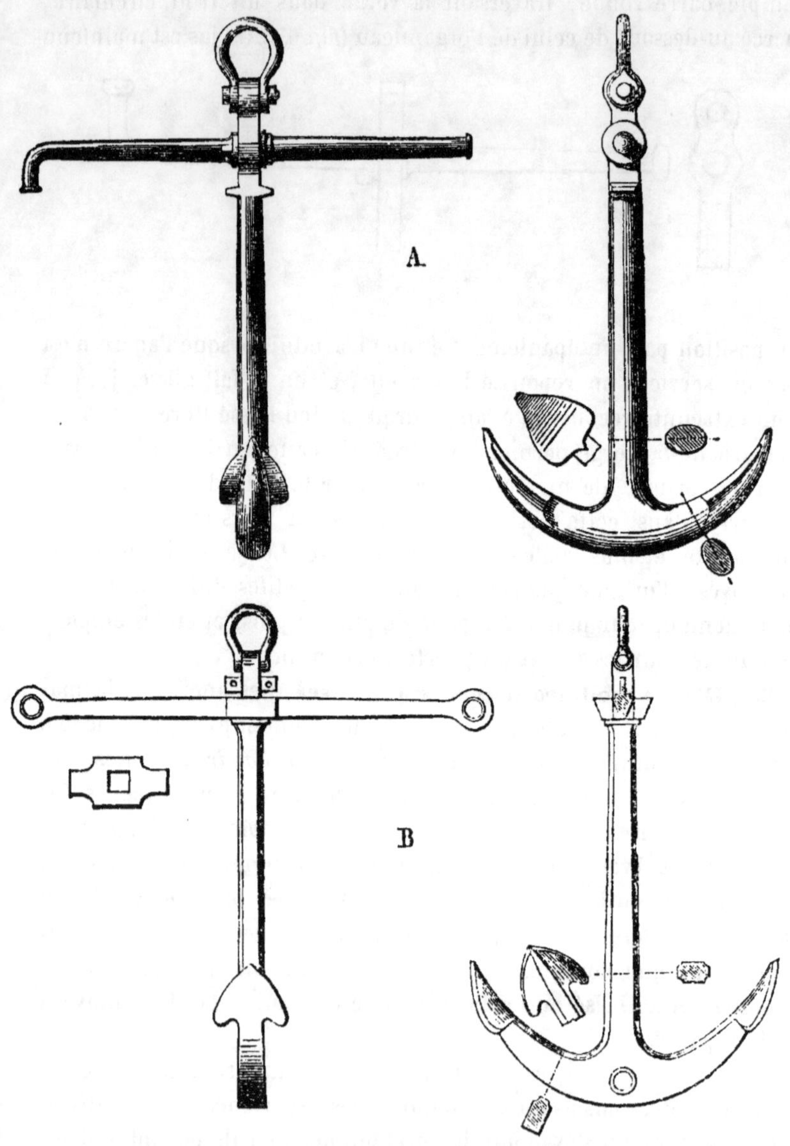

Fig. 68.

jusqu'à un certain point, de fixer l'attention. Dans ce système les bras, au lieu d'être soudés à la verge, sont articulés sur celle-ci à l'aide d'une moufle et d'un fort boulon de jonction (*fig.* 68, C); l'auteur paraît avoir adopté cette disposition, principalement dans

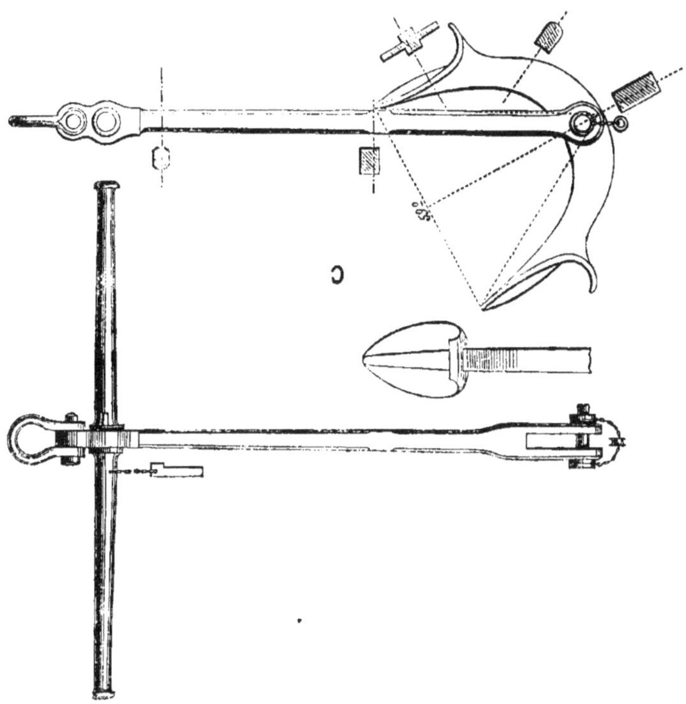

Fig. 68 C.

le but d'éviter la difficulté que l'on rencontre à obtenir une bonne soudure entre les bras et la verge; il est certain en effet qu'avec ce mode d'assemblage chaque partie de l'ancre jouit de toute la résistance que comporte sa section, ce qui n'a pas lieu avec des soudures imparfaites; mais l'articulation des bras présente encore d'autres avantages, ainsi, lorsque l'un des bras est engagé dans le sol, l'autre est appliqué sur la verge, et il en résulte que dans les ports de marée, les bâtiments ne sont pas exposés à crever leur carène, comme cela peut leur arriver sur la patte saillante des ancres ordinaires; enfin elles se présentent mieux pour pénétrer dans le fond et sont moins sujettes que les autres à tomber à plat. Au point de vue de la résistance, les ancres Trotman ont donné des résultats satisfaisants; quelques compagnies maritimes en font usage; mais dans la marine militaire, bien qu'elles aient donné lieu à des essais entrepris sur une assez large échelle, on en est toujours revenu au modèle de l'amirauté. Quant à ce dernier, et celui de l'usine de La Chaussade, on peut dire que, sous le rapport de la résistance, ils sont l'un et l'autre sur le pied d'égalité, et même que s'il existe une légère différence, elle est en faveur des ancres françaises ; ces dernières ont même une supériorité incontestable au point de vue du fini et de l'exécution du travail.

84. Des câbles en chaînes. Les câbles dont on faisait anciennement usage étaient des cordages en chanvre de forte dimension ; mais, malgré tous les soins apportés à leur fabrication, les câbles de cette espèce sont affectés de nombreux défauts inhérents à leur nature : ainsi, après avoir été exposés à l'humidité, ils sont sujets à être attaqués de la pourriture, qui, bien que peu sensible à l'extérieur, altère profondément leur résistance et peut occasionner leur rupture sous des efforts minimes ; en outre, lorsque les câbles sont soumis au frottement de quelque corps dur, tels que l'ancre elle-même, des rochers ou des coraux du fond de la mer, les murs d'un quai, etc., les fils de la surface se déchirent peu à peu, et au bout d'un certain temps ils peuvent être entamés d'une manière très-sensible ; enfin les câbles sont volumineux, et occupent dans la cale des espaces considérables, dans lesquels, à cause de leur roideur, on a les plus grandes peines à les arrimer. A côté de ces inconvénients, très-graves sans doute, on doit cependant citer un avantage précieux dont jouissent les câbles en chanvre : cet avantage consiste dans la petitesse de leur pesanteur spécifique, qui est à peu près la même que celle de l'eau de mer, en sorte, qu'une fois submergés, ils flottent entre deux eaux, indifférents à l'action de la pesanteur. Il en résulte que l'on peut élonger un câble de la plus grande dimension en le filant à la mer, tandis qu'une embarcation transporte facilement son extrémité au point convenable pour mouiller, soit une ancre d'affourche, soit une ancre de veille, soit encore une ancre de touée : toutes manœuvres d'une importance capitale pour le salut du navire.

Depuis longtemps on s'est efforcé de substituer des chaînes en fer aux câbles en chanvre : c'est en Angleterre que l'on a obtenu les premiers résultats décisifs par l'adoption de maillons ovales, séparés en deux parties distinctes par une entretoise ou étai en fonte interposé d'une branche à l'autre dans la direction du petit axe (*fig.* 69, A). Cet étai contribue peu à la résistance de la chaîne, et son principal effet est d'empêcher les maillons de s'embrouiller, de se rassembler en paquets, ou, suivant l'expression consacrée, de former des *coques*.

Les chaînes à étai n'ont pas tardé à être introduites dans notre marine militaire, et leur fabrication fut confiée aux forges de La Chaussade, qui apportèrent à ce travail une perfection qui a bientôt dépassé celle des modèles anglais. En 1823 l'usage des câbles-chaînes fut rendu réglementaire pour tous les bâtiments de l'État; il se répandit ensuite rapidement dans la marine marchande, où il est actuellement tout à fait général.

Quand on a commencé à employer les câbles en fer, on s'est préoccupé avec raison de leur durée. On sait avec quelle rapidité le fer est oxydé par un séjour prolongé dans l'eau de mer, et il était à craindre que les chaînes n'y fussent promptement détruites; mais l'expérience a bientôt démontré que la détérioration des chaînes était beaucoup moins rapide qu'on ne le craignait, pourvu toutefois qu'elles fussent fabriquées avec des fers de bonne qualité. Les chaînes s'usent néanmoins avec le temps, par l'action combinée de l'oxydation et du frottement des parties en contact, et leur force diminue en conséquence de cette usure; mais en tout cas elles conservent une résistance proportionnelle à leur section réduite, et l'on sait sur quoi l'on peut compter, tandis qu'avec un câble en chanvre, un peu ancien de date, on ne connaissait jamais la résistance dont il était susceptible. La durée des câbles en chaînes peut d'ailleurs être prolongée en ayant soin de les enduire de coltar toutes les fois que l'oxydation s'y manifeste d'une manière sensible.

85. Dimensions réglementaires des différentes parties des chaînes. Les dimensions des maillons, ainsi que de toutes les parties des chaînes, ont été fixées, en 1837, par une décision ministérielle à laquelle on n'a pas cessé de se conformer depuis cette époque. Les chaînes sont exécutées avec du fer au bois d'une qualité supérieure, fabriqué spécialement pour cet usage, et aucune d'elles n'est mise en service avant d'avoir été essayée à la presse hydraulique. Les maillons sont de longueur constante, avec une tolérance de 1/40 en plus ou en moins, mais huit maillons étendus en ligne droite doivent présenter une longueur exactement constante. Pour parer aux circonstances d'appareillages forcés, dans lesquels les câbles en chanvre étaient coupés à coups de haches, les chaînes sont fractionnées par bouts de 30 mètres, réunis par des manilles d'assemblage avec boulon de jonction (*fig.* 69, B); c'est en chassant ce boulon que l'on opère au besoin la section de la chaîne. Pour que le boulon se dégage sans difficulté, il faut qu'il entre librement dans l'ouverture de la manille et il est nécessaire de l'y maintenir en place par une goupille *ef* qui doit, elle aussi, être facile à retirer. Il a fallu plusieurs tâtonnements pour arriver à la disposition la meilleure de cette goupille : une décision récente du 4 avril 1859 a adopté définitivement une goupille conique en acier étamé, maintenue en place par un petit bouchon en plomb matté dans une ouverture tronc conique, pratiquée à la partie supérieure de l'ouverture qu'elle traverse.

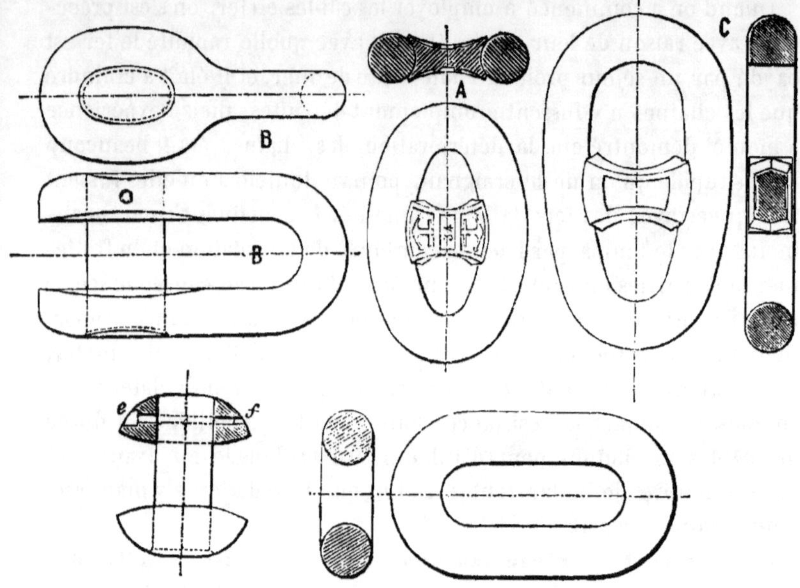

Fig. 69.

Les maillons qui terminent chaque bout de chaîne et qui s'ajustent avec la manille, ont des formes et des dimensions différentes de celles des maillons ordinaires; celui qui reçoit le boulon de jonction est sans étai, quant à l'autre, il en est pourvu (*fig.* 69, C).

Les dimensions de toutes les parties des chaînes sont déterminées en fonction du calibre ou du diamètre du fer; nous nous bornerons à donner ici les dimensions principales que l'on a besoin de connaître pour construire les différents organes employés à la manœuvre des chaînes.

Maillons ordinaires...	Diamètre du fer..................	1,00
	Longueur intérieure du maillon.....	3,85
	Largeur — —	1,75

Manille	Diamètre du fer	1,10
	Longueur intérieure	3,10
	Largeur —	1,25
Boulon de jonction	Grand diamètre	1,83
	Petit diamètre	1,04
Maillon de jonction, sans étai	Diamètre du fer	1 + 6m/m
	Longueur intérieure	5,19
	Largeur —	1,96
Maillon de jonction, avec étai	Diamètre du fer	1 + 4m/m
	Longueur intérieure	4,11
	Largeur —	1,42

Il est utile de connaître le poids et l'encombrement de l'unité de longueur d'une chaîne ; nous l'inscrivons au tableau suivant :

Calibre des chaînes en m/m	54	52	48	46	38	34	32
Poids de 100e mètres	$6^{tx.}$,576	5,863	5,043	4,700	3,187	2,592	2,379
Volume de 100 mètres	2^{m3},500	2,338	2,033	1,888	1,366	1,100	0,960

On calcule encore assez commodément le volume du câble-chaîne, en se servant des coefficients établis par des expériences directes, d'où il résulte que le volume de la soute qui le contient est donné par le produit de son poids P, exprimé en tonneaux, multiplié par 0,43, quand la chaîne est arrimée avec soin et par 0,45 quand elle ne l'est pas.

86. **Rapport entre les calibres des chaînes et la grandeur des bâtiments.** Les calibres des câbles-chaînes assignés aux navires de différentes grandeurs, ont été déterminés primitivement, de manière à présenter la même résistance que les câbles en chanvre qu'ils remplaçaient, en évaluant à 17 kilogrammes par millimètre carré de leur double section la charge que les chaînes peuvent supporter sans danger, et à 1^{k},500 celle qui ne devait pas être dépassée pour les câbles dans un état moyen de conservation. C'est ainsi que l'on est arrivé aux dimensions fixées par le règlement d'armement de 1852, applicable aux bâtiments à voiles : le calibre des chaînes y est sensiblement proportionnel à la surface du maître-couple. Depuis cette époque on a jugé convenable de tenir compte de l'accroissement de longueur que les navires ont généralement reçu, et qui, à maître-couple égal, donne un déplacement plus considérable ; en

conséquence le calibre de la chaîne a dû être proportionné à la masse, au déplacement du navire, plutôt qu'à sa maîtresse section ; c'est dans cet esprit qu'a été rédigé le règlement du 5 mars 1856, qui convient spécialement aux navires à hélice.

En Angleterre le calibre des chaînes est déterminé par la formule suivante :

$$d = 3{,}2 \sqrt[3]{D}$$

dans laquelle d est le diamètre du fer en millimètre, et D le déplacement en mètres cubes. Elle est applicable aux bâtiments de nouveau modèle, et les résultats qu'elle fournit s'accordent sensiblement avec les prescriptions du règlement de 1856.

La longueur des câbles-chaînes était anciennement de 300 mètres; elle a été portée à 360 par une décision récente. Primitivement les câbles des ancres de bossoir étaient seuls en chaînes, et l'on conservait des câbles en chanvre pour ancres de veille; actuellement ces derniers sont également en chaînes, et ce n'est que par exception et pour des campagnes lointaines, que les capitaines de navires réclament quelquefois un câble en chanvre par mesure de précaution, et pour le cas où l'on aurait besoin de faire une grande touée.

87. Installation des écubiers. Les écubiers qui livrent passage au câble sont percés dans la batterie basse de tous les bâtiments de haut bord, et sur les gaillards des bâtiments sans batterie couverte; ils sont au nombre de quatre, deux de chaque bord. Les deux écubiers les plus rapprochés du plan diamétral servent pour les ancres de bossoir, et les plus éloignés servent pour les ancres de veille; leur hauteur est fixée par la position de leur centre, qui correspond à celle des seuillets des sabords voisins. Pour faciliter le passage du câble, soit à sa sortie, soit à sa rentrée, on donne aux écubiers une pente qui varie de 1/10 à 1/15. Lorsqu'il fait mauvais temps les écubiers sont fermés aussi exactement que possible à l'aide de tampons en bois échancrés au passage de la chaîne, mais ces tampons ne donnent qu'une fermeture imparfaite et laissent pénétrer, en quantité plus ou moins abondante, l'eau qui brise sur les flancs du navire; pour empêcher cette eau de se répandre sur le pont, on établit à l'avant un retranchement, nommé la *gatte*, formé par une cloison transversale, calfaté à plat sur le pont, et s'élevant à peu près à la hauteur des écubiers; les eaux qui pénètrent dans le navire y sont réunies et s'écoulent ensuite à l'extérieur par des conduits spéciaux percés à travers la muraille. Ces conduits sont garnis à leur orifice extérieur de clapets ouvrant du dedans en dehors, de telle sorte qu'ils laissent issue à l'eau sans permettre son introduction.

Les écubiers sont toujours percés en plein bois; on les calfate avec soin, et on les garnit intérieurement de manchons en fonte propres à résister au frottement de la chaîne. Ces manchons (*fig.* 70)

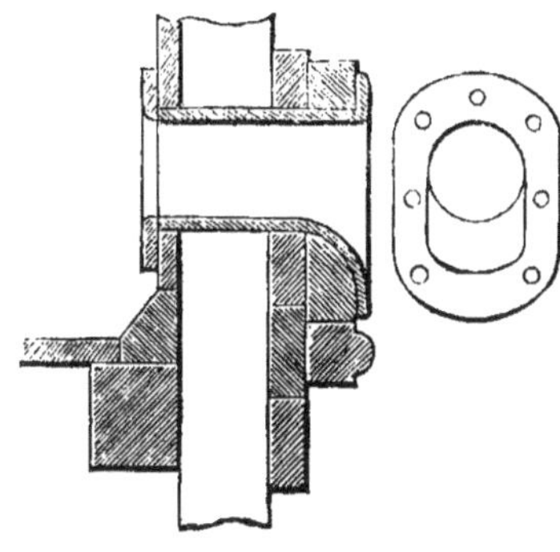

Fig. 70.

sont en deux pièces, et fixés à la muraille par leurs collerettes chevillées l'une par l'autre. Leur diamètre, les épaisseurs de matières, etc., sont déterminés en fonction du calibre de la chaîne de la manière suivante :

Diamètre du manchon.	7,50
Épaisseur de matière à l'intérieur.	1,00
— — à l'extérieur.	0,80
Le rayon de l'évasement inférieur est égal à celui du manchon.	
Diamètre du manchon pour ancres de veille.	8,50

Dans les navires à voiles, et en général dans les navires d'une finesse modérée, les écubiers percés parallèlement à l'axe, rencontrent la muraille sous des obliquités qui ne présentent rien d'exagéré, et il n'en résulte aucun inconvénient; mais pour les bâtiments très-fins il n'en est plus de même, les écubiers rencontrent la muraille sous des angles très-aigus, et lorsque la chaîne vient s'engager sur leur arête vive, elle oppose une résistance telle que l'on a les plus grandes difficultés à la vaincre. Les moyens d'éviter cet embarras sont, ou d'évaser très-fortement l'écubier, ou de le prolonger extérieurement jusqu'à un plan perpendiculaire, ou peu incliné par rapport à l'axe; dans ce cas le prolongement de l'écubier est consolidé par un fort bourrelet qui repose sur la muraille. En général on parvient ainsi à assurer le service du premier écubier, mais l'établissement du deuxième est beaucoup plus difficile, et pour les avisos très-fins on prend souvent le parti de le supprimer.

88. Des bittes. Les bittes supportent tout l'effort du câble; elles sont placées un peu sur l'arrière du mât de misaine : dans cette position, quoique à proximité des écubiers, elles ne chargent pas outre mesure la charpente de l'avant. Les bittes se composent de trois parties : les *montants*, les *taquets* et le *traversin*. Les montants de bitte sont appuyés par leur face avant, contre un barrot de la batterie, et à l'extrémité inférieure, par leur face arrière, contre un barrot du faux-pont placé à cet effet; ils sont prolongés au-dessus du bordé de la batterie jusqu'à environ 50 centimètres de la face inférieure des baux du pont supérieur. Les taquets viennent butter sur la partie saillante des montants de bitte, qu'ils arcboutent sur les deux tiers de leur hauteur, ils sont prolongés vers l'avant de manière à embrasser le plus grand nombre possible de barrots, leur hauteur diminue rapidement et se trouve réduite à l'avant, à l'épaisseur du bordé du pont. Le traversin croise les montants de bitte et les dépasse de chaque côté d'une certaine quantité. Les câbles en chanvre, étaient fixés aux bittes par les circonvolutions qu'on leur faisait décrire autour des montants et du traversin; ils étaient en outre assujettis à l'aide de plusieurs *bosses* fixées à de fortes boucles chevillées sur les taquets eux-mêmes, ou sur les baux du pont, et réparties à distances égales jusqu'à l'écubier (*fig*. 71, A).

Depuis l'introduction des câbles en chaînes, les bittes ont été légèrement modifiées par la suppression du traversin et par l'addition de manchons cylindriques en fonte, placés sur les montants dans le but de les préserver des frottements auxquels ils sont exposés (*fig*. 71, B); les chaînes sont retenues sur les manchons par un tour simple, et sont en outre bossées comme à l'ordinaire sur les boucles des taquets, et enfin elles sont pourvues d'arrêts spéciaux que nous décrirons plus loin. Pour mouiller, on peut défaire le tour de bitte et laisser la chaîne courir librement; cependant on juge souvent convenable de le conserver afin de modérer la vitesse de la chaîne; dans ce cas il est important que ses deux brins ne portent pas l'un sur l'autre, et c'est pour obtenir ce résultat que l'on réserve sur le manchon un tour d'hélice saillante qui les soutient et les dirige dans leur mouvement.

L'écartement des bittes est réglé d'après celui des écubiers, de ma-

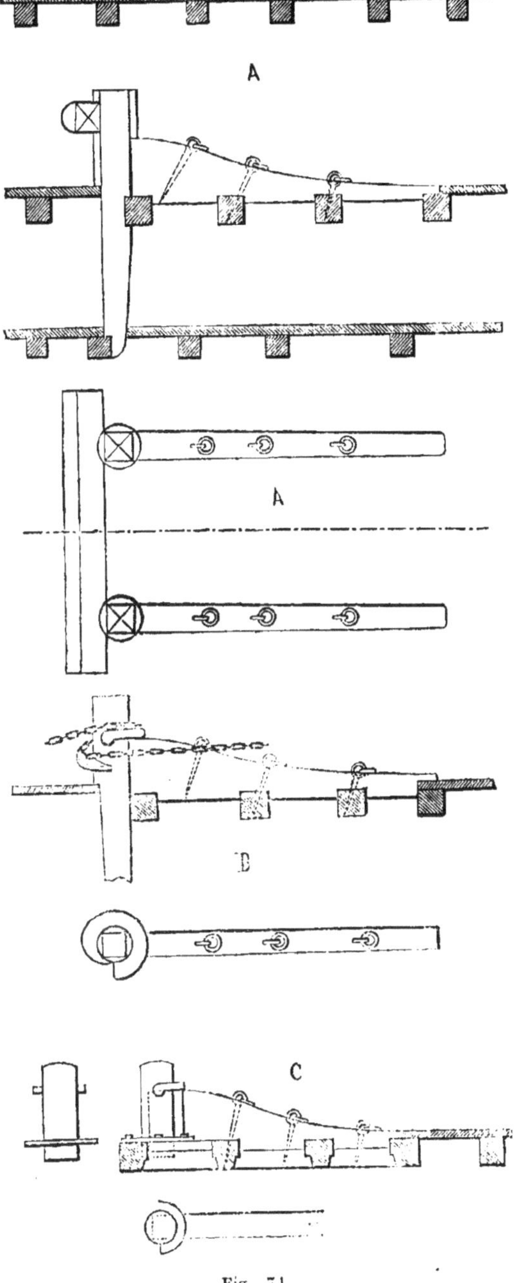

Fig. 71.

nière que la chaîne tangente à la face latérale du manchon cylindrique, et passant par l'écubier, soit parallèle au plan diamétral; néanmoins cette règle n'a rien de bien absolu, et l'on doit surtout s'attacher à ce que la chaîne ne vienne brider contre aucun obstacle, en se rendant soit à l'écubier, soit au cabestan.

Depuis quelque temps on a apporté une modification importante à l'installation des bittes, par la suppression complète des montants; on ne conserve que le taquet et le manchon en fonte; ce dernier est ajusté sur le bout du taquet et fixé en outre sur le pont par une bride solidement vissée (*fig.* 71, C). Ce système présente l'avantage de débarrasser le faux-pont des montants qui gênent les dispositions des emménagements; il est pratiqué sur plusieurs vaisseaux à hélice, où il réussit parfaitement.

Les dimensions principales des manchons de bitte sont fixées en fonction du calibre de la chaîne de la manière suivante :

Diamètre intérieur du manchon.	11,00
Épaisseur de matière.	1,00
Largeur de la collerette.	4,80

Dans les manchons nouveau modèle, l'hélice saillante est remplacée par une collerette plane régnant sur une demi-circonférence; elle est plus simple d'exécution, et suffit pour diriger la chaîne.

89. Cabestans pour câbles en chanvre. Pour lever l'ancre, on agit sur le câble au moyen d'un treuil à axe vertical nommé cabestan. L'axe en fer du cabestan (*a b*, *fig.* 72), nommé *la mèche*, traverse le pont de la deuxième batterie dans un massif *ou étambrai* disposé à cet effet, et repose par son extrémité inférieure sur une *crapaudine*, ajustée dans une carlingue supportée par les baux de la batterie basse. Dans chaque batterie, la mèche en fer reçoit une *mèche en bois c*, renforcée par des taquets et entremises *d*, *d'*, qui constituent par leur ensemble *la cloche* du cabestan; enfin le cabestan lui-même est complété par le *chapeau g*, consistant en un disque en bois, ajusté à tenon sur la mèche et ses taquets et solidement chevillé avec ces différentes pièces; il est percé, à son pourtour, d'ouvertures rectangulaires dans lesquelles on introduit les leviers horizontaux aux *barres* qui reçoivent l'effort des hommes.

La mèche en fer, disposée comme nous venons de l'indiquer, porte donc deux cabestans, situés dans deux batteries différentes; la cloche inférieure est clavetée à demeure, mais la cloche supérieure est *folle*, et n'est que suspendue sur la mèche par une crapaudine fixée au

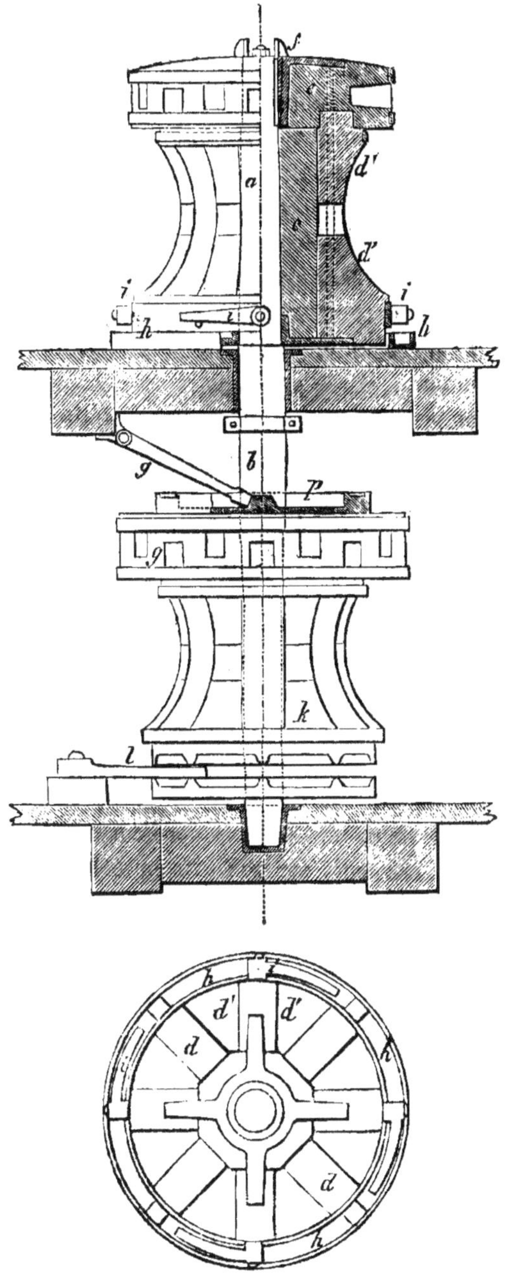

Fig. 72.

chapeau; des clavettes longitudinales *f*, ajustées dans des mortaises pratiquées moitié par moitié dans la mèche et dans la crapaudine, permettent à volonté de fixer la cloche à cette mèche, ou de l'en rendre indépendante, suivant qu'on les met en place ou qu'on les retire. Dans le premier cas on peut réunir sur un seul des cabestans, sur celui de la batterie basse, par exemple, l'effort des hommes agissant à la fois sur les deux cloches; dans le second cas, au contraire, les deux cabestans sont indépendants et peuvent être employés simultanément à des manœuvres différentes.

Les cloches reçoivent une forme évasée vers le haut et vers le bas, dans le but de faciliter l'opération qui consiste à ramener vers la partie centrale les tours de cordages garnis au cabestan, lorsqu'ils sont arrivés aux extrémités de la cloche, ou, suivant l'expression consacrée, lorsqu'il y a lieu de *choquer*; quelquefois l'inclinaison des surfaces est assez prononcée pour que cette manœuvre s'opère, d'un mouvement continu, et simplement par les effets combinés de la tension et du frottement que le cordage éprouve sur la cloche; lorsque cette condition est remplie le cabestan est dit à *choc continu*.

Le cabestan de la batterie basse est spécialement affecté à la manœuvre des câbles, mais ceux-ci sont trop gros et trop roides pour pouvoir y être enroulés directement, et l'effort de traction leur est transmis par l'intermédiaire d'un cordage de moyenne grosseur nommé *la Tournevire*. La tournevire est garnie au cabestan et amarrée sur le câble, à l'aide de garcettes, tout le long de la portion qui s'étend depuis l'écubier jusqu'au grand panneau, par lequel il pénètre dans la cale; la liaison du câble et de la tournevire étant ainsi établie, on vire au cabestan, et à mesure que le câble est entraîné, des hommes détachent les garcettes qui se présentent au panneau, tandis que d'autres en attachent de nouvelles, sur le brin libre de la tournevire, que l'on ramène constamment à l'écubier. La tournevire est confectionnée en chanvre de premier choix, en sorte qu'à section égale elle présenterait une résistance supérieure à celle d'un câble ordinaire; en outre, n'étant jamais mouillée, elle n'est pas exposée aux causes d'altération que subit le câble; c'est pourquoi malgré son diamètre réduit, elle peut suffire à rentrer celui-ci, alors même qu'il est quelquefois chargé à la limite de ce qu'il peut supporter.

Pour soulager les hommes qui virent au cabestan, et leur permettre de se reposer sans attendre que l'on ait bossé les câbles, les cabestans sont munis *de linguets* qui les empêchent de dévirer; ceux du cabestan supérieur sont fixés à la base de la cloche (*fig*. 72 *i*) et tombent par leur propre poids dans une couronne creuse *h*, ou *saucier*, fixée sur le pont, et présentant de distance en distance des arrêts saillants qui n'opposent aucun obstacle lorsque l'on tourne dans une certaine direction, mais qui, dans la direction contraire, arc-boutent les linguets et rendent tout mouvement impossible; les linguets du cabestan de la batterie basse *q* sont articulés sur les baux du pont supérieur, et agissent sur un saucier *p*, boulonné sur le chapeau.

90. Cabestans à couronne, pour câbles-chaînes. Primitivement les câbles en chaînes ont été manœuvrés comme les câbles en chanvre, à l'aide de la tournevire; mais on n'a pas tardé à se dispenser de cet intermédiaire en adoptant les *couronnes à empreintes*, imaginées par M. Barbotin, officier de vaisseau; cet appareil consiste, ainsi que l'indique son nom, en une couronne en fonte *k* (*fig*. 72 et 73) adaptée

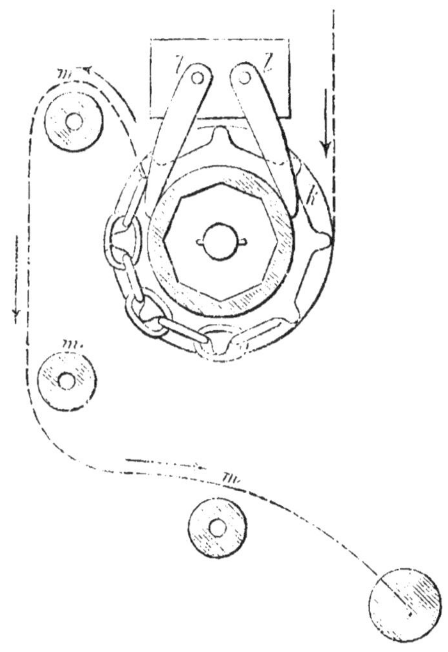

Fig. 73.

à la partie inférieure de la cloche du cabestan, et dont le pourtour présente l'empreinte d'un nombre exact de maillons, ordinairement 8;

la chaîne convenablement dirigée s'emboîte et engrène avec cette couronne, et se trouve entraînée avec elle dans son mouvement de rotation. Lorsque l'on vire au cabestan, les maillons engagés dans les empreintes viendraient bientôt rencontrer ceux qui s'enroulent, et le fonctionnement du cabestan se trouverait entravé ; pour éviter cet embarras, on engage dans la cannelure horizontale de la couronne deux espèces de couteaux *l. l.* (*fig.* 73 et 72), nommés les *désengreneurs*, qui repoussent les maillons engagés, après une demi-révolution à peu près et les font retomber sur le pont. Après avoir quitté la couronne, les chaînes doivent redescendre dans la cale par une ouverture percée dans le pont, du même bord que leur écubier, et par conséquent du même bord que le brin qui s'enroule au cabestan ; mais le brin qui se déroule se trouve naturellement reporté du bord opposé, et pour le ramèner à la position voulue on se sert de rouleaux en fonte *m, m, m* (*fig.* 72), dont les axes verticaux sont fixés sur le pont, et qui lui font décrire le circuit nécessaire pour revenir au manchon de descente.

Le système des cabestans avec couronne à empreinte est exclusivement employé dans notre marine militaire; on le considère, en général, comme très-satisfaisant, mais il exige que les chaînes soient *régulières;* cette condition est remplie depuis longtemps pour celles fabriquées à la Chaussade, et en outre les maillons extrêmes et les manilles de jonction sont combinés de manière à s'accorder avec les empreintes; cependant cette concordance n'a lieu que si le maillon de jonction sans étai se présente horizontalement; lorsque l'on placera la chaîne sur la couronne, on devra donc veiller à lui donner cette direction, mais pour obtenir ce résultat on n'aura pas besoin d'aller chercher un maillon de jonction, ce qui pourrait quelquefois être assez difficile, et il suffira de placer verticalement sur la couronne un maillon marqué sur l'étai d'un *repère pyramidal;* des repères semblables sont placés sur les maillons de 8 en 8, en sorte que l'on n'a jamais de peine à en trouver un et à le présenter convenablement sur la couronne. Faute de cette précaution, la chaîne serait exposée à décapeler, et il pourrait en résulter de sérieux accidents.

91. Cabestans à gorge pour chaînes irrégulières. En Angleterre on ne fait pas usage de la couronne Barbotin, les chaînes ne sont pas *régulières* et ne sauraient fonctionner avec cet appareil; on manœuvre les câbles avec la tournevire, ou l'on emploie des cabestans, munis à la partie inférieure d'une sorte de poulie à gorge très-creuse (*fig.* 74), présentant de distance en distance quelques cannelures saillantes; les chaînes qui s'y engagent sont coincées entre ses faces obliques, et le frottement, ainsi que la résistance des arrêts saillants suffisent pour les entraîner.

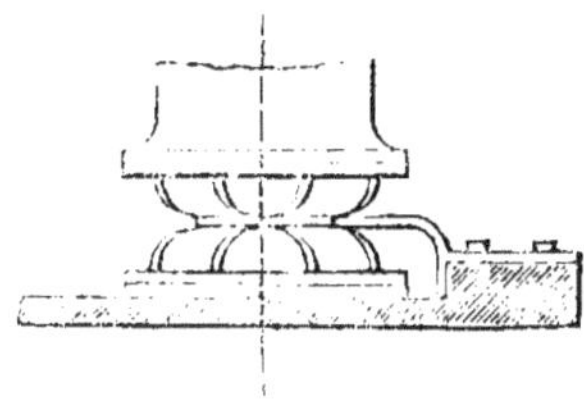

Fig. 74.

Ce système convient à des chaînes irrégulières, et peut même fonctionner avec des calibres très-différents; cependant il ne présente pas autant de sécurité que la couronne Barbotin, qui commence d'ailleurs à être employée également en Angleterre.

92. Cabestans multiples. Pour les bâtiments de fort tonnage, armés commercialement, comme les paquebots ou les grands transports à hélice de la marine militaire, l'équipage ne serait pas assez nombreux pour le service des deux cloches d'un cabestan ordinaire, quoique leurs ancres soient de la plus forte dimension, et que leur manœuvre exige un développement de force considérable. Dans ce cas, on emploie des cabestans à une seule cloche en y adaptant des mécanismes à engrenage propres à multiplier l'effort produit par les hommes; il a été imaginé un grand nombre de ces mécanismes, le plus simple, quoique déjà assez ancien, est celui du capitaine Philipps, de la marine anglaise, il a été appliqué en France sur les paquebots transatlantiques construits en 1840, et, plus récemment, à quelques variantes près, sur les transports à hélices; nous le représentons dans la figure ci-jointe (*fig.* 75). La couronne à empreinte est fixée à la cloche, qui est *folle* sur la mèche, celle-ci est à long pivot, et maintenue en direction par son passage dans l'étambrai *a*, et par son ajustement avec une crapaudine *b*, encastrée dans le pont inférieur; le chapeau est fixé à la mèche au moyen de clavettes mobiles *f f*; la mèche porte un pignon *c* de rayon *r*, engrenant avec trois roues *d*, *d*, *d*, du même rayon *r*, dont les axes sont fixés sur le pont, et qui engrènent elles-mêmes avec une roue dentée intérieurement *e*, de rayon *R*, formée par un rebord de la couronne à empreinte, qui recouvre et renferme tout ce mécanisme.

Pour un tour complet de la mèche, l'angle décrit par la cloche est égal à la circonférence entière divisée par le rapport $\frac{R}{r}$, et l'effort des hommes est multiplié par le même rapport.

Lorsque l'on n'a pas besoin de développer une grande puissance, on réunit le chapeau à la cloche à l'aide de boulons de jonction *gg*: on

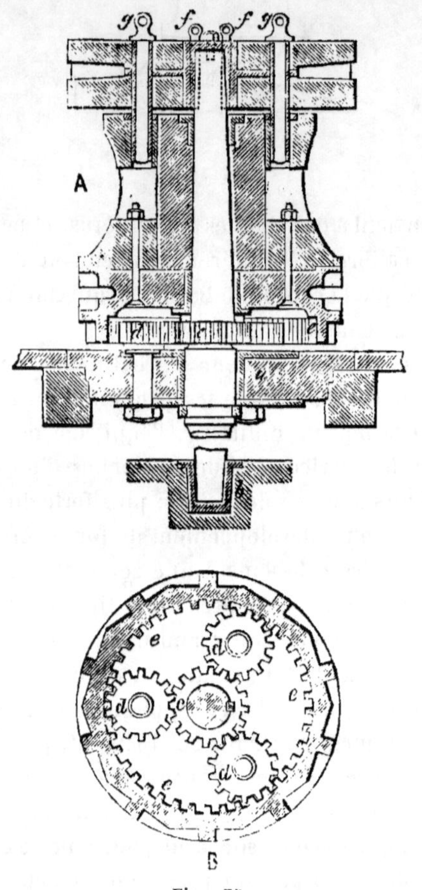

Fig. 75.

enlève les clavettes *ff*, et le cabestan agit à la manière ordinaire, en tournant autour de la mèche, avec cette différence cependant que celle-ci reçoit un mouvement de rotation spécial qui lui est transmis par les engrenages.

Dans les cabestans multiples construits en dernier lieu pour les transports à hélices, on s'est réservé le moyen de désengrener les roues intermédiaires *d d* ; dès lors les clavettes *f f* sont fixes, et lorsque l'on fonctionne sans engrenage, la mèche tourne simplement avec la cloche, sans avoir un mouvement accéléré comme dans le cas précédent. Tous ces systèmes mécaniques présentent d'ailleurs le défaut général d'une certaine complication, et dans bien des cas, pour augmenter le rapport de la puissance à la résistance, on pourrait se contenter de réduire le diamètre de la couronne ; il n'est pas nécessaire, en effet, qu'elle présente le développement de huit maillons, et pourvu qu'il y ait un nombre exact d'empreintes, fût-il réduit à trois, l'appareil pourrait fonctionner ; dans la pratique on n'en arrivera pas à cette limite, qui présenterait d'ailleurs quelques inconvénients, mais on sera maître de réduire notablement le diamètre de la couronne et d'augmenter ainsi la puissance du cabestan.

93. Des guindeaux. Dans les bâtiments de commerce de 3 à 600 tonneaux, on préfère les *guindeaux* aux cabestans. Les guindeaux sont des treuils sous leur forme primitive, disposés horizontalement à l'avant du navire ; les câbles ou les chaînes y sont enroulés à plusieurs reprises, et les hommes les manœuvrent au moyen de barres implantées perpendiculairement à leur axe. Leur encombrement est peu considérable ; ils laissent le pont entièrement dégagé, et les hommes y développent beaucoup plus de travail que sur le cabestan. Les guindeaux, dans leur première simplicité, ne sont d'ailleurs employés que sur les petits navires ; sur les grands bâtiments, on fait beaucoup usage de *guindeaux-pompes*, dans lesquels la transmission de mouvement a été perfectionnée avec un soin tout particulier ; les barres ordinaires sont remplacées par une brimballe, articulée au sommet du bitton qui forme le point d'appui des linguets : cette brimballe agit, par l'intermédiaire de deux bielles, sur des encliquetages à rochets, qui communiquent finalement au guindeau le mouvement de rotation : dans ce système les leviers s'équilibrent, et les hommes n'ont à dépenser aucun travail pour les ramener à leur position initiale.

Sur les bâtiments à vapeur, on commence à faire usage de guindeaux mécaniques, ou plutôt de treuils à engrenages, mis en mouvement par deux petites machines à vapeur spéciales, conjuguées sur des manivelles à angle droit, et alimentées par les chaudières du moteur principal ; ces appareils sont d'un grand soulagement pour l'équipage toutes les fois que les feux sont allumés ; mais ils ne dispensent pas de l'établissement des cabestans ou des guindeaux ordinaires, qui doivent servir lorsque l'appareil moteur n'est pas sous vapeur, ou encore dans les cas d'avarie ou de naufrage, alors que les machines sont hors de service. On emploie également avec succès de petits guindeaux à engrenages manœuvrés simplement à bras; on les place au pied des mâts, et ils sont d'un grand secours pour la manœuvre des voiles.

94. Stoppeurs. — Linguets. — Étalingures. Pour mouiller avec les câbles en chaînes, on se dispense de prendre une bitture sur le pont, comme on le faisait avec les câbles en chanvre; on les laisse filer à l'extérieur sous l'action de leur poids, en les arrêtant lorsque l'on juge qu'il s'en est écoulé une longueur suffisante; on mesure facilement cette longueur en comptant le nombre des maillons de jonction qui ont passé devant un point fixe. Pour stopper, on fait subir à la chaîne un frottement très-énergique sur les parois du manchon en fonte placé à son passage à travers le pont; on se sert à cet effet d'un appareil spécial, nommé l'*étrangloir à lunette*, composé d'un verrou en fer forgé *a b* (*fig.* 76) appliqué contre la face inférieure du massif du manchon et percé d'une ouverture circulaire; un levier *c d* permet à volonté de faire coïncider les ouvertures du verrou et du manchon, ou de réduire de plus en plus le passage de la chaîne; le levier étant manœuvré dans le faux-pont par un petit palan, la lunette

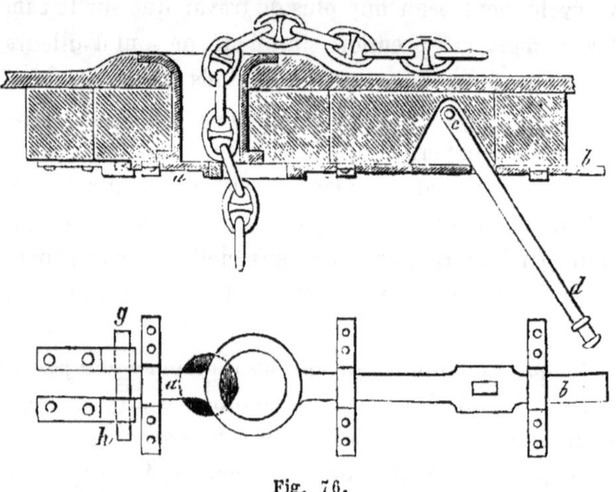

Fig. 76.

exerce une pression assez considérable sur la chaîne, et les frottements qui en résultent absorbent peu à peu les forces vives qui l'animent, jusqu'à ce que s'engageant définitivement entre deux maillons consécutifs, elle la rende tout à fait immobile, sans qu'il en résulte de secousse violente, comme il s'en produirait si la chaîne était arrêtée brusquement lorsqu'elle est animée de toute sa vitesse.

Au mouillage, l'effort des chaînes s'exerce principalement sur les bittes et sur les bosses du pont; cependant, lorsque le navire fatigue beaucoup, cet effort peut se faire sentir sur les stoppeurs, que l'on doit compter au nombre des points d'attache de la chaîne; on aura donc toujours soin de tenir l'étrangloir à lunette fermé, lorsque l'on sera au mouillage, et pour qu'il ne soit pas déplacé accidentellement, on le maintiendra en position à l'aide d'une clavette *g h*. Pour mouiller, on retire la clavette, on ouvre l'étrangloir en agissant sur le levier *c d*, et on laisse filer la chaîne. On a essayé à différentes reprises soit antérieurement, soit ultérieurement à l'invention de l'étrangloir à lunette, de combiner des appareils plus énergiques, et susceptibles d'arrêter la chaîne dans un temps très-court; mais loin d'en obtenir quelques avantages, il en est toujours résulté des inconvénients, se traduisant soit par la rupture de l'appareil lui-même, soit par des déliaisons fâcheuses dans la charpente du navire. L'étrangloir à lunette est donc le seul employé dans la marine militaire; toutes ses dimensions sont déterminées en fonction du calibre de la chaîne de la manière suivante :

Manchon.

Diamètre extérieur	7,50
Épaisseur de matière	1,00
Diamètre de la collerette	13,00
Rayon de l'évasement	3,75

Étrangloir à lunette.

Largeur de la lunette	2,00
Épaisseur de la lunette	1,60
Largeur de la tige	2,70
Épaisseur de la tige	1,00
Longueur du levier	34,00
Épaisseur sur le droit ou diamètre	1,40

Lorsque l'on vire au cabestan, nous avons déjà fait observer que si les chaînes ne sont pas convenablement présentées sur la couronne, elles sont exposées à désengrener au passage des manilles de jonction; cet effet peut encore se produire si la chaîne n'est pas parfaitement régulière, ou si, l'ayant été primitivement, ses dimensions se trouvent altérées par l'usure provenant d'un long service; si la chaîne désengrenait par l'une ou l'autre de ces causes, elle filerait à l'extérieur, puisque lorsque l'on vire au cabestan l'étrangloir est nécessairement ouvert pour la laisser redescendre dans la cale, et l'ancre retomberait à la mer, ce qui pourrait occasionner de graves embarras; pour obvier à ce danger, on a jugé convenable de placer, entre le cabestan et l'écubier, un *linguet* agissant directement sur la chaîne, et propre à la retenir dans le cas où elle échapperait de la couronne. De même que pour tous les organes qui se rattachent à la manœuvre des ancres, il a été imaginé un grand nombre de ces linguets, parmi lesquels nous nous bornerons à décrire le linguet à *pied de biche* ou linguet Legoff, que la marine militaire a définitivement adopté. Il consiste en un chemin de fer en fonte, avec cannelure centrale et rebords latéraux (*fig.* 77) destinés à maintenir les directions des maillons honrizontaux et verticaux; il est placé sur le trajet de la chaîne et ajusté sur un massif en bois qui l'élève à la hauteur convenable pour qu'elle y bride en appuyant d'une manière sensible; dans le sens de la longueur, ce chemin de fer est divisé en deux parties distinctes *a b*, *c d*, présentant en ressaut *b c*, dont la hauteur est égale au moins, à l'épaisseur d'un maillon horizontal; une pièce mobile *e*, dont la surface supérieure est taillée en plan incliné *m n*.

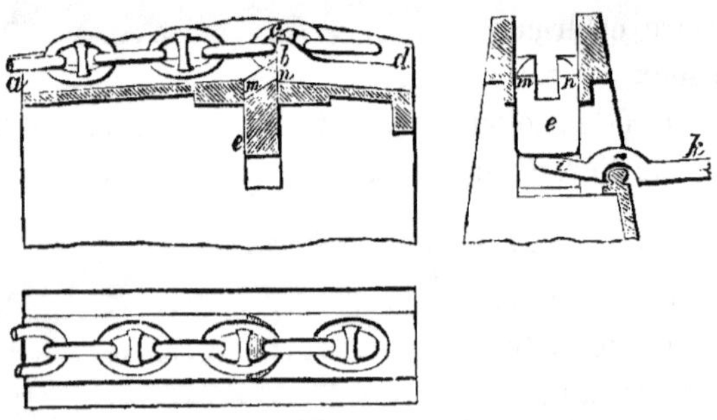

Fig. 77.

permet de raccorder à volonté ces deux parties du chemin de fer, de manière que sa surface, bien qu'irrégulière, devienne continue et n'oppose plus aucun obstacle au passage de la chaîne; la pièce mobile *e* présente d'ailleurs le prolongement de la cannelure verticale, et sa forme générale rappelle celle d'un pied de biche; c'est cette circonstance qui a motivé le nom donné à l'appareil. Un levier *i k*, placé sur le côté, sert à manœuvrer le pied de biche : lorsqu'il est soulevé, la chaîne glisse sur le chemin de fer en suivant ses sinuosités ; lorsqu'il est abaissé, chaque maillon horizontal vient tomber au ressaut du chemin de fer, et buttant à sa partie avant contre la saillie *b c*, s'oppose à tout mouvement rétrograde de la chaîne. Toutes les fois que l'on vire au cabestan, le pied de biche doit être abaissé; lorsque l'on file de la chaîne, il est soulevé, et il convient de le maintenir dans cette position tant que l'étrangloir à lunette est ouvert; une fois la chaîne définitivement stoppée, on peut abaisser le pied de biche, qui constitue alors un arrêt supplémentaire agissant à la manière des bosses. Quelquefois on s'est servi du linguet comme de stoppeur; en l'abaissant lorsque la chaîne file, elle se trouve en effet arrêtée instantanément, même lorsqu'elle est animée des plus grandes vitesses; mais il en résulte alors tous les inconvénients que nous avons signalés à propos des stoppeurs agissant trop brusquement, et le linguet ne doit pas être employé à cet usage auquel il n'est pas destiné.

L'extrémité du câble est fixée au corps du navire par un amarrage particulier, nommé *étalingure;* cet amarrage contribue quelquefois à la tenue du câble, et dans cette prévision il convient de consolider soigneusement ses points d'attache; mais pour les câbles-chaînes, la condition la plus importante est que l'étalingure puisse être larguée promptement dans les cas d'appareillage forcé, où l'on est obligé de filer son câble par le bout. A cet effet, on emploie un appareil nommé *étalingure mobile*; il est susceptible de différentes formes, nous représentons dans la figure ci-jointe (*fig.* 78) le modèle actuellement en usage dans la marine militaire : l'étaliugure mobile est placée en dehors

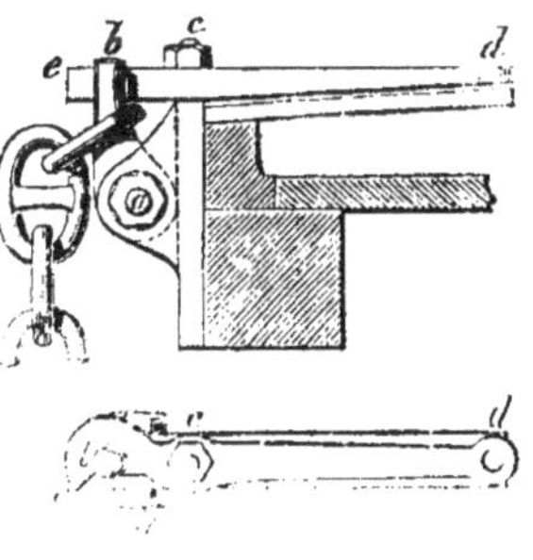

Fig. 78.

des puits aux chaînes dans quelque endroit toujours parfaitement accessible, soit sous un barreau de la première batterie, soit, ainsi que cela se pratique le plus ordinairement, sur les surbaux du grand panneau ; il se compose d'un doigt à charnière *a b*, sur lequel vient s'engager le dernier maillon de la chaîne, et qui est maintenu dans la position verticale par un levier coudé *c d e*, assujetti en *d* par un amarrage. Pour filer la chaîne, il suffit de faire jouer le levier de manière à dégager le doigt *a b*, ce dernier bascule sous l'action de la pesanteur et la chaîne se trouve entièrement libre.

95. Bossoirs et chaînes de mouilleur. Le bossoir est une forte pièce de bois encastrée dans la muraille, et présentant à l'extrémité qui fait saillie à l'extérieur, des rouets qui constituent, avec la *poulie de capon*, l'appareil employé à lever l'ancre ; il est consolidé par une courbe verticale en bois placée par-dessous, et par une courbe horizontale en bois ou en fer, mise par le côté, soit sur l'avant, soit sur l'arrière. Les conditions auxquelles le bossoir doit satisfaire sont les suivantes :

1° Sa longueur, déterminée par la distance horizontale de l'axe des clans à la muraille, doit être assez grande pour que l'ancre étant suspendue à la poulie de capon, elle puisse décrire une révolution complète sans que les pattes ni le jas ne viennent rencontrer le bordé ;

2° La hauteur de l'axe des reas doit être telle, que la poulie de capon étant à bloc, les pattes de l'ancre se trouvent suffisamment élevées hors de l'eau, pour que l'on puisse facilement y crocher la poulie de traversière ;

3° Il convient que le bossoir soit reporté le plus possible vers l'avant pour faciliter la manœuvre de la poulie de traversière, mais il convient en même temps que sa position soit combinée avec celle des sabords de l'avant, de manière qu'aucun d'eux ne soit engagé, par la courbe verticale, ou par l'ancre elle-même lorsqu'elle est à poste de mouillage. Ces deux conditions fixent la position du pied du bossoir ainsi que celle de sa tête, en observant en outre que lorsque l'ancre est traversée, l'extrémité du jas doit venir butter sur la herpe ;

4° Le pied du bossoir est inséré dans la muraille à la hauteur de la vaigre bretonne ; dans cette position son encastrement peut être établi avec la solidité suffisante ; la hauteur de sa tête étant fixée par les considérations précédentes, il en résulte pour le bossoir lui-même une inclinaison assez prononcée ; cette inclinaison n'entraîne d'ailleurs aucun inconvénient, et facilite même l'établissement de la courbe principale.

Les dispositions du bossoir résultant de ces conditions générales sont indiquées dans la *fig.* 79 ci-jointe.

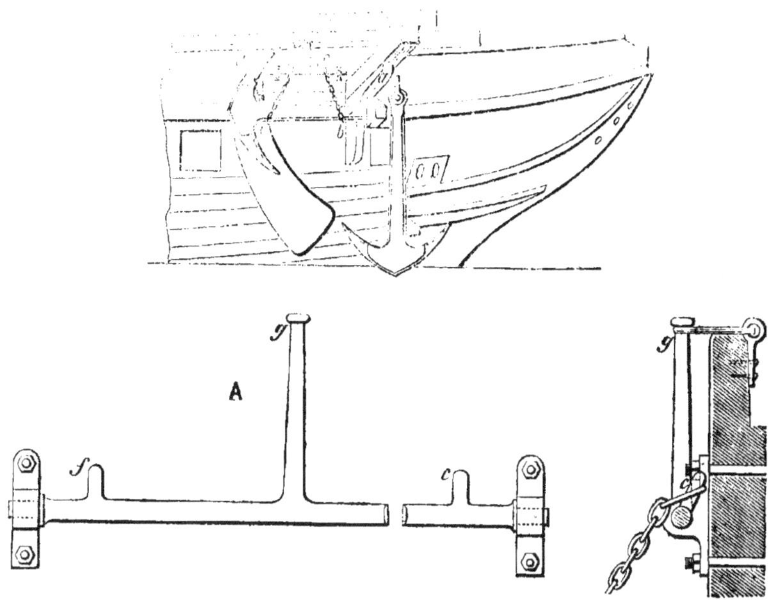

Fig. 79.

Lorsque l'ancre est traversée, sa patte est soutenue par un plan incliné rapporté en saillie sur la muraille; mais ce sont principalement les *bosses* qui la maintiennent dans cette position. Les bosses sont au nombre de deux : la *bosse de bout*, qui passe dans l'organeau et fait retour sur l'extrémité du bossoir pour venir s'amarrer à l'intérieur de la muraille, et la *serre-bosse*, qui décrit plusieurs révolutions autour de la verge de l'ancre et l'amarre solidement à quelque point fixe disposé à cet effet, soit à l'extérieur soit à l'intérieur. Pour mouiller on commence par filer la serre-bosse, l'ancre reste suspendue sur la bosse de bout, et c'est au moment où cette dernière est larguée que l'ancre tombe à la mer.

Depuis l'introduction des câbles-chaînes, les bosses en filin ont été remplacées par des chaînes en fer, et ont en même temps reçu une disposition nouvelle : la bosse de bout fait dormant sous le bossoir en *a*, mais au lieu de la faire passer dans l'organeau, on se contente de lui faire contourner la verge suivant *a b f*, pour venir se fixer à la muraille en *f*; la serre-bosse est fixée à la muraille en *d*, suit le contour *d e c*, et vient de nouveau se fixer à la muraille par l'extrémité opposée *c*. Ces bosses reçoivent les longueurs convenables pour maintenir solidement l'ancre à son poste lorsqu'elle est traversée. Pour mouiller, on largue les deux bosses à la fois, en faisant fonctionner des échappements analogues aux étalingures mobiles et placés aux extrémités *c* et *f*. Pour que les chaînes des mouilleurs fonctionnent bien, il est nécessaire qu'elles échappent simultanément; pour arriver à ce résultat, on a définitivement remplacé les échappements indépendants, par la barre de mouillage représentée *fig.* 79, A. Ainsi que son nom l'indique, cet appareil se compose d'une barre en fer rond, supportée par deux pitons chevillés à la muraille; sur cette barre sont soudés deux ergots *c*, *f*, sur lesquels on engage les derniers maillons de chaque chaîne de mouilleur; un levier *g* est amarré contre la muraille et maintient les maillons en prise. Pour mouiller, il suffit de couper l'amarrage de ce levier; le poids de l'ancre entraîne la barre, les bosses échappent, et l'ancre tombe à la mer en pagaie.

L'usage des chaînes de mouilleurs ne dispense pas d'ailleurs des bosses ordinaires en filin; la bosse de bout doit toujours être conservée par mesure de précaution lorsque la poulie de capon fonctionne, et la serre-bosse est indispensable pour assujettir l'ancre contre la muraille, et pour prévenir les ballottements continuels que permettent les bosses en chaîne, et qui ne tarderaient pas à entraîner l'usure ou la destruction des parties en contact.

96. Théorie de l'effet du gouvernail. Le gouvernail est un plan de charpente placé à l'arrière du navire et susceptible de tourner autour d'un axe parallèle à l'étambot, et situé dans le plan diamétral. On calcule habituellement l'effet du gouvernail en considérant le bâtiment comme réduit à son plan diamétral, ce qui revient à faire abstraction de l'influence des formes de la carène, ou encore, à supposer cette influence la même pour tous les navires ; on suppose, en outre, que le navire reste immobile, et que l'eau environnante est animée d'une vitesse V égale et contraire à celle que le bâtiment possède en réalité; dans cette hypothèse, i étant l'inclinaison du gouvernail sur le plan diamétral (*fig.* 80), la veine liquide qui vient le frapper produit une pression qui lui est normale et proportionnelle à sa surface S, au carré de la vitesse V, et au carré du sinus de l'angle d'incidence i, en sorte qu'en désignant par K un coefficient constant, son expression sera :

$$K\,S\,V^2 \sin.^2 i.$$

Cette pression normale au gouvernail se décompose en deux forces, l'une parallèle à l'axe du navire, et l'autre perpendiculaire à cet axe, et dont les valeurs sont respectivement :

$$\text{K S V}^2 \sin.^2 i \; ; \text{ et K S V}^2 \sin.^3 i.$$

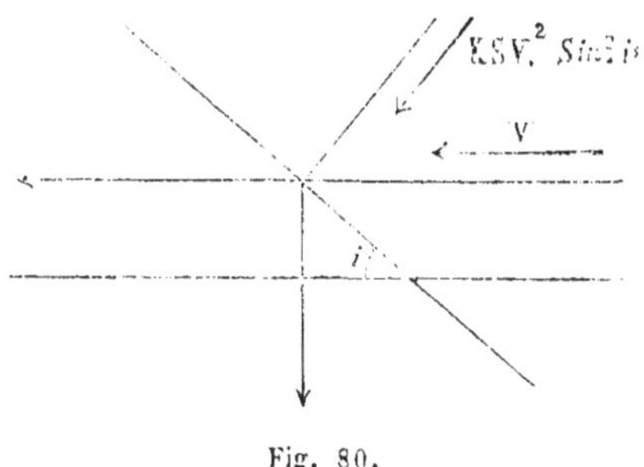

Fig. 80.

La première, perpendiculaire au plan diamétral, produit un couple rotatoire autour d'un axe vertical passant par le centre de gravité du bâtiment, et en supposant approximativement ce point situé au milieu de la longueur totale L, son moment aura pour expression :

$$(1) \qquad \text{K S V}^2 \sin.^2 i \cos. i \times \frac{\text{L}}{2};$$

quant à la composante parallèle à l'axe, elle produit une résistance directe à la marche, et un couple dirigé dans le même sens que le premier, égal à :

$$(2) \qquad \text{K S V}^2 \sin.^4 i \times \frac{l}{2},$$

et appelant l la largeur totale du gouvernail; mais cette valeur est toujours très-petite, et peut être négligée en sorte qu'il ne reste réellement à considérer que le couple rotatoire (1). Son expression est susceptible d'un maximum que l'on peut facilement calculer par les méthodes ordinaires, et qui correspond à tang. $^2 i = 2$, et $i = 54°44'$; mais dans la pratique il est reconnu que le maximum d'effet du gouvernail correspond à des angles beaucoup moins considérables, et l'on ne dépasse jamais 45°; et, dans le plus grand nombre des cas, l'angle d'inclinaison i reste même compris entre 30 et 40°.

La grandeur absolue du couple de rotation dépend de l'étendue donnée à la surface du gouvernail; celle-ci doit être déterminée de la manière la plus avantageuse au double point de vue de la durée d'un virement complet et de l'amplitude du cercle décrit pendant cette évolution, qui doivent, l'une et l'autre, être réduites le plus possible, sans qu'il en résulte cependant une trop grande résistance à la marche; c'est l'expérience qui a fixé les proportions convenables des gouvernails, et il en est résulté que le rapport de leur surface à celle du plan diamétral longitudinal, ou plan de dérive, est une quantité constante. Lorsque l'on cherche à se rendre compte par le calcul, des résultats probables de cette règle, on est conduit à conclure que la durée des virements de bord doit être en raison inverse de la longueur des bâtiments, et que les rayons des cercles décrits seront proportionnels à cette même longueur; ce résultat se trouve d'ailleurs confirmé par l'expérience, et il est reconnu que les grands navires sont beaucoup plus lents à virer et décrivent des cercles beaucoup plus étendus que les petits.

Nous donnons ci-contre un tableau dans lequel sont relatés les surfaces des gouvernails des bâtiments de différents rangs, ainsi que leur rapport au plan diamétral : on reconnaît qu'en écartant quelques anomalies, ce rapport reste compris entre 45 et 50. Bien que notre tableau ne comprenne que des bâtiments à voiles et des bateaux à vapeur à roues, les proportions des gouvernails qui en résultent seront également applicables aux navires à hélice.

DÉSIGNATION.	SURFACE du gouvernail.	SURFACE du plan diamétral.	RAPPORT.
	m^2	m^2	
Vaisseaux de 1er rang	10,65	498,00	46,80
— de 2e rang	10,19	477,50	46,80
— de 3e rang	9,65	447,70	48,40
— de 4e rang	8,95	377,74	42,20
Frégates de 1er rang	7,06	344,89	48,70
— de 2e rang	6,54	331,75	51,00
— de 3e rang	4,82	250,17	51,00
Corvettes de 32 canons	3,80	199,98	52,00
— de 24 —	3,42	168,87	49,00
Bricks de 20 canons	3,03	138,52	45,70
Bateaux à vapeur de 450 chevaux	6,90	356,73	51,61
— de 320 —	5,05	247,94	48,00
— de 220 —	3,63	221,35	60,00
— de 160 —	2,67	166,50	62,00

97. Installations et charpente des gouvernails. La charpente du gouvernail se compose : de *la mèche a b c* (*fig.* 81, A), dirigée parallèlement à l'étambot ; du *safran d d*, qui le limite à l'arrière ; et de remplissages intermédiaires *e e* ; le safran et la mèche sont en chêne, les remplissages sont en sapin. La mèche pénètre à l'intérieur du bâtiment par la *jaumière* ; son extrémité supérieure ou tête reçoit la *barre*, qui sert à lui imprimer le mouvement. Les gonds ou *ferrures* qui fixent le gouvernail à l'étambot sont en bronze ; les ferrures mâles ou *aiguillots m n* sont adaptées au gouvernail, au moyen de deux branches latérales qui contribuent puissamment à sa consolidation ; les ferrures femelles, ou *femelots p q*, sont fixées à l'étambot, et présentent deux branches prolongées sur la carène, de la quantité nécessaire pour assurer leur solidité ; les ferrures sont écartées les unes des autres de 1m,50 à 1m,60 environ, la dernière doit être placée le plus haut possible, c'est-à-dire à la naissance de la jaumière. Il est nécessaire que les aiguillots et femelots soient alignés avec le plus grand soin suivant l'axe de rotation du gouvernail, sans quoi il se produirait des frottements et des résistances qui pourraient déterminer la rupture de quelque aiguillot mal centré, ou qui dans tous les cas ne pourraient manquer d'avoir de mauvais effets ; ces pièces doivent en outre être tournées et alésées ; il convient, en un mot, de ne négliger aucune précaution pour rendre leur fonctionnement doux et régulier, et pour prévenir l'usure des parties en contact.

La barre qui s'ajuste dans la mortaise *r* de la mèche est un levier en bois, auquel on donne le plus de longueur possible ; elle est placée dans la batterie basse des vaisseaux, et dans le faux-pont des frégates ; en tout cas, son excursion s'accomplit immédiatement au-dessous des baux du pont supérieur. En outre de la barre ordinaire, il en est toujours disposé une deuxième, destinée à servir dans le cas d'avarie survenue à la première ; elle s'ajuste dans une mortaise *s*, pratiquée sur le prolongement de la tête du gouvernail, et placée dans la deuxième batterie des vaisseaux et dans la batterie unique des frégates. Cette barre dite de *combat* est en fer, elle est habituellement démontée et n'est mise en place que pendant un combat, ou, comme nous le disions tout à l'heure, dans le cas de quelque avarie survenue à la barre ordinaire.

Les mèches de gouvernail droites, telles que nous venons de les décrire, nécessitent des jaumières très-largement ouvertes (*fig.* 81, B), ce qui conduit à des arrières à voûte saillante d'une construction difficile; on les a remplacées par des mèches dites *dévoyées* (*fig.* 81, C), dont l'axe de figure coïncide avec l'axe de rotation du gouvernail, ce qui permet de réduire la section de la jaumière à un cercle $m\,n\,p$, dont le diamètre est égal à l'épaisseur de la mèche (*fig.* 81, B).

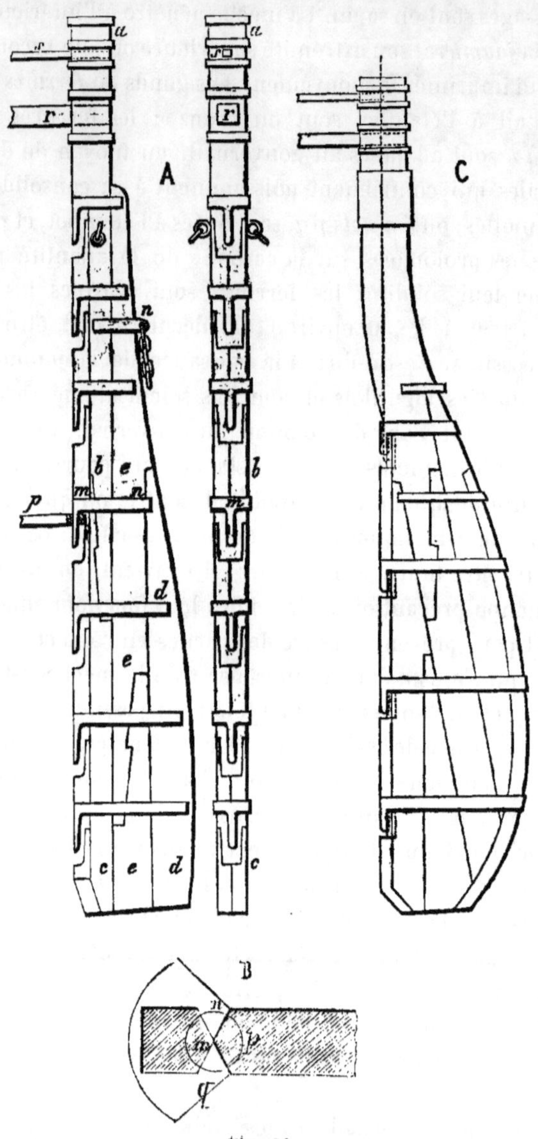

Fig. 81.

Les mèches dévoyées sont d'un très-bon usage, à condition que leur contour soit étudié de façon à éviter les courbures trop prononcées; on arrive à ce résultat, en abandonnant, pour la partie inférieure de la mèche, la direction parallèle à l'étambot, et en l'écarvant avec l'une des pièces de remplissage, ainsi que l'indique la figure. Avec une mèche de cette espèce travaillée avec soin, l'on peut supprimer la *braie*, et la remplacer par un véritable presse-étoupe adapté à son passage à travers la muraille; il convient seulement, dans ce cas, de la recouvrir d'un manchon en bronze dans toute la partie exposée au contact des garnitures, afin que les frottements s'exercent sur des surfaces régulières et polies.

Depuis quelque temps on a pris le parti d'exécuter les *mèches* de gouvernail en *fer*, ce qui réduit la jaumière à des dimensions tout à fait minimes, et supprime en même temps les difficultés de construction qu'elle pouvait occasionner; à la partie inférieure, la charpente du gouvernail reste alors disposée comme à l'ordinaire, mais à son sommet elle est terminée par une armature en bronze dans laquelle s'ajuste la mèche; ce système, représenté *fig.* 82, est actuellement en usage sur tous les grands bâtiments de guerre de la flotte à hélice.

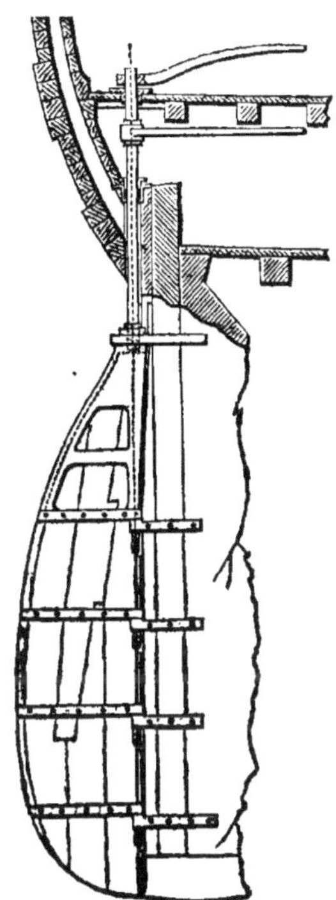
Fig. 82.

Lorsque les bâtiments sont animés d'une certaine vitesse, il arrive presque toujours que le gouvernail éprouve de fortes trépidations qui fatiguent les ferrures et produisent un bruit insupportable. Ces vibrations sont la conséquence du jeu indispensable conservé entre les aiguillots et les femelots; on peut les atténuer en apportant un soin tout particulier à l'établissement de ces ferrures; mais, malgré les précautions les plus minutieuses, elles ne tardent pas à se produire au bout de quelque temps de service. Pour arriver au moyen de supprimer les trépidations, il faut remonter à la cause qui les produit : lorsque le bâtiment est animé d'une vitesse assez considérable, la face arrière du gouvernail coupé carrement se comporte à la manière d'un plan traîné dans la masse liquide, c'est-à-dire que, par suite de la difficulté que les filets liquides éprouvent à abandonner leur direction rectiligne, il se forme à l'arrière de cette surface un véritable vide qui appelle le gouvernail vers l'arrière; ce vide est d'ailleurs très-variable d'intensité suivant la nature des remous formés par les filets liquides, par suite, les forces qui sollicitent le gouvernail le sont également, et il n'est pas douteux que les variations de ces forces n'occasionnent ses trépidations. Elles pourraient être annulées de deux manières : 1° en rendant constant ou à peu près le vide formé à l'arrière du gouvernail; 2° en supprimant complétement ce vide. Le premier de ces deux moyens a en effet été mis en usage, et l'on est arrivé au résultat voulu, en clouant sur la face arrière du safran et de chaque côté deux tringles en sapin de trois centimètres d'épaisseur environ (*fig.* 83, A), laissant entre elles une cannelure dans laquelle les filets liquides n'accèdent que très-difficilement; le vide formé à l'arrière subsiste alors constamment, au moins dans cette partie, et suffit pour maintenir les aiguillots appliqués par leur face arrière. Ce procédé paraît avoir réussi, mais il présente l'inconvénient d'accroître la résistance opposée à la marche du navire. Lorsque l'on se propose de faire disparaître le vide produit à l'arrière du gouvernail, il suffit de lui donner des sections effilées, permettant aux filets liquides de se rejoindre à l'arrière sans éprouver de déviations brusques (*fig.* 83, B). Ce procédé est évidemment bien supérieur au premier, puisqu'il conduit au même résultat, tout en atténuant la résistance propre du navire; c'est le mode de construction adopté actuellement sur tous les nouveaux bâtiments de la flotte.

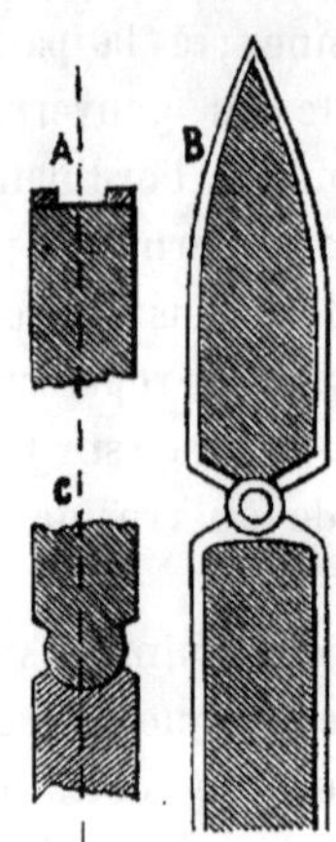

Fig. 83.

98. Barres et drosses de gouvernail. Dans le but de diminuer l'effort nécessaire pour faire mouvoir le gouvernail, on est conduit à donner à la barre le plus de longueur possible, et, en effet, dans le anciens vaisseaux, elle était prolongée jusqu'au mât d'artimor lorsque la barre atteignait des proportions aussi considérables, elle ne pouvait rester simplement suspendue dans la mortaise de la mèche, et son extrémité avant devait être soutenue à l'aide d'un *taquet* reposant sur un secteur circulaire adapté sous les baux, et nommé la *tamisaille*. Dans le système le plus simple employé pour manœuvrer la barre, la *drosse*, fixée à son extrémité *a* (*fig.* 84), fait retour en un point *b* placé sur le cercle décrit par le point *a*, vient passer sur une poulie *c* située dans le plan diamétral, pour remonter verticalement et s'enrouler sur un treuil horizontal nommé la *roue de gouvernail* (pour rendre visible cette partie du parcours de la drosse, nous l'avons rabattue sur le plan de la figure); après avoir décrit plusieurs

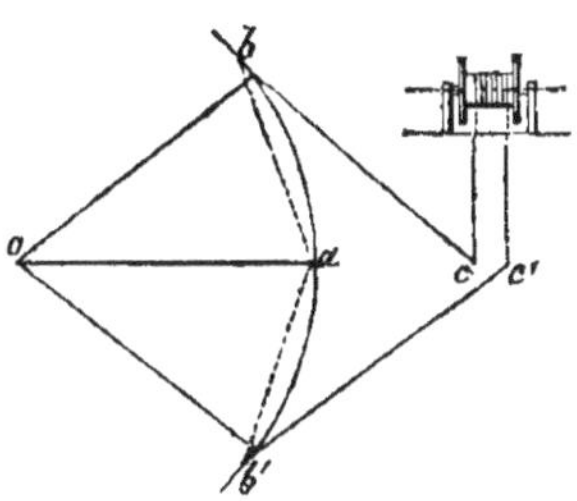

Fig. 84.

révolutions sur la roue, la drosse redescend verticalement, fait retour sur les poulies *c'* et *b'*, et vient se fixer de nouveau au point *a*, après avoir décrit du bord opposé le circuit *c' b' a* égal au circuit *c b a*. Si l'on imprime à la roue un mouvement de rotation quelconque, l'un des cordons s'enroule d'une certaine quantité en entraînant la barre, tandis que l'autre se déroule d'une quantité égale. La tension de la drosse est égale à l'effort qu'il est nécessaire de produire à l'extrémité de la barre; mais, en proportionnant convenablement les leviers sur lesquels les hommes agissent pour manœuvrer la roue, on peut réduire dans une certaine proportion l'effort qu'ils ont à exercer; nous disons dans une certaine proportion seulement, parce que, d'une part, les leviers de la roue ne doivent pas recevoir des dimensions exagérées qui les rendraient trop encombrants, et que, de l'autre, le cylindre du treuil ne doit pas avoir un diamètre trop petit, ce qui entraînerait une prompte usure des drosses; d'après les anciens usages, le diamètre du treuil, ou, suivant l'expression consacrée, du *marbre* du gouvernail, est déterminé par la condition que cinq tours de roues suffisent pour faire exécuter à la barre une évolution complète de tribord à bâbord. D'après cette règle, si on désigne par :

R, la longueur de la barre;
α, l'angle décrit par la barre;
r, le rayon du treuil;
i, l'angle décrit par le treuil, correspondant à α,

on aura la relation suivante :

$$R\alpha = r\,i, \qquad \frac{R}{r} = \frac{i}{\alpha};$$

si l'excursion de la barre est de 35° de chaque côté du plan diamétral, soit 70° en tout, si d'un autre côté l'angle correspondant décrit par la roue est de 5 fois 360°, on aura l'égalité :

$$\frac{R}{r} = \frac{1800}{70} = 25.70;$$

en d'autres termes, le rayon du treuil devrait être environ 1/25 de la longueur de la barre : c'est, en effet, la proportion que l'on adoptait autrefois; mais dans la pratique, au lieu de prendre le rapport des rayons on prenait celui des arcs décrits par la barre et par la roue, en opérant de la manière suivante : on mesurait avec un fil la longueur exacte de l'arc de cercle décrit par le bout de la barre, et le cinquième de cette longueur donnait la circonférence du marbre.

Pour que le fonctionnement du gouvernail soit entièrement satisfaisant, il faudrait que les deux portions de drosses $a\,b$, $a\,b'$ fussent toujours également tendues, ce qui ne saurait avoir lieu qu'à la condition que la somme des cordons $a\,b + a\,b'$ soit une constante; or, cette condition n'est remplie que si la courbe décrite par le point a est une ellipse ayant pour foyers les points $b\,b'$; mais comme l'extrémité de la barre décrit simplement un arc de cercle, elle ne sera pas satisfaite; le cordon qui appelle la barre sera tendu, tandis que le cordon opposé présentera un excédant de longueur, ou une certaine quantité de *mou*, que l'on devra embraquer, avant que l'action de la roue ne se fasse sentir sur la barre, dans la direction opposée à celle qu'elle avait primitivement. L'existence du mou dans les drosses est considérée comme un grave défaut ; il expose le gouvernail à des secousses qui peuvent rompre les drosses ou blesser les hommes employés à la manœuvre.

La réduction de l'effort à produire pour mouvoir le gouvernail et la suppression du mou dans les drosses sont donc les deux points importants de son installation. Pour réduire l'effort à produire, on a employé primitivement des barres de grande longueur, et l'on est parvenu de la sorte à établir entre les bras de leviers, de l'effort résistant appliqué au centre de gravité du gouvernail, et de l'effort moteur appliqué à l'extrémité de la barre, un rapport d'environ 1 à 10; bientôt cependant on a renoncé aux barres de grande longueur, qui sont encombrantes et d'une installation difficile, et on les a réduites de moitié, mais en même temps on a modifié l'installation des drosses, en prenant leur dormant sur la muraille et en leur faisant faire retour sur le bout de la barre, de manière à constituer un palan à deux cordons; d'ailleurs, en agissant de la sorte, rien n'a été changé ni dans le rapport de la puissance à la résistance, ni dans les dimensions relatives de la roue, ni dans la quantité de mou. On est souvent conduit à faire usage de barres plus courtes encore; il n'est pas possible de donner de règle précise à cet égard, et l'on peut dire que la longueur de la barre est limitée par l'étendue des espaces disponibles, qui, surtout dans les navires à hélice, sont souvent très-restreints; dans chaque cas particulier, on devra avoir soin de constituer avec la drosse des palans dont le nombre de brins soit tel, que le rapport de la résistance à l'effort moteur soit toujours de 1 à 10 comme dans le cas primitif. Si l'on désigne par P la résistance opposée par le gouvernail, par p le bras de levier de cette résistance, par P′ l'effort exercé sur le dernier cordon de la drosse, par n le nombre de ces cordons, et par p' la longueur de la barre; on aura :

$$Pp = nP'p', \qquad \text{d'où } np' = p\frac{P}{P'};$$

et si le rapport $\frac{P}{P'}$ est donné, comme nous le supposons, on déduira de cette relation soit n, soit p', suivant que la longueur de la barre ou le nombre des cordons seront imposés *à priori*.

Pour supprimer le mou, il a été imaginé un grand nombre de dispositions fort ingénieuses, remplissant toutes plus ou moins leur but; mais c'est celle des barres à chariot qui l'emporte par sa simplicité et en même temps par ses bons résultats. Dans ce système (*fig.* 85), les drosses, au lieu d'être adaptées immédiatement sur la barre, agissent sur un chariot *a*, maintenu entre des coulisses rectilignes, perpendiculaires au plan diamétral, qui forment une *tamisaille droite*; ce chariot entraîne la barre au moyen d'un collier à lunette *b*, susceptible de tourner autour d'un axe vertical de manière à suivre ses directions variables. Il est évident que dans ce système la suppression du mou est complète; mais il présente une autre particularité, c'est que le moment de la force transmise à la barre est constant, tandis que celui de la résistance croît avec les obliquités: il serait préférable que le moment de la force motrice augmentât avec l'intensité de la résistance, ainsi que cela se présente dans l'installation ordinaire, mais ce n'est là qu'un inconvénient secondaire qui ne saurait faire une objection sérieuse à l'emploi des barres à chariot.

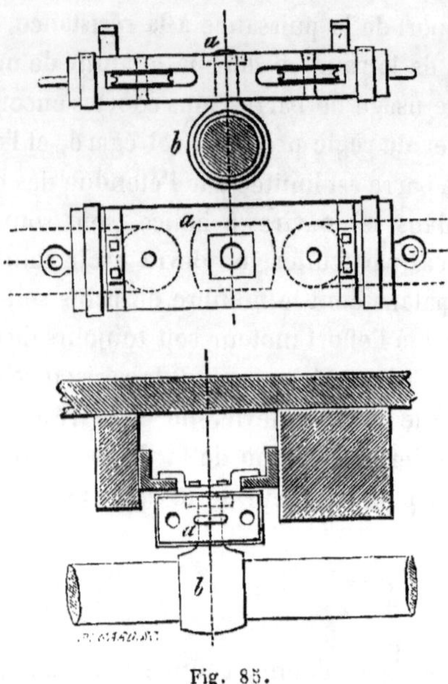

Fig. 85.

99. Gouvernails de fortune. Malgré toutes les précautions apportées à la construction du gouvernail, on ne peut empêcher qu'il ne soit exposé à des avaries graves, ou même qu'il ne soit complétement démonté, soit par de violents coups de mer, soit, comme cela arrive le plus ordinairement, par des échouages; le bâtiment est alors en péril, on installe à faux frais, le plus promptement possible, quelque système provisoire permettant de gouverner tant bien que mal; mais aussitôt que les circonstances le permettent, il est indispensable de mettre en place un nouveau gouvernail établi dans les conditions ordinaires. Les moyens dont dispose le bord seraient insuffisants pour permettre de confectionner un gouvernail, et comme le remplacement dont il s'agit peut être nécessaire loin de tout port de construction, chaque navire emporte emmagasiné dans sa cale un *gouvernail de rechange*, complet, tout assemblé et garni de ses ferrures, en sorte qu'au moment du besoin il n'y ait qu'à le mettre en place. Ce gouvernail de rechange peut être employé dans le cas où le gouvernail de garniture aurait été mis hors de service par la rupture de la mèche, ou par celle des aiguillots, mais il est nécessaire que les femelots soient restés intacts; c'est en effet ce qui se présente le plus ordinairement. Cependant, lorsqu'un navire talonne fortement, il peut arriver que les ferrures d'étambot soient brisées ou hors de service dans le voisinage de la quille; dans ce cas, on parvient encore

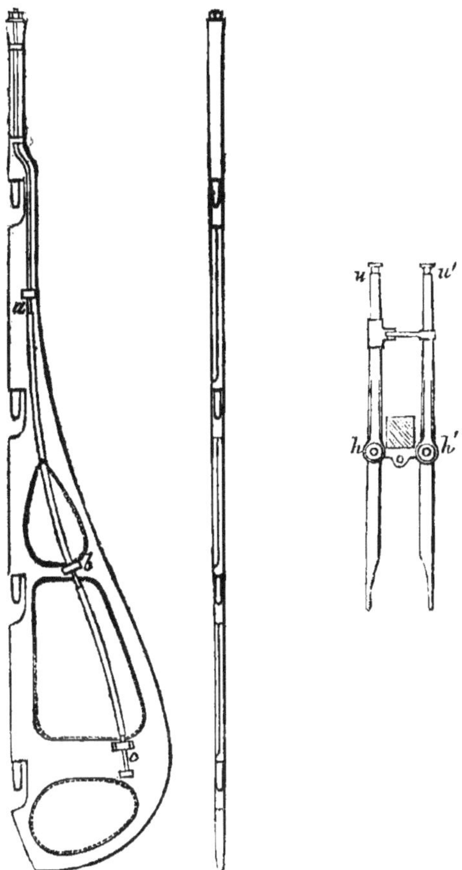

Fig. 86.

à mettre en place le gouvernail de rechange au moyen d'une ferrure spéciale placée à sa partie inférieure : la ferrure de l'aiguillot est double et le maintient par ses deux extrémités; le femelot ajusté à l'avance avec l'aiguillot a ses deux branches évasées en forme de fourche et terminées par des anneaux bagués de cosses, sur lesquelles on vient estroper des grelins élongés tout le long de la carène pour rentrer par les écubiers et être fortement roidis au cabestan; le gouvernail se trouve ainsi suffisamment maintenu, et pourvu qu'il reste une ou deux ferrures à la partie supérieure, on peut gouverner avec sécurité jusqu'à ce que l'on atteigne un port de relâche.

Il a également été étudié des systèmes de gouvernails de fortune restant toujours en place, et prêts à être mis en service au moment du besoin. Vers 1846, un appareil de cette espèce a été breveté sous le nom de son inventeur M. Fouque; il consiste en un gouvernail assez semblable pour sa forme au gouvernail ordinaire (*fig.* 86), mais construit entièrement en bronze, en sorte que son épaisseur est réduite à quelques centimètres seulement; il est monté sur des femelots pratiqués sur l'angle des ferrures ordinaires, et sa mèche pénètre par la jaumière, un peu élargie sur le côté. Deux gouvernails semblables sont placées à l'arrière, un de chaque côté de l'étambot; en circonstances ordinaires ils sont appliqués sur les flancs du navire, avec lesquels ils coïncident exactement, et sont maintenus dans cette position par des verrous *a b c*, manœuvrés de l'intérieur du bâtiment; lorsqu'il y a lieu d'en faire usage, on dégage les verrous, on fait décrire à chaque mèche un angle de 180°, et les deux gouvernails viennent se placer dans une direction parallèle au plan diamétral; on ajuste sur les mèches deux barres *u h*, *u' h'*, rendues solidaires par une menotte, et on les fait fonctionner à la manière ordinaire. Le système Fouque a été expérimenté dans la marine militaire et a fonctionné régulièrement dans les circonstances où il s'est trouvé placé; cependant on lui a reproché d'être fort coûteux, de charger l'arrière d'un poids considérable, et enfin, ce qui, à notre avis, serait l'objection la plus grave, on a fait observer, que si le navire talonne assez fortement pour endommager son arrière, il est très-présumable que le gouvernail replié sur le côté sera lui-même mis hors de service en même temps que le gouvernail de garniture; ces considérations ont empêché de l'adopter pour les navires à voiles; de plus il n'est pas applicable aux navires à hélice, et comme ce sont les bâtiments de cette espèce qui forment actuellement la partie la plus importante de la marine, il perd notablement de son intérêt.

CHAPITRE SEPTIÈME.

VOILURE, MATURE, ETC.

100. Tracé des plans de voilure. La voilure qui reçoit l'impulsion du vent est répartie entre plusieurs mâts, ordinairement au nombre de quatre, savoir, en commençant par l'arrière : le *mât d'artimon*, le *grand mât*, le *mât de misaine*, dirigés verticalement ou à peu près, et, tout à fait à l'avant, le *mât de beaupré*, fortement incliné sur l'horizon.

Les grandes dimensions assignées aux mâts verticaux ne permettent pas de les exécuter en une seule longueur, et l'on est dans l'obligation de les fractionner en trois ou quatre pièces, réunies par des croisements d'une certaine étendue, et des assemblages particuliers qui fournissent une liaison suffisante. Ces différentes pièces reçoivent les noms de *bas mât, mât de hune, mât de perroquet,* et *mât de cacatois* pour le plus élevé ; les trois mâts principaux sont divisés de la même manière, et chacune de leurs divisions, en outre de son nom générique, prend un nom particulier se rapportant au mât dont elle fait partie : ainsi l'on dit grand mât de hune, grand mât de perroquet, pour les divisions du grand mât; petit mât de hune, petit mât de perroquet, pour celles du mât de misaine; mât de hune d'artimon ou perroquet de fougue, pour les divisions de l'artimon, etc. Le mât de beaupré est également décomposé, dans le sens de la longueur, en plusieurs pièces croisées à peu près comme celles des autres mâts; ce sont : le *mât de beaupré*, le *bout dehors de grand foc*, et le *bout dehors de clin foc*, ou bâton de foc.

La voilure comprend deux espèces de voiles : les voiles *carrées*, supportées par des *vergues* perpendiculaires à l'axe des mâts verticaux et susceptibles de prendre différentes obliquités autour de cet axe, et les voiles *auriques*, dont l'axe, situé dans le plan longitudinal, est plus ou moins incliné par rapport à l'horizon, et qui, à l'état de repos, sont entièrement comprises dans ce plan.

Chaque mât vertical porte autant de voiles carrées qu'il présente de divisions; ce sont pour le grand mât : la *grand'voile*, le *grand hunier*, le *grand perroquet* et le *grand cacatois*; pour le mât de misaine : la *misaine*, le *petit hunier*, le *petit perroquet* et le *petit cacatois*; pour le mât d'artimon il n'y a pas de basse voile, on a seulement : le *hunier d'artimon* ou *perroquet de fougue*, le *perroquet d'artimon*, et le cacatois d'artimon ou *perruche*.

Les vergues reçoivent le nom des voiles qu'elles supportent, à l'exception de la basse vergue du mât d'artimon, qui n'a pas de voilure et ne sert qu'à étendre le perroquet de fougue; elle est nommée la *vergue barrée* ou *vergue sèche*.

Les voiles auriques sont moins nombreuses que les voiles carrées; elles comprennent en premier lieu la *brigantine*, soutenue par le mât d'artimon; cette voile présente la forme d'un quadrilatère dont l'un des côtés est lacé au mât, dont le côté supérieur est soutenu par la *corne*, fortement inclinée sur l'horizon et articulée dans le plan diamétral avec le mât, et dont le côté inférieur, à peu près horizontal, est étendu sur un arc-boutant nommé le *gui*, articulé sur le mât de la même manière que la corne. Les voiles auriques de cette espèce, c'est-à-dire lacées au mât et soutenues par une corne, reçoivent le nom générique de voiles goëlettes. Le grand mât porte une voile goëlette nommée *artimon de cape*; le mât de misaine reçoit aussi quelquefois une voile semblable, nommée *misaine goëlette*. Les voiles auriques comprennent encore, à l'avant, les *focs*, qui affectent la forme de triangles à peu près rectangles; l'hypoténuse de ces triangles est soutenue par un cordage qui tient lieu de vergue, nommé la *draille*, et qui s'étend de l'une des divisions du mât de misaine à la division correspondante du mât de beaupré; il n'est besoin d'aucune installation particulière pour tenir les focs étendus, un simple cordage fixé à leur sommet, qui reste flottant, suffit pour remplir cet objet. Les focs sont ordinairement au nombre de trois : le *grand foc*, dont la draille s'étend du ton du petit mât de hune à l'extrémité du bout dehors; le *petit foc*, supporté par une draille établie entre le ton du petit mât de hune et l'extrémité du beaupré; et enfin le *clin foc*, dont la draille part du mât de perroquet et aboutit à l'extrémité du bâton de foc.

Les voiles goëlettes et les focs sont les voiles auriques les plus usitées, cependant on ajoute quelquefois entre les mâts verticaux des voiles trapézoïdales, suspendues et lacées à des cordages inclinés dans la direction des étais; par exemple : du ton du perroquet de fougue au ton du grand mât, ou du ton du grand mât de hune à celui du mât de misaine. Ces voiles sont désignées en général sous le nom de *voiles d'étais*; elles étaient fort employées autrefois, elles sont actuellement tout à fait tombées en désuétude pour les bâtiments de la marine militaire, mais il en est toujours fait usage dans la marine marchande, et surtout dans les grands clippers américains.

La totalité de la voilure n'est déployée que dans des circonstances exceptionnelles, comme, par exemple, dans l'allure vent largue par très-beau temps; le plus ordinairement les voiles employées sont : les basses voiles, les huniers et perroquets, la brigantine et le grand foc, auxquelles on donne le nom de *voiles majeures*; nous les avons représentées (*fig.* 87) pour une frégate que l'on peut prendre pour type des bâtiments à voiles carrées.

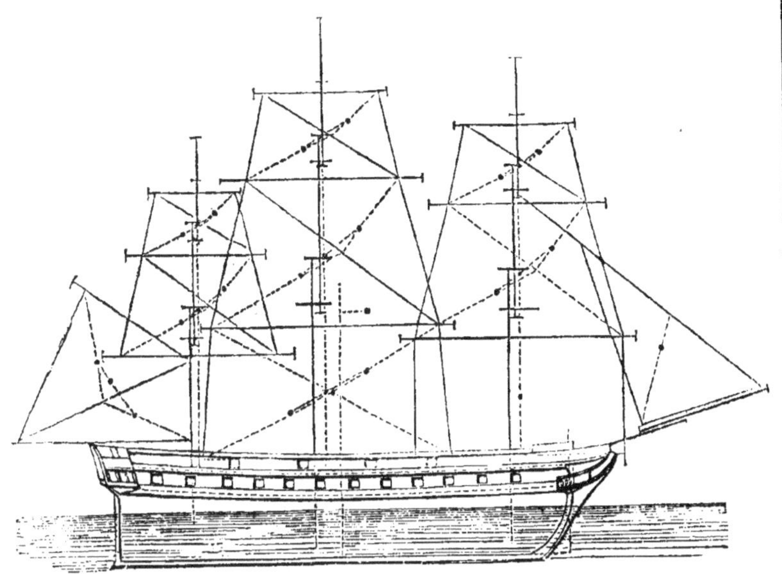

Fig. 87.

Lorsque l'on calcule la surface de voilure d'un bâtiment, c'est toujours la surface des voiles majeures, mesurée sur le plan que l'on trace de la manière suivante : les mâts sont représentés par leurs axes, les vergues sont rabattues autour de l'axe du mât de perroquet, et l'on prend pour contour des voiles celui des trapèzes obtenus en joignant deux à deux les extrémités des vergues. En réalité, le contour et les surfaces des voiles diffèrent plus ou moins de ceux de ces trapèzes; mais comme ce qu'il importe le plus, c'est d'établir certaines comparaisons entre les voilures des différents navires, il suffit que ces voilures soient évaluées toutes de la même manière.

101. Calcul de la surface et du centre de gravité de la

voilure. Les voiles hautes sont toujours des trapèzes, ainsi que nous venons de le dire; les basses voiles ont quelquefois les côtés verticaux, et alors leur forme est celle d'un rectangle; les focs sont des triangles; quant à la brigantine, c'est un quadrilatère quelconque. Quelle que soit d'ailleurs la forme des voiles, on calcule leurs surfaces et l'on détermine leurs centres de gravité par les procédés les plus simples de la géométrie, et il est inutile d'insister ici sur ce sujet. Nous avons indiqué (*fig.* 87) les centres de gravité de chaque voile avec les constructions graphiques nécessaires pour les obtenir; une simple inspection suffira pour les faire comprendre.

Désignons par : $s, s', s'', \ldots$ les surfaces des différentes voiles;
$x, x', x'', \ldots$ les distances de leurs centres de gravité à la verticale passant par le milieu;
$y, y', y'', \ldots$ les hauteurs de ces mêmes points au-dessus du centre de gravité de la coque;

soient encore X et Y les coordonnées du centre de gravité de la surface de voilure totale S; on aura :

$$SX = sx + s'x' + s''x'' \ldots\ldots; \quad X = \frac{sx + s'x' + s''x'' \ldots\ldots}{S}$$

$$SY = \frac{sy + s'y' + s''y'' \ldots\ldots}{S}; \quad Y = \frac{sy + s'y' + s''y'' \ldots\ldots}{S}$$

Les quantités X et Y ainsi calculées serviront à déterminer la position exacte du centre de gravité de la voilure définie comme il vient d'être dit; on lui donne le nom de *centre de voilure,* ou encore de *point vélique.*

102. Position du centre de voilure, ou point vélique. La position du centre de voilure joue un rôle important dans l'économie du navire. Considérons un bâtiment dont la voilure soit primitivement un plan vertical, représenté par sa trace bc (*fig.* 88), et soit OV la direction du vent; l'effort produit sur les voiles se traduit par une pression normale oi, appliquée à son centre de gravité o; cette pression se décompose en deux forces, l'une oc dans le sens de la quille, et l'autre od, perpendiculaire; la première produit la marche directe du bâtiment, et la deuxième, une marche transversale nommée la *dérive;* la marche réelle du navire n'a pas lieu suivant la quille, mais suivant une direction oblique par rapport à celle-ci, et qui est la résultante de la marche directe et de la dérive. Chacune de ces marches longitudinale et transversale produit une résistance spéciale, dont la résultante *o* R constitue la résistance finale qui doit équilibrer la force impulsive *o i*, ce qui entraîne implicitement la condition que les deux forces *o* R et *o i* soient égales et directement opposées, ou que sur notre figure les deux droites *o* R et *o i* soient dans le prolongement l'une de l'autre. Dans cet état, la direction du navire est stable; il n'est sollicité par aucun couple tendant à l'éloigner ou à le rapprocher de la direction *o* V du vent, ce que l'on exprime en disant qu'il n'est ni *mou* ni *ardent*.

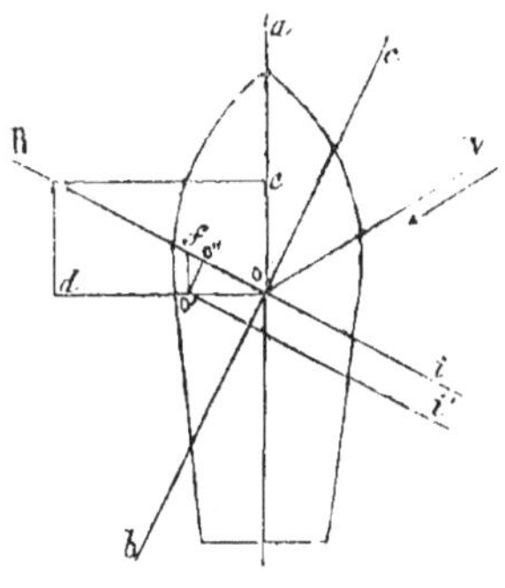

Fig. 88.

Cet état d'équilibre étant établi, si le vent vient à fraîchir, la pression supportée par les voiles augmente, le navire incline en tournant autour d'un axe passant par son centre de gravité, et dans ce mouvement le centre de voilure vient se projeter quelque part en *o'*, sur une perpendiculaire à *o a*; la nouvelle direction de la force poussante devient donc *o' i'*; quant à la résistance, elle conserve même point d'application et même direction : elle reste donc *o* R ; les deux forces qui sollicitent le navire ne sont plus directement opposées et donnent naissance à un couple égal à R × *o' o''*, qui tend toujours à rapprocher le bâtiment de la direction du vent, ou suivant l'expression consacrée : à le rendre *ardent;* cet effet se produit toutes les fois que le navire incline, quelle que soit d'ailleurs la cause qui produit son inclinaison. Pour rétablir l'équilibre, il faut modifier la position du centre de voilure de telle sorte que sa projection tombe de nouveau sur la droite *o* R; on peut obtenir ce résultat par deux moyens : soit en réduisant la voilure haute, ce qui fait cheminer le centre de voilure sur *oo'*, soit en diminuant les voiles de la partie arrière et en augmentant celles de l'avant, ce qui, à surface égale, déplace la projection du centre de gravité, suivant la droite $o'f$ parallèle à l'axe. Il résulte de ces considérations que la voilure ne peut pas être établie d'une manière invariable ; mais qu'il faut au contraire que le manœuvrier ait la faculté de la modifier dans de très-larges limites, suivant les circonstances qui peuvent se présenter, qu'il puisse lui donner tout son développement par petite brise, la réduire lorsque le vent fraîchit, et enfin faire porter plus de toile, soit à l'avant, soit à l'arrière, suivant que le navire devient ardent ou lâche. C'est pour atteindre ce but que la voilure est fractionnée en éléments aussi nombreux et aussi variés que ceux dont il est fait usage. Il n'en est pas moins vrai cependant que la position du centre de gravité des voiles majeures doit être établie en vue d'un certain état moyen que l'on adopté pour point de départ.

Lorsque l'on détermine la voilure d'un bâtiment, on doit avoir pour but de lui imprimer la plus grande vitesse possible : or la force impulsive étant proportionnelle à la surface S de la voilure, et la résistance de la carène étant de son côté proportionnelle à la surface B^2 du maître-couple, ce sera le rapport de ces deux surfaces, ou ou $\frac{S}{B^2}$ qui donnera une idée de la vitesse, que des voilures données, imprimeront à des bâtiments de même espèce. D'un autre côté on n'est pas maître de placer sur un navire déterminé une surface de voilure arbitraire, mais il faut, d'après ce que nous avons expliqué en parlant de la stabilité transversale, que le moment de stabilité soit assez grand pour équilibrer le moment de la voilure, sans qu'il en résulte d'inclinaisons trop considérables, ou en d'autres termes, que le rapport $\frac{S\,H}{P\,(\rho-a)}$, reste compris entre des valeurs convenables. Cette condition limite à la fois la surface S, et la hauteur H de son centre de gravité.

Quant à la position du centre de voilure dans le sens de la longueur, elle doit être fixée de telle manière que, les voiles majeures étant établies par un temps moyen, le bâtiment se trouve sensiblement équilibré, qu'il ne soit ni mou ni ardent, et conserve une direction constante, sans que l'on ait besoin de recourir au gouvernail, ou de modifier l'état de la voilure, ce qui, dans l'un ou l'autre cas, serait toujours nuisible à la vitesse. Ce résultat dépendra des positions relatives du centre de voilure et du *centre de résistance* de la carène ; mais comme celui-ci n'est pas connu, on se contente de mesurer la distance du centre de voilure, à la verticale passant par le milieu de la flottaison, et l'on admet que pour des voilures *bien balancées*, le rapport de cette distance à la longueur totale du navire doit rester compris entre des limites déterminées. Lors donc que la surface de la voilure et son moment d'inclinaison auront été convenablement calculés, il restera à assigner à son centre de gravité la position convenable dans le sens de la longueur; à cet effet on peut faire varier la surface des voiles afférentes à chaque mât, ou plutôt faire varier la position des mâts eux-mêmes en les reportant plus de l'avant, ou plus de l'arrière, suivant les conditions à remplir.

103. Proportions de la voilure pour les bâtiments à voiles. Les dimensions de la voilure sont déduites de celles des mâts et de vergues, qui ont été fixées pendant longtemps, pour les bâtiments de l'ancienne flotte, par un règlement ministériel daté de 1835. D'après ce règlement, la valeur de $\frac{S}{B^2}$ était : de 30 à 33 pour les vaisseaux, de 37 à 40 pour les frégates, de 42 à 45 pour les corvettes, et s'élevait jusqu'à 63 pour les navires de rang inférieur. Les voilures considérables des petits bâtiments paraîtraient devoir leur assurer de grandes vitesses, et en effet par beau temps et sur une mer unie, ils ont une marche supérieure et peuvent servir d'éclaireurs à une armée navale; mais par grosse mer ils perdent tous leurs avantages; la résistance qu'ils éprouvent par suite du choc des lames est beaucoup plus considérable que pour les grands navires, et c'est à peine si, avec leurs voilures exagérées, ils peuvent marcher de conserve avec les vaisseaux. La distance du centre de voilure en avant du milieu est comprise entre 0,040 et 0,066 de la longueur totale de la flottaison; ces limites sont assez écartées sans doute, mais l'expérience démontre qu'elles sont convenablement en rapport avec les besoins de la manœuvre.

Actuellement les dimensions de toutes les parties de la mâture, ainsi que des accessoires qui s'y rapportent, sont fixées, pour la marine militaire, par le règlement du 10 juin 1857; les mâtures hautes y sont groupées par ensembles constituant ce que l'on nomme un *jeu de mâture*, et comprenant : les mâts de hune et de perroquet, la basse vergue, ainsi que celles des huniers et perroquets. Ces jeux gradués sont proportionnés de manière à pouvoir être combinés avec plusieurs bas mâts, dans divers bâtiments, pour constituer les mâtures qui leur conviennent, et l'on est parvenu ainsi à composer toutes les mâtures des navires de la flotte à voile, classés en 20 types principaux, à l'aide de 20 jeux seulement de mâtures hautes. Sans entrer dans le détail des différentes parties de ces jeux, nous nous bornerons à indiquer ici les règles qui ont été suivies dans l'établissement des surfaces des voilures.

La surface de voilure totale étant représentée par 100, les fractions de cette surface afférentes aux divers mâts sont représentées par les nombres inscrits au tableau ci-contre :

DÉSIGNATION.	ARTIMON non compris la brigantine.	GRAND MAT.	MISAINE.	GRAND FOC et BRIGANTINE.
Vaisseaux...............	12,40	40,40	30,60	16,60
Frégates et Corvettes......	11,40	40,00	31,00	17,60
Bricks.................	»	42,00	33,00	25,00

Dans la surface de voilure de chaque mât, la fraction appartenant à la voilure haute doit rester comprise entre les limites suivantes :

DÉSIGNATION.	GRAND MAT.	MAT DE MISAINE.
Vaisseaux.........	de $\frac{140}{240}$ à $\frac{154}{254}$	de $\frac{140}{240}$ à $\frac{160}{260}$
Frégates et Corvettes.	de $\frac{127}{227}$ à $\frac{135}{235}$	de $\frac{134}{234}$ à $\frac{150}{250}$
Bricks............	de $\frac{120}{220}$ à $\frac{135}{235}$	de $\frac{130}{230}$ à $\frac{145}{245}$

Enfin, dans l'ensemble des surfaces du grand foc et de la brigantine, la portion afférente au grand foc seul doit être comprise entre les limites ci-après :

Vaisseaux........................ $\frac{100}{200}$ à $\frac{100}{260}$

Frégates......................... $\frac{100}{225}$ à $\frac{100}{260}$

Bricks......................... $\frac{100}{300}$ à $\frac{100}{360}$

Nous donnerons encore le tableau des surfaces de voilure S′, résultant de l'application de ce règlement aux principaux types de la flotte, ainsi que les valeurs des rapports $\frac{S'}{B^2}$ de ces surfaces à celle du maître couple :

DÉSIGNATION		SURFACES de voilures S′.	VALEUR du rapport $\frac{S'}{B^2}$.	VALEUR du rapport $\frac{S}{B^2}$.
		m².		
Vaisseaux de	120 canons.......	2928	27,62	30,74
	100 —	3012	30,65	31,88
	90 —	2774	30,00	33,90
	80 —	2511	28,80	32,70
	74 —	2312	30,20	31,50
Frégates de	60 —	2405	36,70	40,20
	50 —	2192	36,30	37,40
	44 —	1791	39,00	42,60
Corvettes de	32 —	1288	37,70	42,70
	24 —	1260	45,20	47,00
	18 —	1012	48,30	44,70
Bricks de	20 —	1064	46,80	49,00
	16 —	902	47,11	52,00
	10 —	830	56,20	63,00
Canonnières de	8 —	746	60,90	55,90

Si l'on compare les rapports $\frac{S'}{B^2}$ résultant du nouveau règlement aux valeurs du même rapport $\frac{S}{B^2}$, résultant de l'ancien, inscrites à la 3e colonne de notre tableau, on remarque que les premiers sont notablement plus faibles que les deuxièmes; il en résulte que, par petite brise, les nouvelles voilures impriment au bâtiment de moindres vitesses que les anciennes, mais elles le chargent moins, on peut les porter plus longtemps lorsque le vent fraîchit, et cet avantage compense l'infériorité qu'elles présentent par ailleurs. Quant à la position du centre de voilure par rapport à la verticale passant par le milieu, elle reste la même qu'avec l'ancien règlement et nous n'avons rien à ajouter à ce qui a déjà été dit à ce sujet.

104. Proportions de la voilure des bâtiments à vapeur. Pour les bâtiments à vapeur à roues il n'a pas été établi de règlement de mâture, et les proportions ainsi que la puissance de la voilure ont toujours été sujettes à des variations fort notables, suivant la nature de l'armement ou du service auquel le navire était destiné; il en est de même pour les bâtiments à hélice, dont les mâtures sont composées à l'aide des jeux gradués du règlement de 1857, mais sans aucune règle fixe relativement au choix qui doit être fait de ces jeux. On trouvera dans le tableau ci-joint quelques données relatives aux mâtures des différents types de navires à vapeur à roues ou à hélice; ces données pourront servir de guide lorsque l'on aura à établir les voilures de bâtiments analogues à ceux que nous indiquons.

La surface de voilure des bâtiments à roues est relativement très-faible; ainsi elle n'est que de 30 à 32 fois la surface du maître-couple pour les plus grands, et de 42 pour les plus petits; tandis que pour des bâtiments à voiles, à peu près dans les mêmes dimensions, elle serait de 40, 50 et 60 fois la surface du maître-couple. Pour les bâtiments à hélice, la proportion de la voilure est plus forte, mais elle reste encore de beaucoup inférieure à celle des navires à voiles.

Quant à la position du centre de voilure en avant du milieu, elle varie entre des limites très-étendues, surtout pour les bâtiments à roues; cela tient sans doute à ce que, ces bâtiments ne naviguant à la voile que dans des circonstances exceptionnelles, cette position ne présente qu'une importance secondaire et a été peu étudiée. Pour les bâtiments à hélice, au contraire, les valeurs du rapport $\frac{d}{L}$ restent comprises entre les limites ordinaires.

105. Voilure des bâtiments du commerce. Les bâtiments de la marine marchande étant établis pour des services très-dissemblables, il en résulte nécessairement de grandes variétés dans les proportions de leurs voilures, et il est impossible de donner aucune règle uniforme sur la manière dont elles sont déterminées; il y a lieu d'observer cependant que, pouvant rentrer à leur port expéditeur, sans fret de retour, ils doivent être susceptibles de porter leur voilure à l'état lége, ou tout au moins, en n'embarquant qu'une quantité de lest modérée; cette condition conduit à des surfaces de voilure inférieures à celles qui résulteraient de leur stabilité en pleine charge; ces surfaces réduites sont d'ailleurs moins onéreuses que les

NAVIRES DE GUERRE.	SURFACE de voilure S	SURFACE du maître-couple B^2	RAPPORT $\frac{S}{B^2}$.	DISTANCE du centre de voilure en avant du milieu d	LONGUEUR à la flottaison L	RAPPORT $\frac{d}{L}$.
BATIMENTS A ROUES.						
	m².	m².		m.	m.	
Le Descartes, de 540 chevaux...........	1788	56,041	31,90	3,563	70,11	0,0520
L'Orénoque, ... 450 —	1496	49,823	30,04	5,460	69,00	0,0790
Le Prony, ... 320 —	977	32,008	28,51	2,070	58,00	0,0356
L'Archimède, .. 220 —	946	29,270	32,24	4,501	55,20	0,0810
Le Caire, ... 220 —	904	27,700	32,65	4,102	51,40	0,0750
Le Sphynx, ... 160 —	744	20,683	36,00	2,660	46,26	0,0570
L'Ajaccio, ... 120 —	751	13,414	42,61	4,664	44,50	0,1040
—						
BATIMENTS A HÉLICES.						
La Bretagne, de..... 1200 chevaux.......	2884	112,900	25,50	3,993	81,00	0,049
Le Napoléon, ... 900 —	2832	99,535	28,40	4,060	71,37	0,057
L'Impératrice Eugénie, 800 —	2463	70,490	34,94	2,525	74,00	0,034
Le Phlégéthon, ... 400 —	1417	36,000	39,36	1,960	56,80	0,034
Transports de 1200 tonneaux.............	1757	49,120	35,79	3,522	71,00	0,049

NAVIRES MARCHANDS.	DÉPLACEMENT.	TONNAGE.	SURFACE de voilure S	SURFACE du maître-couple B^2	RAPPORT $\frac{S}{B^2}$	DISTANCE du centre de voilure en avant du milieu A	LONGUEUR à la flottaison L	RAPPORT $\frac{d}{L}$.
FRANÇAIS.								
	tonn.		m².	m².		m.	m.	
Charles-Martel, trois-mâts	2265	1200	1830	55,150	33,00	3,584	63,00	0,0568
Bois-Rouge, —	1360	800	1248	40,330	30,94	1,080	44,00	0,0245
Clara, brick	414	250	540	29,560	27,60	1,100	32,00	0,0312
Tage, vapeur de 100 chevaux	773	430	562	23,712	23,70	1,600	50,00	0,0320
Caboteurs de 60 chevaux	465	260	445	16,343	27,20	1,730	41,30	0,0418
Vauquelin, trois-mâts	1078	600	940	34,000	27,60	»	»	»
AMÉRICAINS.								
Niagara (hélice de 750 chevaux)	5475	»	2935	93,800	31,30	—4,200	94,00	0,0446
Ligthning, clipper	2355	»	2230	53,200	41,90	1,414	69,60	0,0203
Universe, transport	2140	»	1376	52,400	26,30	2,120	53,80	0,0393
New's-Bog (brick-goëlette)	418	»	638	21,700	29,30	1,710	32,00	0,0534
Clipper City	425	»	663	19,300	34,30	0,066	33,94	»

surfaces plus développées, parce qu'elles exigent un équipage moins nombreux. Suivant la pratique des constructeurs français, la surface de voilure des navires de 600 tonneaux, les plus employés pour la navigation au long cours, est mesurée à raison de $0^{m2},80$ à $0^{m2},90$ par tonneau de déplacement; ce qui revient à 27 ou 30 fois la surface du maître-couple, proportion très-modérée eu égard à la grandeur de ces navires. Pour les petits bâtiments, des raisons d'économie, conduisent à employer des voilures plus réduites encore, aussi n'ont-ils que de médiocres vitesses par tous les temps.

Dans la marine marchande américaine, la mâture a été l'objet de soins tout particuliers, tant au point de vue des vitesses du bâtiment, qu'à celui de la facilité de la manœuvre. Sur les clippers de grande dimension, la surface de la voilure atteint jusqu'à 42 fois celle du maître-couple, chiffre très-élevé, si on le compare à celui que nous indiquions tout à l'heure pour les navires français; ce résultat important provient de ce que ces navires ayant plus de longueur pour une même section transversale, leur moment de stabilité reçoit, par cela même, un accroissement correspondant. Sur les transports ordinaires de la marine américaine, les surfaces de voilures restent proportionnées sensiblement de la même manière que dans nos navires du commerce. Mais ce que les bâtiments américains présentent de particulier, c'est la faiblesse numérique de leurs équipages; ainsi, d'après le mémoire de M. Pastoureau, que nous avons déjà eu occasion de citer, des navires gréés en goëlette et atteignant jusqu'à 600 tonneaux de jauge, naviguent avec *sept hommes d'équipage* seulement, soit à raison de 11,6 hommes par 1000 tonneaux; l'équipage des grands clippers est constitué à raison de 18 hommes par 1,000 tonneaux; enfin il résulte du relevé des tonnages et des équipages des bâtiments de toutes classes, américains ou étrangers, qui ont passé par les ports des États-Unis pendant l'année 1855-56, que pour un tonnage de 1,000 tonneaux, les Américains emploient un personnel de 34 hommes, alors que pour ce même tonnage les étrangers emploient un personnel moyen de 48 hommes. Si l'on entre dans les détails particuliers aux principaux peuples, on trouve les résultats suivants : dans leur commerce avec l'Angleterre, les Américains arment leurs navires à raison de 25 hommes par 1,000 tonneaux; les Anglais, dans leur commerce avec les États-Unis, arment leurs navires à raison de 29 hommes par 1,000 tonneaux; de même, les Américains, dans leur commerce avec la France, emploient 28 hommes par 1,000 tonneaux, et les Français, dans leur commerce avec les États-Unis, emploient 47 hommes par 1,000 tonneaux.

Cette réduction de l'équipage est d'une importance capitale pour le coût de la traversée; elle est la conséquence de la grandeur absolue des navires, d'installations particulières dans la mâture et le gréement, de moyens mécaniques bien entendus pour venir en aide à la force des hommes, et enfin d'un soin exceptionnel apporté dans la composition des équipages, où l'on n'admet que des marins d'une habileté reconnue, attirés de toutes parts par l'appât d'un salaire élevé.

Nous avons inscrit au tableau qui précède (page 199) les surfaces de voilures de quelques navires marchands français, et de quelques clippers américains; nous appelons spécialement l'attention sur les proportions des voilures de ces derniers bâtiments qui jouissent de vitesses exceptionnelles.

106. Système de jonction des mâts verticaux. Les bas mâts

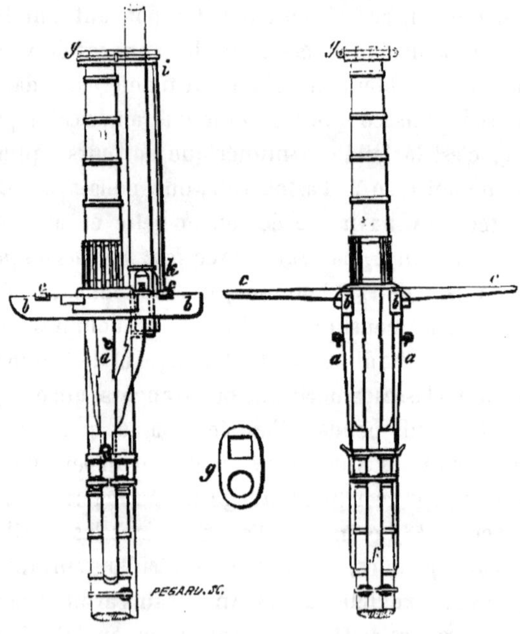

Fig. 89.

sont composés de pièces d'assemblage croisées à écarts très-allongés, et réunies par des cercles en fer, que l'on met en place après les avoir chauffés préalablement au rouge sombre ; par l'action réunie d'un coinçage énergique, et du retrait provenant du refroidissement, ces cercles exercent, sur les pièces en contact, une pression considérable, et établissent entre elles des liaisons telles, que l'on peut considérer les mâts ainsi formés, comme à peu près aussi solides que s'ils étaient d'un seul morceau. Au-dessous de la naissance du *ton*, ou de la partie du bas-mât qui croise le mât de hune, sont ajustés deux flasques en chêne *a a* (*fig.* 89) parallèles au plan diamétral, nommées *les jottereaux*, et présentant sur l'avant une saillie assez prononcée, en forme de console. Les jottereaux sont composés de trois pièces dans le sens de la largeur, celle du milieu prolongée plus bas que les deux autres, descend le long du mât en s'ajustant exactement sur sa surface arrondie, ainsi que sur la saillie des cercles, qui contribuent ainsi à assurer sa position. La face avant du mât est garnie d'une *jumelle f*, qui règne depuis la naissance du ton jusqu'à une petite distance du pont des gaillards ; elle recouvre les cercles d'assemblage, et préserve de leur contact le mât de hune ou la grande vergue, lorsqu'ils doivent monter ou descendre le long du bas mât ; à la partie supérieure, la jumelle pénètre entre les jottereaux, et forme en cet endroit un plan perpendiculaire au diamétral ; enfin à l'arrière, des garnis interposés entre les jottereaux, constituent à l'extérieur un plan parallèle à celui de la jumelle. Ces divers garnis sont chevillés les uns avec les autres et cloués sur le mât ; la jumelle et le prolongement des jottereaux sont assujettis sur le mât par des cercles d'assemblage à charnière, serrés par des vis.

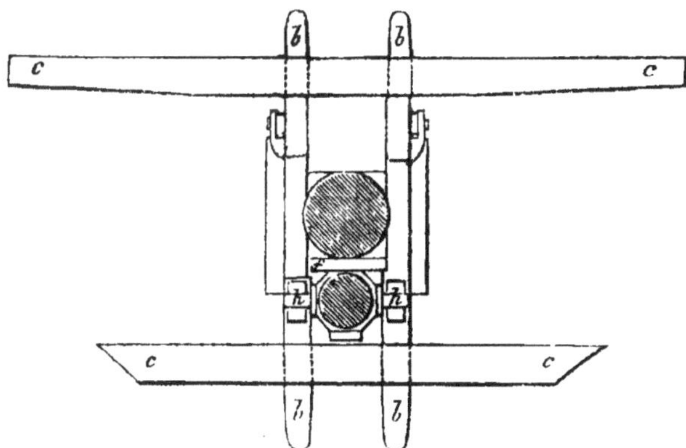

Fig. 90.

Les jottereaux sont surmontés par les élongis *b b'*, qui reçoivent dans de profondes entailles les *barres traversières c c* (*fig.* 90), dirigées perpendiculairement au plan diamétral, et placées l'une sur l'avant et l'autre sur l'arrière du mât.

Les élongis et les barres traversières constituent un cadre ou grillage sur lequel repose un plancher de construction légère nommé la *hune*, nécessaire, soit pour fournir quelques points d'appui au gréement de la mâture haute, soit pour recevoir les hommes employés à la manœuvre de cette partie de la mâture. Les hunes (*fig.* 91) sont limitées de l'avant à l'arrière, par la longueur des

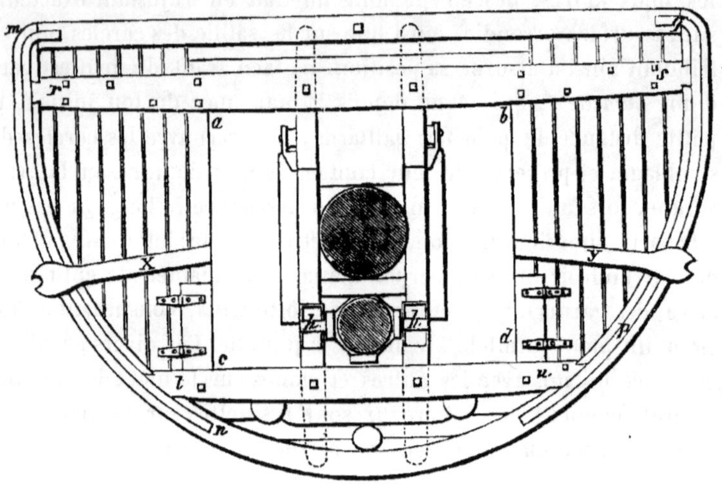

Fig. 91.

élongis ; à l'arrière leur contour *m q* est à peu près rectiligne, mais à l'avant on lui donne une forte courbure *m n p q*, dans le but d'éviter toute partie anguleuse susceptible de s'engager dans les voiles et de les déchirer ; elles sont percées au centre d'une ouverture rectangulaire *a b c d*, nommée le *trou du chat*, nécessaire pour laisser passage aux diverses manœuvres provenant des voiles supérieures ; la longueur du trou du chat est déterminée par l'écartement des barres traversières ; quant à sa largeur totale, elle est égale ou un peu supérieure à sa longueur. Le bordé des hunes est composé de planches de peu d'épaisseur dirigées longitudinalement, et clouées sous une lisse en chêne *m n p q*, nommée la *guérite* : cette guérite est consolidée par des plates-bandes en fer placées par-dessus et par-dessous; dans sa partie arrière, elle reçoit les chandeliers en fer ou *batayolles* qui supportent les garde-corps. Pour donner moins de prise au vent, les planches du bordé de la hune ne sont pas jointives, et laissent entre elles un jour de 2 centimètres environ; elles sont croisées à l'avant et à l'arrière par des pièces transversales qui constituent les *massifs*; on est d'ailleurs conduit à réduire de plus en plus les massifs, et actuellement ils se composent de simples traverses qui correspondent aux barres traversières des élongis avec lesquelles elles sont solidement boulonnées; enfin le plancher des hunes est croisé obliquement par les *taquets* x, y.

Le pied ou *caisse du mât de hune* s'engage dans l'encastrement formé par les élongis, la jumelle à l'arrière, et la barre traversière à l'avant; le mât de hune traverse en outre le *chouquet* g (*fig.* 89) ajusté à tenon à l'extrémité supérieure du ton du bas mât; il est maintenu dans le sens de la hauteur par la *clef*, forte barre de fer h, h, qui traverse une ouverture pratiquée dans la caisse et convenablement protégée par des armatures en fer; les extrémités saillantes h, h, de la clef, viennent reposer sur les élongis.

Les chouquets des bas mâts sont composés de deux pièces de bois assemblées dans le plan diamétral, leur contour extérieur est elliptique, ils sont consolidés, latéralement par un cercle en fer mis à chaud, et de haut en bas, par de fortes plates-bandes en fer boulonnées l'une par l'autre. Dans les grands navires, l'extrémité avant du chouquet est soutenue par une épontille $i\,k$, qui résiste à l'effort des guinderesses, qui le sollicite de haut en bas et qui fatiguerait son assemblage avec le mât.

Les mâts de hune sont toujours d'une seule pièce; leurs grandes dimensions rendent les bois propres à les fournir excessivement rares, aussi a-t-on longtemps cherché les moyens de les composer de pièces d'assemblage de même que les bas-mâts; mais la nécessité de laisser la vergue de hune glisser facilement le long de leur surface extérieure, proscrit d'une manière absolue l'usage des cercles saillants, et dès lors les procédés d'assemblage auxquelles on pourrait avoir recours deviennent très-compliqués, tout en restant plus ou moins insuffisants, et ne sauraient être admis dans la pratique. Cependant, et quoique la question des mâts de hune d'assemblage proprement dits paraisse définitivement jugée, les cercles peuvent être admis à leur extrémité inférieure, dans la partie correspondante au ton des bas-mâts, ce qui permettrait d'augmenter la longueur d'une pièce brute ayant le diamètre voulu, mais qui sans cet expédient ne saurait être employé à la confection d'un mât de hune; ce procédé est en effet quelquefois appliqué, il en résulte une économie importante, et à l'usage, les mâts construits de la sorte se sont toujours fort bien comportés.

La caisse du mât de hune est travaillée à 8 pans, sa face arrière appuie immédiatement sur la jumelle, ses trois autres faces rectangulaires sont garnies de *coussins*, qui sont en contact avec les élongis et le traversin. Le mât de hune est terminé à la partie supérieure par un *ton* analogue à celui du bas-mât; il est à section rectangulaire à sa base, sur une faible longueur, et cylindrique dans la partie supérieure. A la naissance du ton, on conserve sur le mât un épaulement ou *capelage*, qui remplit les mêmes fonctions que les jottereaux pour le bas mât, c'est-à-dire que sur ce capelage vient reposer l'ensemble de charpente désigné sous le nom de *barres de perroquet*, et composé (*fig.* 92) de deux élongis et de deux barres qui entourent

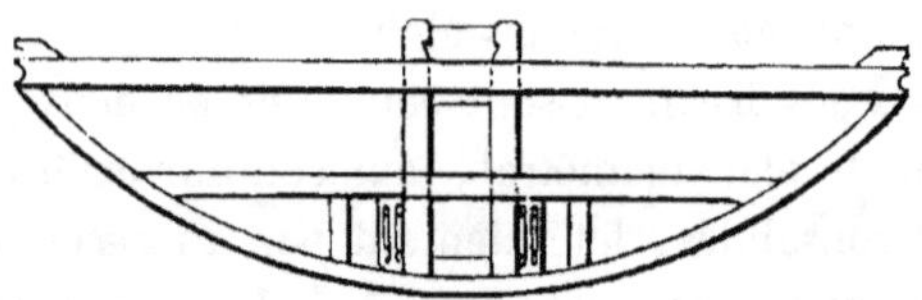

Fig. 92.

le mât dans la partie rectangulaire du ton. Les élongis sont assemblés à l'avant, avec un traversin qui forme l'emplanture du mât de perroquet; enfin, les extrémités des barres sont réunies par une guérite en arc de cercle qui préserve les voiles de perroquet de leur contact. Un chouquet, en tout semblable à celui du bas-mât, termine le mât de hune et complète la tenue du mât de perroquet.

Le *mât de perroquet* est semblable au mât de hune, sa caisse est carrée et maintenue en place, soit par une clef ordinaire qui repose sur les élongis des barres, soit par des clefs à levier (*fig.* 93), qui sont d'un usage plus commode. Lorsque l'on emploie ces dernières, on conserve toujours la mortaise de la clef ordinaire, et une ouverture spéciale et de même dimension que la première reçoit les extrémités des clefs à levier; sa hauteur est calculée de manière que les leviers puissent s'y engager avant qu'ils ne soient tout à fait horizontaux. Les clefs mobiles prennent leurs points d'appui sur les élongis et sont maintenues en place par des amarrages pratiqués sur des traversins interposés à cet effet entre les barres. Le mât de perroquet

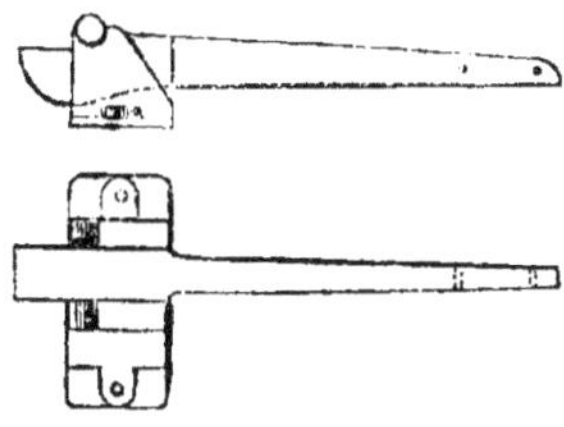

Fig. 93.

présente à la partie supérieure une *noix* ou *capelage* destinée à recevoir les barres de cacatois; il est prolongé par un *ton*, et muni d'un chouquet nécessaire pour assujetir le mât de cacatois, à moins que celui-ci ne soit formé directement par le prolongement du mât de perroquet; ce qui simplifie et allége à la fois la mâture haute.

Les mâts de beaupré reçoivent de fortes dimensions en longueur et en diamètre, et, en conséquence, ils sont construits en pièces d'assemblage de même que les bas mâts; ils n'ont pas de ton, et sont terminés simplement par un chouquet dans lequel s'engage le *boute-dehors*; l'extrémité inférieure de celui-ci est maintenue sur le mât à l'aide d'un taquet en bois et d'un amarrage, il est assujetti en outre par un cordage passant dans une engoujure pratiquée dans son talon, et amarré par les deux extrémités à des boucles rivées sur l'un des cercles du mât, à sa face supérieure. Le beaupré est garni d'une jumelle qui recouvre les cercles, et préserve le boute-dehors de leur frottement.

Dans les petits bâtiments et dans les navires à hélice, le beaupré reçoit des dimensions fort réduites, il peut alors être exécuté d'une seule pièce, et, dans ce cas, le chouquet est souvent en fer et de construction légère.

107. De la tenue des mâts, haubans, étais, etc. Les bas mâts sont soutenus transversalement et longitudinalement par les *haubans* et les *étais*. La grosseur et le nombre des haubans sont mis en rapport avec les dimensions des mâts auxquels ils sont appliqués; le premier hauban de l'avant est placé par le travers de l'axe du mât, les autres sont reportés sur l'arrière, et le dernier atteint une obliquité de 25 à 28°. L'inclinaison des haubans sur l'arrière est nécessaire pour équilibrer la tension des étais ; mais c'est leur *épattement* ou obliquité transversale qui est l'élément le plus important de la tenue de la mâture : plus cet épattement est considérable, mieux la mâture est soutenue du travers ; dans la pratique il est fixé à 18 ou 20° ; c'est pour l'obtenir que les haubans viennent brider de chaque bord sur les *porte-haubans*, placés en saillie à l'extérieur de la muraille. Quant aux étais, leurs dispositions sont bien simples, ils sont toujours situés dans le plan diamétral, et leur inclinaison par rapport à la verticale varie de 50 à 60°.

Sur les bâtiments à vapeur, les haubans et les étais du grand mât, qui sont à proximité de la cheminée, seraient exposés à être brûlés par les gaz chauds et les flammèches qui s'en échappent continuellement, et l'on a reconnu la nécessité de les terminer, à la partie supérieure, par des bouts de chaînes en fer.

Depuis quelques années on fait usage, pour les bas haubans et les étais, de *cordages en fil de fer*, composés de torons commis de la même manière que ceux des cordages ordinaires, avec cette seule différence que le fil de caret est remplacé par du fil de fer ; ce fil est assez fin et zingué avant d'entrer dans la composition des cordages. Les cordages en fil de fer peuvent être pliées sur eux-mêmes, estropés, ou épissés en suivant les procédés ordinaires, et, en un mot, ils sont propres à la plupart des usages du filin ordinaire employé comme dormant ; grâce au zingage préalable des fils qui les composent, ils sont à l'abri de l'oxydation, et dès lors leur durée paraît indéfinie, car ils ne pourraient guère être altérés que par les frottements extérieurs exercés, soit par quelque manœuvre en filin, soit par quelques pièces de mâture ; mais comme ils sont par eux-mêmes beaucoup plus résistants que ces objets, ce sont plutôt ces derniers qui auraient à souffrir. A section égale, la résistance des cordages en fil de fer est bien supérieure à celle du filin, et à poids égal, elle est notablement plus grande que celle des chaînes, ils sont donc doublement avantageux pour constituer la partie fixe du gréement; dans la marine militaire, il en a été fait application sur le yacht impérial l'*Aigle*, et sur plusieurs canonnières actuellement en service dans les mers de Chine, et jusqu'à présent ces essais n'ont donné lieu qu'à des rapports favorables. Les gréements en fil de fer ne sont pas plus lourds que les gréements ordinaires, ils sont beaucoup moins volumineux et présentent moins de prise au vent; ils sont plus coûteux de premier établissement, mais leur longue durée compense largement l'excès de dépense première qu'ils occasionnent; c'est ce qui a été parfaitement compris par les armateurs anglais, qui les ont généralement adoptés pour les navires de quelqu'importance. Des gréements de cette espèce conviennent tout particulièrement aux bateaux à vapeur; et en tout cas, si l'on ne voulait en faire usage que partiellement, ils seraient bien préférables aux bouts de chaînes placés en prolongement du filin, au-dessus et dans le voisinage de la cheminée.

108. Ridage des haubans. — Caps de mouton et chaînes de hauban. Les haubans sont tendus ou *ridés* au moyen d'un appareil composé de deux *caps de mouton* (*fig.* 94), dont l'un est estropé à l'extrémité du hauban, et l'autre fixé au porte-hauban; les deux caps de mouton sont réunis par une *ride* ou cordage de petit diamètre, faufilé de l'une à l'autre, a travers des ouvertures pratiquées à cet effet. Les caps de mouton avec leur ride constituent un véritable palan, avec cette différence, cependant, que les réas sont supprimés, et que pour les faire fonctionner, on doit vaincre les frottements considérables de la ride sur le bois. La ride peut être simple ou double : dans le premier cas, les caps de mouton sont à trois trous, la ride fait dormant, au moyen d'un cul de porc sur l'un des trous du cap de mouton supérieur; dans le deuxième cas, les caps de mouton sont à quatre trous, la ride est double et fait dormant en son milieu, sur l'estrope en fer du cap de mouton inférieur, chacun de ses brins passe ensuite dans les ouvertures qui se correspondent deux à deux. Pour opérer le ridage, on se sert d'un palan dont la poulie supérieure est aiguilletée sur le hauban, à peu près à moitié de sa hauteur, et dont la poulie inférieure est crochée sur l'extrémité de la ride, si elle est simple, ou sur les extrémités réunies de ses deux brins de la ride, si elle est double.

Le cap de mouton inférieur est estropé sur l'une des extrémités d'une chaîne de fer, dont l'extrémité opposée est chevillée sur les préceintes de la batterie haute (*fig.* 94); les *chaînes de haubans* doivent venir directement à l'appel des haubans, et leur position doit en outre être combinée avec celle des sabords, tant des gaillards que de la batterie, de manière que le tir des pièces soit complétement dégagé. Les chaînes ne font que poser sur les porte-haubans, et toute la tension qu'elles supportent est transmise aux chevilles qui les fixent à la muraille, aussi convient-il que ces chevilles tombent en plein bois, et dans le cas où la direction qui leur est assignée les ferait arriver en maille, serait-il nécessaire de disposer à l'avance des remplissages pour les recevoir. Les chaînes de hauban sont composées: de l'*estrope* du cap de mouton qui en forme le premier maillon, d'un deuxième maillon allongé et à branches parallèles, et

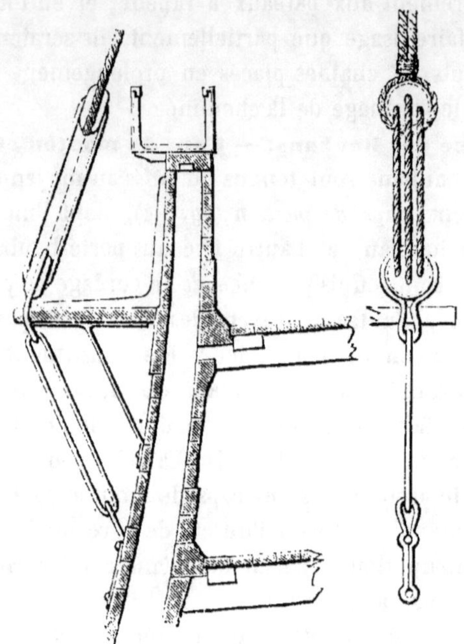

Fig. 94.

enfin d'un troisième maillon coudé, fixé à la muraille par deux fortes chevilles. Dans la marine militaire, le dernier maillon des chaînes de hauban est disposé depuis longtemps de manière à permettre son démontage, sans qu'il soit nécessaire de repousser aucune cheville, en sorte que, dans le cas où un navire resterait inactif dans le port, on pourrait enlever ses chaînes de hauban et les conserver en magasin, sans avoir à craindre de les voir altérées ou détruites par l'oxydation.

Cette disposition est représentée (*fig.* 95); le maillon coudé en fer plat est retenu par une cheville à T, retenue elle-même par un étrier *a b*, dont l'extrémité s'ajuste avec une cheville à épaulement *c*; pour démonter la chaîne on retire la goupille de la cheville *c*, on enlève l'étrier, et l'on peut ensuite retirer sans difficulté toute la portion supérieure de la chaîne.

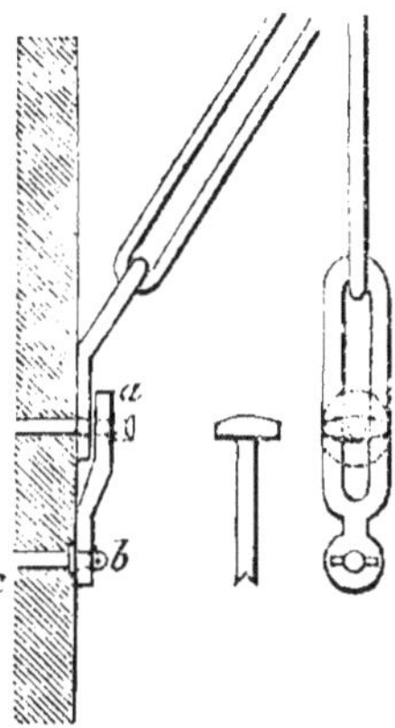

Fig. 95.

109. Ridages métalliques. Les caps de mouton à cordes n'ont jamais donné une satisfaction complète pour les bâtiments de guerre; malgré tous les soins apportés à faire concorder le mieux possible les positions des sabords des gaillards et celles des chaînes de haubans, il s'en trouve toujours quelques-unes trop rapprochées, et leurs rides sont exposées à être brûlées par l'explosion des bouches à feu; en outre, l'opération du ridage est assez pénible et ne peut guère être exécutée à la mer, à moins que ce ne soit par un temps tout à fait calme. Pour ces différents motifs on a cherché à substituer aux caps de mouton ordinaires, des appareils mécaniques, d'une plus grande puissance et d'un encombrement moindre. Le premier système de ce genre, dont il ait été fait usage, est celui dit à *crémaillères*, imaginé par M. Peuchaud : Il se compose de deux tringles en fer, *a b*, *c d* (*fig.* 96, A), susceptibles de glisser l'une contre l'autre; la première taillée en forme de crémaillère est fixée sur la chaîne de hauban, la deuxième est attachée à l'extrémité du hauban; cette dernière présente à son extrémité inférieure un étrier *d e*, que l'on peut engager à volonté dans les différents crans de la crémaillère. Pour opérer le ridage on se sert d'un levier *i h*, articulé sur deux tringles parallèles *g h*, réunies par un tourillon *g*, que l'on engage dans un cran de la crémaillère; le levier *i h* étant introduit dans la manille supérieure, on agit sur son extrémité libre à l'aide d'un palan, et lorsque le hauban a reçu la tension convenable, on rend la longueur de la crémaillère invariable en engageant l'étrier *d e* dans le cran devant lequel il se présente.

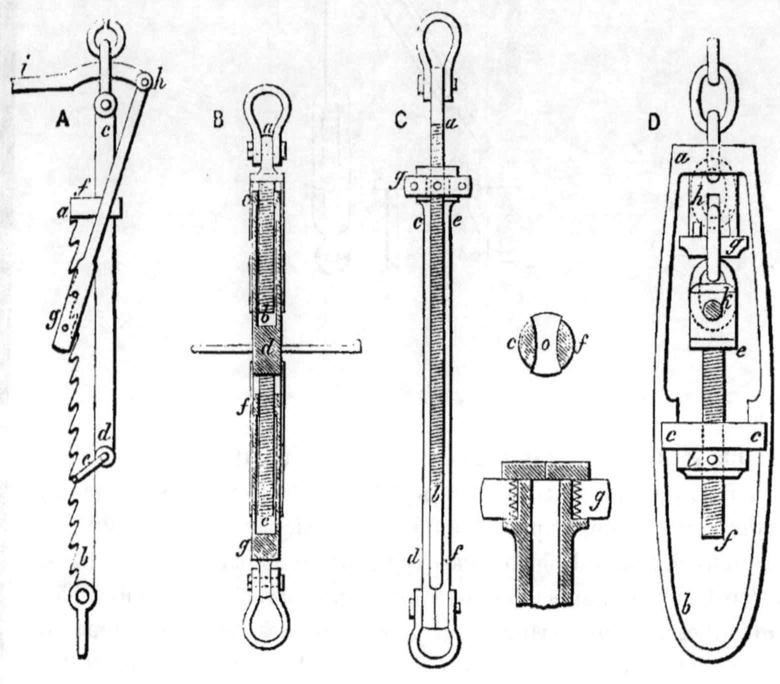

Fig. 96.

Un autre appareil de ridage, connu sous le nom de *système de Brest*, est composé d'une vis de pas assez fin *a b* (*fig.* 96, B), reliée avec le hauban par l'intermédiaire d'une manille à cosse, et pénétrant dans un écrou taraudé à l'extrémité supérieure d'un tube *c d*, dont l'extrémité inférieure est prolongée par une vis *d e*, de même pas et de même longueur que la première; cette vis pénètre à son tour dans un écrou pratiqué à l'extrémité supérieure d'un canon *f g*, relié par sa base *g* avec la chaîne de hauban; des tubes en tôle mince enveloppent complétement les vis lorsqu'elles sont hors de leurs écrous, et les garantissent de l'oxydation, en même temps qu'elles préservent de leur contact les ralingues des voiles et les manœuvres courantes qui pourraient y être raguées. On ride en agissant sur un levier engagé dans le noyau central *d*. Cet appareil est d'une grande puissance; un seul homme suffit pour le faire fonctionner, et le ridage peut être effectué aussi facilement à la mer que dans le port.

On a également employé un autre système de ridages à vis, imaginé par M. Huau, mécanicien à Brest; il se compose d'une seule vis d'un pas assez gros, *a b* (*fig.* 96, C), dont les filets ont été enlevés de chaque côté sur le quart de sa circonférence ; cette vis est enchâssée entre deux lattes *e d*, *e f*, fixées à l'extrémité supérieure à la chaîne de hauban ; un écrou en deux pièces *g*, maintenu entre deux épaulements, réservés au sommet de ces lattes, s'ajuste sur la portion conservée du taraudage de la vis. On opère le ridage en agissant sur l'écrou au moyen d'un levier engagé dans des ouvertures peu profondes pratiquées sur son pourtour. Toutes les parties de l'appareil restent à découvert; on les préserve de l'oxydation par le zingage.

La figure (96, D) représente encore un système de ridage, imaginé au port de Rochefort par M. Charriot, ingénieur de la marine; le hauban est estropé sur un bout de chaîne ordinaire sans étais, qui vient traverser une espèce de lunette *a*, formant l'extrémité supérieure d'une chappe en fer *a b*, articulée sur la chaîne de hauban. Pour rider on se sert d'une vis mobile *e f*, ajustée à l'aide d'une goupille *k*, sur le dernier maillon de la chaîne, et dont l'écrou *l* vient butter sur une entretoise *c c*, placée entre les branches de la chappe. Lorsque le hauban est rendu au point de tension convenable, on assujettit le premier maillon de la chaîne à l'aide d'une clavette *g*, qui porte contre une douille *h*, percée de clans de différentes profondeurs, et qui présente toujours à la clavette un point d'appui correspondant à la position du maillon.

Les ridages métalliques, que nous venons de passer en revue, sont moins encombrants que les caps de mouton, ils permettent de disposer les haubans d'une manière plus avantageuse au point de vu de l'artillerie, leur manœuvre est facile et leur puissance est considérable; aussi, dès l'origine, ces qualités avantageuses les firent-ils adopter avec empressement par les marins. Cependant, à l'usage, on n'a pas tardé à reconnaître qu'ils étaient sujets à de graves défauts : en premier lieu la facilité extrême avec laquelle on peut les manœuvrer et qui paraît si séduisante, peut occasionner des désordres importants si l'on n'en fait pas usage avec précaution; en effet, les hommes n'ayant pas conscience de l'effort qu'ils exercent sur les haubans, sont susceptibles de leur donner des tensions exagérées qui transmettent à l'emplanture du mât une pression énorme, et aux préceintes une traction considérable, qui l'une et l'autre provoquent la déliaison du navire; on peut objecter, il est vrai, qu'avec de l'attention on éviterait ce danger, mais l'attention peut être en défaut; il n'est pas facile, d'ailleurs, de bien apprécier la tension des haubans, et les faits ont démontré que plusieurs navires avaient été fortement déliés par suite de ridages exagérés, quoiqu'ils eussent été commandés par des officiers expérimentés et attentifs. On reproche également aux ridages métalliques le travail considérable qu'ils exigent, leur prix élevé, et la difficulté ou plutôt l'impossibilité que l'on éprouve à les réparer à bord en cas d'avaries; enfin, pendant le combat, on leur reproche encore, de former, sous les projectiles de l'ennemi, des éclats de mitraille aussi redoutables que les projectiles eux-mêmes.

D'après ces considérations, les ridages métalliques ont été abandonnés, et l'on en est revenu aux caps de mouton ordinaires. Il faut observer d'ailleurs que pour les bâtiments à hélice, qui composent actuellement toute la flotte à vapeur, les conditions ne sont plus les mêmes que pour les navires à voiles; leur longueur étant beaucoup plus considérable, et les sabords plus espacés, il est facile de placer les haubans de manière à ce que les caps de mouton ou les chaînes ne nuisent en rien au pointage oblique des bouches à feu. Les caps de mouton employés actuellement sont estropés d'une latte en fer plat avec oreilles, et articulés sur une manille qui termine la chaîne; souvent on substitue à celle-ci une simple *latte* dont une extrémité repose sur le porte-hauban, et dont l'extrémité opposée est chevillée directement sur la muraille.

110. Haubans de hune et trélingage. Les haubans de hune sont ridés, comme les bas haubans, au moyen de caps de mouton, dont l'un est estropé à leur extrémité, et l'autre, reposant sur le bord de la hune, est ajusté dans un œil pratiqué dans une latte en fer qui traverse la guérite et se termine par un anneau dans lequel vient s'engager un croc fixé à l'extrémité de la gambe de revers *a b*, (*fig.* 97, A).

Dans les anciens bâtiments, les gambes de revers venaient se fixer sur les bas haubans, et la traction horizontale qu'elles exerçaient était équilibrée par le *trélingage*, sorte de transfilage en corde réunissant les haubans d'un bord à l'autre. Actuellement, les gambes de revers aboutissent sur des manilles à cosses *b b*, articulées sur un cercle en fer placé sur le mât; ce cercle avec ses manilles est représenté sur une plus grande échelle (*fig.* 97, B). Quelquefois les gambes de

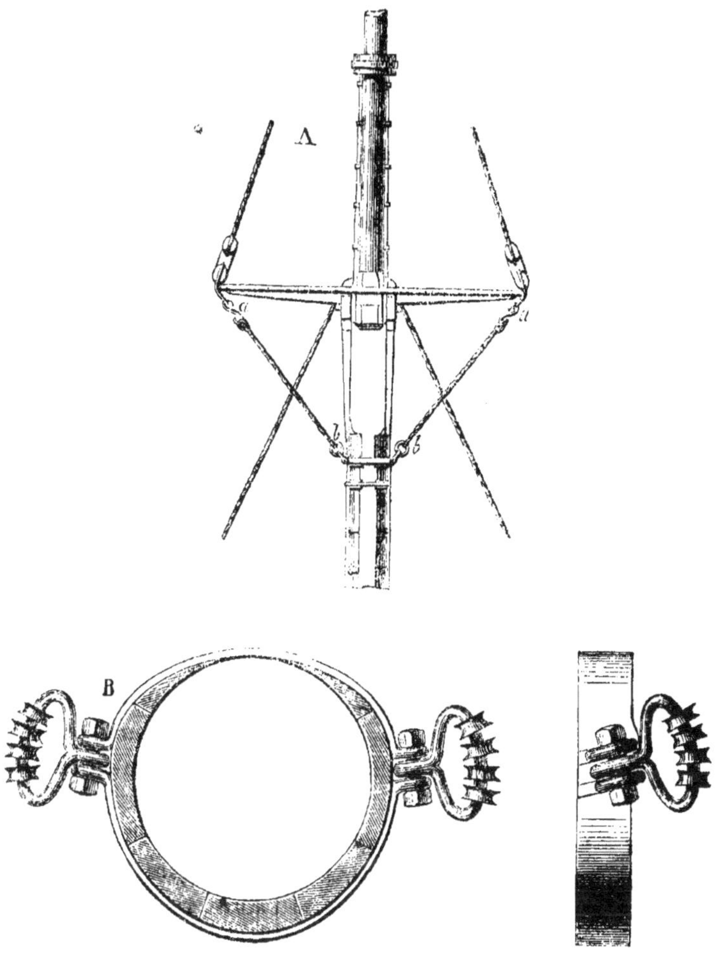

Fig. 97.

revers ont été faites en chaîne, mais cela charge inutilement les hauts du navire; et l'on ne devra faire usage de métal, pour cette partie du gréement, que pour les bâtiments à vapeur, et dans le voisinage de la cheminée; mais alors de simples tringles ou des cordages en fil de fer seraient préférables aux chaînes.

111. Suspentes et drosses de basses vergues. Les basses

vergues sont amenées à la position qu'elles doivent occuper sur le mât, à l'aide de leurs drisses, qui consistent en deux très-forts palans, ou caillornes à trois rouets. Ces drisses ne servent que dans des circonstances exceptionnelles, et, en cours de navigation, les basses vergues conservent invariablement la même hauteur; comme d'ailleurs les drisses feraient obstacle aux orientements obliques de la voile, on dépasse leur garant, et l'on soutient la vergue par une manœuvre fixe nommée la *suspente*, attachée en son milieu. Lorsqu'il y a lieu d'amener la basse vergue sur le pont, on commence par repasser les garants des drisses, puis on doit se débarrasser de la suspente; cette opération pourrait présenter quelques difficultés, si aucune disposition spéciale n'était prise pour la faciliter. Pendant longtemps la suspente a consisté en un bout de chaîne faisant tour mort sur le mât et venant former herse sur la vergue, après avoir passé dans une ouverture pratiquée dans le massif de la hune sur l'avant du traversin; sur ses deux brins parallèles, entre la hune et la vergue, étaient placés des maillons à échappement que l'on n'avait qu'à faire fonctionner pour que la vergue portât sur ses drisses. Parmi les nombreux échappements imaginés pour cet usage, nous nous bornerons à indiquer celui de M. *Brindejonc*, officier de vaisseau; il consiste en une espèce d'émerillon *a* (*fig.* 98), dont la chappe en deux pièces

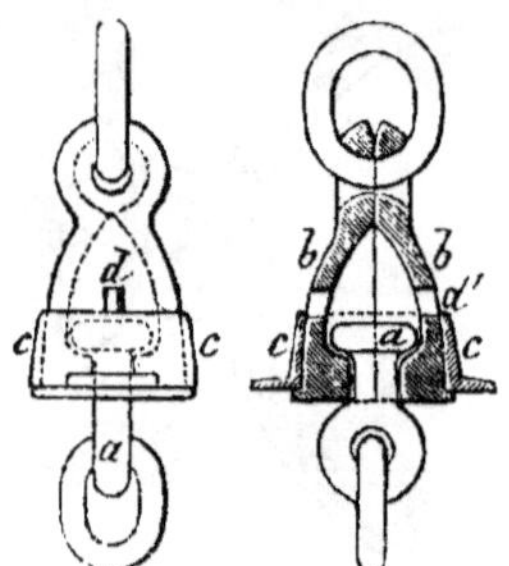

Fig. 98.

b b est maillée à la partie supérieure avec un anneau de la chaîne de suspente, et réunie à la base par un anneau *c c*, assujetti par une clavette *d*. L'appareil étant ainsi constitué, la jonction des deux parties de la chaîne subsiste; pour l'interrompre, on retire la clavette *d*, on chasse le cercle *c c* vers la partie supérieure; les deux moitiés de la chappe s'écartent, et le boulon de jonction *a* devient libre.

L'échappement Brindejonc fonctionne bien, mais il est d'une exécution difficile et d'un prix élevé. D'ailleurs, il est arrivé pour les suspentes ce qui s'est produit pour presque toutes les parties du gréement fixe, où, après avoir essayé des chaînes, on en est revenu tout simplement au filin ; actuellement les suspentes de basses vergues sont toujours en corde, elles sont doubles et estropées en leur milieu sur une cosse baguée sur une manille, assemblée par l'intermédiaire d'un boulon avec le cercle de suspente, placé au milieu de la vergue ; les deux brins de la suspente font ensuite tour mort sur le ton du mât, et ses deux bouts libres sont terminés par des cosses sur lesquelles viennent se fixer les poulies de drisses.

Les suspentes ne suffisent pas pour maintenir les basses vergues à la position voulue, celles-ci doivent être rappelées contre le mât par les *drosses*, et sont en outre maintenues dans le sens transversal par les *palans de roulis*; ces manœuvres produisent les effets demandés, cependant elles compliquent le gréement, et de plus les drosses, en appe-

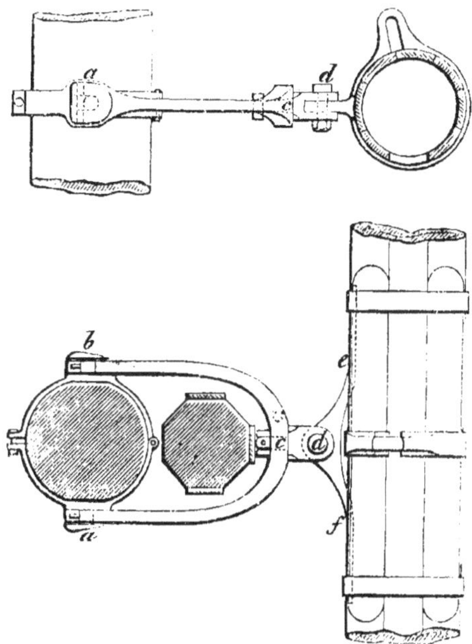

Fig. 99.

lant la vergue contre le mât, la font brider contre les haubans, dans les orientements obliques, dont l'amplitude peut se trouver limitée par cette raison ; on évite cet inconvénient à l'aide de l'installation connue sous le nom de *drosses en fer*, dont nous donnons un exemple (*fig.* 99). Cette installation consiste en un premier étrier *a c b*, articulé par ses extrémités *a* et *b*, sur des tourillons fixés à un cercle en deux pièces placé sur le mât ; cet étrier est assez développé dans les deux directions pour laisser libre passage à la caisse du mât de hune ; en son milieu est placé un pivot à émérillon sur lequel vient s'articuler un deuxième étrier *e f d*, fixé solidement à la vergue par deux cercles qui recouvrent ses extrémités. L'inspection de la figure suffit pour montrer que ce système remplit parfaitement son but. Depuis longtemps les drosses en fer ont été adoptées dans la marine marchande, et leur emploi se généralise de plus en plus dans la marine militaire.

112. Réduction de la voilure. — Ris Bélaguic. — Système Brouard. Sans avoir l'intention d'examiner ici la manœuvre des voiles, nous dirons cependant quelques mots de celle qui est relative à la réduction de la voilure lorsque le vent fraîchit; cette réduction s'opère habituellement en *prenant des ris*, ce qui exige que les hommes montent sur les vergues, et se livrent à un travail quelquefois dangereux et toujours fort pénible. Depuis quelques années, la marine militaire a adopté un système imaginé par M. Bélaguic, officier de vaisseau, et qui facilite notablement la manœuvre de prendre les ris ; dans ce système, chaque bande de ris est garnie d'une filière en corde, passant dans des *œils de pie*,

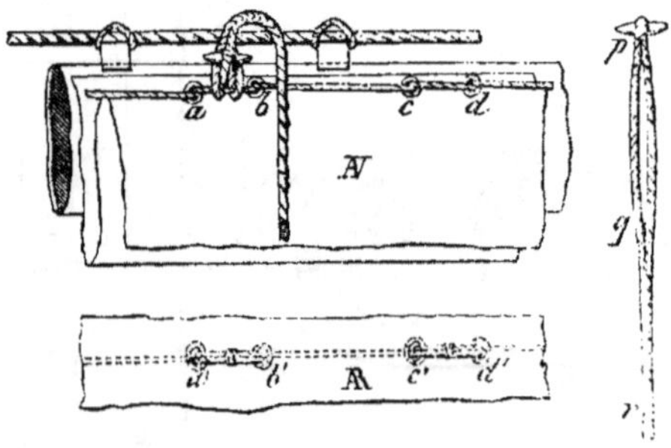

Fig. 100.

a, b, c, d (*fig.* 100), pratiqués dans la voile et inégalement espacés, cette filière forme un tour complet entre les œils de pie les plus rapprochés *a b*, *c d*; *a' b'*, *c' d'*, et les deux brins croisés sur la face arrière de la voile, sont réunis par un amarrage à plat ; les *garcettes*, au lieu d'être fixées sur les bandes de ris comme par le passé, sont amarrées sur la filière de la vergue ; elles présentent à leur partie supérieure deux branches parallèles formant un œil allongé *pq*, et se terminent par une *queue de rat*, provenant de la jonction des deux branches supérieures ; un cabillot en bois est solidement fixé sur la filière de la vergue, à proximité de la garcette, quelquefois sur la garcette elle-même.

Pour prendre un premier ris, on pèse sur les palanquins, de manière à amener la bande de ris en contact avec la vergue, les hommes passent l'extrémité de la garcette entre la filière et la voile, en *a b*, et, la ramenant à eux, engagent l'œil de la partie supérieure sur le cabillot. Pour les autres ris, l'opération s'exécute de la même manière et avec les mêmes garcettes.

M. Brouard, du Havre, a imaginé un système qui permet de réduire la voilure, sans qu'il soit nécessaire d'envoyer les hommes sur les vergues ; ce système est surtout précieux pour la marine marchande, où la manœuvre de prendre des ris est d'autant plus pénible, que les équipages sont moins nombreux. La voile est attachée par la ralingue de tête à une *sous-vergue*, placée, ainsi que son nom l'indique, au-dessous de la vergue proprement dite, et soutenue à chacune de ses extrémités par une ferrure *a* (*fig.* 101), dans laquelle

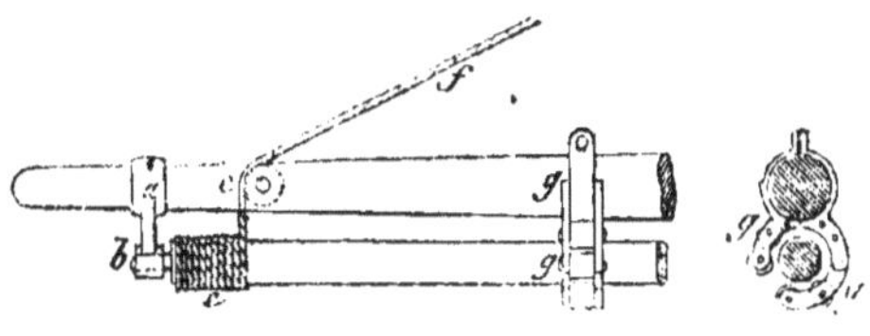

Fig. 101.

s'engage un tourillon *b* ; près de ces ferrures s'enroule un cordage ou *balancine de ris ef*, faisant retour sur une poulie *e*, placée sur le côté de la vergue supérieure et remontant ensuite au chouquet, pour redescendre de là sur le pont. Si l'on pèse sur cette balancine en filant en même temps la drisse, la voile s'enroule sur la sous-vergue, et sa surface est réduite autant que l'on veut.

Cette installation s'applique également aux basses voiles, huniers et perroquets. La sous-vergue ne saurait rester suspendue par ses deux extrémités seulement ; elle est soutenue de distance en distance par deux ou trois ferrures à rouleaux *gg*, qui résistent à la poussée du vent, et contribuent à faire ranger convenablement la voile lorsqu'elle est enroulée.

Sur quelques bâtiments du commerce, et principalement sur les grands clippers américains, les huniers sont souvent décomposés, dans le sens de la hauteur, en deux parties, fixées chacune à une vergue distincte. La vergue inférieure est invariable de position, elle est supportée par une suspente en fer; sa voile ne présente pas de bande de ris, elle doit être carguée lorsque le vent ne permet pas de la porter; le hunier supérieur est décomposé en bandes de ris égales, réparties sur toute sa hauteur, et le dernier ris étant pris, il se trouve totalement replié; les cargues et les écoutes sont inutiles pour cette partie de la voile et sont supprimées; il n'en existe que pour la voile inférieure.

DEUXIÈME PARTIE.

MÉCANIQUE DU NAVIRE.

CHAPITRE PREMIER.

RÉSISTANCE DES FLUIDES.

Il est affligeant d'avoir à commencer ce chapitre en avouant que, malgré le nombre si considérable d'ingénieurs, de marins distingués qui se sont occupés tant de la résistance que l'eau oppose au mouvement des corps flottants, que de l'impulsion que les voiles reçoivent du mouvement de l'air, cause de la propulsion du navire à voiles, la théorie de ces effets est peu avancée. La cause en est surtout à ce que la difficulté du problème, la multiplicité des éléments de la question, ont empêché les meilleurs esprits d'introduire dans son étude la mesure, l'évaluation d'ordre scientifique, pour rester dans l'étude complexe de la machine qui constitue un navire, ce qui a fait que toutes les expériences se perdent avec les objets de ces études,

Introduire dans l'appréciation des faits d'ordre mécanique qui se passent à la mer, la méthode scientifique qui peut seule permettre de tirer parti d'expériences pour faire avancer quelque peu la théorie générale et par suite accroître la masse des connaissances partout et toujours applicables, ce serait rendre un grand service à la marine. Sans pouvoir espérer satisfaire à un aussi beau programme, nous sommes certain d'être dans la bonne voie en résumant les expériences les plus précises faites par Dubuat, Duchemin, Thibault, Piobert, etc., sur les résistances des fluides et en suivant la discussion lumineuse qu'en a faite l'illustre général Poncelet, dans son *Introduction à la Mécanique physique*, ce modèle de méthode, de réduction aux principes de la science, des phénomènes les plus complexes.

113. Résistance des surfaces planes. *Loi de Newton.* Lorsqu'une surface plane se meut dans un fluide dont les molécules ont une grande mobilité, il repousse ces molécules dont l'inertie fait naître une résistance d'autant plus grande que leur masse et la vitesse du corps plongé est plus grande. Si V est la vitesse de ce corps, il déplacera ainsi par seconde un volume de fluide égal à AV, A étant l'étendue de la surface. La force résistante, l'inertie de la masse mise en mouvement, sera en chaque instant égale à MV; comme nous savons que le volume de la masse M est AV, la résistance sera donc représentée par $\frac{pAV}{g} V = pA \frac{V^2}{g}$, p étant la densité.

Nous supposons la surface A perpendiculaire à la direction de la vitesse; si elle faisait avec elle un angle i, le prisme de fluide déplacé aurait pour base $A \sin i$ et serait égal à $AV \sin i$; et la vitesse normale au plan étant $V \sin i$, la résistance de la surface sera $p A \sin^2 i \frac{V^2}{g}$.

114. Cette théorie proposée par Newton n'est évidemment pas l'expression des faits, elle suppose en quelque sorte que le fluide rencontré en chaque instant disparaît aussitôt, pour permettre au corps plongé de rencontrer de nouvelles couches de fluide en repos. Il ne peut en être ainsi, pas plus qu'on ne peut écraser un corps malléable, sans qu'il résiste en augmentant de diamètre dans la direction perpendiculaire à celle de l'effort qui produit l'écrasement, sans qu'une force transversale ne résulte de l'application de la force longitudinale. Or, dans les fluides, ce double effet est toujours produit, et l'on se tient bien loin de la vérité lorsqu'on ne tient compte que du dernier. Il suffit, pour se convaincre qu'il en est ainsi, de considérer les cercles concentriques qui se forment à la surface de l'eau lorsqu'on y laisse tomber un caillou, cercles parfaitement continus quand leur rayon passe de 1 centimètre à 1, 2, 3 .... mètres. Il est clair que si la transmission était seulement directe, il y aurait, pour les grands rayons, discontinuité dans la circonférence.

C'est en suivant ces deux modes de transmission du mouvement dans les fluides, en ne se bornant pas à la simple transmission longitudinale, comme dans la théorie de Newton, que l'on peut mieux analyser les phénomènes qui se produisent autour des corps plongés dans les fluides.

Remarquons, en passant, que la distinction précédente suffit pour démontrer le principe établi par Léonard de Vinci, que dans les ondes circulaires qui se forment dans les liquides, la vitesse des différentes couches croît à mesure qu'on se rapproche du centre. On voit, en effet, que la même force vive qui se produit au contour d'une petite circonférence et d'une grande doit nécessairement répondre à une vitesse bien moindre dans le second cas que dans le premier, autrement la masse serait plus considérable avec une même vitesse, ce qui est impossible, comme le montre le principe fondamental que l'on doit toujours avoir devant les yeux dans une semblable analyse, de la *Conservation des forces vives*. Mais, de plus, la transmission transversale est telle que la vitesse à la circonférence est toujours *inversement proportionnelle au rayon*, selon le grand artiste ingénieur; c'est-à-dire exactement l'inverse de ce qui a lieu dans une roue de voiture, dans un corps solide tournant autour d'un axe.

Nous parlons avec intention, dès le début de cette étude, des mouvements d'un ordre particulier qui tendent à se produire dans les fluides, parce que la facile production de tourbillonnements, des mouvements orbitaires des molécules liquides les unes autour des autres, est le caractère essentiel de cet état physique des corps, et que toute analyse des effets mécaniques qui se passent dans les liquides, sans tenir compte de cet élément capital, en les considérant comme analogues à des masses de sable, comme formés de molécules indépendantes, est nécessairement défectueuse. On ne doit jamais oublier que c'est surtout sous la forme de tourbillons que les liquides consomment, emmagasinent, si l'on veut, de grandes quantités de travail, comme nous l'expliquerons plus loin. Si la difficulté de suivre dans ses détails de semblables effets, rend presque impossible une autre voie que la voie expérimentale pour guider la pratique, on ne doit jamais oublier un principe fondamental qui seul même permet d'utiliser les expériences et d'en déduire des règles usuelles.

115. Observons aussi que le transport apparent des rides et ondes diverses qui se produisent à la surface de l'eau, celui des vagues de la mer, par exemple, n'est en lui-même, c'est-à-dire en l'absence d'autres causes de mouvement telles qu'un courant local, qu'une pure illusion analogue à celle qui est produite par les oscillations d'une longue chaîne ou corde très-flexible ébranlée vivement et transversalement à l'une de ses extrémités, ou à celle que présente la surface d'un champ de blé dont les épis sont périodiquement agités, balancés par le vent; c'est-à-dire qu'il ne se produit essentiellement qu'une oscillation simple accomplie par la surface de l'eau, suivant des directions sensiblement verticales.

116. Corps plongés. *Résultats d'expériences.* Si nous consultons l'expérience pour analyser les phénomènes qui se produisent autour des corps en mouvement dans un fluide, nous pourrons nous en faire une idée exacte.

Soit un plan mince rectangulaire AB (*fig.* 102) se mouvant à de faibles vitesses dans un fluide dans la direction de la normale à

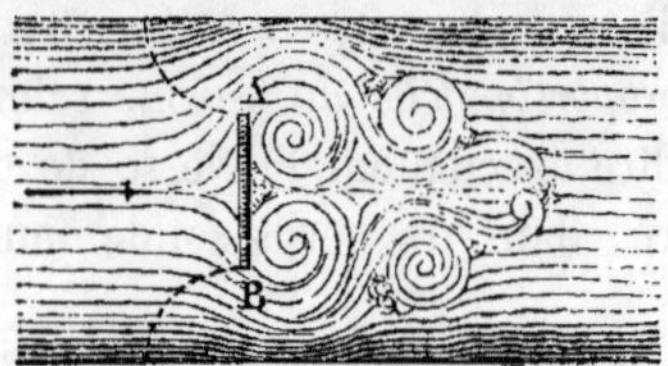

Fig. 102.

ce plan, il se produit, dans chaque coupe perpendiculaire à ses côtés les effets indiqués dans la figure, c'est-à-dire que les filets perpendiculaires à sa surface s'inclinent de manière à lui devenir parallèles, repoussent ceux situés vers les bords, puis les dépassant, s'infléchissent de plus en plus perpendiculairement à leur première direction et circulairement, de manière à former des remous ou *tourbillons* marchant par couples, et qui se succèdant les uns aux autres dans des sens contraires, avec des vitesses dépendantes de celles des corps en mouvement, s'étendent et se disséminent dans la masse fluide.

Il est remarquable, pour peu que le plan ait de largeur, qu'une partie de l'eau placée au centre ne tend nullement à se déplacer, et qu'il se forme alors ce que Dubuat a appelé une *proue liquide*, formée par une masse d'eau que l'inflexion des filets empêche de se déplacer et qui se meut avec le plan.

117. Si le plan est incliné par rapport à la direction du mouvement,

Fig. 103.

les filets divergent, comme l'indique la figure (*fig.* 103), non plus également à partir de la ligne qui passe par le milieu de la figure, comme dans le cas précédent, mais à partir d'une ligne parallèle à la première et à la direction du mouvement, et d'autant plus voisine du côté du plan le plus avancé que l'angle d'incidence est plus aigu.

La résistance est évidemment bien amoindrie par les inflexions des filets fluides, par cette fuite de l'eau devant le corps en mouvement, relativement à ce qu'elle serait si le principe sur lequel repose la loi de Newton était vrai. C'est ce que prouve bien une expérience célèbre du chevalier Morosi, qui montre que la résistance d'un plan se mouvant dans un fluide est doublée quand on garnit ses bords de planchettes disposées d'équerre avec sa surface, qu'on gêne par suite la déviation latérale des filets liquides.

118. Les tourbillons que nous voyons naître ici par le mouvement d'un corps immergé, lorsque les filets fluides prennent une direction transversale par rapport à celui-ci, sont soumis à la loi des petites oscillations ; ils se rencontrent sans se détruire, se superposent, coexistent simultanément. La formation des tourbillons, dit M. Poncelet, est le moyen que la nature emploie pour éteindre, ou plutôt dissimuler la force vive dans les changements brusques de mouvement des fluides, comme les mouvements vibratoires sont la cause de sa dissipation, de sa dissémination dans les solides. Pour bien concevoir comment la formation des tourbillons devient, dans les fluides, une source de perte de force vive, on doit considérer, d'une part; qu'une fois produits, ils se propagent, s'étendent de plus en plus, l'impulsion se communiquant aux masses environnantes; d'autre part, que, si le milieu est animé d'un mouvement de transport général, les tourbillons sont comme autant de corps étrangers qui, tout en participant à ce mouvement, tourneraient cependant sur eux-mêmes avec une vitesse indépendante de celle du courant.

119. Corps prismatiques. Passons maintenant au cas où le plan mince cesse d'être isolé, où il forme la partie antérieure d'un corps de forme prismatique dont l'axe est parallèle à la direction du mouvement, ce qui se rapproche du cas des corps flottants que nous voulons étudier. La résistance doit principalement se composer alors, si la vitesse est un peu considérable, d'abord (*fig.* 104), de la pression supportée par la face antérieure, puis de la *non-pression* postérieure, due à la formation de ce que Dubuat, assimilant les phénomènes produits à l'arrière du corps à ce qui se passe à la partie antérieure, appelle une *poupe fluide*. Il est évident, en effet, que le liquide refoulé par la partie antérieure a besoin d'un certain temps pour passer à la partie postérieure et y remplir le vide que fait naître la progression du prisme, qu'à cause de son inertie, le liquide avoisinant

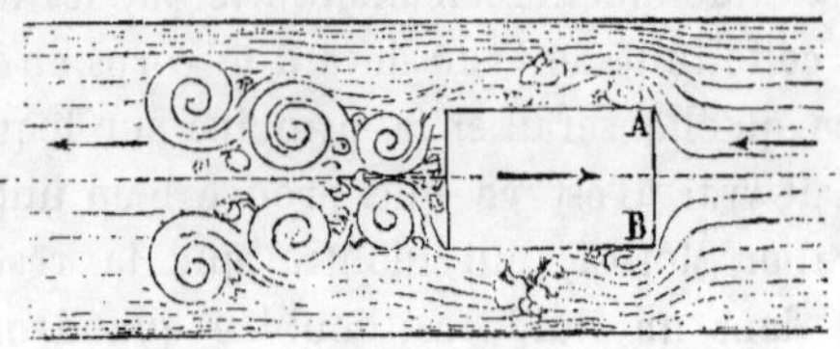

Fig. 104.

ne peut venir remplir instantanément ; les filets du liquide rencontré par la face antérieure ayant pris une direction parallèle au long côté du prisme, entraînent les molécules de la *poupe fluide* qui se forme entr'eux. Ces deux résistances, en raison toutes deux de la vitesse des corps, on plutôt du carré de celle-ci, ou enfin de la hauteur $H = \frac{V^2}{2g}$, qui engendre la vitesse V, paraissent pouvoir être évaluées par un terme de cette forme affecté d'un coefficient de grandeur convenable selon les cas. Mais, avant de chercher l'expression algébrique des résistances, achevons de déduire des considérations sur l'infléchissement des filets fluides quelques conséquences intéressantes.

119. M. le colonel Duchemin, dans ses *Recherches expérimentales sur les lois de la résistance des fluides*, est arrivé à quelques résultats curieux sur la manière dont se répartissent les filets fluides à la rencontre d'un corps plongé, en suivant les pressions produites dans les divers points de sa surface, à l'aide d'un tube de Pitot.

Dans le cas d'un cylindre dont la figure 106 présente la base antérieure, c'est-à-dire celle qui choque le liquide, la direction des filets est représentée, comme le veut d'ailleurs la symétrie, par les lignes radiales tracées sur la figure. Après avoir décrit ces lignes, les molécules prennent des directions analogues à celles qu'indique la figure 104 pour une section passant par l'axe.

Dans le cas d'un parallélipipède rectangle, les routes parcourues par les molécules liquides sur la face antérieure sont celles qu'indique la figure 105, et que détermine pour ces molécules la condition de s'échapper par le plus court chemin.

On retrouve bien ici, par suite de la résistance qu'oppose l'inertie du liquide en arrière de la couche choquée, la production d'une vitesse dirigée presque à angle droit avec la direction du corps, comme celle qui entraîne les molécules d'un corps solide malléable lorsqu'il est écrasé, lorsque le plomb s'étend, par exemple, à angle droit avec la direction du coup du marteau qui le frappe.

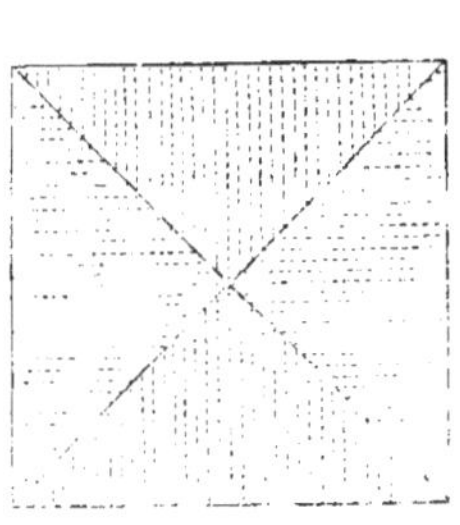

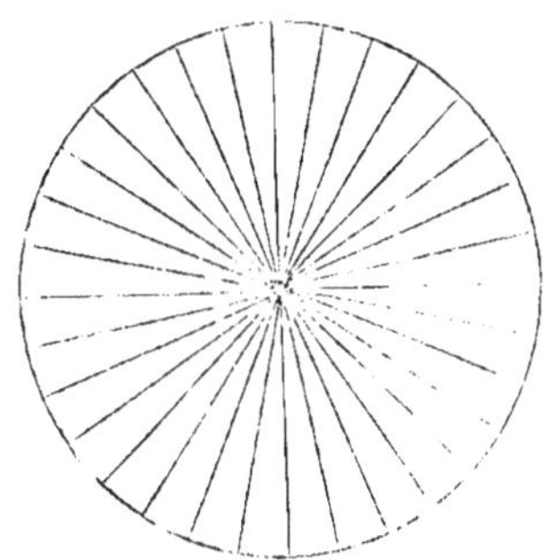

Fig. 105 et 106.

120. Corps de forme allongée. Les résultats précédents vont nous conduire à l'analyse des principaux effets qui se produisent lors du mouvement rapide d'un corps immergé et aux conditions qui mènent à la détermination de la forme du solide de moindre résistance, au principe fondamental en construction, sur lequel repose l'énorme réduction de résistance que procure la forme allongée de la proue.

Soit AB un petit plan, perpendiculaire à la direction du mouvement rapide, qui garnit l'extrémité antérieure du corps plongé et qui, placé au milieu d'une masse fluide, a le temps de produire toute son action sur l'eau avant que celle-ci ait pu y échapper. Cette action tendra à lui communiquer une vitesse dans la direction de son mouvement propre.

Mais en vertu de l'inertie de la masse fluide, au lieu de se mouvoir librement, l'eau choquée prend en même temps qu'une vitesse en avant, une vitesse transversale, par suite d'une action d'écrasement semblable à celle qui résulte nécessairement de la pression d'un corps un mouvement contre un corps en repos lorsque ses molécules n'en sont pas réunies par une cohésion suffisante. Une masse liquide M possédant une force vive considérable en raison de la grande vitesse de son mouvement, se meut donc à la fois dans la direction du corps immergé et transversalement à celui-ci (*fig.* 107). Après un temps θ, elle aura communiqué partie de sa vitesse à une autre masse M′ qu'elle aura écartée de la direction du mouvement, et ces deux masses réunies ne conserveront plus qu'une vitesse moindre. Après un autre temps θ, le même effet sera produit, et jusqu'à l'anéantissement de la vitesse initiale, jusqu'à ce qu'elle devienne insensible, il se sera formé par ces effets une courbe parabolique dont la forme est en raison de la loi de communication du mouvement, et telle que si le corps portant la saillie AB est terminé en arrière par une courbe semblable, il n'éprouvera pas une résistance sensiblement plus grande que si sa surface était limitée à AB. Tel est le résultat obtenu par les proues saillantes de forme aiguë dont nous verrons bientôt toute l'importance pour la navigation.

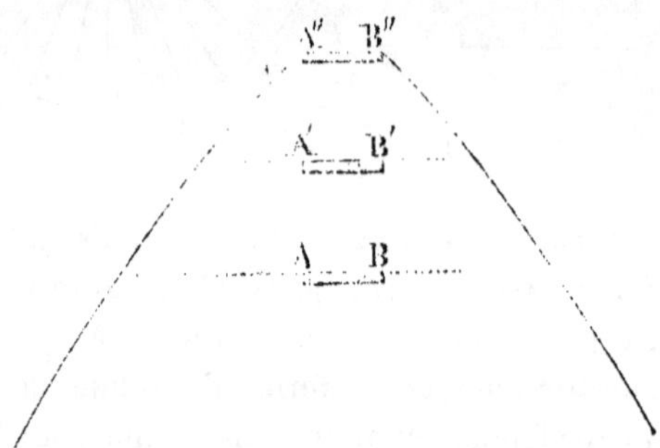

Fig. 107.

121. De là se déduit ce résultat bien conforme à l'expérience, qu'il s'en faut de beaucoup que la force vive qui correspond à la vitesse d'un corps soit communiquée à tout le liquide déplacé; et la déviation des filets fluides a conduit à assimiler avec raison le mouvement communiqué au fluide aux phénomènes qui se produisent lors de son écoulement par un ajutage vers l'orifice duquel viennent s'infléchir des filets très-divergents.

La déviation latérale se propageant évidemment en premier lieu par les parties les plus éloignées de l'axe du corps, il en résulte toutes les fois que celui-ci n'a pas la forme théorique, qu'il est trop aplati vers sa partie antérieure, qu'une partie du fluide, dont le mouvement latéral se produit difficilement, prend la vitesse du corps et chemine avec lui. C'est la *proue fluide* dont j'ai déjà parlé, qui accompagne fréquemment les corps en mouvement, une masse fluide qui est comme en repos par rapport à ceux-ci, et chemine avec eux comme s'il en faisait partie, ainsi que Dubuat l'a reconnu par expérience. Mais ce qui importe surtout, c'est que, dans ce cas, la masse d'eau déplacée, mise en mouvement, est plus grande qu'il n'était nécessaire pour le volume du corps flottant.

Il n'est pas douteux que la forme antérieure de corps plongés ne doive, pour le minimum de résistance, varier avec la vitesse. M. Seguin, qui avait été frappé, lors de l'établissement de bateaux à vapeur sur le Rhône, de la nécessité de faire varier les formes de l'avant avec la rapidité du courant, a remarqué que ces formes devaient se rencontrer chez les poissons, qui, pressés intérieurement et extérieurement par le liquide, doivent prendre des formes ayant une relation intime avec leurs vitesses habituelles.

Sans trop insister sur cette curieuse analogie, il résulte de ce que nous venons de dire, qu'en effet les formes des poissons ne sauraient être différentes de celles qui correspondent à ces vitesses, sans qu'ils éprouvassent en certains points des compressions ou des dépressions qui ne sauraient être leur état habituel ; mais on ne peut assimiler d'une manière absolue des corps entièrement immergés à des corps flottants pour lesquels de semblables comparaisons seraient surtout précieuses. Quelques similitudes entre les formes des espèces de poissons qui sont susceptibles d'acquérir les plus grandes vitesses, des saumons par exemple, et de celles des constructions les mieux réussies, semble toutefois être une confirmation de cette manière de considérer le phénomène.

122. De l'entraînement latéral. Lorsqu'un plan se meut longitudinalement dans un liquide, on peut étudier la communication latérale du mouvement, l'entraînement produit suivant des routes

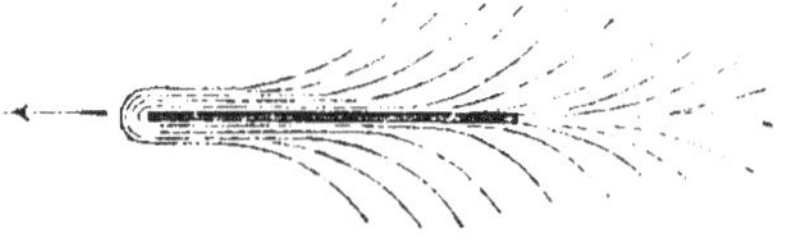

Fig. 108.

convergentes, comme l'indique la figure 108. Il se communique de proche en proche à partir des molécules qui adhèrent au corps, qui tendent à prendre sa vitesse; la pression exercée par le fluide normalement à la surface fournissant par suite de ce déplacement, une résultante oblique. La force vive ainsi communiquée est considérable dans le cas où la surface porte de nombreuses aspérités et saillies; mais elle s'amoindrit beaucoup quand les surfaces sont lisses et polies, telle que celles que présente le doublage en cuivre des vaisseaux. Coulomb, qui considérait ces effets comme dus à un frottement analogue à celui des solides, avait proposé pour les représenter une expression de la forme $A(aV + bV^2)$; mais les expériences plus récentes de MM. Piobert, Morin et Didion ont conduit à supprimer le terme en V et par suite à les considérer encore comme entraînant une consommation de forces vives. Le terme en V suffisant pour exprimer seul les phénomènes d'écoulement des liquides à travers des tubes capillaires et la formule de Coulomb ayant servi avec succès à calculer les écoulements dans des tuyaux de conduite, il faut admettre qu'il est à considérer dans les cas où l'influence des parois occasionne un ralentissement notable, quand la proportion des surfaces solides au liquide qui vient les baigner est extrêmement grande comme dans un tuyau; mais il n'en est pas de même dans le cas de corps polis plongés dans un fluide indéfini, où la résistance latérale tout entière est d'assez faible importance, quant à la résistance totale. L'effet d'adhérence, de cohésion qui paraît se produire, est probablement constant pour une surface donnée. On est parvenu, en effet, à représenter les résultats des nombreuses expériences de Beaufoy en ajoutant un terme constant (d'une importance secondaire dès que la vitesse est un peu considérable) à celui qui comprend le carré de la vitesse.

L'expérience des marins, dit avec raison M. Bourgeois, leur montre chaque jour le rôle important que joue la résistance latérale, et combien le degré de poli et de propreté des surfaces de la carène contribue à atténuer cette résistance, contrairement à l'opinion de Coulomb, qui admettait que le frottement était indépendant de la nature particulière de la surface, tandis que la communication des forces vives augmente rapidement avec les corps rugueux qui y peuvent adhérer. Personne n'ignore, par exemple, la supériorité de vitesse que possèdent les navires doublés de cuivre, ni l'heureuse influence exercée sur la rapidité de la marche des bâtiments par leur passage au bassin, par le nettoyage de la carène, l'enlèvement de tous les corps adhérents et qui forment autant d'aspérités.

123. Formes de l'arrière. Ce que nous avons dit des parties antérieures des corps flottants s'applique aux parties arrière; elles doivent être combinées pour rendre minimum la non-pression qui tend à s'y produire, lorsque le vide qui s'y forme par la progression du corps ne se comble pas aussitôt qu'il tend à prendre naissance, à cause de l'inertie du fluide qui ne lui permet pas de se déplacer instantanément, la poupe fluide formée à l'arrière n'éprouvant pas de la masse fluide une pression égale à la pression statique quand la vitesse est trop grande pour la forme de poupe considérée.

Il existe évidemment, pour ces parties comme pour les parties antérieures, une forme préférable à toute autre, correspondant au minimum de non-pression. Leur allongement avec une diminution progressive de la section transversale, d'où résulte un amoindrissement du chemin que doit parcourir l'eau en chaque point pour remplir le vide, de l'inflexion en chaque instant du fluide écarté par l'avant pour passer à l'arrière, paraît être la condition principale, sinon unique, de la diminution de résistance ; ces dispositions empêchent la formation de tourbillons entraînant perte de forces vives.

Nous terminerons ces études sur la résistance des corps plongés, en remarquant qu'il est probable, bien que les différences fournies par l'expérience ne soient pas très-grandes, qu'elle croît avec l'enfoncement, avec la pression qui applique le fluide sur les flancs du corps plongé.

124. Corps flottants. Navires. Jusqu'ici nous avons traité de corps entièrement plongés dans des fluides, pour lesquels il se produisait, dans le plan vertical, sensiblement les mêmes phénomènes que ceux que nous avons représentés dans un plan horizontal. Les résultats obtenus ne sont que partiellement applicables aux corps flottants et par conséquent aux navires, considérés au seul point de vue de leur nature de corps flottants, et indépendamment des conditions d'*arrimage*, de *tonnage*, de *voilure*, d'action du *gouvernail*, etc., qui dominent toutes les autres.

La grande différence entre un corps flottant et un corps immergé, c'est que le mouvement du fluide encore symétrique dans le plan horizontal, le même des deux côtés du corps, ne l'est plus dans le plan vertical quand on compare ce qui se passe à la surface du fluide et à la partie inférieure du corps. Il se forme à la surface du fluide, vers la partie antérieure, un gonflement ou *remous* produit par l'affluence des filets qui ne peuvent s'échapper vers le haut, et à la partie postérieure, un abaissement de niveau, une *dé-*

pression due à la difficulté que ces filets éprouvent pareillement à remplir le vide en arrière : cette dépression et ce remous qui constituent la *dénivellation*, donnent naissance à un courant latéral de l'avant à l'arrière, beaucoup plus rapide que dans le cas des corps entièrement plongés, courant qui se fait principalement sentir à la surface supérieure du fluide.

125. Formules propres à évaluer la résistance des corps flottants. Toutes les considérations précédentes conduisent à faire considérer les divers éléments de la résistance comme proportionnels à la force vive des molécules du fluide déplacées auxquelles la vitesse du corps flottant est imprimée, ce qui ramène, comme nous allons le voir, à la formule de Newton, en y introduisant un coefficient K, qui indique la fraction du volume de liquide déplacé auquel la force vive est communiquée.

Nous suivrons ici l'excellente analyse de M. Poncelet. Un corps A en cheminant dans un fluide avec une vitesse V, imprime aux molécules du prisme d'eau déplacé A e (e le chemin parcouru), une vitesse d'autant plus grande que la sienne l'est elle-même davantage, et cela en communiquant à une partie Q de ce volume la vitesse V du corps A, une force vive proportionnelle à V^2. Nommant donc p la densité, le poids en kilogrammes du volume Q de ce liquide sera mesuré par pQ, et sa force vive sera $\frac{pQ}{g}V^2 = K\frac{pAe}{g}V^2$, en appelant K le rapport de la partie Q au volume total Ae, coefficient qui devra être fourni par l'expérience dans chaque cas.

Le corps flottant ne peut communiquer une telle force vive, sans que l'inertie du liquide lui oppose en chaque instant une résistance totale R qui, pendant la longueur infiniment petite e du chemin décrit par le corps, aura détruit une quantité de travail égale à Re ; de sorte que le nombre de kilogrammes R mesurant cette résistance sera $K\frac{pAe}{2g}V^2$ divisé par e ou $R = KpA\frac{V^2}{2g}$. Donc :

La résistance que l'inertie des fluides en repos oppose au mouvement d'un corps flottant, croît comme la densité p *de ces fluides, comme le carré de la vitesse* V *de ce corps et comme l'aire* A *de la projection de ce même corps sur un plan perpendiculaire à la direction du mouvement.*

Si l'on remarque que $\frac{V^2}{2g}$ est la hauteur H due à la vitesse V, qu'en tombant de la hauteur H la vitesse V résultante est fournie par la relation $V^2 = 2gH$, on peut écrire l'équation ci-dessus sous la forme

$$R = KpAH.$$

La valeur de la résistance conduit immédiatement à celle du travail résistant ou à celui consommé pendant l'unité de temps, en multipliant par conséquent R par la vitesse V, à

$$T = RV = KpA\,\frac{V^3}{2g},$$

il croît donc comme le cube de la vitesse, c'est-à-dire avec une très-grande rapidité.

La valeur de R comparée dans les expressions précédentes à une valeur de résistance prise pour unité, est égale, exprimée en kilogrammes, pour $A = 1$, $H = 1$, $p = 1000$ pour des corps de forme telle que l'on ait $K = 1$, à $52^k,25$ pour l'eau de mer. Ainsi une forme qui réduirait le coefficient K à 0,20 n'occasionnerait dans le même cas qu'une résistance de $10^k,45$ par mètre carré.

On tient compte, à l'aide du coefficient K, non-seulement de la résistance directe, mais aussi de la dénivellation produite à l'avant, en raison de la difficulté que le liquide éprouve à s'échapper, rendue bien sensible parfois par des lames d'eau s'élevant très-haut le long de la proue par une action analogue à celle du bélier hydraulique, par la résistance de l'inertie de la masse liquide à l'amortissement immédiat de la force vive, et à l'arrière par la dépression diminuée par l'écoulement, le long des flancs et de la quille du corps flottant, dépression qui se produit aussi en raison de la hauteur due à la vitesse du corps en mouvement, du terme V^2 et par conséquent de la force vive.

126. Les observations de Borda, Bossut, Dubuat, Vince, etc., constatent bien, dit M. d'Aubuisson dans son *Traité d'hydraulique*, que dans les vitesses ordinaires, celles de $0^m,60$ à $4^m,00$, la résistance est sensiblement proportionnelle au carré de la vitesse.

Au-dessous de $0^m,60$, elle diminue dans un moindre rapport que celui de ce carré; Dubuat en a le premier aperçu et signalé la cause : la viscosité du fluide, ou plutôt la propriété du liquide de mouiller le corps flottant; elle fait qu'il adhère d'autant plus aux parois du corps, et que, par suite de la communication latérale du mouvement, une quantité d'autant plus grande d'eau ambiante est entraînée (et par conséquent le mouvement est d'autant plus retardé proportionnellement), que la vitesse est plus petite. C'est de cet effet qu'on peut tenir compte pour les petites vitesses par un terme dans lequel celle-ci n'entre qu'à la première puissance.

Nous allons maintenant poser quelques chiffres d'après les résultats des expériences les plus dignes de foi, c'est-à-dire celles des commissaires de l'ancienne Académie des sciences, faites sur des modèles de formes variées, et celles faites dans ces dernières années par les ingénieurs de l'État sur de grands vaisseaux, ce qu'a rendu possible le bateau à vapeur, comme nous l'expliquerons ci-après.

RÉSULTATS DES EXPÉRIENCES SUR LES CORPS FLOTTANTS.

127. Corps prismatiques. De la discussion des résultats des expériences faites par Bossut, d'Alembert et Condorcet en 1778, M. Poncelet conclut à la valeur de $K = 1$ ou 1,10 au minimum, pour des corps dont la longueur est égale à trois fois la largeur.

128. Corps prismatiques avec proues et poupes. Dans ces mêmes expériences dont il vient d'être parlé, une poupe angulaire *abc* à faces planes verticales, ajoutée à la face postérieure *ac* d'un bateau prismatique rectangle, dont la longueur était deux fois la largeur, n'a diminué la résistance que de 0,10 environ, quand la saillie *bd* de cette poupe était la moitié de cette base *ac*, et de 0,16, quand elle en était les $\frac{7}{8}$ environ. L'influence de la poupe pour diminuer la non-pression eût été probablement plus sensible pour des prismes plus allongés, sans devenir inférieure à 0,10 pour des prismes dont la longueur surpasserait trois fois la largeur.

Proues triangulaires verticales. Le prisme ci-dessus ayant été retourné de manière à présenter son arête tranchante à l'action de l'eau, la résistance a varié avec l'angle en *b*, comme l'indique la table suivante, l'unité adoptée étant la résistance du prisme, sans proue.

Angle abc *de la proue.*							
180°,	156°,	132°,	108°,	84°,	60°,	36°	12°
Rapport de la saillie bd *à la longueur* ac.							
0,000,	0,106,	8,223,	0,364,	0,556,	0,865,	1,570	4,750
Résistances comparées.							
1,000,	0,958,	0,845,	0,693,	0,543,	0,440,	0,414	0,400.

129. Poupes. Les résultats ci-après empruntés aux mêmes expériences montrent l'influence des poupes triangulaires pour diminuer les résistances, comme nous l'avons dit dans le résumé qui en a été donné plus haut.

Angle à la poupe........	180	96	48	24
Rapport des résistances....	1	0,89	0,86	0,84.

Ces poupes triangulaires annulent en grande partie l'effet de la non-pression résultant de l'effet du vide qui tend à se faire derrière ces corps. Toutefois, la diminution de résistance qu'elles procurent est, dans ces expériences, bien moindre que celle qui est due aux proues : ainsi, la poupe de 24° n'en produit qu'une de 100 à 84, tandis qu'une proue d'un pareil angle en eût opéré une de 100 à 41, ainsi qu'on l'a vu ci-dessus.

130. Des angles. Il ne faudrait pas croire que l'angle de l'avant ou de l'arrière d'un corps flottant formé de surfaces courbes, soit celui des cordes qui sous-tendent ces faces. Chaque élément courbe, chaque plan tangent par lequel on peut le remplacer, a une influence directe sur la résistance, en modifiant la vitesse et la direction des filets fluides et par suite leurs réactions sur le fluide qui doit être écarté pour faire place au corps flottant. C'est la difficulté et la complication du problème de la détermination du solide flottant de moindre résistance (car toutes les courbes dont il s'agit peuvent contribuer à diminuer la résistance), qui fait de l'architecture navale une science si difficile, et de l'art du constructeur de navires, qui se distingue par de bonnes constructions répondant convenablement aux divers problèmes qui lui sont proposés, l'un de ceux qui réclament le plus de jugement et de génie.

131. Résistance des vaisseaux. La figure des vaisseaux offrant une proue saillante raccordée par des courbes convenables avec la carène, avec les flancs du navire, de manière à ne pas laisser les filets infléchis se détacher de ces flancs en laissant subsister près du navire des masses d'eau, des remous cause de perte de force vive, et une poupe, à faces obliques sur l'horizon, évidée à partir de la quille, ce qui facilite beaucoup le passage de l'eau à l'arrière (comme on le voit dans la planche représentant les coupes d'un navire par des plans parallèles équidistants), leur résistance est bien moindre que celle que sembleraient indiquer les résultats fournis par des corps prismatiques de faible longueur. Ainsi dans les expériences de Bossut sur un prisme droit de 72 pouces de longueur, de 15 à 18 pouces de largeur réduite et dont la section transversale avait la forme du maître-couple d'un modèle de vaisseau à voiles que l'on voulait lui comparer, les valeurs du coefficient K ont peu différé de 1,05, tandis que celles obtenues pour le modèle de vaisseau ont varié de 0,22 à 0,24, c'est-à-dire entre le quart et le cinquième du nombre précédent.

De plus, les masses et les grandeurs interviennent ici d'une manière très-sensible.On conçoit bien, en effet, que le raisonnement du nº 120 applicable à un modèle de petite dimension ne l'est plus au même degré à un grand navire, que l'eau chassée par le taillemer de l'avant ne parcourt pas instantanément les 5 ou 10 mètres de demi-largeur du maître-couple, que par suite toute la force vive communiquée transversalement à l'eau par la partie extrême de l'avant est toujours utilisée; elle ne peut guère échapper sans produire un effet utile d'écartement de la masse rencontrée.

Nous allons continuer cette étude en passant à l'indication des résistances observées des grands navires, qui, grâce à l'emploi de la vapeur, a pu faire enfin quelques heureux progrès. Tandis qu'à l'époque où le vent et la voile étaient les seuls moyens de propulsion, la forme de l'avant du bateau devait satisfaire à la condition de s'opposer à l'enfoncement produit par l'action du vent agissant sur les voiles placées à l'extrémité de mâts de grande hauteur, forçait de bien s'éloigner de la forme du solide de moindre résistance, on a pu, au contraire, chercher à l'obtenir complétement pour les navires à vapeur. L'action éminemment variable du vent rendait d'ailleurs peu utile la connaissance de la résistance du navire, qu'il était en outre à peu près impossible d'évaluer, jusqu'à ce que la remorque par bateau à vapeur soit venue rendre cette mesure possible. Il suffit en effet d'interposer un dynamomètre à ressort entre les deux navires pour en avoir la mesure, et si la grandeur des forces en jeu rend cette opération souvent difficile, il n'y a plus là que des difficultés d'exécution qu'il est possible de surmonter avec des dispositions convenables.

En procédant ainsi, dans une série d'expériences faites sur une carène du type *Sphinx* (notre célèbre bateau à vapeur à roues de la première période de la marine militaire), MM. Joffre et Dupuy de Lôme ont trouvé par mètre carré de maître-couple : $R = 4^{k},45$ à une vitesse d'environ 3 mètres.

Pour un ancien grand navire à voiles de 74, construit sur les plans de Sané, on a trouvé

$$R = 3^{k}.$$

Les navires à hélice progressant par l'effet de la poussée exercée par l'arbre de l'hélice, il paraît possible, en mesurant celle-ci au moyen d'un appareil dynamométrique, d'évaluer directement la résistance d'un bâtiment à chaque instant de sa marche. Dans la pratique ce système offre de sérieuses difficultés. Dans les expériences faites sur la corvette *le Primauguet* en employant le dynamomètre Taurines, et l'hélice étant du système Mangin, on a trouvé pour une vitesse de $4^{m},512$ la valeur de $R = 3^{k},51$.

Il s'agit ici d'une construction ayant la grande finesse des façons arrière nécessaire pour compenser, autant que possible, les effets de non-pression à l'arrière que fait naître le mouvement rapide de l'hélice, le tourbillonnement de l'eau sur laquelle elle agit.

M. Bourgeois, officier de marine connu par ses belles recherches sur l'hélice, résume ainsi les résultats des expériences des ingénieurs de la marine et les siennes propres, par temps calme; car les mouvements du navire modifient singulièrement ces résultats. Les valeurs de la résistance totale, en tenant compte de la résistance de l'air en repos, seraient, au lieu de 52^{k}, les suivantes :

Anciens vaisseaux à voiles (comme *le Charlemagne*) de 3 à 9 nœuds de vitesse environ	3^{kil}
Anciens vaisseaux à voiles pour 11 nœuds	3,3
Vaisseaux rapides (comme *le Napoléon*) pour 11 nœuds	3
Frégates rapides (comme *l'Audacieuse*) pour 11 nœuds	3,4
Corvettes rapides (comme *le Primauguet*) pour 10 nœuds	3,8
Avisos (comme *le Marceau*) pour 10 nœuds	4,6
Canonnières (comme *l'Arquebuse*) pour 10 nœuds	5,5

Pour des vaisseaux ancien modèle, on a trouvé 5 kil.; mais M. Bourgeois pense que, d'après le mode d'expérimentation employé, ce chiffre est trop fort.

132. Nous avons passé en revue les divers éléments qui rendent la résistance un minimum pour un même travail, d'où résulte accroissement de vitesse. C'est le but que se propose d'atteindre, autant que le permettent les autres conditions à remplir, le constructeur par l'adoption des formes les plus convenables pour rendre

K le moindre possible. M. Freminville a analysé trop savamment la question de la construction du navire dans la première partie de cet ouvrage pour que nous ayons à y revenir ici. C'est, en effet, surtout de la diminution des résistances, autant qu'il est possible de l'obtenir en s'occupant des autres conditions de la question, que se préoccupe le constructeur au moment où il arrête les plans d'un navire, et ce sont les résultats d'expériences, les comparaisons avec les formes les mieux réussies, le génie, le sentiment de l'art, qui ont conduit aux résultats remarquables que l'architecture navale a su atteindre.

Comme objet de curiosité, nous dirons quelques mots en terminant ce que nous avons à dire sur cette question, des moyens autres que ceux qui se rapportent à la construction, à la forme de la carène pour diminuer la résistance, dans les cas où il s'agit d'obtenir à tout prix de grandes vitesses, sur les moyens qui ont été proposés de diminuer la valeur d'un terme de l'expression de la résistance pAV^2.

133. Des communications de forces vives du liquide au corps flottant et inversement. Si l'on considère synthétiquement les questions de résistances des corps flottants sur des liquides, on pourra résumer tous les faits sous forme de communication de forces vives, car ce qu'on appelle le frottement n'est qu'une résistance de ce genre; il ne peut pas y en avoir d'une nature semblable à celle du frottement des solides, qui est une vibration élastique, avec des molécules aussi mobiles que celles des liquides. On pourra ainsi analyser d'une manière simple des effets qu'il serait assez difficile de bien comprendre en les attaquant par une autre voie.

Un élément important de minimum de communication de la force vive du liquide au corps flottant réside dans la masse, grandeur des dimensions de celui-ci. En effet, si l'on considère un petit canot abandonné sur la mer, il est clair que, n'offrant aucune résistance à la vague qui le porte, il se mouvra exactement avec la vitesse de l'eau. Si, passant à l'extrémité de l'échelle, on suppose la gigantesque construction de Brunel, pesant 15 ou 20 millions de kilogrammes, choquée par une vague de quelques mètres de longueur, elle restera immobile sous son action. La vague sera retombée et renversée avec toute sa vitesse, avant qu'aucun mouvement du corps flottant, dont l'inertie est si considérable, ait eu lieu. Il n'y aura donc aucun travail produit par ce choc. Il est donc exact de dire que la grandeur de la masse soustrait en partie le corps flottant aux destructions de force vive qui résultent du choc du fluide en mouvement. Telle est, nous croyons, la cause essentielle des remarquables vitesses obtenues par le *Napoléon*, dont la masse est très-grande, au moyen de l'hélice, vitesses supérieures à celles des bateaux plus petits, ayant proportionnellement des machines motrices aussi puissantes. La machine seule du *Napoléon*, de 960 chevaux-vapeur, pesait 1,000 tonneaux, soit 1,000,000 de kilogrammes.

Quant à la communication des forces vives du corps flottant au liquide, qui explique la résistance des fluides en raison du carré des vitesses, elle se produit surtout lorsque le liquide, restant quelque temps en contact avec le corps flottant, ne pouvant s'échapper, demeure un moment soumis à son action et possède bientôt la même vitesse.

La réalité de ce mode d'action est facile à établir.

Dans une série d'expériences bien connues de la Société anglaise d'architecture navale, on trouve les résultats suivants, pour une proue de 40 centimètres de longueur et 1 mètre de base :

Pour une vitesse de	$0^m,50$,	une résistance de	4 kilogr.
—	3^m	—	130 kilogr.

La résistance de pénétration, qui est de 4 kilogr. pour une longueur de $0^m,50$, devrait être de $4^k \times 6 = 24$ kilogr. pour 3 mètres. La différence $130 - 24 = 106$ kilogr., c'est-à-dire les 4/5 de la résistance totale, ne répondent donc pas à une action de pénétration, mais à l'impulsion communiquée à l'eau, qui ne peut s'écarter assez vite pour ne pas être choquée par le corps en mouvement.

Le grand moyen de diminuer cet effet, ou, ce qui revient au même, de diminuer le coefficient de résistance, consiste dans l'adoption des formes les plus convenables pour que l'eau s'écarte le plus facilement qu'il est possible, ainsi que nous l'avons déjà dit.

En dehors de cette disposition je n'en connais que deux qui aient été proposées. La première, qui tend à diminuer la densité du fluide résistant, a été proposée par moi il y a une vingtaine d'années, mais je n'ai pas été assez heureux pour pouvoir la faire expérimenter ; je veux parler d'une insufflation d'air à l'avant, dans la constitution d'un mélange globulaire d'eau et d'air qui donne de curieux résultats dans la pompe de Séville, et qui repose sur des idées ayant quelque analogie avec les moyens d'*hydropneumatisation* adoptés depuis pour les turbines. Ce système n'a pas été appliqué jusqu'à ce jour par les constructeurs, et j'admets bien volontiers que c'est avec raison, pour la plupart des cas de la pratique; mais dans les quelques cas (celui des transatlantiques notamment) où il faut obtenir à tout prix des vitesses considérables, dont les derniers accroissements coûtent si cher et sont souvent impossibles pour des bateaux de très-grande dimension, les chances de succès seraient assez sérieuses. On comprend toute la difficulté qu'éprouve le liquide à s'écarter des deux côtés d'un maître-couple dont la grandeur atteint 50 ou 60 mètres carrés, sans que la partie placée au centre reçoive l'impulsion du navire et agisse comme frein en amortissant sa force vive.

Dans le système que j'avais proposé, au contraire, l'espèce de coussin élastique que formerait le mélange d'eau et d'air, fera produire le choc entre corps élastiques au lieu de s'effectuer entre corps privés d'élasticité, tout en diminuant la densité du fluide choqué.

Nous avons retrouvé avec plaisir cette idée, indiquée comme nouvelle et heureuse dans le savant traité de Bourne, sur l'hélice propulsive.

134. La seconde est l'invention de M. Busson, dite *turbinelle*, qui n'a pas été accueillie comme bien sérieuse, au moins jusqu'ici, par les ingénieurs, et qui mériterait d'être expérimentée sur un steamer ayant un maître-couple considérable. L'expérience faite pendant la marche du navire à une même vitesse de la machine, en mettant successivement en mouvement ou en laissant en repos cet appareil accessoire, démontrerait immédiatement la valeur du système.

La turbinelle consiste essentiellement en un cône placé à l'avant du navire, à l'axe duquel on imprime un mouvement rapide de rotation. Ce cône porte un filet hélicoïdal de faible saillie, et par suite l'appareil a quelque similitude avec l'hélice. Ce n'est pas en agissant comme celle-ci que son action pourrait être efficace, la petitesse des dimensions de l'appareil le rendrait peu utile, c'est en diminuant la résistance du fluide, en produisant directement le genre d'action que nous avons cherché à analyser § 120.

Cet effet paraît devoir résulter incontestablement du cône d'eau auquel la turbinelle imprime un mouvement, d'où il suit que l'avant rencontre une masse d'eau qui tend à s'écarter déjà et qui, ramenée par les autres filets fluides de la masse, tend à passer rapidement à l'arrière.

En effet toute la pratique de l'hélice montre qu'elle agit essentiellement en faisant naître dans l'eau une non-pression, en produisent un effet qui exige l'accroissement des effets de dénivellation produits à l'avant que la construction la plus parfaite ne parvient pas à obtenir aux grandes vitesses. C'est ce que prouvent beaucoup d'expériences qui montrent que l'hélice tend à se mouvoir en quelque sorte dans le vide, si tout n'est pas disposé pour que l'eau qu'elle écarte soit remplacée immédiatement par une quantité nouvelle.

Nous ne partageons pas l'opinion de l'inventeur sur les effets de non-pression produite à l'avant, et qu'il croit suffisante pour obtenir par l'effet seul de la pression hydrostatique le mouvement du corps flottant, surtout en ne donnant pas à l'appareil des dimensions considérables; dans ce second cas il consommerait une grande quantité de travail-moteur qui serait bien mieux employé avec une hélice propulsive agissant à l'arrière, mais en se limitant à la diminution de la masse du fluide que reçoit le choc du corps en mouvement, les effets indiqués plus haut seraient d'une importance assez considérable pour de grandes vitesses, pour que l'application de ce curieux système soit peut-être alors avantageuse.

135. Calcul du travail résistant. Connaissant les dimensions d'un navire, on pourra déterminer, au moins approximativement, le travail mécanique nécessaire pour lui imprimer une vitesse déterminée par seconde, travail qui est proportionnel au cube de cette vitesse. En effet, la résistance étant $K \times 52 \times V^2$, 52 kil. étant la résistance par mètre carré de surface projetée à la vitesse de 1^m par seconde on aura pour le travail :

$$T = A K 52 V^2 \times V = A K 52 V^3.$$

La valeur de K variant, d'après ce que nous avons vu, de 0,20 pour les formes pleines à moins de 0,10 pour les navires à formes élancées.

Ayant donc la section A du maître-couple immergé, on aura par cette formule la quantité de travail qui devra être, non pas produit, mais réellement communiqué au navire pour lui imprimer une vitesse déterminée en eau calme; car si elle est en mouvement, on doit faire entrer dans cette expression non pas V, mais $(V \pm v)$, suivant que l'eau a une vitesse v, de même sens ou de sens opposé.

Il est clair que la formule ci-dessus permet de déterminer V quand T est connu. Ainsi quand on vient à appliquer à deux navires semblables des quantités de travail différentes, les vitesses qu'ils devront prendre seront en raison des racines cubiques de ces quantités. On voit avec quelle rapidité croît le travail-moteur nécessaire pour obtenir des augmentations de vitesse, résultat capital qui montre facilement combien les grandes vitesses sont coûteuses. Ainsi, si 100 chevaux-vapeur donnent une vitesse de 5 nœuds à un navire, il faudra 800 chevaux pour une vitesse de 10 nœuds, approximation suffisante pour la pratique.

La relation ci-dessus indique également bien l'avantage des grandes constructions sur les petites, puisque le travail résistant croissant sensiblement comme le maître-couple, c'est-à-dire le carré des lignes de navires comparés, le volume de déplacement croît comme le cube, et par suite la possibilité d'y appliquer une puissance motrice croît suivant la même loi. C'est ce qu'a prouvé le succès du *Napoléon*, vaisseau à hélice de 90 canons, qui s'est trouvé posséder une vitesse bien supérieure à celle des petits navires. C'est également cette considération qui guidait Brunel dans la construction du *Great-Eastern*, et ce qui lui a permis d'obtenir un tonnage utile extrêmement considérable, avec un navire à grande vitesse.

CHAPITRE DEUXIÈME.

DU CHOC ET DE LA RÉSISTANCE DE L'AIR.

136. Tous les auteurs ont admis que les effets du choc de l'air et ceux de sa résistance étaient identiques. Si ces effets diffèrent entre eux, ce ne peut être que d'une quantité bien petite; d'ailleurs ils suivent les mêmes lois, et la formule que nous avons établie pour l'eau en tant que fluide, doit, dans sa forme générale, s'appliquer à un fluide élastique comme l'air, et on peut poser

$$R = K p \frac{A V^2}{2g} \quad \text{ou plus simplement} \quad R = K' p A V^2$$

pour exprimer la résistance de l'air ; p étant égal à $1^k,214$ pour l'air à la température ordinaire.

Borda a prouvé, par des expériences faites avec des vitesses ne dépassant pas 10 mètres, que la résistance était sensiblement proportionnelle au carré de la vitesse. Elles consistaient à faire tourner autour d'un axe, à l'aide d'un poids, des surfaces plates fixées à l'extrémité d'un bras. Le mouvement devenu bientôt uniforme, on mesurait la vitesse obtenue avec un poids donné, dont la grandeur donnait la valeur de la résistance qui s'opposait à l'accélération de sa chute.

Ayant fixé à son moulinet des plaques carrées de $0^{mm},0117$ de surface, et les ayant mues avec des vitesses qui se sont élevées depuis $2^m,06$ jusqu'à $8^m,87$, il a trouvé que les résistances et les carrés des vitesses suivaient le même rapport. Voici les chiffres obtenus :

Rapport des résistances.	1,00.	0,50.	0,25.	0,125.	0,062
— des carrés des vitesses.	1,00.	0,499.	0,247.	0,124.	0,062

D'autres expériences, sur des plaques de $0^{mm},026$ et $0^{mm},59$ lui ont donné la même égalité, et l'ont conduit à $K = 0,11$, en tenant compte de l'accroissement de la résistance de l'air dans un rapport plus grand que la surface du corps qui l'éprouve, en remplaçant dans la formule la surface A par $A^{1,1}$.

137. Choc oblique. Lorsqu'un corps se présente obliquement au choc de l'air, il en éprouve une résistance moindre. Hutton, pour déterminer le rapport entre la résistance et l'obliquité, a pris une plaque rectangulaire de $0^m,203$ de base sur $0^m,102$ de hauteur; il l'a adaptée à un moulinet en lui faisant faire successivement, avec la direction du mouvement, différents angles depuis $0°$ jusqu'à $90°$, et, en nommant i l'angle d'inclinaison, il a trouvé que ce rapport était rendu assez exactement par la formule empirique $(\sin i)^{1,84\cos i}$; de sorte que l'expression générale de la résistance, pour un corps mince et plan, serait

$$R = 0,11\, p\, A^{1,1}\, v^2\, (\sin i)^{1,84\cos i}.$$

Cette formule convient aux surfaces minces, mais non aux solides allongés de formes diverses, auxquels s'appliquent les considérations antérieurement exposées relativement à la forme des corps flottants.

138. Je continuerai à suivre M. Daubuisson (*Traité d'hydraulique*) pour reproduire l'analyse d'expériences intéressantes, trop oubliées aujourd'hui, bien qu'on ne doive pas avoir une trop grande confiance dans des déterminations faites dans des circonstances différentes de la plupart des cas de la pratique. Borda et Hutton se sont occupés tous deux de la détermination de la résistance que présentent les corps terminés par un angle ou une surface convexe, en expérimentant sur des prismes triangulaires ayant deux faces latérales égales, sur des cônes, sur des demi-cylindres et des demi-sphères. Chacun de ces solides a été mû d'abord en présentant sa surface plane au choc, et la résistance alors éprouvée a été prise pour unité : puis, on l'a fait mouvoir en mettant en avant l'angle plan compris entre les deux faces égales pour les prismes, ou le sommet pour les cônes, ou la surface convexe pour le cylindre et la demi-sphère : la résistance obtenue, comparativement à celle de la surface plane du même corps, est notée au tableau suivant.

A côté des résultats de l'expérience, j'indique ceux de l'ancienne théorie, lorsqu'on considère la résistance comme proportionnelle au carré du sinus de l'angle d'incidence.

Chaque expérience porte l'initiale du nom de l'expérimentateur.

DÉSIGNATION DES CORPS.	RÉSULTATS	
	de l'expérience n'.	de l'ancienne théorie.
B — Prisme, à angle plan de 90°....	0,728	0,50
B — Prisme.......... 60°....	0,520	0,25
B — Cône, angle au sommet de 90°...	0,691	0,50
B — Cône.............. 60°....	0,543	0,25
H — Cône.............. 51°,22.	0,433	0,19
B — Demi-cylindre..............	0,570	0,67
B — Demi-sphère, et sphère entière...	0,410	0,50
H — Demi-sphère................	0,413	0,50

La résistance de ces corps serait donc exprimée par

$$0{,}11\, n' p\, A^{1{,}11}\, V^2$$

n' étant le coefficient indiqué au tableau, et A la projection de la surface choquée sur un plan perpendiculaire à la direction du mouvement dont la résistance est prise pour unité.

139. *Exemple.* — I. Soit à déterminer l'effet qu'exerce un courant d'air sur une plaque d'un mètre carré de surface, contre laquelle il arrive perpendiculairement avec une vitesse de 8 mètres par seconde, la hauteur du baromètre étant $0^m,755$, et celle du thermomètre 12°; par suite $p = 1^k,231$. On a ici $A^{1,1} = 1$, $v^2 = 64$, ce qui conduit, en mettan ces valeurs dans l'expression $0,11\,p\,A^{1,1}V^2$, à $8^k,666$ pour l'effort demandé.

II. — Un vent très-fort, ayant environ 10 mètres de vitesse, agit sur une face plane de 10 mètres de base sur 2 mètres de hauteur, et inclinée moyennement de 70° à la direction du vent : quel effort aura-t-elle à supporter ?

On a $A = 20^{mc}$ et $A^{1,1} = 26^{mc},99$, $v = 10^m$ et $v^2 = 100$; p étant comme ci-dessus égal à $1^k,231$, le choc direct serait $0,11 \times 1,231 \times 26,99 \times 100 = 365$ kil. nombre qu'il faudra multiplier par le facteur $(\sin i)^{1,84 \cos i}$, ou puisque $i = 70°$, par $0,9397^{1,84 \times 0,342} = 0,9397^{0,62.92} = 0,9616$, on obtiendra 351 kil.

140. C'est rarement la résistance que l'air en repos oppose à un corps en mouvement qu'il importe de considérer dans la navigation, mais presque toujours celle que le corps oppose à l'action de l'air en mouvement, au vent principal moyen de faire avancer les navires, en en multipliant l'effet par la grande surface des voiles. On admet que les formules déterminées dans le premier cas s'appliquent au second, au moins d'une manière générale.

Il a déjà été traité de la voilure au point de vue du navire, et nous y reviendrons bientôt; ici nous ne consignerons que quelques curieux résultats d'expériences.

La forme de la voile déterminée par l'action sensiblement égale du vent en chaque point est une *chaînette*, la courbe que prend une chaîne également pesante en chaque point, pourvu toutefois qu'elle ait une étendue suffisante pour que les premiers éléments aient la direction du vent, autrement elle est plus ou moins déformée en raison de la traction oblique exercée sur les vergues.

A cause du peu d'étendue du navire, les voiles se recouvrant souvent les unes les autres, l'action totale est certainement moindre que si elles étaient isolées, mais la différence est plus faible qu'on ne pourrait le croire *à priori*. Les expériences de M. Thibaut (*Recherches expérimentales sur la résistance de l'air*. Brest) prouvent que pour deux carrés minces, égaux, en carton, placés à une distance égale à leurs côtés parallèles et de manière à se recouvrir, à s'abriter exactement, la résistance directe ou perpendiculaire est environ 1,7 fois celle d'un seul plan isolé. Cette proportion allait constamment en augmentant, à mesure que la surface postérieure, placée toujours parallèlement, à la même distance de la première, mais latéralement à l'axe du mouvement, offrait des portions de plus en plus fortes de sa surface, démasquées par rapport à celle de l'autre ; mais, chose remarquable, la résistance éprouvait un premier maximum représenté par le nombre 1,95, quand le plan postérieur se trouvait découvert des 0,4 environ de sa surface, après quoi elle diminuait à mesure que cette fraction augmentait, jusqu'à se réduire au terme 1,84, quand elle devenait 0,9 : terme passé lequel la somme des résistances allait de nouveau en croissant, pour atteindre le chiffre 2, correspondant au cas de l'isolement complet des deux plans.

141. C'est par de semblables expériences, malheureusement bien peu nombreuses encore, que l'on pourrait mesurer exactement l'action d'un vent de vitesse connue pour mouvoir un navire et en déduire par suite la résistance qui s'oppose à son mouvement aux diverses vitesses, ou inversement, celle-ci étant déterminée exactement par des expériences préalables, en déduire l'action et la vitesse du vent. Continuons à exposer les quelques éléments dont on dispose pour se rapprocher d'un but qui serait si utile aux progrès de la navigation.

Nous donnerons d'abord la vitesse des principaux vents et la pression exercée sur l'unité de surface par chacun d'eux, d'après les indications le plus généralement admises.

NOMS DES VENTS.	VITESSE		PRESSION par mètre carré de surface en kilogrammes.
	par seconde. En mètres.	par heure. En kilomètres.	
Vent très-faible........	1	4	0k,14
Brise légère..........	2	7	0 ,54
Vent frais..........	4	14	2 ,17
Grand frais..........	6	22	4 ,87
Forte brise..........	8	29	8 ,67
Très-forte brise.......	10	36	13 ,54
Grand vent..........	15	54	30 ,47
Tempête............	20	72	50 ,16

142. Surfaces planes minces. M. Thibault ayant exposé à l'action directe du vent des plans minces de $0^{mq},1089$ et $0^{mq},2304$ de surface, dont la résistance se trouvait mesurée par un instrument à ressort, a vu dans sept séries d'expériences, que les résultats pouvaient être représentés par la formule générale

$$R = Kp\frac{AV^2}{2g} = \frac{1,2267\,KAV^2}{19,6176} = 0,06253\,KAV^2$$

à la température de 12° et à la pression barométrique de 75^c, en faisant varier K entre 1,568 et 2,125, la vitesse du vent variant entre 1^m,80 et 8^m,20 par seconde. Il en a déduit pour valeur moyenne de K pour les plans minces de petite étendue, K = 1,834.

143. Surfaces cylindriques minces, concaves. M. Thibault a constaté qu'une surface mince de carton, courbée cylindriquement, de manière à présenter sa concavité à l'action de l'air, et mue circulairement sous différentes vitesses, à l'extrémité du bras d'un volant de 1^m,37, donnait lieu à des résistances dont la loi était à peu près la même que celle des plans minces, sous les mêmes vitesses et inclinaisons.

Un plan mince et trois surfaces cylindriques concaves, à peu près circulaires, dont les arcs offraient respectivement 20°, 40° et 60° de courbure, tandis que les aires, sensiblement égales de leurs projections A sur un plan perpendiculaire à celui du mouvement, étaient sensiblement égales à 0^{mq},1024, ont donné, pour la valeur comparée de leurs résistances :

Celle du plan mince étant représentée par.....	1,000
1° La surface courbée de 20°................	1,030
2° La surface courbée de 40°.................	1,054
3° La surface courbée de 60°.................	1,070

144. Voiles. Des voiles enverguées à la manière ordinaire, et dont la courbure a varié de 50 à 60°, ont offert des résultats un peu supérieurs à ceux obtenus pour les cylindres de même courbure. De plus, l'expérience a montré que la résistance directe et oblique de ces voiles dont la flèche était environ $\frac{1}{7}$ du rayon, différait très-peu de celle d'un plan mince, de même surface *développée* et de même inclinaison par rapport au vent, sauf pour les petits angles où cette première résistance était un peu plus forte. Ainsi, dit M. Poncelet, on pourra calculer la résistance des voiles de vaisseaux, à peu près pour tous les angles au-dessus de 45° d'inclinaison, en les supposant remplacées par des plans de même étendue développée. La courbure de la voile, quand elle n'est pas engagée, que la flèche de la courbure ne dépasse pas $\frac{1}{4}$ ou $\frac{1}{5}$ de la largeur de la voile, produit le même effet que des rebords qui entourent un plan choqué par un liquide, et augmentent l'effet du fluide moteur. C'est ce que montrent bien les expériences suivantes.

145. Parachutes. Je veux parler des expériences très-précises de

MM. Piobert, Morin et Didion sur les parachutes. Celui employé, recouvert de taffetas, avait $1^m,27$ de diamètre, $0^m,373$ de flèche réduite et $1^{mq},20$ de surface A, en projection sur un plan perpendiculaire à son axe ou sa tige. L'ayant fait descendre et monter alternativement à l'air libre, sous différentes vitesses, dans le sens vertical parallèle à cette tige, et de manière à lui faire opposer, tantôt sa concavité et tantôt sa convexité à l'action du fluide, ils ont conclu du résultat des expériences :

1° Que si l'on représente par 1 la résistance uniforme d'un plan mince de même étendue horizontale A, celle du parachute devenait dans les mêmes circonstances de mouvement 1,94 environ, quand la concavité était dirigée en avant, et 0,77 quand c'était la convexité qui se trouvait l'être à son tour.

2° Que, relativement à la loi de la résistance dans le cas où le mouvement était parvenu sensiblement à l'uniformité, elle se trouvait pour les vitesses de 0 à 8^m, soumises à l'expérience, représentée fort exactement par la formule

$$R = \frac{p}{p'} A (0,070 + 0,163 V^2) = 1,936 \frac{p}{p'} A (0,036 + 0,084 V^2)$$

quand la concavité était dirigée en avant, et

$$R = \frac{p}{p'} A (0,028 + 0,0652 V^2) = 0,768 \frac{p}{p'} A (0,036 + 0,084 V^2)$$

quand l'inverse a lieu.

$p' = 1^k,214$ la densité de l'air à 10° et 0,76 de pression barométrique; p la densité de l'air au moment de l'expérience, $\frac{p}{p'}$ étant en général très-voisin de l'unité.

146. Travail effectué par le vent qui met un navire en mouvement. Je passerai maintenant à l'étude du système que le vent doit faire mouvoir, du navire qui constitue un ensemble essentiellement élastique grâce à l'emploi de mâts et de cordages propres à maintenir les voiles qui sont les organes récepteurs destinés à utiliser l'action du vent.

Mais auparavant, et après avoir étudié les pressions que le vent exerce sur les corps, et l'influence des formes diverses de ceux-ci, je reviendrai, d'une manière générale, sur le travail utile qu'il peut produire, ce qui est la partie la plus importante du problème, puisque dans la navigation à voiles les pressions n'intéressent guère qu'au point de vue de la propulsion qu'elles produisent. Si je désigne par P la résultante des pressions du vent, par e le chemin parcouru, Pe sera le travail utile, ou pour l'unité de temps, v étant la vitesse du navire, Pv. La pression P est d'ailleurs en raison de la vitesse avec laquelle le vent rencontre la voile, ou de $(V-v)$, V, étant la vitesse du vent, et est égale, d'après ce qui précède, à $KA\,(V-v)^2$, A étant la surface de la voilure, K un coefficient d'expérience. On peut donc poser

$$Pv = KA\,(V-v)^2 \times v.$$

Si l'on applique les méthodes bien connues qui permettent de calculer le maximum de cette expression, on trouve $v = \frac{1}{3}$ V, et, en effet, il est bien clair que si on avait $v = V$ ou $v > V$, le vent n'aurait aucune action sur les voiles, n'exercerait aucune pression, et que pour $v = o$ le travail précédent serait nul ou presque nul si v est très-petit.

Quand le vent est faible, la pression qu'il exerce est insuffisante pour donner au corps flottant une vitesse qui approche de celle qui répond au maximum, et le travail utilisé se trouve dans une proportion très-faible avec le travail moteur possible précisément dans un cas où celui-ci est minime. C'est de là que résultent principalement les lenteurs des longues traversées, bien plus que des autres circonstances défavorables, telles qu'absence complète de vent ou direction tout à fait contraire à la route que doit suivre le navire. Si, malgré cela, le navire à voiles, mû par un moteur gratuit, transportant à si bas prix des poids si considérables, reste et restera toujours le grand moyen de transport à travers les Océans, il importe de chercher tous les moyens d'accroître la vitesse du navire à voiles, comme on l'a fait déjà si heureusement avec les clippers, par des constructions perfectionnées.

Au point de vue de la diminution de l'action du vent sur les voiles, par suite de la vitesse de leur transport, il faudrait que celle-ci devînt nulle, ou mieux de direction contraire à celle du navire, pour que l'action que le vent peut produire fût toujours complète et mesurée dans les deux cas par KAV^2v et $KA\,(V+v)\,v^2$ expressions plus grandes que la précédente pour une même valeur de v, et indiquant, par suite, que le navire prendra une vitesse plus grande.

Le moyen d'obtenir un semblable résultat, bien que n'ayant jamais été tenté jusqu'ici, ne paraît pas absolument impraticable, et j'indiquerai en quelques mots dans quelle direction on pourrait diriger des études qui pourraient peut-être conduire à quelque chose de réalisable dans la pratique.

Considérons une voile carrée, supportée par des vergues horizontales qui puissent s'écarter et se rapprocher du mât qui les porte, ce qui peut s'obtenir en plaçant les vergues dans des colliers assemblés par des charnières avec le mât, charnières qui marcheront ensemble si on réunit les colliers par une tringle qui, avec le mât, forme un parallélogramme.

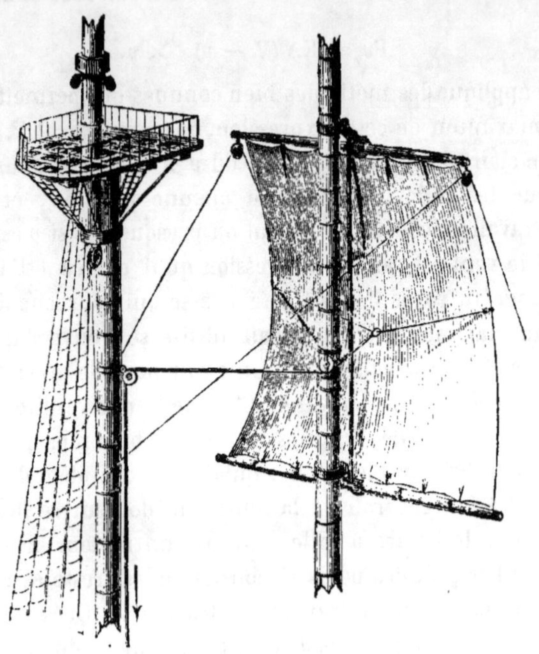

Fig. 109.

Les choses étant ainsi, la voile se meut sous l'action du vent (des contre-poids faisant qu'il puisse, même étant assez faible, surmonter cependant le poids de l'appareil) comme si elle était libre. Si, arrivée à l'extrémité de la course, après avoir exercé un effet de traction sur le mât, par suite de la vitesse qu'elle a prise, elle est tirée par une force quelconque, une machine à vapeur auxiliaire à simple effet, par exemple, agissant sur une corde convenablement assemblée aux vergues, elle marchera contre le vent, et celui-ci aura son entier effet sur la voile mue relativement avec une vitesse $V + v''$, cette dernière vitesse étant suffisamment grande.

Je n'insisterai pas, ici, sur ce système, que l'on peut aussi considérer comme un moyen simple d'appliquer un moteur auxiliaire au navire à voiles pour aider à l'action du vent, lorsqu'elle devient insuffisante ; je ne veux que soumettre ici une indication aux ingénieurs préoccupés de l'amélioration des grands clippers qui ont déjà fourni de si beaux résultats. Ils trouveront peut-être, dans cette voie nouvelle, la possibilité de réaliser un nouveau progrès.

CHAPITRE TROISIÈME.

EFFETS DES VOILES SUR LE NAVIRE.

147. Un navire sous voiles est un corps qui se meut au milieu de fluides qui le pressent de toutes parts; son moteur est le vent qui, par son impulsion sur les voiles, lui communique le mouvement. Les résistances qu'il éprouve sont celles produites par l'air qu'il traverse et par l'eau dans laquelle il flotte; ces résistances s'exercent dans un sens directement opposé à celui des mouvements de translation et de rotation dont le navire est animé. L'air agit sur les voiles, sur le gréement, sur le corps émergé ou les œuvres mortes du navire, nous ferons cependant abstraction, dans les considérations suivantes, de sa résistance sur ces diverses surfaces. La résistance de l'eau se produit uniquement sur la partie immergée du navire ou sur les œuvres vives.

Notre premier examen se portera donc sur les fluides considérés comme agents du navire sous voiles; nous étudierons l'action qui leur est propre, puis, les principes établis, nous en tirerons des conséquences utiles pour la pratique.

148. Centre de voilure. Un navire soumis à l'action que le vent exerce sur ses voiles, peut être considéré comme exposé directement à l'action d'une force appliquée au centre de gravité de l'ensemble des voiles, lorsqu'on admet que le vent agit sur chacune d'elles d'une manière uniforme, qu'elles sont orientées de la même manière et également pleines. Pour trouver graphiquement le centre de voilure, on suppose que chaque voile est brassée dans le sens de la quille, ou dans le *plan longitudinal* (on appelle ainsi le plan vertical passant par la quille); comme toutes les voiles sont des trapèzes ou des triangles, on peut diviser les voiles trapézoïdales en triangles; alors il suffit de chercher les centres de gravité de tous ces triangles, puis le centre de gravité de l'ensemble, en comparant les triangles deux à deux et en divisant la ligne qui joint leurs centres de gravité respectifs en raison de leurs surfaces. En épuisant tous les triangles on obtiendra en dernier résultat le centre de voilure.

149. La stabilité d'un navire devant faire équilibre à l'effet du vent sur la surface totale des voiles, on a dû établir un rapport entre la surface de voilure et la stabilité, et par suite entre la surface de voilure et celle de la flottaison du navire, autrement dit, entre la stabilité, la hauteur des mâts et la longueur des vergues. Or, la hauteur des mâts contribuant surtout à élever le centre de voilure, dont la hauteur doit beaucoup influer sur l'inclinaison que peut prendre le navire, on a proportionné la hauteur des mâts à la plus grande résistance à l'inclinaison, c'est-à-dire à la plus grande largeur à la flottaison; ensuite on a déterminé l'envergure d'après la largeur du navire.

150. L'expérience a démontré que pour qu'un navire gouverne bien, il faut que le centre de voilure soit placé en avant du centre de gravité du navire, entre le vingtième et le dixième de la longueur totale. Cependant on observe que plus les navires sont de petites dimensions, plus le rapport de la surface de voilure à la surface de flottaison doit augmenter.

151. Effet du vent sur les voiles. Dans ce qui va suivre, nous étudierons l'effet particulier de chacune des voiles, afin de pouvoir en déduire les mouvements qu'elle tend à imprimer au navire. Pour simplifier ces études, nous supposerons toujours, comme nous l'avons déjà dit, que les voiles sont des trapèzes ou des triangles, présentant des surfaces planes.

Tout fluide qui vient frapper une surface, lui transmet une impulsion dont les effets sont les mêmes que si une force était appliquée à cette surface. On doit distinguer dans une force, la direction, l'intensité et le point d'application.

Considérons donc une surface (*fig.* 110) dont AB représente la projection sur un plan horizontal passant par le centre de gravité de cette surface. Soit V la direction de l'air qui frappe obliquement cette surface; déterminons l'effort qu'il produit sur elle.

Pour cela prenons une file de molécules MC venant frapper la surface en C; elle opère un choc en raison de la force vive dont elle est animée ou du produit de sa masse par le carré de sa vitesse. Représentons par CD l'intensité de la force qui résulte de cette action, et voyons l'effet réel produit sur la surface AB. Menons CO et DT perpendiculaires à AB, et au lieu de CD nous aurons les deux composantes CT et CO. La première CT, agissant dans le sens de la surface, ne produit aucun effet utile; mais la seconde CO, qui s'exerce normalement à la surface, produit toute son action; elle représente donc l'effet résultant du choc CD sur cette surface, c'est-à-dire l'effet réel produit par la file des molécules MC sur cette même surface, pour la faire avancer dans une direction normale. C'est donc CO qu'il s'agit de déterminer.

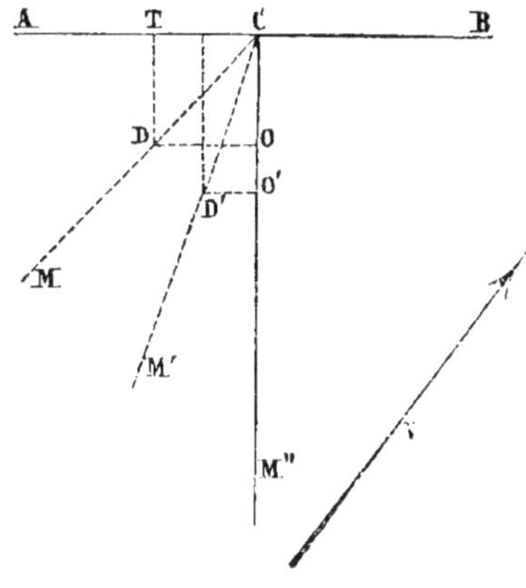

Fig. 110.

Or, dans le triangle rectangle COD on a $CO = CD \times \sin CDO$; mais $CDO = MCA$ qui est l'angle d'incidence sous lequel le fluide frappe la surface; ainsi en appelant I cet angle, nous aurons $CO = CD \times \sin I$. L'intensité de l'effet réel d'un fluide sur une surface est donc mesurée par le produit du sinus de l'angle d'incidence par l'intensité du mouvement dont le fluide est animé.

Lorsque le fluide choque normalement la surface auquel cas l'angle d'incidence égale 90°, l'expression de l'effort réel devient

$$CO = CD \,.\, \sin 90^{\circ} = CD.$$

C'est-à dire qu'alors l'effort est égal à la totalité de la pression que produit le choc du fluide en mouvement.

Ce que nous venons de dire pour une file de molécules MC, nous le répéterions pour toutes celles qui composent le fluide, ainsi le résultat auquel nous sommes parvenu aura encore lieu lorsqu'on prendra la masse totale du fluide.

Il reste à déterminer la position du point d'application de la force qui exprime l'effort réel du fluide sur la surface. Pour y parvenir, décomposons la surface AB en deux parties égales (*fig.* 111) par une verticale dont O est la projection, et concevons le fluide décomposé en une infinité de files de molécules venant frapper la surface suivant MC, direction parallèle à la direction V du fluide.

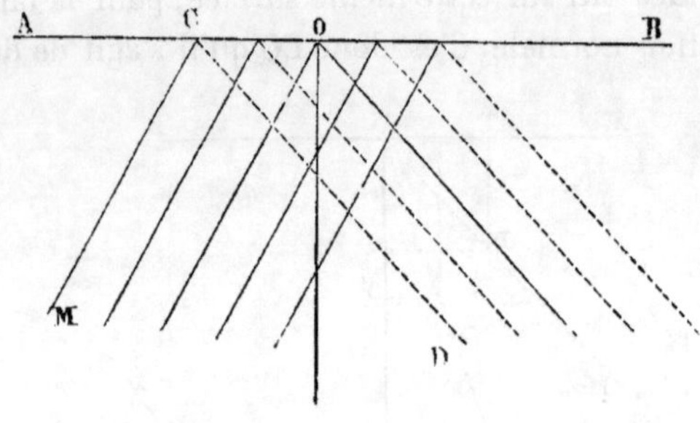

Fig. 111.

Toutes ces files de molécules, après avoir frappé la surface, seront réfléchies en faisant des angles de réflexion BCD égaux à ceux d'incidence MCA; elles formeront une barrière qui augmentera d'épaisseur à mesure qu'on s'approchera de l'extrémité B de la surface. Cette barrière s'opposera donc au passage des molécules suivantes, les déviera de leur direction primitive, leur fera perdre une portion de leur vitesse et cela d'autant plus que les molécules frapperont des parties de la surface plus voisines de l'extrémité B où la barrière est le plus épaisse. Ainsi les molécules qui choquent la partie OB de la surface, produiront moins d'effet que celles venant rencontrer la partie AO; la résultante de toutes les actions des molécules sur OB sera donc moindre que celle de toutes les actions des molécules sur AO, et par conséquent la résultante totale de toutes ces actions sur AB ou la force qui exprime l'effet du fluide sur la surface, aura son point d'application sur la partie AO qui reçoit le choc le plus fort.

Ainsi le point de la surface où s'exerce l'effet du fluide en mouvement se trouve toujours situé sur la partie de la surface la plus voisine de l'origine ou de la source de ce fluide.

Voyons maintenant ce qui arrive lorsque l'angle d'incidence MCA augmente et devient égal à M'CA (*fig.* 112). Les angles d'incidence étant devenus égaux à M'CA les angles de réflexion deviennent D'CB. Par suite de cette augmentation des angles de réflexion, toutes les files de molécules réfléchies se rapprochent de l'extrémité A de la surface; en effet, on voit que la molécule C, qui suivait d'abord la ligne CD, prend maintenant la direction CD'. Il en est ainsi pour toutes les autres. Il résulte de là que la barrière formée par les molécules réfléchies sur la partie AO de la surface augmentera d'étendue, elle arrêtera par conséquent un plus grand nombre de molécules venant frapper la surface, qui perdront ainsi une plus grande partie de leur vitesse que précédemment.

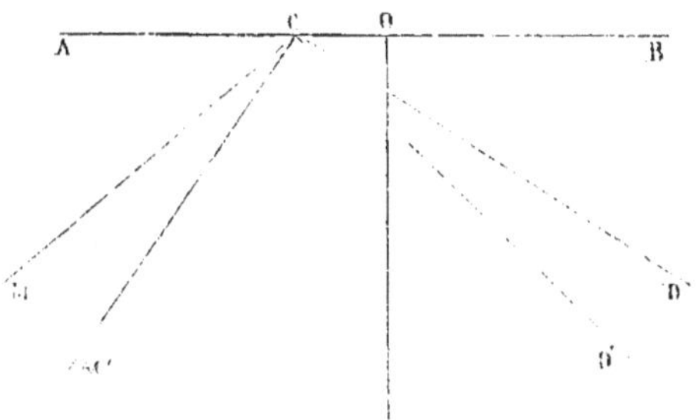

Fig. 112.

Au contraire, les molécules réfléchies sur la partie OB de la surface, s'étant éloignées de l'extrémité B, la barrière qu'elles forment devant la partie OB détourne moins sous forme de tourbillons les molécules qui viennent frapper cette partie, et leur enlève l'effet utile d'une moindre partie de leur vitesse. La résultante de toutes les actions du fluide sur la partie AO diminue donc tandis que celle sur la partie OB augmente; par conséquent la résultante totale se rapprochera de la résultante partielle qui aura augmenté, c'est-à-dire de celle des actions des molécules sur la partie OB; son point d'application se rapprochera par suite du point O, centre de gravité de la surface.

Enfin si l'angle d'incidence devient égal à 90°, c'est-à-dire si la direction du fluide est normale à la surface, alors les molécules se réfléchissent dans la direction même où elles frappent : la barrière qu'elles forment sur les deux parties de la surface est exactement la même et par suite s'oppose également au passage des molécules qui viennent frapper la surface. Les résultantes partielles sur les deux parties de la surface deviennent égales et par conséquent la résultante totale ou l'effet réel produit par le choc du fluide se trouve au centre de gravité O de la surface.

En résumant nous voyons : que toutes les fois qu'un fluide choque une surface, s'il la frappe obliquement, le point de la surface où s'exerce l'effort de ce fluide se trouve toujours sur la partie de la surface la plus voisine de l'origine du fluide ; que ce point est d'autant plus rapproché du centre de gravité de la surface que l'angle d'incidence sous lequel le fluide choque la surface est grand ; que si le fluide choque normalement la surface, l'effort s'exerce au centre de gravité même de cette surface.

Il résulte de là que toutes les fois qu'une surface est exposée librement à l'action d'un fluide quelconque, elle se range dans une direction perpendiculaire à celle de ce fluide, condition sans laquelle les résultantes partielles sur les deux parties de la surface ne seraient point égales.

152. Pour déterminer les divers effets des voiles sur le navire, nous aurons recours aux principes suivants :

1° La direction de l'effort réel d'un fluide sur une surface est toujours perpendiculaire à cette surface ;

2° Le point de la surface où s'exerce l'effort est toujours situé dans la partie de la surface la plus voisine de l'origine du fluide, si celui-ci frappe obliquement la surface, et au centre de gravité même s'il la choque perpendiculairement ;

3° Toute force appliquée en un point quelconque d'un corps autre que le centre de gravité, donne toujours lieu à une force égale et parallèle appliquée au centre de gravité du corps ; puis à un couple dont le bras de levier est la perpendiculaire abaissée du centre de gravité sur la direction de la force, et dont l'énergie ou le moment est mesuré par le produit de la force par la longueur de cette perpendiculaire.

Nous rappellerons en outre qu'un couple quelconque peut toujours se décomposer en deux autres situés dans deux plans donnés, pourvu que ces plans et celui du couple proposé se rencontrent suivant une même intersection. Les forces des deux couples composants sont égales et parallèles à celle du couple primitif, et leurs bras de levier sont les deux côtés du parallélogramme dont le bras de levier du couple primitif est la diagonale.

Ceci posé, nous allons déterminer les divers effets des voiles sur le navire, en supposant d'abord la voile brassée carré ou perpendiculairement au plan longitudinal, puis en admettant la voile orientée obliquement à ce même plan. Ce que nous dirons pour une seule voile s'appliquera naturellement à toutes les autres.

153. Effet d'une voile brassée carré. Toute voile brassée carré qui reçoit le vent dans le sens de la quille, c'est-à-dire perpendiculairement à sa surface, le vent venant de l'arrière du navire, produit toujours sur lui deux effets : elle tend à le faire marcher de l'avant dans le sens de la quille, et à faire plonger l'avant.

Soit M N la projection de la quille sur le plan horizontal passant

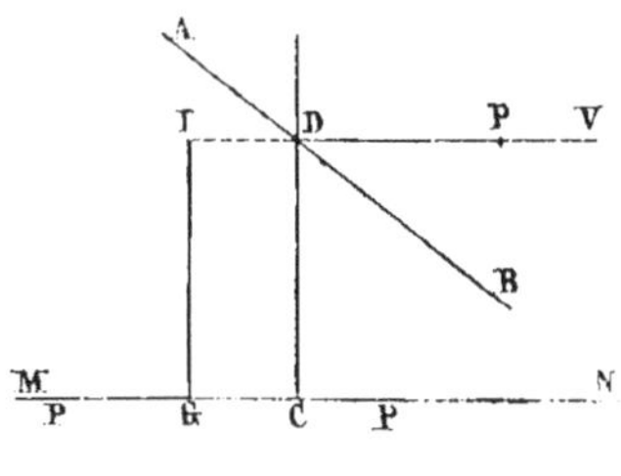

Fig. 113.

par le centre de gravité du navire (*fig.* 113); C D la direction du mât, A B celle de la voile que nous supposons brassée carré. La direction du vent étant perpendiculaire à la voile A B, son effort P sera précisément au centre de gravité D de cette voile. D'ailleurs la direction D V de cet effort étant perpendiculaire au plan de la voile A B, est parallèle à la direction M N de la quille, et comme déjà D V a l'un de ses points D situé dans le plan longitudinal, cette ligne s'y trouve tout entière. La force P appliquée en D, et qui représente l'effet réel du vent sur la voile, donne lieu à une force égale et parallèle P, appliquée au centre de gravité du navire et à un couple (P — P) dont le bras de levier est G I = C D et l'énergie P × C D.

Or la force P appliquée au centre de gravité G du navire et agissant dans le sens de la quille, imprime au navire un mouvement de progression, et le couple (P—P) tend à le faire plonger. Nous voyons que plus C D, c'est-à-dire la hauteur du mât au-dessus du centre de gravité du navire, sera grande, plus l'énergie du couple sera considérable. De là on peut conclure que les voiles hautes font plus plonger le navire que les voiles basses.

154. Si la voile était masquée au lieu d'être pleine, elle produirait sur le navire les mêmes effets en sens inverse ; elle tendrait à le faire culer et à le faire plonger par la poupe.

155. Toute voile brassée carré qui reçoit le vent obliquement par l'arrière, produit trois effets sur le navire : elle tend à le faire marcher en avant dans le sens de la quille, à faire plonger l'avant, et à imprimer au navire un mouvement de rotation autour de la verticale passant par son centre de gravité.

La direction du vent étant oblique à la voile A B (*fig.* 114), son effort ne s'exerce plus comme précédemment au centre de gravité D de la voile, mais en un point D′ situé sur la partie D B de cette voile, la

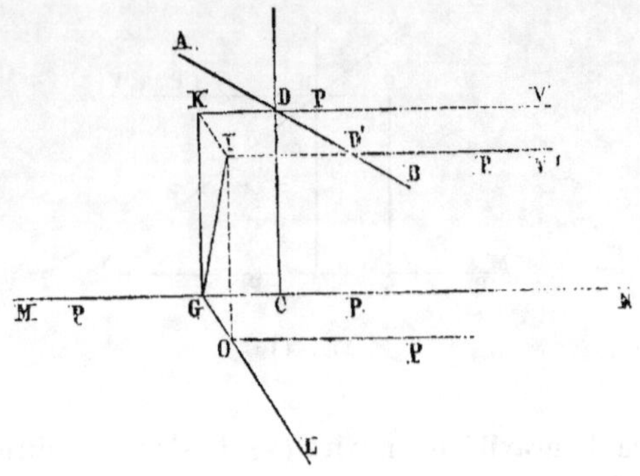

Fig. 114.

plus rapprochée de la source du vent. La direction de l'effort ne sera donc plus D V, mais D′ V′, parallèle à D V. Ces deux droites sont situées dans un même plan V D V′ D′, parallèle au plan horizontal L G N, passant par le centre de gravité G du navire, et par conséquent elles se trouvent toutes les deux à la même hauteur C D au-dessus du centre de gravité G. La force P qui représente l'effort réel du vent sur la voile, donne lieu à une force égale et parallèle P, appliquée au centre de gravité G, et qui, agissant dans le sens de la quille, imprime au navire un mouvement de progression. Cette même force P donne lieu en même temps à un couple (P—P), dont le bras de levier G I est la perpendiculaire abaissée du centre de gravité du navire sur la direction D′ V′ de la force P. Ce couple est situé dans un plan compris entre le plan longitudinal et le plan horizontal L G N; pour déterminer les deux effets qu'il produit, nous le décomposerons en deux autres couples situés dans ces deux plans. Dans ce but nous mènerons G K perpendiculaire à M N, et alors le plan V K G N représentera le plan longitudinal. Par les deux droites G K et G I faisons passer un plan, il sera vertical comme passant par G K, et perpendiculaire à la direction de la quille, puisque M N est perpendiculaire aux deux droites G K et G I, situées dans ce plan. Le plan G K I porte le nom de *plan diamétral*, et il coupe le plan horizontal LGN suivant une ligne horizontale LG perpendiculaire à MN.

Pour effectuer maintenant la décomposition du couple (P—P), abaissons IO perpendiculaire à GL et joignons IK. La ligne IK, intersection du plan diamétral KGL et du plan horizontal VD V'D', est perpendiculaire à GK. Les deux lignes GK et GO seront donc les bras de levier des deux nouveaux couples, dont les forces seront parallèles et égales à P. Ainsi au lieu du couple PIGP nous aurons deux autres couples POGP, PKGP, agissant, l'un dans le plan longitudinal, l'autre dans le plan horizontal. Le premier tend à faire plonger l'avant, tandis que l'autre tend à imprimer au navire un mouvement de rotation autour de la verticale passant par le centre de gravité G.

Nous avons déjà vu que la force P, appliquée au centre de gravité G du navire, tendait à lui imprimer un mouvement de progression; voilà donc les trois effets que nous avions énoncés en commençant.

Les énergies des deux couples sont $P \times GK$ et $P \times GO$; or $GK = CD$ et $GO = KI = DD'$; ainsi les énergies des couples seront $P \times CD$ et $P \times DD'$.

Le premier indique que plus la hauteur du mât CD sera grande, c'est-à-dire que plus la voile que l'on considère sera élevée, plus le mouvement pour plonger sera grand; c'est un résultat que nous avions déjà obtenu précédemment.

Le second nous apprend que la tendance au mouvement de rotation sera d'autant plus grande que la distance DD' sera grande, c'est-à-dire que le point D' où s'exerce l'effort du vent sur la voile sera plus éloigné du centre de gravité de cette voile. Cette distance est la plus grande possible lorsque l'angle d'incidence du vent sur la voile atteint son minimum, ou environ 35°; nous en conclurons donc que c'est au plus près que la tendance au mouvement de rotation est le plus considérable. Cependant cette différence n'est pas aussi sensible qu'elle semble devoir l'être, parce que si d'une part DD' augmente, d'autre part l'effort P du vent sur la voile diminue en même temps que l'angle d'incidence.

Nous voyons en outre que le mouvement de rotation tend toujours à faire tourner le navire du côté opposé à celui d'où vient le vent. Nous conclurons de là que lorsqu'un navire court vent arrière, si par une cause quelconque il vient à embarder et à recevoir le vent obliquement sur les voiles, par le seul effet de celles-ci il tendra à revenir à sa première position.

156. Effets d'une voile orientée obliquement par rapport à la quille. Toute voile orientée obliquement par rapport à la quille, quels que soient d'ailleurs son orientement et l'angle d'incidence du vent qui la frappe, tend à imprimer cinq mouvements au navire : un mouvement de progression dans le sens de la quille ; un mouvement de translation latéral ou de dérive ; un mouvement de rotation autour de la verticale passant par le centre de gravité du navire ; un mouvement d'immersion dans le sens longitudinal ; un mouvement d'inclinaison latéral ou de bande (*fig.* 115).

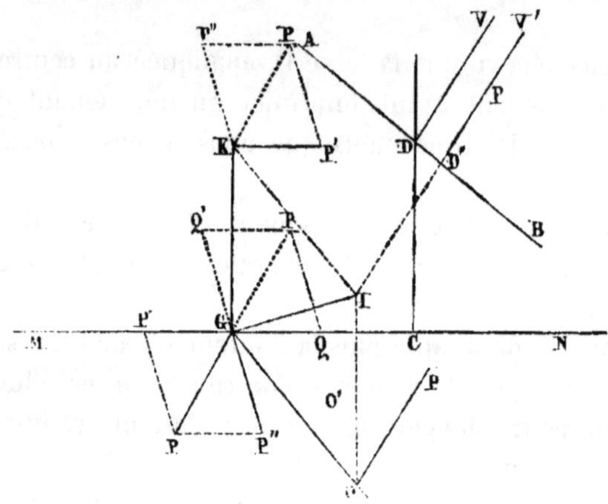

Fig. 115.

Soient toujours O G N le plan horizontal passant par le centre de gravité G du navire ; M N la projection de la quille sur ce plan ; C D la direction du mât ; A B celle de la voile que nous supposons orientée obliquement par rapport à la quille.

Le vent frappant obliquement la voile A B, son effet ne s'exerce pas suivant D V passant au centre de gravité D de la voile, mais suivant D′ V′ au point D′ situé sur la partie D B de la voile la plus voisine de l'origine du vent. Les deux lignes D V et D′ V′ sont parallèles, situées dans le même plan horizontal et par conséquent à la même hauteur C D au-dessus du centre de gravité du navire.

L'effort P qui s'exerce en D′ donne lieu à une force égale et parallèle appliquée au centre de gravité du navire, et à un couple (P—P) dont le bras de levier est GI. Le plan PIG de ce couple est donc incliné par rapport au plan horizontal OGN.

Occupons-nous en premier lieu de la force P appliquée au centre de gravité G du navire; cette force est horizontale, puisqu'elle est parallèle à D′V′. Pour décomposer l'effet de la force P, menons dans le plan horizontal OGN la ligne GQ′ perpendiculaire à MN, et nous partagerons la force P en deux autres, Q et Q′, agissant la première dans le sens de la quille et donnant par suite au navire un mouvement de progression; la seconde, agissant au centre de gravité perpendiculairement à la quille et donnant au navire un mouvement de dérive. Voilà déjà deux des effets que tend à produire la force P sur le navire.

Passons actuellement au couple PIGP. Ce couple est situé dans un plan compris entre le plan longitudinal et le plan horizontal OGN; nous pouvons donc le décomposer en deux autres : pour cela abaissons IO perpendiculaire au plan horizontal. IO qui mesure l'élévation d'un point I de l'horizontale D′V′ au-dessus du plan OGN, est égale à CD. Par les deux droites GI et IO faisons passer un plan, ce plan sera vertical; il coupera le plan horizontal suivant GO, et le plan longitudinal suivant GK perpendiculaire à MN. Menons la ligne IK perpendiculaire à GK, alors le bras de levier GI du couple (P—P) se trouve être la diagonale du rectangle KGOI, et par suite nous pouvons remplacer le couple PIGP par les deux couples PGOP et PGKP. Le couple PGOP est situé dans le plan horizontal OGN, et tend à imprimer au navire un mouvement de rotation autour de la verticale passant par son centre de gravité G, du côté opposé à celui d'où vient le vent.

L'autre couple PGKP est situé dans un plan compris entre le plan diamétral mené suivant GK et le plan longitudinal; nous pourrons donc le décomposer en deux autres couples situés dans ces plans. Pour effectuer cette décomposition, faisons passer par l'horizontale KP un plan parallèle à OGN, c'est-à-dire horizontal; il coupera le plan longitudinal suivant KP′, parallèle à MN, et par conséquent perpendiculaire à GK; il coupera le plan diamétral passant par GK, suivant une direction KP″, perpendiculaire à la verticale GK. Nous pourrons donc décomposer alors la force P du couple en deux autres, P′ et P″, agissant suivant les directions KP′ et KP″. Ainsi à la place du couple PGKP nous aurons deux autres couples P′GKP′ et P″GKP″, dont les énergies sont $P' \times GK$ et $P'' \times GK$ ou $P' \times CD$ et $P'' \times CD$, puisque GK = CD. Le premier couple (P′—P′) est situé dans le plan longitudinal et il tend à faire plonger le navire; le second (P″—P″) est situé dans le plan diamétral et tend à lui faire donner la bande.

Ainsi la force P produit les deux forces Q et Q′, et le couple (P—P) les trois couples POGP, P′KGP′ et P″KGP″ : voilà donc les cinq effets que nous avons énoncés en commençant.

Moins la voile AB sera ouverte par rapport à la quille, plus la perpendiculaire D′V′ se rapprochera de la direction de la quille MN, plus l'angle PGN diminuera, et par conséquent plus la composante Q augmentera, tandis que la composante Q′ diminuera. Autrement dit, dans ce cas le mouvement de progression augmentera tandis que la dérive diminuera.

Plus la voile AB sera ouverte, plus la perpendiculaire D′V′ s'éloignera du centre de gravité du navire, et plus par conséquent la distance GI et la distance GO augmenteront. Il en résultera que l'énergie P × GO du couple qui tend à produire le mouvement de rotation, sera d'autant plus grande. Ainsi c'est avec le plus grand orientement possible de la voile que la tendance au mouvement de rotation devient le plus considérable.

Enfin, plus CD ou la hauteur du mât est grande, c'est-à-dire plus la voile est haute, plus l'énergie des couples (P′—P′) et (P″—P″) sont grandes également; plus par conséquent le mouvement d'immersion et celui de bande sont considérables.

Si le vent frappait perpendiculairement la voile, l'effort s'exercerait en D suivant DV, et l'on obtiendrait toujours les cinq mêmes mouvements, en effectuant absolument les mêmes décompositions. Quatre de ces mouvements seraient exactement les mêmes, il n'y aurait que le mouvement de rotation qui dans ce cas serait diminué. En effet, la perpendiculaire menée du centre de gravité du navire sur DV serait moins longue que dans le cas précédent, en sorte que la verticale abaissée du point I, au lieu de tomber en O, tomberait en un point O′ par exemple, plus près du centre de gravité G. Le couple tendant à produire la rotation diminuerait donc d'énergie. son bras de levier étant moins long que précédemment.

157. On peut déduire de ce qui précède, qu'à surfaces égales et à même orientement, les voiles hautes ou basses produisent le même mouvement de rotation.

En effet, imaginons par la pensée dans la *fig.* 115 une autre voile A′B′, égale à AB, orientée de la même manière et placée au-dessus de cette voile; l'effort du vent sur cette voile sera dirigé suivant une ligne I'D''V'' parallèle à ID'V', mais située au-dessus de cette dernière. Concevons la verticale IO prolongée jusqu'à la rencontre de la ligne I'D''V'' en un point I' et joignons GI'; cette droite sera le bras de levier du nouveau couple. Or, la verticale abaissée du point I' sur le plan horizontal OGN tombant toujours en O, le bras du levier du couple qui imprime le mouvement de rotation est égal à GO, et, les forces étant les mêmes, l'énergie des deux couples pour les voiles AB et A'B' sera P × GO.

Dans la pratique cependant il n'en est pas exactement ainsi; les voiles hautes, à surfaces égales et à même orientement, produisent un mouvement de rotation moindre pour arriver et plus grand pour lofer que les voiles basses. Cela tient à ce que les voiles hautes augmentent la bande du navire, et par suite la résistance de l'eau sous le vent grandit puisqu'elle s'exerce sur une plus grande surface. Cette résistance tend à contrarier le mouvement du navire pour arriver, et à favoriser au contraire le mouvement pour venir au vent.

158. Dans ce qui précède nous n'avons fait aucune distinction quant à la manière dont le vent frappait la voile. En effet, une voile pleine ou masquée produit toujours sur le navire les cinq effets que nous avons indiqués; seulement le mouvement de progression en avant dans le premier cas devient un mouvement de translation en arrière dans le second; et le mouvement d'immersion de l'avant, un mouvement d'immersion de l'arrière.

On peut en conclure qu'une voile masquée, qui fait avec la direction de la quille le même angle qu'une voile pleine, et qui reçoit le vent sous le même angle d'incidence que cette dernière, produit sur le navire des effets parfaitement égaux à ceux que produit la voile pleine mais en sens inverse.

159. Effets des focs sur le navire. Les focs présentent deux positions différentes selon qu'ils sont bordés sur le beaupré ou sur les joues du navire. Considérons d'abord le foc bordé au milieu ou sur le beaupré; le plan de cette voile dans ce cas est celui du plan longitudinal, et la direction P de l'effort réel du vent sur la voile est par conséquent horizontale. Cet effort donne lieu alors à une force P appliquée au centre de gravité du navire, et qui tout entière produit un effet de dérive, puisqu'elle est perpendiculaire au plan longitudinal; puis à un couple qui peut se décomposer en deux autres, l'un situé dans un plan horizontal passant par le centre de gravité du navire, l'autre dans le plan diamétral. Le premier tendra par conséquent à faire tourner le navire autour d'une verticale passant par son centre de gravité, le second produira un effet de bande en inclinant le navire du côté opposé à la direction d'où vient le vent.

Dans le cas ordinaire du foc établi, le plan de cette voile n'est plus vertical, et par suite l'impulsion du vent normale à ce plan est dirigée de bas en haut. En décomposant cette force de la même manière que nous l'avons fait précédemment pour les autres voiles, on trouve que cette force donne encore lieu à une force égale et parallèle appliquée au centre de gravité du navire, et à un couple dont le bras de levier est la perpendiculaire abaissée de ce même centre de gravité sur la direction de la force appliquée à la voile.

Considérons d'abord la force appliquée au centre de gravité ; nous la décomposerons en trois autres : l'une verticale, l'autre suivant une direction parallèle à la quille, et la troisième suivant une direction perpendiculaire à la quille dans le plan horizontal. La première tend à soulever le centre de gravité, mais elle est détruite par la résistance que le poids du navire lui oppose ; la seconde tend à produire un effet de progression dans le sens de la quille ; la dernière, un effet de dérive.

Passons maintenant au couple, dont le plan est incliné sur la quille ; nous pouvons également le décomposer en trois autres, situés respectivement dans le plan horizontal, le plan diamétral et le plan longitudinal. Le premier tendra à faire tourner le navire autour d'une verticale passant par son centre de gravité ; le second, à produire un effet de bande ; enfin le troisième, à faire immerger l'avant.

Les focs établis et recevant le vent de manière à être pleins, tendent par conséquent à produire six effets sur le navire : 1° un effet de soulèvement ; 2° un effet de progression en avant ; 3° un effet de dérive ; 4° un effet d'abattée ; 5° un effet de bande ; 6° un effet d'immersion de l'avant.

160. Plus l'angle du foc avec le beaupré sera grand, plus la normale se rapprochera de la direction parallèle à la quille ; plus par conséquent le mouvement de progression augmentera, tandis que le mouvement de dérive diminuera. De même le bras de levier du couple produisant le mouvement giratoire et par suite le mouvement de rotation autour du centre de gravité diminuera.

On voit également que plus le foc agira sur une partie élevée du beaupré, plus le mouvement pour plonger et celui de bande seront prononcés.

161. Un foc traversé produit sur le navire les mêmes effets qu'un foc plein; on le verrait facilement en faisant les mêmes décompositions de la force d'impulsion; seulement ces effets se produisent en sens contraire.

Un foc traversé produira plus d'effet pour abattre qu'un foc plein; en effet, le foc plein fait tomber le navire sur l'avant, tandis qu'au contraire le foc traversé le fait tomber sur l'arrière. Par conséquent, dans le second cas l'avant étant moins plongé, la résistance de l'eau s'exerce sur une surface moins grande et s'oppose moins au mouvement d'abattée. Comme d'ailleurs les deux mouvements de rotation produits par les deux forces sont égaux, il est évident que le foc traversé fera abattre le navire plus facilement que lorsqu'il sera bordé.

162. Effets de la brigantine sur le navire. La brigantine tournant autour du mât, son plan est toujours vertical, et par suite la direction de la force P, qui représente l'effet réel du vent sur cette voile, est horizontale. En appliquant à la brigantine les mêmes décompositions de la force P que nous avons faites précédemment pour les autres voiles, nous trouverons qu'elle produit sur le navire les cinq effets suivants : 1° un mouvement de translation en avant dans le sens de la quille ; 2° un mouvement de dérive ; 3° un mouvement de rotation autour d'une verticale passant par le centre de gravité, produit par le couple situé dans le plan horizontal; 4° un mouvement de bande produit par le couple situé dans le plan diamétral; 5° un mouvement d'immersion de l'avant produit par le couple placé dans le plan longitudinal.

Nous pouvons faire pour la brigantine des remarques analogues à celles que nous avons faites pour le foc. Ainsi, plus l'angle formé par le plan de la brigantine et le plan longitudinal sera grand, plus la direction de la force agissant sur cette voile se rapprochera de la direction parallèle à la quille; d'où il résultera que le mouvement de progression augmentera et que le mouvement de dérive diminuera, ainsi que le mouvement de rotation.

Lorsque la brigantine sera traversée au vent, si son plan fait avec le plan longitudinal le même angle que lorsqu'elle est bordée sous le vent, et si elle reçoit le vent sous des angles d'incidence égaux dans les deux positions, elle tendra à produire sur le navire des effets parfaitement identiques, seulement ils auront lieu en sens contraire.

Nous en conclurons que la brigantine bordée doit produire un plus grand mouvement pour lofer que la brigantine traversée au vent ; car dans le premier cas le navire tend à tomber sur l'avant, et dans le second cas, sur l'arrière.

Nous dirons enfin que la brigantine bordée au milieu du navire, c'est-à-dire dans le plan longitudinal, ne produit plus que trois effets sur le navire : un mouvement de dérive, un mouvement de bande et un mouvement de rotation autour de la verticale passant par le centre de gravité du navire. Toutefois ces effets sont alors plus considérables que dans toute autre position de la voile, parce que dans ce cas la direction de l'effort du vent est située dans le plan diamétral et agit perpendiculairement à la direction de la quille, en sorte qu'il n'y a plus de décomposition de force.

Tels sont les effets des voiles sur le navire, quel que soit l'orientement des vergues et l'angle d'incidence du vent sur la voile. Ce que nous avons dit pour une d'elles se répéterait pour toutes.

163. Nous observerons, pour terminer ce que nous avons à dire à cet égard, que, les voiles de l'arrière étant orientées obliquement par rapport à la quille, si elles reçoivent le vent dedans du côté de l'écoute, elles feront arriver, de même que les voiles d'avant tendent à faire lofer quand elles reçoivent le vent du côté de l'écoute. Il est facile de se rendre compte de ce fait en examinant dans les deux cas le sens de rotation du couple qui tend à faire tourner le navire autour de la verticale passant par son centre de gravité.

164. Avant de passer au chapitre suivant qui traite du gouvernement du navire, nous ne dirons que quelques mots des effets que produit le gouvernail quand on pousse la barre d'un bord ou de l'autre. En appliquant au gouvernail un système de décomposition de force analogue à celui que nous avons employé pour nous rendre compte des effets des voiles sur le navire, on trouverait que le gouvernail tend à lui donner les six mouvements suivants : 1° un mouvement de dérive ; 2° un mouvement pour culer ; 3° un mouvement de rotation autour d'une verticale passant par le centre de gravité du navire, du côté où est placé le gouvernail ; 4° un mouvement pour faire plonger tout le navire, mouvement détruit par la résistance du fluide ; 5° un mouvement d'immersion sur l'arrière ; 6° un mouvement de bande.

Plus le plan du gouvernail sera près d'être vertical, plus la force normale à sa surface s'approchera de l'horizontale, et plus par suite les trois premiers effets qu'il tendra à produire sur le navire augmenteront, tandis que les trois derniers diminueront.

Si le gouvernail est placé dans une position verticale, la normale à sa surface devient horizontale; alors il n'y a plus de décomposition de forces, et il ne produira plus sur le navire que les trois premiers effets indiqués.

CHAPITRE QUATRIÈME.

DU GOUVERNEMENT DU NAVIRE.

165. Balancement de la voilure. On entend par gouvernement du navire la combinaison des diverses forces agissant sur ce navire, indépendamment du gouvernail, toutes les fois que les voiles sont orientées obliquement à la quille, pour le faire tourner autour de l'axe vertical qui passe par son centre de gravité. Autrement dit, le gouvernement du navire consiste à équilibrer autant que possible l'effet produit par les voiles de l'avant et celles de l'arrière, de telle sorte que le sillage soit direct sans qu'on soit forcé d'employer à un haut degré l'action du gouvernail pour maintenir le navire dans la direction voulue.

Nous avons vu précédemment que l'action du vent sur les voiles produisait, entre autres effets, un effet dans le sens longitudinal ou de la quille, puis un effet latéral ou perpendiculaire à la quille. De ce dernier il résulte sur le côté qui est sous le vent du navire une troisième action, c'est la résistance de l'eau s'opposant au mouvement de dérive occasionné par l'impulsion latérale que la voilure imprime au navire.

Telles sont les trois forces à examiner dans le gouvernement du navire; les autres, telles que l'impulsion de la lame, les mouvements de roulis ou de tangage, n'étant ni régulières ni constantes, ne peuvent être soumises à aucune appréciation. Voyons donc comment les trois forces dont il s'agit tendront à faire tourner le navire autour de son centre de gravité.

La force dans le sens longitudinal agit toujours à la partie sous le vent du navire, et tend par suite à lui donner un mouvement d'oloffée. Cela résulte de l'inclinaison que prennent le corps du navire et sa mâture par l'action du vent, et le mouvement d'oloffée sera d'autant plus vif que les voiles seront plus hautes.

La force dans le sens latéral tendra à faire arriver ou à faire loffer le navire selon qu'elle passera sur l'arrière ou sur l'avant du centre de gravité, ce qui dépendra naturellement des surfaces relatives que présenteront au vent les voiles de l'arrière et celles de l'avant.

Quant à la résistance de l'eau, elle agit toujours dans le sens opposé à l'impulsion du vent sur les voiles, et son point d'application peut être ramené au centre de voilure. Suivant que ce point sera en avant ou en arrière du centre de gravité, elle tendra à donner au navire un mouvement d'oloffée ou d'arrivée.

Nous remarquerons en passant que la courbure des voiles résultant de l'effort du vent a pour effet de rapprocher du centre de gravité la surface des voiles de l'arrière, et d'éloigner au contraire du même point celle des voiles de l'avant. Nous en conclurons que la courbure des voiles doit contribuer à donner au navire un faible mouvement d'arrivée.

Ainsi pour procurer au navire un gouvernement parfait, il faut faire en sorte que les trois forces dont nous venons de parler soient toujours en équilibre. Or on conçoit que cet équilibre est très-difficile à obtenir et à conserver; lorsqu'il existe, le navire n'a pas plus de difficulté à arriver qu'à venir au vent. Mais aussitôt que l'action des voiles de l'arrière devient plus forte que celle des voiles de l'avant, la résistance de l'eau est une action qui s'ajoute à celle des voiles de l'arrière pour faire venir le navire au vent, et alors celui-ci devient ardent. En pratique, cet effet se traduit par la nécessité où l'on est de mettre la barre du gouvernail au vent, et de l'y maintenir pour que le navire conserve la direction donnée, c'est-à-dire la route. En règle générale, toutes les fois que pour atteindre ce résultat on est forcé d'avoir plus d'un rayon de la roue du gouvernail au vent, la voilure est mal balancée, et il est nécessaire d'y apporter remède.

L'équilibre est également rompu lorsque le vent fraîchit; en effet, la force dans le sens longitudinal augmente d'intensité, et en même temps le navire inclinant davantage, le bras de levier à l'extrémité duquel elle agit devient plus grand. Le mouvement d'oloffée a donc pour lui dans ce cas deux causes d'augmentation. C'est ce qui a lieu en pratique, et l'on observe que toutes les fois que la brise fraîchit, les conditions restant les mêmes d'ailleurs, le navire devient ardent, et qu'il faut pour le maintenir en route une action d'autant plus énergique du gouvernail.

Le même effet se produit encore lorsque le vent change de direction et qu'il adonne; alors la force dans le sens longitudinal augmente d'intensité; le navire étant moins incliné que dans le cas précédent, le bras de levier sur lequel elle agit diminue; mais il est évident que la force augmente proportionnellement beaucoup plus que le bras de levier ne diminue par le changement d'inclinaison, et il s'ensuit que le mouvement d'oloffée augmente encore.

On remarque en effet dans la pratique que plus le vent fraîchit sous les allures du plus près et du largue, plus le navire est ardent. Aussi dans ce cas la suppression des perroquets sera-t-elle très-favorable au bon gouvernement du navire, et quelquefois avantageuse à la marche. Toutefois il faut pour cela que la direction du vent ne dépasse que de quelques degrés vers l'arrière la perpendiculaire à la quille. Cette direction franchie, le mouvement d'oloffée diminue, et le navire gouverne mieux; car alors chacune des trois forces diminue progressivement jusqu'à ce que le vent vienne de l'arrière, auquel cas elles se réduisent à zéro.

166. En résumé, dans les routes obliques, pour qu'un navire gouverne bien, il faut équilibrer l'effet des voiles de l'avant et de l'arrière. On ne peut y arriver que par tâtonnement en mettant, suivant le cas, plus ou moins de voiles à l'avant ou à l'arrière, et en les exposant plus ou moins favorablement à l'action du vent. Si, pour tenir le navire droit en route, on se bornait seulement à l'emploi du gouvernail, la résistance que ce dernier opposerait à l'eau glissant le long de la carène nuirait beaucoup à la marche, et on aurait même alors une grande difficulté à gouverner. Parfois aussi, quand le navire marche très-vite, le gouvernail est impuissant à le maintenir; car, dans ce cas, la résistance de l'eau sur la joue devient tellement grande que l'on ne peut plus arriver.

Dans un cas semblable, la première chose à faire pour obtenir l'effet désiré est de ralentir la vitesse d'impulsion en diminuant de voiles. Il faut, en tous cas, conserver les voiles de l'avant, sauf le petit perroquet qui fait incliner le navire; on neutralise en partie l'effet des voiles de l'arrière en commençant par supprimer les plus élevées et les plus éloignées du centre de gravité; de cette manière, la force d'impulsion étant diminuée, la résistance de l'eau au mouvement d'arrivée le sera elle-même dans la proportion du carré de la diminution de vitesse obtenue; en outre, la puissance totale des voiles de l'avant pour faire arriver sera augmentée de tout l'effet soustrait aux voiles de l'arrière, qui agissaient en sens inverse; enfin le navire, moins chargé par sa voilure, se redressera, le gouvernail prendra une position plus rapprochée de la verticale, et par suite plus favorable à son action. On voit donc que tout contribuera à donner au navire le mouvement voulu.

Il est cependant des cas où le navire fortement couché ne peut encore arriver malgré la suppression des voiles de l'arrière, ce qui a lieu quelquefois dans un grain violent. Dans ce cas il faudrait carguer le petit hunier, et comme dans toute évolution il importe surtout de favoriser l'action du gouvernail pourvu que le navire ait de la vitesse, on appuierait les bras du vent des vergues de l'avant en choquant un peu l'écoute de misaine; les vergues étant moins obliques, le navire se redresserait. On a vu, dans ces positions critiques où l'on dit que le navire est engagé, celui-ci ne se relever qu'après qu'on avait coupé les mâts de l'arrière. Aussi quand un grain s'annonce comme devant être très-fort, il y a deux manières de le recevoir: ou diminuer tout à fait de voiles avant son arrivée et l'attendre au plus près sans arriver pendant qu'il durera; ou diminuer convenablement de voiles et le recevoir de l'arrière du travers. Les navires de guerre qui ont beaucoup de bras pour diminuer et rétablir la voilure suivent généralement la première méthode; les navires de commerce adoptent le plus souvent la seconde et c'est sans aucun doute celle qui expose à faire le moins d'avaries.

167. Orientement des vergues. La théorie a démontré que pour donner au navire faisant une route oblique à la direction du vent la plus grande vitesse possible, il fallait que la vergue fît avec la quille un angle dont la tangente fût la moitié de la tangente de l'angle que la même vergue fait avec la direction du vent.

On est obligé de renoncer à cette règle lorsqu'on veut faire route au plus près, attendu qu'on ne peut pas assez diminuer l'angle que fait la vergue avec la quille. La limite de cet angle est de 25° environ. L'angle d'incidence le plus avantageux pour naviguer au plus près, est, dans ce cas, d'environ 32°.

Pour les autres allures, on peut, au moyen d'un calcul assez simple, arriver au résultat voulu, puisqu'on connaît approximativement l'angle que fait le vent avec la route ou avec la direction de la quille, angle qu'il s'agit de partager dans les conditions énoncées ci-dessus. Soit A cet angle; on commencera par calculer un angle x au moyen de la formule $\sin x = \frac{\sin A}{3}$. En retranchant la valeur trouvée de l'angle A et divisant le reste par 2, on aura l'angle A′ de la vergue et de la quille, et en ajoutant le même angle x à A′, on aura l'angle apparent du vent avec la vergue. (Bouguer, *De la Manœuvre des vaisseaux.*)

Dans la table calculée par Bouguer, qui donne la position de la vergue pour courir avec la plus grande vitesse possible dans tous les cas, et pour tous les orientements, nous ne prendrons que les cas où les voiles ne s'entrecouvrent pas trop pour qu'on puisse tirer parti de la règle.

ANGLE du vent avec la quille ou la route.	ANGLE de la vergue ou de la voile avec la quille.	ANGLE d'incidence du vent sur la voile.
103° 53′	42° 30′	61° 23′
99 13	40 0	59 13
94 25	37 30	56 55
89 28	35 30	54 28
84 23	32 30	51 53
79 6	30 0	49 6
73 39	27 30	46 9
68 0	25 0	43 0

Si donc on est au plus près et que le vent adonne, on devra fermer la voile d'une quantité égale à la moitié à peu près de la quantité angulaire dont il aura varié. Pratiquement, ce qu'il y a de mieux à faire est de dresser le plan de la partie du navire au-dessus de laquelle se meut la vergue dans les divers orientements, et de prendre pour les diverses positions des points de repère sur des parties que l'on reportera du plan au navire.

168. Il faut remarquer que la courbure des voiles doit être diminuée autant que possible; car une voile qui fait trop le sac, peut faire perdre par cela seul $\frac{1}{5}$ et même $\frac{1}{4}$ de l'impulsion qu'elle donnerait si elle était plane. Il est donc indispensable pour la bonne marche que la voile soit aussi tendue que possible. On sait que pour qu'une voile exposée à l'action du vent porte bien, il faut que l'angle d'incidence du vent sur la voile soit au moins de 25° et que la grandeur de l'angle d'incidence varie avec la courbure de la voile. En effet, si la voile était parfaitement plane, un angle d'incidence de 11° seulement suffirait pour lui donner toute sa force d'impulsion en la tenant pleine. Mais une voile n'est jamais plane, elle prend toujours une certaine courbure d'autant plus grande que le vent est plus fort. On comprend donc qu'alors le fond de la voile se trouve dans un plan tout différent des autres parties, surtout de celles adjacentes aux ralingues, parties qui se courbent très-peu grâce à la résistance des ralingues mêmes; il faudra, pour faire porter ce fond de la voile, augmenter l'angle d'incidence du vent, proportionnellement au plus ou moins de courbure de la voile.

Ainsi, théoriquement, avec le vent grand frais on ne gouvernerait pas aussi près du vent qu'avec une petite brise, parce que, dans le premier cas, la courbure des voiles est plus grande. Mais en pratique cette différence est insensible, parce que, d'abord, le navire donnant plus de bande, l'angle d'incidence du vent sur la voile en est augmenté et qu'avec le vent grand frais les vergues sont toujours plus ouvertes.

Toute voile masquée étant soutenue par le mât et les haubans sur lesquels elle porte, il en résulte qu'elle se courbe toujours moins qu'une voile pleine et qu'ainsi pour qu'une voile soit parfaitement masquée, il n'est pas nécessaire que l'angle d'incidence du vent soit de 25°. Il suffit que cet angle soit de 11 ou de 15 degrés au plus. On voit, en effet, dans le virement de bord vent devant, que les voiles sont masquées longtemps avant que le navire soit dans le lit du vent alors que l'angle de la vergue avec la quille est de 25° ou 27°. Ainsi les voiles sont masquées longtemps avant que l'angle d'incidence soit parvenu à cette valeur.

Lorsque le vent est faible, on doit, en règle générale, orienter d'autant plus les voiles et dans ce cas on largue les bras du vent en ne roidissant que ceux sous le vent.

169. Dérive. La dérive est, comme on sait, le résultat de la force appliquée au centre de gravité normalement au plan de la quille ; son effet est de faire tomber le navire sous le vent sans changer aucunement la direction de son cap.

Pour deux navires différents orientés de la même manière, la dérive dépend de la vitesse dont ils sont animés, de leur forme qui leur donne plus ou moins de résistance par le côté et de quelques autres conditions : le tirant d'eau, la plus ou moins grande surface immergée, etc.

Pour un navire, à même orientement de voiles, la dérive diminue lorsque la vitesse augmente.

En effet, la résistance de l'eau qui s'exerce sur la carène est une force opposée à celle qui produit la dérive et qui en détruit une partie ; or nous savons que lorsque la vitesse augmente, la résistance augmente dans le rapport du carré de la vitesse. Cette résistance s'accroît donc considérablement quand la vitesse elle-même grandit ; donc la dérive doit diminuer. C'est ce que la pratique indique.

Quant au plus ou au moins d'obliquité des vergues par rapport à la quille, elle ne produit sur la dérive aucun effet sensible. Prenons en effet un navire courant au plus près et ayant une dérive déterminée ; supposons que le vent adonne de deux quarts et que l'on conserve les voiles orientées comme précédemment, il est certain que si l'obliquité des voiles était une cause importante de la dérive, celle-ci serait la même dans les deux cas. Or, dans le second cas, au contraire, on voit la dérive diminuer beaucoup à cause de l'augmentation de vitesse.

170. Évolution du navire. Le mouvement de rotation imprimé au navire par une voile pleine et celui que lui donne une voile masquée, placée dans les mêmes circonstances, ont l'un et l'autre une intensité égale (§ 158). Mais il faut observer que lorsque la voile est pleine, le navire a une tendance à plonger de l'avant, et qu'au contraire lorsque la voile est masquée il a tendance à plonger de l'arrière. Il en résulte que dans ce dernier cas il tire moins d'eau de l'avant que dans le premier. Par suite la résistance de l'eau s'exerçant sur une surface moindre est moins considérable dans le dernier cas que dans le premier et s'oppose moins au mouvement de rotation. Ainsi, théoriquement parlant, un navire dont les voiles de l'avant sont masquées doit arriver plus promptement que si dans les mêmes circonstances il avait le vent dans ces mêmes voiles. Il faut naturellement admettre, dans ce cas, que la vitesse du navire est nulle et que l'on fait abstraction du gouvernail.

Pratiquement, lorsqu'un navire évolue et décrit un mouvement de rotation, la résistance qu'il éprouve sur sa joue, de la part du liquide, est considérable : on en a une preuve positive dans l'appareillage où les vergues de l'avant sont orientées au plus près. L'effort des voiles agit alors plus directement pour faire tourner que pour faire culer le navire, d'autant plus que cet effort se produit à l'extrémité d'un bras de levier fort long. Malgré cela le mouvement d'abattée est généralement plus lent que celui pour culer, ce qui tient à la cause que nous venons d'indiquer se produisant beaucoup plus énergiquement sur la joue que sur l'arrière du navire. C'est pour activer le mouvement giratoire qu'on hisse les focs au moment où l'on dépasse l'ancre, parce que ceux-ci, agissant fort loin du centre de gravité, ont par suite une grande puissance pour faire tourner.

171. Nous allons examiner quel est, pour un angle quelconque de la vergue avec la quille, le rapport qui existe entre la force du couple qui détermine le mouvement de rotation et celle qui exprime la vitesse du navire.

Soit A l'angle M C *A* (*fig.* 116) que fait la vergue avec la quille; CV perpendiculaire à AB représentant la direction du vent dont la force est mesurée par C O; la force C O donnera lieu aux deux composantes CD et C M, dont la première représente la force du couple C D $\times$ C G qui produit le mouvement de rotation et la seconde la vitesse du navire.

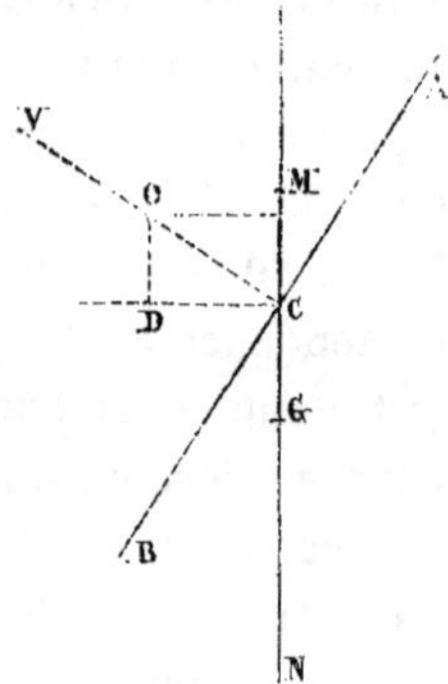

Fig. 116.

C'est donc le rapport de C D à C M qu'il s'agit de déterminer. Appelons-les r et V. Dans le triangle M $o\,c$ nous avons :

$$\text{Sin. M}\,o\,c : \text{sin. M}\,c\,o :: \text{V} : r;$$

or, $$\text{sin. M}\,o\,c = \text{sin. A et sin. M}\,c\,o = \text{cos. A}.$$

Nous aurons par suite :

$$\text{Sin. A} : \text{cos. A} :: \text{V} : r$$

et $$r = \frac{\text{V}}{tg\,\text{A}}$$

D'où l'on voit que le rapport de la force de rotation horizontale à la vitesse est le même que celui du cosinus au sinus de l'angle de la vergue avec la quille, et que la force de rotation est directement proportionnelle à la vitesse.

172. Prenons pour exemple le virement de bord vent devant. Nous remarquerons qu'au moment où l'on envoie, la vitesse du navire n'a pas éprouvé de diminution ; ce n'est qu'après un certain temps t que cela arrive. Supposons donc qu'au moment où l'on commence l'évolution la vitesse $MC = 2V$ (*fig.* 117), et le mouvement de rotation $CD = 2r$; au bout du temps t le navire soumis à l'action de ces deux forces aura parcouru la portion C O qui n'est autre chose qu'un des petits éléments rectilignes composant la courbe que doit décrire le navire.

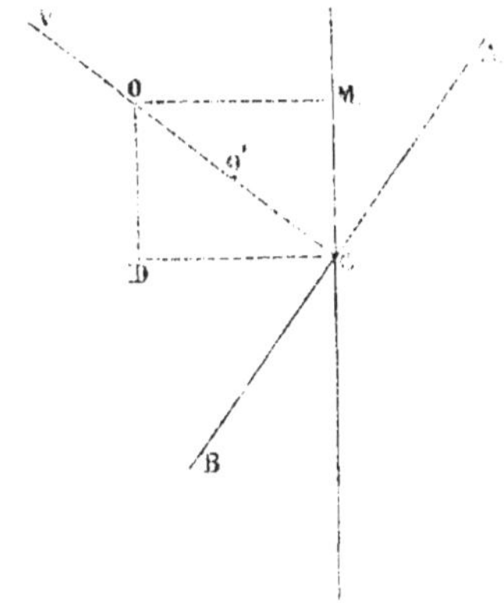

Fig. 117.

Parvenu en O, le navire sera soumis à une nouvelle force de rotation et à une nouvelle vitesse moindres que les premières, qui auront diminué dans un rapport proportionnel ; il décrira donc un élément de courbe moindre que le premier, et ainsi de suite.

Si maintenant, au lieu de supposer qu'au commencement de l'évolution le navire est soumis à l'action des forces 2 V et 2 r pendant le temps t, nous le soumettons à l'action des deux forces V et r moitié des précédentes, il ne parcourra plus au bout du temps t dans la direction constante C V de la résultante qu'une portion de chemin C O′ moitié de C O, et si nous admettons que les deux mêmes forces agissent sur le navire pendant un second intervalle t, elles lui feront encore parcourir un nouvel élément O O′ moitié de C O. De sorte que ces deux forces, qui sont la moitié des premières, agissant sur le navire pendant un temps double, lui auront fait parcourir le même élément. On voit donc que, quelle que soit la vitesse, si l'on fait abstraction de l'action du gouvernail, la courbe d'évolution décrite par le navire est sensiblement la même.

173. Voyons maintenant quel changement apporte à ce résultat l'effet du gouvernail et considérons deux cas que nous désignerons par N et N', tels que le navire ait dans le deuxième cas une vitesse double de celle qu'il a dans le premier. La vitesse étant double pour le cas N', l'impulsion de l'eau sur le gouvernail deviendra quatre fois plus grande dans N' que dans N; par suite les deux composantes de l'effet produit par le gouvernail, c'est-à-dire le mouvement de rotation et le mouvement pour culer seront également quatre fois plus grands pour N' que pour N. Or, le premier de ces mouvements s'ajoute au mouvement de rotation produit par les voiles; au contraire, le second mouvement imprimé par le gouvernail se retranche de la vitesse produite par l'effet des voiles et la diminue par conséquent pour N'.

Ainsi dans N' où la vitesse est double de ce qu'elle est pour N, on voit que le mouvement de rotation provenant de l'action du gouvernail est augmenté dans le rapport de 4 à 1, et que la vitesse est diminuée dans le même rapport; il en résulte que dans N' le rapport du mouvement de rotation à la vitesse est comparativement beaucoup plus grand que dans N.

Par conséquent dans la première unité de temps où le mouvement de rotation par rapport à la vitesse est dans N' plus grand que dans N, le premier élément de la courbe décrite, qui n'est autre chose que la diagonale du parallélogramme construit sur la force qui représente le mouvement de rotation et celle qui exprime la vitesse, s'approchera pour N' de la première de ces forces beaucoup plus comparativement que pour N; il en résulte que dans le cas N' la courbe d'évolution décrite par le navire sera moindre que dans le cas N.

Dans la seconde unité de temps, la vitesse pour N' a diminué dans un rapport bien plus grand que pour N; cependant, malgré cette plus grande diminution, la vitesse qui reste encore pour N' sera plus forte que celle restant pour N; par conséquent l'impulsion de l'eau sur le gouvernail, qui suit toujours le rapport du carré des vitesses, sera encore bien plus grande pour N' que pour N. Or, l'un des effets s'ajoute comme précédemment au mouvement de rotation imprimé par les voiles, tandis que l'autre se retranche de la vitesse. Il en résulte qu'au commencement de la seconde unité de temps, le mouvement de rotation du navire sera encore pour N', par rapport à la vitesse, comparativement beaucoup plus grand que pour N.

Ainsi dans le cas N', durant la seconde unité de temps, l'élément de la courbe d'évolution tendra comparativement plus à se rapprocher de la force de rotation que dans le cas N, et par conséquent il tendra encore à diminuer la courbe. On raisonnerait successivement ainsi pour tous les autres éléments de cette courbe.

On voit donc qu'en ayant égard à l'effet du gouvernail et en supposant dans le premier cas la vitesse du navire double de celle qu'il aurait dans le second, la courbe d'évolution est dans le premier cas plus courte que dans le second.

Nous en conclurons que, dans toute évolution, il y a intérêt à avoir une grande vitesse, puisque c'est le moyen de diminuer la courbe décrite par le navire, ainsi que le temps employé à la décrire.

Il y a, il est vrai, dans le second cas N' une cause qui tend à s'opposer au mouvement d'évolution avec une intensité quatre fois plus grande que dans le premier N; c'est la résistance de l'eau sur la joue du navire qui suit le rapport du carré des vitesses; mais en pratique cette cause de ralentissement dans la vitesse du mouvement de rotation est relativement peu sensible.

Nous ajouterons que la règle pour orienter une voile de manière qu'elle produise le plus grand effet possible en faisant tourner le navire est que la tangente de l'angle d'incidence du vent sur la voile soit double de l'angle que fait la voile avec la perpendiculaire à la quille.

Cette règle est la même que celle que nous avons donnée plus haut, pour qu'un navire faisant une route oblique prenne la vitesse maximum. Il n'y a de changé que la direction dans laquelle on veut pousser le navire. On peut donc dire, en général, qu'il faut que la tangente de l'angle d'incidence soit double de la tangente de l'angle formé par la voile et par la direction suivant laquelle on veut que l'action soit la plus grande possible.

174. Conditions dynamiques du navire à voiles. L'analyse précédente, qui indique bien, par de simples considérations de statique, la manière d'agir du vent par l'intermédiaire des différentes voiles, complète la théorie du navire à voiles, lorsqu'on en rapproche l'étude des autres éléments précédemment faite, notamment la résistance de l'eau, la stabilité du navire, et enfin les courants et les mouvements des vagues de la mer qui seront étudiés en détail dans le livre consacré à la physique. Nous essayerons de relier ici ces éléments entre eux, en résumant en quelques lignes les conditions générales dynamiques du mouvement de la machine complexe que forme le navire à voiles.

La structure du navire conforme à celle indiquée par l'expérience comme répondant à celle du solide de moindre résistance et satisfaisant en même temps à diverses conditions spéciales, offre surtout ce caractère capital d'être fort allongé, de sorte que la surface latérale ait 4, 5, 6 fois celle du maître-couple. De là résulte la possibilité de faire avancer le navire dans une direction oblique à celle du vent, de marcher au plus près, ce qui évidemment ne pourrait avoir lieu avec un corps de forme sphérique qui ne pourrait qu'avancer dans la direction du vent.

Le navire à voiles, considéré d'abord comme corps flottant, obéit aux mouvements de la mer, sous le bénéfice des dispositions qui assurent sa stabilité, c'est-à-dire qu'il obéit au courant, est ballotté par les vagues, son lest et ses formes limitant l'étendue de ses mouvements pendulaires.

La voilure et l'action du vent déterminent des effets qui, tantôt accroissent, tantôt diminuent les amplitudes de ses oscillations selon que les actions sont de même sens ou de sens contraire. Équilibrées en avant et en arrière du centre de gravité, de manière à se balancer et à rendre facile une modification dans la direction de la marche tout en présentant le maximum de surface à l'action du vent, elles produisent d'abord leur premier et capital effet, à savoir, la progression du navire, la marche en avant. Cet effet est accompagné nécessairement d'une certaine immersion de l'avant, dépendant surtout de la hauteur de la mâture, de la distance de l'action propulsive au-dessus du centre de gravité et par suite des formes de l'avant qui déterminent la grandeur de la résistance et règlent ainsi les hauteurs de la voilure combinées avec la position des mâts et la longueur des navires.

Le navire en mouvement sous l'influence d'un vent constant, avec un développement de voilure déterminé, prend un degré de vitesse tel que le travail moteur dû à l'action du vent soit en chaque instant égal au travail résistant que l'eau consomme par suite du mouvement du navire. Cet équilibre dynamique varie souvent. A chaque instant et pour chaque circonstance donnée il y a à se poser le problème d'utiliser l'ensemble des éléments dont on dispose pour obtenir, autant que possible, le mouvement voulu, au moyen du moteur gratuit qu'offre le vent, dont les irrégularités causent souvent tant de soucis aux marins, mais qui leur est toujours abondamment fourni par les inégalités d'échauffement que produit le soleil à la surface de la terre.

Nous avons vu comment les voiles donnaient naissance à d'autres effets que ceux de progression et de rotation. Ces effets principaux sont :

1º L'action d'enfoncement de l'avant, qui limite le développement des voiles hautes par lesquelles il est principalement engendré ; ce développement, augmentant la section immergée, diminue bientôt la vitesse par l'accroissement de la résistance de l'eau, plus qu'elle ne l'accroît par l'action du vent ;

2º La dérive due à la pression latérale qui tend à entraîner le navire transversalement suivant une direction où la résistance étant énorme, le déplacement inutile, nuisible même au point de vue du mouvement de progression, se trouve en général minime relativement à ce mouvement, si ce n'est lorsqu'il s'agit de marcher au plus près, et d'atteindre des limites supérieures à celles que permet la machine que l'on manie ;

3º La bande, l'inclinaison que prend nécessairement le navire par l'action des voiles, hautes surtout, lorsqu'on marche dans toute autre direction que vent arrière, le navire équilibré par la résistance de l'eau à l'enfoncement de la proue et des flancs, s'appuie sur le vent et devient moins sensible aux mouvements pendulaires de roulis et de tangage que la vague tend à lui imprimer.

On voit quelle machine complexe forme, au point de vue dynamique, le navire à voiles, machine dont le vent est le moteur, et la résistance du fluide le travail résistant. L'étude statique qui suffit pour l'analyse élémentaire des effets des forces qui agissent en divers points ne donne pas la connaissance des effets dynamiques qui se produisent, et dont l'étude sur la stabilité peut indiquer la voie à suivre pour les traiter. La théorie seule ne suffit pas à résoudre tous les cas qui peuvent se présenter ; mais, pour éclairer la pratique et aider à lever les difficultés qui se rencontrent dans des cas particuliers, rien ne peut être plus utile que l'analyse, suivant les règles de la science, des divers éléments qui entrent dans une construction déterminée, et la discussion des propriétés qui doivent en résulter, étude d'autant plus intéressante qu'elle est immédiatement vérifiée par le contrôle de l'expérience.

Ce que nous avons dit et l'indication de quelques manœuvres importantes nous montreront comment on utilise, dans les principaux cas, les voiles maintenues par les mâts et les cordages, faisant un tout élastique parfaitement disposé pour recevoir l'action impulsive du vent, voiles dont il faut, pour chaque navire, faire varier fréquemment l'étendue des surfaces en raison de la vitesse de celui-ci, de la stabilité longitudinale, de la longueur du navire, de la résistance de l'avant et enfin de la position des mâts.

CHAPITRE CINQUIÈME.

GRÉEMENT DU NAVIRE.

175. Aussitôt que le navire à voiles a quitté la cale où il fut construit, pour prendre possession de l'élément qui doit le porter désormais, s'il est destiné à faire campagne immédiatement, on s'occupe aussitôt à le mâter et à le gréer. Dans le chapitre septième de la *Construction du navire*, les questions les plus importantes relatives à ce sujet ont déjà été traitées à un point de vue général. Cependant il en est une, celle du gréement, sur laquelle nous reviendrons, car elle est la base de l'éducation du marin. L'homme de mer ne doit pas ignorer l'installation du gréement, cette partie de l'armement du navire qui le met en état de soutenir avec avantage la lutte incessante qu'il doit entreprendre contre les éléments.

Nous nous bornerons dans ce qui va suivre à un rapide aperçu des principales opérations à faire pour mettre le gréement en place. Nous renverrons pour les détails aux livres spéciaux, aux manuels de gréement, aux dictionnaires de marine que nous indiquerons plus tard. Nous parlerons ensuite de la manœuvre, et nous donnerons les règles générales pour les principales évolutions, et pour la conduite du navire à voiles.

176. Position des mâts. La première opération à faire quand on doit gréer un navire est de mettre en place le beaupré et les bas mâts. On peut placer ces mâts, soit avec une machine à mâter, soit au moyen de bigues et d'appareils particuliers que nous ne décrirons pas ici. Nous admettrons que le navire a reçu ses bas mâts, et qu'il s'agit de les gréer. Nous ferons cependant à cet égard quelques remarques.

Le mât de misaine se place généralement à 1/7 de la longueur totale du navire en partant de l'étrave, le grand mât à peu près au milieu, le mât d'artimon aux 5/6 de la longueur totale en partant de l'étrave. Ces positions sont un peu arbitraires, mais une condition indispensable à remplir, c'est que le centre de voilure soit toujours plus ou moins sur l'avant du centre de gravité et dans aucun cas sur l'arrière. Cela est nécessaire pour que dans les routes avec le vent oblique à la direction de la quille, l'effort des voiles puisse balancer la résistance de l'eau sur la joue placée sous le vent du navire. Il faut en outre que les effets du vent sur la surface des voiles de l'avant et de l'arrière s'équilibrent autant que possible entre eux.

177. Inclinaison des mâts. Le mât de beaupré qui fait saillie sur l'avant est en général incliné de 20° à 25° à l'horizon ; par sa position éloignée du centre du navire et par son inclinaison, ce mât fournit des points d'appui à la mâture de l'avant.

Les bas mâts peuvent être inclinés sur l'arrière, droits, ou inclinés sur l'avant, lorsque le navire est droit lui-même. Le plus ordinairement le mât de misaine et le grand mât doivent avoir peu d'inclinaison ; le mât d'artimon est habituellement penché sur l'arrière de 7° à 10°. Il résulte de là que les voiles de ce mât sont plus éloignées du centre de gravité, et elles abritent moins les voiles du grand mât. Nous disons que les deux mâts principaux doivent être légèrement inclinés, car c'est la condition la meilleure, pour que, dans toutes les inclinaisons que prendra le navire, les voiles de ces mâts reçoivent l'impulsion du vent de la manière la plus avantageuse.

La position et l'inclinaison des mâts dépendent au reste beaucoup de l'espèce du navire, de ses formes et de ses qualités. C'est le constructeur qui les indique habituellement dans le devis. C'est ensuite au marin à modifier l'inclinaison et à parvenir par des tâtonnements et des essais à trouver celle qui est la plus favorable à la marche et au gouvernement du navire qui lui est confié. Il faut donc se rendre compte des effets produits par l'inclinaison de sa mâture.

Lorsque les mâts sont verticaux par rapport à la ligne de flottaison, l'effort des voiles est parallèle à la quille, et par suite il agit tout entier pour pousser le navire qui doit ainsi atteindre sa plus grande vitesse.

Si les mâts sont inclinés sur l'arrière, l'effort du vent peut se décomposer en deux forces, l'une parallèle à la quille et qui tend à pousser le navire de l'avant, l'autre perpendiculaire à la quille qui tend à le soulever. La mâture inclinée sur l'arrière a donc l'avantage de rendre le navire plus léger à la lame et de diminuer la vivacité du tangage. En outre elle le rend plus ardent, ce qui est presque toujours une qualité dans les évolutions. En effet, les voiles se trouvant plus sur l'arrière que lorsque la mâture est droite, celles de l'avant agissent par rapport au centre de gravité du navire sur un bras de levier moins long et le contraire a lieu pour les voiles de l'arrière.

Lorsque les mâts seront penchés sur l'avant, la direction de l'effort du vent sur les voiles donnera également lieu à deux composantes, dont l'une tendra à pousser le navire de l'avant, et l'autre à le faire plonger. De là augmentation des tangages, et diminution probable de la vitesse : le navire s'élèvera plus difficilement à la lame et sera plus mou que dans le cas précédent.

178. Mise en place du grécment. Le gréement est l'art d'établir les mâts, les vergues et les voiles de façon qu'ils puissent satisfaire à toutes les conditions de résistance que le navire doit posséder pour utiliser la force qui doit le faire mouvoir, et lui permettre en même temps d'exécuter facilement toutes les évolutions qui deviendront nécessaires dans le cours de la navigation.

Avant de mettre en place le gréement, il faut exécuter quelques opérations préliminaires que nous nous bornerons à indiquer. En premier lieu, on coupe le cordage de dimension convenable à la longueur voulue ; puis on fourre, on garnit, on congrée, on épisse certaines parties. On estrope les poulies, on en dispose avec des fouets, on confectionne les palans, les caliornes qui seront nécessaires pour agir en multipliant la force, etc. Il y a encore d'autres opérations qu'on fait accidentellement, telles que des étrives, des aiguillettes, des genopes etc ; on rouste, on velte, on fouette, on frappe, on bosse, on surlie, on amarre les manœuvres. Il faut avoir travaillé soi-même au gréement pour se faire une idée nette de ces travaux, ou du moins les avoir suivis à peu près constamment pour pouvoir s'en rendre bien compte et apprécier leur bonne ou leur mauvaise exécution.

Il en est de même pour les différents nœuds employés à bord et dont nous indiquerons seulement les principaux : le nœud plat, d'anguille, de tireveille, d'écoute, d'alouette, de bouline, d'agui, d'ajut, de vache, de hauban, le demi-nœud, la demi-clef, etc. Il faut encore connaître ce que c'est que le laguis, les saisines, la trévire, l'estrope, le trésillon, le mariage, le tour mort, la portugaise, l'étalingure, la bosse, la barbarasse, la garcette, le raban, les tresses, le paillet, etc., et une foule d'autres objets secondaires dont on peut avoir à faire usage dans le gréement, entre autres les poulies diverses qu'on y emploie.

Toute poulie se compose d'une caisse sur laquelle sont faites une ou deux goujures, pour recevoir les estropes, et d'un ou de plusieurs rouets percés chacun d'une ouverture, dans laquelle on passe l'essieu ordinairement en fer et quelquefois en bois. Toutes les poulies sont aujourd'hui garnies d'un dé destiné à préserver le rouet du frottement contre l'essieu. Celles qui doivent supporter de très-grands efforts l'ont en fonte, les autres l'ont en cuir, innovation apportée en France par M. le capitaine de frégate Bazin.

Parmi les poulies usitées dans le gréement et pour les manœuvres, nous citerons : la poulie simple estropée à œillet ou à cosse ; la poulie simple à croc ; la poulie simple à fouet ; les poulies doubles, qui ont deux rouets placés dans la même caisse, soit l'un à côté de l'autre sur le même essieu, soit l'un au-dessus de l'autre sur des essieux différents ; les poulies doubles à palan, les poulies à trois, quatre rouets ou moufles; les poulies de caliorne ; les poulies de guinderesse, poulies simples à estrope en fer et garnies d'un croc ; les poulies coupées, à croc en fer, dont la caisse est ouverte sur un côté, et l'estrope en fer s'ouvre à charnière dans cette partie ; les poulies de sous-vergues, ou de bas-cul ; les poulies à émerillon, à chapeau ; les poulies de candelettes, de balancines, d'écoutes, de capon ; les poulies plates pour itague de hune, à violon, tournantes ou marionnettes; poulies à moque, moques d'étai ; caps-de-mouton, caps-de-mouton à lattes et beaucoup d'autres. On voit que l'emploi des poulies dans le gréement est considérable, et qu'elles y jouent un grand rôle. Leur établissement pour en obtenir le meilleur effet exige autant d'attention et de soin que d'intelligence. Il y a dans la marine un proverbe qui dit : petit filin et grosse poulie. Il faut en effet, que le filin passe facilement à travers la gorge de la poulie et s'enroule bien sur le rouet ou le réas, c'est-à-dire que celui-ci soit bien calibré. Toutefois on ne doit pas exagérer les dimensions des poulies pour arriver à ce résultat. Enfin, il faut connaître les diverses espèces de filin, qui servent au gréement, ce que l'on appelle aussière, grelin, fil de caret, bitord, lusin, merlin, quarantainier, lignerolle, lignes d'amarrage, etc. Nous n'en dirons que quelques mots.

Les cordages dans la marine sont généralement faits avec du chanvre. Cependant on en fabrique encore avec du pitte, du quer et du bastin, et même avec du fil de fer. Le fil de caret est l'élément et l'origine de tout cordage, il se compose de brins de chanvre filés et réunis en un fil.

Les aussières sont les cordages simples composés de plusieurs fils réunis par un premier commettage : on appelle grelin le cordage qui résulte de la réunion de plusieurs aussières, au moyen d'un second commettage. Ces aussières reçoivent dans ce cas le nom de torons. Le filin est commis, soit au tiers, soit entre le tiers et le quart, ou au quart, c'est-à-dire que les fils dont il est formé ont perdu le tiers ou le quart de leur longueur primitive. Le filin est blanc ou goudronné selon que le fil de caret l'est lui-même.

L'étude du gréement commence donc par les nœuds, les amarrages et les divers travaux de garniture dont il vient d'être question ; en second lieu par celle des poulies qu'on emploie à bord. Nous renverrons à cet égard aux ouvrages spéciaux.

Dans le gréement on distingue deux espèces de manœuvres ; les manœuvres dormantes, les manœuvres courantes. Les premières fixées par les deux extrémités, généralement ne peuvent pas varier dans leur position. Elles servent à tenir les mâts ; telles sont : les haubans, les galhaubans, les étais, les liures, les sous-barbes, les martingales, etc. Les secondes servent à la manœuvre des mâts, des vergues et des voiles, ce sont : les guinderesses, les drisses, les bras, les balancines, les amures, les écoutes, les boulines, les palanquins, les cargues, les hale-bas, etc.

Gréer un navire, c'est mettre en place toutes les manœuvres dormantes en les capelant ; passer toutes les manœuvres courantes, en les frappant aux points où elles doivent agir ; leur donner les retours convenables pour qu'elles s'entre-croisent le moins possible, et transmettent le plus directement qu'il se pourra la force qui doit agir à leur extrémité.

Lorsque l'équipage est peu nombreux, on travaille successivement aux diverses parties du gréement ; mais on peut, surtout lorsque l'armement presse, s'occuper à la fois de tous les mâts. Nous indiquerons cependant l'ordre que l'on adopte généralement, lorqu'on est maître d'opérer avec méthode.

179. Gréer le beaupré. La première opération d'ordinaire consiste à gréer le beaupré, et tout d'abord on fait les liures. Cette opération est délicate et demande beaucoup de soins ; c'est en effet sur ce mât que sont fixés les étais de misaine et que toute la mâture de l'avant viendra chercher ses points d'appui ; les deux mâts de l'avant sont donc solidaires l'un de l'autre, ce qui fait dire que le beaupré est la clef de la mâture ; car à son tour le grand mât viendra pour quelques-unes de ses parties s'appuyer sur le mât de misaine. Il faut avant de commencer les liures, suspendre à l'extrémité du mât un poids considérable, et après qu'il a cédé convenablement, on fait passer alternativement sur le mât et dans les mortaises oblongues pratiquées dans ce but sur l'éperon, plusieurs tours d'un filin fort ayant pris tout son allongement par un service antérieur. Les liures en filin présentent de graves inconvénients ; presque toujours mouillé par la mer, le filin s'échauffe, se pourrit et il faut le visiter très-souvent. Aussi sur la plupart des navires, on a remplacé les liures en filin par des liures en chaînes de fer ou de cuivre, que l'on bride fortement au-dessous du beaupré par un collier à vis susceptible de se resserrer quand les liures prennent du mou. On fixe les tours de la liure sur le beaupré au moyen de taquets et on recouvre le tout d'une forte bande de cuir.

Les liures faites, on garnit le beaupré. On place d'abord l'estrope de la première sous-barbe ; puis celles pour rider l'étai et le faux-étai de misaine ; quelquefois on place entre ces dernières l'estrope de la première sous-barbe. On met ensuite les estropes de haubans du beaupré, celle de la seconde sous-barbe, puis à peu près à l'extrémité du mât, l'estrope de la fausse sous-barbe. L'étai et le faux-étai du petit mât de hune passent d'ordinaire dans un violon percé de deux clans, ou dans un placard qui remplit le même but ; ils viennent faire leur dormant sur des boucles placées à l'avant du navire. Le beaupré reçoit ensuite son chouque, placé verticalement et présentant à sa partie supérieure une ouverture circulaire, pour le passage du bâton ou bout-dehors de foc ; puis on ajoute la martingale, arc-boutant servant à assujettir en dessous le bâton de foc, au moyen de cordages passant dans des clans pratiqués, à cet effet, à son extrémité ou dans des cosses. Le mât de beaupré gréé, on peut le tenir immédiatement au moyen de ses haubans et de ses sous-barbes.

180. Gréer les bas mâts. Les élongis étant posés sur les jottereaux et chevillés, les traversins placés, on met autour du ton du bas mât au-dessus de ces mêmes élongis et traversins, une garniture en toile goudronnée sur laquelle on entre-croise un filin mou et des tresses que l'on recouvre si on le veut d'une basane molle. On donne à ce système le nom de bourrelet ; il est destiné à recevoir le frottement des haubans et à les préserver. On capelle alors les haubans ; ceux-ci sont formés d'un même bout de filin plié dans son milieu, et ce pli forme une boucle ou un grand œillet, maintenue au moyen d'un solide amarrage à plat. Les bouts qui sont en bas se fixent, soit aux porte-haubans, soit, comme sur les navires du commerce, à des lattes en fer prenant la forme du navire, au moyen de caps-de-mouton, ou au moyen de ridoires. Chaque hauban forme donc la paire. Au grand mât on capelle la première paire sur l'avant à tribord, puis la première paire sur l'avant à bâbord, puis la deuxième, la troisième et ainsi de suite, en alternant d'un bord à l'autre. Au mât de misaine la première paire se capelle au contraire à bâbord sur l'avant, puis on met la première paire à tribord sur l'avant, et ainsi de suite.

Quelquefois avant de capeler les haubans, on capelle des pendeurs, haubans courts terminés par une cosse à leur partie inférieure, et destinés à recevoir les aiguillettes des caliornes qui devront soulever des poids très-lourds. Les navires de commerce feront bien de placer ces pendeurs au grand mât. Enfin, on met en place l'étai et le faux-étai ; puis on établit le chouque de bas mât. On tient alors les bas mâts dont le gréement dormant prend le nom général de basse carène ; les mâts tenus, on les coince ; on fait le trelingage qui servira d'appui aux gambes de revers sur lesquelles se rideront les haubans de hune. Quelques navires suppriment les trelingages, et alors les gambes de revers se fixent à un cercle sur le mât, cercle présentant autant de pitons garnis de cosses, qu'il y a de gambes. On peut en outre brider chaque gambe sur le hauban voisin, à l'entre-croisement. Enfin, on enflèche les haubans.

181. Gréer le bout-dehors de beaupré. On présente le bout-dehors de beaupré ou bâton de foc, lequel est généralement à flèche. On passe le rocambeau pour la draille du grand foc ; on capelle les marchepieds, les haubans ; on aiguillette les estropes de martingale, et quatre poulies pour les retours des boulines du petit hunier et du petit perroquet. Enfin, on capelle les haubans, et la martingale de clin-foc.

182. Gréer les mâts de hune. On présente les mâts de hune, on met les barres de perroquet en place ; on capelle les haubans et les galhaubans, qui se rident sur les porte-haubans par leur extrémité inférieure : on met ensuite l'étai et le faux-étai : on établit des poulies pour les cargues-fonds, et les cargues-boulines du hunier; les poulies d'itague pour les candelettes, les balancines, les drisses de bonnettes; enfin, on capelle le chouque de ces mâts ; on fait ensuite les trelingages.

On pousse le bout-dehors de foc, qu'on assujettit par une forte bridure sur le beaupré, et par un arc-boutant qui le prolonge et vient s'appuyer contre les guirlandes de l'avant du navire ; on guinde les mâts de hune, et on les met en clef. On tient alors le bout-dehors de foc et les mâts de hune, puis on enflèche les haubans. Aujourd'hui tous les grands navires (et les petits devraient également le faire, au moins à la mer) confectionnent un filet qui se place sous le bout-dehors de beaupré, et qui est destiné à empêcher les gabiers, lorsqu'ils travaillent à ce mât ou qu'ils serrent les focs avec du mauvais temps, de tomber à la mer.

Les mâts de perroquet se capellent à peu près comme les mâts de hune ; seulement on réunit généralement tout le capelage dans un manchon en cuir de façon que lorsqu'on guinde ou que l'on dépasse ces mâts, le capelage entier se retire ou se met en place.

183. Gréer les basses vergues. On met ces vergues sur les portelofs ; On capelle et on fixe, puis on raidit les filières sur la vergue ; on met en place les marchepieds et les pantoires de palans de roulis; on estrope les poulies des bras (et des faux-bras pour la grand'vergue), des écoutes de hunier, des balancines, des cargues-points, cargues-fonds, cargues-boulines, les estropes de suspentes, aujourd'hui généralement en fer, et qui se maillonnent à deux autres bouts de chaîne qui entourent le ton du mât, et tombent par une ouverture de la hune pratiquée à cet effet ; on frappe les pendeurs de drosses. On passe les bras, les balancines dans leurs retours; puis, au moyen de deux caliornes, on hisse les vergues à leur poste, où on les assujettit par les suspentes, les drosses, les balancines, les bras et les palans de roulis.

Beaucoup de navires de commerce suppriment les drosses et les suspentes, et les remplacent par un arc-boutant en fer, fixé par un cercle sur le mât; cet arc-boutant est ajouté de façon à pouvoir tourner dans un plan horizontal par l'une de ses extrémités, l'autre embrasse la vergue et la soutient. Ce système, bien moins solide que celui des suspentes et des drosses, donne une grande facilité pour l'orientement des vergues. Cependant nous pensons qu'il ne faut l'employer que sur des navires de faibles dimensions.

On garnit les vergues de hune à peu près comme les basses vergues. Cette opération se fait d'ordinaire sur le pont. Seulement on estrope dans leur milieu les deux poulies d'itague de drisse ou une seule suivant le cas ; on passe les bras, les balancines, on place le racage ; puis, au moyen de deux forts cartahus, on envoie ces vergues en haut et on les croise. On les assujettit ensuite au moyen des bras, des balancines et du racage qui fait le tour du mât de hune. On passe alors les itagues de hune et les drisses.

184. Enverguer les voiles. Les vergues majeures étant en place, on envergue les voiles. On envoie celles-ci en haut, serrées au moyen de cartahus dont deux servent à étendre la ralingue de têtière à mettre les empointures à leur poste ; lorsque celle-ci est bien raide, et que le milieu de la voile correspond au milieu de la vergue, on fixe au moyen d'amarrages la ralingue de têtière contre la filière ; on passe alors toutes les cargues et les écoutes et on frappe les boulines dans les branches disposées à cet effet ; puis on cargue et on serre les voiles.

On garnit ensuite les vergues de perroquet et de cacatois, on envergue les voiles sur le pont, on les serre et on les place à leurs postes respectifs dans les bas-haubans, ou bien on les envoie en haut et on les croise.

Pour enverguer la brigantine, on amène la corne et la voile s'y fixe d'ordinaire au moyen d'un transfilage. Cependant quelques navires ont cette voile garnie d'un hale-bas et d'une drisse passant au bout de la corne. D'autres amènent la corne le long du mât pour se débarrasser au besoin de la voile.

Pour enverguer les focs, on les envoie au bout de leur mât respectif, on passe et on frappe les bagues, la drisse, le hale-bas, on fait l'amure, puis on met en place les écoutes. Ici comme pour la brigantine et les voiles auriques en général, il y a diverses installations. Quelquefois le grand foc s'établit sur un rocambeau qui, glissant sur le bâton de foc, permet à volonté de rentrer plus ou moins cette voile. Le clinfoc se rentre d'ordinaire, au lieu de se haler bas, d'autres fois il est à demeure comme les autres focs, etc.

Lorsque toutes les voiles sont enverguées et les manœuvres courantes en place, on s'assure que les unes établissent bien, que les autres ont un jeu facile dans leurs poulies de retour, qu'elles sont bien frappées aux points convenables, qu'elles ne font pas de tours entre elles. On oriente les vergues pour s'assurer de leur jeu. Puis on amène, on cargue et on serre avec soin. On voit donc en résumé : que les basses-vergues se manœuvrent au moyen de bras de balancines, de drosses, de palans de roulis ; que les vergues de hune sont fixées au mât par un racage et se manœuvrent au moyen de drisses, de bras et de balancines ; que les voiles carrées se manœuvrent : les basses-voiles au moyen d'écoute, d'amures, de cargues-boulines, cargues-fonds et cargues-points ; les voiles de hune au moyen des mêmes cargues, d'écoutes et de palanquins ; les voiles latines au moyen de cargues, de drisses de hale-bas et d'écoutes.

Telles sont les principales opérations à faire pour gréer le navire, opérations que nous nous sommes borné à esquisser très-largement. On achève l'armement s'il s'agit d'un bâtiment de guerre, ou l'on s'occupe du chargement s'il est question d'un bâtiment de commerce. Le navire sera alors, au point de vue de la navigation, prêt à aller en rade et même à prendre la mer, aussitôt que les autres dispositions qu'on doit exécuter, selon la nature de la campagne que l'on doit faire ou le voyage qu'on va entreprendre, seront également terminées.

CHAPITRE SIXIÈME.

DU NAVIRE EN RADE.

185. Nous ne laisserons pas longtemps le navire en rade : pour le navire du commerce, c'est perte de temps et par suite d'argent, il y reste donc peu d'ordinaire et même souvent en sortant du port il part et gagne le large ; pour le navire de guerre, au contraire, le séjour de la rade est important et utile dans bien des cas.

En général, le navire à voiles qui se rend en rade y est conduit au moyen de grelins et d'aussières élongées à l'avance. Dans certains cas il peut se faire remorquer par les embarcations ; c'est souvent ce qui s'exécute pour les navires du commerce.

Lorsque le navire est rendu au point qu'il doit occuper, il peut s'y maintenir de plusieurs manières : en s'amarrant sur un corps-mort : en mouillant une seule ancre ; en s'affourchant.

186. Le corps-mort. Le corps-mort est un système composé de deux fortes ancres souvent empennelées, et mouillées, l'une par rapport à l'autre, dans une direction déterminée ; la ligne passant par les deux ancres doit être perpendiculaire à la direction dans laquelle soufflent les vents les plus forts et les plus à craindre par la mer qu'ils soulèvent, de façon que, lorsque ces vents régneront, les deux chaînes qui sont réunies à leur extrémité travaillent également. Au point de jonction des deux chaînes, on ajuste, au moyen d'un émérillon qui tourne librement, un fort bout de chaîne nommé itague, dont on place l'extrémité sur une grande chaloupe pontée qui est le bateau du corps-mort, ou sur un coffre. C'est ce bout qu'on prend à bord du navire pour le tourner à la bitte ; on l'y amène au moyen d'un grelin ; puis on mouille le bateau corps-mort dans le voisinage. Quand un navire est sur un corps-mort et qu'il doit partir, on frappe sur l'itague un fort orin destiné à cet objet ; on fait passer l'orin par le même écubier que l'itague, et on en fixe la seconde extrémité sur une bouée suspendue sous le beaupré. On file le tout à la mer en filant le corps-mort, et la bouée sert à l'indiquer et à remettre l'itague sur le bateau corps-mort. Les ancres des corps-morts n'ont en général qu'une patte, et dans l'épaisseur du diamant un fort anneau servant au besoin pour les empenneler.

187. Amarrage du navire sur une seule ancre. Le navire mouillé sur une seule ancre ou, comme on le dit, sur un pied, est généralement celui qui ne doit pas faire un long séjour en rade. Cependant cet amarrage est un des meilleurs que puisse prendre le navire. Nous allons en indiquer les avantages et les inconvénients. Nous ferons remarquer d'abord que tout navire doit éviter de mouiller par des fonds trop grands, parce qu'il faudra, dans ce cas, filer une très-longue touée pour que la direction de la chaîne se rapproche de l'horizontale, ce qui est une des premières conditions pour que l'ancre tienne solidement au fond. Par de petits fonds on aura également moins de difficulté à lever l'ancre, ce qui est une considération pour les navires du commerce dont l'équipage est faible, et nous ajouterons en passant que la plupart de nos navires de commerce ont des ancres et des chaînes trop faibles, ce qui souvent les conduit à un désastre. On doit, dans tous les cas, éviter de mouiller une ancre sur des fonds de roche, surtout sur des roches plates ; nous n'avons pas besoin d'en indiquer les motifs. Il faut éviter également les fonds très-durs dans lesquels les becs de l'ancre mordent difficilement, et ceux trèsmous dans lesquels ils ne tiennent pas, et chassent au moindre effort qu'ils supportent. Ce sont là de mauvais mouillages, on en peut dire autant lorsque le fond présente une grande déclivité, l'ancre n'étant pas solide sur un plan oblique. Les meilleurs fonds sont ceux de sable fin dur, de sable vasard, de sable et vase, de vase molle compacte, de sable et d'herbes, etc. Le choix du fond est donc une chose importante, toutes les fois qu'on vient prendre un mouillage, et l'on doit s'assurer de sa nature au moyen de la sonde, avant de jeter l'ancre à la mer.

Dans l'amarrage sur une seule ancre, il faut filer toujours une grande touée de la chaîne, et, par suite, il est difficile de s'amarrer ainsi sur les rades où l'espace est restreint. C'est là un des inconvénients de cet amarrage. Il y en a d'autres encore : il faut un grand espace au navire pour tourner autour de son ancre ; si la profondeur ne dépasse pas de beaucoup le tirant d'eau, il peut en tournant passer sur son ancre, la casser ou se faire une avarie ; il force l'ancre à pivoter sur son bec inférieur ; enfin, il peut en évitant, entraîner avec lui la chaîne et surjaler l'ancre, de façon que, la force agissant sur le jas, celui-ci se renverse et empêche le bec de mordre le fond. On a essayé de faire des ancres sans jas, pour éviter l'inconvénient dont nous venons de parler, mais on a peu réussi jusqu'à présent.

Une bonne rade valant toujours mieux qu'un mauvais port, on ne doit jamais sans nécessité quitter l'une pour l'autre, que lorsqu'on n'a pas la certitude de pouvoir tenir sur les ancres. Il faut donc sur rade lever une ancre dès qu'on craint qu'elle soit surjalée ; en outre, quand on reste sur un seul pied, il est prudent de la lever de temps en temps.

On voit que le mouillage avec une seule ancre a quelques inconvénients ; mais dans les rades où l'on a beaucoup d'espace, un fond de vase molle et résistante dans laquelle l'ancre peut s'enfouir profondément ainsi que la chaîne, on peut rester ainsi sans crainte et dans un pareil mouillage il vaut mieux rester sur une seule ancre que s'affourcher. Tout l'effort se fait, il est vrai, sur cette ancre unique ; mais l'action se transmet dans le sens de la verge, et le bec est placé dans la meilleure position possible de résistance. Enfin, sur une seule ancre, lorsqu'il il y a du vent ou du courant, on peut facilement, avec le gouvernail seul, embarder sur un bord et sur l'autre pour éviter un abordage. On peut, au reste, augmenter l'effet du gouvernail en mettant un foc, la brigantine et le perroquet de fougue ; on peut également, dans certains évitages, se servir de ces voiles pour empêcher le navire de courir sur son ancre.

En règle générale, lorsqu'on mouille une seule ancre, on doit toujours filer au moins trois ou quatre fois la profondeur de l'eau.

188. Affourchage. On s'affourche ordinairement lorsqu'on doit faire un long séjour sur une rade ; qu'on manque d'espace pour y tourner ; qu'on y évite régulièrement à chaque marée, ou aux vents divers, etc. Affourcher, c'est mouiller deux ancres dans une direction perpendiculaire à peu près à la direction des vents qu'on a le plus à craindre, de façon que ces vents venant à souffler, les deux ancres travaillent également. On peut affourcher à l'ancre et à la voile ; à l'ancre on envoie mouiller une ancre à jet dans la direction voulue relativement à la première ; on se hale sur cette ancre en filant de la chaîne, on mouille la seconde ancre au point convenable, puis on vire sur la chaîne de la première, en égalisant les touées. On a soin d'avoir derrière ou devant chaque bitte un maillon afin de pouvoir dépasser les tours des câbles-chaînes à mesure qu'il s'en forme. Pour qu'on soit bien affourché, il faut que les deux touées soient égales.

On perdrait en grande partie les avantages que présente cet amarrage, si l'une des touées était plus longue que l'autre, et surtout si en même temps l'une d'elles était égale à la distance qui sépare les ancres ou plus grande qu'elles ; dans ce cas, en évitant, on pourrait surjaler l'ancre ayant la petite touée.

Un navire affourché est solidement amarré lorsque les touées sont égales et que l'angle qu'elles comprennent est aussi petit que possible ; quel que soit cet angle, chacune des touées supportera un effort plus grand que si le navire était mouillé sur deux ancres ayant les chaînes parallèles. Enfin si l'on admet que l'angle des touées soit constant et que les touées soient inégales, lorsque cet angle sera divisé par la direction de la force en deux parties égales, l'effort supporté par les deux touées sera le même ; mais si l'on fait varier la direction de la force et qu'elle divise l'angle en deux parties inégales, le plus grand effort sera supporté par la touée dont la direction se rapprochera le plus de la direction de la force.

Il peut donc arriver dans l'affourche que par les variations du vent, l'une des ancres travaille absolument seule comme dans l'amarrage sur un seul pied. En conséquence, dans un gros temps, si le vent n'est pas perpendiculaire à la direction donnée aux deux ancres, cet amarrage ne vaut pas celui sur une seule ancre, car en mouillant une seconde ancre et en filant des deux chaînes, on porterait l'effort sur chacune d'elles dans les conditions les plus favorables.

189. Émerillon d'affourche. L'affourche a encore des inconvénients, ce sont les tours dans les câbles qu'il faut dépasser presque tous les jours dans les rades à marées ou dans celles où les vents changent fréquemment. On peut quelquefois, au moyen de voiles latines et du gouvernail, faire tourner le navire dans le sens convenable, mais souvent on n'y réussit pas. On a remédié à cet inconvénient par l'emploi de l'émerillon d'affourche.

Le meilleur émerillon d'affourche est celui à quatre branches, parce que dans un mauvais temps on peut filer à la bitte les deux chaînes. Lorsqu'on s'affourche avec la prévision de s'en servir, il faut observer qu'à bord de presque tous les navires les puits ne peuvent pas contenir plus de dix maillons de la chaîne; il ne faut donc dans aucun cas en filer plus de neuf de la première ancre mouillée, afin de pouvoir garnir au cabestan et venir sur cette touée quand la seconde ancre est au fond. Puis, lorsqu'on a rentré quatre maillons de la première chaîne, on prend le tour de bitte; on file ensuite cinq maillons de la seconde, et l'on bosse. On met alors en place l'émerillon d'affourche. En tout cas, ce qu'il faut filer en plus pour pouvoir réunir deux chaînes, à cause de l'écartement des écubiers et de la profondeur par laquelle on mouille, est égal à la différence entre la somme des deux côtés du triangle et sa base.

190. Précautions à prendre dans les mauvais temps. Quand il est en rade, un navire doit toujours avoir une ou deux ancres prêtes au besoin; dans un coup de vent, si l'on craint de la grosse mer, il est prudent, quand on est sûr du bon état d'un câble en chanvre, de l'avoir tout prêt à étalinguer au bout d'une chaîne pour le cas où le navire menacerait de sombrer sur ses amarres, ce qui est quelquefois arrivé même à d'assez forts navires mouillés sans abri. On a des exemples de navires qui, dans un cas pareil, ont réussi à se sauver en mouillant comme dernière ressource une ancre à jet, en filant sur cette ancre une touée de deux ou trois grelins amarrés au bout du grelin-chaîne et en se réservant assez de grelin pour pouvoir le rafraîchir souvent au portage de l'écubier.

Les câbles-chaînes cassent par les secousses brusques qu'ils reçoivent dans la grosse mer, soit par suite d'une touée trop courte, soit par des rappels violents qui les font courir un peu de l'avant vers l'ancre. Quant aux ancres, à moins que le fond ne soi de mauvaise qualité, il est rare qu'elles ne tiennent pas. Dans un coup de vent, quand on a plusieurs ancres dehors, il est extrêmement rare que toutes travaillent également, aussi arrive-t-il qu'un navire ayant alors quatre ancres mouillées, on voit casser successivement les câbles l'un après l'autre, en partie pour ce motif, et en partie par le défaut de longueur des touées; on vient successivement à l'appel de chacune, et chaque chaîne vous manque dans le moment périlleux. C'est ce qui nous fait préférer, pour étaler un coup de vent, une seule ancre avec une très-longue touée. Si l'on prévoit quelque temps à l'avance une tempête, ce qui est en général possible, et qu'il faille l'essuyer à l'ancre, on pourrait agir comme il suit : avant le coup de vent, on virera sur l'ancre mouillée (supposons que ce soit celle de tribord) jusqu'à ce que le quatrième maillon soit de quelques brasses en arrière de la bitte. On démaillera alors la chaîne, et on en passera le bout en dehors par le même écubier, puis on l'étalinguera sur l'organeau de l'ancre de bâbord. Pour faciliter cette opération, on laissera cette ancre descendre à l'écubier en la tenant sur son stopper ou sur des bosses. On attendra ainsi, tenu par la chaîne de tribord bossée seulement ou maintenue par son stopper, que le vent commence à fraîchir. Aussitôt que cela aura lieu, on filera en dehors la chaîne de tribord, et on mouillera en même temps l'ancre de bâbord, dont on pourra filer la chaîne dans toute sa longueur. On aura ainsi une touée de 230 à 240 brasses de chaîne sur deux ancres de bossoirs empennelées l'une sur l'autre.

En cas de malheur ou par surcroît de précautions on pourra préparer une autre ancre de bossoir ou une des ancres de veille en ajoutant à la chaîne de cette ancre ce qui restera de celle de tribord, ainsi que la chaîne de l'autre ancre de veille, et on ajoutera au bout le câble en chanvre. On aura donc encore au besoin une ancre et une touée considérable. On peut même mouiller cette ancre, si on le veut, au moment où l'on aura deux maillons filés de l'ancre de tribord. On sera ainsi sur deux ancres en barbe, qu'on fera autant que possible travailler également, et dans les meilleures conditions pour que ces ancres résistent en raison de la longueur des touées. Toutefois, à moins de circonstances bien extraordinaires, nous pensons que la première ancre suffira pour étaler un coup de vent. Le navire s'élèvera à la lame plus facilement que s'il avait quatre chaînes sur le nez, et l'on pourra conserver comme réserve la seconde ancre dont nous avons parlé.

Nous ne nous arrêterons pas plus longtemps sur ce sujet: ce que nous venons de dire suffit pour démontrer avec quel soin les ancres doivent être mouillées et surveillées, et pour indiquer les précautions qu'on doit prendre dans les gros temps. Il va sans dire qu'en pareil cas on doit diminuer autant que possible l'effort supporté par les chaînes en ôtant au navire tout ce qui peut augmenter sur lui l'effet du vent, c'est-à-dire dépasser la mâture haute, envoyer en bas les vergues de hune, amener les basses vergues sur les porte-lofs, caler les mâts de hune, etc.

CHAPITRE SEPTIEME.

DU NAVIRE A LA MER ET DES AVARIES DU NAVIRE.

191. L'étude du navire à la mer, telle qu'elle a été faite dans les manœuvriers spéciaux, nous entraînerait hors du cadre qui nous est tracé. En traitant des effets des voiles sur le navire, nous avons mis le marin à même de se rendre compte de toutes les manœuvres et d'exécuter toutes les évolutions dont il peut avoir besoin dans le cours de la navigation. Nous nous bornerons, dans ce qui va suivre, à donner quelques aperçus généraux, et nous renverrons aux ouvrages spéciaux ceux qui voudront faire une étude approfondie de ces questions si intéressantes pour le marin. On peut dire, au reste, que toutes les évolutions du navire se résument dans les deux virements de bord vent devant et vent arrière.

192. Appareillage. L'appareillage est la manœuvre que l'on fait pour quitter la rade, manœuvre quelquefois très-facile, parfois très-délicate, suivant les circonstances où l'on se trouve, la force du vent, l'état de la mer, l'espace que l'on a pour évoluer, les courants, etc.

Lorsqu'on doit appareiller, la première opération à exécuter est de désaffourcher si on est amarré sur deux ancres. Dans le cas où il n'existe aucun empêchement local à lever l'une ou l'autre ancre, on commencera par celle sous le vent; c'est là une règle générale. Dans les rades à marée, on désaffourche vers la fin du jusant, de façon à ne lever l'ancre du jusant qu'au moment où le flot commence à se faire sentir.

Lorsqu'en appareillant il sera indifférent d'abattre sur un bord ou sur l'autre, il est convenable de le faire sous le vent de l'ancre, afin de la laisser au vent et d'éviter ainsi qu'elle ne s'engage sous le taillemer.

Avant d'appareiller, on embarque tous les canots, on rentre les tangons; on met en place les garnis destinés à préserver les manœuvres des divers frottements, on s'assure qu'il n'y a rien à la traîne le long du bord, à l'exception des traînards, deux bouts de filin fixés à l'arrière, que l'on met seulement alors et qui sont destinés en cas de chute d'un homme à la mer à lui offrir un premier moyen de se raccrocher au bord s'ils passent à sa portée. Suivant l'état et l'aspect du temps, on fera saisir tout ce qui pourrait prendre du mouvement; on s'assurera enfin que le gouvernail joue bien et que la drosse a un mouvement facile; toutes les manœuvres seront lovées et quelques-unes élongées. Si l'on est sur un fond vaseux, le calfat, au moyen de la pompe à incendie, lavera la chaîne au fur et à mesure qu'elle rentrera.

Lorsque l'ordre d'appareiller est donné, on met chacun à son poste sur les navires de guerre et on vire à long pic, c'est-à-dire, jusqu'au moment où il reste encore à la mer une longueur de chaîne égale à la profondeur du fond ou un peu plus, suivant la force du vent. On envoie alors larguer les voiles, et selon le temps on établit celles qu'on juge nécessaires. Lorsque le vent est frais, on prend le ris de chasse en les larguant; s'il est faible on met dehors toutes les voiles hautes. On oriente ensuite celles de l'avant, masquées pour le bord sur lequel on veut abattre, et celles de l'arrière orientées au plus près. On vire alors vivement, ou on dérape l'ancre que l'on met à son poste le plus tôt possible. Au moment où l'ancre quitte le fond, on hisse le grand foc, et en même temps on met la barre du gouvernail du bord où l'on veut abattre, parce que le navire culera plus ou moins vivement pendant l'abattée. Lorsque l'abattée est décidée, on change et on oriente les voiles de l'avant, on borde la brigantine et l'on dresse la barre aussitôt que le navire cesse de culer. On laisse tomber les basses voiles et l'on fait la route convenable pour quitter la rade. Lorsque rien ne gêne, on met d'ordinaire à poste l'ancre qu'on vient de lever en conservant la panne sur le phare de l'avant, et l'on attend, pour orienter, que cette opération soit terminée. Dans l'appareillage qui précède nous avons pris le cas le plus simple et le plus facile.

Dans une rade à marée, lorsque le vent est contraire pour sortir, il faut appareiller avec le jusant; si le vent est favorable, il est convenable d'attendre le commencement ou le milieu du flot. Quand le vent paraît devoir être frais en dehors, si le baromètre a un mouvement de baisse et qu'on ait en outre remarqué quelques indices météorologiques propres à certaines localités, il sera prudent, comme nous l'avons dit, de prendre le premier ris ou ris de chasse aux huniers, et même deux ris suivant le cas. Un navire qui sort d'une rade a souvent beaucoup à manœuvrer, et dans une passe on pourrait être fort gêné si l'on était forcé de prendre des ris, opération qui, suivant la force du vent, peut être plus ou moins longue et priver le navire de puissants moyens d'évolution.

En tout cas, dans l'appareillage et tant qu'on est dans la rade, il faut avoir une ancre bien prête à mouiller au besoin, et des sondeurs chantant le fond alternativement.

En se rapportant à ce que nous avons dit des effets des voiles, on se rendra parfaitement compte de l'appareillage.

Les navires du commerce qui ont les bras nécessaires peuvent évoluer comme les navires de guerre, mais ce n'est pas là ce qui arrive d'ordinaire. En conséquence, avant de virer sur leur ancre, ou même quand ils sont à long pic, ils hissent à tête de bois leurs huniers mis sur des fils de caret ou simplement rabantés; ils les orientent pour abattre, puis, au moment où l'ancre dérape, ils bordent d'abord le petit hunier qui se trouve masqué ou les huniers ensemble, hissent le grand foc et bordent au besoin la brigantine pour modérer l'abattée. Lorsque l'ancre est à poste, ils orientent le phare de l'avant, puis établissent successivement toutes les autres voiles. Cette manœuvre sans doute est moins brillante que la précédente, mais elle est plus sûre et plus commode; on n'a pas en outre la crainte, si le vent est fort, de faire chasser l'ancre pendant qu'on est à long pic. Dans quelques cas particuliers elle peut être employée utilement par les navires de guerre.

Dans l'appareillage précédent nous avons supposé qu'il n'existait pas de courant. S'il y en a et qu'il vienne de l'avant, tant qu'on virera au cabestan on pourra gouverner à l'ordinaire, afin de maintenir le navire dans la direction d'où vient la chaîne. Quand on sera à pic, on mettra la barre du bord opposé à celui sur lequel on veut abattre, car jusqu'alors on peut regarder le navire comme marchant avec la vitesse du courant; mais aussitôt que l'ancre sera dérapée, on devra avoir la barre du bord à abattre, car le navire culant dans le courant se trouvera dans le même cas que précédemment, où il n'y avait pas de courant. Dès que le navire prendra de l'air, on redressera la barre.

On déduira également sans peine de ce qui précède la manœuvre à faire dans l'appareillage, lorsqu'on sera évité debout au courant et que le navire recevra le vent dans les voiles. Elle dépendra de la force du courant, de celle du vent, de la route que l'on doit faire, enfin de l'espace qu'on aura pour évoluer. On peut, si on le veut, appareiller avec toutes les voiles goëlettes seulement, ou établir à l'avance la voilure en orientant les voiles de manière à recevoir le vent dedans.

Lorsque le courant prend le navire du travers, l'appareillage est également le même, seulement, si l'on abat du bord opposé à celui d'où vient le courant, il faut d'abord mettre la barre du côté où le courant frappe le navire, puis la dresser et la changer dès que celui-ci aura un mouvement pour culer.

Dans quelques circonstances on appareille en culant directement, dans le cas, par exemple, où l'on a un navire de chaque bord qui ne permet pas d'abattre. Alors on brasse carré partout; puis on suit les mouvements d'embardée du navire, au moyen du gouvernail, en brassant un peu le petit hunier d'un bord ou de l'autre, et en s'aidant au besoin de la brigantine jusqu'à ce qu'on ait culé suffisamment pour dépasser les obstacles. On abat ensuite sur le bord convenable en rentrant dans les conditions de l'appareillage ordinaire.

Enfin on appareille encore en faisant embossure, c'est-à-dire que, pour décider l'abattée, on envoie par l'arrière du navire, et du côté opposé à celui sur lequel on veut abattre, une amarre que l'on raidit à l'avance et que l'on peut haler au moment où l'on dérape l'ancre. L'abattée décidée, on fait larguer l'amarre ou on la file suivant le cas. Dans certaines circonstances graves, lorsque, par exemple, on appareille avec du mauvais temps, pour quitter un mouillage dangereux, qu'on ne peut lever son ancre et qu'il faut de toute nécessité abattre sur un bord, parce qu'en prenant l'autre on irait à la côte, on peut appareiller en faisant embossure sur la chaîne de l'ancre que l'on va filer et mettre alors une bouée à l'extrémité du grelin d'embossure. Cette bouée servira à signaler cette ancre et à reprendre plus tard le bout de la chaîne.

L'appareillage est une manœuvre importante et presque toujours dirigée par le commandant ou le capitaine. Elle exige du coup d'œil, du sang-froid, de la promptitude, de la précision, une bonne et rapide exécution de la part de l'équipage, qui doit agir avec ordre et en silence sous la direction des officiers. Il faut bien connaître son navire, savoir s'il cale beaucoup, s'il abat facilement ou non, car l'ancre qu'on enlève en ce moment nuit beaucoup à l'abattée; apprécier bien nettement les distances où l'on se trouve des navires ou des obstacles voisins pour évoluer en conséquence; prendre à terre des points de repère pour s'assurer si le navire marche de l'avant ou de l'arrière, afin de manœuvrer convenablement le gouvernail, ce qui est très-important. Enfin, il faut posséder parfaitement tous les effets des voiles sur le navire et les appliquer sans hésitation dans toute circonstance qui peut se présenter inopinément lorsqu'on appareille.

Aussitôt après l'appareillage on fait route pour sortir de la rade par la route la plus directe; lorsque les passes sont difficiles et même en règle générale, on doit avoir un sondeur ou deux qui indiquent la profondeur en se contrôlant mutuellement, et l'on prend d'ordinaire un pilote local. On quitte celui-ci lorsqu'on est en dehors des passes, et pour cela on met en panne.

193. De la panne. La panne est la manœuvre qui consiste à arrêter un navire sous voiles et à le maintenir dans une position voulue de façon qu'il soit à peu près immobile quant au mouvement de progression, et qu'il ait la plus petite dérive possible. Pour atteindre ce but à bord des navires à voiles carrées il faut, en règle générale, masquer une partie des voiles et conserver le vent dans les autres. Quand on met en panne on ne garde ordinairement que les huniers et la brigantine.

Il y a deux manières de prendre la panne : l'une en masquant le phare de l'avant, l'autre en masquant le phare de l'arrière. On met la barre sous le vent au premier moment pour faire venir le navire au vent tant qu'il a de la vitesse, on file l'écoute du foc lorsque l'air du navire est arrêté. On contretient les mouvements d'abattée et d'oloffée au moyen du gouvernail et en manœuvrant le foc et la brigantine.

Quand on est seul, on prend indifféremment la panne sur le petit ou sur le grand hunier; mais si l'on met en panne au vent ou sous le vent d'un autre navire, il faut, dans le premier cas, masquer les voiles de l'arrière et, dans le second, masquer les voiles de l'avant, en conservant le vent dans les autres voiles.

Pour diminuer les abattées et la dérive alors qu'on est en panne, on peut ne pas brasser les voiles masquées tout à fait en pointe, alors le mouvement pour culer devient plus grand.

Enfin, quand on met en panne près d'une terre ou d'un danger quelconque, il faut toujours prendre la panne de façon à avoir le cap au large, et à n'avoir qu'à faire servir, c'est-à-dire à orienter les voiles masquées pour faire route si le vent ou la dérive vous rapprochaient trop de l'endroit dangereux.

On fait servir, autrement dit on rétablit le vent dans toutes les voiles aussitôt après le départ du pilote et l'on reprend sa route avec la voilure que comporte le temps. Avant de perdre la terre de vue, si le vent est favorable et alors qu'on en distingue encore nettement les points principaux, on fixe la position de départ au moyen de trois relèvements pris au compas sur trois de ces points, ou au moyen de trois angles mesurés au cercle ou au sextant sur quatre d'entre eux. On déterminera ainsi la position du navire ou on la construira au moyen de la méthode des segments capables, t. II, § 61. A partir de ce moment on jettera le loch régulièrement de demi-heure en demi-heure, ou bien on mettra dehors le loch Massey, en faisant suivre exactement la route donnée par le capitaine.

Lorsque le vent est contraire, le navire qui doit s'éloigner de la terre est forcé de louvoyer ou de courir des bordées successives au plus près du vent, en virant de bord à l'extrémité de chaque bordée. Toutes les fois qu'une bordée rapproche plus que l'autre le navire de la route directe ou qu'elle l'écarte plus de la côte, c'est celle que l'on doit conserver le plus longtemps.

194. Virements de bord. Virer de bord, c'est exécuter une évolution après laquelle le navire présente au vent le côté opposé à celui qu'il lui offrait avant la manœuvre. On peut virer de deux manières, soit en faisant passer directement l'avant par le lit du vent, ce qu'on appelle virer vent devant; soit en faisant faire le tour au navire par le côté sous le vent, ce qu'on appelle virer vent arrière. Lorsqu'on louvoie pour gagner au vent, le virement de bord vent devant est celui que l'on doit exécuter, parce que cette manœuvre est plus prompte que l'autre et que loin de faire perdre du chemin elle en fait gagner lorsque la mer est belle et le navire bien manœuvré. On emploie le virement de bord vent arrière dans quelques cas particuliers, lorsque le vent étant très-fort et la mer grosse on manque à virer vent devant, ou qu'on craint de compromettre la mâture en masquant les voiles.

Le virement de bord vent devant est une manœuvre délicate qui demande à être bien conduite dans tous les cas. Elle exige la connaissance complète des qualités du navire et un coup d'œil exercé de la part de l'officier qui la dirige. Il faut que les commandements soient faits au moment précis et exécutés avec promptitude par l'équipage. Il est important, surtout avec une brise fraîche, que les manœuvres voulues soient larguées au moment même et que rien ne les arrête, sans quoi il est facile de casser une vergue. En outre une mauvaise appréciation de l'officier, principalement pour l'instant où il doit lever les lofs, trop de hâte ou trop de lenteur de sa part, peuvent faire manquer l'évolution. Or quelquefois le salut d'un navire peut dépendre d'un virement de bord vent devant. Il faut donc étudier à fond cette manœuvre essentielle et surtout l'avoir pratiquée souvent et dans toutes les circonstances, pour se rendre compte des difficultés qu'elle peut présenter quelquefois. Tous les navires sont loin de virer également bien vent devant; les uns viennent très-rapidement au vent, s'arrêtant et dépassant très-difficilement le lit du vent; d'autres sont mous; quelques-uns perdent très-promptement leur air; d'autres le conservent longtemps; souvent un autre ne peut venir au vent avec une faible brise si on ne hale bas les focs; tel navire virant très-bien dans une circonstance, vire très-mal dans une autre. Il faut étudier tous ces caprices du navire et agir en conséquence. De beau temps, avec une belle mer et une jolie brise, il est peu de navires qui ne virent pas facilement quand ils ont quatre ou cinq nœuds de vitesse; mais avec une grosse mer et un vent fort, ou au contraire avec une très-faible brise, c'est une manœuvre que l'on ne réussit pas toujours.

Dans une circonstance critique, lorsque, par exemple, on est très-près d'une côte, qu'on a le fond, qu'il faut virer vent devant et qu'on craint de manquer l'évolution à cause de la grosse mer, on peut tenter la manœuvre suivante : on fera préparer à l'avance une forte ancre à jet qu'on enverra devant et l'on tiendra cette ancre prête à mouiller au premier commandement : on enverra ensuite vent devant quand on jugera le moment opportun en prenant toutes les précautions usitées en pareil cas pour assurer l'évolution. Si en venant au vent le navire s'arrête, reste indécis avant d'être dans le lit du vent, on mouillera immédiatement l'ancre en changeant en même temps derrière. Le navire viendra à l'appel de l'ancre, les voiles seront masquées devant et l'on coupera le grelin aussitôt.

195. Le virement de bord vent arrière est toujours possible pourvu qu'on ait de l'espace; toutefois, comme dans le virement de bord vent devant, il faut que l'officier ait du coup d'œil et manœuvre en temps opportun. Cette manœuvre offre des dangers sérieux par un gros temps, surtout au moment où le navire parvenu vent arrière commence à revenir du lof sur le bord opposé et prend successivement les allures du grand largue, du largue et du plus près; dans ce passage il peut, si l'on n'y prend garde, recevoir de violents coups de mer. Il faut donc veiller la lame et profiter d'une embellie pour passer ce moment critique.

On vire lof pour lof de deux façons ou plutôt on peut, suivant le cas, commencer l'évolution de deux manières, soit en conservant le vent dans les voiles de l'avant, en ralinguant derrière et mettant en même temps la barre au vent; soit en masquant les voiles de l'avant et en lançant brusquement dans le vent, la barre dessous, afin d'arrêter le navire court et de culer ensuite pour continuer l'évolution comme à l'ordinaire.

Cette dernière manœuvre peut se faire dans certains cas exceptionnels, lorsqu'on se trouve inopinément sur un écueil, et assez près pour qu'on ne puisse virer lof pour lof par la méthode ordinaire ou envoyer vent devant sans craindre, en culant ou en abattant trop, de tomber sur le danger. Alors en filant les focs et en masquant devant, tout en mettant la barre dessous, on arrête le navire; on se débarrasse en même temps des voiles nuisibles de l'arrière; on masque également celles-ci et on cule alors, autant que cela est nécessaire, en abattant lentement. On exécute ensuite le virement de bord lof pour lof comme à l'ordinaire.

Nous ne nous arrêterons pas plus longtemps sur les virements de bord qui sont traités complétement dans les *Manœuvriers;* nous ne pourrions ici que répéter ce qui est dit dans ces ouvrages, auxquels nous engageons les marins à recourir pour étudier ces importantes manœuvres.

Le temps employé par des navires ayant des dimensions différentes pour faire la même évolution est en théorie proportionnel à la longueur de ces navires. Voici le temps qu'emploie à virer un navire ayant 60 mètres de longueur, lorsqu'il est bien manœuvré et que les circonstances sont favorables.

VITESSE en milles.	TEMPS ÉCOULÉ depuis le commencement de l'évolution jusqu'à l'instant où les voiles d'avant sont masquées.	DURÉE du virement de bord vent devant.	DURÉE du virement de bord lof pour lof.
2,5	2m 30s	10m 0s	13m 0s
3	1 52	9 22	12 0
3,5	1 33	8 7	11 0
4	1 33	7 30	10 0
5	1 30	6 15	8 30
6	1 15	5 0	7 0
7	1 15	5 0	6 30

196. Faire chapelle. Un navire fait chapelle lorsque, courant au plus près, il vient à masquer, soit par l'inattention du timonier, soit parce qu'il est trop ardent, soit par une légère variation dans la direction du vent.

Lorsqu'on a encore de l'air et qu'on veut conserver les mêmes amures, il suffit parfois, pour ramener le navire, de mettre la barre au vent; s'il cule, de la mettre à contre en traversant les focs au vent, contrebrassant vivement devant et carguant la brigantine. Si l'on ne réussit pas ainsi et qu'on soit seul, on peut, sans toucher à rien et en mettant la barre dessous, laisser tourner le navire, mais dans ce cas on perd du temps, aussi peut-on évoluer comme pour le virement de bord lof pour lof lorsque le vent est sur les voiles de l'avant, en carguant la grande voile et en ralinguant derrière au fur et à mesure que le navire abat.

Lorsqu'on est en escadre, c'est-à-dire lorsqu'il faut tenir son poste, on doit dans le même cas, dès qu'on est masqué, changer derrière, abattre et changer devant; courir un petit bord aux nouvelles amures et, dès qu'on a acquis assez de vitesse, virer de nouveau vent devant, pour reprendre sa position.

On agira de la même manière si on louvoie et qu'on fasse chapelle par une variation du vent; dans le cas où la nouvelle bordée sera plus favorable que la précédente, on changera les amures.

Un navire ne fait guère chapelle que lorsque la brise est faible, mais cependant il peut masquer dans une saute de vent et, si celui-ci est fort, courir de graves dangers ou faire des avaries dans ses voiles ou dans sa mâture. En résumé, le navire qui fait chapelle perd du temps, est forcé de manœuvrer pour revenir au même point, et en escadre il perd son poste. C'est donc une chose à éviter dans tous les cas.

197. Marche du navire. Que le navire en quittant la rade trouve les vents favorables ou contraires, il s'éloigne de la terre et bientôt celle-ci disparaît dans les brumes de l'horizon. Un navire bon voilier louvoyant avec des circonstances favorables, à six quarts du lit du vent, c'est-à-dire ayant le vent droit debout, perd en général 62 milles pour 100; autrement dit pour avancer de 38 milles en bonne route il faut qu'il fasse 100 milles. Lorsque les vents ne sont pas directement debout et permettent au navire de courir à quatre quarts de la route qu'il doit suivre, la perte de chemin se réduit à 29 milles; enfin lorsque le navire peut gouverner à deux quarts de la route, la perte n'est plus que de 8 milles pour 100.

Quant au rapport de la vitesse du navire à celle du vent, elle est fort variable suivant les navires et dépend en pratique de beaucoup de circonstances. En théorie, Bouguer indique qu'elle peut être dans le rapport de 1 à 3; d'autres auteurs donnent 74 pour 100; dans les clippers elle est plus considérable encore et s'est élevée de 80 à 90 pour 100.

Aussitôt qu'on est au large, si l'on doit faire une longue traversée, on saisit les ancres pour la mer, on les détalingue et l'on met en place les tapes des écubiers. On consolide à bord tous les objets qui pourraient prendre du mouvement et l'on règle le service à la mer. Les quarts se succèdent pour chaque officier et il devient à son tour responsable de tous les événements qui se passeront pendant sa durée. A bord des navires de commerce, les officiers font en général trois quarts qui durent six heures chacun; le capitaine prend celui du jour. Cela dépend au reste du nombre des officiers. Sur les navires de guerre, l'officier de quart surveille la route et fait suivre exactement par le timonier, qu'on remplace d'heure en heure, celle prescrite par le capitaine, qui chaque soir donne sur le journal ses ordres par écrit pour la nuit; il règle la voilure pour le temps à moins d'ordre contraire, la rectifie quand cela est nécessaire, oriente suivant les cas. Il maintient durant la nuit des factionnaires aux bossoirs pour interroger l'horizon, et une vigie pendant le jour sur la vergue de misaine ou sur les barres du petit perroquet. Il fait faire les appels des gens de quart, les rondes prescrites dans l'intérieur du navire. Pendant la nuit il veille à ce que le fanal qui doit être placé au mât de misaine soit bien entretenu et changé s'il est nécessaire. Ce fanal réglementaire à bord de tous les navires est destiné à empêcher les collisions, pendant les nuits sombres. On doit en outre avoir d'autres fanaux tout prêts à être allumés pour mettre des feux de position en cas de rencontre d'un navire.

En règle générale si deux navires courent l'un vers l'autre à contre-bord, tous deux doivent venir sur tribord. S'ils courent au plus près l'un et l'autre, celui qui a bâbord amures doit laisser porter et l'autre virer vent devant si un abordage devenait imminent. Il faut toujours veiller avec le plus grand soin pendant la nuit, et il vaut mieux prendre ses mesures trop tôt que trop tard pour s'écarter d'un navire que l'on aperçoit sans pouvoir toujours reconnaître la route qu'il suit. A bord des navires de commerce, on veille en général fort mal, principalement dans les mauvais temps, et c'est un reproche très-sérieux à leur adresser; ce défaut de surveillance amène de nombreux abordages souvent suivis de catastrophes. Nous avons fréquemment rencontré à la mer des navires de commerce qui, soit par négligence, soit par une misérable idée d'économie de leur capitaine, n'avaient point allumé le fanal prescrit par le règlement. Enfin l'officier de quart veille le temps, prévient au besoin le commandant ou le capitaine de toutes les circonstances imprévues, des variations du vent, de l'état du ciel et de tout changement dans cet état; il fait jeter le loch exactement et transcrire sur le journal les vitesses du navire, la dérive, la voilure, la force du vent, la direction, l'état de la mer, la route suivie, en un mot tout ce qui peut être utile ou intéressant pendant son quart. Il écrit lui-même et signe le journal aussitôt après avoir fait son service.

Rien ne doit distraire un officier de quart de son service, et il doit toujours avoir le regard fixé sur la voilure comme sur toutes les parties de l'horizon.

Les grains sont des bourrasques passagères, et le plus souvent de courte durée, dont nous avons parlé tome II, § 232. Ils sont très-redoutables, quand ils arrivent à l'improviste, et qu'ils surprennent l'officier de quart. Il peut en résulter des avaries extrêmement graves, le navire peut même engager, c'est-à-dire se coucher sur le côté.

Il est impossible d'indiquer d'une manière précise la manœuvre à faire dans un grain ; elle dépend de l'opinion que l'officier s'est faite de la force de ce grain en observant sa formation. Cependant rien n'est plus trompeur, et comme il y a des grains très-violents ou très-pesants, comme on le dit d'habitude, c'est une des circonstances de la navigation où l'officier a besoin de la plus grande prudence et des plus sérieuses précautions.

En règle générale, quand on attend un grain, nous dirons qu'il faut se mettre sous les huniers, la misaine et le petit foc. Les navires de guerre qui ne veulent pas se déranger de leur route et qui ont des bras pour manœuvrer attendent d'ordinaire avec les huniers hauts; mais on a des hommes aux drisses, aux bras du vent, aux cargue-points, et l'on est prêt à amener et à carguer les huniers sous le vent si le grain est trop lourd. On met en outre un homme sûr à l'écoute de misaine pour la choquer un peu dans le cas où le navire, par suite de son inclinaison dans le fort du grain, refuserait d'arriver malgré l'action de son gouvernail.

Un moment avant que le grain tombe à bord on arise les huniers, on les amène tout à fait en raidissant au fur et à mesure les bras du vent, et l'on attend ainsi, en ayant soin d'avoir toujours le vent dans les huniers.

Les grains font souvent varier la brise ; on doit donc toujours porter bon plein pour avoir du sillage et arriver au besoin. Les plus dangereux sont ceux qui montent sous le vent; dans ce cas il faut manœuvrer assez à temps pour n'être pas masqué, et il est prudent alors de changer la route. Quand on court grand largue ou vent arrière, les grains ne sont pas dangereux pourvu que l'on veille attentivement la voilure et qu'on soit prêt à la diminuer à temps lorsque le vent est trop fort.

Si pendant un grain on fait une avarie dans les voiles ou dans les vergues, il faut laisser porter immédiatement et courir vent arrière jusqu'à ce qu'on soit maître de la voile ou de la vergue avariée.

Très-souvent les navires du commerce laissent porter dans les grains pour n'avoir pas à manœuvrer, et cela surtout lorsque ceux-ci se succèdent à de courts intervalles. C'est le moyen d'éviter à l'équipage une grande fatigue, et c'est en même temps la manœuvre la plus sûre pour ne pas faire des avaries. Dans certains cas, avec un temps décidé à grains, ces mêmes navires, principalement quand ils ont du largue, restent sous la misaine et les voiles goëlettes lorsque les grains sont très-lourds.

Les manœuvres que nous venons d'indiquer pour les navires à voiles carrées ne peuvent pas se faire sur ceux qui portent des voiles latines, les goëlettes, les cotres, les sloops entre autres, non plus que dans les embarcations. A bord de ces bâtiments quand ils reçoivent un grain, on doit lancer au vent toutes les fois que le vent n'est pas de l'arrière du travers, on file en même temps l'écoute de misaine et on cargue cette voile. Mais lorsque le vent est de l'arrière du travers, il faut arriver en amenant partout, filant les écoutes et carguant en même temps.

Sauf les bourrasques passagères dont il vient d'être question, nous avons supposé que la brise était légère et avait permis de mettre dehors toutes les voiles. Nous admettrons maintenant qu'elle force successivement; l'officier de quart qui surveille la mâture et les petites vergues, l'inclinaison du navire et sa tendance à devenir ardent, fait appuyer les bras du vent et larguer ceux de sous le vent, il serre et dégrée les cacatois et fait rentrer le clin-foc. Le navire commence à tanguer, les mâts de perroquet plient et fatiguent la tête du mât de hune; il fait carguer les perroquets et prendre le ris de chasse. Le vent augmentant toujours, il continue à diminuer de voiles comme il suit : il serre les perroquets; le grand foc fatigue son bâton et la brigantine rend le navire très-ardent; il hale bas le grand foc et cargue la brigantine, il met en même temps dehors le petit foc, à moins qu'il ne préfère garder le grand foc à mi-bâton, ou hisser un faux foc. Nous observerons en passant que toutes les voiles auriques qu'on établit doivent être bordées à faux-frais avant d'être hissées.

Le vent augmentant encore, on prend le second ris; on peut en même temps dégréer les perroquets, qui très-probablement ne serviront plus à moins qu'on ne veuille essayer de les porter avec le second ris. Ils sont en haut un poids inutile; à bord des navires de guerre, quand le temps n'est pas très-mauvais, la manœuvre de dépasser les mâts de perroquets et de les guinder est, en général, si prompte et si facile qu'on devrait toujours caler les mâts, lorsque le temps a mauvaise apparence, aussitôt après qu'on a envoyé les vergues en bas.

Le vent commence à souffler avec force, la mer grossit en même temps, l'officier fait prendre le troisième ris aux huniers, ou même les deux derniers ris, il cargue et il serre le perroquet de fougue; puis il envoie prendre le ris dans les basses voiles, en établissant le foc d'artimon et la misaine goëlette au grand mât et au mât de misaine afin de soutenir le navire tandis qu'on prendra les ris aux basses voiles.

Pour carguer une basse voile avec une forte brise, il faut carguer sous le vent d'abord, et au vent ensuite. Quand on l'établit, on amure au vent, et l'on borde après.

Pour carguer un hunier dans le même cas, les avis sont divergents et chacun donne de bonnes raisons pour soutenir son opinion; les uns veulent qu'on cargue au vent, les autres sous le vent en premier lieu. Nous avons vu des huniers enlevés en manœuvrant de l'une et de l'autre façon. Carguer un hunier avec un grand vent est toujours une opération délicate qui demande le plus grand soin, beaucoup d'attention et beaucoup de bras. Une écoute, une cargue-point qui casse en ce moment peut faire emporter le hunier. Nous ne trancherons pas la question dont il s'agit, car en fait de manœuvres il n'y a rien d'absolu. Nous pensons seulement que si le navire est très-chargé, il convient de carguer sous le vent d'abord en filant l'écoute à retour, et nous ajouterons que, dans notre opinion, toutes les voiles doivent être carguées en commençant par le côté sous le vent, commes elles doivent être établies en commençant par le côté du vent. Dans les brises modérées on cargue et on établit des deux bords à la fois.

Le vent est devenu violent; la mer est très-grosse, le navire fatigue, il incline fortement et tangue en plongeant dans la lame, il est trop chargé par sa voilure; il faut mettre à la cape. On cargue et on serre les basses voiles et le petit hunier.

198. De la cape. Mettre à la cape, c'est tenir le plus près du vent avec peu de voiles, juste ce qu'il en faut pour soutenir le navire, le faire gouverner et éviter les coups de mer. Il faut assez de toile pour diminuer les mouvements trop brusques de rappel que peut prendre le navire quand il revient du côté du vent après qu'il s'est couché sur le bord opposé en passant sur le sommet d'une lame.

Les capes les plus usitées sont :

Le grand hunier, la misaine goëlette, le petit foc et l'artimon ou le foc d'artimon.

La misaine, le petit foc et l'artimon.

La grand'voile, le petit foc et l'artimon.

La misaine goëlette, le petit foc et l'artimon.

En règle générale, on doit à la cape porter autant de toile qu'on le peut sans fatiguer le navire; le plus souvent on aura la barre du gouvernail sous le vent, parce que l'on n'a pas de vitesse et que l'on dérive plus qu'on n'avance; souvent même on cule. A la cape on doit donc porter la plus grande attention au gouvernail en mollissant la barre à propos. La meilleure cape, quand elle convient au navire, est celle sous les trois voiles d'étai enverguées sur des cornes, le petit foc et le grand hunier. Le hunier, étant une voile haute, soutient bien le navire. Les voiles d'étai, l'artimon, le foc d'artimon, la misaine goëlette ou la pouillousse, forment une voilure bien balancée. Mais les navires à la cape sont très-capricieux; aussi faut-il étudier à cet égard leurs qualités et donner à chacun d'eux la voilure qui lui convient. Quelques navires tiennent bien la cape sous la misaine, d'autres sous la grand'voile seule, d'autres sous le petit foc et l'artimon. Mais dans aucun cas nous ne conseillerons la cape sèche, car le navire devient alors le jouet de la mer, il roule, il tangue avec violence; dans les embardées qu'il fait inévitablement il est choqué par la lame, s'expose à recevoir des coups de mer, à faire des avaries graves et à démonter son gouvernail. On ne doit donc, à notre avis, rester à la cape sèche que lorsque les voiles de cape sont défoncées, qu'on ne peut en remettre en place, ou bien lorsqu'on a sous le vent une côte peu éloignée qui ne permet pas de fuir vent arrière, manœuvre fort dangereuse encore mais beaucoup moins cependant que la cape sèche.

Il est au reste bien peu de circonstances où un navire solide et bien construit, muni de bonnes voiles de cape et bien manœuvré, ne puisse pas, sauf le cas d'avarie dans la coque ou dans la mâture, étaler à la cape un coup de vent ou une tempête. Il n'en est pas de même quand on est surpris par un ouragan; l'important est alors de sortir par la voie la plus courte du cercle giratoire du cyclône ou du moins d'en fuir le centre. (Voyez t. II, § 188.)

Dans tout autre cas, il faut demeurer à la cape jusqu'à la fin de la tourmente, ou fuir devant le temps, à sec de voiles, si le navire gouverne bien sous cette allure et s'il est assez grand pour résister à la mer.

199. Avant de mettre à la cape on doit avoir dégréé les perroquets et dépassé les mâts; on assujettit les vergues plus fortement en mettant des faux bras, des palans de roulis; on double les écoutes et les amures des basses voiles et des voiles de cape, ainsi que celle du petit foc. On met des caliornes sur les bas mâts; on doit placer des haches sur le pont au pied des mâts et il est même bon d'en avoir toujours en cas d'événement; on tient la barre du gouvernail de rechange toute prête en cas de rupture de celle qui est en place; on a des palans tout élongés pour remplacer la drosse si elle casse; on double les saisines des embarcations et des dromes; on ferme les panneaux sur le pont; on envoie en bas tout ce qui, dans la mâture, peut être un poids inutile, entre autres les bonnettes; on rentre le bout-dehors de beaupré, et on peut, si on a une vergue de cap, amener la corne de la brigantine; on a toutes les pompes garnies. A bord des navires de guerre on doit établir des garde-corps sur le pont et dans les batteries, où l'on fera des rondes fréquentes pour s'assurer que rien ne bouge; on consolide les pièces au moyen d'une aussière ou d'un grelin qui passe sur l'arrière de tous les affûts et qu'on bride dans les postes à canons à des boucles pour ce destinées. Si les pièces sont chargées on s'assure que les projectiles ne roulent pas. On prépare à l'avance les voiles de cap de rechange en cas d'avarie de celles qui sont dehors. En un mot, on doit prendre toutes les précautions que suggère la prudence en pareil cas.

Si l'on est à la cape et qu'on veuille fuir vent arrière, on ne conservera que le petit foc pour abattre et on le halera bas quand on sera arrivé. On pourra alors mettre le grand hunier si toutefois le vent le permet. Lorsqu'on est à la cape sèche, il est souvent fort difficile d'abattre; dans ce cas on brasse à contre les vergues de l'avant, et si le navire n'arrive pas, on fait monter au vent dans les haubans de misaine le plus d'hommes qu'il est possible. On met la barre dessous parce qu'alors généralement le navire cule.

200. Quand on est vent arrière, on doit conserver autant que possible une vitesse modérée pour bien gouverner et éviter la lame; trop de vitesse est un inconvénient sérieux, car on s'expose à recevoir des coups de mer. Nous insisterons sur ce fait, parce qu'il est recommandé dans les *Manœuvriers* de faire toute la voile possible quand on fuit devant le temps. C'est là une erreur grave. En effet, bien qu'au premier abord on puisse être porté à admettre qu'en fuyant rapidement, la lame ne frappera le navire qu'en raison de la différence de la vitesse de translation qui lui est propre avec celle dont le navire lui-même est animé, en examinant sérieusement les faits, on se convaincra que dans un cas pareil le navire renferme une force vive propre et peut être regardé comme faisant volant; que par conséquent il est très-peu disposé à obéir à une force brusque accidentelle. Ainsi la vitesse de la lame étant très-grande et celle du navire l'étant également, il en résulte que lorsque le navire fait une embardée, ce qui est inévitable sous cette allure, les deux forces venant à se heurter se traduisent dans la rencontre par un effet d'autant plus destructeur qu'elles-mêmes sont plus grandes; le choc tend donc d'autant plus à faire briser la mer en la forçant à s'élever, ce qui amène les coups de mer. Un navire qui fuit a presque toujours trop de sillage; en règle générale, il ne doit porter que la voile nécessaire pour bien gouverner et non faire toute la toile possible comme l'indiquent les *Manœuvriers.*

Dans le cas où l'on fuit devant le temps sur un petit navire, les coups de mer sont ce qu'il y a de plus redoutable. A bord d'une goëlette nous avons réussi à les éviter en filant derrière une demi-aussière sur laquelle étaient amarrés quelques avirons et quelques bouts d'espars pour la faire flotter. Cette amarre serpentant sur l'arrière empêchait la mer de déferler tout en diminuant la vitesse.

201. De l'ancre flottante. Sur les petits navires, fuir vent arrière est toujours très-dangereux, et il vaut mieux tenir la cape dans tous les cas. On peut alors employer avec un grand avantage l'ancre flottante et se maintenir ainsi. On fait une ancre de ce genre avec plusieurs espars mis en croix fortement maintenus par des bras et sur lesquels on applique une toile en plusieurs doubles. On met à l'extrémité inférieure quelques gueuses ou des poids pour faire plonger tout le système de manière à le mettre autant que possible à l'abri des lames; on amarre au centre une bonne aussière sur laquelle on fixe en

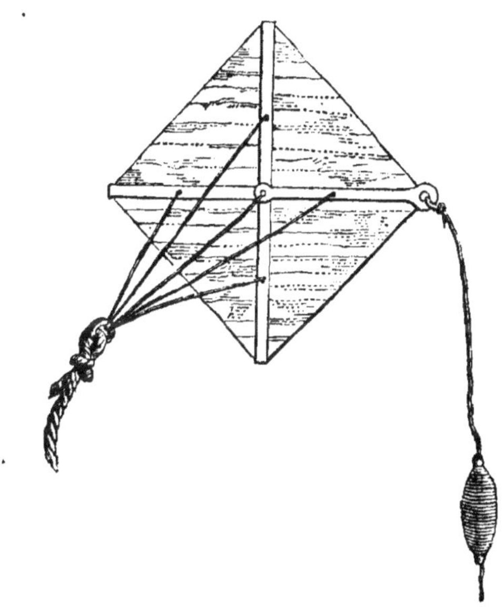

Fig. 118.

outre des amarres allant au milieu des espars pour consolider l'ensemble qui a la forme d'un parapluie ouvert; on met cet appareil à la mer et on file une grande partie de l'aussière. On est ainsi, comme à l'ancre, debout à la lame et on cule lentement, tout en conservant une voile derrière pour modérer les embardées s'il est nécessaire. On peut ainsi tenir avec un très-mauvais temps. Tous les petits navires devraient avoir une ancre flottante, dans laquelle on remplacerait les espars par des barres de fer tournant à charnière au centre et pouvant se replier les uns sur les autres. De petits navires ont réussi à faire une ancre flottante avec une voile enverguée; au milieu de la vergue on fixe le grelin; on met des gueuses ou des poids à la ralingue de bordure, et l'on réunit au grelin, par le moyen de pattes d'oie, les extrémités de la vergue et les points de bordure de la voile.

Dans une embarcation, quand on est surpris par du mauvais temps, on peut employer avec succès un système analogue; on fait une drome avec les mâts et une partie des avirons et des voiles; on jette le tout à la mer en y amarrant le cablot de l'embarcation; on fait un taud sur l'embarcation et l'on tient les hommes sur l'arrière. On reste ainsi debout à la lame.

202. Des sautes de vent. Lorsqu'un navire est à la cape, on doit craindre les sautes de vent et éviter à tout prix de laisser masquer les voiles; dans une circonstance pareille les voiles masquées feraient coucher le navire, et celui-ci, culant dans une mer énorme, pourrait être défoncé ou même sombrer par l'arrière. Par suite, quand on voit un signe précurseur d'une saute de vent, une éclaircie à l'horizon sous le vent, le changement de direction dans la marche des nuages, un mouvement du baromètre, ce qu'il y a de mieux à faire est de manœuvrer immédiatement pour se mettre à même de recevoir le nouveau vent dans les voiles. Les sautes de vent sont redoutables parce que le vent change avant que la mer ne soit apaisée; il en résulte une lame hachée, tumultueuse, irrégulière, venant de deux directions différentes, qui rend la mer courte, haute et dure, par conséquent très-dangereuse surtout pour les petits navires.

Une saute de vent après une tempête qui a duré quelque temps en annonce assez ordinairement la fin ; plus souvent encore la force du vent diminue graduellement comme elle a augmenté. C'est là une heureuse circonstance, car on peut alors faire de la voile peu à peu, et tenir le navire bien appuyé et gouvernant bien.

Dès que le vent diminue, que la mer s'embellit, ce qui est un signe caractéristique de la fin d'un coup de vent, on rétablit la voilure en suivant un ordre à peu près inverse de celui que nous avons indiqué pour la diminuer.

DES AVARIES DU NAVIRE.

205. Un homme à la mer. Avant de parler des avaries, qui sont souvent le résultat du mauvais temps, nous commencerons l'histoire des infortunes du navire, par un de ces événements malheureusement trop fréquents à la mer, et qui cause toujours dans un équipage la plus douloureuse comme la plus triste impression.

Un homme à la mer ! ce cri lorsqu'il se fait entendre à bord, fait naître une émotion générale et souvent un grand désordre, résultat de l'empressement que chacun veut mettre à porter secours à l'homme tombé à la mer, empressement qui, loin d'être utile à celui qu'on cherche à sauver, amène le plus souvent les plus fâcheuses conséquences. C'est à la suite de nombreux accidents qu'il est devenu réglementaire à bord des navires de guerre, d'avoir aussitôt qu'on est à la mer, deux embarcations de porte-manteaux toujours prêtes à être amenées ; chacune d'elles a une amarre élongée et tournée à l'avant du navire, de telle sorte que l'embarcation amenée n'a plus qu'à gouverner. Il y a, en outre, dans chaque bordée un équipage désigné spécialement pour armer ces embarcations.

Deux haches sont toujours placées près des amarres qui retiennent à l'arrière les bouées de sauvetage, de façon que le premier venu peut les couper. Les bouées, que tout le monde connaît, sont munies d'un appareil à frottement qui enflamme une pièce d'artifice ; lorsque celles-ci se détachent du bord, le frottement se produit et la bouée s'éclaire d'elle-même. Ainsi pendant la nuit l'homme tombé à la mer peut, s'il sait nager, distinguer la position des bouées, et se diriger vers celle qui sera la plus voisine de lui, en même temps que l'embarcation fera route dans leur direction. Enfin, en cas qu'un homme tombé à la mer sur l'avant ou par le travers passe près du navire, il y a, comme nous l'avons dit § 192, placés à l'arrière, deux traînards auxquels un hasard heureux peut faire qu'il se raccroche en passant.

Au cri d'un homme à la mer, le navire étant au plus près par un temps qui permet de mettre les embarcations à la mer, doit jeter les bouées de sauvetage, mettre toute la barre dessous pour lancer au vent, filer les écoutes de foc, carguer les basses voiles et contrebrasser devant ou derrière, en amenant rondement les embarcations sans désordre et sans précipitation ; tout cela doit se faire instantanément. L'homme tombé doit être surveillé par des hommes dans les hunes, relevé au compas, si on le peut, et la direction où il se trouve donnée à l'embarcation, qui pousse immédiatement du bord, se dirigeant, si elle ne voit pas les bouées, sur les indications qu'on lui fait du navire.

Lorsque la brise est belle et que le navire court grand largue ou vent arrière avec des bonnettes, on met toute la barre d'un bord, on file en bandes les amures et les drisses de bonnettes, on amène les petites voiles dont on file les écoutes au besoin, et on ouvre l'un des phares pour rester en panne. On cargue et on hale bas en même temps du mieux que l'on peut pour sauver les voiles et les vergues compromises, on amène les huniers si cela est nécessaire, on borde la brigantine. Peu importe qu'une voile soit emportée ou une vergue cassée, quand il s'agit de sauver un homme. Il faut donc que, sans hésitation l'officier lance au vent dans tous les cas. Les voiles ralinguent bientôt et si les vergues s'amènent, on peut ne faire aucune avarie grave.

Il est malheureusement des circonstances où l'homme tombé à la mer ne peut pas être sauvé. Alors quelle que soit la douleur qu'il en éprouve, l'officier doit être sourd aux cris de l'équipage, et commander le silence. Ce cas est celui où le temps est trop mauvais pour qu'on puisse mettre une embarcation à la mer, sans exposer les hommes qui montent ce canot à périr comme celui qu'on veut sauver, événement qui s'est maintes fois produit.

Si l'homme tombé à la mer, et qui ne sait pas nager, ne perdait pas la tête, on le sauverait généralement, car pour se soutenir il lui suffirait de rester incliné sur le dos, les bras étendus, les mains à plat, et les doigts serrés. Immobile dans cette position il ne coulerait pas; il lui suffirait, dans tous les cas, pour se soutenir de quelques petits battements des mains sur la surface de l'eau. Au lieu de se débattre et de s'épuiser en efforts superflus, lorsqu'on n'a pas atteint la bouée de sauvetage, si l'on pouvait garder son sang-froid, il faudrait attendre dans la position indiquée, l'arrivée du canot.

204. Avaries dans le gréement et dans les voiles. Les résultats de la lutte du navire avec la tempête ont souvent pour conséquence des avaries plus ou moins graves ; les unes peuvent quelquefois se réparer avec les ressources qu'on trouve à bord ; mais il en est d'autres auxquelles il est impossible de remédier immédiatement, et qu'il faut se borner à rendre le moins funestes possible. Les premières sont les avaries dans le gréement, les voiles et les vergues; les dernières, celles dans le gouvernail et dans la coque.

Les avaries dans le gréement se réparent sans difficulté au moyen des rechanges; il en est à peu près ainsi pour les avaries dans les voiles; on dévergue la voile et on la répare ou on la remplace. Nous ne dirons donc rien à cet égard.

205. Avaries dans les vergues. Les avaries dans les vergues sont plus graves que les précédentes. Toutefois tant qu'il ne s'agit que des vergues hautes, on y remédie encore assez facilement au moyen de la drome qu'ont tous les navires, mais une basse vergue cassée est une avarie majeure, elle peut casser de plusieurs manières, le plus souvent en deux ou en trois parties, lorsqu'elle est cassée en deux parties on arrive généralement à pouvoir s'en servir, mais cela demande du temps. Il faut donc, pour y suppléer, employer une vergue de hune de rechange sur laquelle on envergue un hunier, dans lequel on prend des ris et qui sert de basse voile; le hunier supérieur se borde alors sur le pont du mieux qu'on peut. On met encore le hunier à la place de la basse voile, le perroquet à la place du hunier; toutefois la voilure n'est plus aussi bien balancée. Les trois-mâts peuvent dans ce cas mettre le perroquet de fougue pour remplacer un hunier, l'autre servant de basse voile; enfin on s'ingénie, suivant les ressources que l'on a, à rétablir du mieux possible l'équilibre dans la voilure.

Lorsque la basse vergue n'est que craquée, on la jumelle avec des bouts de bordage, et sous ces jumelles, on met des barres de fer dans des rainures pratiquées dans la vergue; on assujettit le tout par des roustures. Si la vergue est cassée par le milieu, on réunit les deux fragments par des boulons en fer, et on la jumelle comme précédemment. Ainsi réparée, la vergue aura une grosseur fort incommode et s'orientera mal; c'est cependant le moyen le plus prompt de la réparer, et cette réparation peut avoir dans beaucoup de cas une très-grande importance.

Il y a un autre moyen bien préférable de réparer une vergue cassée en deux fragments inégaux; mais ce moyen est long, et ne peut s'appliquer qu'avec de grandes difficultés aux vergues d'assemblage. Il est, en outre, fort peu commode quand on est forcé de travailler à bord. Il consiste à décercler la vergue, et à la scier en deux par son milieu dans le sens longitudinal; on aura ainsi quatre fragments qu'on superposera en sens inverse, c'est-à-dire que les deux gros bouts se recouvriront de façon que la vergue conservera sa longueur et ses dimensions. On cerclera de nouveau, on fera des roustures aux parties réunies, et la vergue ainsi réparée sera d'autant plus solide qu'elle aura été cassée en parties de longueurs plus inégales.

On répare encore une basse vergue en la mariant avec une vergue de hune qu'on place en dessous ; on met des coins dans les vides, des jumelles et on bride le tout ensemble. Ce système est très-lourd et très-gros, par conséquent difficile à manœuvrer.

206. Avaries dans la mâture. Les avaries dans la mâture, que les mâts soient brisés ou seulement craqués, sont toujours graves quand il s'agit des mâts de hune, et surtout des bas mâts. Les navires de guerre qui ont des mâts de perroquet et des mâts de hune de rechange remplacent aussitôt les mâts avariés, quand le temps le permet, et qu'on a pu sauver le gréement. S'il en est autrement et si, par exemple, le mât de hune a craqué, on le cale immédiatement de façon à mettre la cassure à quelques mètres en dessous du chouque du bas mât ; puis on bride et l'on attend une occasion favorable pour passer un nouveau mât de hune.

Si le mât de hune est rompu, on se mettra immédiatement sous l'allure qui fatiguera le moins le navire, et l'on se débarrassera le plus promptement possible du mât cassé, en coupant tout ce qui peut le retenir à bord. On prendra en même temps les mesures nécessaires pour consolider les autres mâts. Si le temps n'est pas mauvais, on fait ce qu'il convient pour sauver les vergues, les tronçons du mât, le gréement et les voiles, car le mât tombe sous le vent ou sur le bord du navire, et dans ce cas le gréement pourra servir pour le mât de hune de rechange.

Lorsqu'un bas mât a craqué, on le jumelle le plus solidement possible ; on le soutient à l'endroit de la cassure par des caliornes ou des pataras ; on cale au besoin le mât de hune qu'on laisse sur sa guinderesse et qu'on bride avec la partie avariée du bas mât. On porte peu de toile jusqu'à ce qu'on puisse atteindre un port et s'y réparer. Nous admettons ici que le mât a craqué à sa partie supérieure et à petite distance au-dessous de la hune. Toutefois, si l'avarie paraît trop grave ou si la cassure est trop basse, de façon qu'on craigne la chute des mâts supérieurs, il faut débarrasser le bas mât de tous les poids qui le chargent en envoyant en bas la vergue et le mât de hune. La connaissance de l'avarie peut seule guider dans ce cas, et faire prendre le parti convenable. Nous avons fait avec un bas mât craqué fortement à six mètres au-dessous de la hune, une traversée de huit cents lieues en allant de Brest à la Martinique. Le mât jumelé et consolidé par son mât de hune a très-bien résisté dans une grosse mer et avec des vents très-frais.

Lorsqu'un bas mât est entièrement brisé, soit par l'effet d'une tempête, soit parce qu'on s'est laissé surprendre par un grain violent, il est en général nécessaire de couper tout ce qui peut encore le retenir à bord. Si la chose est possible, on essayera de le prendre ensuite à la remorque pour en tirer tout ce qu'on pourra en gréement, vergues et voiles. Presque toujours la chute d'un mât est accompagnée d'accidents graves ; des hommes sont tués ou blessés, d'autres emportés à la mer avec le mât tombé, ou par les agrès. Les débris donnent parfois des chocs violents à la coque; enfin il y a presque toujours des avaries dans les autres mâts, et il faut y remédier aussitôt. Le plus pressé est donc de sauver les hommes tombés à la mer, de secourir les blessés, d'assujettir la mâture restante et de se débarrasser de celle qui est tombée.

Ce que nous avons vu de plus effrayant dans ce genre est l'accident arrivé au vaisseau *le Tage*, entièrement démâté en 1854 en sortant du détroit de Gibraltar. Ce vaisseau courait vent arrière avec toutes voiles et des bonnettes lorsqu'il fut masqué brusquement dans un tornado par une terrible rafale qui le prit droit par l'avant. Le beaupré rompant ses sous-barbes se redressa et se brisa en s'abattant sur le vaisseau dont toute la mâture tomba sur l'arrière. On peut se figurer ce que c'était que le pont de ce vaisseau.

Lorsqu'on est entièrement démâté, soit après un combat, soit dans une circonstance analogue à la précédente, et qu'on peut commencer à se réparer, on met d'abord en place le grand mât de fortune, ensuite le beaupré, puis le mât de misaine, et en dernier lieu le mât d'artimon.

Il est rare qu'un bas mât casse au ras du pont ; il en reste d'ordinaire un tronçon plus ou moins long dont on se sert pour établir un chouque, et un mât de fortune fait avec un mât de hune; quand celui-ci est en place, on passe un mât de perroquet. En tout cas, dans un démâtage, si on perd le grand mât, on prend aussitôt l'allure qui fatigue le moins le navire; si l'on démâte du mât de misaine, il faut mettre à la cape pour réparer autant que possible les avaries.

Si on perdait le beaupré, on le réparerait de la même façon au moyen d'un mât de hune.

Nous ne nous arrêterons pas plus longtemps sur ce sujet, car il est impossible de prescrire rien de positif pour réparer des avaries de ce genre. Le capitaine doit prendre conseil des circonstances, des parages où il se trouve, des ressources qu'il possède, des moyens, des ouvriers et des bras qu'il peut employer et utiliser, enfin de l'état du temps, et s'il peut faire route pour un port, ce sera le meilleur parti à prendre dans tous les cas; c'est dans de pareilles circonstances qu'un capitaine déploie toutes les ressources d'un esprit inventif et réfléchi; par des dispositions habiles, intelligentes, bien combinées, il peut souvent parvenir à éviter un désastre, et trouver quelquefois un remède.

Nous avons admis précédemment qu'on avait démâté par suite d'un accident; mais il est des cas où l'on est forcé de sacrifier une partie de sa mâture pour sauver le navire; ceci peut arriver à l'ancre dans une tempête, après un échouage, et à la mer lorsque le navire couché sur le flanc par un grain ou par un violent coup de mer, quelquefois à moitié plein d'eau, ne peut plus ni arriver ni se redresser. Dans l'une quelconque de ces positions critiques, on peut être forcé de couper la mâture.

207. Navire engagé. Un navire engagé est celui dont nous venons d'indiquer la position en dernier lieu; après qu'on a filé toutes les écoutes, y compris celle de misaine, qu'on doit choquer, lorsque les voiles sont emportées, le navire perd bientôt tout son air, et l'on est dans l'impossibilité d'arriver, car le gouvernail devient tout à fait impuissant en raison de sa position horizontale ou fortement oblique.

Il faut dans une situation pareille jeter le plus promptement possible à la mer les poids lourds qui sont sur l'avant, et lorsque l'équipage est nombreux le faire passer au vent sur l'arrière en l'agglomérant; on met la barre au vent et on agite le gouvernail; on coupe le mât d'artimon et le grand mât. Il est rare que par ces moyens on ne parvienne pas à arriver et à redresser le navire. Cependant on n'y réussit pas toujours. Alors on peut en dernière ressource préparer rapidement une ancre flottante, ou plutôt une drome formée de tout ce qu'on pourra réunir, une voile enverguée, qu'on mettra à la mer du côté du vent si on le peut, ou sous le vent en ayant soin de prendre le bout de l'amarre par le côté du vent et de l'avant, en la faisant passer sous le beaupré. Le navire dérive sous le vent de ce système, on file l'amarre, et quand on juge qu'il y en a suffisamment dehors, on se hale pour faire tête au vent et à la mer. Ce sont là de terribles positions, sans aucun doute, et dans certains cas elles se sont prolongées pendant quelques heures. Il faut, on le comprend, mettre tout en œuvre pour en sortir.

Dans d'autres circonstances moins graves on a vu des navires courant sur un écueil avec un grand vent sans pouvoir arriver, couper leurs mâts de l'arrière et n'arriver qu'après la perte du grand mât. Nous avons dit que dans une circonstance pareille, il fallait tout d'abord ralentir la vitesse, ce qui diminue considérablement la résistance de l'eau sur la joue, se débarrasser partout des voiles hautes et au besoin choquer un peu l'écoute de misaine. On réussira ainsi à arriver sans couper la mâture, parce que le gouvernail alors reprendra toute son action.

Si le navire, surpris par une rafale, a engagé en naviguant près de la côte, et qu'on soit sur les sondes, alors même qu'on aurait un très-grand fond, il ne faudrait pas hésiter à mouiller immédiatement une ancre, et de préférence celle sous le vent, qu'il sera plus facile de laisser tomber. Le navire sera alors rappelé au vent, et en masquant au besoin ce qu'on aura de voiles on parviendra à le redresser.

Nous venons de dire qu'on coupait les mâts; on y procède de la manière suivante. On commence par couper toutes les rides des haubans sous le vent; on entame le pied du mât du côté sous le vent et on le coupe jusqu'au tiers de son diamètre; on coupe alors les haubans du vent sauf les deux de l'arrière, puis on entame le mât de côté du vent, en ayant du monde disposé à couper les étais et les deux derniers haubans. Lorsqu'on verra le mât s'ébranler, on coupera partout en même temps.

208. Avaries dans le gouvernail. Les avaries dans le gouvernail sont dans tous les cas extrêmement sérieuses, et la perte de cette importante machine, désignée à bon droit comme l'âme du navire, peut entraîner les conséquences les plus funestes.

Si l'on casse la drosse dans un gros temps, il faut immédiatement crocher sur la barre les palans disposés à l'avance, et l'on gouverne avec ces palans sur le commandement fait par l'officier, et au moyen d'un compas portatif placé momentanément à l'endroit convenable.

Si l'on casse la barre dans le même cas et qu'on soit à la cape, on coincera le gouvernail et on cherchera à le fixer sous le vent, pendant qu'on s'occupera de mettre en place la barre de rechange ou celle qu'on disposera. Les navires qui gouvernent avec un système quelconque doivent toujours être munis d'une barre franche en cas d'avarie dans ce système.

Le gouvernail se démonte quelquefois en talonnant sur un banc, ou dans un échouage. Si les ferrures ne sont pas cassées on parviendra assez généralement à le remettre en place, et s'il n'est pas démonté, la première chose à faire est d'abord de le soulager, jusqu'à ce qu'on ne touche plus, de façon à lui éviter des chocs et des mouvements brusques. Il arrive très-souvent qu'en se démontant les aiguillots cassent et que les fragments restent engagés dans les femelots. Dans ce cas, il faut mettre le gouvernail à bord pour changer les ferrures cassées si l'on en a de rechange, ce qui a lieu à bord de tous les navires de guerre, puis on s'occupe à dégager les femelots des fragments qui s'y trouvent engagés. Pour faire cette opération, qui n'est pas toujours facile, on emploie une gueuse en fer, dans chaque trou de laquelle on passe un bout de filin. On la coule le long de l'étambot en la faisant passer en dessous de chaque femelot, et l'on s'en sert comme d'un marteau en la faisant descendre et monter alternativement.

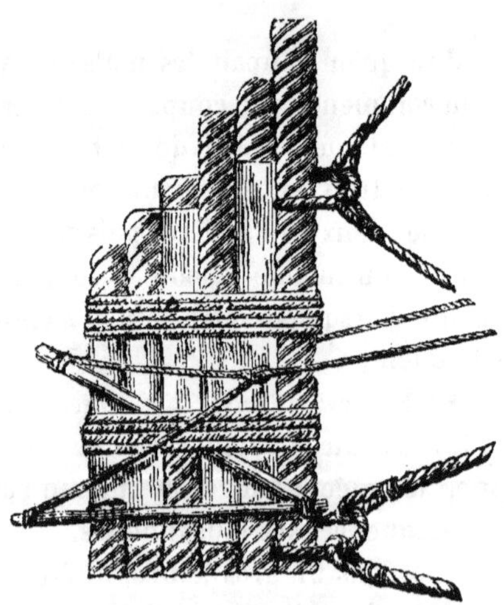

Fig. 119.

La perte du gouvernail à la mer par suite d'un gros temps est une avarie majeure qui peut compromettre le navire, exposé sans défense à des coups de mer terribles qu'il ne peut plus éviter; il faut donc remplacer immédiatement cette importante machine. Le temps est quelquefois assez mauvais pour qu'on ne puisse pas mettre en place, sans s'exposer à le perdre, le gouvernail de rechange qu'ont tous les navires de guerre, et que devraient également posséder tous les navires de commerce.

Dans ce cas, le moyen le plus simple et le plus expéditif est de filer par la jaumière ou par-dessus le couronnement une certaine quantité de câble sur lequel on bride quelques planches ou quelques bordages pour lui donner plus de rigidité; on amarre à quelque distance de son extrémité deux aussières qui viennent passer dans des poulies de retour placées de chaque bord aux deux bouts d'une vergue mise en travers sur l'arrière, et l'on gouverne ainsi tant bien que mal.

Mais ce ne peut être là qu'une mesure du premier moment, un palliatif, et il faudra s'occuper sans délai à faire un gouvernail plus parfait si l'on n'en a pas un de rechange. On peut dans ce but prendre un câble que l'on coupe par tronçons de longeurs inégales; on les assujettit fortement ensemble par des bridures, sous lesquelles on place quelques bouts de bordages ou des planches dans le sens vertical; enfin dans le sens horizontal on ajuste deux forts bouts d'espars saillant en dehors et sur l'arrière du système, de façon à recevoir une patte d'oie sur laquelle on fixe une aussière de chaque côté : ces aussières serviront à gouverner. On assujettira contre l'étambot le gouvernail de fortune au moyen de quatre aussières, deux en bas allant passer sur l'avant le plus bas possible, les deux autres fixées à peu près aux $\frac{2}{3}$ ou aux $\frac{3}{4}$ de la longueur. On aura alors une machine ressemblant à celle représentée dans la figure 119.

Dans tous les manœuvriers on parle très-longuement et avec beaucoup de détails des divers gouvernails de fortune; nous renverrons donc à ces ouvrages dans lesquels on trouve la description de ceux inventés par le capitaine Pakenham, le lieutenant de vaisseau Bassière, l'amiral Willaumez, le capitaine Peat, le pilote Olivier, le capitaine Dusseuil, Molineri, les capitaines Mancel et Fouque.

Nous n'ajouterons ici qu'un mot: il peut arriver qu'un navire privé de son gouvernail soit forcé de virer lof pour lof, et qu'il ne soit pas facile de le faire arriver; sans gouvernail l'évolution est toujours fort longue. On peut la faciliter en plaçant sous le vent, par le travers à peu près du maître-bau, un corps quelconque ayant un assez grand volume, par exemple des cages à poules ou des caissons dans lesquels on met quelques gueuses pour les faire submerger; un palan les retient verticalement, et deux aussières les maintiennent fortement par le travers du maître-bau. L'eau venant rencontrer cet obstacle le long du flanc du navire, agit sur lui et facilite le mouvement d'arrivée que l'on suit en manœuvrant les voiles. Cet ingénieux moyen est dû au capitaine Bassière, qui dans le même cas employa deux affûts de rechange.

209. Avarie dans la coque. Une avarie dans la coque a ordinairement pour conséquence une voie d'eau; elle est souvent le résultat de la fatigue supportée par le navire pendant une tempête. Il est presque toujours difficile de découvrir une voie d'eau; lorsqu'on y parvient, on peut avoir l'espoir de l'aveugler. Mais les causes qui la produisent sont souvent multiples, principalement lorsque le navire est vieux. En outre, à bord d'un navire de commerce dont la cale est pleine de marchandises, il devient quelquefois impossible de l'aller chercher, surtout lorsqu'elle se trouve dans les fonds. Les navires de guerre, moins encombrés, peuvent y réussir assez souvent, soit en délivrant quelques vaigres dans le voisinage de l'endroit où l'on pense que la voie d'eau existe, soit en écoutant attentivement à l'intérieur si l'on n'entend pas la voie d'eau souffler, c'est-à-dire l'espèce de grondement produit par l'eau qui s'introduit.

On peut également obtenir quelques indications sur la position d'une voie d'eau, en changeant les allures et la vitesse du navire. Ainsi, en admettant qu'on prenne les amures à tribord, et que la voie d'eau diminue, on peut croire qu'elle est de ce bord, et *vice versâ;* si, au contraire, elle augmente le navire étant tribord amures, on doit penser qu'elle est à bâbord, et *vice versâ.* Si l'introduction de l'eau diminue lorsque la vitesse du navire se ralentit, c'est un signe que la voie d'eau est sur l'avant; si, au contraire, elle augmente, il est probable que la voie d'eau est sur l'arrière.

Quant à la profondeur à laquelle la voie d'eau peut se trouver, on obtient quelques indications en remarquant, que si les pompes n'affranchissent pas et si le navire s'enfonce peu à peu, la vitesse avec laquelle l'eau pénètre dans le navire augmentera jusqu'au moment où le niveau de l'eau à l'intérieur atteindra l'ouverture; et que si on arrive à étaler une voie d'eau qui gagnait en premier lieu, tout en n'employant que les mêmes moyens d'épuisement, on peut en conclure que l'ouverture est dans les fonds. Dans tous les cas, les voies d'eau les plus dangereuses sont celles qui se manifestent sur l'avant.

Quand on a découvert la voie d'eau, on la bouche à l'intérieur avec des tapes, des tampons en bois garnis d'étoupe ou de morceaux de laine, des plaques en plomb ou par tout autre moyen. Quand on ne peut y parvenir par l'intérieur, il faut avoir recours au procédé fameux de la bonnette basse, lardée, garnie d'étoupe et de laine, ou de couvertures qu'employa Cook en 1770 et que tous les marins connaissent. Il est encore prudent, dans ce cas, de doubler la première bonnette avec une seconde qu'on bride aussi solidement que possible autour du navire.

A bord des navires de guerre, depuis que le vaigrage est devenu une seconde coque extérieure, les accidents de ce genre sont plus rares et beaucoup moins redoutables ; car bien que l'eau pénètre entre la membrure, elle ne s'introduit pas dans l'intérieur ou du moins elle n'y arrive qu'en petite quantité, pourvu que le vaigrage ne soit pas entamé. En 1844, nous avons nous-même dû notre salut à ce vaigrage, sur la canonnière l'*Alouette*, que nous commandions. Nous étions certain qu'un bordage de l'extérieur près de la quille avait été crevé entièrement par un bec d'ancre sur laquelle nous avions passé dans un échouage. Malgré cela, nous avons encore pu naviguer six mois consécutifs et ramener l'*Alouette* du Sénégal à Brest. Nous pûmes constater la justesse de nos appréciations sur cette voie d'eau, lorsque nous entrâmes dans le bassin où elle fut aveuglée par la mise en place d'un autre bordage. Ainsi que nous l'avions signalé à l'ingénieur, elle se trouvait à la hauteur des porte-haubans de misaine, à bâbord et près de la quille.

Les voies d'eau peuvent provenir d'un échouage, ou d'une grande fatigue du navire pendant laquelle la membrure et les bordages ont joué en crachant les étoupes. Quelquefois, dans ce cas, un vieux navire menace de s'entr'ouvrir, et il se délie tellement qu'on fait eau partout ; il faut alors ceintrer le navire. Cette opération très-difficile à exécuter, consiste à l'entourer de tours de grelins et d'aussières qui passent sous la quille et reviennent sur le pont. On raidit chaque tour au cabestan, on aiguillette et on bride ensuite fortement tous ces tours. On trouvera cette opération détaillée dans tous les manuels.

Dans tous les cas, la première opération à faire, lorsqu'on ne peut étaler une voie d'eau, est de soulager le navire autant que possible. On jettera donc à la mer tous les poids lourds dont on pourra se débarrasser et on s'allégera de son mieux. On videra les pièces à vin et les pièces à eau si on peut, et on les bouchera hermétiquement : après qu'on aura monté sur le pont tous les vivres et l'eau qu'on pourra y transporter, on condamnera les panneaux de cale. Ainsi allégé, le navire s'enfoncera encore sans aucun doute, mais il pourra arriver qu'il ne sombre pas. En tout cas, on aura préparé toutes les embarcations dans lesquelles on mettra de l'eau, des vivres, un compas, un instrument à réflexion, et ce que l'on jugera possible d'emporter sans trop les charger. On travaillera à un radeau, et on le fera aussi solide que possible.

Tout marin sait faire un radeau ; cependant il n'est pas inutile, nous le pensons, d'indiquer quelques mesures qu'on appliquera, si on le peut, dans la terrible position où l'on est forcé d'en venir à cette extrémité. La drome de rechange fournira les premiers matériaux ; s'ils ne sont pas suffisants, on emploiera celles des vergues qui seront le plus faciles à mettre à la mer. On assujettira les grands mâts et les longues vergues au moyen de bridures faites à leurs extrémités, puis en travers on placera des petites vergues, des bordages, des planches, etc. On assujettira le tout ensemble au moyen de bridures. Sur ce premier échafaudage on placera des caillebotis, des panneaux et tout ce qui pourra établir un plancher solide. Par-dessus le tout on clouera des prélarts ou une forte voile qu'on mettra en double. Pour rendre le radeau plus léger et plus flottant, on lui mettra un chapelet de barriques vides, et on établira autour un garde-corps. On déposera dans l'endroit le plus convenable les vivres, qu'on garantira le mieux possible au moyen de prélarts. On pourra même, pour ne pas trop charger le radeau, y amarrer des barils de farine que la mer n'entamera qu'en partie, et des futailles contenant de l'eau et du vin qu'on bondera avec soin. Avec des avirons, on fera un gouvernail et l'on se réservera les moyens d'établir un espar portant une voile. On gardera autant d'avirons qu'il se pourra pour les utiliser et aider les embarcations qui devront remorquer le radeau. Dans celles-ci on devra placer quelques avirons de rechange et ne mettre d'hommes que ce qu'elles pourront en porter dans leur chambre, ainsi qu'un double armement ; ces embarcations, à bord d'un navire de guerre, seront commandées par un officier ou un aspirant, à bord d'un navire de commerce par le second et le lieutenant. Le capitaine doit rester dans tous les cas sur le radeau. Sur celui-ci, on déposera en outre des grappins une ancre à jet si on le peut, des grelins, des aussières et des faux-bras, etc.

Deux compas, des instruments et des cartes seront également mis sur le radeau. Chaque homme n'emportera qu'un rechange en drap et sera, en outre, muni d'un certain nombre de galettes de biscuit. Les embarcations donneront la remorque au radeau et se dirigeront vers la terre la plus voisine. Nous ne nous dissimulons pas qu'il est facile d'écrire ces dispositions, mais que dans de pareils moments, il est souvent très-difficile de les mettre à exécution. C'est au chef, qui se trouve dans cette terrible situation, à tirer le meilleur parti possible des ressources qu'il possède, lorsqu'il parvient à calmer la terreur et quelquefois le désespoir qui, dans ces circonstances désastreuses, s'emparent des passagers et quelquefois même de l'équipage.

Mais avant d'évacuer le navire, il faut pomper jusqu'au bout, et employer tous les moyens pour extraire l'eau. A bord d'un navire de commerce, pour diminuer la fatigue de l'équipage, s'il y a du roulis, on peut placer en dehors, au bout de la grand'vergue une barrique pleine, suspendue par un cartahu qui met en mouvement la bringueballe. La nuit on portera des feux et on lancera des fusées, enfin, on fera des signaux de détresse si on aperçoit quelque navire. On ne doit quitter le navire que lorsqu'il n'y aura plus aucune ressource; il faut y rester jusqu'au dernier moment, car c'est presque toujours le meilleur moyen de salut. Un navire peut couler jusqu'aux gaillards, et se soutenir encore long-temps ainsi. Combien ne trouve-t-on pas de navires abandonnés et flottant encore contre toute attente. Plusieurs ont fait ainsi de longs trajets, et ont été à la fin remorqués dans un port.

En tout cas, dès qu'on a une voie d'eau qu'on ne peut étaler, il faut faire route vers la terre la plus voisine, et, si on ne peut sauver le navire, on pourra du moins s'échouer.

210. De l'incendie. Il est à bord un autre danger tout aussi redoutable que l'eau, c'est l'incendie. Quand un incendie éclate à bord, chacun sait qu'il faut tout d'abord supprimer la circulation de l'air. On met en panne pour travailler plus efficacement à l'éteindre. On forme des chaînes, on emploie le sable, les couvertures, les matelas mouillés, etc., pour arrêter les progrès du feu, et on inonde le foyer avec les pompes à incendie dont tout navire devrait être pourvu.

A bord d'un navire de guerre, dans un cas pareil, si l'incendie est menaçant, on met au poste de combat, lorsqu'on n'a pas un rôle particulier d'incendie; c'est une bonne mesure pour maintenir l'ordre.

Lorsqu'on ne peut maîtriser l'incendie, on monte des vivres sur le pont, on noie les poudres, puis on calfate et on condamne tous les panneaux afin de concentrer le feu. On cherche alors de nouveaux points d'appui pour soutenir les mâts et les consolider. On a vu des navires de commerce où le feu s'est maintenu dans la cale pendant quinze jours et durant un long trajet. En tout cas, on fait route vers la terre la plus voisine; on tient les embarcations prêtes, on prépare un radeau, et si l'incendie embrase le navire, il n'y a plus qu'à l'évacuer.

La foudre peut quelquefois produire l'incendie à bord; il faut donc toujours avoir grand soin pendant les orages de mettre les chaînes du paratonnerre à la mer et de prendre toutes les précautions à l'avance en cas d'incendie, c'est-à-dire avoir les pompes prêtes à jouer, des bailles et des seaux pleins d'eau disposés à l'avance. Si le tonnerre tombe sur un mât et y met le feu, il faut couper promptement le mât et s'en débarrasser.

Un incendie violent à la mer est un des plus terribles et des plus affreux épisodes de la vie maritime. Dans un incendie qu'on ne peut éteindre, si l'on est près de la terre et qu'il y ait mouillage, on s'approchera du rivage de façon que le navire n'ait sous la quille que la quantité d'eau nécessaire pour le couler jusqu'à la hauteur où l'on suppose que le feu se trouve à bord, et, quand il est ainsi mouillé, on le saborde. L'incendie éteint, on aveugle la voie d'eau, on étanche et on relève le navire. Mais si celui-ci est tellement atteint par le feu qu'il n'y ait plus de ressources, comme dans une voie d'eau qu'on ne peut étaler, on ira s'échouer sur le rivage.

211. De l'échouage. Les échouages, quand ils ne sont pas volontaires, comme dans le cas dont nous venons de parler, sont le plus souvent le résultat des brumes, de l'ignorance où l'on est de la position exacte du navire, de la négligence que l'on met souvent à sonder, de la rencontre inopinée de bancs connus ou inconnus, des courants dont on n'a pas prévu les effets, etc.; on s'échoue encore dans des passes étroites ou difficiles, à l'entrée d'un port ou d'une rade par suite d'une fausse manœuvre, en manquant un virement de bord, en virant quelquefois trop tard, ou lorsque le courant vous porte sur un banc. Si l'échouage a lieu avec un mauvais temps, sur des roches ou sur des fonds très-durs, il peut se changer en naufrage. Mais avec du beau temps, lorsqu'on touche sur du sable ou de la vase, on a beaucoup de chances pour tirer le navire de ce mauvais pas, et le relever, sinon sans avaries, au moins sans avaries graves.

C'est le plus souvent par l'arrière que l'on commence à toucher, à moins qu'on ne s'échoue sur une tête de roche ou sur un banc montant en pente douce. Il faut donc alléger le navire sur l'arrière ou sur l'avant, en transportant des poids à l'extrémité opposée à celle qui touche le fond. On commencera par sonder sur toute la longueur du navire, puis dans son voisinage et de tous les côtés, afin de s'assurer de la direction où il y a le plus de profondeur. En général, pour se déséchouer, il faudra suivre en sens inverse la route qu'on faisait au moment où l'on a touché, à moins que la houle n'ait porté le navire et ne lui ait fait franchir des bancs. C'est là une des circonstances les plus fâcheuses dans un échouage, car on sera peut-être forcé d'alléger entièrement le navire pour lui faire repasser par-dessus ces mêmes bancs, s'il n'existe pas d'autres passages. Aussitôt après l'échouage on met les embarcations à la mer, et on élonge des ancres dans la direction convenable. Il est toujours assez dangereux, à moins de circonstances particulières, de mouiller dans un échouage, car on expose le navire à se défoncer sur ses ancres. En virant sur les ancres élongées, et en masquant les voiles, si le vent le permet, on tentera de faire sortir le navire de sa position et de le remettre à flot.

Lorsqu'on est échoué dans un lieu où il existe des marées, si l'accident a eu lieu à la marée basse, on pourra se relever à la marée haute en maintenant le navire par des ancres mouillées dans la direction convenable. On pourra même, dans ce cas, faire un chapelet avec des futailles vides pour soulager le navire et l'aider à flotter. Si l'on s'échoue à la mer haute, il faut alléger promptement le navire, vider les pièces à eau et pomper l'eau, se débarrasser des poids lourds en les jetant au besoin à la mer avec des bouées, ou en les transportant à terre si on le peut, dépasser promptement la mâture haute, caler les mâts de hune et mettre en bas les vergues. Dans tous les cas, lorsqu'on s'échoue, on doit en premier lieu soulager le gouvernail pour empêcher qu'il ne soit démonté.

Les navires de commerce, qui n'ont pas généralement les formes très-fines, s'échouent quelquefois sans trop d'inconvénient; ceux à fond plat le font journellement dans les ports à marées. Mais un navire fin n'est pas dans ce cas. Aussi lorsqu'on s'échoue à la haute mer il faut se béquiller. Nous n'engageons dans aucun cas à se béquiller avec les basses vergues, à moins qu'on n'ait aucun autre moyen à employer. On peut courir le risque de les voir se rompre et d'ajouter à l'échouage une avarie majeure. Il est préférable de se béquiller avec les mâts de hune de rechange, qu'on bridera fortement sur les bas mâts en consolidant ceux-ci au point d'appui par des caliornes. On peut diminuer l'effort que supporteront les mâts de hune lorsque le navire se couchera, en faisant avec un grelin une bridure entre les deux bas mâts; on enverra mouiller une ancre par le travers du navire du côté opposé à celui sur lequel il tombe, et l'on raidira, au moyen de caliornes, le grelin de cette ancre sur la bridure faite d'un mât à l'autre. On peut même, si on le préfère, mouiller deux ancres et en envoyer les grelins aux $\frac{2}{3}$ des bas mâts en les faisant raidir au cabestan.

Il est impossible dans un échouage de prévoir toutes les circonstances qui peuvent se présenter; il faut donc s'inspirer de celles où l'on se trouve pour combiner les moyens nécessaires et retirer le plus promptement qu'il se pourra le navire de cette fâcheuse position. Dans un pareil cas, le concours d'un navire à vapeur est, comme nous l'avons dit, d'une immense utilité. Dans ce qui précède, nous avons supposé le navire abandonné à lui-même, sans espoir d'être aidé ou secouru.

212. Du naufrage. Comme nous l'avons dit, l'échouage peut devenir un naufrage. Cependant le naufrage est presque toujours amené par un gros temps ou par une tempête. On fait naufrage en rade, on fait naufrage à la mer, on va périr sur une côte qu'on ne peut doubler. On se perd dans une rade mal fermée lorsque les ancres et les chaînes cassent, ou lorsque la mer est tellement forte qu'on craint de sombrer sur les amarres. Nous avons déjà dit quelques mots à ce sujet § 190. Un navire périt à la mer à la suite d'un abordage, par la rencontre de glaces flottantes, dans une tempête, dans un ouragan, parce qu'il s'entr'ouvre ou qu'il est englouti par des vagues énormes, comme il arrive dans le centre d'un tourbillon. Cependant, en général, lorsqu'on est au large, que le navire est solide et bien manœuvré, qu'on est maître de rester à la cape ou de fuir devant le temps, on parvient à lutter avec avantage et l'on n'a le plus souvent à craindre que les avaries, conséquences ordinaires du mauvais temps.

Mais il est un cas bien autrement grave, c'est lorsque, dans une tempête, on est acculé dans un golfe ou dans le voisinage d'une côte dont chaque moment vous rapproche. Dans ce cas, s'il y a un port sous le vent, et que le vent et la dérive portent le navire dans sa direction, on peut, suivant ce que l'on sait de son entrée, faire route immédiatement pour s'y réfugier.

On demeure à la cape jusqu'au dernier moment dans l'espoir que la tempête diminuera ou finira. En effet, on n'est pas toujours parfaitement sûr de la position où l'on se trouve et il est parfois très-hasardeux, avec du gros temps, d'aller chercher un refuge dans un port dont les abords sont dangereux et dont on peut en outre manquer l'entrée. Aussi, quand le navire se comporte bien à la mer et qu'on a encore suivant toute apparence du temps devant soi, il vaut mieux rester à la cape que d'aller chercher au hasard l'entrée d'un port d'accès difficile ou d'une rade mal abritée. Il est toutefois bien difficile de rien prescrire à cet égard; dans certaines circonstances, mieux vaut encore aller faire côte près d'un port où l'on peut espérer trouver des ressources et des secours, que de se perdre sur un endroit désert où l'on ne doit attendre aucune assistance du côté de la terre. C'est alors au capitaine, sur qui pèse toute la responsabilité, à trancher la question.

Mais il est encore une situation plus terrible, c'est lorsque la dérive porte le navire sur une côte inhabitée, quelquefois inconnue, et cela sans qu'il puisse faire aucune route. D'un côté, la tempête qui vous pousse irrésistiblement devant elle, de l'autre une barrière qu'on ne peut franchir et contre laquelle on va infailliblement se briser. Alors le naufrage, ce terrible drame de la vie maritime, devient imminent, et lorsque cette côte est bordée par des récifs ou formée par des rochers, qu'elle ne présente aucune plage, on doit s'attendre à une horrible catastrophe. C'est alors que le courage et la fermeté du marin doivent grandir comme le péril.

Dans les diverses espèces de naufrages, les faits se passent d'une manière si différente qu'il est impossible de préciser les mesures à prendre en pareil cas. C'est au capitaine à s'inspirer des circonstances pour retarder le désastre ou pour en diminuer la gravité. Mais il est de son devoir avant tout de dissimuler ce qu'il peut éprouver et de ne rien négliger pour maintenir l'espoir parmi l'équipage quelque imminent que soit le péril. Il faut qu'il ne paraisse pas désespérer du salut du navire qui lui est confié. Jusqu'à la fin, par son sang-froid, par son calme, il peut soutenir le courage et la confiance de tous; il doit occuper l'équipage à tout prix, maintenir la discipline et son autorité pour que ses ordres soient exécutés sans confusion, faire prendre les mesures qui peuvent devenir une dernière et suprême chance de salut, et le meilleur moyen d'y parvenir est de détourner l'attention des hommes du danger qu'ils courent par l'activité qu'on leur impose.

On examinera attentivement la côte et l'on s'efforcera d'y découvrir une plage ; là presque toujours il y a sinon des chances de sauver le navire, du moins l'espoir de sauver l'équipage. En général devant une plage il y a possibilité de mouiller assez au large, et si l'on peut tenir, on est sauvé. Une saute de vent, une accalmie près des hautes terres, un heureux hasard peut se présenter.

Un navire qui a conservé ses ancres peut trouver, grâce à elles, une dernière ressource qu'on peut mettre à profit. Il faut disposer une très-longue touée au moyen des chaînes, § 190, et au bout de cette touée étalinguer le câble en chanvre ou deux forts grelins ou aussières mariés ensemble. Dès qu'on aura un fond convenable, on mouillera en filant tout ce qu'on pourra, car, avant de faire côte, il faut tenter de tenir à l'ancre. On aura eu soin d'alléger à l'avance le navire principalement sur l'avant, pour qu'il s'élève à la lame et ne sombre pas. On se débarrassera de la mâture que l'on coupera, s'il le faut, en conservant un fragment du mât de misaine pour y établir au besoin un foc, afin d'abattre et d'aller vent arrière à la côte, ce qui est important dans beaucoup de cas.

On montera sur le pont des vivres et de l'eau dans des futailles bien bondées. On préparera un radeau à bord, alors même qu'on aurait conservé les embarcations. On aura sous la main des bouées, des lignes de sondes, des faux-bras, des aussières pour établir un va-et-vient s'il devient nécessaire de le faire plus tard, alors qu'on ferait côte. On rassemblera sur le pont tous les corps flottants qu'on pourra y réunir sans l'encombrer inutilement. Avant même d'aller au mouillage on pourrait dans un cas pareil utiliser l'ancre flottante, car tout ce qui fait gagner du temps augmente les chances de salut, les tempêtes extrêmement violentes n'étant pas en général de longue durée.

Il faut toujours, en allant faire côte, s'échouer de façon à ne pas présenter le travers à la lame ; mais s'il est impossible d'y parvenir ou même si l'on juge par sa position qu'il peut être avantageux de s'échouer parallèlement à la côte, on doit manœuvrer pour que le navire incline du côté de la terre. On peut amener ce mouvement en portant des poids de ce côté et en faisant tomber la mâture sur ce bord, si elle est encore en place ; pour cela il suffit de couper, en s'échouant, les haubans du vent. Les débris des mâts et des vergues pourront faire un pont à l'équipage et en outre le navire couché vers la côte formera pour les hommes un abri contre la mer.

S'il y a des marées sur la côte où l'on se perd, on doit tout faire pour ne s'échouer qu'à la marée haute; la mer en se retirant sera moins furieuse. Si l'on peut attendre ainsi la marée basse sans que le navire soit démoli, on aura la chance de sauver l'équipage, en le gardant à bord jusqu'à ce que la mer soit presque basse, pourvu que la fermeté du chef impose l'obéissance aux hommes toujours trop pressés qui, pour échapper à un péril, se jettent par irréflexion dans un danger plus grand. Tant que le navire paraît pouvoir tenir, il faut demeurer à bord jusqu'à la basse mer.

Aussitôt que le parti d'abandonner le navire est pris, le premier soin doit être d'établir un va-et-vient, si on le peut. A ce sujet, nous dirons que tous les navires devraient être munis de quelques ceintures de nage et d'un canot insubmersible qui pourraient, dans un naufrage, rendre de grands services. Pour établir ce va-et-vient on peut quelquefois essayer de faire arriver à terre une bouée ou un corps flottant auquel on fixe une petite ligne; s'il y a des gens à terre pour la recevoir, on fera passer ainsi successivement des faux-bras et enfin un grelin qui servira pour établir la communication et le long duquel on fera glisser une chaise au moyen d'un anneau et d'amarres halées à terre et à bord.

On a proposé dans ce même but un cerf-volant de grande dimension au centre duquel on estrope une poulie; dans cette poulie passe une petite ligne à l'extrémité de laquelle on amarre un plomb de sonde; on file la corde du cerf-volant en même temps que cette petite ligne, et quand le cerf-volant arrive au-dessus du rivage on file en grand la petite ligne qui porte le plomb, et celui-ci tombe à terre. Enfin on s'est encore servi d'un mortier lançant une bombe à laquelle est fixée une petite ligne; la bombe est envoyée de manière à passer par-dessus le navire et à lui porter ainsi la ligne.

Tous ces moyens plus ou moins ingénieux peuvent être employés selon les circonstances et selon la nature de la côte sur laquelle on se perd.

Dès que la communication avec la plage est établie on envoie d'abord à terre quelques hommes si la côte est déserte; on choisit les plus calmes, les plus vigoureux et les plus forts nageurs et un officier pour les diriger. On commence alors l'évacuation par les malades, les femmes s'il s'en trouve à bord, les mousses et successivement le reste de l'équipage. Le capitaine quitte son navire le dernier après s'être assuré qu'il n'y a plus personne à bord.

Nous avons indiqué ce qu'on pouvait faire dans un naufrage où tout se passe avec ordre, avec calme; mais nous ne nous dissimulons pas qu'en pratique il est bien difficile qu'il en soit toujours ainsi lorsque la terreur et le désespoir se sont emparés de l'équipage et le paralysent, et lorsque le navire assailli par des lames qui brisent sur lui comme sur un rocher le menaçent à chaque instant d'une destruction complète.

215. Des remorques. Le navire désemparé à la mer, ou ayant une voie d'eau, n'est pas toujours forcément conduit à prendre les mesures extrêmes dont il vient d'être question. Il a la chance d'être rencontré par un autre navire et de trouver dans le capitaine un homme qui, dans un généreux élan, s'empressera de le secourir. Il est bien rare qu'un marin manque à rendre service à un confrère dans la détresse. C'est un devoir d'humanité et d'honneur. Agir autrement est une lâcheté, et disons-le à la honte de quelques-uns, il s'est trouvé des hommes qui s'en sont rendus coupables pour ne pas compromettre des intérêts pécuniaires. D'autres après un abordage ont abandonné le navire abordé pour n'avoir pas à le secourir dans une position dangereuse et se sont enfuis honteusement à la faveur de la nuit afin de se dérober à un devoir quelquefois difficile, mais sacré surtout dans ce cas. Hâtons-nous de le dire, ces exemples sont bien rares, et à l'honneur de nos capitaines nous n'en pourrions, à notre connaissance, citer un seul dans la marine française.

Le premier devoir d'un capitaine qui rencontre un navire désemparé est de se rapprocher de lui: de lui envoyer, si le temps le permet, une embarcation pour s'informer de sa situation et de ses besoins, et de lui faire passer des secours. Si le temps est mauvais et ne permet pas de communiquer sans danger, il doit se tenir près de lui autant que cela est possible, le surveiller et prêter aux infortunés qui se débattent quelquefois dans une lutte suprême, l'appui moral de sa présence et de son voisinage. Enfin si cela peut se faire sans trop d'inconvénients, il doit donner la remorque au navire désemparé.

Donner la remorque est une manœuvre qui demande beaucoup de coup d'œil, car il est nécessaire de s'approcher du navire qu'on doit remorquer de manière à lui envoyer les faux-bras au moyen desquels celui-ci balera les grelins servant de remorque. Il faut donc avoir précisément assez d'air pour prendre une position en conséquence, et mettre en panne en temps convenable pour ne pas s'éloigner trop du remorqué.

On donne la remorque de plusieurs manières. Le navire qui remorque prépare les grelins à l'extrémité desquels il fixe les faux-bras et il en met les bouts en dehors sur l'arrière. S'il n'a pas de bittes de remorque, il tourne l'autre extrémité des grelins à ses bittes et les fait passer dans des poulies estropées au pied du grand mât ou à des boucles de la serre. Le remorqué prend les faux-bras au moyen de ses embarcations. Quelquefois le remorqueur envoie lui-même les faux-bras au remorqué; cela dépend des circonstances.

Voici une des manières les plus simples de prendre la remorque. Le remorqué met en panne sur le petit hunier; le remorqueur prépare ses embarcations, dans lesquelles il place plusieurs faux-bras, et vient passer au vent de l'autre; puis il met sur le grand hunier, un peu au vent et de l'avant du remorqué. Aussitôt que l'air est amorti, les embarcations portent le bout des faux-bras, qu'on passe par les écubiers du remorqué; celui-ci hale les grelins et les tourne à la bitte en prenant assez de mou pour rafraîchir. On égalise à peu près les amarres et l'on fait servir; aussitôt en route, on fait travailler également les deux remorques et l'on règle la voilure.

Il est toujours convenable d'avoir deux amarres quand on remorque, et de plus il est fort commode d'établir une communication au moyen d'une forte ligne de sonde, allant de la tête du mât de misaine du remorqué au mât de l'arrière du remorqueur. Cette ligne peut, dans certains cas, servir à envoyer une nouvelle remorque si l'un des grelins vient à casser, et à transmettre au besoin une lettre ou tout autre objet.

Lorsque le remorqueur est sous le vent de l'autre navire, le remorqué met en panne sur le grand hunier et le remorqueur sur le petit hunier en se plaçant sur l'avant et un peu sous le vent de l'autre navire pour lui envoyer les remorques.

Avec du très-beau temps et une belle mer on peut donner la remorque sans qu'aucun des navires mette en panne. L'un diminue de voiles, l'autre passe très-près du premier et lui jette le bout des faux-bras. Mais cette manœuvre, très-brillante sans aucun doute, est très-délicate et demande un coup d'œil des plus exercés de la part du remorqueur, et si elle ne réussit pas, ce qui peut dépendre d'un faux coup de barre, on s'expose à faire de graves avaries en s'abordant. On ne peut guère la conseiller comme une manœuvre pratique.

Lorsqu'on prend la remorque d'un navire entièrement désemparé et qui ne gouverne pas, on peut se mettre au vent, ou sous le vent et un peu de l'avant, ou même droit devant, quand le temps est beau. Si la mer est assez grosse pour qu'on ne puisse pas mettre une embarcation à la mer, on peut passer sous le vent près du navire désemparé, et quand on sera par son travers, jeter à la mer une bouée à laquelle on amarrera une longue ligne de sonde; on lolfera en même temps pour venir se mettre en panne droit de l'avant ou un peu au vent. Le navire désemparé dérive sur la bouée et s'en empare. On lui file alors les amarres.

On peut, dans le même cas, passer au vent et jeter la bouée par le travers du navire désemparé en se mettant en panne sur le grand hunier un peu au vent et de l'avant. Comme, étant en panne, on dérivera plus vite que l'autre navire, celui-ci pourra atteindre la bouée et haler les amarres. Cependant cela dépend de la manière dont la bouée et les deux navires dériveront.

Si le navire désemparé peut gouverner et qu'il ait encore quelques voiles, le remorqueur se placera en panne droit devant lui, puis filera une bouée sur laquelle le remorqué gouvernera pour tâcher de la saisir.

On voit donc qu'on peut opérer de bien des manières différentes pour donner ou prendre les remorques et qu'il faut s'inspirer des circonstances. Dans un mauvais temps c'est une manœuvre en général fort difficile et quelquefois on ne réussit qu'après bien des essais infructueux.

Lorsqu'on est en route, il faut porter la plus grande attention aux amarres, les rafraîchir de temps en temps au portage, s'il est nécessaire, surveiller les mouvements que peuvent faire les deux navires, ainsi que la voilure et gouverner exactement à la même route. Si le remorqué a perdu son gouvernail, il gouverne au moyen de deux aussières frappées sur les grelins de remorques et qu'il prend par l'arrière.

Si l'on doit virer vent devant, au moment où le remorqueur envoie, le remorqué laisse un peu porter ce qui facilite la manœuvre du premier, tout en éloignant l'un de l'autre les deux navires. Quand le remorqueur fait son abattée et change devant, le remorqué vire à son tour et le remorqueur laisse un peu porter afin d'aider à l'évolution de sa conserve et se mettre dans ses eaux.

Si l'on vire lof pour lof, les deux navires évoluent ensemble, le remorqué gouvernant toujours un peu moins largue que le remorqueur, il continue à gouverner ainsi jusqu'au moment où le remorqueur est établi à l'autre bord.

Lorsque les remorques cassent, les deux navires manœuvrent pour les reprendre; quand on largue les remorques, c'est le remorqué qui file les grelins et le remorqueur qui les hale à bord.

On peut remorquer plusieurs navires à la fois, et le nombre des remorqués peut s'élever jusqu'à six; dans ce cas il faut mettre le plus gros et le plus fort navire en tête et ainsi de suite de façon que le plus petit soit le dernier. Il est évident qu'il faut agir ainsi en raison des efforts supportés et de plus en vertu de cette même règle qui veut que lorsqu'on remorque une pièce de bois, on la prenne toujours par le gros bout.

Si l'on craint du calme, il faut larguer les remorques de bonne heure et s'écarter. S'il survient du mauvais temps, il faut encore larguer les remorques comme lorsqu'on craint une saute de vent. Dans toutes ces circonstances, le remorqueur doit se tenir à petite distance et en vue du remorqué.

CHAPITRE HUITIÈME.

DES ATTERRAGES ET DES MOUILLAGES.

214. Nous venons d'étudier le navire et la vie maritime au point de vue des avaries et des événements funestes qui fort heureusement ne se produisent que comme exceptions. Nous reprendrons ici le navire faisant route avec le beau temps, poussé par une bonne brise vers le port dont il n'est plus séparé que par une courte distance.

Le navire court alors vers la terre et s'en approche de façon à la reconnaître sans danger. Le plus généralement les côtes sont assez accidentées pour présenter quelques points remarquables, quelques collines saillantes, un sommet de montagne qu'on vient reconnaître de préférence. Tantôt c'est une ville ou quelque édifice s'élevant au bord de la mer; tantôt un clocher, tantôt un rocher ayant une forme particulière. Ailleurs, c'est une île qui se projette au large, ou un promontoire escarpé sur lequel s'élève un phare.

215. Des phares. L'éclairage des côtes fait chaque jour des progrès; les phares se multiplient non-seulement sur les rivages des pays civilisés, mais encore sur ceux de toutes les contrées du globe où les navigateurs sont appelés par leurs intérêts.

C'est depuis 1830 que l'on s'est beaucoup occupé de l'éclairage des côtes, et la France a pris l'initiative de ces utiles travaux. Le savant Fresnel, en perfectionnant les appareils, en augmentant l'éclat des feux par d'ingénieuses combinaisons, a rendu à la navigation d'immenses services. M. Reynaud, l'habile constructeur du phare des Héaux de Bréhat, a encore contribué par ses travaux à améliorer tous les systèmes de phares, et il a porté cet art à un degré de perfection qu'il est difficile de dépasser.

Les lampes qu'on emploie dans les phares, sont construites sur le principe d'Argand, qui l'appliqua en 1780. On a fait en Angleterre, dans le but de substituer le gaz à l'huile dans l'éclairage des phares, des expériences qui ont donné de bons résultats.

La plupart des appareils sont lenticulaires, c'est-à-dire que la lumière y est réfractée à travers des lentilles; ces appareils ont reçu le nom de dioptriques; les appareils à réflecteurs ou catoptriques ne sont employés que pour des feux de faible portée, ou destinés à n'éclairer qu'un espace angulaire très-restreint.

Afin que les phares qui se succèdent sur une côte ne puissent pas être confondus les uns avec les autres, on leur a donné des caractères distinctifs, d'après lesquels on peut les diviser, pour les côtes de France, en quatre genres principaux.

Les *feux fixes*, dont la lumière est constante et toujours de la même intensité.

Les *feux à éclipses* ou *feux tournants*, dans lesquels les éclipses se succèdent à de courts intervalles d'une demi-minute ou d'une minute. D'une éclipse à l'autre l'éclat acquiert en quelques secondes son maximum d'intensité et décroît ensuite jusqu'au moment où il disparaît.

Les *feux variés par des éclats précédés et suivis de courtes éclipses*, dans lesquels l'éclat se maintient pendant 2, 3 ou 4 minutes, suivant la disposition des appareils ; ces éclats sont séparés entre eux par des éclipses de très-courte durée. Quelquefois les éclats de ce troisième genre de feu sont colorés en rouge, comme au phare de l'île Vierge

(Finistère), et au feu du cap Sepet (Var), ce qui offre un nouveau moyen de distinction.

Dans les feux de ces deux dernières catégories, les éclipses ne sont jamais complètes, du moins pour un observateur placé dans un rayon de 6 à 12 milles, ce qui permet de continuer les opérations de relèvements pendant l'intervalle de temps qui sépare la fin d'un éclat du commencement de l'autre.

Les *feux alternativement blancs et rouges sans éclipses interposées*. Les appareils du phare de Walde (Pas-de-Calais), et du phare de Pontaillac (Charente-Inférieure), sont construits dans ce système, qui n'a été appliqué que tout récemment.

La coloration en rouge ou en vert, appliquée aux feux fixes, est encore un moyen de distinction; mais comme elle éteint considérablement la lumière, elle n'est appliquée qu'aux feux d'entrée de port.

Quelques points des côtes sont signalés par des groupes de deux et même de trois feux qui s'élèvent à quelques mètres les uns des autres.

Il y a encore les feux de direction, destinés à faire suivre aux navires un alignement particulier; ces feux ne sont ordinairement visibles que dans un espace angulaire très-restreint.

Les tours qui portent les feux à leur sommet varient elles-mêmes dans leur forme et dans leur hauteur. Elles sont rondes, carrées ou polygonales, peintes en blanc, en gris, en rouge, rayées horizontalement ou verticalement, en bois, en fer, en pierre. Lorsqu'elles s'élèvent sur des rochers couverts par la mer, elles s'y attachent fortement soit par des pilotis à vis en fer, soit en y pénétrant par leur base même et en s'y ajustant au moyen de coupes savantes. Tels sont le phare d'Eddystone et celui des Héaux de Bréhat, qui ont demandé les combinaisons les plus ingénieuses pour résister au choc puissant des vagues. D'autres encore, comme le phare de Mapsin, dans la Tamise, reposent sur une énorme vis pénétrant profondément dans le sable. Enfin là où aucun point solide n'a permis de les asseoir, elles sont remplacées par une coque de navire solidement fixée par des ancres, et portant des feux au sommet de ses mâts. C'est ce qu'on appelle un feu flottant.

On donne aux phares des portées très-différentes, suivant le but qu'on se propose en les élevant. On les classe généralement en quatre ordres principaux. Les phares d'atterrage sont ordinairement des phares de premier ordre. Ils ont de 20 à 30 milles de portée.

Les atterrages sont encore facilités sur quelques points par les signaux de marées, destinés à faire connaître les mouvements de la marée dans les ports, et qui sont produits au moyen de ballons et de pavillons.

Enfin des balises et des bouées signalent les passages étroits et les roches dangereuses; un système uniforme de coloration leur a été appliqué sur les côtes de France. Celles qu'on doit laisser à tribord ou venant du large sont peintes en rouge; celles qu'on doit laisser à babord sont peintes en noir; celles qu'on peut laisser indifféremment à babord ou à tribord sont revêtues de bandes alternativement rouges et noires.

216. Des atterrages. Lorsqu'on atterrit, on manœuvre suivant la direction de la côte que l'on vient chercher; si celle-ci court du N. au S., on atterrit en latitude, c'est-à-dire que l'on combine la route de façon à se placer à 20 ou 30 lieues au large, sur le parallèle du port que l'on veut atteindre; puis on fait route à l'E. ou à l'O. suivant les localités. Cependant, il faut observer, que s'il existe dans les parages où l'on se trouve des vents dominants soufflant plus particulièrement dans certaines directions, et ayant un caractère particulier de régularité, comme les moussons, les vents alizés, les brises alternatives de terre et de mer, etc., il faut toujours faire une route telle qu'on atterrisse au vent du port. La même observation s'applique également aux courants.

Quand la côte court de l'E. à l'O. ou réciproquement, on manœuvre d'une manière à peu près identique; cependant on fait une route oblique à la direction de la côte, de façon à venir attaquer le port en s'en plaçant au vent, si les brises ont un caractère régulier, ou bien en l'attaquant directement dans le cas contraire.

Dans les atterrages il est important de calculer les heures de reversements des courants de marée, afin de les utiliser au besoin; on doit également se défier des courants produits par les grands fleuves, quand il s'en trouve dans le voisinage des ports, et faire entrer dans l'évaluation de la route toutes les causes d'erreurs.

Les atterrages diffèrent beaucoup suivant l'état du temps, la nature des côtes, les phénomènes météorologiques particuliers à telle ou telle localité; il serait par suite très-difficile de donner des instructions précises pour tous les cas. Il est des ports où l'on entre à toute heure de nuit comme de jour; il en est d'autres où il serait tout à fait imprudent d'entrer pendant la nuit. Dans quelques-uns l'entrée est fermée, même de jour, par le mauvais temps ou par les marées. On doit donc régler son atterrage suivant les circonstances, supputer exactement la distance, et le temps probable qu'on mettra à la parcourir, examiner avec soin l'aspect du ciel, consulter le baromètre et le thermomètre, et régler sa vitesse en conséquence. Pendant la nuit ou avec un temps très-brumeux, il est convenable dans certains cas de s'arrêter à une certaine distance de la terre; suivant la force du vent et l'état de la mer, on mettra à la cape ou en panne dans les localités où il n'y a pas de courant. Dans les parages où il y a des courants, il faut éviter de prendre la cape ou la panne, positions en apparence immobiles pendant lesquelles on ne peut jamais bien estimer la route; il est préférable de louvoyer à petits bords en calculant exactement les bordées, de façon qu'elles se détruisent mutuellement, et qu'en définitive du moment où l'on pourra faire route, on se retrouve à peu près au point que l'on occupait au commencement du louvoyage. S'il y a un courant que l'on puisse apprécier, on fera les bordées de longueur inégale pour compenser l'effet du courant, et si sur l'un des bords il y a des dangers qu'on soit exposé à rencontrer, on fera toujours cette bordée plus courte que l'autre.

217. Des sondes. Si les phares sont d'un immense secours pour les atterrages, les sondes ne sont pas moins utiles et moins importantes; c'est dans bien des localités le guide le plus sûr; aussi dans aucun cas on ne doit négliger les sondes, quelque certain que l'on puisse être de sa position en arrivant près d'une côte. Dans les beaux temps, on peut aujourd'hui, grâce aux observations astronomiques et aux perfectionnements apportés aux chronomètres, compter sur sa position à quelques milles près; mais quelquefois la marche de ces instruments a varié, d'autres fois le ciel est couvert, sombre, le temps ou l'horizon brumeux, et l'on n'a pas d'observations; il faut alors atterrir avec beaucoup de prudence et de précautions; c'est alors que la sonde devient un excellent moyen de vérifier la position du navire quand on possède une carte d'atterrage bien faite et bien étudiée. Il est fort peu de côtes qui ne soient pas précédées par un plateau s'étendant sous l'eau à une certaine distance, et dont la pente plus ou moins rapide est dirigée vers la mer. C'est au moyen de ce plateau étudié par les hydrographes, qui, au moyen des sondes en déterminent la forme, l'espèce et la nature, pour le porter ensuite sur les cartes, qu'on peut atterrir avec plus ou moins de sécurité. Quelquefois le plateau s'étend à une grande distance de la côte, et la profondeur de l'eau va en augmentant d'une façon plus ou moins graduelle à mesure qu'on s'en éloigne. Ceci a lieu principalement près des terres peu élevées ou des plages basses; d'autres fois les grands fonds sont fort près de la côte lorsque celle-ci est abrupte et haute. Dans d'autres localités on rencontre en face de la terre des bancs, des têtes de roches ou des écueils qui s'étendent fort loin au large. Par suite, les atterrages diffèrent encore suivant la nature de la côte que l'on vient reconnaître, et ils peuvent présenter des dangers sérieux ou de graves difficultés. Dans quelques circonstances il existe sur ce même plateau des exhaussements déterminés ou des fosses, des crevasses profondes qui peuvent devenir des indications précieuses en rectifiant la position du navire.

Sur les grands fonds, le but de la sonde est d'obtenir une confirmation ou une rectification de la position du navire, par la comparaison que l'on fait entre les données de l'observation et celles de la carte. En multipliant les sondes sur un certain espace, on voit si l'on retrouve à peu près, quant à la profondeur surtout, les mêmes variations qui sont marquées sur la carte, et l'on peut par suite en déduire approximativement si l'on est bien ou mal placé.

La sonde sert encore lorsqu'on veut se diriger dans une passe, dans une rade, sur un banc, et dans ce cas on modifie la route suivant la profondeur obtenue.

Les diverses méthodes employées pour sonder ont été exposées (tome II, § 78 et suiv.). Nous ne parlerons ici que des sondes d'atterrage. Par les profondeurs de 400 à 450 mètres qui sont en général les plus grandes portées sur les cartes hydrographiques comme limites des plateaux d'atterrages, on doit prendre quelques précautions pour obtenir exactement le fond. Il faut mettre en panne et dès lors le navire dérivera. On placera donc sur l'avant un ou deux hommes du bord qui sera sous le vent quand on prendra la panne, et on fera passer la ligne de sonde sous le beaupré. L'un de ces hommes tiendra le plomb pour le jeter la mer au commandement donné, l'autre fera une glène d'une vingtaine de mètres de la ligne de sonde. On placera, également au vent, un autre homme qui fera aussi une glène de la ligne, et celle-ci bien dégagée et en dehors du navire viendra sur l'arrière passer dans une poulie coupée, estropée sur un arc-boutant placé *ad hoc* ou sur un galhauban de l'arrière. La ligne placée derrière sera lovée avec soin dans une grande baille. Des poulies coupées seront, en outre, disposées sur le pont, et serviront de retour pour haler la ligne. Ces dispositions prises, on mettra en panne, ce qu'on fera généralement sur le grand hunier qu'on brassera modérément, afin de diminuer la dérive en augmentant l'acculée. Lorsque l'air du navire sera entièrement amorti, on mouillera le plomb, en filant rapidement la ligne que l'on suivra toujours à la main jusqu'au moment où le plomb touchera le fond. On lira la profondeur, puis on halera la ligne et l'on fera servir.

Dans les profondeurs de 100 à 200 mètres, le sondeur Lecoëntre, à hélice avec ailes brisées, donne de bons résultats, et son emploi est fort commode, moins cependant que celui du sondeur du phare (tome II, § 314). On n'a pas, avec ces sondeurs, à corriger de l'obliquité de la ligne de la sonde obtenue, ce qu'il faut faire nécessairement lorsque cette obliquité est grande. Pour effectuer cette correction, on observe avec un instrument gradué, le renard par exemple, l'angle que fait la ligne avec la verticale, et l'on résout le triangle rectangle. Mais en tous cas ce qu'il y a de mieux à faire, c'est de manœuvrer de façon à obtenir la verticalité exacte comme la donnent les deux sondeurs en question.

Par des profondeurs de 50 à 60 mètres, on peut sonder sans mettre en panne, à moins que la mer ne soit grosse et le vent fort, auquel cas il vaut mieux s'arrêter pour avoir le fond exactement. Si la mer est belle et le vent modéré, on enverra le plomb sur le beaupré; on aura quelques hommes sur le bord au vent, quand on loffera, pour empêcher que la ligne ne s'engage. Quand on sera bien disposé, on loffera brusquement en mettant rapidement la barre dessous, et on sera prêt à carguer la brigantine, à filer les écoutes de basses voiles et à contrebrasser devant au besoin, si le navire menaçait de prendre vent devant. On loffera jusqu'à mettre les voiles en ralingue, et quand l'air sera suffisamment amorti, on mouillera le plomb, en mettant la barre au vent, si le navire va encore de l'avant. On pourra obtenir généralement le fond, en manœuvrant ainsi, mais il faut du coup d'œil, surtout si l'on file 5 ou 6 nœuds, pour ne pas virer de bord malgré soi. On perd, il est vrai, moins de temps; on évite quelque fatigue à l'équipage, mais cette manière de sonder est beaucoup moins sûre que la précédente.

Enfin, dans les passes ou dans les rades on sonde à la main ; c'est-à-dire que le sondeur, placé à l'extérieur sur l'arrière, lance le plomb de sonde vers l'avant du navire, dont on doit amortir convenablement la vitesse pour qu'au moment où le plomb passe sous le sondeur, il soit au fond et que la ligne soit à pic.

Dans certains parages, le voisinage de la terre est annoncé par la température de la mer, généralement plus froide à la surface des bancs que dans les eaux profondes ; dans d'autres localités comme sur la côte E. d'Amérique, au contraire, on rencontre à une certaine distance de la terre des courants d'eau chaude (tome II, §§ 349, 350) ; ce qui donna à Franklin l'idée de son ouvrage sur la navigation thermométrique. Sans attacher une très-grande importance aux renseignements obtenus avec le thermomètre dans certains atterrages, on peut cependant tirer un bon parti de ses indications. Ainsi on a observé qu'en général dans les mers profondes l'eau est moins froide que sur les bancs, à moins que ceux-ci ne se trouvent sur la route des grands courants chauds des Océans, et dans ce cas, la température des eaux sur ces bancs est de quelques degrés plus faible que celle des eaux du courant.

On a remarqué aussi que sur les bancs de petite étendue, l'eau est ordinairement à une température plus haute que sur les grands bancs; la température est aussi plus élevée sur les hauts-fonds séparés de la côte par un canal profond, que sur ceux qui tiennent à la terre par des exhaussements.

Enfin l'eau est moins froide sur les bancs placés près des côtes que sur ceux qui sont situés au large.

D'après ces quelques remarques, on voit que dans certains cas le thermomètre peut donner une indication du moment où l'on quittera des eaux profondes pour entrer sur un banc.

Lorsqu'on est sûr de sa position, on peut hardiment courir sur la terre en se précautionnant néanmoins pour toute éventualité qui peut survenir inopinément. On a dû étudier sur la carte à l'avance ce qu'il y aura de mieux à faire si tel ou tel cas se présente, afin de n'être pas surpris et hésitant dans un moment décisif. On étalingue les ancres lorsqu'on se suppose sur la sonde, et on les met en mouillage, à moins que le temps ne soit trop mauvais. Dans ce dernier cas, lorsque l'horizon est trop couvert pour qu'on ait l'espoir de distinguer la terre et de la reconnaître à temps, il faut sans hésiter mettre à la cape courante, lorsqu'on est encore suffisamment au large pour pouvoir attendre une éclaircie. On doit prendre le bord du large ou celui qui vous met en meilleure position suivant les particularités qu'on connaît dans les vents de la localité.

Lorsqu'on a reconnu la terre, on fait la route convenable pour atteindre l'entrée du port, près duquel on trouve en général les pilotes.

On met d'ordinaire en panne pour prendre le pilote, et tout en suivant sur la carte les routes qu'il prescrit au navire, on gouverne d'après ses indications et on les rectifie au besoin. On donne ainsi dans les passes pour pénétrer dans la rade ou entrer dans le port. Si l'on reste en rade, on choisit son mouillage aussitôt que l'on peut reconnaître la position des navires mouillés et l'espace libre qui peut convenir.

218. Des mouillages. Venir au mouillage, c'est manœuvrer de façon à venir jeter l'ancre à l'endroit qu'on a choisi, ou à celui signalé par le commandant de la rade ou par l'autorité qui dirige le port. Cette manœuvre dépend beaucoup du temps et des localités, de l'espace qu'on a pour évoluer, de la nature du fond, de la profondeur de l'eau, des courants, de la configuration même des terres qui entourent la rade, car souvent celles-ci font varier la direction du vent, occasionnent des rafales ou du calme. Il faut donc, en arrivant au mouillage sur une rade, connaître à l'avance toutes les particularités qui caractérisent les passes et la rade elle-même, afin de se préparer à manœuvrer en conséquence. C'est pour cela qu'un pilote est toujours précieux quand on sait l'utiliser. Dès qu'on est dans les passes, on fait sonder des deux bords alternativement; chaque sondeur chante les sondes, de façon qu'ils se contrôlent l'un l'autre.

Suivant la force du vent, on peut venir au mouillage avec peu de voiles ou avec toutes les voiles déployées; ceci dépend encore des bras que l'on peut employer au moment convenable. En tout cas, au moment où l'ancre sera jetée à la mer, on ne devra avoir que la vitesse convenable, et l'ancre devra être mouillée de façon à n'être pas surjalée, ce qui est très-important.

On peut mouiller en venant debout au vent, masquant toutes les voiles et laissant tomber l'ancre au moment où le navire commence à culer.

On peut mouiller en courant vent arrière, si l'on a peu d'espace pour tourner, et en lançant un peu sur le bord où l'on mouille pour diminuer le frottement de la chaîne sur l'avant du navire. Nous admettons dans ces deux cas qu'il n'y a pas de courant.

Lorsqu'il y a du courant et qu'il est directement opposé au vent, on carguera les voiles très-près de l'endroit où l'on voudra mouiller, de façon à jeter l'ancre au moment où le navire commencera à ressentir l'action du courant et à culer.

Si le vent et le courant ont des directions différentes faisant entre elles un angle quelconque, il faut, en mouillant, présenter l'avant du navire au sommet de l'angle formé par les deux directions.

Quand il y a beaucoup de navires sur une rade, on est souvent forcé de s'engager au milieu de ceux-ci, et quand on remarque une place convenable, on cargue un peu à l'avance, pour venir mouiller à l'endroit choisi.

Dans une rade où il existe de la marée ou des vents traversiers, le navire qui arrive ne doit pas mouiller droit dans les eaux de celui qui est mouillé avant lui; il faut se placer par la hanche ou par la joue, en maintenant entre les deux navires une distance suffisante pour l'évitage, et en se plaçant, par rapport aux vents et aux courants, dans une position oblique au navire mouillé, de façon que s'il vient à surventer du large ou de terre, chaque navire puisse filer au besoin de la chaîne, sans tomber sur son voisin.

Dans quelques rades où les fonds sont très-grands près du rivage même, on est souvent forcé de mouiller avec une ancre au large, et une amarre, ou une ancre à terre. Dans d'autres où l'on a très-peu d'espace, et où l'on ne peut éviter et faire tête, on est forcé de mouiller par l'arrière une ancre à jet, dont on file peu à peu le grelin, et on laisse tomber l'ancre de bossoir, quand l'air est à peu près amorti. On évite ensuite, et l'on fait tête sur l'ancre qui reste presque à pic, en filant peu à peu le grelin. Cela s'appelle mouiller en croupière.

On mouille à peu près de la même façon, quand on veut présenter le travers à un fort, ce qu'on appelle mouiller en faisant embossure. On peut encore s'embosser autrement, en étalinguant sur l'ancre qu'on mouille un grelin qu'on passe de l'arrière à l'avant, et dont on garnit le bout au cabestan. Nous pensons que la première méthode est préférable.

Mouiller en patte d'oie, c'est mouiller trois ou quatre ancres de manière à les placer en éventail. Cette méthode, employée souvent jadis dans les rades où l'on passait l'hivernage, nous semble défectueuse de tous points par la difficulté qu'on éprouve à faire travailler les ancres également. Nous préférons de beaucoup une seule ancre empennelée sur une longue touée.

On mouille en barbe, lorsqu'on jette à la mer au même moment, ou l'une après l'autre, deux ancres dont on file les chaînes de façon à les faire travailler également. Quand on arrive sur une rade avec un coup de vent, et qu'on a de l'espace pour filer une longue touée, c'est un bon amarrage.

Enfin, on mouille en s'affourchant, c'est-à-dire en plaçant les deux ancres dans un relèvement déterminé, et à une distance voulue l'une de l'autre. Dans ce dernier mouillage, il est indispensable, au moment où l'on mouille la première ancre, que le navire fasse à peu près route dans la direction de l'affourche, autrement dit, que la route qu'il suit soit très-rapprochée de la direction dans laquelle les deux ancres doivent se relever. De cette façon en laissant tomber la première ancre sans avoir de tour de bitte à la chaîne, on gouverne aussitôt à ce relèvement en filant cette chaîne pour mouiller la seconde ancre. On égalise alors les touées, et l'on prend le tour de bitte de la première chaîne. En général, les navires de guerre qui s'affourchent, filent neuf maillons de la première chaîne, ils en virent quatre, et en filent cinq de la seconde. Quand on s'affourche, il faut donc avoir de la vitesse pour élonger la chaîne de la première ancre mouillée.

Que l'on mouille de beau ou de mauvais temps, la seule différence quant à la manœuvre consiste dans la vitesse du navire, qu'il faut modérer parfois autant que possible en lançant dans le vent. On file alors une très-longue touée. S'il est nécessaire, on vient chercher le mouillage à sec de voiles. (Voir § 187, pour les amarrages du navire sur rade.)

Nous avons pris le navire sortant de sa cale de construction, et nous l'avons successivement placé dans la série des situations qui composent en grande partie la vie maritime ; nous n'avons pas eu cependant la prétention de tracer en détail ce que le marin peut ou doit faire dans toutes les circonstances de son aventureuse carrière, pleine d'imprévu, par cela même séduisante, mais en même temps féconde en périls et en mécomptes. On peut cependant, en lisant ce qui précède, se faire une idée des connaissances variées, des qualités morales et des talents que doit posséder l'homme de mer accompli.

219. Ouvrages à consulter. Pour étudier à fond la science nautique, dont nous n'avons ici esquissé qu'une partie, et dont nous avons tracé un aperçu général applicable à la marine militaire comme à la marine du commerce, nous engageons à consulter les ouvrages suivants :

Manœuvrier, par Bourdé de Villehuet.

Séances nautiques, de Bonnefoux, capitaine de vaisseau.

Nouvelles séances nautiques, idem idem.

Précis de l'art naval, par Baleron, lieutenant de vaisseau.

Manuel du jeune marin, par Baudin, idem.

Manuel du gréement, par Bréart, idem.

Théorie du vaisseau, par Bouguer.
Organisation du personnel d'un vaisseau, par Cersy, vice-amiral.
Traité des évolutions navales, par Choppart, contre-amiral.
Durée des évolutions navales, par Charner, vice-amiral.
Dictionnaire de marine, de Romme.
Idem de Willaumez, vice-amiral.
Idem de Bonnefoux, capitaine de vaisseau.
Règlement sur le service intérieur.
Ordonnance de 1852. etc., etc.

MACHINE A VAPEUR APPLIQUÉE A LA NAVIGATION.

CHAPITRE NEUVIÈME.

PRINCIPES DE L'EMPLOI DE LA CHALEUR.

220. Plusieurs ouvrages, justement estimés du public, ont été publiés sur la machine à vapeur appliquée à la navigation, sur les moyens de produire, à l'aide du combustible, le travail mécanique nécessaire pour surmonter les résistances qui s'opposent au mouvement d'un navire. Nous ne pouvons songer à refaire ici ces traités, et la place nous manquerait pour consigner dans cet ouvrage les nombreux renseignements historiques et techniques que l'on peut réunir en nombre d'autant plus considérable que la théorie des appareils à feu est plus imparfaite, et que par suite les moindres faits d'expérience ont de la valeur, comme toutes les fois que l'on ne dispose pas de principes bien certains pour interpréter ceux-ci.

C'est en cherchant à bien établir quelques-uns des principes qui permettent de résoudre, en se plaçant à un point de vue élevé, les questions les plus capitales de la navigation à vapeur, que nous chercherons à compenser ce que nos renseignements pratiques auront d'incomplet. Cette œuvre, si éminemment utile, devient aujourd'hui possible, grâce aux progrès de la *théorie mécanique de la chaleur*, qui si elle n'est pas considérée encore, par bien des savants habitués aux anciennes manières de raisonner, comme assez avancée pour pouvoir passer dans l'enseignement, n'en est pas moins fondée sur des principes et des faits parfaitement certains, et est particulièrement propre à l'analyse de la production du travail mécanique par la chaleur, catégorie de faits qui a puissamment contribué à la faire naître, tandis qu'ils sont difficilement compréhensibles avec l'ancienne théorie du *calorique*.

221. De la chaleur. Dans tous les traités sur les machines à vapeur, on s'attache assez naturellement aux propriétés, aux lois de la vapeur d'eau, pour en déduire les effets qu'elle peut produire sous le piston d'une machine. Il en résulte quelquefois, dans quelques esprits, un peu de confusion, c'est-à-dire qu'on regarde la vapeur comme le moyen nécessaire de la production du travail, tandis qu'une seule chose est indispensable, à savoir la chaleur, pour constituer des MACHINES A FEU. Nous allons l'établir en détail, et déduire de cette analyse les principes essentiels auxquels on doit satisfaire pour construire de semblables machines, pour qu'elles donnent les meilleurs résultats possibles; mais auparavant j'en ferai voir une bien curieuse conséquence, en partant d'une vue de génie de G. Stephenson, l'ouvrier mineur qui a doté l'Angleterre et le monde des chemins de fer à voyageurs et de la locomotive à grande vitesse : c'est que les navires à voiles comme les bateaux à vapeur sont entraînés par des forces motrices qui sont engendrées également par la chaleur envoyée du soleil à la terre, qui aujourd'hui engendre le vent, et dans les temps passés a été la cause première des dépôts de charbon de terre.

Que les vents aient pour origine les déplacements dus à la chaleur provenant du soleil, qui échauffe notre atmosphère, c'est ce qui est bien certain et a été parfaitement analysé dans le livre IV. Mais il n'est pas moins certain que la lumière et la chaleur solaire sont la condition essentielle du développement des végétaux, que ce n'est que sous ces influences que l'acide carbonique de l'air est décomposé et fournit le carbone qui forme la partie combustible des fibres végétales. Donc, comme le disait G. Stephenson, c'est bien de la lumière et de la chaleur provenant du soleil que nous reproduisons lorsque nous brûlons le charbon des végétaux enfouis lors des révolutions géologiques; c'est bien à la chaleur du soleil que nous devons le travail moteur qui fait avancer le bateau à vapeur.

Ajoutons que c'est alors, à notre volonté, que nous produisons ce travail moteur nécessaire pour surmonter les résistances qui s'opposent au mouvement d'un corps flottant, et par suite pour avancer contre vents et marées, avec des vitesses jadis inconnues; ce qui constitue sans contredit un des plus grands progrès matériels que l'humanité ait jamais accomplis.

222. De l'action de la chaleur sur les corps. Les principes fondamentaux de l'action de la chaleur, et les règles théoriques de son bon emploi ont été formulés pour la première fois par Sadi Carnot, ancien élève de l'École polytechnique, dans un opuscule très-remarquable publié en 1824, qui ne fut pas alors apprécié comme il le méritait, et qui n'a été compris qu'après la mort de son auteur. Nous allons indiquer les considérations consignées dans cette brochure intitulée : *Réflexions sur la puissance motrice du feu*, en les complétant par l'indication de nouveaux progrès, acquis aujourd'hui, de la théorie.

223. Dilatations. Quelle que soit la température propre à un système de corps isolés, il ne peut chez ceux-ci naître, par action intérieure, aucun mouvement tant que la température du système ne varie pas. Mais si elle vient à changer, nous reconnaissons comme la loi la plus certaine de la physique, la variation du volume des corps, leur dilatation par l'effet de l'élévation de température. C'est ce phénomène si général qui conduit à considérer les corps comme composés de molécules qui tendent à se réunir sous l'action des forces d'attraction moléculaire, et à s'éloigner par l'effet de la chaleur.

La dilatation est l'effet nécessaire de la chaleur; tout son effet est produit sous cette forme dans les gaz permanents pour lesquels les forces d'attraction de molécule à molécule sont nulles; l'effet de la chaleur sert en partie à équilibrer les forces d'attraction moléculaire dans les solides et les liquides, suivant une loi qui est indiquée par les variations des coefficients de dilatation et de chaleur spécifiques des corps.

Pour les solides, lorsque le corps revient à la température primitive, en considérant le corps jusqu'à son retour à l'état primitif, en supposant la rotation complète, les forces de cohésion rendant en traction les efforts qui équilibrent en partie l'action de la chaleur lors de la dilatation, toute restriction nécessaire pour tenir compte des forces moléculaires, vraie quand on ne considère que partie de cette rotation, paraît théoriquement inutile si on tient compte des deux effets.

On peut établir comme parfaitement certaine cette loi :

Partout où il y a différence de température, il y a production de force motrice. En effet, tous les corps sont susceptibles de changements de volume, de contractions et de dilatations successives par des alternatives de chaleur et de froid; tous sont capables de vaincre dans leurs changements de volume certaines résistances et de développer ainsi une certaine puissance motrice. Le chemin parcouru, la dilatation en raison de la température, et l'effort que le corps échauffé exercerait contre des obstacles qui s'opposeraient à la dilatation, tels sont les deux facteurs du travail mécanique produit par la chaleur communiquée à un corps. Ainsi un corps solide, une barre métallique alternativement chauffée et refroidie, augmente ou diminue de longueur et peut successivement pousser et tirer des résistances placées à ses extrémités. Un liquide alternativement chauffé et refroidi peut vaincre les obstacles plus ou moins grands opposés à sa dilatation. Un fluide aériforme produira dans les mêmes conditions des mouvements de grande étendue. Tous ces changements supposent des alternatives de chaleur et de froid, c'est-à-dire la disposition d'un corps chaud pour transmettre la chaleur à un corps froid.

Puisque le passage de la chaleur d'un corps chaud à un corps froid est une source de travail par l'effet de la dilatation qui en résulte, tout passage de chaleur qui ne sera pas accompagné de dilatation utilisée, tout passage direct de la source de chaleur à un réfrigérant diminuera d'autant l'utilisation de partie de la chaleur, et le travail utile produit sera d'autant moindre.

On peut donc établir comme base fondamentale du bon emploi de la chaleur, *qu'il ne se fasse dans les corps employés pour réaliser la puissance qu'elle engendre, aucun changement de température qui ne corresponde à un changement utilisé de volume.*

224. Travail mécanique théorique que peut produire la chaleur. Cherchons à employer complétement, conformément au principe ci-dessus, l'action de la chaleur, de telle sorte que toute la puissance de la chaleur soit évidemment utilisée, et à cet effet considérons un gaz parfait, aucune partie n'étant, dans les gaz, consommée en action intérieure.

Soit A (fig. 120) une source de chaleur, un corps toujours maintenu à une température T, comme la chaudière d'une machine à vapeur; B, un corps maintenu toujours à une température T′ moindre que T; *a b c d* un cylindre renfermant un gaz, et fermé à la partie supérieure par un piston mobile. On sait que si on comprime ce gaz, la température de ce gaz s'élève; si, au contraire, on le dilate, la température s'abaisse. Quelles que soient les lois suivant lesquelles s'opère ce phénomène, on pourra, à l'aide de compressions et de dilatations, faire varier la température d'un gaz comme on en fait varier la pression pour un volume fixe en variant la température.

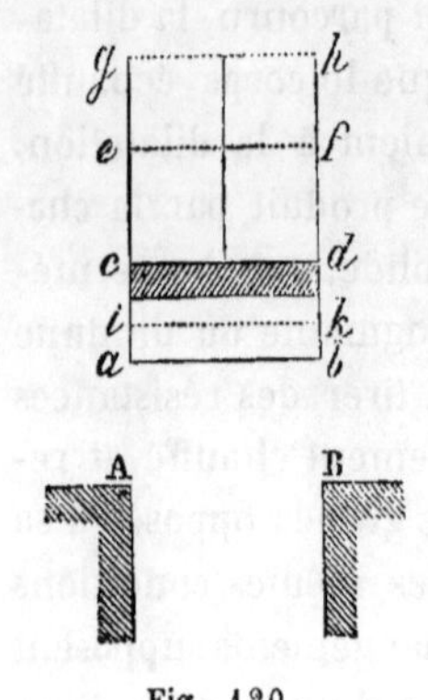

Fig. 120.

Cela posé, figurons-nous la suite des opérations qui vont être décrites.

1° Contact du corps A avec le gaz supposé à la température du corps B, avec la paroi de capacité *a b c d*, que nous supposons transmettre facilement le calorique. Le gaz prend la température du corps A.

2° Le piston s'élève graduellement de la position initiale *cd* à la position *ef*. Le contact a toujours lieu entre le corps A et le gaz, qui se trouve ainsi maintenu à une température constante pendant la raréfaction. Le corps A fournit le calorique nécessaire pour maintenir la constance de température.

3° Le corps A est éloigné et le gaz ne se trouve plus en contact avec aucun corps capable de lui fournir du calorique; le piston continue cependant à se mouvoir, et passe de la position *ef* à la position *gh*. Le gaz se raréfie sans recevoir de calorique, et sa température s'abaisse. Imaginons que cette augmentation de volume soit suffisante pour que la température du gaz devienne égale à celle du corps B; à ce moment le piston s'arrête et occupe la position *gh*.

4° Le gaz est mis en contact avec le corps B; le piston est, par la compression, ramené de la position *gh* à la position *cd*, et reste cependant à une température constante, à cause de son contact avec le corps B, auquel il cède son calorique.

5° Le corps B est écarté et l'on comprime le gaz, qui se trouve alors isolé; sa température s'élève. La compression est continuée jusqu'à ce qu'il ait pris la température du corps A. Le piston passe alors de la position *cd* à la position *ik*.

6° Le gaz est remis en contact avec le corps A; le piston retourne de la position *ik* à la position *ef*; la température demeure invariable.

7° La période décrite sous le n° 3 se renouvelle, puis successivement les périodes 4, 5, 6, — 3, 4, 5, 6, et ainsi de suite.

Dans ces diverses opérations, le piston éprouve un effort plus ou moins grand du gaz renfermé dans le cylindre et la force élastique de ce gaz varie sans qu'il y ait jamais contact entre des corps de température différente, tant à cause des changements de volume que des changements de température ; mais l'on doit remarquer qu'à volume égal, c'est-à-dire pour des positions semblables du piston, la température se trouve plus élevée pendant les mouvements de dilatation que pendant les mouvements de compression. Pendant les premiers, la force élastique du gaz est donc plus grande, et, par conséquent, la quantité de travail produite par les mouvements de dilatation est plus considérable que celle consommée pour produire les mouvements de compression. Ainsi l'on obtiendra un excédant de puissance motrice, dont on pourra disposer pour des usages quelconques. Un gaz nous a donc servi à constituer une machine à feu ; nous l'avons même employé de la manière la plus avantageuse possible, parfaite théoriquement, car il ne s'est fait aucun changement de température qui ne soit utilisé pour produire un travail mécanique.

Toutes les opérations ci-dessus décrites peuvent être exécutées dans un sens et un ordre inverses.

Imaginons qu'après la sixième période, c'est-à-dire le piston étant arrivé à la position *ef*, on le fasse revenir à la position *ik*, en diminuant son volume, et qu'en même temps on maintienne le gaz en contact avec le corps A, le calorique fourni par ce corps pendant la sixième période retournera à sa source, c'est-à-dire au corps A, et les choses se trouveront dans l'état où elles étaient à la fin de la période cinquième. Si, maintenant, on écarte le corps A, et que l'on fasse mouvoir le piston de *ik* en *cd*, la température de l'air décroîtra d'autant de degrés qu'elle s'est accrue pendant la période cinquième, et deviendra celle du corps B. L'on peut continuer une série d'opérations inverses de celles que nous avons d'abord décrites, c'est-à-dire laisser dilater le gaz en contact avec B, puis le comprimer pour le ramener à la température A, enfin produire dans chaque période un mouvement de dilatation au lieu d'un mouvement de compression, et réciproquement.

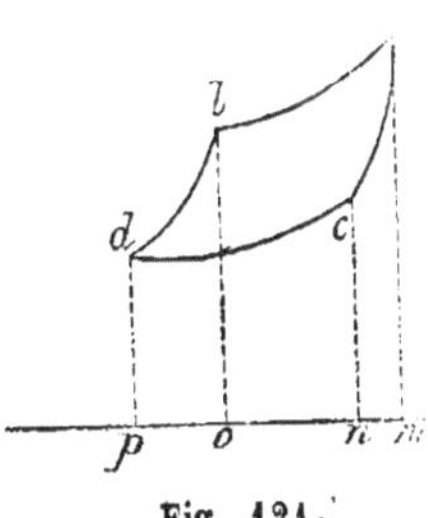

Fig. 121.

Ces diverses opérations peuvent être utilement représentées par un diagramme, en prenant des abscisses proportionnelles aux volumes et des ordonnées proportionnelles aux pressions, et l'on voit alors très-aisément comment le travail produit dans chacune des opérations, positif ou négatif, suivant le sens de l'opération, est le plus petit rectangle *abcd* (*fig.* 121), (les volumes croissant de *m* à *p*). Ainsi, dans le premier cas, le travail de dilatation est mesuré par l'aire *mabdp*, celui de compression par *macdp*; la différence ou le rectangle *abcd*, est donc bien le travail réellement engendré par l'action de la chaleur. Inversement dans la seconde, le travail de la compression est *mabdp* et celui produit par la dilatation *macdp*; le travail réellement consommé est donc encore représenté par le rectangle *abcd*.

Le résultat des premières opérations avait été la production d'une certaine quantité de travail et l'utilisation d'une quantité de chaleur provenant du corps A ; le résultat des opérations inverses (pendant lesquelles les pressions résistantes sont les mêmes que les pressions motrices dans les premières) est la consommation d'une même quantité de travail et l'envoi au corps A d'une quantité de chaleur égale à celle qui lui est empruntée dans le premier cas ; de sorte que ces deux séries d'opérations s'annulent complétement, se neutralisent en quelque sorte l'une l'autre.

Nous pouvons maintenant résoudre la question suivante :

La puissance motrice d'une même quantité de chaleur est-elle constante, ou varie-t-elle avec l'excipient employé pour l'utiliser? On peut démontrer qu'elle est constante. En effet, la quantité de chaleur qui produit la dilatation d'un corps, produisant une certaine quantité de travail (nous supposons nulle pour cette démonstration l'action moléculaire, nous supposons une série d'actions ramenant le corps à l'état initial, ou pour plus de simplicité qu'on agit sur un gaz parfait), cette même quantité de travail exercée en sens inverse, pour comprimer le corps, devra à son tour produire le dégagement de la quantité de chaleur qui l'a produit, et qui a fait prendre aux molécules les positions d'écartement qu'on fait cesser par une action mécanique.

Si donc, pour une même quantité de chaleur, un corps M donnait un travail mécanique supérieur à tout autre N; par une série d'opérations analogues à celle que nous avons décrite plus haut, et que nous savons être théoriquement parfaite, l'emploi de ce travail mécanique produit par le corps M, employé à comprimer cet autre corps N, devrait fournir une quantité de chaleur supérieure à celle qui a produit le travail initial, et capable par suite d'engendrer, en étant communiquée au premier corps M, une quantité de travail supérieure à celle qu'a exigée la compression. Cela reviendrait à engendrer, en répétant la même opération, une source indéfinie de chaleur et de force par l'utilisation des excédants successifs de semblables opérations, sans aucune consommation d'aucun agent; à produire le mouvement perpétuel, ce qui ne saurait être admis; un effet sans cause, ce qui est absurde. On ne doit donc pas chercher à faire varier l'excipient dans l'espoir d'un bénéfice de travail, mais chercher seulement à utiliser le mieux possible le travail du calorique.

On doit donc poser comme loi générale :

La puissance motrice de la chaleur est indépendante des agents mis en œuvre pour la réaliser, et *a un maximum théorique pour l'unité de chaleur.*

Mais de même que la puissance théorique d'une chute d'eau ne peut être réalisée pratiquement, de même la puissance théorique de la chaleur ne peut être communiquée entièrement à un récepteur. On en approchera d'autant plus que l'on disposera le récepteur de telle manière qu'il ne s'y fasse aucun changement de température qui ne corresponde à un changement de volume *utilisé*, ou, ce qui est la même chose autrement exprimée, qu'il n'y ait jamais de contact entre des corps de températures sensiblement différentes.

Ce résultat tout à fait capital des recherches de S. Carnot peut être considéré comme le point de départ de la théorie nouvelle dont nous allons parler, et en forme comme la base essentielle; il est indépendant des autres considérations qu'il a présentées, dont les progrès de la science ont démontré la fausseté, qui étaient incompatibles avec l'homogénéité du travail mécanique et de la chaleur que faisait pressentir le principe fondamental qu'il était parvenu à établir.

225. Théorie mécanique de la chaleur. Une nouvelle théorie est venue, dans ces derniers temps, porter la lumière dans les applications mécaniques de la chaleur qui, on peut le dire, lui ont donné naissance, et tend à se substituer à la théorie du calorique de Lavoisier, fondée entièrement sur les réactions étudiées par la chimie.

Elle vient compléter la théorie de Carnot, qui était un progrès important, un complément utile des travaux antérieurs, mais qui était insuffisante pour expliquer les phénomènes de disparition de chaleur qui se produisent dans certains cas, par exemple, lors de la détente de la vapeur.

C'est à compléter la théorie de Carnot que doivent parvenir les travaux modernes qui ont surtout pour but de déterminer le rapport théorique qui existe entre l'unité de chaleur et la quantité de travail mécanique maximum qu'elle peut engendrer ; le nombre d'unités de travail que peut produire l'unité de chaleur.

Déterminer avec quelque exactitude l'équivalent mécanique de la chaleur (ce rapport dont nous venons de parler), et relier entre eux, avec son aide, les divers coefficients qui se rapportent aux modes d'action de la chaleur sur les corps, coefficients qui ont évidemment des relations mutuelles, puisqu'ils résultent de la nature intime d'un même corps ; tels sont les progrès à accomplir aujourd'hui.

Indiquons d'abord les bases de la nouvelle théorie.

On sait que Rumford a produit de la chaleur par le frottement, et la production se prolongeait aussi longtemps que durait l'action mécanique. De même Humphry Davy, étant parvenu à fondre deux morceaux de glace en les frottant l'un contre l'autre (sans communication d'aucune chaleur extérieure), en avait tiré cette conclusion que : les phénomènes de répulsion ne dépendent nullement de l'existence d'un fluide élastique particulier ; en d'autres termes, que le calorique, dont l'existence est admise dans la science depuis Lavoisier, n'existe pas, et la chaleur consiste en un certain mouvement des particules des corps.

C'est en partant du phénomène du dégagement de la chaleur par le frottement, qu'un savant physiologiste allemand, le docteur Rob. Mayer, d'Helbroon, qui s'est livré le premier à de curieuses études philosophiques sur cette question, a eu la hardiesse d'en tirer le principe de la théorie mécanique de la chaleur.

Puisque le frottement anéantit du travail mécanique, et qu'il fait apparaître du calorique, il faut bien qu'il y ait *transformation* de l'un en l'autre : autrement, il y aurait en même temps effet sans cause et cause sans effet[1]. Il donna le nom d'équivalent mécanique de la chaleur au travail mécanique correspondant à cette transformation d'une calorie ; et dès 1842, par une détermination indirecte, non fondée sur des expériences spéciales, il avait cru pouvoir indiquer le chiffre de 365 pour la valeur de l'équivalent mécanique de la chaleur, c'est-à-dire énoncer que le maximum théorique de travail que peut engendrer une calorie est de 365 kilogrammètres.

Le frottement ne peut être producteur de chaleur qu'en faisant

1. M. Seguin a établi que notre célèbre Montgolfier avait proclamé, dès 1800, ces vérités fondamentales : que la force et le calorique sont des manifestations, sous des formes différentes, d'une seule et même cause.

naître des actions moléculaires. Les compressions, les dilatations qui font varier momentanément ou définitivement les écartements moléculaires sont donc les principaux moyens de cette transformation, en modifiant les forces de cohésion ou de répulsion qu'on sait varier avec ces distances. Ce n'est donc pas au frottement que le phénomène est limité, et il doit y avoir bien des moyens différents d'en vérifier la réalité, bien d'autres circonstances où on le voit apparaître. La proposition de Mayer revient en réalité à formuler un important principe déjà admis par tous les bons esprits, la permanence des puissances naturelles, aussi certaine que celle de la matière si clairement démontrée par la chimie. (Voy. *Comp. du Dictionnaire des Arts et Manufactures.*) Je citerai comme expérience de chaque jour, tout à fait probante quand on y réfléchit, malgré la confusion que peut faire naître l'habitude de représenter les faits par une expression erronée, le phénomène de la *chaleur latente*, tel que celui qui accompagne la fusion d'un corps solide. Qu'est-ce que cette chaleur latente qui cesse d'être perceptible au thermomètre, qui n'a plus aucune des propriétés de la chaleur? Ce n'est plus de la chaleur telle que nous la connaissons habituellement, c'est une consommation de travail répondant à la rupture des cohésions moléculaires, c'est une force vive des molécules.

M. Joule, savant physicien anglais, a cherché à contrôler par une expérience directe la nouvelle théorie, en ayant pour cela recours à la compression des gaz. Nous en emprunterons l'exposé à un habile physicien, M. L. Foucault :

« Tandis que, dans l'ancienne théorie, on admet qu'un gaz dilaté renferme plus de chaleur que le même gaz réduit à un moindre volume, dans l'hypothèse où l'on admet l'existence de l'équivalent mécanique, les choses se passent tout autrement : la quantité de chaleur contenue dans un gaz ne dépend plus que de sa température et de l'espèce de matière dont il est formé. Quant au calorique qui se dégage pendant la compression, il ne provient pas du gaz, mais il résulte de la transformation du travail extérieur qu'il a fallu dépenser ; réciproquement, le froid produit par la dilatation n'indique pas que la chaleur se soit réfugiée ou cachée dans l'intérieur du gaz ; non, elle s'est échappée sous forme de travail restitué, et pour prouver qu'en effet les changements de volume ne sont pour rien dans ces évolutions de chaleur, il suffisait d'imaginer un moyen de provoquer de pareils changements sans complication d'un travail quelconque.

L'expérience par laquelle M. Joule a réalisé ces données restera célèbre, car elle porte aux anciennes idées un coup dont elles ne se relèveront pas.

« Cette expérience, que nous rappelons à près de vingt années de date, est du reste d'une simplicité qui ajoute encore à sa valeur et à son importance. Elle consiste à placer dans un même calorimètre deux récipients de même capacité et qui communiquent ensemble par un tube à robinet; dans l'un on a fait le vide, et dans l'autre on a refoulé l'air à 22 atmosphères; l'ouverture du robinet, en permettant à un moment donné la libre circulation entre les deux vases, détermine l'expansion du gaz dans un espace double. Mais comme cette expansion a lieu en présence de parois fixes, comme il n'y a pas de piston soulevé, *il n'y a pas non plus de travail produit.* Le thermomètre va donc prononcer entre les deux systèmes. Si les changements de température sont essentiellement liés aux changements de volume, le thermomètre doit baisser, et c'est la physique d'autrefois qui l'emporte; si au contraire la calorification est liée au travail, le thermomètre demeure immobile et la vérité se déclare du côté de MM. Mayer et Joule. L'expérience, avons-nous dit, restera célèbre, c'est qu'en effet le thermomètre n'a bas bougé. La température s'est bien abaissée dans le premier récipient en même temps qu'elle s'élevait dans le second, ainsi que M. Joule l'a constaté directement; mais il y a eu compensation exacte. »

Il est donc impossible de méconnaître la transformation de la chaleur en travail par l'effet de la détente des gaz, et inversement lors de leur compression; c'est-à-dire en réalisant l'expérience hypothétique de S. Carnot, décrite précédemment; de plus, celle de M. Joule prouve que ce n'est pas une simple communication de chaleur d'un corps à un autre qui produit le travail mécanique, mais qu'il se produit une transformation, une métamorphose de l'une des manifestations dans l'autre; la chaleur ne devant plus alors être considérée que comme une somme de forces vives moléculaires qui peut se transformer en forces vives de masses, en travail objet des considérations habituelles de la science mécanique.

Ainsi, grâce aux recherches intéressantes de S. Carnot d'une part, et de MM. Mayer et Joule de l'autre, la théorie de la puissance dynamique de la chaleur peut être considérée comme reposant sur deux propositions fondamentales :

Proposition de S. Carnot. « On obtient tout le travail mécanique

« que peut produire la chaleur, si celle-ci est entièrement employée « à produire des changements de volume ou, ce qui est la même « chose, si on ne met jamais en contact des corps de température « différente. Ce maximum théorique appartient à la chaleur seule et « est indépendant de la nature du corps échauffé. »

Proposition Mayer et Joule. « Le travail mécanique peut se trans- « former en chaleur, et inversement la chaleur en travail mécani- « que. Cette transformation s'opère dans un rapport fixé par l'équi- « valent mécanique de la chaleur.

« L'équivalent mécanique de la chaleur (appelé ci-dessus maximum « théorique) est, pour une calorie, un certain nombre E de kilo- « grammètres que peut produire cette calorie, et, réciproquement, « un travail mécanique de E kilogrammètres peut, théoriquement, « produire une calorie. »

226. La détermination de la valeur exacte de ce nombre E est d'une grande importance; car les principes ci-dessus sont d'une utilité limitée pour les applications, si on n'en a une connaissance suffisamment approchée. Elle permettra d'apprécier sûrement le mérite de toute machine à feu absolument comme on le fait, pour les moteurs hydrauliques, à l'aide du travail théorique de la chute disponible. Cette valeur est notamment ou la condamnation théorique des machines à vapeur actuelles, ou au contraire elle tend à limiter les efforts à faire à la simple recherche d'améliorations dans la voie parcourue jusqu'ici, si elle indique que les résultats de la pratique actuelle ne s'éloignent pas trop du maximum théorique. Cette question si intéressante pour la science, est donc en même temps une des plus importantes pour l'industrie.

La seule notion de l'équivalence de la chaleur et du travail complète fort heureusement les théories de la chaleur autrefois admises, en des points où elles étaient insuffisantes.

En premier lieu, la détermination de l'équivalent mécanique de la chaleur ne faisant dépendre le travail que de la quantité de chaleur, du nombre de calories de kilogrammes d'eau échauffés d'un degré par l'effet de la combustion, et nullement de la température, ne laisse rien subsister des considérations souvent mises en avant relativement aux différences de température, aux chutes de chaleur, qui ont conduit S. Carnot lui-même à des conséquences inadmissibles, grâce à une assimilation malheureuse entre le parcours de degrés de l'échelle thermométrique et les hauteurs de chute des corps tombant sous l'influence de la gravité; ce qui le menait à la conséquence de l'accroissement du travail pour une même quantité de chaleur, lorsque la chute de calorique augmentait.

Une semblable erreur n'est plus possible avec la nouvelle théorie bien comprise, et on doit se proposer uniquement de bien utiliser le travail correspondant à une quantité de chaleur. En concentrer une plus grande quantité dans un petit volume peut être un moyen de simplifier, d'allégir les machines, commode dans la pratique, mais nullement une condition de supériorité théorique.

D'autre part, une autre conséquence de l'ancienne théorie, qui était peu satisfaisante pour l'esprit, consistait dans la possibilité d'emplois successifs de la vapeur ayant déjà servi d'une manière quelconque dans des machines à vapeur, et, pensait-on, sans perte, ce qui formait la base d'une foule d'inventions dans lesquelles on sentait quelque analogie avec le mouvement perpétuel. Sans que l'ancienne théorie le condamnât bien nettement, plus d'un inventeur a proposé des dispositions pour employer plusieurs fois la vapeur dans des systèmes dont l'économie consistait toujours à retrouver toute la chaleur fournie à la vapeur.

Or, d'après la théorie nouvelle parfaitement d'accord avec la logique comme avec les faits, il n'est pas vrai qu'après de longues détentes, on puisse retrouver toute la chaleur qui a été incorporée dans la vapeur à sa sortie de la chaudière; une partie a disparu et a été convertie en travail. Sans doute, dans la pratique, cette partie est assez faible pour que, aujourd'hui au moins, dans l'état actuel de la machine à vapeur, il soit dans certains cas possible de tirer parti de la chaleur restante; mais, au point de vue théorique, l'absurdité de l'emploi successif et complet de la chaleur sous plusieurs formes, comme travail, puis comme chaleur, est reconnue et arrêtera des spéculations qui ont usé bien du temps et de l'argent à une foule d'inventeurs.

Valeur de E. Je ne m'étendrai pas ici sur les moyens de déterminer le nombre E. Je suis parvenu par plusieurs voies à des valeurs qui m'ont permis de proposer la valeur 440, au lieu de celle 430 à laquelle M. Joule était parvenu par des expériences insuffisantes, je crois, mais qui toutefois seule a reçu jusqu'ici l'adhésion des savants. Je n'entrerai pas ici dans la discussion de cette valeur de l'équivalent mécanique, qui réclame encore des recherches expérimentales; son existence et sa constance sont surtout bien établies aujourd'hui et conduisent déjà à d'importantes conséquences.

227. De la machine à vapeur d'eau et des machines diverses par lesquelles on a cherché à la remplacer. Les seuls principes fondamentaux de la théorie mécanique de la chaleur, la seule notion de la constance de l'*équivalent mécanique de la chaleur* permet de résoudre d'une manière certaine, sans qu'il soit nécessaire d'en connaître la valeur exacte, une question grave qui revient à l'ordre du jour toutes les fois que l'on invente une machine motrice nouvelle, à savoir : la machine à vapeur est-elle une machine extrêmement imparfaite, ne pouvant utiliser qu'une très-faible partie du travail que la quantité de chaleur employée pourrait produire, et que par suite toute invention nouvelle, plus conforme aux principes de la théorie doit aisément remplacer; ou bien au contraire est-elle susceptible théoriquement de convertir en travail mécanique toute la quantité de chaleur incorporée dans la vapeur d'eau, et par suite peut-elle donner pratiquement une fraction notable de cette quantité? Autrement dit, faut-il chercher opiniâtrément des systèmes qui doivent être substitués à la machine à vapeur, ou bien est-il plus sage, est-ce le moyen d'arriver à des résultats approchés du maximum théorique possible, de se contenter d'apporter à celle-ci les perfectionnements dont elle est susceptible, mais qui ne changent rien de la nature essentielle de la machine à vapeur, telle que nous pouvons l'analyser aujourd'hui? La réponse à cette question devient possible dans l'état actuel de la science en fournissant les principes généraux du fonctionnement théorique de la machine à vapeur. Il sera ensuite intéressant d'analyser d'une manière sommaire les principales inventions essayées dans ces dernières années et qui après avoir excité vivement l'attention publique, ont à peu près complétement disparu. Il importe beaucoup de savoir si c'est par imperfection des détails et de l'exécution, ou vice des principes sur lesquelles elles reposaient, que cela a eu lieu, si on doit songer à les reprendre ou les laisser dans l'oubli dans lequel elles sont tombées pour la plupart.

228. Machine à vapeur. On connaît la quantité de chaleur nécessaire pour vaporiser un kilogramme d'eau pris à 40 degrés; elle est égale, d'après les expériences de M. Regnault, à $606 + 0{,}305\,T - 40$, c'est-à-dire pour la plupart des cas de la pratique, dans lesquels T s'élève toujours peu au-dessus de 100 degrés (voir plus loin), pour de la vapeur à 2,50 at., par exemple, à 600 calories.

Comme la pression de la vapeur engendrée par cette chaleur ne peut produire son effet à peu près complet qu'autant que l'action d'un condenseur procure une pression très-minime sur l'une des faces du piston, fait disparaître la pression de l'atmosphère; il faut par suite qu'une certaine quantité d'eau froide vienne effectuer la liquéfaction de la vapeur. Dans la pratique on doit calculer pour l'eau de condensation un poids d'eau égal à 5 fois au moins celui de la vapeur. On rejette donc une quantité de chaleur égale à $6 \times 30 = 180$ cal. en supposant 10° pour la température extérieure. Le maximum utilisable par kilogramme de vapeur, ne dépasse donc pas 400 calories pouvant produire, au maximum, $400 \times 140 = 56{,}000$ kilog., en admettant notre détermination de l'équivalent mécanique de la chaleur, qui au reste n'importe en rien à l'exactitude des déductions théoriques auxquelles nous arrivons.

Si maintenant on cherche le travail que peut produire par action directe 1 kilogramme de vapeur sous la pression de $2\frac{1}{2}$ atmosphères, on sait qu'à 1 atmosphère, la vapeur saturée occupant 1,7 mètre cube, le travail égale $10{,}330 \times 1{,}7 = 17{,}561$ kil. métr. A $2\frac{1}{2}$ atmosphères, le volume de la vapeur étant égal à 0,650 (d'après expériences directes de médiocre précision), le travail de 1 kilogramme de vapeur, par action directe, serait sensiblement la même que sous la pression atmosphérique, le volume de la vapeur variant sensiblement en raison inverse de la pression. Il faut toutefois retrancher de la pression exercée sur une face du piston, celle qui s'exerce sur l'autre face, et qui est celle du condenseur, dont nous supposons l'eau à 40 degrés, et par suite la pression à 55 millimètres, ce qui donne un travail résistant pour l'action directe de près de 400 kilogrammètres. On doit conclure que l'action directe de la chaleur atteint 17,000 kilogrammètres, c'est-à-dire 0,30 du travail théorique possible, si tout est disposé de manière à éviter les déperditions de travail qui peuvent provenir des causes secondaires inévitables dans la pratique comme espaces nuisibles, refroidissement du cylindre, etc.

C'est là la limite possible de toutes les machines dans lesquelles la vapeur n'agit guère que par action directe, ce qui est le cas de beaucoup de machines marines, et alors les $\frac{2}{3}$ de la chaleur incorporée dans la vapeur sont dépensés en pure perte.

Mais si on évite que la vapeur passe du cylindre au condenseur, avant que la pression n'ait beaucoup diminué dans le cylindre, c'est-à-dire si l'on observe la loi formulée par S. Carnot, savoir : qu'il y a perte de travail pour tout changement de température qui ne correspond pas à un changement utilisé de volume, on peut arriver, à l'aide de la détente, à éviter *théoriquement* toute perte de travail. Cet effet ne peut être complet que théoriquement, parce qu'il faudrait pour cela que les volumes engendrés par les pistons fussent supérieurs à ceux qu'il est possible d'admettre dans la pratique, et que la vapeur se rendît dans le condenseur en étant à sa température, d'où résulterait, entre autres difficultés, un refroidissement nuisible (voir plus loin) des parois du cylindre à vapeur.

Si l'on construit une table du travail total produit pour l'action à pression pleine d'un mètre cube de gaz, qui se détend ensuite d'un certain nombre de fois son volume primitif, ce que rend possible la connaissance de la loi de Mariotte, qui n'est pas exacte puisqu'elle suppose qu'il ne se produit pas de changement de température, mais que nous pouvons utiliser comme nous donnant une approximation grossière, on obtient les chiffres suivants, qui nous serviront à fixer des nombres qui donnent de la précision à nos raisonnements.

VOLUME après la détente.	QUANTITÉ DE TRAVAIL correspondant.	VOLUME après la détente.	QUANTITÉ DE TRAVAIL correspondant.
1 mc,00	10333 km	6 mc,00	28848 km
1 ,25	12639	7 ,00	30441
1 ,50	14523	8 ,00	31820
1 ,75	16116	9 ,00	33038
2 ,00	17496	10 ,00	34127
3 ,00	21686	15 ,00	38317
4 ,00	24658	20 ,00	41289
5 ,00	26964		

Si donc on pouvait appliquer ces chiffres, on voit qu'avec une détente de 8 fois le volume primitif, le travail serait trouvé égal à plus de 3 fois le travail à pression pleine, et par suite, d'après ce qui a été dit plus haut, serait égal à *tout* le travail théorique que la chaleur incorporée dans la chaleur peut engendrer.

Il est aisé de voir que la limite réelle est bien supérieure à celle qui vient d'être indiquée. En effet, la détente de la vapeur produisant le refroidissement de celle-ci, précisément en raison du travail engendré, une partie se liquéfie en dégageant sa chaleur de vaporisation, et la pression diminue plus rapidement que suivant la loi de Mariotte [1]. Mais cela prouve précisément qu'avec des détentes fort étendues, il est toujours théoriquement possible d'utiliser avec la machine à vapeur tout le travail mécanique qui peut produire la chaleur incorporée dans la vapeur; que si cela peut être pratiquement irréalisable pour la totalité, au moins cela est très-possible pour la majeure partie; par suite, la machine à vapeur est *théoriquement* parfaite et pratiquement, avec les perfectionnements possibles, est une machine pouvant se rapprocher de la perfection théorique; elle n'est donc pas une machine que l'on doit chercher à remplacer par une autre, mais seulement à améliorer dans ses détails, dans les dispositions propres aux diverses applications.

1. Une expérience directe, due à M. Hirn, prouve que la détente de la vapeur entraîne, utilise par suite, une consommation immédiate de chaleur, et que, par conséquent, nous avons le droit de raisonner comme nous le faisons ici. Elle prouve également que la vapeur reste toujours saturée dans la machine à vapeur, à une température qui dépend de la quantité de chaleur convertie en travail depuis l'origine, quantité qui, pour un volume d'accroissement, varie avec la pression de la vapeur. Il y a là le principe sur lequel on peut faire reposer la véritable théorie de la machine à vapeur, le peu de rapidité de la variation du produit PV, pour un même poids de vapeur saturée aux diverses températures, montrant que la loi de Mariotte est applicable d'une manière assez satisfaisante si on retranche en chaque instant du volume total la fraction de la vapeur qui disparaît par chaque fraction de la détente, quantité qui ne varie pas très-rapidement à cause de la grandeur de la chaleur latente de la vapeur d'eau relativement à celle de l'équivalent mécanique de la chaleur.

Voici en quoi consiste l'expérience dont nous parlons :

On fait passer de la vapeur dans un cylindre garni à ses deux bases planes, de deux verres qui se correspondent, et qui porte un tuyau d'entrée et de sortie de vapeur. Si l'on fait arriver abondamment celle-ci, les deux robinets ouverts, la vapeur chasse l'air et remplit complétement le cylindre; on peut alors fermer le robinet de sortie, puis celui d'entrée, et le cylindre reste plein de vapeur parfaitement transparente, comme on le vérifie en regardant à travers les verres. Si alors on ouvre le robinet de sortie, la vapeur cesse d'être transparente, il se précipite aussitôt un épais brouillard. Cette expérience prouve donc bien nettement qu'il se précipite de l'eau, que de la vapeur se liquéfie lorsque la détente se produit; que pendant toute la durée de cette action la vapeur reste toujours saturée; principe fécond qui jette une vive lumière sur la nature des phénomènes qui se passent dans les cylindres de la machine à vapeur lorsque se produit le travail mécanique.

Je ferai remarquer ici combien les premiers volumes de la détente sont profitables d'après le tableau ci-dessus, qui montre que les $\frac{2}{3}$ du travail produit par l'action directe de la vapeur sont obtenus par le doublement du volume primitif, d'après une formule d'autant moins inexacte qu'on l'applique pour des détentes moindres, et il semble que l'on devrait poser, comme règle de construction de toute machine, que la détente y doit être toujours au minimum, du double du volume primitif.

229. Machines à vapeurs combinées. Une des tentatives les plus curieuses de perfectionnement de la machine à vapeur est celle qui a été tentée dans ces dernières années par M. du Tremblay. Sous le nom de Machine à éther, à chloroforme, à vapeurs combinées, il a établi un genre de machine à deux vapeurs, devant procurer une économie de moitié du combustible actuellement nécessaire avec la machine à vapeur d'eau, pour produire une même quantité de travail[1].

Disons d'abord en quoi consiste cette machine.

« La machine à vapeurs combinées, disent les inventeurs dans un de leurs prospectus, marche par l'action de deux vapeurs distinctes, dont l'une est produite par la condensation de l'autre, et a pour but l'économie du combustible. Ces deux vapeurs agissant isolément et sans jamais se mélanger, cette machine se compose nécessairement de deux cylindres accolés comme dans le système connu de Wolf, ou isolés, soit de deux machines conjuguées comme celles dont on se sert pour la navigation. Dans l'un ou l'autre cas, l'un des pistons est mû par la vapeur d'eau, et le deuxième par la vapeur auxiliaire d'un liquide plus facilement vaporisable, bouillant à une température qui ne doit pas dépasser 70° centigrades, et doit remplir certaines conditions que j'indiquerai plus bas. La vapeur d'eau est produite et employée comme dans les machines ordinaires à condensation; seulement, au lieu d'être envoyée à son échappement dans un condenseur à injection, elle est amenée dans une boîte parfaitement étanche, contenant un appareil appelé vaporisateur, lequel se compose d'un certain nombre de petits tubes métalliques remplis d'un liquide facilement vaporisable, tel que l'éther sulfurique, le chloroforme, le chlorure de carbone, etc. Cette vapeur remplit l'espace qui les divise, et

1. Nous reproduisons ici ce que nous écrivions sur ces machines, il y a plus de dix ans, alors que nombre de personnes considéraient leur succès comme parfaitement assuré.

entre en contact avec la totalité de leur surface. La faculté que possèdent les liquides de la nature ci-dessus d'absorber avec une extrême rapidité le calorique en passant en vapeur à une basse température, leur fait remplir vis-à-vis de la vapeur d'eau qui les environne le véritable office d'un condenseur. Ils lui enlèvent, à travers les surfaces qui les contiennent, le calorique latent et spécifique qui la fait subsister, et la réduisent à l'état liquide en passant eux-mêmes dans leurs propres réservoirs à l'état de vapeur sous une pression proportionnelle à la température de la vapeur chauffante. La vapeur d'eau ainsi condensée est retirée au moyen d'une pompe à air qui maintient le vide dans l'enveloppe du vaporisateur où elle se condense, et reportée sans mélange et parfaitement distillée comme alimentation à la chaudière d'eau. La vapeur du liquide qui a servi à condenser la vapeur d'eau est amenée sous le piston du deuxième cylindre, d'où, après avoir exercé sa force élastique, elle s'échappe dans un condenseur par contact qui la réduit à l'état liquide. Le résultat, ramené par le moyen d'une pompe au vaporisateur, lui sert d'alimentation constante et est alternativement vaporisé et condensé. On voit donc que dans ce système la vapeur d'eau agit d'une double manière : la première, comme moteur par sa force élastique ; la seconde, comme chauffage d'un liquide produisant lui-même par sa vaporisation une nouvelle force motrice, qui vient ajouter son travail à celui déjà produit de la vapeur d'eau.

« Les différentes épreuves qui ont été faites par des commissions nommées soit par le gouvernement, soit par l'industrie particulière, ont constaté que la deuxième vapeur produite par l'un des trois liquides ci-dessus nommés, par la condensation de la vapeur d'eau, était toujours en quantité et à pression au moins égales à celle-ci ; d'où il résulte clairement ou une augmentation de force du double pour la même dépense, ou un bénéfice de plus de 50 pour 100 dans l'emploi du combustible pour une force donnée. On comprend aussi que l'économie annoncée étant le résultat de l'emploi nouveau de la chaleur de la vapeur d'eau, à l'instant même de sa condensation, qui passe dans un liquide plus facilement vaporisable dont elle développe la force expansive, on conçoit, dis-je, que cette économie est indépendante des chaudières, fourneaux et divers systèmes plus ou moins parfaits de machines. Le liquide à employer doit bouillir au-dessous de 72° centigrades, et plus son point d'ébullition sera peu élevé, plus son emploi sera avantageux ; il ne doit pas se décomposer au-dessous de 110 à 120° centigrades, ne contenir aucun acide capable de corroder les divers métaux qui composent la machine, et, autant que possible, ne donner lieu à aucuns mélanges inflammables ou explosibles. Jusqu'ici le chloroforme, dont l'application est due à M. Lafond, et le chlorure de carbone, employé pour la première fois à Londres par M. du Tremblay, remplissent seuls toutes ces conditions; sauf la dernière, l'éther sulfurique leur est bien préférable, et sera avantageusement employé partout où l'on pourra aérer ou isoler les machines. Le prix de ces liquides, celui du chlorure de carbone surtout, est assez peu élevé (2 fr. 50 c. le litre) pour que la légère perte qu'on en fait ne puisse entrer en ligne de compte. »

Si nous étudions, à l'aide des principes théoriques, la machine à vapeurs combinées, il nous sera facile d'établir la valeur d'une invention qui a, nous pensons, causé de fâcheuses illusions à quelques personnes qui n'en ont pas bien apprécié la portée, qui n'ont pas vu ce qu'il y avait de faux dans l'idée d'employer deux fois la même chaleur à produire un travail mécanique.

Replaçons-nous au point de vue auquel nous nous sommes mis pour apprécier comment la chaleur engendre un travail mécanique dans la machine à vapeur. Supposons qu'une certaine quantité de vapeur soit renfermée entre le fond d'un corps de pompe de longueur indéfinie, et un piston. Si les résistances qui s'opposent au mouvement du piston vont sans cesse en décroissant, il avance continuellement, poussé par la vapeur. Pendant ce temps, la température de celle-ci baissera; une partie, par suite, repassera à l'état liquide et fournira de la chaleur proportionnellement à la détente, à l'augmentation de volume de l'autre partie. La chaleur qui aura engendré un travail mécanique considérable ne sera pas simplement cachée, mais en réalité consommée, anéantie en proportion de ce travail.

Si cet effet est poussé très-loin, si le piston ne rencontre d'obstacle qu'une vapeur d'une très-faible tension, celle qui correspond à une température très-peu élevée, après une extension de volume extrêmement considérable que sera devenue la vapeur qui était d'abord à 200 degrés, par exemple? Évidemment de l'eau et un peu de vapeur, cette dernière étant dans un état de dilatation extrême. La presque totalité de la chaleur aura été transformée en travail, n'existera plus. Si, dans cette supposition, bien éloignée de la pratique mais théoriquement possible, on met le reste de vapeur en contact avec un condenseur à éther, il ne pourra y avoir aucun effet produit, puisque la chaleur sensible de la vapeur d'eau sera peu élevée, inférieure à 37 degrés, température d'ébullition de l'éther, et la chaleur qui a été consommée sous forme de travail ne saurait être retrouvée. Si la vapeur d'eau était seulement amenée à une température voisine de 37 degrés, elle engendrerait quelque peu de vapeur dans le second cylindre, mais l'effet serait encore à peu près nul, presque toute la vapeur d'eau étant revenue à l'état liquide.

Il nous semble que le raisonnement précédent fait bien apprécier la valeur de l'invention de M. du Tremblay ; *elle permet d'utiliser partie de la chaleur qui n'est pas utilisée dans une machine à vapeur ordinaire;* si celle-ci est très-imparfaite, si elle est à haute pression et sans condensation, comme dans quelques cas où le nouveau système a paru réussir, la machine à éther produira un travail considérable et entièrement gagné.

Si, au contraire, la machine à vapeur est à détente et à condensation, si elle se rapproche, quant à l'effet utile, des machines de Cornwall donnant plus de 40 p. 100 de l'effet utile du combustible, la machine à éther pourra encore théoriquement s'employer et donner une faible tension dans le second cylindre, puisque la détente n'est pas ordinairement poussée aussi loin qu'il le faudrait pour qu'une vaporisation d'éther n'eût plus lieu, mais elle s'en rapproche assez cependant pour que la chaleur latente de la vapeur d'eau restante soit minime. Alors, eu égard à la contrepression toujours très-notable du condenseur de l'éther, à la multiplicité des pompes, aux résistances passives de tout genre de système, le travail consommé sera en général plus grand que le travail produit par une tension peu élevée de l'éther. En un mot, avec une machine à vapeur amenée à un haut degré de perfection, l'effet de la machine à éther sera nul, quand elle ne sera pas nuisible. Il est donc bien plus simple d'employer une bonne machine à vapeur d'eau que d'en construire une défectueuse pour l'améliorer ensuite par une disposition coûteuse, incomplétement satisfaisante et exposant à de forts dangers d'incendie.

230. Machines à air chaud. La théorie de la chaleur est fondée sur des principes généraux applicables à toute machine à feu; elle doit par suite s'appliquer aux machines à air chaud, et notamment à la machine d'*Éricson*, qui avait été annoncée comme devant remplacer la machine à vapeur et marcher presque sans feu, suivant les uns ; avec une économie de combustible de 80 p. 100, suivant les plus modérés.

En d'autres termes, cette machine devait réaliser le mouvement perpétuel, suivant les uns ; et, suivant les autres, changer tous les rapports connus jusqu'ici de cause à effet entre la chaleur et le travail mécanique. On voit que l'étude de cette question est fort intéressante, et qu'il importe à la cause du progrès véritable qu'on n'aille pas faire fausse route dans une direction où les lacunes de la théorie laisseraient croire à un grand progrès, s'il était illusoire. Nous ne rappellerons pas ici la description de cette machine, bien connue aujourd'hui, et quant aux résultats possibles d'une invention quelconque de machine à feu, nous dirons avant tout que le principe de l'équivalence du travail mécanique et de la chaleur doit être sans cesse présent à l'esprit lorsqu'il s'agit de semblables questions. Il prouve que le maximum théorique du travail engendré par une calorie ne peut dépasser un maximum déterminé. Donc, à moins d'erreur, il est impossible de dépasser cette limite avec la machine à air chaud.

Pour analyser les résultats merveilleux de l'emploi de toiles métalliques réfrigérantes et réchauffantes, ingénieusement combinées par Stirling et Ericson, rappelons en quoi consiste le mode d'action de la chaleur pour produire un travail, et voyons si l'on peut retrouver celle qui a déjà été employée dans un appareil, quelque ingénieuse qu'en soit la disposition.

Reprenons toujours notre raisonnement fondamental. Si l'on chauffe le gaz renfermé dans un corps de pompe fermé par un piston, il en résultera un accroissement de pression qui forcera le piston à s'avancer. Si l'on cesse d'échauffer le gaz et qu'il continue à se détendre, sa chaleur diminuera, sa température s'abaissera ; c'est là une des lois les plus certaines de la physique.

Si donc on prolonge cette détente, l'excès de pression sera bientôt nul, mais l'excès de température sera nul également. A la limite, on aura utilisé tout le travail que le gaz pouvait produire ; mais il n'y aura plus de gaz échauffé, de gaz pouvant céder de la chaleur. Il n'y aura plus, à la température que le gaz possédera alors, de chaleur à reprendre.

Cette explication même est incomplète ; si on ne sous-entend que si la température s'est abaissée, c'est parce qu'il y a eu une véritable consommation de la chaleur primitivement communiquée à l'air, qui a été transformée en travail comme l'indique la nouvelle théorie. Ainsi donc nous pouvons établir en principe, que l'air ne peut être employé dans une machine sans *consommer* une quantité de chaleur proportionnelle au travail mécanique produit, et ce dernier ne saurait dépasser, quel que soit le système employé, le chiffre du travail théorique. La consommation, loin d'être nulle, sera donc toujours considérable pour un grand travail mécanique.

Quant à l'idée de retrouver toute la chaleur, elle est fausse de tout point, à moins toutefois que la machine ne soit tellement combinée qu'elle ne produise aucun travail. En tout cas, la seule partie de la chaleur que l'on puisse retrouver est celle qui n'a pas produit de travail, et des systèmes propres à atteindre ce but ne peuvent avoir d'autre effet que de remédier à l'imperfection primitive de la machine. Dans ces conditions peut-elle être supérieure à la machine à vapeur ?

De la machine à vapeur comparée à la machine à air. — C'est en comparant la machine à air chaud à la machine à vapeur, que la valeur exacte de la première sera facilement appréciée. D'après les principes que nous avons établis, il est évident qu'elle peut parfaitement, pour le moins, lutter avec les machines à air chaud.

Le point par lequel elle diffère le plus de la machine à air chaud, est celui de l'injection de l'eau dans la chaudière pour la transformer en vapeur. Cette différence, loin d'être une infériorité, est au contraire la cause de la supériorité incontestable de la machine à vapeur. Qu'est-ce, en effet, que l'eau dans ce cas? n'est-ce pas du gaz liquéfié dont on dispose, au lieu d'un gaz ayant un volume considérable et dont l'alimentation coûte la majeure partie du travail produit? n'est-ce pas un élément admirable que celui d'un liquide qui permet, par l'injection d'un seul volume de liquide, et par suite en surmontant une résistance minime, de produire 1,700 volumes à la pression d'une atmosphère? Sans doute la quantité de chaleur qui est nécessaire pour obtenir ce résultat est importante ; mais elle produit un travail considérable et précisément proportionnel à cette quantité de chaleur. Une supériorité semblable résulte de l'emploi du condenseur, qui permet d'utiliser, comme dans le vide, les pressions élevées que permet de produire aisément l'alimentation des chaudières avec du gaz liquéfié, avec de l'eau liquide.

De plus, sans revenir ici sur le principe théorique sur lequel repose la machine à vapeur, je rappellerai seulement que celle-ci, aussi bien que la machine à air et en supposant des détentes suffisantes dans les deux cas, peut fournir tout le travail théoriquement possible, celui indiqué par la valeur de l'équivalent mécanique de la chaleur. Or il est évident que des résultats approchés du maximum théorique seront obtenus avec des appareils de dimension infiniment moindre, pour la machine à vapeur que pour la machine à air. L'incorporation de beaucoup de chaleur dans la vapeur et la condensation de celle-ci permettent pratiquement d'utiliser aisément une grande quantité de chaleur, pour un volume donné, par l'emploi d'une pression élevée agissant tant par action directe que par détente. Il n'en est pas de même avec les gaz permanents dont la pression décroît, lors de la détente, avec une grande rapidité, à cause du refroidissement en raison du travail produit, refroidissement que rien ne diminue, tandis que, dans la machine à vapeur, la vapeur successivement liquéfiée dégage sa chaleur latente.

Si nous avons bien raisonné, on devra donc conclure :

Que la machine à vapeur possède théoriquement toutes les conditions de maximum de travail aussi bien que la machine à air chaud, en supposant qu'on ait pu combiner pour celle-ci des régénérateurs qui ne fussent pas détruits par l'oxydation, par l'air chauffé, comme ceux formés de toiles métalliques, et que pratiquement elle offre des avantages immenses de simplicité. Que les résultats déjà obtenus par les machines à vapeur les plus perfectionnées sont bien moins éloignés qu'on ne le pensait du maximum théorique dont on peut espérer se rapprocher davantage un jour.

Que les machines à air chaud n'ont aucune espèce de supériorité théorique sur la machine à vapeur actuelle, et que leur infériorité pratique est de toute évidence.

L'expérience a, on le sait, confirmé entièrement ces déductions théoriques.

Ces observations s'appliquent de tout point aux machines tentées par M. Siemens, M. Seguin et autres, pour réaliser à l'aide d'une quantité de vapeur successivement réchauffée et refroidie ce qu'Éricson projetait avec l'air chaud.

231. Machines à gaz. Je n'ai pas à parler ici longuement des machines à gaz plus ou moins semblables à celle de M. Lenoir, destinées à utiliser le gaz d'éclairage pour construire de petites machines analogues à la machine à vapeur, avec cet avantage que la chaudière est supprimée, ou plutôt que ce sont les gazomètres de l'usine qui éclaire une ville qui viennent remplacer les fourneaux et le combustible, qui, à cause de sa forme gazeuse, peut fonctionner directement dans l'intérieur du cylindre dans lequel se meut le piston.

Sous cette forme, la machine Lenoir n'a aucun intérêt pour la navigation, et il est inutile de parler des expériences qui prouvent qu'elle ne peut produire qu'un travail infiniment plus coûteux que la machine à vapeur; mais il a été proposé de remplacer le gaz par des hydrocarbures, que l'on peut se procurer aujourd'hui à des prix modérés. L'air qui se rend dans le cylindre peut, en traversant ces hydrocarbures, former un mélange explosif que l'étincelle d'induction partant d'une bobine de Rumkorf vient enflammer.

Sans entrer dans les détails des difficultés plus ou moins grandes que peut présenter l'emploi d'un pareil système, du prix assez élevé que coûtera toujours un travail produit par une substance qui aura besoin d'être préparée par des distillations, nous poserons en principe que les machines à explosion ne sont praticables que sur des dimensions restreintes, et qu'il serait impossible d'établir prudemment dans ce système les puissantes machines que réclame la navigation à vapeur. Les proportions des mélanges d'air et de gaz, l'instant de la production de l'étincelle qui détermine l'inflammation, peuvent, dans une petite machine, subir de petites variations sans qu'il en résulte un dommage grave, les puissances en action n'étant pas très-grandes; mais sur des volumes considérables il n'en serait pas de même, et les appareils, les tiroirs surtout, seraient bientôt hors de service par le moindre dérangement.

Au point de vue de la sécurité, comme à celui de l'économie, ces machines ne nous paraissent donc avoir aucun avenir dans leur application à la navigation.

232. Machines électro-magnétiques. Je compléterai cette étude sur les systèmes qu'on a proposés pour remplacer la machine à vapeur, et qui reparaissent de temps en temps, en disant quelques mots des machines électro-magnétiques, si curieuses, mais bien éloignées de donner des résultats pratiques.

M. Liebig a depuis longtemps indiqué très-clairement les relations de cause à effet qui subsistent nécessairement entre les dépenses et les effets produits, et qui montrent quelles sont les limites des résultats que peuvent atteindre des inventeurs qui, faute d'instruction suffisante, rêvent l'impossible.

« Lorsque nous mettons en contact du zinc et de l'acide sulfurique, « dit-il dans ses *Lettres sur la chimie*, il se dissout sous la forme d'oxyde « de zinc : il y a combustion de zinc aux dépens de l'oxygène que lui « cède le liquide. Cette action chimique a pour résultat la formation « d'un courant électrique, qui, si on le conduit au moyen d'un fil, fait « passer ce fil à l'état magnétique. Ainsi donc, en faisant dissoudre « 1 kilogramme de zinc, comme je viens de le dire, nous obtenons une « certaine quantité de force capable, par exemple, de soulever à 1 cen- « timètre de hauteur un poids donné de fer, et de le tenir suspendu. « Plus le zinc se dissoudra rapidement, plus le poids qu'il soulèvera et « qu'il tiendra suspendu pourra être considérable. En interrompant « et en rétablissant le courant, nous avons la faculté d'imprimer à la « pièce de fer sur laquelle agit la force motrice un mouvement de va- « et-vient vertical ou horizontal : par conséquent, nous possédons là « un agent capable de faire mouvoir une machine quelconque.

« Jamais une force ne naît de rien. Dans l'exemple que nous venons « de citer, nous savons que la puissance motrice est produite par la dis- « solution (par l'oxydation) du zinc. Mais si nous faisons abstraction « du nom que l'on donne à la force motrice qui se développe dans ce « cas-ci, nous savons que nous pouvons également la produire au « moyen d'un appareil tout différent. Ainsi, lorsque nous faisons « brûler du zinc sous la chaudière d'une machine à vapeur, c'est-à- « dire dans l'oxygène de l'air au lieu de l'oxygène de la pile galva- « nique, nous produisons de la vapeur d'eau, et, par le moyen de « cette vapeur, une certaine quantité de force motrice. D'après les « expériences de M. Despretz, 6 kilogrammes de zinc, en se combi- « nant avec l'oxygène, ne développent pas plus de chaleur que la com- « bustion d'un seul kilogramme de charbon : par conséquent, toutes « choses étant égales d'ailleurs, 1 kilogramme de charbon produira « six fois plus de force motrice que 1 kilogramme de zinc. Il est évi- « dent qu'en supposant la perte de forces égale de chaque côté, il « serait beaucoup plus avantageux de se servir de charbon que de « zinc.

« Il existe entre la chaleur, l'électricité et le magnétisme, un rap- « port analogue à celui que l'on observe entre les équivalents chi- « miques du charbon, du zinc et de l'oxygène. Avec une quantité « donnée d'électricité, nous produisons une proportion correspon- « dante de chaleur ou de force magnétique : la chaleur et la force « obtenues sont réciproquement équivalentes. Nous nous procurons

« cette quantité déterminée d'électricité au moyen de l'affinité chi-
« mique, qui, sous une forme donne de la chaleur, et, sous une autre,
« de l'électricité ou du magnétisme. Avec une certaine somme d'af-
« finité, nous produisons un équivalent d'électricité; de même, en
« sens inverse, avec une somme déterminée d'électricité, nous dé-
« composons des équivalents de combinaisons chimiques. Ainsi donc,
« la dépense de force magnétique correspond rigoureusement à la
« dépense d'affinité chimique. Dans la pile, c'est l'affinité chimique
« du zinc et de l'oxygène de l'eau, et de l'acide sulfurique qui pro-
« duit la force motrice; dans la machine à vapeur, c'est l'affinité du
« charbon et de l'oxygène du courant d'air. »

La solution de la question posée résulte bien évidemment de ce qui précède. Il est bien évident que nous n'entrevoyons pas d'action chimique énergique comparable, au point de vue économique, à la combustion du charbon dans l'air atmosphérique.

Les éléments de cette réaction sont, d'une part, l'oxygène de l'air, qui se trouve partout en quantité indéfinie, et de l'autre, le charbon de terre dont les mines couvrent des provinces entières, mines inépuisables et dont les recherches augmentent le nombre chaque jour. Quelles substances lui comparer? On peut dire que toutes celles qui se trouvent naturellement en quantités considérables, à l'exception des combustibles, sont des matières complexes déjà oxydées qui ont été soumises, lors des révolutions du globe, à des combustions; ce n'est qu'à l'aide des combustibles que l'on parvient à extraire des corps à réactions énergiques, et en quantités proportionelles au combustible qui a servi à les préparer et qu'il est évidemment plus économique d'employer dans un fourneau pour produire de la vapeur, que d'appliquer à la préparation d'autres substances destinées à être oxydées ensuite pour reproduire partie de la chaleur dépensée à cet effet.

Inutile d'insister plus longtemps sur une question de pure curiosité, mais qui nous paraît avoir de l'intérêt par la netteté des réponses que permettent d'y faire les derniers développements de la science.

DES MACHINES A VAPEUR MARINES.

Afin que le travail que nous consacrons ici à la navigation à vapeur puisse être utile à toutes les personnes qui ont à s'en occuper, j'ajouterai à l'exposition des premiers principes de la théorie de la chaleur grand nombre de renseignements sur les divers éléments qui entrent dans l'ensemble complexe qui constitue le navire à vapeur; je chercherai à faire ici un exposé un peu complet des plus certains et plus précieux résultats fournis par la science et l'observation.

Nous diviserons en quatre séries principales les divers articles qui se rapportent à la production du travail moteur à l'aide de la chaleur et à son utilisation, savoir : 1° production et condensation de la vapeur; 2° machines à vapeur au point de vue dynamique; 3° machines à vapeur au point de vue cinématique, de la forme; 4° appareils de propulsion.

CHAPITRE DIXIÈME.

VAPORISATION.

233. Chaleur latente de la vapeur d'eau. Par une magnifique série d'expériences, M. Regnault a établi que les quantités totales de chaleur, le nombre de calories ou unités de chaleur, égales à l'échauffement de 1 kilogramme d'eau de 1 degré, dégagées par la condensation à 0 degré de 1 kilogramme de vapeur d'eau saturée, c'est-à-dire formée en contact avec l'eau liquide, et dont la pression n'a pas varié en produisant un travail extérieur, étaient données par la formule

$$606,5 + 0,305\ T \text{ calories.}$$

Nous allons voir que la température T varie lentement avec les diverses tensions qu'il est possible d'employer dans la pratique; de telle sorte qu'en prenant 120 degrés pour valeur moyenne, et admettant ce résultat pratique, que l'eau sortant du condenseur et servant à l'alimentation est à une température voisine de 40 degrés c'est 600 calories qu'il faut consommer, en moyenne, par kilogramme d'eau, pour la transformer en vapeur.

234. Quantités de chaleur dégagées par la combustion d'un kilogramme de charbon. En faisant brûler un corps dans un vase à parois métalliques de peu d'épaisseur, entouré d'eau dont on mesure l'échauffement, dans un calorimètre, on peut mesurer toute la chaleur produite par la combustion d'un corps qui est ainsi communiqué à un corps froid. On trouve des quantités variables pour 1 kilogramme des divers combustibles chimiquement purs. On a obtenu par de semblables expériences : pour l'hydrogène, 34,400, et pour le carbone, 8,000 calories.

Pour appliquer ces résultats à une houille particulière, il faudrait connaître son analyse spéciale, sa teneur en carbone, déterminer la proportion de substances hydrogénées qui donnent à certaines espèces la faculté de brûler avec de longues flammes, et celle des substances minérales qui produisent des cendres dont la proportion varie de 0,02 à 0,20 suivant les mines. On ne peut évaluer la production moyenne des charbons de bonne qualité à beaucoup plus de 7,000 calories, ce qui revient à dire que 1 kilogramme de houille suffirait pour réduire en vapeur 11 kilogrammes d'eau, si celle-ci absorbait toute la chaleur dégagée par la combustion. Nous allons voir que la pratique ne répond pas, à beaucoup près, à ces conditions théoriques; au reste, il faut observer que la combustion, dans les applications de la pratique, n'a pas seulement pour but d'échauffer l'eau, mais encore de produire le tirage qui est nécessaire à son entretien. Aussi, sauf avec les chaudières de Cornwall de dimension extrêmement grande, ne dépasse-t-on pas en général, dans la pratique, la production de 6 kilogrammes de vapeur par kilogramme de charbon.

235. Tensions de la vapeur saturée. Son volume. Le tableau ci-après renferme les résultats des expériences de M. Regnault, relativement aux tensions de la vapeur saturée aux diverses températures, et ceux obtenus par MM. W. Fairbain et Hirn pour les volumes de la vapeur saturée à quelques-unes de ces températures, étendus par interpolation aux diverses pressions.

TEMPÉRATURES en degrés.	TENSIONS DE LA VAPEUR		VOLUMES en litres d'un kilog. de vapeur saturée.
	En millimètres de mercure.	En atmosphère. (1k,033 par cent. carré)	
— 10°	2,093		
— 5	3,113		
0	4,600		
5	6,534	0,01	
10	9,165		
20	17,391	0,02	
25	23,550	0,03	
30	31,548	0,05	
35	41,827	0,06	
40	54,906	0,07	
45	71,390	0,10	
50	91,982	0,12	
55	117,478	0,15	
60	148,791	0,19	8100
65	186,945	0,26	6400
70	233,093	0,24	4910
75	288,517	0,40	4000
80	354,643	0,48	3400
85	433,041	0,58	2800
90	525,450	0,70	2350
95	633,778	0,83	2005
100	760,000	1,00	1689
105	906,410	1,19	1380
110	1075,370	1,41	1180
115	1269,410	1,67	1000
120	1491,280	1,96	817
125	1743,88	2,29	750
130	2030,28	2,67	635
135	2353,73	3,09	580
140	2717,63	3,57	482
145	3125,55	4,11	420
150	3581,23	4,71	377
155	4088,56	5,38	322
160	4651,62	6,12	309
165	5274,54	6,94	272
170	5961,66	7,85	241
175	6717,43	8,81	222
180	7546,39	9,93	202

256. Chaudières. La nécessité d'éviter la propagation de la chaleur hors des chaudières, dans le cas où elles font partie d'appareils mobiles qui ne sauraient supporter de lourdes et massives constructions en briques, font une nécessité pour les navires à vapeur de l'emploi des chaudières à foyer intérieur. Restait à leur donner une surface de chauffe suffisante pour la bonne vaporisation, que l'on évalue sur terre, avec de puissantes cheminées, à $1^m,50$ par cheval, limite au-dessous de laquelle on ne saurait se tenir, quand plus du tiers de cette surface de chauffe est indirecte, n'est échauffée que par le contact des produits de la combustion. Cette condition est difficilement satisfaite sur les navires à vapeur à grande vitesse, à cause de la puissance des machines que l'on rend un maximum ; dans l'impossibilité de donner aux parties directement soumises à l'action du rayonnement un développement suffisant, on s'en rapproche en augmentant les surfaces chauffées par le parcours des produits de la combustion.

Deux systèmes ont été adoptés pour obtenir ce résultat. Celui appliqué le plus généralement aujourd'hui, et qui a la préférence pour les grandes constructions de la marine militaire, consiste à munir la partie supérieure de la chaudière, pour le retour de la flamme seulement, d'un grand nombre de tubes de 0,08 de diamètre, à imiter la disposition de la chaudière de locomotive dans les limites indiquées par les conditions spéciales du problème.

Chaudières tubulaires. Je donnerai les dimensions d'un type de chaudière dit de 150 chevaux adopté par la marine impériale, représentée par les figures 122 et 123. Tout l'appareil de vaporisation pour des navires plus puissants est formé de plusieurs corps de chaudières semblables.

Nombre de foyers	4

Dimensions d'un corps de chaudière.

Longueur	3m,	00
Largeur	2	80
Hauteur	4	10
Longueur d'un foyer	2	25
Hauteur d'un foyer	1	10
Longueur d'une grille	2	14
Tubes { longueur	2	00
Tubes { diamètre extérieur	0	09
Tubes { diamètre intérieur	0	08
Nombre de tubes	234	
Épaisseur des tôles	0m,	01
Surface de chauffe par cheval	1	60
Surface des grilles	7	912
Surface de chauffe directe	27	35
Surface de chauffe des tubes	117	61

Volume d'eau, en supposant le niveau à $0^m,25$ au-dessus des tubes........................ $12^{mc},94$

Volume de vapeur........................... $12^{mc},53$

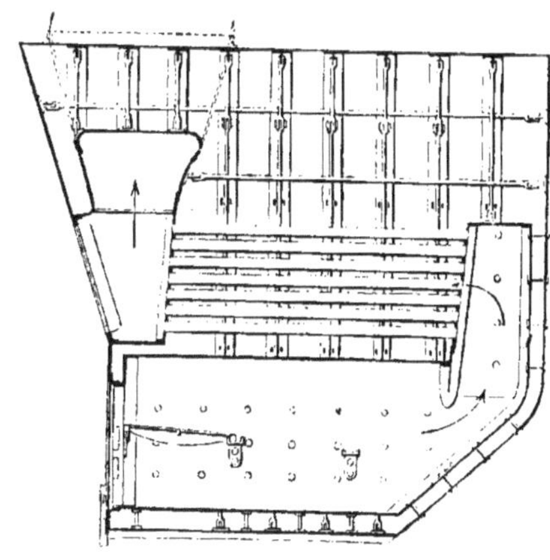

Fig. 122.

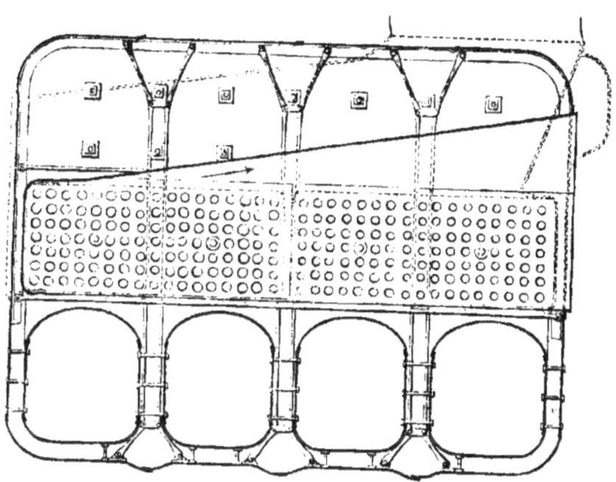

Fig. 123.

Chaudières à galeries. Dans la pratique, l'assemblage des tubes par une simple virole réclame des améliorations et résiste difficilement aux variations de température qui se produisent dans les diverses parties qui composent la chaudière, surtout dès que quelques incrustations commencent à se produire; aussi la plupart des bateaux, après une navigation un peu longue, rentrent-ils avec nombre de tubes tamponnés avec des bouchons de bois, qui ont médiocrement arrêté les uites, et les chaudières ont besoin, au port d'arrivée, de l'intervention d'habiles mécaniciens. C'est pour cela que la Compagnie péninsulaire et orientale, qui opère les transports postaux entre l'Angleterre et l'Inde, a conservé, en les perfectionnant, les chaudières à galeries, dans lesquelles la fumée circule autour de cloisons rectangulaires boulonnées, l'eau qui circule dans l'intérieur de ces cloisons s'y trouve entourée de toutes parts par les produits de la combustion. Ces chaudières sont plus coûteuses, offrent moins de surface relative de chauffage que les chaudières à tubes; mais elles offrent plus de résistance, toutes les parties étant assemblées par des rivets; elles paraissent exiger moins de réparations, et précisément parce que les produits de la combustion sont moins refroidis, en même temps qu'ils ne perdent pas toute leur vitesse par des étranglements, par des passages à travers des conduits de faible section, le tirage par la cheminée reste meilleur, ne devient pas insuffisant pour une combustion active, ce qui n'arrive que trop souvent avec les chaudières tubulaires.

237. Conditions auxquelles doit satisfaire un fourneau. Dans son excellent *Guide du chauffeur*, que ne sauraient trop consulter les personnes qui veulent approfondir les questions relatives à la construction des fourneaux, M. Grouvelle résume ainsi les conditions auxquelles doit satisfaire un bon fourneau :

1° De pouvoir brûler une quantité de vapeur suffisante pour fournir à la machine plus de vapeur qu'elle n'en consomme;

2° D'avoir un tirage assez vif pour brûler le combustible dans les conditions propres à obtenir le maximum d'effet utile;

3° De ne laisser échapper la fumée qu'à une température peu supérieure à 300°, limite au-dessus de laquelle une partie notable du combustible est consommé inutilement et au-dessous de laquelle elle ne peut plus perdre de sa température sans nuire au tirage.

Les principes posés par Darcet pour les rapports entre la grille, les carneaux et la cheminée, peuvent se résumer ainsi : La cheminée détermine par ses dimensions la quantité de combustible qui doit être brûlée, quantité qui peut être réduite par l'étranglement opéré dans les carneaux. Ceux-ci doivent conserver partout la même section, de même que les conduits qui mènent la fumée au bas de la cheminée. Les dimensions de la grille diminuent ou augmentent l'activité et la température de la combustion ; mais, bien proportionnées, elles influent peu sur la quantité brûlée en un temps donné.

Pour une cheminée en briques de 8 à 10 mètres de hauteur, il établissait la règle que les carneaux devaient avoir 10 décimètres carrés pour brûler 30 à 35 kilogrammes de houille par heure. Cette consommation peut s'élever à 40 ou 45 kilogrammes lorsque la flamme pénètre jusqu'à la cheminée; mais alors une quantité très-grande de chaleur est perdue par celle-ci; les gaz sont jetés dans l'atmosphère à une température trop élevée; étant bien observé que c'est la section, bien plus encore que la hauteur de la cheminée, qui importe pour obtenir un bon tirage, pour une combustion vive. La grille doit avoir environ trois fois la dimension des carneaux, ce qui revient à brûler moyennement 100 à 120 kilogrammes de houille à l'heure, par mètre carré de surface de grille.

258. De la rapidité de la combustion. Lorsqu'il s'agit d'une chaudière à vapeur placée à terre, l'économie du combustible est la seule chose à considérer. Augmenter les dimensions des chaudières, les surfaces de chauffe, les sections des carneaux et de la cheminée, de manière à faciliter et à prolonger le mouvement des produits de la combustion au contact des surfaces métalliques, et les dépouiller ainsi de leur chaleur le plus complétement possible, en sacrifiant le minimum de chaleur pour obtenir un tirage convenable, c'est ainsi que le problème posé doit être résolu.

Mais lorsqu'il s'agit d'appareils mobiles, transportant les chaudières et les fourneaux, le problème n'est plus le même; il faut alors tenir compte du poids de l'appareil de vaporisation, car il est une cause de résistances et atteindrait souvent, déterminé par les seules considérations indiquées ci-dessus, des limites qui rendraient tout mouvement impossible. C'est ce que l'on voit bien par la locomotive, dont l'invention a rendu possible les chemins de fer à grande vitesse, et qui doit tout son succès aux combinaisons qui ont assuré la production d'un poids considérable de vapeur pour un faible poids et un petit volume de l'appareil.

Bien que les bateaux à vapeur se prêtent évidemment mieux que les chemins de fer à l'emploi de volumes et de poids notables, il est clair qu'on ne saurait toutefois admettre les solutions adoptées à terre et employer les énormes fourneaux qui y donnent les meilleurs résultats. La meilleure solution doit concilier dans une juste mesure les deux éléments : Économie du combustible et légèreté des appareils à vapeur, seconde condition qui revient à la rapidité de la combustion, puisque le volume total de ceux-ci est en raison inverse de leur rapide production de vapeur, par unité de volume.

C'est pour satisfaire à la question d'économie que l'on s'est efforcé de multiplier les surfaces de chauffe, imitant ainsi partie de la solution adoptée pour les locomotives; mais cet élément est combiné dans ces machines avec un autre dont il ne doit pas être séparé; et cette seconde partie du problème n'a pas encore été réellement résolue pour les bateaux à vapeur; des obstacles spéciaux ont empêché d'imiter ce qui avait si bien réussi dans un autre cas; nous voulons parler du tirage qui, seulement obtenu à l'aide d'une cheminée métallique de peu de hauteur, fixe la limite peu élevée de la production rapide de grandes quantités de vapeur.

Avec un tirage peu énergique, on n'utilise pas toute la chaleur des produits de la combustion, qui circulent lentement dans des conduits encombrés de suie, et de plus, trop de charbon sur la grille donne lieu à une production d'oxyde de carbone, dont la formation refroidit les gaz; aussi voit-on souvent le chauffeur ouvrir les portes pour fournir le supplément d'air nécessaire à une combustion complète.

Le remède évident à ces défauts, le seul possible, c'est d'obtenir des tirages plus grands que ceux des constructions actuelles. Une plus grande quantité d'air traversant la grille, l'acide carbonique remplacera l'oxyde de carbone, et les produits de la combustion, traversant avec rapidité des conduits auxquels on pourra donner sans inconvénient une longueur suffisante, leur communiqueront une bien plus grande quantité de chaleur.

Rien ne montre mieux l'influence heureuse d'un puissant tirage que la machine locomotive qui, avec sa seule cheminée, sans le tirage produit par le jet de vapeur à haute pression, n'est plus qu'un corps sans âme, ne peut donner des quantités notables de vapeur. Si l'on mesure la réduction de dimensions que permet cet énergique tirage, on reconnaît que l'on peut brûler sur une grille de locomotive, à surface égale, quatre fois le poids de combustible que l'on peut brûler sur une grille ordinaire. Comme exemple bien probant, on cite deux chaudières de bateaux de rivière, à peu près semblables, toutes deux tubulaires, dont les vaporisations étaient dans le rapport de 5 à 1, l'une ayant un échappement de vapeur dans la cheminée, tandis que le tirage de l'autre ne résultait que d'une cheminée ordinaire. C'était donc bien l'insufflation par la tuyère qui quintuplait la vaporisation.

C'est un résultat parfaitement certain de l'expérience générale, que des combustions considérables, rapides, que la production de grandes quantités de vapeur pour alimenter de puissantes machines à course de piston rapide, autrement dit l'établissement de chaudières et de machines produisant un grand travail sans être d'un poids énorme, condition fondamentale pour tout moyen de transport qui porte son moteur, n'est possible qu'à l'aide d'un tirage forcé. C'est la solution du problème de la rapide vaporisation à l'aide de la chaudière tubulaire et du jet de vapeur, qui a fait le succès de la locomotive et des chemins de fer; ce sera la solution convenable du même problème qui permettra d'obtenir des bateaux à vapeur bien plus rapides que ceux construits jusqu'ici, dans lesquels on en est resté trop longtemps au tirage obtenu seulement à l'aide d'une cheminée nécessairement peu élevée. Nous croyons utile de discuter ici les moyens simples qui peuvent être employés, parce qu'il s'agit là d'un progrès important dont l'adoption est sûrement proche.

239. Jet de vapeur. Si on employait à la mer une pression élevée comme sur les locomotives de chemin de fer, on trouverait la solution du problème d'obtenir un tirage puissant en imitant les dispositions qui ont si bien réussi pour celles-ci, c'est-à-dire le jet de vapeur dans la cheminée. C'est en effet ce qui a été déjà fait avec succès, depuis plusieurs années, sur les bateaux de rivière les plus remarquables, sur ceux du Rhône notamment. Mais la nécessité de placer les foyers à l'intérieur des grandes chaudières marines pour éviter les incendies conduit à de grandes surfaces latérales qui résistent mal à de hautes pressions, malgré les armatures. Cet obstacle pourrait être levé avec des chaudières résistantes, mais l'eau de mer donne tant d'incrustations dont l'adhérence augmente rapidement avec l'intensité du chauffage, le mouvement de la mer fait si souvent découvrir des parties de la surface des chaudières fortement chauffées, que l'emploi d'une pression de plusieurs atmosphères a été universellement repoussé par la pratique. Nous ne saurions conseiller d'aller à l'encontre de l'expérience universelle, au moins jusqu'à ce que la question des *incrustations* par l'eau de mer soit complétement résolue, ce qui revient, comme nous le verrons plus loin, à l'alimentation des chaudières à l'eau distillée, à l'emploi des condenseurs à surface. Jusque-là on doit renoncer à l'emploi des hautes pressions à la mer, malgré les avantages de la grande légèreté relative des machines qui les emploient.

La limite la plus élevée, et peu admise encore en Angleterre, que l'on peut considérer comme sans danger, vu les progrès de la pratique pour combattre les inconvénients ci-dessus énoncés, pour les navires qui sont soumis à une surveillance incessante, pour les grandes machines toujours dirigées par des mécaniciens expérimentés, est la pression de 2 à 2 1/2 atmosphères. C'est la pression qui correspond à une température de 120 à 125 degrés; elle est employée assez fréquemment sur mer par les Américains et a été adoptée par M. Dupuy de Lôme et les ingénieurs qui ont construit les grands navires à vapeur à hélice de la marine militaire *l'Algésiras*, *la Bretagne*, *la Gloire*, etc. Les inconvénients qu'elle entraîne, et qu'on doit voir s'amoindrir chaque jour par de nouvelles dispositions, sont inférieurs aux avantages de diminuer de moitié le poids des machines, les dimensions des cylindres, de permettre d'augmenter la détente utile, la vitesse du piston, et par suite de permettre l'action directe de la tige du piston sur l'arbre de l'hélice, etc.

En restant au point de vue du tirage, la pression de 2 atmosphères est insuffisante pour produire une insufflation dans la cheminée par la vapeur qui sort du cylindre à vapeur. Si, au lieu d'employer ainsi la vapeur, on la fait sortir dans la cheminée par de petits orifices percés dans la paroi d'un tuyau qui l'amène de la chaudière, la vitesse paraît suffisante théoriquement, dès que la pression atteint 2 atmosphères, pour obtenir des résultats avantageux. Cependant l'expérience a été contraire à ce mode d'opérer, et un semblable emploi de la vapeur, pour produire la ventilation de puits de mines, n'a donné que 6 1/2 0/0 d'effet utile du combustible qui la détermine.

Ce résultat est probablement dû surtout au refroidissement qui se produit dans la cheminée, à l'eau qui se forme par la détente de la vapeur dont la vitesse n'est pas très-grande, par suite de son grand accroissement de volume à sa sortie des orifices.

Les principaux inconvénients que nous venons d'énumérer disparaissent par une disposition actuellement à l'essai, et qui, combinée en vue de produire la fumivorité qu'elle réalise d'une manière absolue, paraît résoudre parfaitement le problème d'une combustion rapide mais non économique; ce qui, quand la vitesse importe surtout, a une grande importance. Je veux parler de l'appareil Thierry (*fig.* 124), qui, empruntant de la vapeur à la chaudière, vient la faire se surchauffer à une haute température, dans des tubes en fer placés près du foyer, puis la projette sur le combustible par de petits orifices percés dans un des tubes en fer de l'appareil surchauffeur placé un peu au-dessus de la porte des fourneaux, dans laquelle sont percées des ouvertures.

On voit que, par cet appareil, plusieurs buts sont atteints : d'abord une économie relative dans la dépense de la vapeur qui n'est employée qu'en petite quantité; elle devient parfaitement sèche, l'eau qu'elle emportait étant complétement vaporisée, et fait plus que doubler de volume par la température élevée qu'elle acquiert.

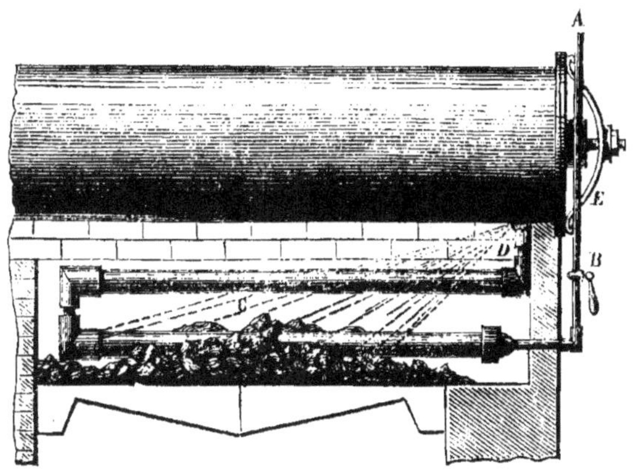

Fig. 1?4.

Mais, en outre, la vapeur surchauffée jouit de cette propriété remarquable, de ne plus refroidir le combustible comme le ferait la vapeur saturée et humide, mais d'agir comme un gaz combustible et de se décomposer sur le devant du foyer pour produire sous la chaudière une chaleur intense.

240. Ventilateurs. Je dirai quelques mots encore d'un autre système propre à donner une combustion rapide, qui, plus compliqué en apparence que le jet de vapeur, n'offre peut-être pas plus de difficultés que le maintien de la haute pression à la mer malgré les fuites des chaudières auxquelles elle donne souvent lieu; car les obstacles grandissent à la mer pour bien des perfectionnements par suite du roulis et des mouvements, par les gros temps, des masses installées à bord des navires. On se rappelle que déjà, au célèbre concours de Manchester, la locomotive la *Novelty*, construite par Bratwhaite et Éricson, lutta jusqu'au dernier moment avec le *Rocket* de Stephenson, qui avait su appliquer le tirage par un jet de vapeur, tandis que le tirage de la première machine était activé par un ventilateur.

L'inconvénient secondaire du bruit qui accompagne ce moyen d'activer le feu, qui se concilie avec la basse pression, a été levé par l'emploi des ventilateurs coniques de Lloyd qui en sont exempts. Malheureusement cette machine est défectueuse quant à l'effet utile; car, dans une série d'expériences, consignées dans les *Annales du Conservatoire,* M. le général Morin a trouvé que l'effet utile estimé en force vive imprimée à l'air ne dépassait guère 1/10 du travail moteur. Toutefois, les expériences sur la ventilation des mines ont démontré que ce système était plus avantageux que le jet continu de vapeur.

On peut employer le ventilateur de deux manières, en avant du foyer pour y lancer de l'air, c'est le ventilateur soufflant; en arrière du foyer pour enlever les produits de la combustion, c'est le ventilateur aspirant. C'est sous cette forme qu'il est utilisé et expérimenté dans les mines. Disons un mot de chacun de ces systèmes.

Le ventilateur soufflant, qui doit lancer l'air nécessaire à la combustion avec une vitesse assez grande pour que les produits de la combustion se meuvent convenablement à travers les circuits qu'ils doivent parcourir, offre le grand désavantage que le chargement du fourneau devient difficile. Essayé sur le *Great-Western*, cet emploi du ventilateur fut, dit-on, abandonné, à cause de la sortie de la fumée par la porte du fourneau quand on le chargeait.

Au lieu d'employer le ventilateur soufflant à activer la combustion, à lancer des quantités d'air considérables dans le fourneau, de manière à éviter la production d'oxyde de carbone, il est bien préférable, en augmentant beaucoup l'épaisseur du combustible, de transformer, en lançant de l'air à grande vitesse dans un premier foyer spécial, tout le combustible en oxyde de carbone pour aller brûler celui-ci en longues flammes sous les chaudières sans production de fumée, de suie. C'est là l'appareil *Beaufumé* qui est décrit à l'article Chauffage au gaz du *Dictionnaire des Arts et Manufactures,* heureuse application des beaux travaux d'Ebelmen, que ce savant ingénieur a si bien résumés à l'article Combustion du même ouvrage. D'après les expériences de M. Grouvelle, cet appareil a fourni jusqu'à 10 kilogrammes de vapeur par kilogramme de houille, quand en général on n'obtient que 5 à 6 kilogrammes et avec les chaudières les plus parfaites 7 ou 8.

Les expériences faites à la mer n'ont pas donné d'aussi beaux résultats, mais ont bien établi la supériorité de cet appareil sur les chaudières marines existantes. Toutefois la condition essentielle de son emploi est encore de disposer d'eau pure, l'eau de mer ne peut servir à remplir la boîte à feu, analogue à celle des locomotives, dans laquelle s'opère la première combustion. Elle serait bientôt brûlée par suite des incrustations qui viendraient tapisser sa surface intérieure.

Le ventilateur aspirant me paraît le véritable appareil convenable pour les navires à vapeur. Susceptible de parfaitement s'agencer avec l'ensemble du mécanisme, n'exigeant pas de changement notable aux chaudières dont le bon effet est connu par expérience et dont il augmente beaucoup la production de vapeur tout en soulageant singulièrement, par une plus grande vitesse de l'air, le pénible service des chauffeurs, il satisfait à toutes les conditions essentielles. Non-seulement il permet de faire disparaître la cheminée et les flots de fumée qui salissent le pont des bateaux à vapeur, mais encore il peut peut-être augmenter leur valeur au point de vue nautique et mécanique. Son action se combine très-heureusement avec celle des vents, dont il faut toujours tenir compte à la mer, et quelques dispositions nouvelles pourraient, je crois, rendre son effet doublement utile.

241. Incrustations des chaudières marines. L'eau de mer renferme environ 1/35 de son poids de sels en dissolution, et elle est saturée ; elle laisse déposer des cristaux lorsqu'elle en contient 12/35. Ces sels consistent principalement en sel marin très-soluble, et en sulfate de chaux qui constitue la très-majeure partie des incrustations adhérentes aux chaudières. On voit par la proportion des matières salines, avec quelle rapidité se feraient les dépôts, si on n'avait trouvé le moyen de les combattre.

On concevra facilement tout l'intérêt que mérite la question des incrustations à la mer, quand on aura remarqué la rapidité effrayante avec laquelle elles se forment, leur épaisseur s'élevant à 5 ou 6 millimètres après quelques jours. On voit de suite le ralentissement de la vaporisation, la difficulté de la transmission de la chaleur qui résulte aussitôt de l'interposition d'une semblable couche terreuse. Il est tel qu'il est reconnu que, pour les transatlantiques, le nombre de tours de roue par minute diminue au moins de 1/5 trois jours après avoir quitté le port où s'est effectuée la désincrustation totale de la chaudière.

Nous suivrons pour l'étude de cette question les recherches de M. Cousté, inspecteur des tabacs, qui a traité avec grand talent la question des incrustations marines, et a publié, dans les *Annales des Mines*, le résultat de ses travaux.

Au point de vue de la nature des incrustations, il a constaté que le dépôt incrustant était formé presque complétement de sulfate de chaux qui, se déposant hydraté, devient anhydre par l'effet de la chaleur qu'il éprouve quand il est chauffé sur la paroi métallique. Il devient amorphe par la cuisson, et contracte une grande dureté et une grande adhérence avec le fond des chaudières. L'analyse a constaté que ces dépôts étaient composés de 0,81 à 0,85 de sulfate de chaux, de 0,022 à 0,032 de carbonate de magnésie, de 0,06 à 0,10 de magnésie libre, d'un peu de fer, d'alumine et d'eau.

Nous passerons en revue les divers moyens employés, soit pour combattre les incrustations à la mer, soit pour supprimer l'emploi de l'eau de mer dans les chaudières, solution complète, mais difficile à réaliser, du problème de se mettre à l'abri des inconvénients qui s'attachent à l'emploi de l'eau salée.

1° *Pompe à désaturation.* On sait que la vapeur de l'eau chargée de sel est absolument pure. Il suit de là que, si rien ne s'y opposait, après peu de jours de chauffage, de grandes quantités de matières salines viendraient remplir une chaudière marine. Le moyen qui a été employé pour éviter cet inconvénient consiste à enlever, à l'aide d'une pompe, une suffisante quantité d'eau saturée de sels, en la puisant au fond de la chaudière où se réunit l'eau la plus chargée de sel, la plus dense. Il suffirait, pour éviter la saturation, que cette pompe enlevât deux ou trois douzièmes de l'eau apportée par la pompe alimentaire ; mais il n'en est pas de même pour les incrustations. L'expérience a prouvé que lorsque la pompe de désaturation n'enlevait pas une proportion bien plus considérable de l'eau fournie par la pompe alimentaire, les incrustations se produisaient avec une très-grande rapidité. C'était dans ces faibles proportions indiquées ci-dessus qu'était réglée la marche de la pompe de désaturation, il y a quelques années, et les incrustations étaient telles que les premiers essais de chaudières tubulaires à la partie supérieure, tentés par M. Gingembre, furent abandonnés par suite des incrustations qui réunissaient bientôt tous les tubes en une seule masse.

Lorsqu'au contraire on s'est décidé, comme on le fait aujourd'hui, à faire enlever à la pompe de désaturation moitié de l'eau envoyée dans la chaudière par la pompe alimentaire, le sulfate de chaux, de moins en moins soluble avec la chaleur, comme l'a reconnu M. Cousté, et insoluble dans l'eau à 150 degrés, se trouve précipité et entraîné en partie au dehors, d'où résultent une diminution de l'incrustation sur les surfaces directement exposées à l'action du feu, incrustation malheureusement encore bien notable, et la suppression des incrustations sur les surfaces indirectes de chauffe, sur celles qui ne sont chauffées que par la circulation de la fumée.

Ce résultat très-considérable fera, nous pensons, toujours maintenir le jeu de la pompe de désaturation plus étendu qu'il n'est indispensable pour purger l'eau de mer des sels solubles, quel que soit, dans l'avenir, le sort des découvertes de matières anti-incrustantes qui pourront être faites pour combattre avec quelque succès les incrustations. D'où cette conséquence, au point de vue même de ces découvertes, qu'elles peuvent difficilement consister dans l'addition de substances solubles (comme le carbonate de soude proposé pour l'eau douce par M. Kuhlmann), puisqu'elles devraient s'appliquer à une grande quantité d'eau et être répandues en grande partie dans la mer en pure perte.

En second lieu, il est évident qu'il est bon de reprendre à l'eau expulsée la chaleur qu'elle renferme; car la quantité en devient importante, bien qu'il ne faille pas l'exagérer, car elle ne possède pas de chaleur latente. On y parvient en faisant sortir l'eau chaude par des tubes placés au centre des tuyaux qui conduisent l'eau froide à la pompe alimentaire; dans ce mouvement en sens inverse, s'il est suffisamment prolongé, il y a échange, déplacement de la chaleur. Dans la pratique, les incrustations qui se produisent par le moindre échauffement de l'eau salée, par suite du dégagement de l'acide carbonique qu'elle tient en dissolution, ce qui cause la précipitation de matières terreuses, s'opposent au bon échange de la chaleur entre les deux colonnes d'eau. La pompe de désaturation gêne, comme les incrustations qui rendent dangereux un chauffage énergique, l'emploi de la haute pression à la mer; elle peut difficilement puiser de l'eau à une température un peu élevée, celle-ci se réduisant en partie en vapeur qui remplit le corps de pompe à chaque coup de piston.

2° *Moyens chimiques. — Compositions désincrustantes.* Les moyens chimiques, qui suffisent avec les eaux douces pour éviter l'adhérence des dépôts de carbonate de chaux, n'ont pas réussi à la mer; ceux qui paraissent avoir eu quelques succès partiels, le sel de soude et le tan, par exemple, deviennent trop coûteux par la grande quantité qu'il est nécessaire d'employer à la mer, que double, comme je l'ai dit plus haut, l'extraction considérable de la pompe de désaturation.

On peut donc établir qu'une condition essentielle d'une matière anti-incrustante est d'être insoluble, de se déposer sur les surfaces métalliques, de manière à se trouver en position d'agir aussitôt que l'incrustation commence.

Jusqu'à ce jour, les seuls procédés qui aient donné des résultats de quelque importance à la mer sont les deux suivants :

Le premier est le graissage du fond de la chaudière. Tant que la moindre parcelle de graisse persiste, aucun dépôt terreux ne peut le recouvrir sans que, par suite de l'accroissement de température qui en résulte pour la paroi métallique qui cesse d'être en contact avec l'eau, cette graisse ne se décompose, brise et pénètre la matière incrustante qui cesse d'être adhérente. Malheureusement il est bien évident que l'effet du graissage de la chaudière, effectué à la main lors du départ, ne peut durer que quelques jours.

Le second moyen consiste dans l'emploi de l'argile, qui a la propriété de rendre les matières déposées boueuses, et cet effet est assez prononcé pour qu'un instant on ait annoncé que l'argile allait remédier à tous les défauts des incrustations. Malheureusement il a été bientôt reconnu que l'argile entraînait des inconvénients graves qui devaient la faire rejeter complétement, ou pour le moins (et c'est l'avis du plus petit nombre) en restreindre l'application à l'emploi de quantités insuffisantes pour combattre efficacement les incrustations. L'argile rendant l'eau visqueuse, est entraînée avec des globules de celle-ci dans les tiroirs et dans les cylindres et est bientôt une cause de destruction.

Toutefois, il nous semble que les résultats ci-dessus mettent sur la voie d'une solution complète, et c'est pour cela que nous sommes revenus sur ces procédés. Leur réussite partielle paraît indiquer l'emploi d'un savon alumineux, renfermant des corps gras et de l'alumine, pouvant (sauf quelques difficultés de répartition dans la masse liquide, dans les moyens d'assurer une densité convenable par mélange avec des corps inertes, ce qui demande quelques expériences faire disparaître les incrustations, tant par l'action de la graisse qui lubrifierait les faces de la chaudière, que par celle de l'alumine, qu donne à l'argile ses propriétés anticristallines, grasses, boueuses. I y a là une magnifique question à résoudre, du plus haut intérêt pour la navigation à vapeur.

3° *Surchauffe de l'eau.* M. Cousté, ayant remarqué que le sulfate de chaux, qui formait exclusivement la base des incrustations, était entièrement insoluble à 150 degrés, a proposé de chauffer l'eau à cette température (sans la laisser se vaporiser), puis de la filtrer avant de la faire passer par la pompe alimentaire. La disposition qu'il a proposée, à cet effet, nous paraît d'une application pratique assez difficile, et le nettoyage du surchauffeur presque aussi compliqué que celui de la chaudière ; mais l'idée n'en est pas moins parfaitement logique, et il n'y a pas théoriquement de perte de chaleur à échauffer l'eau qui doit être vaporisée ensuite. On peut donc espérer que cette idée portera ses fruits.

C'est par un effet de cette nature que peuvent s'expliquer les curieux effets de la chaudière à diaphragmes de M. Boutigny d'Évreux, qui fournit peut-être le moyen pratique cherché par M. Cousté. L'eau, tombant sur les premiers diaphragmes, paraît chauffée assez brusquement à l'état d'eau, sans se vaporiser, pour que toutes les matières incrustantes se déposent sur ceux-ci, et que par suite leur facile changement effectue le nettoyage de la chaudière.

4° *Condenseur de Haal.* Un système fort séduisant, et auquel on n'a renoncé qu'après l'avoir appliqué à plusieurs reprises et sur une grande échelle, consiste à condenser la vapeur d'eau, non plus par le contact direct de l'eau de condensation, mais par son action indirecte, par l'intermédiaire de surfaces métalliques refroidies par cette eau. Le produit de la condensation, c'est-à-dire de l'eau distillée, retournant dans la chaudière pour l'alimenter, toute la question des incrustations eût été résolue, toutes les difficultés qui peuvent résulter de l'emploi de l'eau de mer eussent été levées, puisque c'eût été une même quantité d'eau distillée, successivement vaporisée et condensée, qui eût effectué le travail dans la machine.

Haal disposait son condenseur sous forme de longs tubes enroulés (de plusieurs milles de longueur pour de puissantes machines), recevant la vapeur à condenser à l'intérieur et plongés dans l'eau enlevée à mesure de l'échauffement par la partie supérieure. Il pensait avoir reconnu qu'une surface condensante de $1^{m},68$ était suffisante par force de cheval. Un laborieux inventeur, M. Sauvage, a depuis établi un petit condenseur de ce genre, dans lequel une surface de $0^{m},50$ était suffisante par force de cheval, en faisant marcher l'eau condensante en sens inverse de la vapeur renfermée dans un tube placé à l'intérieur de celui qui contenait l'eau.

Il n'y aurait rien à désirer de mieux que ce système, s'il fonctionnait toujours, après quelque temps de service, comme lors de la mise en train. Malheureusement les dépôts que l'eau de mer fait sur les tuyaux, et aussi la graisse qui tapisse leur intérieur et qui provient de la vaporisation de celle qui a servi à lubrifier le piston de la machine, font que le contact entre la vapeur et l'eau n'est plus seulement gêné par un passage à travers des corps métalliques bons conducteurs de la chaleur, mais encore à travers des substances qui la conduisent fort mal et qui s'opposent à une rapide condensation.

En pratique, le système de Haal, fort bien accueilli par l'amirauté anglaise, a été abandonné après bien des essais, et les appareils de condensation à surface supprimés.

Les avantages de tout genre que ferait obtenir l'emploi de la haute ou au moins de la moyenne pression à la mer ont fait revenir au condenseur de Haal, l'alimentation à l'eau pure étant la première condition de ce progrès. Les constructeurs anglais varient les dispositions pour y parvenir, et l'on doit signaler l'emploi du caoutchouc vulcanisé entre deux plaques boulonnées pour assembler les extrémités des tubes de manière à rendre le démontage et le nettoyage de ceux-ci faciles, et par suite faire disparaître l'amoindrissement de conductibilité qui résulte de la graisse qui vient se déposer à leur surface et les empêche d'être mouillés par l'eau qui se condense.

Nous reproduirons ici le condenseur à surfaces et à petits tubes imaginé par M. Pirson, constructeur américain, qui est le plus apprécié aujourd'hui, et qui, établi sur un principe nouveau, évite les dangers d'introduction d'air qui ont été la cause de l'insuccès de plusieurs condenseurs à surface.

L'appareil tubulaire est constitué, comme à l'ordinaire, au moyen d'un grand nombre de petits tubes dirigés horizontalement et ajustés avec des plaques de tête en bronze : à l'une des extrémités arrive la vapeur qui circule à l'intérieur des tubes ; à l'extrémité opposée se rassemble l'eau condensée, qui est recueillie et renvoyée à la chaudière par une pompe alimentaire ordinaire. La différence caractéristique de ce système consiste en ce que le compartiment d'arrivée de la vapeur communique avec le compartiment moyen, par l'intermédiaire de petites ouvertures *a* et *b* (*fig.* 125 et 126), pratiquées vers la partie supérieure de la plaque de tête ; une pompe à air entretient le vide dans ce compartiment, ainsi que dans la capacité intérieure des tubes, au moyen de l'ouverture *b*. L'eau réfrigérante ne forme pas un bain complet, mais est lancée sous forme d'injection ordinaire, se répandant en pluie, ou au moins en filets très-multipliés sur la surface extérieure des tubes. Par suite de ces dispositions, les tubes supportent toujours une égale pression à l'intérieur et à l'extérieur, et, par conséquent, ils peuvent être réduits à des épaisseurs

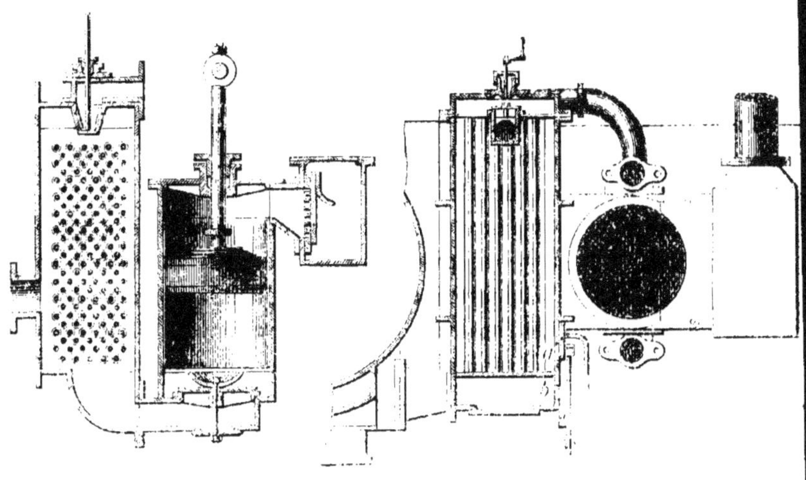

Fig. 125. Fig. 126.

impossibles dans les autres systèmes; de plus, leur assemblage avec les plaques de tête est notablement simplifié. Il suffit qu'il présente un contact passable pour prévenir le mélange de l'eau douce et de l'eau salée, mais il peut y avoir glissement des parties en contact, de manière à laisser libre jeu aux dilatations, sans qu'il en résulte d'inconvénients.

Dans un appareil monté à bord de la *Mouette*, bateau à vapeur employé à Toulon au service de la rade, la surface tubulaire est de 124^{mq}, pour 192 chev. vap., ce qui fait seulement 0^{m},74 par cheval; la pompe à air est d'un faible volume, 0.1 de celui du cylindre à vapeur, ce qui ne permet pas de pousser l'injection aussi loin que dans le mélange d'eau et de vapeur. Dans ces conditions, le vide à l'intérieur des tubes atteint de 51 à 59 centimètres de mercure; c'est un peu moins que dans la condensation directe, mais c'est plus que dans la plupart des appareils à condensation extérieure.

3° *Refroidissement de l'eau de condensation.* M. Cousté, partant du principe qu'il n'est pas possible dans la pratique d'abandonner le condenseur à eau; d'un autre côté, reconnaissant les grands avantages d'employer à la mer de l'eau distillée, a proposé de chercher les moyens de refroidir l'eau de condensation qui resterait toujours la même. Il semble que, dans certaines circonstances et avec certains systèmes de réfrigérants peu dispendieux, empruntant surtout leur effet à l'atmosphère ou à la mer, ce système est très-applicable. Cela deviendra d'autant plus possible, que l'on emploiera des machines à détente plus étendue, que la plus parfaite utilisation du travail mécanique que peut produire la vapeur aura entraîné la consommation d'une plus grande quantité de chaleur, et que par suite l'eau de condensation sera moins échauffée ou devra être en quantité moindre.

M. Normand fils, du Havre, a appliqué ce système à un petit bateau à vapeur, *le Furet*, et est arrivé à d'excellents résultats. Son réservoir à eau froide, d'une assez grande capacité, est traversé par un système tubulaire parallèle à la quille, qui donne passage à l'eau de la mer; l'action réfrigérante sur la masse de l'eau est donc en raison de la vitesse du bateau et de la surface des tubes. Elle peut donc être rendue assez grande pour être égale à la quantité de chaleur qui est dégagée par la condensation de la vapeur.

La construction des navires en fer se prête heureusement à cette combinaison, puisqu'en étendant le réservoir le long des flancs du navire, on peut utiliser l'action réfrigérante d'étendues de surfaces considérables. Toutefois, comme on rencontre cette difficulté que les quantités de chaleur qu'il est possible d'enlever par unité de surface sont bien moindres quand c'est de l'eau qui mouille une des faces et non de la vapeur qui s'y condense, ce n'est qu'en les diminuant, par l'emploi d'une détente de 4 ou 5 fois le volume primitif, que M. Normand a pu réussir ; mais cet essai nous paraît indiquer une voie de perfectionnement trop précieuse pour l'emploi au moins partiel de l'eau douce, pour que nous ayons dû ne pas oublier de le signaler.

242. Pompe alimentaire. La pompe alimentaire doit chasser dans la chaudière une quantité d'eau largement égale à celle qui en sort, de telle sorte que le niveau reste aussi constant que possible. Mue par la machine, la pompe alimentaire offre le grand défaut de ne pas fonctionner pendant les temps d'arrêt ; on y supplée, dans les puissantes machines, par une petite machine auxiliaire spéciale dite *Petit-Cheval*.

Depuis quelque temps une ingénieuse invention, déjà adoptée avec grande faveur pour les locomotives, est venue remplacer fréquemment la pompe alimentaire. Nous la décrirons ici.

243. Injecteur pour l'alimentation des chaudières à vapeur, inventé par M. Giffard.

La vapeur sort de la chaudière par le tuyau AB (*fig.* 127) muni d'un robinet d'arrêt; elle pénètre dans un second tube C, perpendiculaire au premier, par de petits trous : ce second tuyau est terminé en cône du côté de la chaudière.

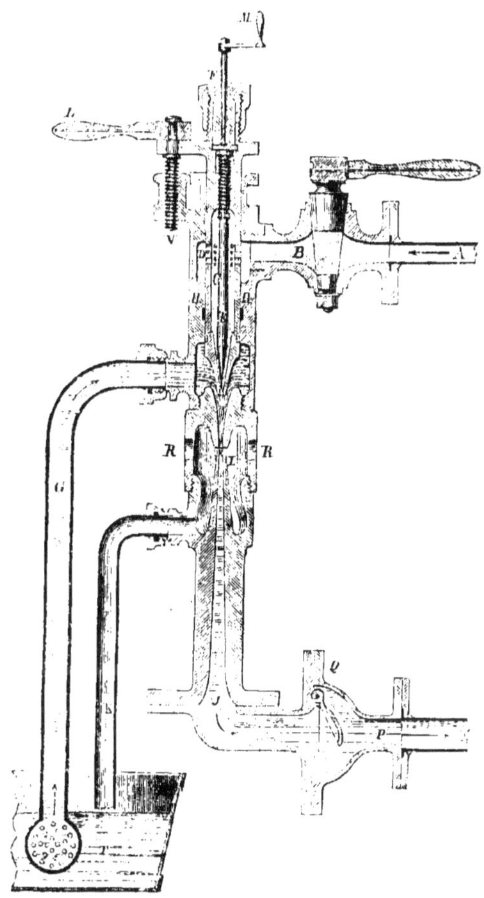

Fig. 127.

L'extrémité du tube C est conique en dedans et en dehors, et elle peut être rapprochée ou écartée de la pièce H, qui est conique intérieurement, par le jeu du levier L; celui-ci agit sur une vis à pas rapide, et fait marcher le tuyau C avec tout son système.

Une autre tige à vis E, terminée d'un bout par un cône, et de l'autre par une manivelle M, en reçoit le mouvement, et sert à régler ou même à intercepter entièrement le passage de la vapeur qui vient de la chaudière.

Un tuyau d'aspiration G plonge dans la bâche, et conduit l'eau aspirée par l'injecteur à l'extérieur du tuyau C.

JJ est un ajutage divergent qui reçoit l'eau amenée par le tuyau d'aspiration et à laquelle la vapeur de la chaudière, en s'échappant par le bout conique du tube C, imprime une grande partie de sa vitesse en se condensant. Cet ajutage va en augmentant de diamètre du côté de la chaudière, et il est muni d'un clapet de retenue qui empêche l'eau de sortir du générateur quand l'appareil ne fonctionne pas. Un bouchon à vis Q permet de visiter à volonté le clapet. P est un tuyau qui conduit ensuite l'eau d'alimentation dans la chaudière.

Il y a enfin un tuyau de trop-plein ou de purge K, par lequel s'écoule l'excès d'eau que l'appareil peut aspirer.

La marche du système est facile à comprendre. La distance entre la bague H et l'extrémité conique du tuyau C doit être réglée en raison du volume d'eau à introduire dans la chaudière en un temps donné ; elle ne doit jamais être moindre d'un centimètre. Le levier L et sa vis permettent ce règlement. L'eau ne doit jamais sortir par le tuyau de purge K quand l'alimentation fonctionne.

Lorsque l'appareil ne fonctionne pas, la tige à vis EE est à fond dans le cône et intercepte entièrement la vapeur. Dès qu'on fait faire un tour à la manivelle et que la vapeur, à la pression de la chaudière, s'échappe avec une très-grande vitesse par l'ouverture conique du tube C, elle entraîne l'air et produit une aspiration dans l'espace annulaire resté au milieu de la bague H; l'eau de la bâche monte, appelée à une hauteur de 3 ou 4 mètres : le jet de vapeur qu'elle rencontre là se condense immédiatement, et en même temps cette vapeur imprime au volume d'eau appelé une vitesse et une force vive considérables, la vitesse que prend un gaz, sous une pression donnée, étant bien plus grande que celle que peut recevoir un liquide par la même pression ; aussi est-elle suffisante pour que le clapet soit soulevé et que l'eau pénètre dans le générateur.

Manœuvre de l'appareil. La section annulaire qui sert de passage à l'eau étant réglée à un centimètre, par exemple, qui est la section minima, et la tige à vis et à cône étant serrée à fond, à l'aide de la manivelle, pour intercepter le passage de la vapeur :

On ouvre le robinet B de la chaudière; puis on fait faire un tour à la manivelle pour donner passage à la vapeur qui s'échappe avec vitesse et qui entraîne l'air contenu dans le système. Le vide se fait dans le tuyau d'aspiration, et l'eau qui monte remplit l'espace annulaire et condense la vapeur en s'échauffant.

Aussitôt que l'eau est arrivée et coule par le tuyau de trop-plein, on fait faire plusieurs tours à la manivelle, de manière à ouvrir entièrement le passage de vapeur.

L'eau qui sortait par le tuyau de trop-plein entre alors dans la chaudière, en vertu de la force vive et de la vitesse que lui a imprimées la vapeur.

On doit régler le volume introduit en manœuvrant le levier L et ouvrant ou fermant plus ou moins le passage de l'eau, de manière que rien ne sorte par le tuyau de purge ; un regard R, qui est à l'origine du tuyau divergent, permet de voir le courant alimentaire injecté dans la chaudière.

244. Tubes sécheurs et surchauffeurs. La vapeur produite avec de petites surfaces de chauffe, presque toujours avec une ébullition violente puisque l'on pousse le feu de manière à obtenir le maximum de vaporisation pour obtenir le maximum de puissance mécanique, entraîne avec elle une quantité d'eau considérable.

Mesurée dans les locomotives, cette quantité d'eau entraînée a été trouvée égale à 30 ou 40 p. 100 du poids de la vapeur produite ; elle ne peut être évaluée pour les navires à vapeur à grande vitesse, à moins de 25 p. 100 en moyenne.

Cette quantité d'eau qui s'accumule dans les cylindres, où elle peut devenir une cause d'accidents, qui contient une quantité importante de chaleur qui ne produit aucun travail mécanique, peut être convertie en vapeur au moyen d'appareils propres à sécher la vapeur, c'est-à-dire à chauffer celle-ci de manière à vaporiser l'eau qu'elle contient. Ils consistent essentiellement en des tubes de 12 à 15 centimètres de diamètre, chauffés par les produits de la combustion, à travers lesquels on fait passer la vapeur. On obtient ainsi de la vapeur parfaitement sèche, mais l'appareil devient compliqué et coûteux : les réparations de ces tubes sécheurs sont difficiles et cependant assez fréquentes, comme toutes les parties qui, n'étant pas en contact avec l'eau, peuvent prendre des températures élevées. De plus, après un arrêt de la machine, la vapeur contenue dans ces tubes peut se trouver très-surchauffée, et venir brûler les garnitures des pistons.

Une partie des avantages des tubes sécheurs est obtenue en donnant au réservoir de vapeur une grande capacité et surtout de la hauteur, ce qui permet aux gouttelettes d'eau de ne pas être entraînées et surtout évite toute projection d'eau dans les cylindres. Il est bien évident aussi que plus la capacité de ce réservoir sera grande, plus la pression sera régulière malgré les variations du feu et de la puissance de l'appareil de vaporisation, meilleur sera par suite le travail de la machine.

Ce système avait été admis comme préférable à celui des tubes sécheurs, jusqu'au jour où M. Hirn a montré l'économie que peut procurer l'emploi de la vapeur surchauffée, dont l'effet ne se borne pas à la vaporisation de l'eau entraînée par la vapeur, ainsi que nous l'expliquerons plus loin. Le moyen d'empêcher la surchauffe de dépasser une limite voulue, au delà de laquelle apparaissent des effets destructeurs d'un gaz sec et chaud, comme la vapeur surchauffée, est de ne jamais la laisser séjourner trop longtemps dans les tubes surchauffeurs, et à cet effet, de laisser toujours subsister un certain écoulement de la vapeur; ou de la mélanger dans des proportions convenables avec de la vapeur saturée; enfin de disposer les tubes dans un endroit où ils ne puissent pas rougir. C'est dans ce but qu'on les place dans des conduits de fumée, à une assez grande distance du foyer.

Nous donnerons comme exemple de disposition durable et pas trop coûteuse, l'appareil surchauffeur du *Fontenoy* (*fig.* 128 et 129), qui a donné de bons résultats. Il est placé à la base de la cheminée et se compose de trois tores en fonte de fer, divisés chacun en quatre segments égaux. Ces tores, de diamètres différents, sont placés les uns au-dessus des autres sur le même axe et dans des plans parallèles, convenablement éloignés les uns des autres pour laisser passer la fumée. Ils sont reliés entre eux par des tubulures qui leur servent mutuellement de supports. Le premier, qui a pour diamètre intérieur le diamètre de la cheminée, est supporté par une large bride placée à la base de cette cheminée. La série des segments opposés et placés dans le sens transversal du bâtiment reçoit directement la vapeur des chaudières des deux bords. Les deux autres séries de segments opposés et placés dans le sens longitudinal portent la vapeur aux cylindres. Les segments d'entrée communiquent avec ceux de sortie au moyen de tubes-siphons en fer au nombre de quarante-huit, qui s'ajustent sur les tubulures que présentent les tores. Ils montent à une hauteur de 3 mètres dans la cheminée, dont le diamètre, dans cette partie, est convenablement augmenté.

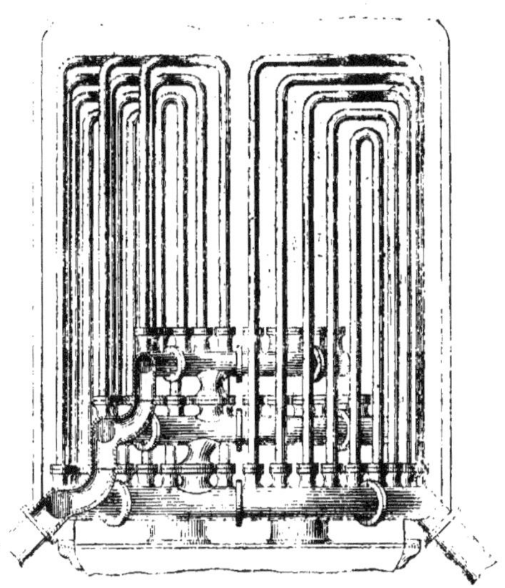

Fig. 128.

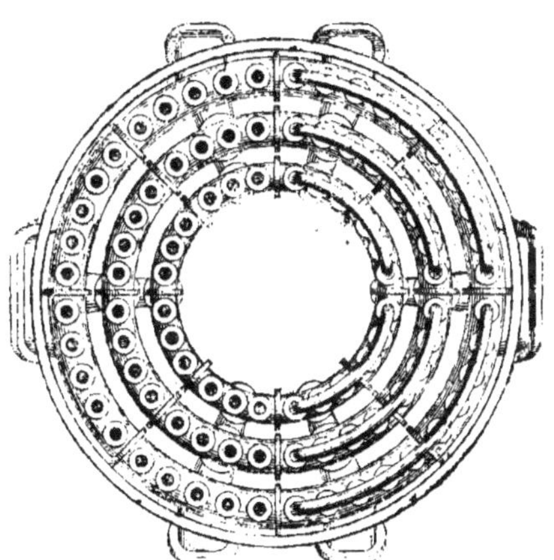

Fig. 129.

Des papillons sont placés dans les tuyaux, qui permettent de se servir à volonté de l'appareil. Ces papillons servent aussi, dans le cas de la marche avec de la vapeur surchauffée, à établir à volonté, et dans les proportions que l'on veut, le mélange de la vapeur surchauffée avec la vapeur saturée. Au delà de 200 degrés, le mélange est indispensable si l'on veut ménager les garnitures ; un thermomètre placé sur la boîte de distribution des tiroirs donne les indications nécessaires à cet effet.

245. Des explosions. Des accidents toujours désastreux, mais qui sur un navire acquièrent un degré tout particulier de gravité, arrivent parfois par le déchirement des chaudières. On comprend toute l'importance de l'étude des causes de ces accidents; malheureusement on ne peut dire qu'elle soit encore complète. Toutefois on peut analyser d'une manière srtisfaisante les divers cas, en les rapportant à deux catégories : 1° Déchirement des chaudières par suite de résistances insuffisantes; 2° Explosions foudroyantes provoquées par le passage de l'eau de la chaudière à l'état sphéroïdal.

1° *Insuffisance de la résistance.* Si une chaudière est construite de manière à avoir une résistance insuffisante pour la pression de la vapeur qu'elle doit renfermer; si notamment on n'a pas disposé des armatures assez fortes pour empêcher la déformation des surfaces plates de leurs parois, qui tendent évidemment à prendre la forme sphérique par les efforts de la pression s'exerçant dans tous les sens, elle peut se fendre par cette action, et il est bien des ruptures ainsi produites, par exemple, lors de l'essai des chaudières. Mais, en général, grâce à l'habileté et à l'expérience des constructeurs, aux épreuves de reception poussées jusqu'à des pressions supérieures à celles que peut prendre la vapeur dans la chaudière, rien de semblable n'arrive quand la chaudière est neuve. Lorsqu'au contraire celle-ci a servi depuis longtemps, lorsque surtout ses parties ont pu rougir, soit par suite des incrustations qui s'opposent au passage de la chaleur, soit parce que des parties sont mal disposées (c'est pour cela qu'il est réglementaire que le niveau de l'eau s'élève au-dessus de la partie supérieure des carneaux), le métal se brûle, perd de son épaisseur, s'oxyde, et bientôt sa résistance devient insuffisante, surtout lorsque la pression vient à augmenter, lorsque, par exemple, une fissure se fait dans la matière terreuse incrustante, et que l'eau vient au contact de surfaces fortement chauffées. Une déchirure de la chaudière se produit, et aussitôt des masses de vapeur et d'eau chaude viennent brûler les chauffeurs et remplir tout l'espace réservé à la machine et aux chaudières.

Le remède à ces dangers ne peut consister que dans des soins convenables apportés à l'entretien de chaudières bien établies, et surtout dans la bonne conduite du feu, la surveillance des incrustations, pour éviter qu'elles acquièrent jamais une épaisseur dangereuse; enfin à faire des extractions largement suffisantes, en raison des procédés employés pour éviter ou diminuer les dépôts.

2° *Explosions fulminantes*. Il est certains cas où non-seulement les effets que nous venons d'analyser se produisent, mais encore dans lesquels des fragments de la chaudière sont projetés et brisent tous les obstacles qui s'opposent à leur mouvement. Il y a là une production de force vive énorme, instantanée, et, chose remarquable, il a été plusieurs fois constaté après d'affreux sinistres, qu'un peu avant qu'ils ne se soient produits, malgré une combustion intense, la pression de la vapeur était peu élevée. Ce fait curieux, qui se reproduit très-nettement quand apparaît l'état *sphéroïdal*, montre bien clairement que c'est dans l'étude de ce genre de phénomènes que se trouve l'explication de ces funestes accidents. Nous nous y arrêterons par suite quelques instants.

Lorsqu'après avoir chauffé au rouge une capsule métallique d'argent ou de platine, par exemple, l'on y verse quelques grammes d'eau, le liquide ne s'y étale plus et ne la mouille pas comme il le fait à la température ordinaire, il prend la forme d'un globe aplati, ce que M. Boutigny, qui a fait une excellente analyse de cet ordre de phénomènes, exprime en disant qu'il passe à l'état sphéroïdal. A cet état l'eau prend un mouvement giratoire rapide et elle ne se vaporise plus que très-lentement, 50 fois moins vite que dans les cas ordinaires. Enfin si la capsule se refroidit, il arrive un moment où l'état sphéroïdal cesse; l'eau mouille alors la capsule, et une ébullition violente, une espèce d'explosion, se produit subitement.

Tous les liquides peuvent prendre l'état sphéroïdal, à des températures d'autant plus élevées que leur point d'ébullition est plus élevé. Pour l'eau la capsule doit être chauffée à 200 degrés (et il se maintient jusqu'à 142 degrés), pour l'alcool 134 degrés.

Si l'on cherche à déterminer la température des sphéroïdes, on reconnaît qu'elle est inférieure à celle du point d'ébullition, quelle que soit, d'ailleurs, la température du corps qui les contient. Elle paraît être invariable, et pour l'eau s'élève à 96°,5, pour l'alcool à 75°,5, l'éther à 34 degrés; environ 3 ou 4 degrés au-dessous du point d'ébullition. C'est cette propriété des liquides qui a conduit M. Boutigny à une bien curieuse expérience, que l'on ne peut jamais voir sans surprise, et qui consiste à changer de l'eau en glace dans une capsule chauffée au rouge blanc. Si l'on y verse de l'acide sulfureux liquide qui se vaporise vers — 10 degrés, la température du sphéroïde qu'il forme sera — 6 ou — 7 degrés, et par suite une petite quantité d'eau versée dans celui-ci formera immédiatement un glaçon. L'expérience réussit encore dans le vide. On peut congeler de même le mercure avec l'acide carbonique liquéfié.

Si l'on étudie expérimentalement ces curieux phénomènes, on reconnaît bientôt que le fait de la constitution de l'état sphéroïdal coïncide avec un écartement du liquide de la paroi échauffée ; ainsi M. Boutigny a pu très-nettement voir la flamme d'une bougie entre l'eau et une plaque rougie. Il est donc naturel de supposer que la vapeur dégagée au contact de la goutte d'eau, dont la température est en raison de celle de la capsule, soulève l'eau, et la supportant en l'air par sa formation continue, permet à l'attraction de faire naître la forme sphérique.

Récemment M. Dufour, savant professeur de l'université de Lausanne, a montré que des phénomènes tout à fait analogues aux précédents se passaient lors du passage des corps de l'état liquide à l'état solide, lorsqu'on les soustrait aux actions de contact des corps solides. Ayant suspendu des globules liquides d'eau, de soufre, de phosphore dans des dissolutions d'égale densité, il a pu les refroidir bien au-dessous du point déterminé pour leur fusion, comme les chauffer au-dessus de leur point d'ébullition.

Ces faits incompatibles avec la théorie du calorique qui s'enseigne généralement, puisqu'il n'est pas admissible qu'il puisse être uni à un corps sans produire les effets qui lui sont propres, les changements qu'on lui attribue, concordent fort bien avec la théorie mécanique de la chaleur.

En effet, les effets de la chaleur étant considérés, d'après le mode de constitution auquel conduit cette théorie, comme produisant des mouvements moléculaires orbitaires dans les liquides, il est naturel d'admettre que quand ces liquides passent à l'état globulaire, sont entièrement libres, les mouvements se communiquent de proche en proche, et sans doute par une concordance de vibrations, que le mouvement peut passer de l'état de mouvement moléculaire à l'état de mouvement de masse. C'est de la chaleur qui devient de la force vive comme celle que l'on étudie en mécanique ou inversement, et les mouvements vibratoires se trouvent, tantôt produire de la chaleur tantôt des forces vives. Sans insister sur les curieuses conséquences de toute nature qui peuvent sortir de ces principes, on voit de suite comment ils rendent compte, ce qui n'est pas possible autrement, de la puissance extrême des explosions produites, lorsque toute la chaleur de l'eau à l'état sphéroïdal, *plus la force vive emmagasinée par suite de cet état*, et revenant à la nature de forces vives atomiques, c'est-à-dire de chaleur, vient à agir en même temps sur les parois du vase qui renferme l'eau. Sans cet élément de transformation de force vive en chaleur ou pression de vapeur, on ne peut se rendre compte de certaines explosions effrayantes, telle qu'une explosion de locomotive, notamment, brisant les rails et les enfonçant dans le sol par une pression énorme. Le moindre calcul prouve que, sans cela, de l'eau à l'état sphéroïdal, c'est-à-dire à 98 degrés, ne serait nullement capable d'engendrer des volumes de vapeur pouvant produire des effets aussi considérables.

Nous ne croyons pas absolument nécessaire d'admettre avec M. Boutigny que les sphéroïdes sont maintenus en l'air par l'action répulsive du calorique rayonnant, ni encore qu'ils réfléchissent toute la chaleur qui leur est envoyée. La chaleur rayonnante, émise par une source de chaleur à une haute température, les traverse facilement pendant qu'une partie produit, sans doute, des accélérations de mouvements orbitaires généraux. La répulsion naissant au contact du liquide et du métal incandescent, par l'action de ressort qu'exerce la vapeur instantanément formée, nous semble parfaitement suffire pour rendre compte du phénomène de la suspension du sphéroïde, même dans le cas où M. Boutigny fait naître l'état sphéroïdal entre les spires non serrées d'un fil de platine.

Pour montrer comment les faits se produisent dans des cas où l'état sphéroïdal est bien constaté, absolument comme dans certains cas d'explosion fulminante, nous rapporterons l'expérience fondamentale suivante :

Une petite chaudière, dont le fond est chauffé jusqu'au rouge par une lampe, est fermée par un bouchon à travers lequel passe un tube terminé à l'extérieur par une ouverture de 1/2 millimètre de diamètre par lequel passe un petit jet de vapeur qui ne paraît pas avoir de tension tant elle est rare, tant que l'eau mise dans la chaudière est à l'état sphéroïdal (*fig.* 130). Aussitôt que la température est abaissée suffisamment, après qu'on en a retiré la lampe, pour que l'eau mouille la chaudière, un jet de vapeur d'une grande vitesse passe par le tube, et le bouchon est aussitôt lancé en l'air, malgré la présence de cette espèce de soupape de sûreté.

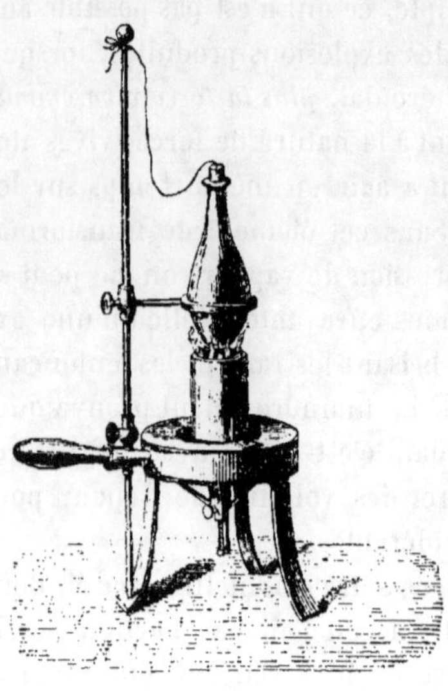

Fig. 130.

Au point de vue des applications, si l'on peut craindre que l'eau d'une chaudière n'ait passé à l'état sphéroïdal, comme peut l'indiquer une diminution de pression avec un niveau d'eau très-bas, une combustion très-vive et des parties de la chaudière rougies, enfin quelquefois une trépidation générale qui indique que la masse du liquide s'est divisée en globules, on voit qu'il faut bien se garder d'y envoyer une grande quantité d'eau froide qui déterminerait l'explosion en faisant cesser l'état sphéroïdal. La seule chance de salut est de supprimer l'alimentation sans diminuer les feux, et de vider la chaudière de la majeure partie de l'eau qu'elle contient, le plus rapidement possible.

246. Appareils divers placés sur les chaudières.— *Manomètres.* Les manomètres sont les instruments qui servent à la mesure des pressions. Les plus répandus sont de véritables baromètres à mercure, qui ont l'inconvénient de présenter trop de hauteur quand la pression est élevée, ce qui les a fait remplacer même à terre par des manomètres à air comprimé d'un emploi beaucoup moins certain. A la mer, les manomètres dans lesquels entre le mercure ont cet autre inconvénient grave, que les oscillations continuelles du navire ne permettent guère d'observer un niveau perpétuellement variable.

Le manomètre de M. Bourdon fonctionne par le seul effet de l'élasticité de tubes métalliques. Il est formé d'un tube contourné, dont la section est une ellipse, et qui est fermé par une des extrémités pendant que son intérieur est en communication avec le milieu dont il s'agit de mesurer la pression.

Quand on y introduit de la vapeur à une pression supérieure à celle de l'atmosphère, les parois latérales fléchissent par l'effort qu'elles supportent et augmentent de courbure, en sorte que la section elliptique tend à se rapprocher d'une section circulaire, la somme des pressions étant plus grande parallèlement au grand axe que parallèlement au petit. Le tube ne pourra donc pas conserver la courbure primitive, sa forme sera altérée, et les déplacements de son extrémité correspondant à des pressions déterminées par un étalonnage soigné, serviront à mesurer les pressions de la chaudière ou le vide du condenseur.

Manomètre Bréguet. L'inertie d'un long tube élastique entièrement libre rend les observations assez difficiles avec le manomètre Bourdon, qui, à la mer, est dans une agitation perpétuelle. Cet inconvénient est évité par les manomètres inventés par M. Vidi, l'ingénieux

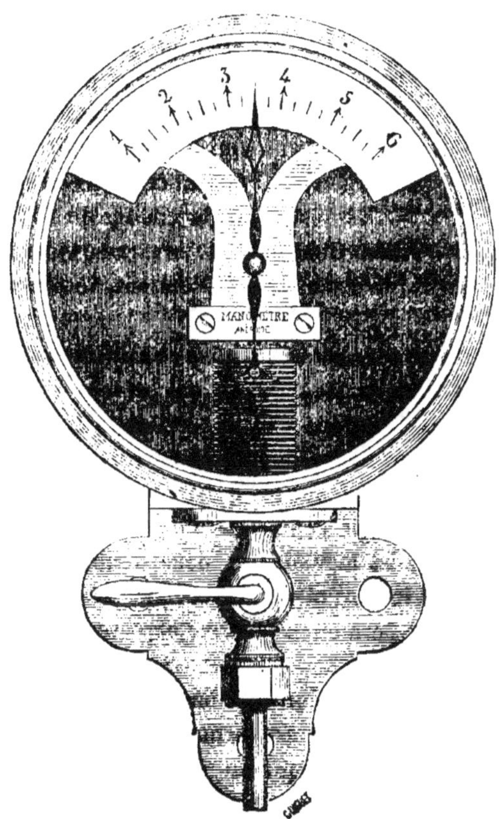

Fig. 131.

inventeur des baromètres anéroïdes. Je donne ici la figure de ces manomètres que construit aujourd'hui l'habile M. Bréguet, et qui entre ses mains nous paraissent appelés à remplacer tous les autres dans les cas où il s'agit de pressions un peu élévées et d'appareils soumis à une agitation perpétuelle. Ils agissent comme le précédent par l'élasticité d'une colonne métallique; mais celle-ci, toujours verticale, varie très-peu de longueur en raison des pressions, étant formée d'un tube de cuivre mince plissé transversalement. Le déplacement de l'extrémité supérieure, convenablement amplifié, et par suite la pression correspondante, est marqué par une aiguille qui se meut sur un cadran. On peut varier la sensibilité de l'instrument à volonté, puisqu'on dispose de la longueur et de l'épaisseur du métal qui forme l'espèce de vis qui varie de longueur avec la pression exercée dans son intérieur.

247. Tube de niveau d'eau. Le tube de niveau d'eau est un tube de verre maintenu entre deux tubes de cuivre mis en communication avec la chaudière; l'inférieur avec la partie qui renferme l'eau, le supérieur avec celle qui est occupée par la vapeur, de telle manière que le niveau d'eau dans le tube est précisément le même que dans la chaudière. Des robinets permettent de fermer les tubes métalliques, pour empêcher toute fuite, en cas d'accident, de rupture du tube.

248. Soupape de sûreté. Les dimensions des soupapes de sûreté sont fixées en France par des ordonnances. Nous ne discuterons pas ici en détail la sécurité que présente leur emploi pour prévenir les explosions. Si elles sont évidemment utiles pour éviter les accroissements continus de pression qui pourraient devenir dangereux, en avertissant les chauffeurs chargés de la conduite des feux, elles sont bien probablement nuisibles dans des cas mal déterminés, où l'insuffisance de l'alimentation, la cessation momentanée de la consommation de chaleur, font passer l'eau contenue dans la chaudière à l'état sphéroïdal. L'ouverture de la soupape peut alors devenir une cause de vaporisation instantanée, et par suite d'une explosion fulminante.

La formule réglementaire adoptée en France pour calculer la surface de l'orifice d'une soupape de sûreté, capable de donner passage à la vapeur qui se produit, est $d = 2{,}6\sqrt{\dfrac{S}{n - 2{,}412}}$.

S, surface de chauffe en mètres carrés, n, tension maximum que doit prendre la vapeur, d diamètre de l'orifice.

240. Salinomètre. Nous empruntons à l'excellent *Traité des machines marines*, de M. Ortolan, mécanicien principal de la marine, ouvrage si clair et si pratique, les instructions suivantes sur l'emploi du salinomètre.

Cet instrument n'est autre que l'aréomètre de Baumé, dont le zéro correspond à la densité de l'eau distillée. On le construit en métal ou en cuivre, et on tient compte de la correction que rend nécessaire la dilatation de l'instrument employé à chaud en augmentant de deux unités l'indication de l'instrument en cuivre, et d'une unité celle de l'instrument en verre, ce qui suffit pour les exigences du service des chaudières marines.

Les dépôts du sulfate de chaux commencent à se former dans l'eau de mer lorsque l'aréomètre marque 9 degrés à froid, et le liquide est à son maximum de saturation par le sel marin lorsque l'instrument indique 30 degrés. Il ne faut donc jamais atteindre le chiffre 9 pour éviter les incrustations calcaires qui sont les plus adhérentes, et même se tenir assez loin de ce point, et ne pas dépasser en moyenne 4 ou 6 degrés.

La température d'ébullition s'élève à mesure que l'eau est plus chargée de sels, et le tableau suivant, dû aux expériences de Faraday, montre que le thermomètre peut fournir, mais d'une manière moins aisément observable, les mêmes indications que l'aréomètre.

TEMPÉRATURE d'ébullition.	QUANTITÉ de sel contenue dans 100 parties d'eau.	NATURE DU DÉPOT.	OBSERVATIONS.
101° cent.	3	Nul.	
102°,7	10	Sulfate de chaux.	Détérioration du générateur.
109°	29,5	Sel marin.	Cristallisation en masse.

CHAPITRE ONZIÈME.

MACHINES A VAPEUR.

Les diverses machines à vapeur marines peuvent être classées à deux points de vue : comme appareils de production du travail mécanique, et comme ayant des formes et des dispositions particulières; autrement dit au point de vue de la dynamique et au point de vue de la cinématique. Au point de vue dynamique, on a à étudier les questions de l'emploi de la haute, basse ou moyenne pression à la mer, les avantages de la détente, de la surchauffe, des variations du travail mécanique obtenu des machines dont la force *nominale* est connue dans les divers cas indiqués.

Au point de vue cinématique, il faut déterminer les proportions des organes propres à assurer un bon fonctionnement, les limites au delà desquelles naissent des résistances, des vibrations dangereuses ou nuisibles à la conservation des machines; les tracés et dispositions les plus avantageuses pour les divers systèmes qui assurent les diverses fonctions qui concourent à la construction d'un appareil à vapeur aussi parfait qu'il est possible.

Bien loin de pouvoir remplir un cadre aussi vaste, qui peut faire la matière de plusieurs ouvrages de grande étendue, nous nous bornerons à traiter les questions les plus importantes, supposant, comme dans ce qui précède, que le lecteur est familiarisé avec les détails de machines qu'il a le plus souvent sous les yeux.

MACHINE A VAPEUR AU POINT DE VUE DYNAMIQUE.

250. Puissance nominale et puissance effective. La première chose que nous ayons à faire est d'indiquer les moyens d'évaluer la puissance des machines, ce qui se fait par deux modes qui donnent souvent naissance à une confusion fâcheuse. Je suivrai, pour bien fixer les idées que l'on doit se faire à ce sujet, l'exposé fait par M. de Freminville dans son grand ouvrage (*Cours pratique des machines à vapeur marines*), des principes adoptés par les ingénieurs de la marine militaire.

Watt, dans le but de permettre la comparaison entre ses machines et les manéges à chevaux qu'elles devaient remplacer, fixa l'unité qu'il nomma cheval-vapeur à 33,000 livres anglaises élevées à 1 pouce par minute ou 550 livres anglaises élevées à 1 pouce par seconde; ce qui revient en mesures françaises à 76 kilogrammes élevés à 1 mètre par seconde. On sait que l'on a adopté 75 kilogrammètres pour la valeur de l'unité, du cheval-vapeur.

L'unité proposée par Watt étant adoptée, l'expression en chevaux de la puissance d'une machine s'obtiendra en divisant la quantité de travail développée par la pression de la vapeur sur le piston, par la valeur de l'unité adoptée. Ainsi D étant le diamètre du cylindre, C la course du piston, N le nombre de tours de la machine par minute, P la pression exercée par unité de surface de piston, le travail produit pendant une minute sera

$$\tfrac{1}{4}\pi D^2 \times 2CN \times P.$$

Les quantités qui entrent dans cette formule étant exprimées en mesures anglaises, on obtiendra la puissance en chevaux en la divisant par 33,000, ce qui donne

$$F = \frac{\frac{1}{4}\pi D^2 \times 2CN \times P}{33,000},$$

et en mesures françaises, en partant du travail produit par seconde,

$$F = \frac{\frac{1}{4}\pi D^2 \times \frac{2CN}{60} \times P}{76}.$$

Mais c'est surtout le travail utile qu'il s'agit d'obtenir, celui qui est employé à surmonter les résistances au mouvement, ou bien, ce qui revient au même, la partie du travail brut développé sur les pistons qui est consommée à mouvoir la pompe à air, la pompe alimentaire, à surmonter les frottements et les résistances passives intérieures de tout genre de la machine.

Si cette quantité de travail perdue ou absorbée était connue, on pourrait l'exprimer en chevaux (en mesures anglaises), en la mettant sous la forme

$$f = \frac{\frac{1}{4}\pi D^2 \times 2CN}{33,000} \times p,$$

et l'on en déduirait la fraction p de la pression P employée à surmonter les résistances intérieures de la machine. Le travail utile aurait alors pour expression

$$T_u = F - f = \frac{\frac{1}{4}\pi D^2 \times 2\,CN\,(P-p)}{33{,}000}.$$

Watt parvint à déterminer avec une grande précision les valeurs de P et p, pour ses machines à simple effet qu'il construisit en grand nombre. Pour avoir P il se servit de l'ingénieux instrument de son invention, dit indicateur de Watt (voir ci-après), qui lui fournissait la valeur de la pression à l'intérieur du cylindre. D'un autre côté, le travail utile des machines lui était connu exactement par la mesure de l'eau élevée par les pompes que faisait mouvoir la machine à vapeur. La différence entre le travail moteur et le travail utile lui faisait donc connaître f et par suite p.

Les résultats de ses expériences le conduisirent à admettre que la pression utile de la vapeur étant de 9 livres anglaises par pouce carré ($0^k,624$ par centim. carré), la valeur moyenne de p était de 2 livres, (soit $0^k,1405$), par suite à poser $P - p = 7$ livres ou 0,4918 par centim. carré, c'est-à-dire à partir de la formule

$$T = \frac{\frac{1}{4}\pi D^2 \times 2\,CN \times 7 \text{ liv.}}{33{,}000},$$

qui revient en mesures françaises à

$$T = \frac{D^2 CN \times \frac{2}{60} \times 0{,}4918 \times 0{,}785}{76} = D^2\,CN \times \frac{0{,}0386}{228};$$

ou enfin $T = \dfrac{D^2 CN}{0{,}59}$ en exprimant D et C en mètres.

Cette formule, qui suppose, comme on le voit, l'emploi de la basse pression, et en général la réunion des conditions semblables à celles des machines à simple effet de Watt, sert à déterminer la *puissance nominale* de la machine. Il est bien évident que cette évaluation est tout à fait erronée et très-inférieure à la puissance réelle des machines actuelles; mais elle a cet avantage d'avoir un rapport direct avec la valeur vénale des machines. En effet, elle est proportionnelle au volume du cylindre, et par suite au volume de tout le mécanisme qui doit évidemment déterminer la valeur de la machine.

Pour arriver à une expression de travail réel plus approchée de la vérité dans chaque cas, il faudrait partir de la formule générale, sans y introduire les conditions de la machine primitive de Watt, dont sont fort éloignées les machines modernes, c'est-à-dire appliquer exactement la formule :

$$T_u = \frac{\frac{1}{4}\pi D^2 \times \frac{2\,C\,N}{60} \times (P - p)}{75}.$$

Malheureusement on n'a pas d'expériences dynamométriques suffisantes pour déterminer p. On admet, d'après celles connues, que les résistances intérieures sont de près de 25 p. 100 du travail brut, et en se contentant provisoirement de cette première approximation, on se borne à comparer le travail indiqué ou

$$T = \frac{\text{Section du cylindre} \times \text{vitesse du piston} \times \text{pression par cent. q.}}{75}$$

ou mieux

$$T = \frac{\text{Volume engendré par le piston} \times \text{pression}}{75}.$$

Ce sera le travail utile, si on en déduit les résistances intérieures, et la puissance *efficace*, si on multiplie ce travail utile par le coefficient d'utilisation du propulseur employé, c'est-à-dire la partie qui sert réellement à surmonter les résistances qui s'opposent au mouvement.

251. De la pression. L'étude des chaudières nous a fait apprécier les difficultés qu'offre l'emploi, à la mer, des hautes pressions et comment la solution de ce problème devait être considérée comme à peu près complétement subordonnée à la solution de celui de l'alimentation des chaudières marines à l'eau pure, ou, ce qui revient au même, à la réussite des condenseurs du genre des condenseurs tubulaires.

L'avantage de la haute pression, l'utilité que l'on trouve à se rapprocher des limites dont la pratique sur terre autorise l'emploi, résulte de la possibilité de diminuer la section du cylindre à vapeur, quand on augmente la pression, ou, pour une même section, d'accroître la vitesse du piston pour une même résistance. L'emploi d'une pression élevée fournit donc le moyen d'obtenir une bien plus grande quantité de travail d'une machine d'un poids donné qu'avec une basse pression; de plus, elle fournit le moyen d'obtenir une économie considérable de combustible, en permettant pratiquement de pousser plus loin la détente, sans atteindre des pressions minimes, ne produisant que des quantités de travail insignifiantes.

Avant de traiter cette question de la détente, je terminerai ce qui est relatif à la haute pression, en ayant soin de faire remarquer qu'il n'y a pas lieu pour les navires, comme sur les chemins de fer, d'obtenir à tout prix des appareils d'un poids minime; que la possibilité de transporter des poids considérables permet de conserver les avantages de simplicité, de durée, d'économie qui résultent de surfaces de chauffe étendues, de l'emploi de l'eau pour la condensation qui fait gagner la pression d'une atmosphère, etc. En un mot, des pressions de 2 ou 3 atmosphères effectives paraissent à peu près la limite du progrès à atteindre pour la très-majeure partie des machines marines, et c'est presque ce qui se fait déjà dans des constructions qui ont pu conserver les anciens appareils de vaporisation et de condensation. Nous allons voir que la détente peut, dans ces conditions, fournir de précieuses et importantes économies.

Remarquons encore que la condensation si naturelle sur mer est non-seulement une source d'économie spéciale à la navigation, mais surtout qu'elle offre la ressource capitale de pouvoir marcher à basse pression, lorsque quelque fuite de la chaudière, cas malheureusement trop fréquent, rend impossible l'emploi de la haute pression et qu'il peut y avoir là souvent question de perte ou de salut.

252. De la détente. Nous avons vu, en exposant les principes généraux sur lesquels repose la production du travail mécanique à l'aide de la chaleur, que l'action directe de la vapeur ne pouvait produire guère qu'un quart du travail total que la chaleur incorporée dans la vapeur pourrait faire naître.

Lorsque la vapeur parvient directement de la chaudière dans le cylindre à vapeur, elle agit avec une pression sensiblement constante P, à pression pleine. Si l'arrivée vient à être interrompue avant que le piston ne soit parvenu à l'extrémité de sa course, ce n'est plus que la vapeur qui a déjà pénétré dans le cylindre qui continue à agir par détente, en diminuant de pression. Ce travail, ne consommant aucune quantité nouvelle de chaleur de la chaudière, ne coûte rien relativement, si l'on compare la quantité de travail produite à celle obtenue par l'action directe seule. C'est ce qui nous a fait conclure au départ, que les ingénieurs qui établissent les plans d'une machine ne pouvaient raisonnablement pas prendre, pour point de départ d'un projet, une détente inférieure à celle résultant du doublement de volume de la vapeur agissant à pression pleine.

Je discuterai en quelques mots cette limite prise un peu arbitrairement, indiquée seulement comme procurant une économie considérable sans avoir d'inconvénients graves, notamment sans trop grande diminution de pression, et par suite de force d'impulsion; cette analyse indiquera la manière de raisonner dans chaque cas déterminé, car il est clair que l'on ne doit pas toujours se diriger dans tous les cas par les mêmes considérations; c'est ainsi que l'économie importera surtout pour un caboteur, pour un bateau exclusivement destiné au transport des marchandises, tandis que l'on doit faire des sacrifices de tout genre pour obtenir de la rapidité dans la construction de ceux qui sont destinés aux voyageurs.

J'indiquerai d'abord le résultat produit par une faible détente, qui, pendant longtemps, assura la supériorité aux machines construites en Angleterre sur celles de nos constructeurs, qui s'efforçaient inutilement de copier avec soin les modèles anglais, mais qui n'avaient pas saisi les règles adoptées en Angleterre par les ingénieurs formés à l'école de Watt, qu'ils suivaient dans le règlement du tiroir. C'est ce qu'a le premier établi le savant directeur de l'école du Génie maritime, M. Reech, dans un célèbre mémoire auquel nous empruntons ce qui suit :

« Dans les machines disposées et proportionnées comme sont celles de la marine royale, dites de 160 chevaux, le maximum de la puissance ne correspond pas au cas où la vapeur afflue pendant la totalité de la course du piston, mais à celui où la détente commence au $\frac{884}{1000}$ de la course; en sorte qu'il y aura augmentation de puissance d'une manière absolue pendant qu'on réduira la dépense de vapeur et par suite celle du combustible de $\frac{1}{7}$.

« La cause de cette particularité gît dans la longueur du temps qui est physiquement nécessaire pour que le vide puisse s'effectuer convenablement devant le piston au commencement de chaque course nouvelle, et qui met dans la nécessité de commencer à faire évacuer la vapeur au condenseur avant la fin de chaque course du piston. Ce n'est même que par suite de cette condition et afin de pouvoir y satisfaire que nous proposerons comme règle générale de ne jamais admettre la vapeur dans un cylindre au delà des $\frac{4}{5}$ de la course, et exceptionnellement au plus jusqu'aux $\frac{5}{6}$.

« Lorsqu'on voudra économiser le combustible, il faudra utiliser la force expansive de la vapeur déjà avant les $\frac{4}{5}$ de la course; alors la puissance absolue que l'on obtiendra dans une machine donnée décroîtra en même temps que la dépense de vapeur ou de combustible; mais le rapport de la puissance à la dépense ira en croissant jusqu'à une certaine limite qui n'est pas parfaitement connue. On est fondé à croire qu'on aura les résultats suivants :

FRACTIONS DE LA COURSE pendant laquelle la vapeur afflue dans le cylindre.	DÉPENSE DE VAPEUR et de combustible.	PUISSANCE obtenue.
1,000	1,171	0,82
0,975	1,142	0,85
0,854	1,000	1,00
0,800	0,930	0,98
0,750	0,870	0,97
0,500	0,580	0,81

253. Limites de la détente possible dans la pratique. Pratiquement, il n'est pas possible d'employer des détentes aussi étendues qu'il semblerait désirable théoriquement.

Considérons une machine à basse pression qui ne donne, comme nous l'avons vu précédemment, qu'une pression utile de $0^k,49$ par centimètre carré, ou une pression barométrique de 36 centimètres de mercure. Celle du condenseur étant difficilement inférieure dans la pratique à celle mesurée par 5 centimètres de mercure, on voit que la relation de la loi de Mariotte $PV = P'V'$ donne pour limite extrême de V', V étant égal à $1, V' = \frac{36}{5} = 7,2$; c'est-à-dire que la détente ne pourrait être portée, si la vapeur suivait la loi de Mariotte, à plus de 7 fois le volume primitif. Or, le refroidissement qu'elle éprouve par suite de sa détente faisant diminuer plus rapidement la pression, celle-ci devient bientôt, avant un semblable accroissement de volume, trop faible pour qu'il y ait à consacrer une lourde machine, ayant des pistons d'une énorme dimension, à la minime production de travail útile qu'elle donne alors, outre que de semblables *maxima* et *minima* dans les efforts moteurs sont des causes de secousses tout à fait nuisibles au mécanisme. De là résulte que pratiquement avec la basse pression, une détente de trois fois le volume primitif après la détente est exagérée, et que la limite de deux fois le volume primitif est plutôt trop grande que trop faible.

Supposons maintenant une machine à condensation, pouvant être alimentée par de la vapeur à trois atmosphères effectifs, recevant dans le cylindre une vapeur conservant une pression utile d'au moins 180 centimètres de mercure. En raisonnant comme ci-dessus, on trouve pour la limite de détente indiquée par la loi de Mariotte $V' = \frac{180}{5} = 36$.

On voit de suite que les pressions alors obtenues en employant la détente dans les limites étendues, comme dans les machines à vapeur à terre, qui aujourd'hui sont rarement inferieures à 4 ou 5 fois le volume primitif, le piston est poussé par une pression puissante, et qu'il peut, sans recevoir d'énormes dimensions, exercer une action assez grande (la vapeur se déplaçant très-rapidement) pour se mouvoir avec une grande vitesse, seconde cause de production d'une quantité de travail considérable, au moyen d'appareils moteurs d'un faible poids, comparativement aux précédents.

La basse pression permet théoriquement, comme la haute pression, d'utiliser toute la quantité de travail que peut engendrer la chaleur qui a été consommée pour la former; mais la première exige des volumes énormes pour fournir des pressions minimes à la fin de la première moitié, par exemple, du travail que peut fournir la détente, ce qui n'a pas lieu pour la seconde, qui, par suite, peut seule donner ce résultat pratiquement.

Nous en conclurons que la détente, qui rend le volume total égal à deux fois le volume primitif, est une limite inférieure qu'on doit au moins atteindre dans les machines à moyenne pression, et qu'on trouvera sans aucun doute avantage à dépasser. Pour le moment, le but des constructeurs et des praticiens doit être de rendre pratique un semblable progrès.

Le moyen qui semble le plus propre à l'atteindre paraît résider dans l'accroissement du nombre des cylindres à vapeur et de la vitesse moyenne du mouvement des pistons; c'est évidemment le moyen de parer aux mauvais effets de l'augmentation de vitesse du piston agissant à pleine vapeur, relativement à celle qu'il tend à prendre sous celle de la détente dans ses dernières périodes. Il en résulte des soubresauts que l'emploi de deux machines diminue beaucoup, relativement à celui d'une seule machine, employée seulement sur les steamers des grands fleuves d'Amérique.

Nous donnerons plus loin, comme exemple de disposition nouvelle, la description d'une machine à trois cylindres, mise par

Maudslay à l'Exposition universelle de Londres en 1862, conçue d'après ces données.

254. Mesure du travail de la machine à vapeur lorsqu'on utilise la détente. — *De l'indicateur de Watt.* Nous avons donné l'évaluation du travail engendré par la vapeur, lorsqu'elle agit à pression pleine sur le piston. Elle doit évidemment être modifiée lorsque la vapeur agit par détente et par suite que sa pression est décroissante. On enseigne dans tous les traités sur la machine à vapeur, comment on peut la calculer en admettant que la diminution de pression s'effectue selon la loi de Mariotte, et l'on montre que le travail fourni par la pression pleine étant PV (P la pression, V le volume), le travail après la détente qui conduit au volume V' est égal à : PV log. hyp. $\frac{V'}{V}$. Ce calcul revient à supposer que si on représente les volumes par des abscisses et les pressions par des ordonnées, la courbe formée par les extrémités de celles-ci, dont l'aire représente le travail, est d'abord pour la pression pleine une ligne droite, puis pour la détente un arc d'hyperbole.

Ce mode d'évaluation est fondé sur une théorie insuffisante, et de plus ne tient nullement compte des éléments spéciaux propres à chaque machine, du mode de régulation, de la section des orifices, enfin des variations de pression qui se produisent à l'intérieur du cylindre, surtout par l'effet des refroidissements et réchauffements successifs qui résultent de ses communications alternatives avec la chaudière et le condenseur. On tient compte de tous ces éléments théoriques, si, au lieu d'employer la courbe supposée dont nous venons de parler, on se sert de la courbe tracée par la vapeur de la machine, de la courbe réelle de ses pressions, ce qui s'obtient avec l'indicateur de Watt. Je décrirai en détail cet instrument indispensable pour la bonne conduite d'une machine à vapeur, comme l'avait si bien compris Watt, qui l'inventa pour bien analyser les effets qui se produisent à l'intérieur du cylindre.

Les fig. 132 et 133 représentent l'indicatenr en plan et en élévation. A est le cylindre de l'indicateur, *tt'* la tige du petit piston qui se meut dans ce cylindre A et est indiqué en lignes ponctuées dans l'élévation; cette tige passe au milieu d'un ressort à boudin Q, fixé par le haut au couvercle du cylindre A, et par le bas à une embase placée sur la tige du piston; R, robinet servant à ouvrir ou fermer la communication entre l'intérieur du cylindre à vapeur et le dessous du piston de l'indicateur; C, cylindre mobile placé latéralement au cylindre A, et autour duquel on roule la feuille de papier destinée à recevoir le tracé, le *diagramme*; B, support du cylindre C; le cylindre C porte à sa partie inférieure une poulie portant une rainure hélicoïdale dans laquelle est logé le cordon *a*, qui, après avoir passé sur la poulie de renvoi P vient se fixer à l'extrémité d'un appendice fixé sur le piston de la machine à vapeur, ou en un point d'une pièce oscillante qui ait un mouvement moindre, mais proportionnel. Le support B est relié au cylindre C par un barillet X faisant corps avec le cylindre, qui renferme un ressort de montre en spirale enfilé sur une tige fixée au support B; ce ressort sert à faire rétrograder le cylindre, et à tenir le cordon *a* constamment tendu pendant la course descendante du piston de la machine à vapeur; *ll'*, fente longitudinale ménagée suivant une génératrice du cylindre A, dans laquelle passe le bras *m* articulé avec le portecrayon *d*; *ee'* échelle graduée fixée sur le cylindre A, les divisions correspondent chacune à une pression de 1/10ᵉ de kilogramme sur un centimètre carré. Quand le robinet R est fermé, l'index placé sur le bras *m* correspond au zéro de l'échelle; quand il est ouvert, la pression de la vapeur est marquée par les degrés

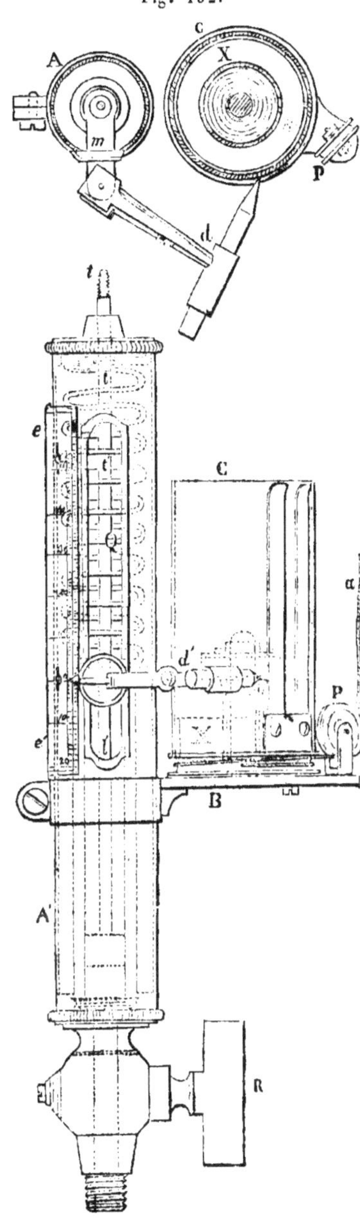

Fig. 132.

Fig. 133.

supérieurs au zéro de l'échelle, et le vide par les degrés inférieurs. Pour se servir de l'indicateur que nous venons de décrire, il faut le visser sur le robinet à graisse du cylindre ou sur toute autre ouverture. Une fois qu'il est mis en place, on enveloppe le cylindre mobile C d'une bande de papier, en pinçant ses bords sous deux ressorts indiqués dans la figure, en ayant soin qu'elle soit bien lisse et bien tendue, et en en repliant les bords pour bien l'assujettir; on enfile un crayon bien taillé dans la douille d, et on écarte, à volonté, sa pointe du papier en faisant tourner en dehors la tige du portecrayon autour de son articulation. Cela fait, et le petit ressort qui presse le crayon étant disposé de manière à ce que la pointe de ce dernier exerce seulement une légère pression sur le papier dont elle touche la surface, on laisse donner à la machine quelques coups de piston sans ouvrir le robinet de l'indicateur, pour que le crayon trace la ligne qui correspond au zéro de l'échelle. On relève le crayon et on ouvre le robinet R; le piston de l'indicateur suit alors les tensions de la vapeur. Au bout de quelque temps, sans rien déranger d'ailleurs à l'instrument, on amène le crayon au contact de la feuille de papier, où il trace une courbe dont les ordonnées représentent exactement la tension de la vapeur ou le degré de vide dans l'intérieur du cylindre à chaque instant de la course du piston.

Courbes obtenues à l'aide de l'indicateur. Voyons maintenant comment l'on pourra tirer parti des courbes obtenues à l'aide de l'indicateur, dont l'aire représente, à une certaine échelle, le travail de la machine. En effet, la pression est bien indiquée par les degrés de l'indicateur dont le piston a une surface égale à $\frac{1}{n}$ de celle du piston de la machine; le grand axe de la courbe est dans un rapport $\frac{1}{m}$ avec la course du piston. Chaque élément de l'aire de cette courbe représentant le produit pdv, le travail effectué pendant une course du piston est donc égal à $\frac{1}{mn}\int pdv$, l'intégrale étant le travail pour une course du piston et $\int \frac{pdv \times \frac{2N}{60}}{75}$, N étant le nombre de coups de piston par minute, sera le nombre de chevaux de la machine considérée.

On peut donc calculer le travail en relevant l'aire de la surface comprise entre les deux courbes tracées au-dessus et au-dessous de la ligne atmosphérique, celle supérieure représentant le travail dû à l'excès de la pression de la vapeur sur la pression atmosphérique et celle inférieure, le vide qui répond à la diminution de pression qui se produit sur la seconde face du piston. Ce moyen est le plus exact de déterminer le travail, mais le plus souvent on se contente de déterminer l'ordonnée moyenne, ce qui est surtout facile quand la détente est minime; on a ainsi la pression motrice moyenne qui permet de calculer très-simplement le travail, la course par seconde étant facilement déterminée. Pour parvenir avec quelque exactitude à la mesure de cette ordonnée, on divise le diagramme en un assez grand nombre de parties, on trace pour chacune d'elles l'ordonnée moyenne, et on divise leur somme par le nombre des parties.

Il faudrait toutefois, pour obtenir avec grande approximation l'évaluation du travail réellement transmis à l'appareil de propulsion, pouvoir déduire de celui mesuré sur le cylindre la quantité consommée pour les résistances intérieures de la machine, le travail consommé par les frottements des pièces. Cette quantité varie avec le système de la machine, son état d'entretien, etc. Les ingénieurs de la marine ne l'évaluent pas à plus de 10 pour 100 d'après des expériences de traction au point fixe et quelques mesures dynamométriques trop peu nombreuses.

Évaluant, comme Watt, en fractions de la pression, les résistances intérieures, quelques ingénieurs ont déduit de la discussion des expériences, qu'on tenait compte de ces résistances en diminuant la pression (en centim. de mercure) de 6 ou 8 cent., tandis que d'autres ont admis qu'il conviendrait d'élever ce chiffre à 12. En présence de ces variations on se borne en général à comparer les machines au point de vue du travail brut évalué à l'aide de l'indicateur.

255. Règlement des entrées et sorties de vapeur. Les courbes fournies par l'indicateur sont surtout infiniment précieuses pour déterminer comment la vapeur fonctionne dans le cylindre, et notamment comment elle y entre et en sort, la régulation. Considérons une courbe (fig. 134) qui représente à peu près la production normale du travail mécanique de la vapeur dans le cylindre. Celle-ci commence en A, et si les orifices sont bien proportionnés, elle doit peu différer de pression de la chaudière supposée largement suffisante et rester constante pendant la pression pleine, AC' est une ligne droite. En C' l'admission cesse et la détente commence, la pression va en diminuant, et devient bientôt moindre que celle de l'atmosphère, la courbe coupant la ligne atmosphérique GD. Cet effet est produit avant le point D, extrémité de la course par suite de l'avance à la condensation. Par l'effet de la communication avec le condenseur, la tension devient celle qui répond à la température du condenseur jusqu'en F où cesse la communication; la vapeur sous le piston est comprimée et la pression croît en raison de l'avance à l'introduction; enfin l'ouverture d'admission de la vapeur de la chaudière élève brusquement la pression, qui atteint son maximum en A.

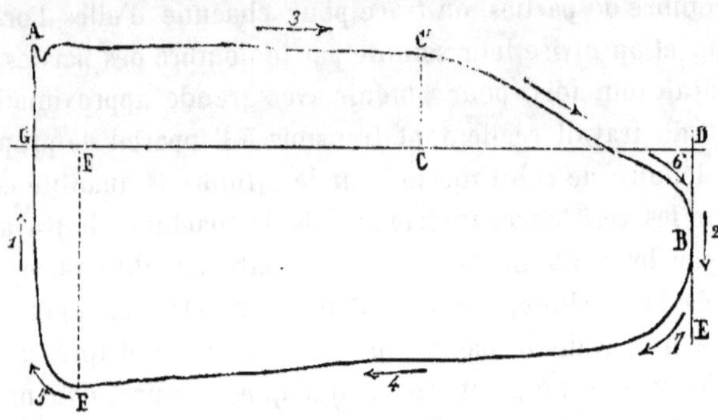

Fig. 134.

Dans la pratique, les courbes de l'indicateur sont loin d'avoir une régularité théorique. Sans parler du petit crochet en A qui répond à un effet d'inertie du piston de l'indicateur, de vibration de son ressort, on y remarque que la courbe de détente paraît indiquer une pression plus forte que celle qui résulte de la loi de Mariotte. Cet effet est dû à l'eau qui se trouve dans le cylindre à vapeur et qui fait intervenir la chaleur renfermée dans les masses métalliques qui le constituent.

Lorsque le cylindre à vapeur communique avec le condenseur, la pression devenant minime relativement à celle antérieure, l'eau condensée sur ses parois se volatilise en le refroidissant, et par suite une nouvelle quantité de chaleur et de vapeur intervient. Inversement, à l'arrivée de la vapeur de la chaudière, une condensation a lieu pour réchauffer le cylindre. Ces faits fournissent l'explication de l'utilité de la chemise de vapeur, trop peu employée dans les machines marines; nous dirons plus loin comment la surchauffe de la vapeur produit un effet analogue à celui que donne l'enveloppe de vapeur, avec quelque avantage même dans cette application.

M. le contre-amiral Pâris, qui a acquis une juste réputation dans la marine par ses écrits sur les machines à vapeur appliquées à la navigation, a expliqué avec de grands détails, dans son ouvrage intitulé *Catéchisme du Marin et du Mécanicien à vapeur*, les conditions de l'emploi de l'indicateur de Watt, et a montré comment, malgré les difficultés inhérentes à son emploi, et surtout les oscillations dues à l'inertie de l'instrument, cause de difficulté d'observation qui devient malheureusement très-grande pour les appareils à haute pression et à grande vitesse, il constituait le moyen par excellence que possède le marin de surveiller le bon fonctionnement de sa machine.

Comme exemple de la discussion intelligente de courbes obtenues, j'emprunterai à cet auteur les trois exemples suivants, parmi beaucoup d'autres que l'on peut voir dans son utile ouvrage. On verra par ces exemples comment, avec un peu d'attention, on peut tirer un utile parti de l'analyse des formes obtenues en les comparant à celle des courbes normales.

« 1° *Quelle serait la forme de la courbe si l'excentrique était trop* « *avancé?* »

Dans ce cas, la position erronée du toc d'excentrique, relativement à la course du piston, ferait ouvrir tous les orifices, haut et bas beaucoup plus tôt qu'à l'ordinaire : c'est-à-dire que l'introduction de la vapeur, son interruption pour la détente, et sa sortie vers le condenseur, commenceraient à une portion de la course du piston trop éloignée du point mort.

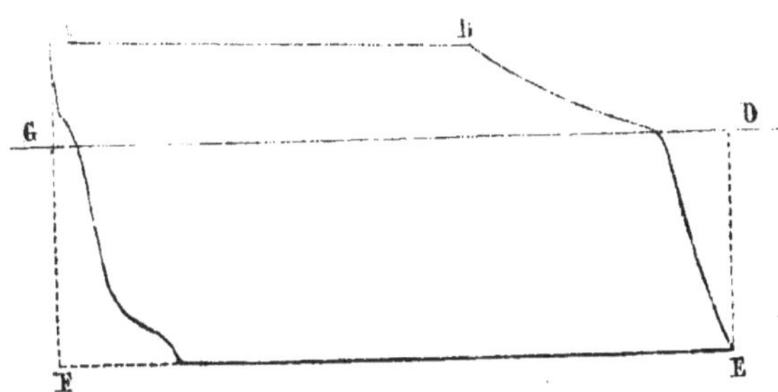

Fig. 135.

Les côtés extrêmes prendraient une inclinaison qui n'est pas naturelle, et la courbe s'éloignant de la forme d'un rectangle prendrait celle d'un losange (*fig.* 135), avec le haut (au-dessus de GD) porté à gauche et le bas à droite.

Dans ce cas, la tige du tiroir et celle d'excentrique sont exactes, mais le toc, placé trop en avant ne les laisse pas fonctionner aux moments convenables de la course.

« 2° *Comment reconnaitrait-on si, au lieu d'être trop en avance, le toc était en retard?* »

Toutes les fonctions du tiroir se faisant alors après le point voulu de la course du piston, toute la partie supérieure de la courbe sera portée à droite et celle du bas à gauche, et, comme dans les cas précédents, la même déformation serait observée aux deux bouts du cylindre. La saillie, que l'on voit à la partie inférieure (*fig.* 136) de gauche, indique une compression notable qui précède l'admission.

Fig. 136.

« 3° *Quelle est l'influence de la grandeur des orifices sur la forme de la « courbe?* »

Le résultat de la petitesse des orifices est naturellement d'empêcher l'affluence aussi bien que la sortie de la vapeur, et par conséquent de diminuer la pression du côté de l'introduction, et, au contraire, de l'empêcher de baisser du bord opposé, puisque le vide ne peut se former dans le cylindre avec assez de rapidité. C'est bien ce que montre la figure 137.

En général, il doit être établi comme règle de conserver les courbes de l'indicateur obtenues lors des épreuves de réception de la machine, lorsque tous les éléments étaient disposés par le constructeur pour un bon fonctionnement. En les comparant à celles obtenues en service courant, on pourra en conclure l'indication précieuse des modifications survenues dans la machine par l'usure ou autres causes d'altération. C'est ainsi que les fuites du piston sont clairement indiquées par une diminution de la différence des pressions sur les deux faces, bien avant qu'elles soient assez considérables pour se révéler par l'échauffement du condenseur dans lequel une fraction notable de la vapeur se rend directement. Toutes les anomalies se révélant par une diminution de surface de la courbe, c'est-à-dire accusant une diminution de travail relativement à la courbe normale, indiquent une perte de travail à laquelle il importe de remédier immédiatement.

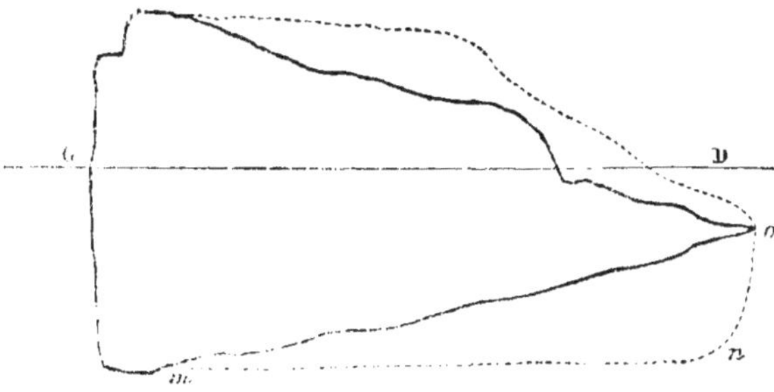

Fig. 137.

256. Emploi de la vapeur surchauffée. J'ai déjà dit que si l'on compare la courbe de détente à l'arc d'hyperbole qui passerait par son ordonnée initiale, et qui correspond à la loi de Mariotte que suivent les gaz permanents, lorsqu'ils se détendent *à température fixe*, on reconnaît qu'elle indique des pressions plus élevées que celles qui résulteraient de la détente, suivant la même loi, du volume de vapeur renfermé dans le cylindre. Le contraire aurait nécessairement lieu si celui-ci consistait exclusivement en un corps non conducteur; la quantité de chaleur contenue dans la vapeur diminuant en proportion précisément du travail mécanique engendré par la détente, sa température devrait nécessairement baisser, s'il n'existait pas une cause secondaire. Cet effet est dû à la vaporisation de l'eau qui a été condensée sur les parois du cylindre au commencement de l'introduction, et qui reprend partie de la chaleur qui a servi à réchauffer le cylindre préalablement refroidi par un effet analogue, produit surtout lorsqu'il a été en communication avec le condenseur, et que, par suite, la vapeur a pu s'y former à une pression minime et à basse température.

Ce qui précède fournit l'explication des avantages que peut offrir l'emploi de la vapeur surchauffée, plusieurs fois tenté un peu au hasard ; elle a été toujours abandonnée à cause des difficultés de son emploi, jusqu'à ce que Wetherell en Amérique, et M. Hirn, en France, aient repris la question, et, guidés par une théorie plus avancée, soient arrivés à des économies incontestables. Nous suivrons, dans ce qui va suivre, l'analyse de l'ingénieur français.

Quel bénéfice peut-on retirer d'un mode d'opérer qui consiste à employer la vapeur loin de son point de saturation, possédant en partie les propriétés de gaz permanents et une petite quantité de chaleur de plus qu'à l'état de saturation pour le même poids?

Au point de vue de la machine à vapeur théorique, c'est-à-dire de celle dans laquelle la détente serait poussée jusqu'à la liquéfaction de toute la vapeur, l'avantage serait nul, le travail étant toujours en raison de la chaleur employée. Ce n'est donc qu'au point de vue de la pratique que la surchauffe peut offrir quelques avantages qui proviennent de ce que la chaleur de surchauffe, pendant l'action directe de la vapeur, est toujours utilisée, qu'elle ne fait pas partie de celle dont on ne peut tirer parti et qu'il faut envoyer au condenseur à cause de la nécessité de limiter la détente dans la pratique.

Voici les avantages que M. Hirn a constatés dans ses expériences :

1° Vaporisation de l'eau entraînée par la vapeur à l'état vésiculaire et dont la chaleur est perdue ; cette quantité n'est presque jamais inférieure à 5 pour 100 et est souvent bien plus considérable.

2° Réchauffement des parois du cylindre à vapeur refroidi par la détente et la communication avec le condenseur. Cette action, bien que répondant à une partie de l'effet de l'enveloppe, ne dispense pas de celle-ci, si on emploie de longues détentes; elle seule peut réchauffer la vapeur qui continue à se détendre après que la chaleur consommée en raison du travail produit a ramené la vapeur au point de la saturation.

3° Augmentation de volume de la vapeur pour une même pression, ce qui conduit, eu égard aux espaces nuisibles, à une diminution de dépense de vapeur et aussi de combustible pour un même cylindre, effet sensible surtout s'il s'agit d'un système de machine à vapeur dans laquelle l'action directe produit la très-majeure partie du travail utile.

M. Hirn a constaté dans toutes ses expériences une économie produite par l'emploi de la vapeur surchauffée. Cette économie a varié de 5 pour 100 pour une machine de Wolf (enveloppe vide de vapeur), genre de machine qui n'éprouve pas de refroidissement dans le petit cylindre où la vapeur agit par action directe et qui n'est jamais en communication avec le condenseur, à 22 pour 100 pour la même machine, à vapeur saturée dans l'enveloppe. Pour une machine de Watt sans enveloppe, l'économie a dépassé 30 pour 100.

Le plus grand intérêt de ces expériences au point de vue de la théorie de la machine à vapeur est de bien montrer la très-grande influence des masses métalliques qui renferment la vapeur et de leur refroidissement qu'on est trop disposé à négliger en considérant la machine à vapeur comme une machine abstraite. Nous citerons à ce sujet les observations de M. Hirn.

« Pendant que la vapeur afflue de la chaudière au cylindre, les parois et le piston se mettent au moins à la température qui correspond au point de saturation ; car la vapeur ne peut cesser de s'y condenser que quand ce degré est atteint. (L'écart de 1/2 ou 3/4 d'atm. entre la chaudière et le cylindre si fréquemment observé est souvent dû à ce refroidissement à l'entrée.) Au moment où les communications sont coupées et où la détente commence, ces parois se trouvent en contact avec de la vapeur dont la température baisse ; le calorique qui s'y était accumulé est cédé en partie à la vapeur en détente. Il s'ensuit que dans aucune machine la vapeur ne se détend sans recevoir de calorique. »

L'analyse de l'effet de la chaleur sur les masses en contact avec elles conduit M. Hirn à recommander une disposition déjà réalisée avec succès, et qui consiste à substituer quatre tiroirs (deux d'admission de vapeur et deux de sortie) au tiroir unique généralement employé aujourd'hui. On évitera ainsi des espaces perdus considérables et surtout de mettre de la vapeur à 120, 150, 200 degrés, pour ainsi dire, en contact avec de la vapeur à 60 degrés au plus. C'est un contre-sens palpable et très-grave de faire passer la vapeur à rejeter des cylindres par une boîte métallique entourée de vapeur d'admission. C'est augmenter les pertes qui résultent nécessairement du refroidissement du cylindre et de sa mise en communication prolongée avec le condenseur.

Dans les expériences de M. Hirn la température de la vapeur surchauffée n'a jamais dépassé 240°, et ce n'est qu'avec les plus grands soins que l'on peut même employer pratiquement la vapeur à cette température. C'est qu'en effet l'emploi de la vapeur surchauffée offre des inconvénients graves dans la pratique, qui y ont fait renoncer à plusieurs reprises des inventeurs qui avaient cru reconnaître qu'elle pourrait produire des économies analogues à celles que M. Hirn a constatées.

En effet :

1° La vapeur surchauffée enlève au piston une quantité beaucoup plus considérable de *vapeur de graisse ou d'huile* que la vapeur saturée, inconvénient grave dans la pratique.

2° La vapeur saturée, outre qu'elle emporte toujours un peu d'eau en globules, se condense partiellement sur tous les corps dont la température est inférieure à la sienne. Pendant la marche d'une machine, l'eau ainsi amenée ou condensée s'interpose entre toutes les pièces frottantes en rapport avec la vapeur, les lubrifie et ferme, absolument comme un enduit gras, les passages peu considérables; elle rend ainsi hermétiques les fermetures des pistons, des tiroirs qui ne le seraient pas autrement; en gonflant les étoupes des garnitures des tiges, elle les rend beaucoup plus propres à joindre exactement. La vapeur surchauffée, au contraire, est un gaz essentiellement sec qui ne possède pas cet avantage; elle se fraye, et en grande quantité, une route là où la vapeur saturée ne peut pas passer. De plus, en raison de sa température, loin de mouiller les étoupes des garnitures, elle les sèche et les brûle promptement si l'on ne prend pas les précautions nécessaires pour éviter cet inconvénient.

M. Hirn a reconnu qu'avec des garnitures en étoupe bien faites (les garnitures métalliques ne peuvent être employées que difficilement pour de grands pistons), bien graissées, on peut, et c'est la limite supérieure, surchauffer la vapeur à 240°. Il l'amène à ce degré par une circulation dans des tuyaux plongés dans la fumée et ne pouvant être atteints par la flamme qui les brûlerait.

Nous pensons que cette limite est un peu élevée, et que dans la pratique on ne doit pas dépasser une surchauffe de 40 ou 50 degrés au-dessus du point de vaporisation; on arrive ainsi à faire disparaître la vapeur vésiculaire, et à réchauffer le cylindre dans lequel travaille la vapeur, avec un grand profit et sans aucun des inconvénients graves que présente dans la pratique l'emploi de la vapeur fortement surchauffée.

MACHINES A VAPEUR

AU POINT DE VUE DE LA CINÉMATIQUE.

DES FORMES DES MACHINES ET DE LEURS ORGANES.

257. Machine à balancier. Les grands bateaux à vapeur construits jusqu'à la révolution née de l'adoption de l'hélice comme moyen de propulsion, portaient presque exclusivement la machine de Watt, modifiée en raison des conditions de son application à un objet spécial. Construite dans les conditions de solidité, de résistance, de bonne proportion des organes qui avaient fait le succès de la machine de Watt, qui avaient assuré la production d'une grande quantité de travail par kilogramme de charbon, elle fit le succès de la navigation à vapeur, qui n'exista que lorsque Fulton put faire mouvoir les roues d'un bateau par une machine sortie des ateliers de J. Watt. Elle offre assez d'avantages comme durée et de solidité, pour que la première ligne transatlantique anglaise, la Compagnie Cunard, l'emploie encore aujourd'hui de préférence à toute autre. On peut dire que tant qu'il ne s'est agi que de faire tourner des roues, ce type offrait des avantages considérables, qui lui devaient mériter la préférence dans nombre de cas. M. Hubert, qui a laissé une si grande et si juste réputation dans le corps des Ingénieurs de la marine par l'ingéniosité de ses inventions et la netteté de son esprit, avait posé en principe, lorsqu'il fit admettre le type des machines du *Sphinx* pour tous les bâtiments de la marine militaire, que c'était faire fausse route que de chercher à le changer.

Cette machine, que représente la figure 138, n'est que la machine à double effet de Watt, dans laquelle les organes principaux ont reçu un groupement nouveau.

La nécessité de la suppression du volant à bord des navires fait toujours employer, pour obtenir un mouvement de rotation uniforme, deux machines distinctes, d'égale force et accouplées sur deux manivelles calées à angle droit sur le même arbre.

L'axe moteur, au lieu d'être placé très-près de la base de la machine, étant relevé à la hauteur du centre des roues, est supporté à cet effet par deux bâtis latéraux. On ne pouvait guère songer à conserver la position habituelle du balancier au-dessus du cylindre (comme font les Américains pour les bateaux qui naviguent sur le Mississipi), ce qui conduit à un échafaudage d'une grande hauteur. On est arrivé à une disposition excellente en reportant l'axe du balancier à la partie inférieure de la machine, presque en contact avec la plaque de fondation qui remplace la bâche à eau froide devenue inutile. Le balancier, ne pouvant plus occuper le plan dia-

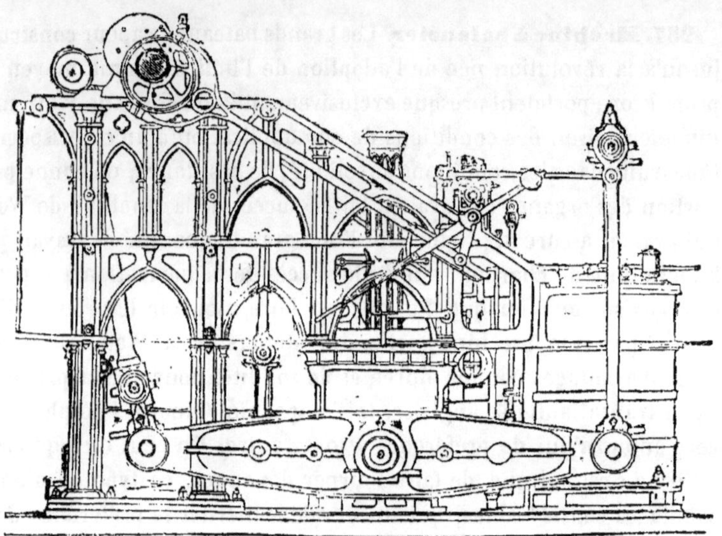

Fig. 138.

métral, a été divisé en deux balanciers parallèles, comprenant entre eux le cylindre, le condenseur et la pompe à air. Ces balanciers sont réunis d'une part à la tige du piston, par l'intermédiaire de sa traverse et de deux bielles pendantes, et, de l'autre, à la manivelle par une traverse renversée et la grande bielle qui peut avoir toute la longueur convenable par rapport à celle de la manivelle, en donnant au balancier une longueur suffisante.

Constituée de la sorte, la machine marine, un peu pesante peut-être, forme un tout parfaitement lié dans toutes ses parties, dont toutes les pièces sont bien équilibrées.

258. Du système bielle et manivelle. Avant d'étudier les divers systèmes qui se sont généralement substitués à la machine à balancier dans la navigation à vapeur, je rappellerai les proportions que doit avoir le système composé d'une bielle et d'une manivelle pour un bon fonctionnement ; car nous verrons qu'elles constituent la condition difficile souvent à remplir sur un bâtiment, et celle qui détermine l'adoption de systèmes convenables pour y satisfaire, la combinaison de dispositions toutes spéciales.

Considérons d'abord le cas où la bielle est extrêmement longue par rapport à la manivelle, où par suite on peut la considérer comme restant sensiblement parallèle à elle-même durant toute la rotation. On sait (voir notre *Traité de Cinématique*) que si l'on divise la circonférence décrite par le bouton de la manivelle en un certain nombre de points, 20 par exemple, qu'on porte les longueurs de ces arcs sur une ligne droite, que par tous les points de division on élève des

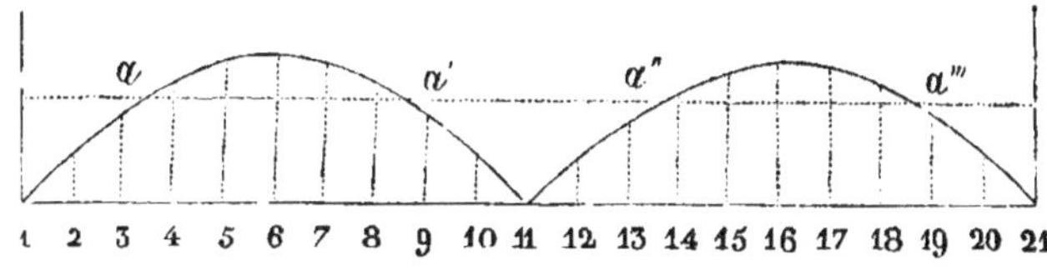

Fig. 139.

perpendiculaires, on pourra déterminer sur celles-ci des longueurs proportionnelles à l'effort exercé par la bielle supposée mue par une force constante pour produire la rotation, et par suite tracer une courbe dont l'aire mesurera le travail moteur transmis.

En effet, le travail est mesuré en chaque instant : pour un petit arc s, F étant la force avec laquelle la bielle est poussée (horizontalement sur la figure), par le produit de la force multipliée par le chemin parcouru projeté suivant la direction de celle-ci, c'est-à-dire par $Fs \sin \theta$ (*fig.* 140), θ étant l'angle formé par la direction variable de la manivelle avec la direction constante de la bielle ; par suite pour de très-petits arcs s égaux entre eux, les ordonnées de la courbe varient comme $F \sin \theta$, c'est-à-dire varient deux fois de 0 à F.

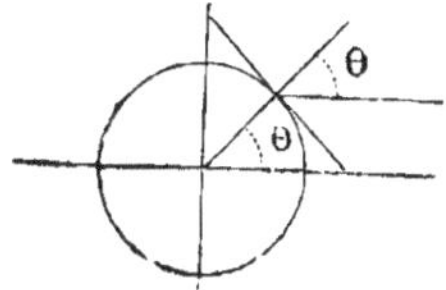

Fig. 140.

Sans entrer dans la discussion détaillée des conséquences que l'on peut déduire de la considération de ces courbes, il est clair qu'aux points 1, 11, 21, c'est-à-dire à ceux qui correspondent au changement de sens du mouvement de la bielle, le travail moteur transmis étant nul, ainsi que la vitesse de celle-ci ; le maximum répondant aux points 6 et 16, pour $\sin. \theta = 1$ ou $\theta = 90^o$.

Bielle courte. Si on fait pour une bielle courte, relativement à la manivelle qu'elle conduit, la même construction que pour une bielle longue, on parvient, par un tracé que facilitent des considérations géométriques assez simples, à tracer la courbe dont l'aire représente le travail moteur transmis à la manivelle. Elle diffère de la précédente, 1° en ce qu'elle n'est plus symétrique dans les branches ascendantes et descendantes; 2° en ce qu'elle descend au-dessous de l'axe des abscisses; c'est là un point important.

En effet, la force qui agit dans la direction constante suivant laquelle se meut l'extrémité de la bielle, est toujours normale, lorsque sa longueur est infinie, aux éléments du diamètre de la circonférence décrite par la manivelle qui a la direction de la bielle; elle l'est plutôt, lorsque, étant très-courte, elle s'incline rapidement sur le diamètre répondant à ces points extrêmes; de là résulte une résistance importante, le sens du mouvement ne changeant pas aussitôt que la manivelle atteint ces points.

C'est ce que démontre bien la figure 141, que nous empruntons à M. Morin, et qui représente le travail pour une bielle dont la longueur est 5 fois celle de la manivelle. A partir du point qui répond au point mort dont nous venons de parler, jusqu'à un point à peu près correspondant de l'autre côté du point mort ordinaire, la pression de la bielle devient une résistance, il naît un travail résistant qui augmente à mesure que la bielle devient plus courte relativement à la manivelle.

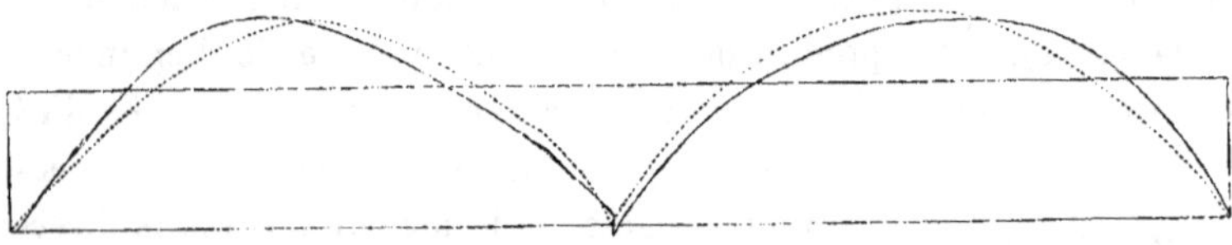

Fig. 141.

De là résulte contrariété dans le mouvement, refoulement du bouton de la manivelle sur la bielle en raison de la vitesse moyenne de la machine et de la distance qui sépare le point considéré du changement de sens du mouvement. Cet inconvénient est très-grave, et fait considérer comme défectueuse une construction où le rapport de ces deux pièces n'est pas de 5 : 1 ou au moins de 4 : 1. Il augmente considérablement avec la vitesse, et doit rendre cette condition obligatoire pour les appareils qui se meuvent rapidement. En effet, le travail résistant dont il s'agit étant consommé dans un temps très-court, agit comme un choc, et la bielle se met à vibrer, et par suite se trouve dans des conditions d'ébranlement et d'usure funestes à tout appareil mécanique. Les vibrations et l'échauffement de l'articulation sont les défauts graves de bien des machines modernes.

Nous allons voir combien ces conditions étaient utiles à rappeler ici, et combien elles ont eu d'importance pour la disposition des systèmes de machines qui ont été adoptés pour résoudre le problème d'avoir une bielle de longueur suffisante dans un espace limité.

259. Machines oscillantes. Reprenant maintenant la description sommaire des machines les plus fréquemment employées, nous rencontrons les machines oscillantes dans lesquelles la bielle et la tige du piston se confondent, le cylindre à vapeur porté sur des tourillons, suivant les inclinaisons de la bielle, tout se passe, dans la position moyenne du piston, comme si son extrémité partait des tourillons du cylindre. On voit combien celle-ci gagne en réalité en longueur, relativement à un système où elle est articulée à la tige du piston.

La machine à cylindre oscillant, après avoir fait ses preuves pour des appareils de dimensions modérées, surtout pour la navigation de rivière et notamment entre les mains de notre habile constructeur M. Cavé, qui a eu une si heureuse influence sur l'introduction de la navigation à vapeur en France, a été appliquée à des navires de premier ordre par les excellents constructeurs anglais Penn et fils, de Greenwich, qui, au moyen d'une douille qui surmonte le presse-étoupes, ont supprimé les guides du mouvement de la tige du piston.

Les avantages de ces machines résident surtout dans une très-grande légèreté, une grande simplicité de mécanisme. La détente, assez mal appliquée dans les premières machines, l'a été beaucoup mieux depuis que Penn est parvenu à les munir d'un appareil de distribution semblable à celui des machines fixes.

La figure 142 représente cette machine telle que, dans sa plus grande perfection, elle est employée par Penn, pour appliquer la machine oscillante à mouvoir une hélice propulsive, c'est-à-dire les cylindres placés à la suite les uns des autres dans l'axe du bateau, tandis qu'ils sont placés transversalement pour faire tourner les roues, la machine étant la même dans les deux cas. On y remarquera l'heureuse disposition due à ce constructeur, du condenseur incliné placé entre les deux cylindres à vapeur.

La nécessité de faire circuler la vapeur par les tourillons des cylindres, jointe à celle de mettre en mouvement, à l'aide du piston et de sa tige, des poids qui deviennent énormes pour des machines de 4

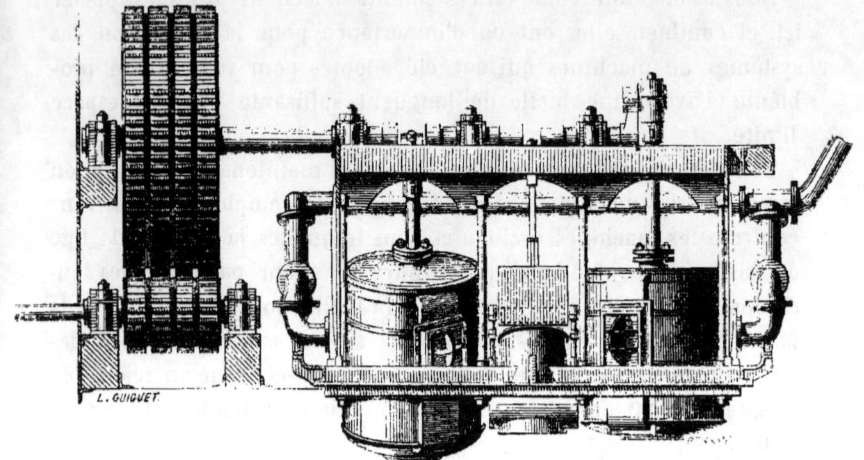

Fig. 142.

à 500 chevaux, ne permet pas, malgré le grand nombre de machines qui font chaque jour un bon service, de considérer la machine oscillante comme devant être recommandée pour les très-grandes constructions maritimes; mais on peut dire que sa simplicité la rend supérieure à toute autre pour les petites.

260. Machines à connexion directe. Les conditions principales auxquelles on satisfait à terre avec les machines à action directe, légèreté de la machine, emploi de longues détentes, au moyen de longues courses de piston, sont mal réalisées dans les machines à action directe pour bateaux à roues dont les cylindres sont placés au-dessous de l'arbre des roues. On ne peut même tenter de les employer que pour des navires dont le creux est considérable, la course étant limitée par la distance qui sépare l'arbre des roues de la plaque de fondation qui supporte la machine.

On éviterait le défaut qui résulte de l'emploi de pistons à grand diamètre, faible course et bielles trop courtes, on rendrait les machines à action directe applicables avec avantage à des navires de dimension moyenne, en remplaçant par deux cylindres, placés symétriquement à la base d'un bâti triangulaire, et dont les bielles agiraient simultanément sur un même point de l'arbre des roues, chacun des énormes cylindres adoptés en général dans la navigation à vapeur; multiplication des cylindres que justifie la théorie des enveloppes trop généralement négligées dans les constructions marines, et qui ont peu d'effet quand les diamètres sont trop grands. Le bâti triangulaire, système que la pratique n'a pas fait admettre comme plus avantageux que la machine de Watt, avait déjà été proposé jadis par M. Brunel père; mais, dans l'application qu'il s'agissait alors de faire à de petites machines, cette disposition dut disparaître devant les machines oscillantes plus simples et moins coûteuses.

Machines à connexion directe pour navires à hélices. — Les premières machines adoptées lorsqu'on commença à appliquer l'hélice à la navigation maritime furent les mêmes que celles qui servaient pour les navires à roues. Ainsi, en disposant les deux cylindres d'une double machine oscillante suivant l'axe d'un navire, ils font tourner un arbre parallèle à cet axe, disposition souvent appliquée avec succès en Angleterre. En munissant cet arbre d'une forte roue d'engrenage, qui commande un pignon monté sur l'arbre parallèle au premier qui porte l'hélice, on fera mouvoir celle-ci avec la rapidité nécessaire au bon fonctionnement de ce propulseur.

Il n'était pas besoin d'une longue expérience pour reconnaître les inconvénients inhérents à une semblable disposition. Le frottement des engrenages, leur poids énorme, l'annulation de la machine dès qu'une dent des engrenages est cassée, le manque d'élasticité d'un appareil exposé aux coups de mer, dans lequel, depuis le moteur jusqu'au propulseur, tout n'est pas lié par des articulations qui donnent à l'appareil une suffisante élasticité, etc., toutes ces causes devaient faire penser à des machines à action directe, analogues à celles dont la locomotive offre le type.

C'est ce que fit heureusement, pour répondre à la demande de M. Labrouste, qui, le premier, fit connaître à la France les avantages de l'hélice, M. Cavé, en utilisant dans la construction du *Chaptal* sa double expérience de constructeur de machines de navigation et de locomotives. Les résultats furent assez satisfaisants pour montrer qu'il avait trouvé la véritable voie.

Toutefois, dans la construction des machines du *Napoléon*, les ingénieurs de la marine conservèrent d'abord les engrenages, n'admettant pas alors la possibilité d'employer sur mer des machines autres que celles à basse pression. Malgré le magnifique succès de ce navire, le poids énorme de son appareil moteur montant à 1,000 kil. par cheval, comme celui des anciennes machines à balancier, sa grande consommation de charbon, indiquaient bien la nécessité de chercher le vrai type de ces machines dans celles à connexion directe.

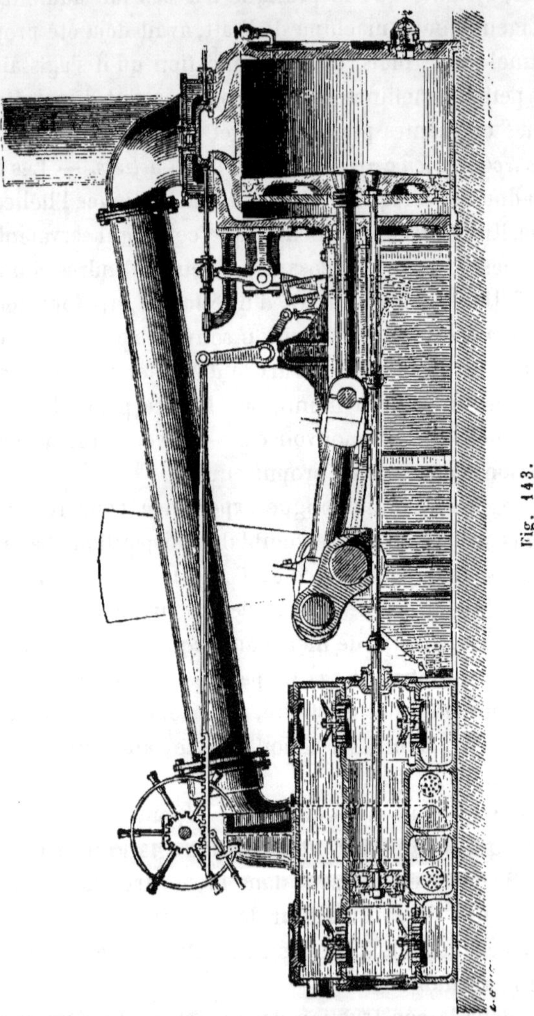

Fig. 143.

C'est, en effet, à cette solution que se sont arrêtés les ingénieurs de la marine dans toutes les nouvelles constructions, qui leur ont fourni de bonnes utilisations avec un poids de machines bien moindre que celui des machines à balancier.

Nous donnons ci-contre la figure 143 de la machine, qui peut être considérée comme le premier modèle adopté par les ingénieurs de l'État. On voit que dans ce système la course du piston est petite et qu'une seconde tige adaptée au piston moteur fait marcher la pompe à air. Cette dernière disposition n'est pas toujours adoptée, mais celles qui la remplacent sont équivalentes. Quant à l'allure de ces machines, les ingénieurs ont satisfait aux conditions que nous avons indiquées plus haut comme indispensables à la bonne utilisation de la vapeur, savoir : mouvements rapides du piston et emploi de longues détentes, en augmentant le rayon du piston, ce qui accroît les espaces nuisibles et ne convient pas pour l'emploi avantageux des enveloppes de vapeur; enfin, en multipliant les cylindres à vapeur; ils sont au nombre de quatre dans les grands navires.

M. Mazeline, le constructeur du Havre, a montré que les attaches des pistons devaient être espacées en raison de la détente employée de manière à égaliser l'impulsion moyenne. Il a ainsi amoindri les vibrations désagréables des navires à hélice.

On a trouvé avantageux, dans les constructions les plus récentes, pour pouvoir obtenir de plus grandes courses de piston qui, comme je viens de le dire, sont insuffisantes dans le modèle indiqué ci-dessus, et pour obtenir une longueur de bielle qui permît les grandes vitesses convenables pour l'hélice, sans la production de vibrations destructives, d'aller chercher de l'autre côté de l'arbre de l'hélice, les guide-coulisses des têtes des pistons, ceux-ci portant au moins deux tiges pour le passage de cet arbre.

Nous donnerons ici la description d'une machine de ce genre perfectionnée, mise par Maudslay à l'Exposition de Londres. Elle est à trois cylindres, et les manivelles espacées à 120° pour régulariser le mouvement.

Les figures 144 et 145 montrent la disposition générale, et font voir que le renvoi de mouvement est à bielle renversée; on a conservé les pompes à air pp : celles plus petites $p'p'$ sont employées à faire circuler l'eau dans les condenseurs. La vapeur est fournie aux six tiroirs par un tuyau commun; lorsqu'elle a terminé son effet, elle s'échappe aux condenseurs d'une manière directe pour les cylindres extrêmes, et pour celui du milieu par des tubulures latérales qui entourent ensuite une partie du cylindre pour se rendre au gros tuyau de chaque côté. Pour diminuer les effets du refroidissement, tout le reste de la surface des cylindres est entouré, ainsi que les

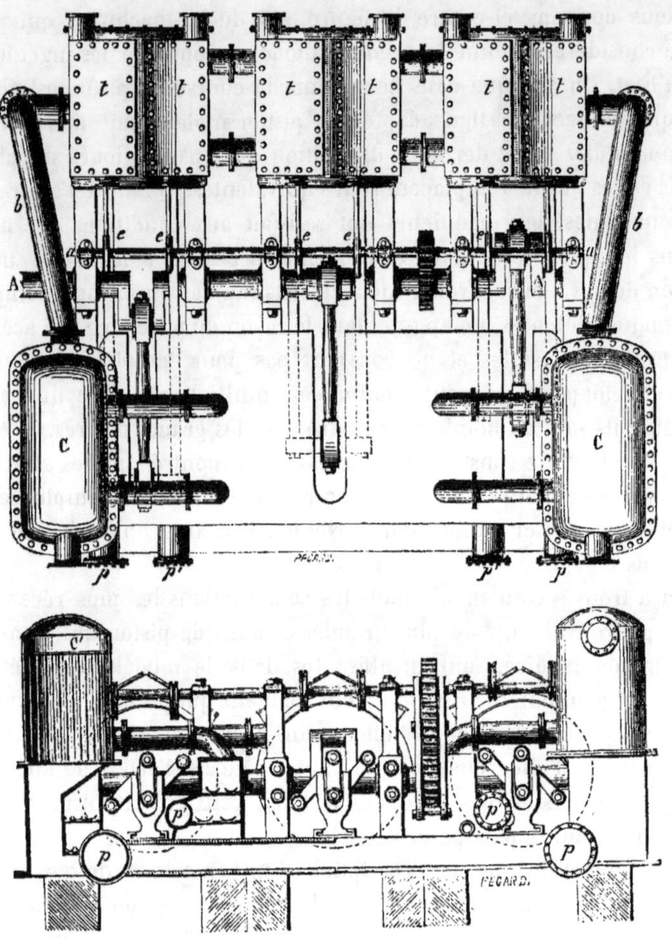

Fig. 144 et 145.

fonds, par la vapeur amenée directement de la chaudière. Celle-ci est réchauffée dans la boîte à fumée par un appareil à tubes aplatis; dont cependant les extrémités engagées dans les plaques de tôle sont conservées rondes; l'alimentation passe aussi par les boîtes à fumée pour prendre un peu de la chaleur perdue par les gaz de la combustion. C'est sur une surchauffe et sur une détente beaucoup plus grande que d'habitude, produite par les tiroirs, que sont basées les chances d'économie de cette machine. Il faut cependant encore lui ajouter les condenseurs à surface C, C, grandes caisses pleines de tubes, dont la surface totale égale généralement celle de chauffe des chaudières; de la sorte la chaudière reçoit toujours de l'eau douce et n'est pas encombrée de dépôts. On voit, comme je l'ai déjà dit plus haut, que les premiers constructeurs anglais cherchent à en revenir aux condenseurs à surface; malheureusement, dit l'amiral Pâris, les tubes du condenseur se couvrent promptement d'une légère couche de la graisse des tiroirs et des pistons qui diminue leur conductibilité et les empêche de condenser assez rapidement la vapeur. Aussi le vide diminue chaque jour et devient très-médiocre à la fin d'une traversée de peu de jours; les paquebots de la Compagnie des Indes, partis avec 65 cent. de vide, n'en avaient pas 20 au bout de huit jours.

261. Machines à fourreau. Une solution que les progrès de l'art de la construction semblent tendre à rendre plus satisfaisante chaque jour est celle si simple adoptée par Penn et fils. Dérivant de la machine oscillante qui a donné d'excellents résultats dans la pratique, la machine à fourreau (*fig.* 146) consiste à faire toujours partir la bielle du piston avec lequel son extrémité est assemblée à articulation, et à cet effet à l'envelopper d'un fourreau faisant corps avec le piston. La possibilité de bien exécuter une garniture métallique autour du fourreau a fait disparaître les difficultés que pouvait présenter ce système; l'inconvénient qu'il présente d'offrir

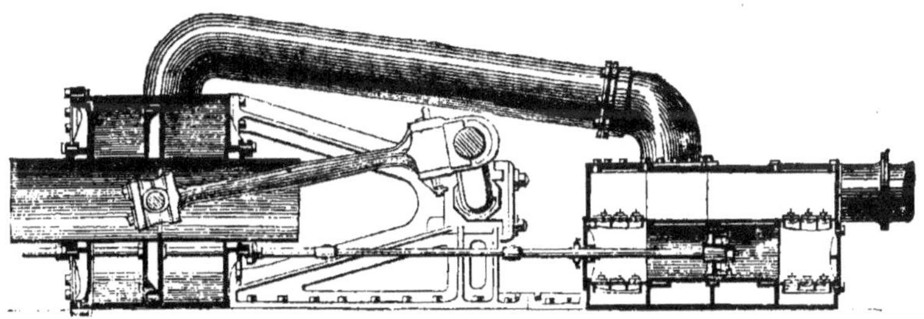

Fig. 146.

de grandes surfaces de refroidissement ne paraît pas balancer les avantages de simplicité et de légèreté de ces appareils. Leur vitesse, que dans la pratique il faut obtenir aussi considérable que possible avec des machines puissantes, et qu'on n'atteint pas avec des systèmes plus lourds, fait que la consommation de chaleur due à ce refroidissement n'est pas très-grande relativement à la quantité de chaleur utilisée.

Des machines pour roues et pour hélices. — En ne parlant que des formes des machines, nous nous trouvons avoir traité simultanément de celles qui sont employées pour faire mouvoir les roues, et de celles qui meuvent les hélices. Toutefois ce serait une erreur de penser qu'il n'y a de différence que dans la position du cylindre, en général vertical dans le premier cas, et horizontal dans le second. La différence réside surtout dans la vitesse plus grande que l'on donne au piston dans le second cas, lorsque les machines font tourner l'hélice par action directe. Au lieu d'être de 1 m., elle varie de 1,60 à 1,90, le nombre de tours atteignant quelquefois 60 par minute, avec la machine à fourreau notamment. Le travail produit par une machine d'un volume donné augmente rapidement avec cette vitesse, qui appelle naturellement l'accroissement de pression que l'on utilise autant que le permettent les obstacles qu'y opposent les incrustations et aussi la perfection de la construction et de l'entretien des chaudières.

PARTIES PRINCIPALES DU MÉCANISME.

DU TIROIR ET DE LA RÉGULATION.

Une partie capitale du mécanisme est le tiroir, qui détermine l'entrée et la sortie de la vapeur dans les cylindres.

Nous considérerons d'abord le tiroir à coquille, généralement employé dans les machines de petite dimension, et nous indiquerons comment la pratique conduit à l'abandonner pour les puissantes machines et à se rapprocher de la disposition que Watt avait adoptée avec une parfaite connaissance des phénomènes.

Ce tiroir consiste, le plus souvent, en une pièce en forme de coquille ou de boîte noyée dans la vapeur et glissant sur une paroi dressée du cylindre où il peut recouvrir les orifices de passage de la vapeur aux cylindres, et l'orifice unique qui communique au condenseur. Les figures 147 et 148 montrent les deux positions du tiroir, qui permettent l'action alternative de la vapeur sur les deux faces du piston.

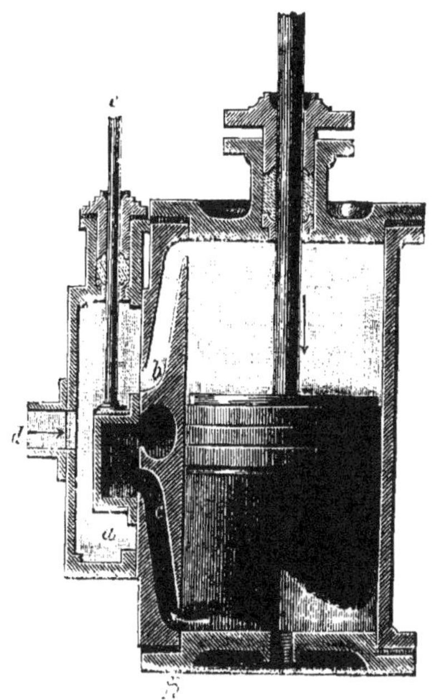

Fig. 147 et 148.

Le mouvement rectiligne alternatif du tiroir est produit par la rotation de l'arbre principal, en général par l'intermédiaire d'un excentrique circulaire monté sur celui-ci, c'est-à-dire d'un cercle tournant autour d'un point différent de son centre, entouré d'un collier glissant autour de lui et supportant une tringle assemblée au tiroir.

Sur mer, l'excentrique est monté à frottement doux, et tourne jusqu'à ce qu'arrêté par des tocs, il soit entraîné par le mouvement de l'arbre; un de ces tocs est disposé pour la marche en avant, l'autre pour la marche en arrière, afin que dans les deux cas l'angle initial de la ligne des centres de l'excentrique et de l'axe de la manivelle qui conduit l'arbre soit le même, sans être nul au départ.

L'excentrique a toujours pour contre-poids un cercle de même rayon et monté inversement sur l'arbre, afin qu'il ne puisse être entraîné par son poids et celui de sa tige, de manière à changer d'angle en cessant de toucher son toc.

262. Forme des tiroirs. Les tiroirs à coquille, généralement adoptés pour les petites machines, à cause de leur simplicité, deviennent une cause de perte de travail très-considérable dans les grands appareils, à cause de l'étendue de la surface soumise à la pression de la vapeur. C'est pour la diminuer que les orifices du cylindre sont ramenés vers la partie centrale, en ne laissant entre eux que l'espace nécessaire pour la lumière d'évacuation, disposition qui a l'inconvénient d'augmenter notablement les espaces nuisibles et les pertes de vapeur qui les remplissent inutilement.

J'emprunte à M. Fréminville (*Cours pratique de machines à vapeur marines*) le calcul du travail résistant pour des tiroirs à coquille simples du grand navire à vapeur la *Bretagne*.

Les dimensions de la surface de la coquille, soumise à la pression de la vapeur, sont de

$$0^{m},80 \times 1,20 = 0^{mc},96 = 9,600 \text{ cent. car.}$$

La pression effective, égale à l'excès de la pression de la vapeur sur le vide, est au moins de 1 atmosphère 1/2, soit $1^{k},500$ par centimètre carré, ce qui donne sur la surface de 9,600 centimètres carrés l'effort énorme de 14,400 kilogrammes; d'où résulte un frottement considérable qui s'oppose au mouvement, et qui, en l'estimant au dixième seulement de la pression, s'élèverait à 1,440 kilogrammes.

La course du tiroir étant de $0^{m},436$, le nombre de tours de 48 par minute, le travail absorbé par seconde sera

$$\frac{1,440 \times 2 \times 0,436 \times 48}{60} = 1,000 \text{ kilogrammètres.}$$

Ce qui fait environ 13 chevaux-vapeur, quantité considérable même par rapport à celle des puissantes machines de la *Bretagne*, qui développent jusqu'à 1,000 chevaux.

C'est surtout lors de la mise en marche que la pression énorme, qu'il s'agit de surmonter à bras, devient un inconvénient grave, malgré tous les systèmes de communication du mouvement, nécessairement lourds, d'une inertie considérable, que l'on peut adopter.

Pour y remédier, il faut équilibrer les tiroirs, au moins autant que possible. Cette question a été fort bien traitée dans un rapport fait à la Société d'encouragement par M. Tresca, sous-directeur du Conservatoire des arts et métiers, à propos d'une nouvelle disposition spécialement applicable aux locomotives, dans lesquelles la pression élevée de la vapeur conduit aux mêmes inconvénients que la grandeur des dimensions dans les appareils marins. Je le reproduirai ici en grande partie, car presque toutes les considérations qu'il renferme sont applicables aux machines marines aussi bien qu'aux locomotives, et les explications dans lesquelles il entre indiquent précisément les avantages des systèmes abandonnés dans la plupart des machines de terre, mais conservés avec grande raison dans beaucoup de machines marines de grande dimension.

263. Tiroirs équilibrés. Comme s'il ne voulait rien laisser d'imparfait dans les machines à vapeur, Watt s'était tout d'abord rendu compte des inconvénients qu'entraînait la pression de la vapeur sur les tiroirs, et il n'a jamais construit que des tiroirs équilibrés. Dans ses machines, la vapeur se rendait d'abord dans un coffre qui régnait dans toute la longueur du cylindre; elle s'introduisait par les lumières, et, à sa sortie du cylindre, elle était recueillie dans les extrémités des boîtes à tiroir, maintenues en communication constante entre elles et avec le condenseur.

Le conduit qui établissait la communication entre les deux extrémités se trouvait par conséquent plongé dans la vapeur d'admission, et rempli avec la vapeur d'échappement se rendant au condenseur. Les pressions déterminées dans tous les sens, pour chacune de ces deux vapeurs, se trouvaient respectivement équilibrées d'elles-mêmes, par cela seul que leur action s'exerçait dans tous les sens, à l'intérieur comme à l'extérieur, sur toute la surface latérale du conduit cylindrique. Les communications entre les trois chambres de la boîte à tiroir étaient interceptées au moyen de garnitures demi-cylindriques sur le côté opposé de l'admission, et du côté des orifices d'admission par les lèvres mêmes du tiroir.

Les dispositions de Watt furent abandonnées à cause de la simplicité de la construction du tiroir à coquille et de l'avantage qu'offrait la suppression des garnitures; les inconvénients qui lui sont propres furent peu sensibles tant qu'on s'en tint aux machines de dimensions modérées et à basse pression. Aussi les essais de tiroirs équilibrés furent-ils pendant longtemps peu nombreux. On doit toutefois citer la distribution de la machine de Taylor et Martineau, au moyen de pistons mobiles dans une boîte de tiroir cylindrique (*fig.* 149 et 150), imitée assez souvent par les constructeurs américains.

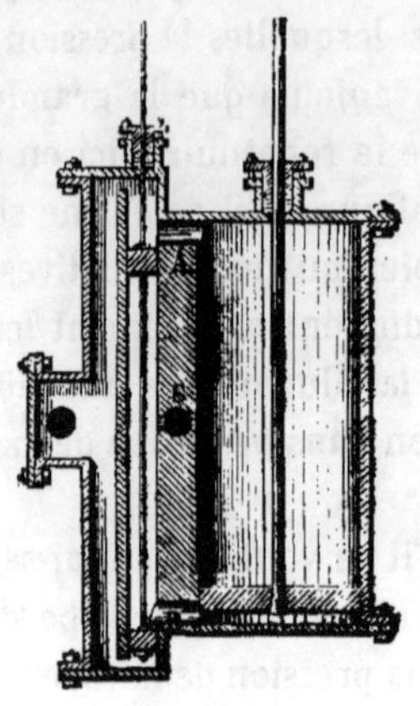

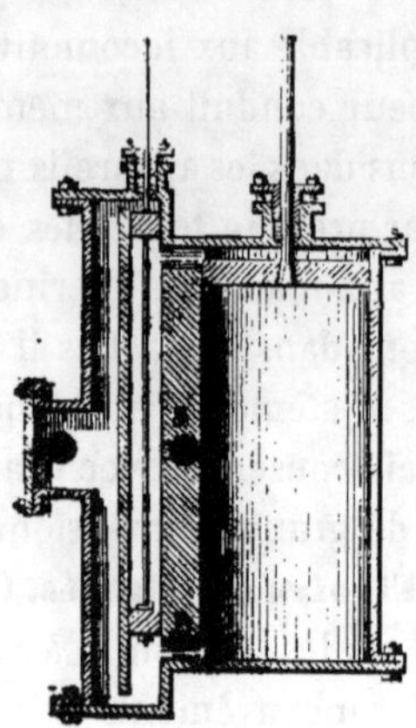

Fig. 149. Fig. 150.

La haute pression de la vapeur employée dans les locomotives a conduit, comme les grandes dimensions du tiroir dans les machines marines, à des résistances, à une consommation de travail qui ont manifesté clairement les inconvénients du tiroir à coquille ordinaire.

Le tiroir équilibré de M. Jobin, proposé pour les premières, ressemble beaucoup, quant aux principes, au tiroir de Watt, si ce n'est que l'admission de la vapeur a lieu par les extrémités, l'échappement par la partie moyenne. Les deux chambres extrêmes sont mises en communication par un canal cylindrique percé dans la longueur du tiroir; l'isolement des différentes chambres est obtenu par le frottement du tiroir contre les parois de la boîte. Cette disposition, représentée *fig.* 151, réalise ces deux conditions particulières :

1° Suppression de la garniture, et frottement direct des surfaces métalliques dans les machines à haute pression ;

2° Section triangulaire de la pièce mobile des tiroirs.

En ce qui concerne la suppression de toute garniture, l'expérience a prouvé qu'elle était possible, puisque ces nouveaux tiroirs se sont maintenus, au chemin de fer de l'Est, pendant six ou huit mois dans un excellent état d'entretien, durée que les tiroirs ordinaires sont loin d'atteindre en service courant.

Quant à la forme de la section, le constructeur paraît y avoir été conduit par le désir de n'employer que des surfaces planes bien dressées, qui lui permettent de régler facilement le degré de serrage, et, par conséquent, d'éviter l'usure qui serait la conséquence inévitable d'un ajustage trop serré.

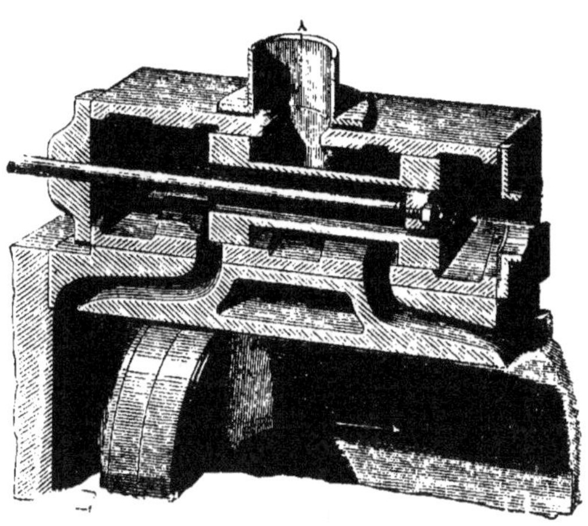

Fig. 151.

Le tiroir de Watt, comme celui-ci, était équilibré par rapport aux pressions qui pouvaient s'exercer tout autour du tiroir, à l'extérieur et à l'intérieur; il ne l'était pas par rapport à la pression exercée à travers des lumières, sur les bandes du tiroir; cette pression était supportée par les garnitures du dedans au dehors. M. Jobin l'a également éliminée d'une manière simple au moyen d'une rainure transversale, faite dans tout le pourtour intérieur de la boîte, en face des lumières d'introduction. Cette rainure est toujours en communication avec les lumières, parce que celles-ci dépassent légèrement les limites latérales des bandes du tiroir, et de cette disposition il résulte que la compensation a toujours lieu, même pendant la période de détente.

Cette disposition nous paraît devoir être citée comme un modèle à suivre, préférable aux systèmes de compensateur, de garnitures appliquées dans des constructions marines, qui donnent lieu bien souvent à des fuites de vapeur qui se rend directement de la chaudière au condenseur, sans traverser le cylindre.

Ajoutons enfin que le déchargement des tiroirs permet au constructeur l'éloignement des lumières, et par suite de diminuer les espaces nuisibles, ce qui conduit à une meilleure utilisation du travail de la vapeur.

264. Coulisse de Stephenson. Au lieu de conduire le tiroir par un seul excentrique, on imite souvent aujourd'hui la disposition si ingénieuse combinée par R. Stephenson pour les locomotives, la coulisse qui consiste en réalité dans l'emploi de deux excentriques pour déterminer le mouvement du tiroir. Elle se trouve constituer en même temps organe de mise en marche, de changement de marche et de détente.

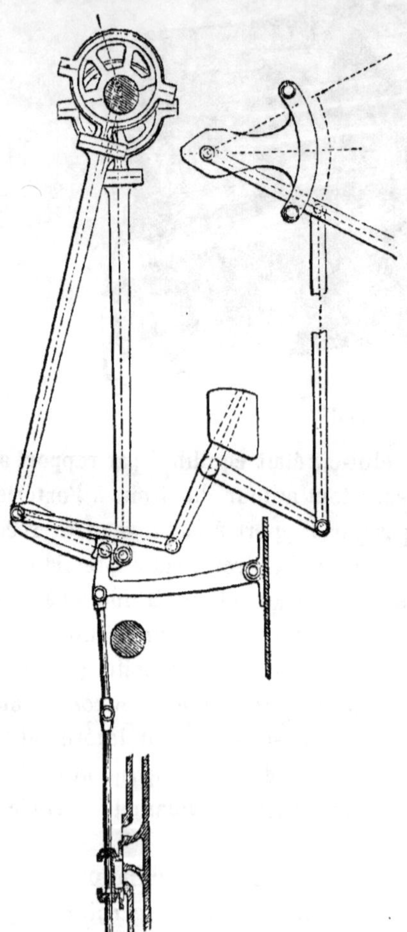

Fig. 152.

J'emprunterai à mon *Traité de cinématique* un passage relatif à cette heureuse combinaison, qui en fera bien apprécier le principe.

La figure 152 montre l'ensemble du système. L'arbre de rotation porte deux excentriques circulaires faisant entre elles un angle obtus; chacune d'elles conduit une bielle articulée à l'extrémité d'une pièce de forme circulaire, dans laquelle est pratiquée une coulisse ou rainure dans laquelle s'engage la tête de la tige qui règle le mouvement du tiroir, coulisse dont on fait varier la position à l'aide d'un levier qui est à la portée du mécanicien.

Il est facile d'analyser grossièrement comment intervient la coulisse pour produire la mise en mouvement, le repos ou le changement de sens du mouvement, en traçant, pour des inclinaisons successives du levier, les diverses positions que peut prendre la coulisse pour les oscillations extrêmes des bielles d'excentrique.

Soit HH_1 (*fig.* 153) l'horizontale passant par l'axe de l'arbre moteur (le cylindre à vapeur étant supposé horizontal), AB la tige de position invariable qui mène le tiroir; il est clair que l'on aura la course du tiroir en mesurant les limites des déplacements de la coulisse sur l'horizontale passant par l'axe de sa tige. Il sera un maximum lorsque CC′ sera sensiblement dans le prolongement de AB, et à peu près égal à $2e$, course du point extrême, e étant la valeur de l'excentricité.

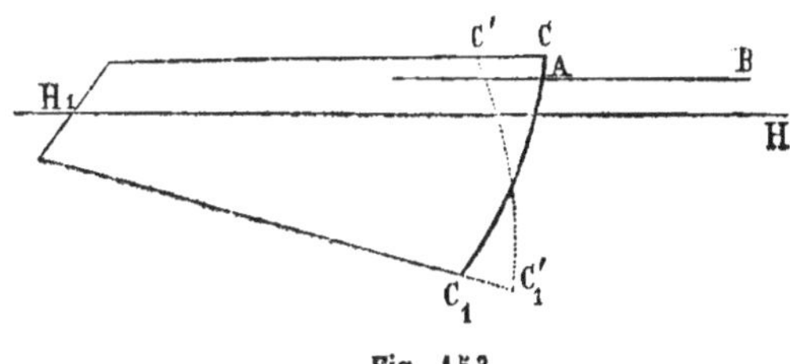

Fig. 153.

La machine sera ramenée au repos lorsque les points d'intersection des courbes qui représentent les points extrêmes de la coulisse sont situés sur AB; le tiroir cesse de marcher et la machine s'arrête. Ce point n'est pas unique, mais sa position varie assez peu pour que le recouvrement du tiroir assure le repos (*fig.* 154).

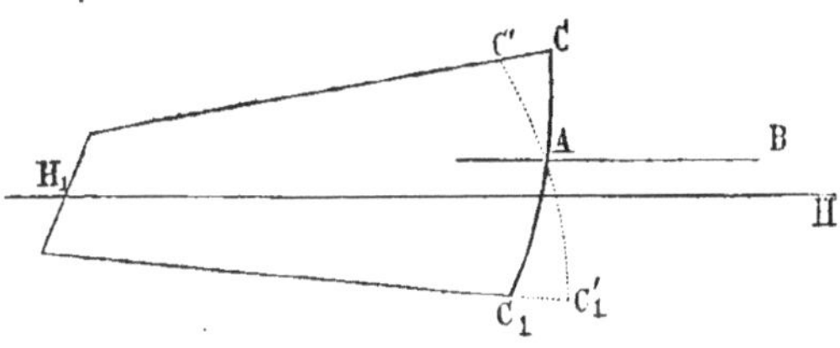

Fig. 154.

Enfin le changement de marche est produit par le brusque déplacement de la coulisse, qui fait passer le bouton de la tige directrice d'un côté à l'autre du point d'intersection des deux courbes. Ainsi la figure 155 montre comment, en relevant la coulisse, la tige du tiroir, auparavant guidée par exemple par la partie supérieure de la coulisse pour produire le mouvement en avant, viendra prendre un mouvement en sens contraire; l'une des faces du piston *aura marqué le pas*, et l'action de la vapeur se trouvera de sens inverse de ce qu'elle eût été sans cela, pour faire tourner la manivelle.

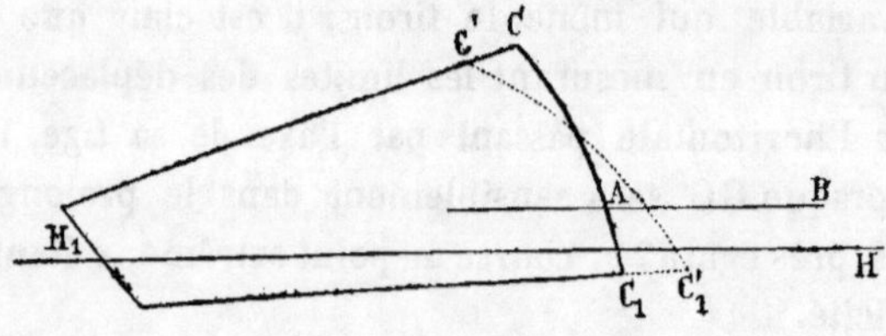

Fig. 155.

265. Mouvement de mise en train. Pour la machine à balancier, il se produit : 1° par un système à l'aide duquel on fait manœuvrer le tiroir à bras, comme pour changer le sens du mouvement, lorsque la bielle d'excentrique n'est pas en prise avec lui, c'est-à-dire lorsque cette bielle glisse sur le bouton de la manivelle qui imprime le mouvement au tiroir, parce qu'une petite lame mobile remplit l'*encoche;* 2° d'un système d'enclanchement et de déclanchement de la bielle d'excentrique, dont les détails sont très-variables et qui tendent tous au même but : stopper en déclanchant, continuer à marcher en enclanchant.

Pour les machines à connexion directe, la coulisse de Stephenson produit, par son simple déplacement, comme nous venons de le voir, la mise en marche. Toute la question se réduit à employer, au besoin, une communication de mouvement convenable, lorsque les poids deviennent trop considérables dans de grandes machines pour être mus à la main. C'est en général par une vis sans fin qu'on opère alors le relevage de la coulisse.

L'*appareil à virer* sert à faire tourner à bras d'homme la machine, soit pour en placer convenablement l'arbre quand on veut embrayer l'hélice, soit pour changer la position de la machine elle-même quand on veut la régler. Dans les bateaux à roues, il suffit pour y parvenir d'aller peser sur les aubes; dans les navires à hélice on ajuste sur l'arbre de la machine une roue dentée commandée par un pignon ou une vis sans fin, sur laquelle on agit à bras.

266. Mécanisme de détente. La détente fixe est produite par le recouvrement du tiroir et l'angle de calage ; elle ne doit jamais être inférieure à 1/5 de la course, comme nous l'avons dit. C'est toujours en accroissant la détente, à ce moyen d'utiliser le mieux le travail mécanique de la vapeur, que l'on doit avoir recours quand on veut modérer la vitesse, et jamais à des étranglements qui le consomment improductivement en remous et résistances nuisibles.

La coulisse Stephenson donne des détentes croissantes pour les divers crans, sans que jamais elle dépasse une limite assez peu étendue, que l'on peut fixer à une admission égale à 0,60. Plus le coulisseau sera voisin du milieu de la coulisse et du point mort, moindre sera la course du tiroir, plus la détente sera grande; mais les orifices ne découvrent plus assez par un jeu insuffisant du tiroir.

Pour obtenir des détentes très-étendues, il faut employer des organes glissants, propres à intercepter l'arrivée de la vapeur dans la boîte à tiroir. D'une manière générale le mécanisme spécial de détente est formé d'un tiroir semblable au tiroir de distribution qui ouvre et ferme l'orifice par lequel la vapeur arrive dans la boîte à tiroir. Le mouvement est donné par un excentrique ou par des cames, c'est-à-dire une réunion d'excentriques à courbes variables, fixées sur l'arbre moteur. Il ne résulte pas d'inconvénient grave de ce que la capacité dans laquelle se meut le tiroir de distribution devienne en quelque sorte un espace nuisible, puisque la vapeur à moindre pression qui y subsiste est remise en communication avec celle de la chaudière, à chaque ouverture du tiroir de détente.

267. Règlement des tiroirs au moyen de tracés géométriques. La meilleure méthode pour obtenir le tracé du mouvement du tiroir au moyen de courbes est celle due à MM. Moll et Montéty, ingénieurs de la marine. Ces courbes ne sont autres en réalité que celles qui représentent le mouvement rectiligne de l'extrémité d'une bielle, l'autre étant articulée à une manivelle. En effet, le mouvement du piston est bien le mouvement rectiligne de l'extrémité d'une bielle articulée à une manivelle, et il en est de même de celui du tiroir conduit par une bielle partant de l'excentrique : celui-ci monté sur l'arbre de rotation, fournissant le même mouvement qu'une manivelle ayant pour rayon la longueur du centre de cercle de l'excentrique au centre de rotation. (Voir *Traité de cinématique.*) Sans analyser en détail la nature de ces courbes, il est évident qu'on peut toujours pratiquement obtenir cet important tracé en relevant les longueurs des coordonnées sur la machine même. On prend, dit M. Pâris, guide sûr pour les applications à la mer des méthodes de vérification, la circonférence de l'arbre de couche près du toc, et après avoir taillé une feuille de papier de la longueur du cercle développé, on la divise en un certain nombre de fractions de la circonférence, puis on la colle autour de l'arbre. En fixant une pointe invariable au pont ou aux bâtis, on peut se rendre compte très-exactement des changements d'angle. Avec les appareils à hélice, il est plus simple de compter le nombre de dents du vireur, et de faire des nombres égaux de tours de la vis sans fin. Alors c'est pour chacune de ces divisions, et en notant le nombre de degrés, qu'on prend les mesures des courses du piston et de celles du tiroir. Une fois ces données recueillies, on prend une longueur *ab* pour celle du cercle développé, divisée d'après les angles qui ont été pris. Supposons que ce soit de 20° en 20°. Par chaque division on élève une perpendiculaire à la ligne *ab*, et on porte sur chacune les longueurs relatives aux mesures trouvées sur le tiroir et le piston. De la sorte on obtient les courbes tracées sur la figure 156,

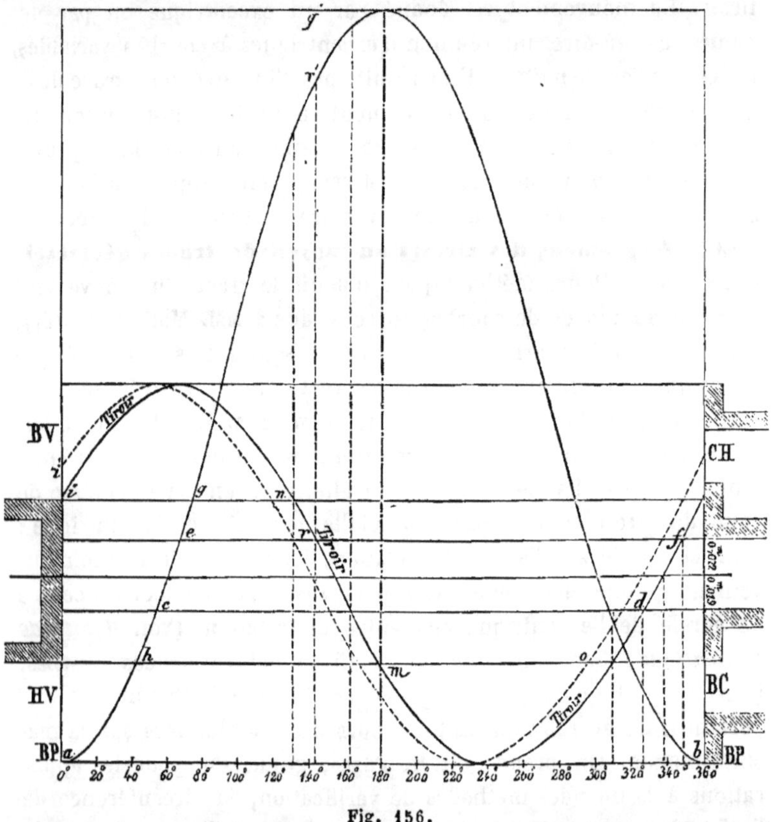

Fig. 156.

dites sinusoïdales, parce que ce sont de véritables sinusoïdes dans le cas d'une bielle supposée infinie. Les ordonnées de celle relative au tiroir sont en général peu réduites, celles relatives au piston le sont beaucoup.

Pour obtenir avec ces courbes les mouvements du tiroir, il faut figurer les orifices, et, pour cela, recourir aux données prises sur la machine et portées sur la section du tiroir représenté fig. 157,

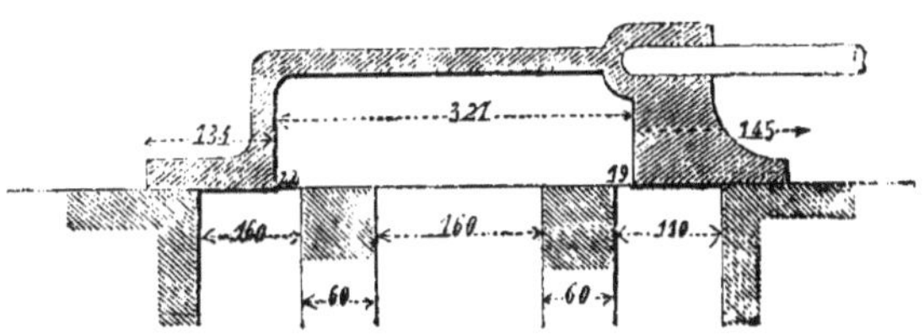

Fig. 157.

On commence par tracer la demi-course du tiroir à distance égale entre les parties extrêmes de la courbe de ce dernier, et les indications relevées sur le tiroir donnent les distances des arêtes du tiroir et des arêtes des orifices; dans l'exemple cité par M. Pâris, les orifices à la condensation sont ouverts tous deux en même temps, l'un de 19 millimètres, l'autre de 22. On porte ces deux longueurs à partir de la demi-course, et on a la ligne *cd* pour exprimer l'arête à la condensation en haut et celle *ef* pour le bas. On place la grandeur des orifices en prenant les 110 millimètres de leur hauteur, et on obtient les orifices HC et BC.

Pour l'introduction de la vapeur, il faut savoir de combien la barette mord sur les orifices lorsque le tiroir est à mi-course. C'est dans le cas actuel, de 46 millimètres 1/3 pour le bas, et de 54 1/2 pour le haut. On porte ces longueurs à partir de la demi-course, en les plaçant à l'opposé de celles du condenseur, et on a la ligne *g* pour le bord de l'orifice à l'introduction en bas et celle *h* pour l'introduction en haut.

On voit, d'après cela, qu'au point mort en bas, le tiroir est déjà ouvert de la distance de la ligne *i* à la ligne *g*, et au point mort en haut du point *m* à la ligne *h*, ce sont les deux avances à l'introduction. Si on veut savoir quel est l'angle de la manivelle avec sa position au point mort au moment de l'ouverture à l'introduction, il n'y a qu'à abaisser, du point où la courbe coupe la ligne *g* (à droite) ou sur la ligne *h*, une perpendiculaire sur la ligne *ab* et voir à quel point de la graduation en degrés elle répond; ce n'est guère que 3°. Pour la détente, elle commence au point *n* en bas et au point *o* en haut; alors la manivelle a parcouru 124° pour l'un et 305° pour l'autre. En prenant avec un compas l'étendue des orifices et faisant promener l'une des pointes sur la courbe, il est facile de connaître tous les moments d'ouverture et de fermeture du tiroir, c'est-à-dire d'analyser ses fonctions et de les reporter aux graduations inférieures ou aux fractions de la courbe du piston, en voyant à quel point en hauteur les perpendiculaires coupent la courbe exprimant la course. Ainsi en haut la condensation commence à ouvrir au point *d*; il y a donc une fraction de la course à parcourir représentée par la distance de *d* à *ab* et un angle de 34° avant d'arriver au point mort; pour l'autre position c'est le point *r* avec une portion de course égale à *r'r* et 40° d'angle.

Ce tracé offre le grand avantage de permettre d'apprécier immédiatement ce qui se passerait si on changeait la position du toc de l'excentrique, les courbes ne se modifiant nullement mais se déplaçant seulement, comme l'indique la ligne ponctuée tracée sur la figure.

Dans la pratique actuelle, les avances à l'admission sont toujours très-faibles; elles servent à amortir la vitesse du piston qui rencontre un matelas élastique de vapeur lors du changement de sens du mouvement, et offrent en outre le grand avantage de prévenir les retards qui pourraient provenir du temps perdu des articulations. Les avances à la condensation sont, au contraire, assez considérables : exprimées en arc de cercle, elles varient de 28 à 40°, et en fraction de course, elles atteignent jusqu'à un dixième.

CHAPITRE DOUZIÈME.

ORGANES DE PROPULSION.

268. Des roues à aubes. Les roues à aubes ordinaires sont de véritables roues garnies à leur circonférence d'un certain nombre de pales ou aubes, également espacées. Elles sont fixées invariablement à l'axe ou arbre qui leur transmet le mouvement de rotation imprimé par la machine. Ces aubes sont maintenues par des boulons à crochet ou à écrou qui les lient aux rayons des roues de la manière la plus solide; et leur disposition est telle, que leur surface impulsive est dirigée vers le centre des roues ou en diverge généralement très-peu. Il en résulte que chaque aube n'agit dans la direction la plus avantageuse pour faire avancer le bateau, qu'au point le plus bas de sa révolution; c'est dans cette position seulement qu'elle utilise la totalité de son action dans la direction de la résistance à vaincre. Dans les autres positions, une partie de l'effort imprimé à l'aube est inutilement employée à presser sur l'eau ou à la projeter en arrière, effets qui croissent avec la vitesse des roues à aubes.

Ces pertes de force augmentent aussi avec l'immersion des roues, qui est la plus convenable quand l'aube verticale plonge au-dessous du niveau de l'eau de 8 à 10 centimètres; il est évident que si elles plongeaient jusqu'à l'axe, l'effet de chaque aube, à son entrée et à sa sortie, serait complétement nul pour la marche du bateau. Il importerait donc que l'immersion des aubes restât constante, malgré les variations de tirant d'eau du bateau résultant de son chargement variable. Plusieurs dispositions ont été adoptées pour atteindre ce but. Elles consistent dans une simplification des moyens d'assemblage des aubes avec la roue, de telle sorte qu'il devient possible de démonter avec rapidité la partie inférieure de l'aube (que l'on forme de trois parties) pour la remonter au-dessus de la partie supérieure, quand le tirant d'eau du navire augmente, et inversement, quand il diminue.

Roues à aubes mobiles. Pour corriger le défaut des roues à aubes, d'entrer et de sortir de l'eau sous des inclinaisons nuisibles, de projeter l'eau en consommant inutilement partie du travail moteur, on a employé plusieurs systèmes qui consistent à rendre les aubes mobiles autour d'un axe horizontal, de manière à leur faire prendre une position verticale à leur entrée dans l'eau et à leur sortie, par l'action d'une tige qui dirige leur inclinaison.

Système Cavé. Dans ce système (*fig.* 158) l'axe horizontal de chaque aube porte une manivelle du côté de la muraille du bateau. Ces manivelles sont articulées à des bras qui vont se réunir à un collier d'excentrique tournant forcément sur un cercle fixe monté sur la muraille du navire et laissant passer l'arbre de rotation, de telle sorte que les bras étant d'une longueur autre pour les aubes placées près de la surface de l'eau que pour celles placées sur la ligne horizontale pour laquelle elles se dirigent le long des rayons, les aubes entrent et sortent dans une position verticale; mais cet avantage ne saurait être acheté qu'au prix de frottements assez considérables qui ont lieu dans toutes les parties de ce système.

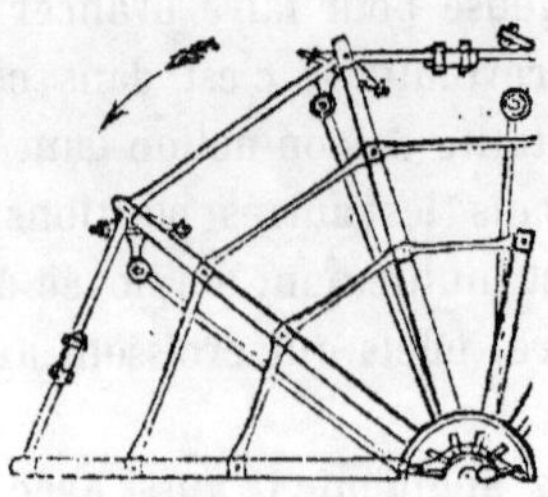

Fig. 158.

Nous ne décrirons pas les divers systèmes analogues qui ont été employés et que les dangers de dérangement surtout ont fait abandonner pour la grande navigation. Toutefois, les bateaux qui ne font pas de très-longues traversées, dont les roues peuvent, par suite, être souvent visitées et réparées, trouvent avantage à employer ces systèmes qui procurent quelque économie sur le travail moteur, en évitant les projections d'eau inutiles.

Travail des roues à aubes. M. d'Aubuisson, dans son Traité d'hydraulique, rapporte une expérience de M. Poncelet pour déterminer un nombre représentant le coefficient par lequel il faut multiplier l'action d'une palette verticale (qui était dans cette expérience d'une largeur inusitée), calculée d'après la théorie du choc de l'eau, pour en déduire l'action totale des aubes agissantes. On a trouvé 2,80; or, comme il y avait 3 aubes agissant en chaque instant ($1\frac{1}{2}$ de chaque côté), on voit que la résistance utile était presque égale au travail dépensé; cette valeur est sans doute trop grande pour être applicable aux aubes des bateaux.

269. Vitesse des aubes. — Leur recul. Si l'eau était une matière plastique complétement résistante en même temps dans le sens du mouvement, le chemin parcouru par le navire serait nécessairement égal à celui mesuré par la circonférence décrite par le bord extérieur des aubes; mais il n'en est pas ainsi puisque le liquide se déplace et la différence entre la vitesse du navire et la vitesse de la roue est le *recul*.

Le recul varie entre le tiers ou le quart du chemin parcouru par le centre d'action des aubes. Pratiquement on a reconnu que, dans les constructions les mieux réussies, la vitesse du bord extérieur des aubes était à celle du navire dans le rapport de 3 : 2 à 1,50 ou 1; que la vitesse du navire était égale aux 67 centièmes de la vitesse du cercle passant par l'extrémité de l'aube.

Cette limite ne permet pas d'employer des aubes d'une hauteur trop grande, car le bord intérieur de l'aube deviendrait bientôt une résistance, marcherait moins vite que le bateau, et avant cette limite n'aurait qu'une action minime, pendant que cette largeur entraînerait des pertes de travail croissantes, tant lors de l'enfoncement de l'aube dans le liquide que par suite des projections d'eau qui augmentent avec cette hauteur.

270. Immersion des aubes. — D'après R. Murray, voici la quantité dont il faut immerger les bords intérieurs des aubes pour les navires de diverses grandeurs :

Pour les grands navires, de.............	$0^m,36$ à $0^m,42$
Pour les petits, de.....................	0 ,21 à 0 ,36.

271. Calcul du travail moteur effectué. — Ayant déterminé d'une part le travail résistant d'un navire de forme donnée et de l'autre le travail utile que peut fournir une machine faisant mouvoir un propulseur déterminé, on pourra déduire de l'égalité qui existe entre ces quantités, quand le mouvement est devenu uniforme, la vitesse que pourra prendre le navire, ou la vitesse étant donnée, tel autre élément du système. C'est ainsi que Fulton arriva à construire le premier bateau à vapeur qui donnât des résultats positifs, en calculant ses proportions d'après les séries d'expériences connues et en utilisant la production facile d'un travail moteur considérable que lui fournissait la machine à vapeur que Watt venait d'amener à un haut degré de perfection.

La pression qui s'oppose dans l'eau au mouvement d'une surface de $1^{m.c.}$ étant d'environ 60 kil. à la vitesse d'un mètre, la vitesse d'une aube (mesurée au centre d'action des aubes) est u, celle du bateau étant V, telle en général, que l'on ait $V \times 1,50 = u$; le travail résistant de la surface S totale des aubes agissantes produira un travail moteur égal à

$$T_u = 60\, S k\, (u - V)^2 u.$$

k est un coëfficient qui, dans de bonnes conditions, peut être considéré comme égal à 0,60 ; il peut s'élever un peu au-dessus, mais surtout descendre beaucoup au-dessous. Il répond aux projections d'eau, aux pertes résultant des immersions anormales par l'effet des vagues, du roulis, de l'inclinaison des palettes ; car quand la mer est agitée, on voit les roues à aubes agir en quelque sorte comme frein hydraulique, et consommer sans profit grande partie du travail moteur.

Supposons :

$$S = 3^{m}, V = 5, u = 8^{m}, k = 0,7,$$
$$T_u = 60 \times 3 \times 0,7 (3)^2 \times 8 = 9072.$$

Soit pour les deux roues, 18144 kilogrammètres ou 242 chevaux-vapeur d'effet utile surmontant les résistances; ayant consommé 242 : 0,7 = 345 chevaux-vapeur de travail réellement transmis par la machine à vapeur, c'est-à-dire ce que peut produire un bon appareil d'au moins 500 chevaux effectifs.

272. Hélice. L'emploi de l'hélice dans la navigation est un des grands faits du siècle, en étant devenu le moyen d'un progrès considérable, en permettant de construire des navires pouvant marcher à la fois à la vapeur et à la voile, et surtout en ayant causé la transformation complète de la marine militaire des diverses nations, en ayant assuré au navire à vapeur la domination des mers.

La supériorité de l'hélice sur les roues, en tant que bonne utilisation du travail moteur, résulte de ce qu'étant toujours immergée, son action ne diminue pas à la mer par les plus gros temps, circonstance dans lesquelles les roues donnent peu de travail utile, l'une d'elles étant souvent noyée tandis que l'autre tourne dans l'air.

Son infériorité consiste en ce qu'elle est impropre à faire avancer le bateau quand le vent est directement contraire à la marche, et c'est la vraie cause de la moindre vitesse des longues traversées des bateaux à hélice comparés aux bateaux à roues. La résistance du navire croissant par l'action du vent debout, l'action de l'hélice pour faire tourner circulairement l'eau du cylindre dans lequel elle se meut plus longtemps, plutôt que de la repousser, va en augmentant; celle-ci forme frein hydraulique et le travail utile diminue très-rapidement avec l'accroissement de la résistance.

Deux systèmes d'hélices ont été employés à l'origine; celle qui porta d'abord le nom de Smith ou Sauvage, composée soit d'un pas de vis entier, soit de fraction de pas (*fig.* 159 et 160), de surfaces hélicoïdales que d'ingénieuses recherches ont tenté de rap-

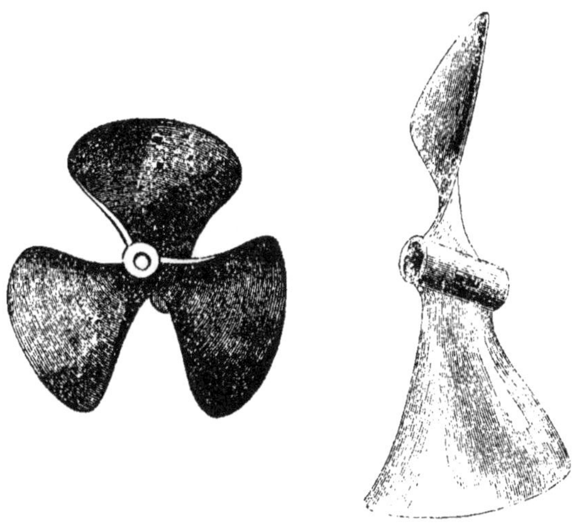

Fig 159. Fig. 160.

procher de la queue des poissons, type évident de ces modes de propulsion ; l'autre incomplétement immergé, dû à Ericson (*fig.* 161 et 162), se rapprochant plus que le premier des roues à palettes, est aujourd'hui complétement abandonné.

Fig. 161.

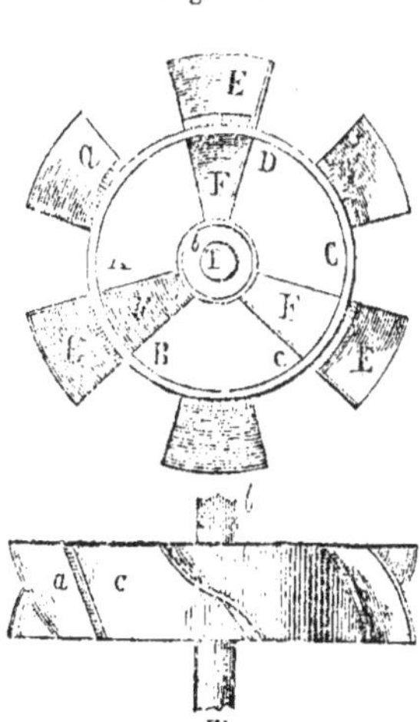

Fig. 162.

Passons à l'analyse des modes d'action de l'hélice.

L'hélice, dans sa donnée première, est une vis à un ou plusieurs filets, qui, mue dans l'eau avec rapidité, trouve dans l'inertie de celle-ci une résistance analogue à celle qu'elle rencontrerait dans un écrou métallique; d'où résulte la progression, le mouvement en avant du navire qui la porte. La condition essentielle de l'emploi de l'hélice est donc une vitesse assez grande pour que l'eau résiste, malgré l'extrême mobilité de ses molécules; et comme d'ailleurs elle communique nécessairement une vitesse aux molécules liquides qui, choquées, ne peuvent rester immobiles, il est bien clair que toute la vitesse imprimée dans le plan perpendiculaire à l'axe de l'hélice correspond à un travail consommé inutilement pour la propulsion, tandis que toute celle parallèle au mouvement du navire est utilisée, en ce sens qu'elle est la réaction qui correspond à l'impulsion communiquée au corps flottant.

Comme c'est évidemment par suite de l'inclinaison du plan incliné autour de l'axe qui la constitue, que l'hélice opère, il est bien clair que la régularité de cette inclinaison, tout à fait nécessaire quand il s'agit d'une vis dont les filets doivent se succéder dans le même chemin, n'a plus de raison d'être lorsque l'action doit se produire sur un liquide. On a donc dû se demander s'il n'y avait pas avantage à employer des surfaces hélicoïdales inclinées dans leurs diverses parties en raison des vitesses de l'eau qu'elles rencontrent, genre de disposition dont l'expérience a montré les avantages, comme aussi d'abandonner les surfaces qui répondraient à un tour entier; ce qui a conduit aux palettes hélicoïdales séparées, laissant par suite une entrée plus facile à l'eau qu'un filet continu.

Passons en revue les éléments de l'hélice et les résultats de l'emploi des principaux systèmes, savoir : le nombre des bras, le diamètre et la longueur, la surface agissante des palettes, le pas, le recul et la force motrice utilisée. Nous mettrons à profit, pour l'évaluation de l'influence de ces divers éléments, d'intéressantes expériences faites par M. Taurines, l'ingénieux inventeur du dynamomètre à ressort. Ce sont les seules, à notre connaissance, qui aient été exécutées dans des conditions scientifiques, à savoir avec l'interposition des deux dynamomètres donnant l'un la mesure du travail réellement transmis à l'hélice, et l'autre la mesure de la poussée de l'hélice, c'est-à-dire de la résistance du bateau, qui, multipliée par le chemin parcouru, donne exactement le travail utile. Le rapport entre ces deux quantités de travail donnait exactement la valeur mécanique du propulseur.

Il est sans doute fort regrettable que ces expériences n'aient porté que sur des hélices de petite dimension; mais les résultats qu'elles fournissent sont encore très-précieux, et ne sont en contradiction avec aucun des résultats de la pratique fournis par les grandes constructions.

1° *Nombre de bras.* Depuis l'invention de l'hélice, deux systèmes, sont en présence : celui dans lequel l'hélice reste toujours en place, et celui dans lequel, lorsque le bâtiment veut naviguer à la voile seulement, elle est remontée au-dessus de la surface de l'eau par un puits disposé à cet effet. Le premier système est applicable aux bâtiments où la vitesse est la première nécessité du service qu'ils ont à accomplir et la question d'économie secondaire; lorsque cependant ils veulent se servir des voiles seules, l'hélice est affolée, et quand la vitesse donnée par le vent est suffisante, elle tourne par l'effet seul du sillage du bâtiment; toutefois, lorsque ce sillage est au-dessous de trois à quatre nœuds, il n'est généralement plus assez puissant pour vaincre l'inertie de l'hélice, pour la mettre en mouvement, et elle oppose alors une résistance qui réduit considérablement la vitesse.

Dans le second système, on est réduit à employer des hélices à deux branches seulement, afin de n'être pas forcé de donner au puits par où elles doivent remonter une dimension exagérée, nuisible à la solidité que réclame l'arrière du bâtiment, surtout lorsque, comme à bord des bâtiments de guerre, cette partie doit porter de l'artillerie. Cette hélice, généralement adoptée en Angleterre, produit beaucoup de secousses, son action étant interrompue périodiquement à chaque tour, lorsqu'elle vient se cacher derrière l'étambot.

Dans les expériences dont nous avons parlé, tandis que les hélices à deux branches donnaient, pour le rapport du travail utilisé au travail dépensé, 0,57, celles à quatre ailes donnaient 0,65. On admet en général le rapport 0,65 pour les hélices de forme bien convenable.

Hélice Mangin. Une solution ingénieuse qui réunit les avantages des deux systèmes est due à M. Mangin, ingénieur de la marine; elle consiste dans la réunion de deux hélices ordinaires à deux ailes. Ces deux hélices, coulées d'une seule pièce, sont placées à 30 centimètres environ l'une en avant de l'autre, de manière à n'avoir qu'une seule et même projection sur le plan vertical latitudinal du bâtiment. Il résulte de cette heureuse disposition que la largeur nécessaire du puits de remontage de cette hélice est moindre que celle qu'exige une seule hélice à deux ailes, puisqu'alors chaque aile n'a plus besoin d'avoir un si grand développement. Cette circonstance est fort importante sur les vaisseaux de ligne, dont les sabords de retraite doivent être tenus aussi dégagés que possible. Les résultats présentés par ce propulseur ont été favorables; la commission chargée de les constater a reconnu que l'hélice Mangin donnait, à la traction au point fixe, des chiffres un peu supérieurs à ceux de l'hélice ordinaire; qu'en marche, pour un même nombre de tours des machines, elle donnait des avances par tour, des reculs et des vitesses identiques, et, pour obtenir ces résultats identiques, elle dépensait une quantité de travail à peine plus forte que l'hélice ordinaire.

Dans le cours de la navigation du *Phlégéthon*, de 400 chevaux, les avantages de l'hélice Mangin n'ont pas tardé à se manifester. Les ailes de cette hélice ne dépassent que de 0^{m},13 les étambots, lorsqu'elle est placée verticalement au repos; le bâtiment peut par suite naviguer et manœuvrer à la voile sans perte de temps, sans avoir à rentrer son hélice, et être toujours prêt à se remettre en marche à la vapeur.

Le puits se trouve alors réduit à des proportions restreintes, qui n'ôtent plus rien à la solidité des façons arrière du bâtiment.

En escadre, en croisière, dans toutes les circonstances qui demandent l'économie du combustible et la rapidité des mouvements, l'hélice Mangin permet ainsi de passer instantanément de la vapeur à la voile et de la voile à la vapeur, sans avoir absolument besoin de remonter ou d'affoler l'hélice, en conservant au bâtiment toutes ses qualités.

2° *Diamètre de l'hélice.* Cette dimension est déterminée par le tirant d'eau du navire, l'hélice devant être noyée sous une épaisseur d'eau de 0^{m},50 au moins, et les expériences ayant démontré que l'on doit donner à l'hélice toute la grandeur possible, d'après le travail moteur des machines. Dans les expériences de M. Taurines, le diamètre variant de 0,47 à 0,64, le coefficient d'utilisation a varié de 0,55 à 0,73.

3° *Aire de l'hélice.* Dans les expériences nombreuses faites sur des hélices variées, et, par suite, on peut dire, pour tous les cas sensiblement, les expériences relatives à l'aire de l'hélice ont donné des résultats très-nets, qui indiquent bien la nécessité de laisser l'eau arriver facilement sur l'hélice et l'abandonner de même.

D'après J. Bourne, si on compare le disque entier de l'hélice, la surface du cercle décrit par l'extrémité de ses ailes, à la surface résistante du navire, le rapport doit être de 1 à 3, et la surface projetée des ailes ne doit occuper que $\frac{1}{3}$ de la surface totale du disque, quel que soit leur nombre, les intervalles entre les ailes correspondant aux $\frac{2}{3}$. Cette dernière conséquence a été mise en lumière par les expériences de M. Cavé, qui a vu les vitesses croître avec une même hélice, lorsqu'on diminuait la surface des ailes jusqu'à ce qu'on eût atteint cette proportion, tandis que la vitesse diminuait de nouveau lorsqu'elle était dépassée. Toutefois on doit observer que cette limite paraît répondre à une vitesse de rotation très-grande.

4° *Pas de l'hélice et recul.* Le rapport du pas de l'hélice ou de la distance de deux points situés sur une même génératrice du cylindre sur deux spires consécutives (en supposant continu le filet de vis auquel appartient la palette de l'hélice) à la circonférence du cylindre est la mesure de l'inclinaison de l'hélice sur l'axe, puisqu'on a $2\pi r$ tang. $\alpha = p$ (r rayon, α inclinaison, p le pas) dans tout plan incliné.

Le rapport correspondant à un angle de 45° est souvent employé en Angleterre par la majeure partie des constructeurs. En France et en Amérique le rapport employé correspond à une inclinaison de 30°, d'après M. Gaudry. On ne peut guère déduire de là aucune règle générale, car il est impossible de rien conclure de la forme de l'hélice, si l'on ne tient pas compte en même temps de la vitesse avec laquelle elle est mue, et qui est très-différente dans les divers cas. Il faut aussi remarquer que la variation d'inclinaison des parties diverses des palettes, adoptée dans nombre de constructions de la pratique, c'est-à-dire la réunion des éléments de plusieurs spires hélicoïdales de pas différents, constitue un système dont la valeur moyenne est difficile à estimer.

Le pas de l'hélice devrait être la mesure de l'avancement du bateau pour chaque tour; ainsi, si une hélice a 5 mètres de pas et si elle fait deux tours par seconde, le bateau devrait filer $5 \times 2 = 10$ mètres par seconde, si l'hélice fonctionnait comme dans un corps solide. Mais, à cause de la mobilité des molécules liquides, la progression du bateau est moindre que celle déterminée théoriquement; la différence est ce qu'on appelle le recul de la vis.

273. Calcul des effets de l'hélice. Ce n'est que pour expliquer les effets de l'hélice dans l'eau que l'on suppose qu'elle agit comme une vis qui s'avance dans le bois. Si la vitesse était pour ainsi dire infinie, la transmission du mouvement de l'hélice à l'eau n'aurait pas le temps de s'effectuer; mais ce qui serait vrai d'une vitesse de 200 à 300 mètres par seconde, comme celle de la balle de fusil qui traverse une porte sans la faire remuer, n'est pas applicable à la vitesse si inférieure de l'hélice. On doit, par suite, établir les calculs de l'hélice, en admettant qu'elle agite l'eau et tend à communiquer sa propre vitesse aux couches qui viennent en contact avec elle, de la même manière que cet effet se produit par une surface plane qui se meut en ligne droite, c'est-à-dire en tenant compte de l'inflexion des filets fluides qui s'écartent des bords.

Le recul, qui est le mode habituel d'estimer la perfection de l'hélice, se rapporte seulement à l'action exercée sur l'eau et indique, pour un même rapport de travail moteur et de travail résistant, que le déplacement de l'eau se fait d'autant plus facilement, que le point d'appui est d'autant moins résistant, que ce recul augmente davantage. La grandeur de celui-ci ne prouve pas absolument que le travail moteur soit mal employé; c'est le travail utile obtenu pour un même travail moteur, la grandeur de la vitesse imprimée à un même bateau pour une même consommation, qui est le vrai moyen de comparaison, bien qu'il soit vrai, en général, que la meilleure utilisation correspond à un moindre recul.

La meilleure hélice est évidemment celle qui consomme inutilement une moindre quantité de forces vives, qui imprime à la moindre quantité de liquide un mouvement giratoire complétement inutile pour la propulsion; qui produit peu de tourbillonnements, de communication du mouvement circulaire résultant surtout d'un écoulement difficile de l'eau; qui imprime en même temps à une masse d'eau mue en ligne droite, dans une direction opposée à celle du navire, un minimum de forces vives.

L'équation complète de l'hélice, c'est-à-dire la formule qui permettrait d'obtenir l'expression du travail utile que peut fournir une hélice (variable avec la machine et le navire, dont la résistance variable pour chaque vitesse détermine le nombre de tours par minute), ne saurait être obtenue dans l'état actuel de la science, à cause de la loi inconnue suivant laquelle les filets liquides s'infléchissent relativement à la surface qui agit sur eux. L'expression du travail absorbé par le fluide peut, au contraire, être obtenue facilement et fournit un guide précieux pour discuter les résultats de l'expérience.

Cherchons comment il est possible de l'établir, remarquant que la force impulsive qui meut le navire est égale à la réaction qui donne à l'eau un mouvement de direction opposée. Le mouvement giratoire de l'eau est presque le seul produit lorsque la puissance de l'hélice est très-petite relativement à la résistance du bateau.

Soit V la vitesse du bateau, M le maître-couple immergé, K le coefficient de résistance correspondant aux formes du navire; la résistance qu'il oppose au mouvement est KMV^2 et le travail résistant par seconde KMV^3; c'est là l'effet de l'impulsion directe.

Soit v la vitesse de l'hélice supposée constante, à l'état d'équilibre dynamique, telle que pour un point situé à une distance r de l'axe $v = r\omega$, ω étant une vitesse angulaire constante.

L'hélice étant formée par l'enroulement autour du cylindre d'une ligne droite faisant un angle α avec la perpendiculaire aux génératrices, pour un tour entier les molécules d'eau rencontrées par le plan incliné élémentaire sont déplacées suivant la ligne du mouvement d'une quantité égale au pas. Mais l'hélice tout entière étant entraînée par le bateau, il faut en déduire la vitesse de celui-ci, c'est-à-dire que l'action sera nulle pour le point donnant v tang. $\alpha = V$, et que l'eau sur laquelle la surface s'appuie parcourra un chemin en ligne droite en raison de la valeur de v tang. $\alpha - V$ ou $r\omega$ tang. $\alpha - V$.

Soit R le rayon extérieur de l'hélice, πR^2 sera le cercle d'action de l'hélice, la base du cylindre d'eau qui sera mise en mouvement par la surface hélicoïdale, cylindre dont la hauteur sera la vitesse V du navire, car il est clair que si cette vitesse était nulle, ce serait toujours la même tranche qui serait agitée (s'il ne se produisait une aspiration par le centre, due au second élément dont nous parlons ci-après), et que la majeure partie de cette masse fluide recevra l'action de cette surface hélicoïdale, puisqu'elle se meut bien plus rapidement que le bateau. Nous multiplierons l'expression de ce volume par un coefficient K′, pour tenir compte de la fraction de l'eau qui n'est pas agitée, et $K'\pi R^2 V$ deviendra l'expression du volume d'eau soumis directement à l'action de l'hélice ou de son poids dont il sera facile de déduire la masse.

La force vive du liquide qui sera mis en mouvement parallèlement au mouvement du bateau, en sens opposé, sera donc donnée par la formule :

$$T^u = K' \frac{\pi R^2 V}{2g} (r\omega \text{ tang. } \alpha - V)^2.$$

La valeur de K′, qui entre dans cette expression, pourrait être déterminée expérimentalement, puisqu'on peut connaître la poussée de l'hélice égale, en chaque instant, à la réaction du liquide.

Outre cet effet, d'après le mode d'action de l'hélice, une partie du liquide doit prendre un mouvement giratoire, en s'appuyant le long des ailes et glissant sous l'influence de la force centrifuge. Par l'action de l'hélice l'eau prend à la fois deux vitesses, comme le montre la forme conique de l'eau qui est chassée par l'hélice en mouvement. Elle possède, quand elle quitte l'hélice, au moins en grande partie, la vitesse de celle-ci, et si nous appelons $\rho\omega$ la vitesse moyenne de la masse, nous aurons, pour la force vive correspondante, tant pour le mouvement giratoire que centrifuge :

$$T_p = K'' \frac{\pi R^2 V}{2g} \rho^2 \omega^2,$$

et enfin le travail moteur total consommé sera :

$$T = KMV^3 + \frac{\pi R^2 V}{2g} \left[K'(r\omega \text{ tang. } \alpha - V)^2 + K'' \rho^2 \omega^2 \right]$$

en ajoutant aux termes précédents le travail correspondant à la progression du bateau pour avoir l'effet total produit par les machines sur le liquide dont l'inertie, en définitive, consomme tout le travail moteur.

Passons en revue les divers éléments qui entrent dans ces formules.

Je ferai d'abord remarquer que lorsque l'hélice se meut rapidement sans que le bateau change de place, il se produit un mouvement d'aspiration par l'effet de la force centrifuge qui amène l'eau sur l'hélice, et entraîne, sans production de travail utile, une consommation considérable de travail moteur. Cet effet, qui n'est pas représenté explicitement dans les formules, qui répond à des valeurs particulières que prend alors le coefficient K'', est un des plus importants à considérer dans l'emploi de l'hélice. Tandis que les roues se meuvent lentement lors de la mise en marche d'un bateau non muni de ce propulseur, au contraire, sur un navire à hélice, la machine tend à s'emporter au départ, à projeter l'eau en cascade. Ceci serait de peu d'importance, si cet effet ne se produisait que lors du départ; mais il tend à se manifester d'autant plus que le navire a plus de peine à marcher, qu'un vent debout s'oppose à son mouvement, que V est nécessairement très-petit. Dans ces cas, tout le travail de la machine s'épuise d'une manière coûteuse à produire un mouvement giratoire de l'eau parfaitement inutile. Ceci montre la nécessité de naviguer avec l'hélice comme avec la voile, c'est-à-dire de louvoyer par vent contraire, sans pouvoir marcher vent debout comme le fait le bateau à roues. C'est là le seul point de supériorité du bateau à roues, ce qui le fait préférer pour le service postal; c'est encore la cause principale des grands résultats que doit peut-être fournir la réunion sur un même navire des deux moyens de propulsion, pour les grands transatlantiques destinés aux rapides traversées.

Coefficient K′. Pour que le coefficient K′ soit le plus petit possible, pour que l'eau offre une résistance directe plus grande, il faut que l'eau arrive facilement sur l'hélice et qu'elle l'abandonne facilement dans la direction du mouvement; autrement elle est entraînée dans le mouvement giratoire. Cet effet est obtenu en laissant entre les ailes de l'hélice un espace suffisant en raison de leur inclinaison.

Valeur de R. La valeur de R ou le diamètre de l'hélice est en général le plus grand qu'il soit possible, de manière à ce que l'hélice soit immergée de 2 ou 3 décimètres au-dessous de la surface. En effet, plus l'hélice descend dans le fluide, plus elle rencontre des pressions hydrostatiques considérables qui lui fournissent un meilleur point d'appui. C'est pour ce motif entre autres que l'hélice fournit de bien meilleurs résultats avec les navires à fort tirant d'eau (quand le travail moteur est assez grand pour leur imprimer une vitesse notable) que pour les navires légers, et qu'on augmente le tirant d'eau à l'arrière des navires à hélice.

Valeur de $r\omega$ *tang.* α — V. — Les ailes doivent, autant que le permet l'emplacement de l'hélice près du gouvernail, avoir beaucoup plus de largeur vers l'extrémité que vers le centre, cette dernière partie étant réduite aux dimensions nécessaires pour la solidité. En effet, en ces points, la valeur $r\omega$ tang. α — V est négative, la réaction du liquide est remplacée par une résistance. C'est à cause de l'inutilité de la partie centrale qu'on a pu avantageusement, selon plusieurs ingénieurs, remplacer cette partie par une sphère dont partent les ailes de l'hélice. Un cône peu allongé conviendrait sans doute mieux.

L'angle α, l'inclinaison de l'hélice doit varier avec la vitesse de rotation. Si on veut faire celle-ci médiocre, ce qui peut être nécessaire pour de très-grandes machines à action directe, dans lesquelles de grandes masses sont en mouvement, il faut augmenter l'angle de l'hélice; cela n'est pas nécessaire lorsque les machines sont divisées en plusieurs cylindres, et l'expérience montre que les résultats sont à peu près équivalents lorsque le produit ω tang. α est constant, lorsque la vitesse angulaire augmente en même temps que l'inclinaison de l'hélice diminue. Des résultats bien peu différents entre eux ont été fournis par des hélices dont les inclinaisons variaient de 25 à 45°.

Coefficient K″ *et valeur de* ρ. Pour que les valeurs de ces termes, dont dépend la grandeur des mouvements giratoires de l'eau, soient minimes, il faut que l'hélice ait dans sa partie active, celle qui avoisine les bords, plus de largeur que de hauteur. L'eau quitte alors la surface avant d'avoir pu prendre le mouvement giratoire, tandis que, se succédant toujours sur la palette allongée dans le sens de l'axe, si cette dimension est très-grande, elle prend une vitesse parallèle au sillage. C'est ainsi qu'on peut se rendre compte des excellents effets de l'hélice en queue de poisson de Cavé, dont le développement était de près d'une demi-circonférence pour chaque aile. Malheureusement ces hélices se prêtent mal à occuper la place qui leur est destinée sur les navires; elles ont trop de largeur, et il semble difficile d'utiliser leurs propriétés, à moins d'en loger deux latéralement sur les flancs arrière du bateau. Cela a déjà été fait sur des bateaux de rivière, mais ne paraît pas réalisable sur des steamers. Des hélices de faible largeur conduisent également à de bons résultats au point de vue de l'entraînement de l'eau ; c'est ce qui explique les avantages qu'a offerts la double hélice de M. Mangin.

274. Du mécanisme de l'hélice. L'emploi de l'hélice offre diverses difficultés qui n'ont été levées que successivement et même incomplétement en quelques parties. Nous indiquerons ici les principaux systèmes adoptés.

Palier de butée. — Une des grandes difficultés qu'a présentées l'emploi de l'hélice a été de réussir à bien transmettre au navire

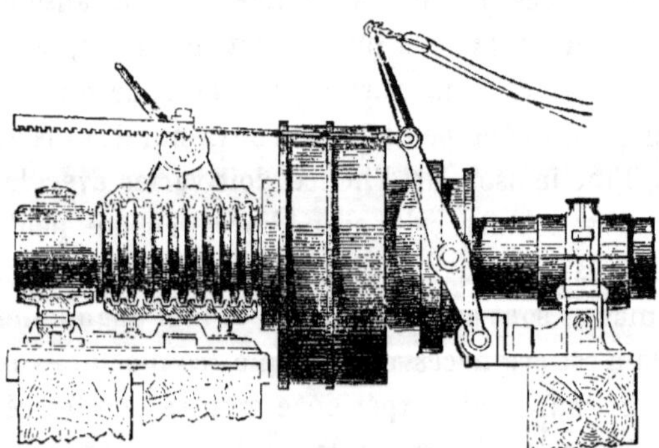

Fig. 163.

l'impulsion qu'elle peut procurer, et, en même temps, de disposer un embrayage d'un effet sûr, lorsque le vent est suffisant pour marcher rapidement par l'action des voiles, quand on ne fait pas fonctionner la machine à vapeur, pour que l'hélice ne s'oppose pas alors au mouvement du navire. La figure 163 représente le système d'embrayage à grande surface, et le coussinet de butée de l'arbre de l'hélice qui ont le mieux réussi; ce dernier est composé de rainures qui reçoivent les collets de l'arbre, disposition heureuse et supérieure à toutes celles qui avaient été tentées, en ce qu'elle donne la possibilité d'accroître la surface de butée en augmentant le nombre des rainures, et par suite d'atteindre le point où il ne se produit qu'un frottement sans usure du métal.

275. Hélice en porte à faux. — L'installation la plus simple des hélices fixes, dit M. de Freminville, que nous prendrons ici pour guide, consiste à faire poser directement l'arbre de l'hélice sur le tube d'étambot.

C'est en Angleterre que ce système a été exécuté en premier lieu, et l'on s'est contenté d'ajuster aussi exactement que possible l'arbre sur le tube d'étambot lui-même, en donnant de grandes étendues aux surfaces en contact, et en augmentant les épaisseurs de matière de manière à prévenir l'usure ou les effets qui pourraient en être la conséquence; mais, à l'origine, les résultats obtenus de la sorte ont été peu satisfaisants, les surfaces en contact ont toujours subi des altérations rapides et profondes.

M. Penn eut alors l'idée de garnir le tube d'étambot dans toute la partie en contact avec l'arbre, avec des lattes de gaïac dirigées dans le sens des génératrices, et présentant leurs fibres longitudinales à l'action du frottement. Cette installation, exécutée sur l'*Himalaya*, qui fit un service très-actif pendant la guerre de Crimée, donna les meilleurs résultats, et l'on put constater que ni les surfaces de l'arbre, ni les lattes de gaïac n'avaient éprouvé d'usure sensible.

Les lattes qui garnissent le tube laissent entre elles des interstices longitudinaux qui forment autant de petits canaux constamment remplis d'eau qui baigne les surfaces métalliques et prévient les échauffements; en outre, le frottement du métal poli sur le gaïac, et surtout le gaïac imbibé d'eau, est fort doux, et c'est à ces deux causes réunies que l'on doit attribuer les bons résultats obtenus.

276. Hélices amovibles. Les hélices amovibles diffèrent des hélices fixes en ce qu'elles sont supportées par un cadre en bronze, maintenu et guidé par les étambots, et qu'elles doivent pouvoir être séparées à volonté de l'arbre moteur, lorsqu'il est nécessaire de les remonter hors de l'eau.

Pour établir la jonction du propulseur avec l'arbre moteur, on emploie le plus souvent le système d'*emmanchement* dit à T.

Dans ce système (*fig.* 164) le moyeu de l'hélice est ajusté sur un petit arbre en bronze *ab*, dont les collets sont supportés par deux

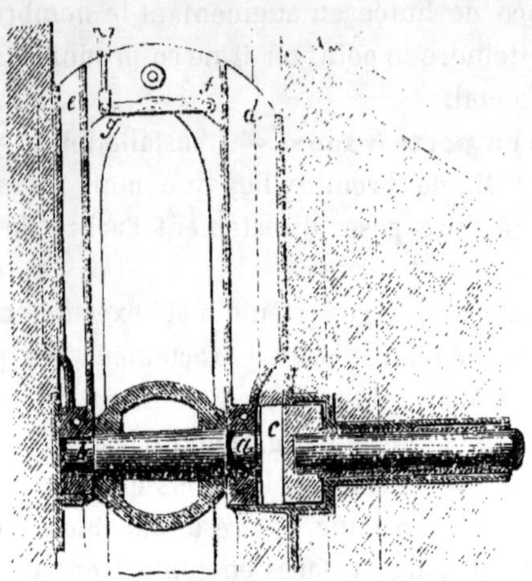

Fig. 164.

bielles de suspension réunies à la partie supérieure par une traverse de forme simple *de*. Les têtes de ces bielles sont en deux pièces, afin de permettre l'introduction de l'arbre, leurs chapes sont réunies aux montants par le moyen d'un boulon transversal : lorsque l'hélice est en place, elles s'engagent dans des supports ou bénitiers chevillés aux étambots, qui les fixent dans des positions convenables.

L'arbre *ab* présente une traverse en croisillon *c*, qui s'engage dans une mortaise pratiquée dans un manchon cylindrique claveté à demeure sur l'extrémité de l'arbre moteur; ce dernier repose sur le bout du tube qui l'emboîte exactement, le manchon repose également, par tout son pourtour, sur la surface cylindrique qui l'entoure, et appuie, par sa face plane, sur la surface verticale de l'armature d'étambot, qui reçoit aussi directement la poussée de l'hélice.

Pour relever l'hélice, on la place dans une direction verticale, en agissant sur le vireur ordinaire, on l'assujettit dans cette position au moyen d'un verrou *gf*, fixé à la traverse supérieure, et en frappant sur la traverse *de*, un appareil de palans quelconque, tout le système peut être remonté hors de l'eau. L'opération inverse pour la remettre en prise s'exécute également avec la plus grande facilité; l'hélice étant maintenue par son verrou, la mortaise du tenon est placée verticalement, on laisse descendre le cadre à sa place, on dégage le verrou et le vireur, et la machine est prête à fonctionner.

NAVIRES A VAPEUR.

CHAPITRE TREIZIÈME.

MANŒUVRE DES NAVIRES A VAPEUR.

277. Considérations générales. Le navire à vapeur, possédant en lui-même un moteur, n'a pas besoin, comme le navire à voiles, d'une mâture élevée et d'une grande surface de voilure; il n'aurait pas d'ailleurs la stabilité nécessaire pour la porter. Nous ne parlons pas ici du navire mixte qui, par sa construction, ses formes, sa mâture et sa voilure, rentre à peu près dans les conditions des navires à voiles, bien qu'il possède en même temps un autre moteur plus ou moins puissant. Nous nous occuperons ici du navire à roues ou à hélice, dans lequel la voile n'est qu'un auxiliaire très-secondaire quoique toujours utile et important. Le navire mixte, si l'on n'emploie que la voile, se manœuvre exactement comme le navire à voiles; si l'on ne veut employer que la vapeur, il se manœuvrera comme le navire à vapeur.

Dans ce qui va suivre, nous parlerons donc seulement du navire à vapeur proprement dit, ayant une mâture aussi restreinte que possible pour offrir moins de résistance au vent, des voiles auriques et parfois un hunier ou deux surmontés d'un perroquet, le tout de petite dimension, et destiné principalement, comme toutes les voiles carrées de ces navires, à servir quand ils courent vent arrière.

Les navires à vapeur, grâce à leur moteur propre, ont de grandes facilités pour évoluer; ils se dirigent comme on le veut, et n'ont pour cela besoin que de leur gouvernail et de leur machine. Cependant ils évoluent lentement, à moins de posséder au moment de l'évolution une grande vitesse et par conséquent certaines manœuvres; car les appareillages et les mouillages exigent, dans quelques circonstances, beaucoup d'espace à cause de la petite vitesse que possède alors le navire.

Pour le capitaine d'un navire de ce genre, la chose essentielle est donc de bien choisir sa position pour évoluer; quant à l'évolution elle-même, elle s'exécute généralement par un simple mouvement du gouvernail.

A la mer également, le capitaine du navire à vapeur n'a pas à se préoccuper, comme le capitaine du navire à voiles, des variations du vent, si toutefois la traversée qu'il doit faire ne dépasse pas les prévisions de son approvisionnement de charbon. Dans le cas contraire, il faut qu'il combine bien sa route pour atteindre une zone probable de vents favorables qu'il utilisera pour diminuer la consommation du combustible en marchant avec une grande détente. Il devrait même en être toujours ainsi. Un capitaine habile et intelligent, en utilisant la vapeur et les voiles, peut obtenir une grande économie de combustible tout en faisant une traversée beaucoup plus prompte que tel autre qui, dans son insouciance, négligeant les vrais principes de la navigation, se sera borné à faire une route directe en marchant à toute vapeur contre des vents et des courants contraires. C'est là, en général, un très-mauvais calcul; en effet, alors qu'en calme un navire à vapeur filerait neuf à dix milles à l'heure, s'il prend tout à coup la mer et le vent debout, l'effort du vent sur sa coque et sur sa mâture, quelque faible qu'il soit, et les mouvements de tangage, réduiront considérablement sa vitesse, et il ne filera plus probablement que 5 ou 6 milles à l'heure et peut-être moins. Or il faut bien se convaincre qu'un navire qui gouverne à deux quarts de la route directe ne perd que 8 milles sur 100, et que s'il gouverne à quatre quarts de sa route directe, il perd seulement encore 29 milles pour 100. Sans doute c'est là une perte sérieuse sur une courte traversée; mais dans un long trajet, en gouvernant à deux quarts de la route ou à trois quarts, on pourra peut-être établir les voiles goëlettes. On gagnera par suite de la vitesse, le navire fatiguera moins, et le détour que l'on aura fait pourra être en réalité moins long à regagner que le chemin perdu, quand les vents deviendront plus favorables, si l'on s'obstine à gouverner directement en route contre le vent et la mer, tout en consommant plus de charbon en pure perte. Nous avons, avec un navire à vapeur qui ne pouvait gagner un pouce en marchant contre le vent d'O. violent et le courant à l'O., dans le détroit de Gibraltar, louvoyé à peu près comme nous l'aurions fait avec un navire à voiles, et, après quelques bordées convenablement combinées, nous étions en dehors du détroit, malgré vent et courant contraires.

Nous indiquons le fait en commençant afin de bien convaincre les capitaines du parti qu'on peut très-souvent tirer de la combinaison des deux moteurs. La facilité de la navigation à vapeur rend souvent les capitaines paresseux, et ils n'emploient pas assez l'autre moteur, qu'ils semblent dédaigner. Aussi il en résulte tout simplement une bien plus grande consommation de combustible et même souvent des inconvénients dont nous parlerons plus tard, lorsqu'un navire à vapeur court vent arrière, principalement avec une grande vitesse. Règle générale, sur le navire à vapeur, toutes les fois qu'on peut utiliser les voiles, on doit le faire.

Il est admis généralement que dans une eau tranquille la force d'impulsion nécessaire pour donner à un navire à vapeur une vitesse quelconque est dans la proportion du cube de cette vitesse. Il est important dans la navigation de remarquer ce fait ; car on conclut que pour obtenir un petit accroissement de vitesse , il faut déployer une grande augmentation de puissance, et par conséquent consommer beaucoup de combustible. Quand donc un navire à vapeur obtient une belle vitesse avec une consommation moyenne de combustible, il ne faut pas chercher, sauf le cas d'urgence, à l'augmenter, sans quoi on dépensera beaucoup de charbon pour obtenir un résultat de peu de valeur.

278. Appareillage. Avec un navire à vapeur l'appareillage est une manœuvre des plus simples. Avant d'appareiller, on prend cependant toutes les dispositions que commande la prudence. On embarque les embarcations, on rentre les tangons à bord des navires de guerre ; on met, pour préserver les voiles qui sont voisines de la cheminée, principalement celles de l'arrière, des étuis de chauffe, enveloppés en forte toile qui garantissent, autant que possible, ces voiles de la fumée et de l'échauffement.

En même temps qu'on fait ces préparatifs d'appareillage, on allume les feux suivant le temps qu'il faut à la chaudière pour produire la vapeur nécessaire à la mise en marche. On garnit le cabestan et l'on vire, si on le veut, à long pic, principalement s'il fait calme. S'il vente frais, on attend pour virer qu'on ait de la pression. Alors on purge la machine (nous admettons que la machine soit à basse pression, comme la plupart de celles employées sur les navires à vapeur); puis on balance, en faisant quelques tours en avant et en arrière, pour s'assurer que la machine fonctionne bien. On est alors prêt à appareiller. Si, dans cette position, il survient un retard quelconque, il faut surveiller le niveau dans les chaudières et le maintenir, soit avec les pompes à bras, soit au moyen de celles qu'on appelle les petits chevaux, et qui servent à alimenter la chaudière alors que la machine est au repos.

Lorsque rien ne gêne pour l'appareillage, et que le navire peut marcher immédiatement de l'avant, on vire sur l'ancre, on dérape, on la met à poste, en faisant faire quelques tours en avant pour maintenir le navire. Une précaution qu'il faut toujours prendre sur les navires à vapeur, c'est de mouiller sans mettre d'orin sur les ancres, car lorsqu'on ne pourrait envoyer mettre un faux bras sur la bouée pour haler celle-ci et l'orin à bord, ou si, comme il arrive souvent, la bouée venait à couler, l'orin, dans l'appareillage, pourrait s'engager dans les roues ou dans l'hélice. Aussitôt que l'ancre est à son poste, on fait machine en avant, en suivant la route convenable pour quitter la rade.

Dans le même cas, s'il vente et que le cabestan éprouve quelque difficulté à rentrer la chaîne, on peut aider l'opération en donnant quelques tours en avant, et il faut observer, qu'en général, le navire ne sent son moteur qu'après trois tours au moins des roues ou de l'hélice. On gouverne en même temps pour mettre l'avant du navire droit dans la direction de la chaîne. On peut également utiliser la machine pour déraper l'ancre lorsqu'elle tient beaucoup, en employant le même procédé et en faisant marcher lentement la machine, de façon à renverser l'ancre. Mais, dans ce cas, il faut laisser tomber le stopper pour que l'effort ne fasse pas dévirer le cabestan, et il faut agir avec précaution pour ne pas casser l'ancre ou la chaîne.

Lorsqu'on appareille avec peu d'espace et qu'il y a de la brise, qu'on peut abattre sur l'un ou l'autre bord, il faut manœuvrer le navire à vapeur comme le navire à voiles. On se servira alors du foc et du petit hunier que l'on brassera du bord opposé à celui où l'on veut abattre, et l'on mettra la barre du bord à abattre. Lorsque l'on sera en position de faire route, on fera machine en avant, et l'on gouvernera en conséquence. (Voir les appareillages des navires à voiles.)

Dans le même cas, s'il fait calme, avant de déraper, on hissera le foc qu'on bordera du bord opposé à celui où l'on veut abattre, et l'on appareillera le petit hunier comme précédemment en l'orientant comme s'il y avait du vent. Au moment où l'ancre sera dérapée, on pourra faire quatre ou cinq tours de la machine en avant; l'impression donnée au navire produira le même effet que si les voiles déployées étaient frappées par le vent, et, le navire obéissant à cette action, l'abattée se décidera sur le bord désiré.

Si l'on ne peut même pas parcourir la petite distance en avant que nous avons admise en dernier lieu, et qu'on puisse culer, on fera marcher la machine en arrière en se servant de l'action du gouvernail. Toutefois nous dirons que dans la marche en arrière, l'action du gouvernail est presque toujours impuissante, avec les navires à roues comme avec les navires à hélice, et qu'il est souvent très-difficile de faire l'abattée sur le bord que l'on désire; car lorsque le navire a commencé à abattre sur un côté, non-seulement il est à peu près impossible de le faire revenir, mais aussi d'arrêter le mouvement commencé. Cela tient à ce qu'au moment où l'on commence à marcher en arrière, le navire n'ayant pas encore de vitesse, l'action du gouvernail est nulle, et avant qu'il puisse agir, l'abattée, sur un bord ou sur l'autre, se décide par le seul effet des roues, dont l'une peut être un peu plus plongée que l'autre; il est, en effet, bien rare que le navire soit parfaitement droit. Dans un cas pareil il est donc convenable de porter à l'avance quelques poids du bord où l'on veut abattre, et de faire donner un peu de bande au navire de ce côté. On aura, sur le navire à roues, beaucoup de chance d'obtenir par ce moyen le mouvement qu'on demande.

Pour les navires à hélices, il y a une autre cause qui tient à l'hélice elle-même et à la disposition des branches: ainsi on peut remarquer en général que ces navires, dès qu'on fait machine en arrière, tournent presque toujours sur un côté déterminé. Avec l'hélice Mangin, à quatre branches, sur le vaisseau *l'Alexandre*, nous venions toujours inévitablement sur tribord en marchant en arrière. Nous ne saurions dire si ce même fait se produit sur tous les navires à vapeur ayant des hélices différentes; mais il est reconnu que dans la marche en arrière on ne peut jamais être sûr du mouvement que prendra le navire. Ainsi, quoique l'hélice marchant en avant ou en arrière ajoute au gouvernail une énorme puissance, par le choc de l'eau qu'elle porte contre le gouvernail lorsque celui-ci se présente obliquement, au commencement du mouvement d'acculée le gouvernail est en quelque sorte impuissant, et quand le mouvement d'abattée est commencé sur un bord, ainsi que nous l'avons dit, il est à peu près impossible de l'empêcher. Dans un appareillage où l'on sera trop gêné dans ses mouvements, même sur un navire à vapeur, on pourra donc appareiller en culant avec le vent sur le petit hunier, et en manœuvrant comme un navire à voiles, ou en faisant croupiat.

En sortant des ports ou des rades, avec les navires à vapeur, on doit avoir soin de ne jamais passer sur les bouées, qu'il est en général très-facile d'éviter par un simple mouvement de la barre; cependant, s'il arrive qu'il faille absolument les rencontrer, on doit stopper aussitôt et ne remettre en marche que lorsqu'on est certain de les avoir dépassées. Il faut également se défier des amarres et quelquefois des filets que tendent les pêcheurs dans certaines localités, filets qui sont mouillés pendant toute la nuit, comme à l'entrée du Tage, dans la baie de Naples, etc., à l'époque de la pêche de la sardine ou du thon. On pourrait faire de graves avaries si l'on n'arrêtait pas à temps le mouvement des roues ou de l'hélice.

279. Du navire à vapeur à la mer. Lorsqu'on sort de la rade avec un navire à vapeur, que la brise soit ou non favorable, si elle est faible ou seulement fraîche, on suit la route directe vers la destination. Lorsque le vent est contraire, quelque faible qu'il soit, on doit dépasser la mâture haute, en se débarrassant de toutes les vergues qui peuvent nuire à la marche, et brasser en pointe celles qui restent en haut. En général, les vergues d'un navire à vapeur (nous rappelons qu'il n'est pas ici question des navires mixtes) sont faciles à manier, à mettre en bas et à remettre en place; aussi, dès que le vent est debout, il y a tout intérêt à s'en débarrasser; car on se fait difficilement une idée de la résistance qu'oppose à la marche du navire la plus petite mâture, lorsque la vitesse d'impulsion qu'elle reçoit de la vapeur vient s'ajouter à celle d'un vent même très-faible en réalité.

C'est pour cela que le gréement en fil de fer serait très-avantageusement appliqué aux navires à vapeur, en raison de la diminution de surface qu'il présente au vent, et nous regrettons qu'on ait abandonné, après un seul essai, celui proposé par M. Marquet pour les navires à voiles. Pour ces derniers sans doute il se peut que le gréement en fil de fer ne remplisse pas les conditions voulues; en effet, les navires à voiles supportent, dans leur mâture élevée et forte, dans leurs vergues longues et pesantes, des efforts considérables, et celles-ci, dans certains cas, ressentent des secousses contre lesquelles on a besoin d'avoir de nombreux points d'appui ; le navire à vapeur avec sa mâture réduite, sa voilure de goëlette, n'est pas dans les mêmes conditions; on pourrait donc réduire beaucoup le nombre des manœuvres dormantes, même en les faisant un peu plus fortes, et avec le fil de fer on arriverait facilement à diminuer considérablement la surface exposée au vent. Ainsi, sans entrer dans des détails, nous dirons que sur deux navires à voiles, l'un gréé en filin et l'autre en fil de fer, le rapport des surfaces du gréement est à peu près comme 2 est à 1, c'est-à-dire que l'une est double de l'autre, et certes c'est là une différence très-importante qu'on pourrait sans doute arriver à augmenter encore. Il est évident pour nous que le gréement en fil de fer, en outre des avantages qu'il présente par sa durée double de celle du filin, par une détérioration beaucoup moins rapide quand il est exposé à la fumée du charbon, est pour le navire à vapeur le meilleur gréement qu'on puisse adopter. On lui a reproché son peu d'élasticité, et ce reproche ne me paraît pas être une objection sérieuse pour son emploi sur les navires à vapeur; car sur *l'Alexandre,* vaisseau mixte, nous avions l'étai et le faux étai du grand mât en fil de fer. Ces deux étais, dans de violents coups de tangage, n'ont jamais donné la moindre inquiétude et ont toujours parfaitement rempli leur but.

Ce qui prouve de la façon la plus absolue ce que nous venons de dire pour l'influence que la mâture exerce sur la marche du navire à vapeur, quelque petite que soit cette mâture, c'est l'augmentation de sillage qui se produit presque instantanément lorsqu'une brise très-faible, soufflant d'abord de l'avant, vient à souffler de l'arrière. On ne pourrait mettre les voiles, car la fumée s'élève encore verticalement, et cependant déjà la vitesse s'est accrue d'une manière sensible par l'absence de la résistance du navire dans l'air ambiant.

A la mer, la manœuvre du navire à vapeur est des plus simples : avec du calme ou du vent contraire faire disparaître de la mâture tout ce qui peut gêner la marche ; avec les vents obliques, à moins qu'ils ne soient trop forts et qu'en faisant donner de la bande les voiles ne gênent le mouvement des roues, celle sous le vent travaillant beaucoup et celle du vent pas assez, il faut faire de la voile comme dans les allures du vent arrière. Sur les navires à hélice, où l'on n'a pas à craindre l'inconvénient de la bande, on doit à plus forte raison agir ainsi. Enfin, aussitôt que la voile devient un auxiliaire, on doit diminuer le travail de la machine et la consommation du combustible, en marchant avec une détente plus ou moins grande, suivant le cas.

Si le temps se met à grains, on cargue, on serre au besoin les voiles et l'on marche à la vapeur. Si le temps devient mauvais, on peut agir différemment. Toutes les fois que la chose est possible, le navire à vapeur, plus encore que le navire à voiles, doit éviter la lutte contre de grands vents contraires et une grosse mer. Dans ces circonstances, le navire à voiles peut tenir longtemps à la cape, et cela sans inconvénients autres que la fatigue et la perte de temps; le vapeur en outre consomme du charbon, épuise ses ressources, et, si le mauvais temps se prolonge, il peut se trouver dans un sérieux embarras.

Si donc on reconnaît tous les signes d'une tempête prochaine et que le temps ait un très-mauvais aspect, nous pensons qu'un navire à vapeur ne doit pas hésiter; s'il a un port dans son voisinage et sous le vent, il doit faire route pour s'y mettre à l'abri. Lorsqu'on n'a pas cette ressource, il faut recevoir le mauvais temps à la mer et s'y préparer. On calera la mâture haute, on enverra en bas les vergues et tous les poids inutiles; on préparera la drosse et la barre du gouvernail de rechange, les palans de barre, etc.; enfin on prendra les mesures applicables à tous les navires que nous avons signalées pour les navires à voiles.

Si le vent est du travers, si la mer devient très-grosse, les lames en frappant le navire peuvent occasionner de graves avaries aux navires à roues, en s'engouffrant dans les tambours, brisant les pales et donnant des secousses à tout l'appareil moteur. En outre on peut craindre de recevoir des coups de mer dangereux : dans ce cas il faut prendre la cape, ce qui est toujours facile à bord des navires à vapeur.

280. De la cape. Les navires à vapeur tiennent très-bien la cape en général; mais c'est ici surtout que la voile leur est indispensable, au moins dans notre opinion, car beaucoup de marins admettent que la marche directe en avant contre le vent et la mer est une bonne manière de capeyer avec un navire à vapeur : nous ne le pensons pas.

Sur ceux de ces navires qui ont une grande longueur, il y aurait autant d'inconvénient à être soutenus par les deux extrémités lorsque la vague est grosse et courte, qu'à être soutenus par une seule. Dans le premier cas ils peuvent se briser au milieu par le poids de la machine, et déranger le mécanisme ; dans le second, ils tanguent avec violence et fatiguent considérablement. En outre, il faut consommer beaucoup de charbon, vu que pour conserver cette position le navire a besoin d'y être maintenu par l'action du gouvernail, et que par suite on est forcé de conserver une certaine vitesse, afin d'éviter les embardées et de recevoir des coups de mer. Dans notre opinion, cette cape doit être rejetée, sauf sur certains navires à vapeur qui n'ont point de voiles.

281. La meilleure cape sur les navires à vapeur est sans contredit celle sous les voiles auriques, et généralement sous celles de l'arrière, la grand'voile avec les ris pris et l'artimon de cape. La plupart des navires à vapeur tiennent très-bien sous cette cape sans aucune voile de l'avant. Cependant on ne peut rien prescrire d'absolu à cet égard. Dès qu'on met à la cape, on fait fonctionner la machine à très-petite vitesse, en n'employant qu'une partie des chaudières, de façon à diminuer la consommation du combustible. Le navire, dans cette position, a presque toujours une grande tendance à venir au vent, parce que la roue sous le vent plonge plus que celle du vent, et par suite le gouvernail est presque droit; il n'y a donc qu'à mollir la barre à propos pour éviter au gouvernail les chocs qu'il peut recevoir de la mer. Nous pensons que sur un navire à roues qui est à la cape, il faut toujours conserver la machine en action tout en diminuant cette action : en effet, les roues demeurant immobiles, celle sous le vent tendrait à faire arriver constamment le navire, et agirait comme nous le disions § 208, en parlant du moyen inventé par le capitaine Bassière, pour faire virer lof pour lof un navire privé de son gouvernail ; le navire embarderait donc, pourrait recevoir des coups de mer, et pour l'en empêcher on serait forcé de manœuvrer le gouvernail, car le navire aurait des mouvements d'acculée. L'hélice n'offre pas les mêmes inconvénients, et, si la chose est possible, on l'affole ; malgré cela nous pensons que, sur l'une et l'autre espèce de navire à la cape, il est toujours convenable de faire fonctionner le moteur. On tiendra aussi beaucoup mieux en évitant les embardées toujours dangereuses, car c'est dans ces moments qu'on reçoit d'ordinaire des coups de mer.

Quand un navire à vapeur tient bien la cape, et qu'il est manœuvré avec attention, nous ne pensons pas qu'il y ait des temps assez mauvais pour le forcer à la quitter. D'ailleurs fuir devant le temps, c'est une manœuvre qui, déjà dangereuse pour un navire à voiles dans certains cas, l'est bien davantage pour un navire à vapeur, surtout quand il est à roues. Dans un coup de vent ou dans une tempête c'est la plus mauvaise des allures pour un navire de ce genre; cependant, lorsqu'on fait bonne route ou qu'on a une mission pressée à remplir, il est bien difficile pour un capitaine de prendre la cape alors que le vent le mène rapidement au but, et souvent, d'ailleurs, on a attendu trop longtemps sous cette allure pour qu'il soit possible, sans s'exposer à quelque terrible coup de mer, de revenir au vent et de capeyer. Souvent en fuyant devant le temps, des lames énormes s'élèvent brusquement de l'arrière qui reçoit la première impulsion, jetant le navire sur un bord ou sur l'autre, et celui-ci, conservant la vitesse acquise, vient à l'encontre de la vague suivante qui le heurte par le travers, quelquefois même par la joue en embarquant à bord. Souvent même il arrive que le coup de mer embarque par l'arrière, en brisant tout sur son passage, démonte le gouvernail et inonde le navire. Sous l'allure du vent arrière le navire roule souvent beaucoup; alors une des roues est entièrement immergée et travaille difficilement, tandis que l'autre, entièrement hors de l'eau, tourne dans l'air et tend à prendre un mouvement rapide, ce qui donne des secousses à la machine et tend à fausser les pièces. D'autres fois, au moment où la vague passe le long du navire, celui-ci est soutenu par ses extrémités, les roues sont dans le creux de la lame, les pales ne trouvent plus qu'une faible résistance, et la machine marche avec vitesse; puis, lorsque le sommet de la lame atteint les roues, le navire s'enfonce, et celles-ci étant immergées profondément, cet obstacle subit arrête leur vitesse acquise; la machine travaille avec difficulté, pour fonctionner de nouveau avec vitesse aussitôt que l'obstacle est passé. Il résulte donc de ces mouvements d'immersion et d'émersion des roues une grande fatigue pour la machine et des chances probables d'avaries, tandis que lorsqu'on prend la mer debout, les vagues se succèdent assez rapidement pour que le mouvement des roues ne soit pas très-accéléré par moments, très-retardé dans d'autres, pendant les mouvements d'immersion et d'émersion. Il est facile de conclure de là que sur tout navire à vapeur qui fuit devant le temps, il faut diminuer grandement la puissance de la machine en fermant le registre, et se contenter avec celle-ci de suivre le navire. Cela est d'autant plus important que, sous l'allure de fuite ou vent arrière, il est nécessaire de diminuer la vitesse plutôt que de l'augmenter ; car plus la vitesse sera grande, plus on sera exposé à recevoir des coups de mer. On se tiendra sous une voile un peu élevée, un hunier par exemple avec les ris pris, pour que cette voile ne soit pas abritée dans le creux des lames, et on fera fonctionner la machine très-lentement. Il vaut mieux fermer les registres que marcher avec une très-grande détente ; car, ceux-ci ne laissant passer la vapeur que proportionnellement au temps, elle manquera au piston lorsqu'il tendra à prendre un mouvement trop rapide. Il faut gouverner avec beaucoup d'attention pour éviter les embardées, chose très-difficile sur des navires ayant une grande longueur.

Enfin nous dirons que lorsqu'un navire est à la cape et qu'il veut laisser arriver, si la mer est très-grosse, il faut faire marcher la machine doucement, hisser un foc pour accélérer l'évolution en profitant d'un moment d'embellie.

En règle générale nous dirons donc que sur un navire à vapeur, si dans une tempête on est à la cape, on doit y rester, en utilisant les voiles de cape et la machine marchant à petite vitesse. Que si l'on est vent arrière et que l'état de la mer, ou toute autre cause ne permette pas de prendre la cape, il faut continuer la route en fermant les registres, marcher à petite vitesse, conserver le navire bien gouvernant, au moyen d'une voile carrée ou d'un petit foc, et surtout éviter les embardées. S'il arrive qu'on ait une ou plusieurs pales brisées, le seul remède est de marcher plus lentement encore pour éviter l'excès de vitesse que peuvent prendre les roues à certains moments de leur révolution, ce qui donne à la machine des chocs qu'il est prudent d'éviter.

282. Remorquage. Le navire à vapeur a comme remorqueur un immense avantage sur le navire à voiles ; le calme dangereux pour l'un est éminemment favorable à l'autre ; la liberté de ses mouvements lui permet toujours de passer très-près et de se tenir dans une position aussi rapprochée qu'il convient du navire à remorquer pour lui donner facilement les amarres, et il suffit de quelques tours en avant pour le maintenir dans cette position, alors que les embarcations les portent. Nous avons parlé longuement des remorques à propos du navire à voiles, parce que pour celui-ci tout est difficulté dans cette manœuvre. Nous n'en dirons que quelques mots ici à un point de vue général.

Il y a deux genres de remorque. La remorque est dite à couple lorsqu'on assujettit le remorqueur et le remorqué l'un contre l'autre, par le travers, en maintenant l'écartement des navires au moyen d'espars placés en travers entre eux, puis en les bridant en quelque sorte l'un à l'autre par des amarres croisées de l'avant à l'arrière. Ce système de remorque, auquel nous ne voyons aucun avantage, ne peut s'employer qu'avec un très-beau temps et une mer calme, et généralement il est peu usité.

L'autre remorque se donne au moyen d'amarres qui fixent les deux navires l'un à l'autre, le remorqueur devant, le remorqué derrière. C'est à notre avis la meilleure et la seule remorque qu'on doive employer à la mer, surtout pour d'assez longs trajets. Un navire à vapeur peut ainsi traîner plusieurs navires, et jusqu'à cinq ou six, en les plaçant dans l'ordre de leur dimension, le plus fort en tête. Pour évoluer lorsque l'espace manque, comme dans une rade, le remorqueur peut s'aider en filant une des amarres et faisant travailler l'autre, suivant le bord sur lequel il veut venir. Le remorqué peut également aider à la manœuvre, en mettant un peu de barre du côté opposé à celui où est la barre du remorqueur. Toutefois il ne faut pas trop prolonger cette diversité de direction, sans quoi le remorqueur prendrait une position perpendiculaire au remorqué, et ce dernier l'arrêterait. En généralisant, on peut dire que les deux navires doivent toujours tourner à peu près dans les eaux l'un de l'autre, et que le remorqué ne doit s'éloigner un peu en dehors de la courbe d'évolution que pour la rendre plus prompte par la vitesse acquise, ou venir un peu en dedans de cette même courbe, quand il voudra la contrarier et la retarder. Il faut, en outre, compter sur la solidité des amarres toutes les fois qu'on les utilise dans une évolution, puis les égaliser de nouveau après qu'elle est terminée, diminuer la vitesse pour cette opération comme pour la mise en marche au moment où l'on prend les remorques, afin d'éviter toute secousse et de les raidir peu à peu. Par suite, toutes les fois qu'on a de l'espace, il est préférable de tourner avec le gouvernail seulement, et en tenant le remorqueur et le remorqué dans les eaux l'un de l'autre, quelle que soit la courbe d'évolution. Seulement le remorqué ne doit, dans aucun cas, tourner plus vite que le remorqueur ; car alors il retarderait le mouvement de celui-ci, et si la masse était considérable, il l'arrêterait même et le ferait revenir à contre de sa barre.

Quelquefois le remorqueur donne la remorque au moyen d'une

patte d'oie, et le remorqué ne reçoit qu'une seule amarre; ce système peut être bon dans les rivières, mais non pas à la mer où les amarres fatiguent quelquefois et cassent. Il est même utile d'avoir entre le remorqueur et le remorqué une forte ligne de sonde, qui peut servir en cas de rupture d'un grelin à en faire passer immédiatement un autre.

Il est une foule de cas où les navires à vapeur peuvent rendre les plus grands services, et il nous semble inutile de les énumérer, parce que chacun les connaît. Nous nous bornerons à citer un cas, celui par exemple où il s'agit de tirer de la côte un navire échoué. Pour cela le navire à vapeur mouille de façon qu'en filant une très-longue touée il puisse porter les amarres à bord du navire à la côte; il vire alors sur son ancre en même temps qu'il fait marcher sa machine, et assez généralement l'opération réussit.

285. Mouillages. Dans une rade, étant au mouillage avec un coup de vent, le navire à vapeur a bien plus de chances pour tenir que le navire à voiles, qui n'a d'autres ressources que ses ancres et de diminuer la prise qu'il offre au vent. Au moyen de sa machine marchant lentement en avant, et avec une très-longue touée, le navire à vapeur diminue l'effort supporté par le câble et l'ancre, et en utilisant cette ressource avec prudence et attention pour ne pas embarder et courir de l'avant, il compensera largement l'inconvénient qui résulte pour lui de ses larges tambours et de ses roues, donnant prise au vent et à la mer. Il a donc avantage dans tous les cas à faire tourner ses roues.

Le mouillage pour le navire à vapeur est également une manœuvre simple et facile; tout consiste dans l'appréciation du capitaine sur la vitesse qu'il doit conserver pour venir prendre son poste. On peut mouiller en courant de l'avant et en lançant un peu sur le bord où l'on mouille. On peut jeter l'ancre en marchant en arrière, et tendre ainsi sa chaîne. On peut s'affourcher, et, grâce au moteur, cette opération est encore plus facile pour le vapeur que pour le navire à voiles, seulement il est toujours nécessaire de mouiller la première ancre, alors que l'avant du navire est à peu près dans la direction de l'affourche. Nous ne nous arrêterons pas sur ces manœuvres, et nous renverrons, pour de plus grands détails, à la mécanique du navire à voiles.

LIVRE DEUXIÈME.

NAVIGATION.

284. La navigation est l'art de conduire un navire d'un point à un autre sur la surface des mers, en lui faisant parcourir la route la plus sûre et la plus rapide.

Cette route ayant été préalablement tracée sur les cartes marines, l'usage de la boussole donne le moyen de la suivre ; mais pour s'assurer qu'on ne s'en écarte pas, et connaître le chemin qu'on a fait et celui qui reste à parcourir, il faut savoir déterminer à chaque instant sa position, afin de la fixer sur les cartes.

On peut arriver à ce but de deux manières : la première consiste, connaissant le point de départ, à se servir, pour déterminer le point où l'on se trouve, de la longueur du chemin parcouru, mesurée au moyen du loch et de la direction donnée par la boussole ; c'est la navigation dite *estimée*. Ce mode d'opérer fait dépendre chaque détermination de la précédente et permet aux erreurs de s'accumuler avec rapidité. Dans la seconde méthode dite *astronomique*, on emploie l'observation des astres pour déterminer la position du navire, et toutes les opérations sont à peu près indépendantes les unes des autres. Cette méthode est donc bien supérieure à la précédente ; elles s'emploient néanmoins toutes les deux simultanément. L'estime vient en aide au calcul, le supplée dans bien des cas, et la comparaison entre les routes estimées et calculées permet de mesurer l'influence sur la marche du navire des causes dont le loch ne peut pas accuser l'action.

Avant d'exposer les deux sortes de navigation, nous expliquerons l'usage des tables et des instruments dont on se sert et qui se rapportent pour la plupart à la navigation astronomique.

Les tables les plus usitées sont : la Connaissance des Temps, les Tables de logarithmes et l'Annuaire des marées. Il n'entre pas dans le cadre de cet ouvrage de détailler la manière de se servir des Tables de logarithmes ; nous supposerons que le lecteur a entre les mains les Tables de logarithmes et cologarithmes par V. Caillet, qui sont d'un usage très-commode et qui sont généralement usitées.

L'explication des tables contenues dans l'Annuaire des marées se trouve suffisamment développée dans cet Annuaire; nous nous bornerons donc à expliquer l'usage de la Connaissance des Temps, pour ce qui concerne les tables servant aux calculs de navigation.

CHAPITRE PREMIER.

USAGE DE LA CONNAISSANCE DES TEMPS.

285. Calcul des éléments du soleil. Les éléments solaires sont donnés de 24^h en 24^h, et varient assez peu pour qu'on puisse supposer que les variations sont proportionnelles au temps. Si donc t représente l'heure du bord, θ l'heure de Paris, on commencera toujours par réduire l'heure t en temps de Paris, en ajoutant la longitude O. en temps, et en retranchant la longitude E., de sorte que l'on a

$$\theta = t + g_o \quad \text{et} \quad \theta = t - g_e.$$

D'après cela, les longitudes O. sont supposées avoir le signe +, et les longitudes E. le signe —. Soit D la différence pour 24^h, entre deux éléments de la Conn. des Temps, on a x partie proportionnelle

$$\frac{D}{24} = \frac{x}{\theta}.$$

Ex. Le 23 mai 1863, par 130° 10′ O. à 4^h 36^m t. m. du lieu, on demande la déclinaison du soleil.

$$\begin{aligned} t &= 4^h\ 36^m \\ g_o &= 8\ \ 40\ \ 40 \\ \hline \theta &= 13\ \ 16\ \ 40 && \text{log. } 4.679428 \\ d &= 11'\ 23'',8 && \text{log. } 2,834929 \\ x &= 6'\ 18'',3 && \text{C. log. } 24^h\ 5,063486 \\ & && \text{log. } x\ 2,577843 \end{aligned}$$

Quand il s'agit d'éléments variant peu, comme le demi-diamètre et l'équation du temps, on calcule à vue la partie proportionnelle[1].

286. L'équation du temps est donnée pour midi vrai, il faut donc avoir l'heure de Paris en temps vrai pour effectuer ce calcul ; on retranche donc l'équation du temps de l'heure temps moyen de Paris, et on calcule alors cet élément avec le temps vrai. Soit l'exemple précédent :

θ	$= 13^h\ 16^m\ 40^s$		
Eq.	$= 11\ \ 56\ \ 26$		$24^h\ 4^s,89$
θ_v	$= 13\ \ 20\ \ 14$		$2^h\ 2,445$
E,	$= 11\ \ 56\ \ 26,64$		$1^h\ 0,204$
$x+$	$= \qquad 2,72$		$20^m\ 0,068$
E.C.	$= 11\ \ 56\ \ 29,36$		$+\ 2,717$

287. Le temps sidéral ou ascension droite moyenne, se calcule au moyen des Tables VI (*Connaissance des Temps*), ou Table XXXIV, col. II (*Tables de Caillet*).

Æ moy. du 23 =	$4^h\ 2^m\ 22^s,79$
13^h	$2\ \ 8,134$
16^m	$2,628$
40^s	$0,110$
Æ m. calcul	$4^h\ 4^m\ 32^s,842$

288. Les éléments des planètes visibles avec les instruments employés à la mer étant donnés de 24^h en 24^h, se calculent comme les éléments du soleil.

289. Calcul des éléments de la lune. La latitude, la longitude, la parallaxe et le demi-diamètre sont donnés à midi et à minuit moyen. L'ascension droite et la déclinaison sont données d'heure en heure.

1. On peut employer d'une manière avantageuse la règle à calcul, modifiée par Mannheim, qui par un simple mouvement de la réglette donne la partie proportionnelle. On réduit les minutes de θ en fraction décimale d'heures et les secondes de D en fraction décimale de minutes, on le fait en secondes si le nombre des minutes est faible. On met en face l'un de l'autre θ et 24 heures, et on trouve en face de D lu sur la même règle que 24 la partie x sur l'autre règle. Ainsi, dans l'exemple précédent, la proportion à calculer serait :

$$\frac{11,4}{24} = \frac{x}{13,27} \qquad x = 6',3 = 6'18''$$

La parallaxe et le demi-diamètre se calculent généralement par parties aliquotes ou à vue.

Ex. Le 23 mai, à 13h 16m 40s, temps de Paris, calculer la parallaxe et le demi-diamètre de la lune.

Parallaxe à minuit 23		54′ 20″,9
—	à midi 24	54 30 ,8
D	pour 12h	+ 9″,9
	1h	0 ,82
	15m	0 ,205
	1m	0 ,013
		1 ,038
Parall. cal.		54′ 21″,93

Les différences étant données pour 10m, il est commode de réduire les secondes d'heure en fractions de minutes, de multiplier la différence par les minutes, et de diviser le résultat par 10 (employer la règle à calcul).

D pour 10m	92″,50	Décl. à 13h	12″	36′ 28″,3
16m 40s	16 ,66	—		2 34 ,105
	5550	Déc. Cal.	12″	33′ 54″,195 B
	5 ,550			
	55 ,50			
	92 ,5			
	154″,1050			

290. L'ascension droite se calcule en prenant des parties aliquotes par rapport à 1h.

Æ ☾	13h —	8h 52m	9s,37
	14h	8 54	5 ,29
D pour	1h	1	55 ,92
	15m	0	28 ,98
	1	0	01 ,93
	30s		00 ,96
	10		00 ,32
		+	32 ,19
Æ ☾ cal.		8h 52m	41s,56

291. Les positions apparentes des étoiles étant données tous les dix jours, sauf pour l'étoile polaire dont la position est donnée tous les jours, tous les calculs se font à vue.

292. Calcul de l'heure de Paris par les distances lunaires. Les distances de la lune au soleil, aux étoiles fondamentales et aux planètes, sont données de 3 heures en 3 heures, temps de Paris, et on donne le logarithme de $\frac{3^h}{D}$; il suffit donc d'y ajouter le logarithme de la différence entre la distance calculée et la distance la plus rapprochée ; on obtient ainsi le logarithme de la quantité à ajouter à l'heure de la distance précédente ou à retrancher de l'heure de la suivante pour avoir l'heure de Paris.

Ex. Le 8 mai 1863, la distance calculée de la lune au soleil est de 104° 31′ 15″; on demande l'heure de Paris.

Distance à 13^h	105 33 16		
Dist. cal.	104 31 15		
D.	1° 2′ 1″	log.	3,570491
		log. $\frac{3^h}{D}$	0,2576
	1^h 52^m 11	log.	3,828091
	15		
	$\theta = 16^h\ 52^m\ 11^s$		

293. Quand le calcul de l'heure de Paris demande une grande exactitude, on tient compte d'une correction qu'on appelle *des différences secondes* : elle se fait au moyen de la table XI (*Conn. des Temps*). En l'appliquant à l'exemple précédent, on trouve 2^s à soustraire de l'heure précédente.

294. Calcul du passage des astres au méridien. 1° La lune : si on est en longitude ouest, on prend le différence entre le passage du jour et le suivant; si on est à l'est, on fait la différence avec le précédent. On prend dans la table XLVI, B (*Caillet*) une partie proportionnelle qui s'ajoute à l'ouest et se retranche à l'est de l'heure du passage du jour, trouvé dans la *Connaissance des Temps*. Quand la lune est en conjonction, il n'y a pas de passage indiqué dans la *Connaissance des Temps* : pour calculer s'il y a passage dans le lieu, on fait la différence entre le passage du jour précédent et du jour suivant augmenté de 24^h, on prend la partie proportionnelle table XLVI, B, et on se conforme aux règles suivantes :

Si la longitude est occidentale, on ajoute à l'heure du passage précédent : il y a passage si la somme dépasse 24 heures, sinon la lune ne passe pas au méridien du lieu ce jour-là.

Si la longitude est orientale, on retranche de l'heure du passage suivant. Si la partie proportionnelle est plus faible que l'heure, il n'y a pas de passage ; s'il faut augmenter l'heure de 24 heures pour faire la soustraction, il y a passage le jour donné [1].

295. L'heure du passage des planètes au méridien se calcule comme pour la lune. La partie proportionnelle se prend seulement à vue.

296. Heure du passage au méridien d'une étoile. On prend le temps sidéral à midi. On le retranche de l'ascension droite de l'étoile augmentée de 24 heures s'il est nécessaire, ce qui donne une heure approchée du passage ; on applique la longitude à cette heure pour avoir θ' en ayant soin de conserver la même date qu'à bord, de sorte qu'avec une longitude ouest on peut avoir $\theta' > 24$ et avec une longitude est θ' peut être négatif. Ensuite on prend la partie proportionnelle dans la table V (*Connaissance des Temps*) ou table XXXIV, col. 1 (*Caillet*), on l'applique à l'heure approchée du lieu avec le signe contraire de l'heure de Paris et on a l'heure du passage de l'astre dans le lieu [2].

Le 19 mars 1863 trouver l'heure du passage au méridien de Rigel : longitude 104° 45′ O.

Æ ☆	5^h	7^m	58′,6
t. s. le 19	23	46	07
h. appr.	5	21	51 ,60
p. p. —		2	1 ,087
h. du pass.	5^h	19^m	50^s,513

t'	5^h	21^m	51′	60
g_0	6	57	15	
θ' le 19	12	19	6	60
	12^h	1^m	57	956
	19^m		3	113
	6		0	019
		2^m	1 ,	088

1. Quand on veut avoir l'heure du passage au méridien inférieur, on calcule celui au méridien supérieur, et on ajoute ou on retranche $12^h + \frac{1}{2}$ retard de manière à rester à la même date. Si on faisait changer la date soit en ajoutant, soit en retranchant, il n'y aurait pas de passage au méridien inférieur ce jour-là, c'est que la lune serait en opposition.

2. Pour calculer l'heure du passage d'une étoile au méridien inférieur, il faut ajouter 12 heures à l'ascension droite de l'étoile et achever le calcul comme précédemment.

Le 9 juillet calculer l'heure du passage au méridien d'Arcturus : longitude 163° 45′ E.

Æ ☆	14^h	9^m	27′,49		7^h	1^m	46′ 33
t. s.	7	7	41 ,16	1/c —	10	35	
h. appr.	7	1	46 ,33	θ′ le 9 —	3^h	53^m	13′,670
p. p. +			38 ,107				
le 9	7^h	2^m	24^s,437		3^h	29	489
					53^m	8	683
					13^s	0	035
							38 ,207

CHAPITRE DEUXIÈME.

USAGE DES INSTRUMENTS, OBSERVATIONS ET CALCULS.

297. Les principaux instruments employés dans la navigation sont le sextant, le cercle et l'octant, l'horizon artificiel, les chronomètres, le loch, la boussole et le compas de relèvement. Le sextant, le cercle de réflexion, de Borda, et l'octant, servent aux observations astronomiques. Les corrections de ces trois instruments ayant beaucoup d'analogie, nous allons les expliquer sur un sextant.

298. Divisions des instruments à réflexion. Les limbes des instruments sont divisés de 20 en 20, de 15 en 15 ou de 10 en 10 minutes. L'inspection du limbe permettra de voir immédiatement quelle est la division employée. Le vernier, dans ces instruments, a 60 divisions, de sorte qu'on lit sur le vernier comme sur le limbe en donnant seulement une dénomination inférieure, c'est-à-dire qu'il faut employer comme minutes les arcs représentés comme degrés sur le limbe; comme secondes ceux qui représentent des minutes. Ainsi pour faire la lecture d'un arc on lit d'abord sur le limbe après combien de divisions du limbe tombe le zéro du vernier; puis, en considérant quelle est la division du vernier qui coïncide avec celle du limbe, on ajoute à l'arc lu les unités de minutes et vingtaines, quinzaines ou dizaines de secondes. Quelques sextants (construits par Vedy) portent une division concentrique à traits plus forts et qui permet de lire de suite sans loupe les degrés et les minutes. Cette addition est très-commode surtout la nuit. Les octants sont divisés par arcs de 20′ et le vernier n'a que 20 divisions : par conséquent ils ne donnent que la minute.

299. Rectification de la perpendicularité du grand miroir. On place l'alidade vers le milieu du limbe, on vise dans le bas du grand miroir de manière à voir si la partie vue directement, qui est celle de gauche, est vue en prolongement de l'image de la partie de droite : si cela n'a pas lieu, le grand miroir penche du côté qui paraît le plus élevé. Si, par exemple, c'est l'image qui est en-dessus, il penche en avant. On rectifie la position au moyen des différents systèmes de vis qui composent sa monture.

Pour obtenir une perpendicularité plus exacte, on met sur le limbe, de chaque côté de l'alidade, deux viseurs en cuivre qui sont deux petits parallélipipèdes rectangles de même hauteur : il faut voir l'image supérieure de celui de droite en prolongement de la face supérieure de celui de gauche vu directement.

Dans le cercle on emploie toujours les viseurs en les plaçant aux extrémités d'une même corde perpendiculaire au grand miroir, et passant par le côté gauche de la monture de ce miroir : on met sur le limbe le viseur devant le miroir à droite de cette ligne et celui placé derrière le miroir à gauche de cette ligne. Le reste de l'opération se fait comme dans le sextant.

Pour l'octant on emploie toujours la première méthode appliquée au sextant.

300. Rectification du petit miroir. *Première méthode.* On met le zéro du vernier vers celui du limbe : on tient l'instrument dans une position verticale et on vise par la pinnule ou la lunette au terme de l'horizon; on met l'image vue dans la partie étamée du petit miroir en prolongement de l'horizon vu directement dans la partie non étamée, par un léger mouvement de l'alidade : on serre la vis de pression et on balance l'instrument à droite et à gauche, pour voir si les deux horizons ne se détachent pas. Si l'image passe en dessus, le petit miroir penche vers le grand; on remet les deux lignes en prolongement au moyen du système de vis adopté pour cette glace. Au lieu de l'horizon on peut prendre un objet bien terminé, placé au delà de 500 mètres.

Cette méthode s'applique à l'octant, mais est incommode pour le cercle comme pour les sextants, où les vis du petit miroir sont placées en dessus.

Deuxième méthode. Au lieu de viser à l'horizon on vise directement au soleil, après avoir mis un verre coloré derrière le petit miroir et un devant le grand : ou mieux encore, on visse sur l'oculaire de la lunette un verre coloré. Au moyen d'un léger mouvement de l'alidade fixée sur le zéro, on met le soleil et son image à même hauteur au-dessus de l'horizon, puis par le mouvement des vis de perpendicularité du petit miroir on ramène l'image du soleil à couvrir complétement cet astre, on balance l'instrument autour de l'axe de vision pour bien s'assurer de la coïncidence parfaite des deux disques. On peut employer aussi facilement une étoile.

Cette méthode s'applique au cercle : on fixe la petite alidade (celle qui porte la lunette et le petit miroir), et alors on opère comme dans le sextant en tenant l'instrument de la main gauche.

Avant de rectifier le petit miroir, il faut s'assurer s'il est bien placé par rapport à l'axe optique de la lunette; pour cela on ôte de la lunette l'objectif et le porte-oculaire. On fait sur le milieu du grand miroir une marque verticale à l'encre, et il faut qu'on en voie l'image immobile au milieu du petit miroir dans tous les mouvements que l'on donne à la grande alidade. Si cela n'a pas lieu, on dévisse légèrement les trois vis qui sont sous le miroir et qui, étant engagées dans des trous ovales, laissent un peu de jeu au petit miroir et permettent ainsi de faire cette rectification.

Troisième méthode. Cette méthode, qui sert surtout à vérifier l'instrument lorsqu'on est en cours d'observation, consiste à tenir l'instrument horizontal en visant à l'horizon par la partie de gauche de la pinnule et en laissant l'alidade dans une position quelconque : on voit une image de l'horizon dans la partie étamée du petit miroir, et l'horizon vu directement à droite et à gauche : ces trois lignes doivent être en prolongement. Si l'image est plus haute, le miroir penche en avant : dans le cas contraire il tombe en arrière. On rectifie au moyen des vis de la monture.

La même méthode s'applique à l'octant.

301. Parallélisme de l'axe optique de la lunette. L'axe optique de la lunette doit être parallèle au plan du limbe : Pour rectifier l'axe optique, on emploie la lunette astronomique (à images renversées), on met les fils parallèles au plan du limbe en tournant convenablement le porte-oculaire, après avoir mis la lunette à son point en visant à un objet éloigné. L'observation se fait ordinairement la nuit : on fait marquer à l'alidade une centaine de degrés; puis on vise à une étoile quelconque, et on amène l'image d'une autre en contact avec la première sur l'un des fils. Il faut que, par un léger mouvement de poignet, on puissé amener le même contact sur l'autre fil. Si on a mis les astres en contact sur le fil inférieur qui paraît en haut, et si ces astres se séparent, c'est que la lunette penche vers l'objectif. Si, au contraire, ils passent l'un sur l'autre, la lunette penche vers l'oculaire. Pour faire cette rectification, l'anneau qui porte la lunette est coupé en deux parties qui sont reliées par deux vis; en serrant celle du haut on relève l'oculaire et on fait baisser l'objectif. On donne le mouvement contraire en serrant la vis du bas.

Dans le cercle, la lunette est tenue par deux supports fendus : dans les fentes passent deux tenons faisant partie de la lunette et qui peuvent se mouvoir au moyen de vis à tête. Les supports étant divisés, on fait correspondre les deux tenons aux mêmes divisions, et on rectifie les erreurs possibles de ces divisions par la même observation que dans le sextant.

302. Point de parallélisme. Lorsqu'on observe la distance de deux points éloignés, on doit compter sur le limbe, à partir du point où on avait mis les deux miroirs parallèles. La distance entre le zéro du vernier et le zéro du limbe s'appelle *l'erreur instrumentale*. Elle s'ajoute aux observations quand le zéro du vernier tombe à droite et se retranche quand il tombe à gauche.

Les miroirs étant rectifiés, pour obtenir l'erreur instrumentale on emploie deux procédés : 1° on tient l'instrument vertical, on vise à l'horizon et on met l'image en prolongement de l'horizon; la distance des deux zéros du vernier et du limbe détermine la valeur de l'erreur instrumentale.

Le deuxième procédé consiste à employer le soleil. On vise directement cet astre après avoir vissé un verre coloré sur l'oculaire de la lunette et en tenant l'instrument vertical; on met l'image du soleil en contact avec le bord inférieur de cet astre : on lit l'arc qui sépare le zéro du vernier de celui du limbe, en le faisant précéder du signe + si le zéro du vernier est à droite, et du signe — s'il tombe à gauche. On recommence en faisant passer l'image en contact du bord supérieur. On fait une somme des deux résultats s'ils sont de même signe et une différence dans le cas contraire : on en prend la moitié et on obtient l'erreur instrumentale qui a le signe du résultat de l'addition algébrique.

On peut détruire l'erreur instrumentale : alors on opère en rectifiant la perpendicularité du petit miroir. On fixe le zéro du vernier sur celui du limbe, et en visant à l'horizon on fait mouvoir le petit miroir autour de son axe au moyen du levier qu'on rend mobile en desserrant la vis de pression, jusqu'à ce que les deux horizons soient en prolongement. On resserre la vis de pression, on incline l'instrument et on achève comme dans la première méthode. Si on emploie le soleil, on met le soleil et son image à même hauteur au moyen du levier du petit miroir, et on achève comme dans la deuxième méthode. Les miroirs sont alors parallèles quand les deux zéros coïncident.

Quand on prend l'angle entre deux objets qui sont à une distance inférieure à 500 mètres, les miroirs ne sont pas parallèles au point d'où l'on compte les arcs : on vise à l'objet de gauche, on fait coïncider cet objet avec son image, et c'est à partir du point où tombe le zéro du vernier qu'il faut compter les arcs. Ce point s'appelle *point de collimation*.

303. Vérifications de l'instrument. Il faut d'abord vérifier si le limbe n'a pas été faussé. Pour cela on promène l'alidade sur toutes les parties du limbe en serrant légèrement la vis de pression, et on examine si le grand miroir reste perpendiculaire au plan de l'instrument dans toutes ces positions. Si cela n'arrive pas, l'instrument est à rejeter. Cette vérification s'applique aux trois instruments.

304. Vérifier si toutes les divisions sont égales. On se sert du vernier dont la longueur constante doit embrasser partout le même nombre de divisions du limbe. Le vernier se trouve vérifié en même temps si aucune autre division que les deux extrêmes ne coïncident avec celles du limbe, et si elles tombent toutes à droite de celles du limbe au moment de la coïncidence des deux extrémités du vernier avec les divisions du limbe. On peut vérifier facilement dans le sextant si les divisions ont la grandeur qu'elles doivent représenter. L'arc de 120° étant réellement de 60°, sa corde est égale au rayon. On démonte le grand miroir pour découvrir le centre du limbe, on met une pointe de compas sur ce point et on fait parcourir à l'autre un des arcs tracés sur le limbe pour bien vérifier l'ouverture. Ensuite on met une des pointes sur le zéro de cet arc et l'autre pointe doit arriver au trait marqué 120°.

On n'a pas besoin de faire cette vérification sur le cercle puisque la circonférence est complète.

Lorsqu'on se trouve dans les circonstances particulières où l'on peut prendre tout autour de soi les distances d'objets éloignés et situés à peu de hauteur au-dessus de l'horizon, on peut vérifier les grandeurs des divisions du sextant et de l'octant, en ayant même la valeur de l'erreur. On prend la somme des distances des objets situés autour de soi en faisant le tour et en revenant prendre la distance du dernier au premier. On répète la même observation en sens inverse pour se dégager autant que possible des erreurs de pointé; il faut que la somme des distances fasse 360°. Si cette somme est plus forte, les divisions sont trop petites, et trop grandes dans le cas contraire. Soit e la différence et H la hauteur que l'on prend avec cet instrument, on aura la correction x en faisant cette proportion $\frac{360^\circ + e}{\mathrm{H}} = \frac{e}{x}$. Si les divisions sont trop petites, on retranchera x et on l'ajoutera dans le cas contraire. Du reste, ce défaut est rare dans les instruments.

305. Vérifier le parallélisme des faces des miroirs. Pour qu'un grand miroir soit bon, il faut que ses deux faces soient exactement parallèles. On présente le miroir au soleil que l'on regarde avec une lunette du plus fort grossissement qu'on puisse se procurer et armée d'un verre coloré, en tenant la glace presque dans l'alignement du soleil et de l'œil, il faut qu'on voie une image bien nette et bien ronde; quand cela n'a pas lieu, c'est que les deux faces ne sont pas parallèles. On peut cependant se servir du miroir en déterminant son erreur. On prend la distance de deux points fixes éloignés de 100° à 120°, puis on démonte le grand miroir et on le met le haut en bas. On recommence l'opération, et la moitié de la différence entre les deux distances observées donne l'inclinaison des deux faces. Si la deuxième distance est plus petite que la première, la correction à faire aura le signe + tant que le miroir restera dans cette position. Borda a calculé une table VI (*Caillet*) en supposant 1′ d'erreur entre les deux faces, la colonne intitulée observations à droite convient au sextant. Si l'erreur était différente de 1′, on ferait une table pour ce miroir, en remarquant que les corrections sont proportionnelles aux erreurs. Par exemple, si l'erreur des deux faces était de 2′, il faudrait doubler les résultats de la table.

Quant au cercle, on doit prendre la correction dans la colonne qui convient au genre d'observation que l'on a fait.

Il n'est pas nécessaire de vérifier le petit miroir.

306. Vérification des verres colorés. On vérifie le parallélisme des verres colorés foncés au moyen du soleil, et des clairs au moyen de la lune quand elle est pleine. On met un verre derrière le petit miroir, et celui à vérifier entre les deux miroirs. On met le soleil en contact avec son image. On fait faire un tour de 180° au verre, et il faut que le contact persiste, sinon les deux faces des verres ne sont pas parallèles; si, pour rétablir le contact, il faut faire marcher l'alidade dans le sens des divisions du limbe, la correction sera additive, et soustractive dans le cas contraire, en supposant toutefois qu'on remette le verre dans sa première position.

On opère de la même manière pour les verres du petit miroir. Ceux qu'on monte devant l'oculaire n'ont pas besoin d'être vérifiés.

307. Déviation. Quand on prend la distance de deux objets, le contact doit être établi au milieu des deux fils de la lunette astronomique ; l'erreur que l'on commet en prenant le contact ailleurs s'appelle la *déviation*, correction toujours soustractive et qui se trouve dans la table VI (*Caillet*). Il faut connaître l'angle de déviation qui sert d'entrée supérieure à la table. Il s'estime au moment où on prend le contact, sachant d'avance quel est l'intervalle des fils de la lunette. Pour obtenir cet intervalle, on met une étoile et son image en contact sur l'un des fils, et on fait mouvoir l'alidade jusqu'à ce que l'image passe sur l'autre fil, en conservant l'étoile sur le premier; l'arc parcouru sur le limbe est l'intervalle des fils qu'on a eu soin de mettre perpendiculaires au plan de l'instrument. L'intervalle ordinaire des fils varie de 1° 50′ à 2°.

308. Mesure des hauteurs. 1° *Le soleil.* On met un verre coloré entre les deux miroirs, et si la trace du vertical sur l'eau est trop éblouissante, un verre pâle derrière le petit miroir. On tient l'instrument dans le plan du vertical de l'astre, l'intérieur du limbe n'étant plus éclairé dans ce cas, et on vise au terme de l'horizon; on pousse l'alidade de la main gauche jusqu'à ce que l'image du soleil vienne se peindre presque en contact avec l'horizon. On serre la vis de pression de l'alidade, et avec la vis de rappel on établit le contact en balançant légèrement l'instrument autour de l'axe de vision pour bien s'assurer que le bord inférieur du soleil décrit un arc tangent à l'horizon. L'arc, lu sur le limbe, donnera la *hauteur instrumentale* du bord observé.

2° *La lune.* Comme généralement on ne voit pas sur l'eau la trace du vertical de cet astre, on vise directement à la lune et on incline l'instrument en poussant devant soi l'alidade de la même quantité, pour conserver l'image de la lune dans la partie étamée du petit miroir. Quand l'horizon apparaît dans la partie non étamée du petit miroir, on établit l'*alignement* du bord éclairé de la lune avec cette ligne. On opère de même pour les étoiles.

Quand l'horizon sous le vertical de l'astre est très-clair, comme quelque temps avant l'aurore ou après le crépuscule, ou quand la lune éclaire l'horizon, on peut opérer autrement. On vise directement à l'étoile en tenant le limbe en haut, et on pousse l'alidade jusqu'à ce que l'image de l'horizon vienne apparaître dans le petit miroir, et alors on établit la hauteur de la même manière. Le même procédé s'emploie quand on observe la lune de jour et qu'elle est faible.

Pour mesurer des hauteurs méridiennes, on amène l'astre en contact avec l'horizon en se mettant en observation quelques minutes avant l'heure calculée du passage. On suit les mouvements de l'astre avec la vis de rappel, en rétablissant le contact à mesure que l'astre s'élève. Quand on est obligé de faire le mouvement inverse, c'est que l'astre est arrivé à sa plus grande élévation, et on conserve cette hauteur qui est la hauteur méridienne.

La plus grande hauteur de lune n'est pas dans le plan du méridien; cependant on la considère comme si elle y était, parce que l'erreur que cela donne sur le calcul des latitudes ne s'élève pas à 2′, approximation dont on ne peut répondre avec les hauteurs de cet astre.

309. Distances lunaires. *Distances de la lune au soleil.* On prend dans la *Connaissance des Temps* la distance des deux astres pour l'heure de l'observation et on la fait marquer à l'alidade. On vise directement à la lune en prenant un des fils parallèles au plan de l'instrument pour ligne des cornes de la lune. L'image du soleil doit alors entrer dans le champ de la lunette. On établit un contact approximatif. Puis, si les distances augmentent, on pousse l'alidade de manière que le zéro du vernier tombe sur une division du limbe, et on se remet à observer en attendant le contact; si les distances diminuent, on fait faire le mouvement inverse à l'alidade. Quand la lune est à gauche du soleil, les miroirs sont tournés vers le ciel, quand elle est à droite, ils sont tournés vers la mer.

Distances de la lune aux étoiles. — Le détail de l'observation est le même, seulement c'est à l'étoile ou à la planète que l'on vise.

Quand on prend la distance du soleil à un objet terrestre, on vise toujours à ce dernier, et l'ombre portée sur l'intérieur du limbe indique, comme dans les distances lunaires, que l'on est bien dans le plan qui passe par l'œil, l'objet et le soleil.

310. Observations avec le cercle. Quand on doit prendre des hauteurs simples, le sextant est supérieur au cercle par la commodité d'observation et par la sûreté plus grande que présente sa construction. Mais pour les séries, le cercle a le grand avantage d'aller plus vite et de ne nécessiter qu'une seule lecture, dont l'erreur se trouve alors divisée par le nombre des observations. Lorsqu'on tient le cercle devant soi, l'oculaire de la lunette, tourné du côté de l'observateur, la droite et la gauche de l'instrument coïncident avec la droite et la gauche de l'observateur. On dit qu'une observation est *de droite* lorsque les rayons de l'astre passent par la droite du petit miroir pour aller se réfléchir dans le grand, et qu'elle est *de gauche* quand ils passent par la gauche du petit. Ces dénominations ne changent pas, quelle que soit la position de l'instrument.

1° *Hauteurs à gauche.* On fixe le zéro du vernier de la petite alidade (celle du petit miroir) sur le zéro du limbe, on vise directement à l'horizon en tenant l'instrument vertical, et on fait mouvoir la grande alidade jusqu'à ce que les deux horizons soient mis en prolongement l'un de l'autre. On serre la vis de la grande alidade et on desserre celle de la petite, en tenant l'instrument de la main gauche, puis on fait tourner tout le plan du cercle vers soi au moyen du pied de l'instrument. Ce mouvement écarte les alidades, et quand l'astre se peint en contact avec l'horizon, on achève comme pour le sextant. L'arc parcouru sur le limbe, depuis le zéro jusqu'au zéro du limbe du vernier de la petite alidade, est la hauteur de l'astre.

Observation à droite. On visse la grande alidade sur le zéro du limbe en tenant l'instrument de la main droite, on fait glisser tout son plan sous la petite alidade, pendant que l'on dirige la lunette vers l'horizon. Quand celui-ci est vu en prolongement de son image, on fixe la petite alidade, et, rapprochant la grande de la petite, on amène l'image de l'astre en contact avec l'horizon. L'arc parcouru par la grande alidade est la hauteur observée.

Hauteurs croisées. On peut se débarrasser de la recherche du point de parallélisme qui précède chacune des observations précédentes. Pour cela on fixe la grande alidade sur le zéro du limbe. On tient l'instrument de la main gauche, et on fait tourner tout le plan de l'instrument sous la lunette en visant l'horizon, jusqu'à ce que l'astre arrive en contact avec ce dernier; après avoir établi le contact avec la vis de rappel de la petite alidade, on passe l'instrument dans la main droite et on ramène vers soi la grande alidade jusqu'à ce que l'image de l'astre vienne en contact avec l'horizon, vu directement par la lunette. On obtient alors, par une seule lecture, la somme des deux hauteurs. C'est toujours ainsi qu'il faut opérer.

Pour faire une série de hauteurs, on a soin de mettre au moment où les miroirs sont parallèles *à vue* les deux curseurs de l'arc intérieur à toucher la grande alidade, de sorte qu'ils se trouvent repoussés à droite et à gauche pendant les deux observations : ils indiquent les positions respectives des deux alidades au moment de chaque contact. Il suffit donc de desserrer la petite alidade et d'écarter les alidades, en faisant tourner l'instrument jusqu'à ce que la grande alidade touche le curseur, pour retrouver l'astre encore près de l'horizon; il suffira du mouvement de la vis de rappel pour établir le contact. Ensuite on ramènera la grande alidade à toucher l'autre curseur pour faire l'observation de droite. Si les hauteurs diminuent, il faut avoir soin de pousser le curseur contre l'alidade avant de passer à l'autre observation. Ce cercle additionnel de Mendoza facilite singulièrement la rapidité des séries. On ne fait la lecture des arcs que quand on a fait un nombre pair d'observations croisées.

Pour mesurer les *distances lunaires* on ne prend que des distances croisées : 1° Quand l'objet auquel on vise directement est à gauche, on tient l'instrument de la main gauche, les miroirs vers la mer pour faire l'observation de gauche, et les miroirs vers le ciel, sans changer de main, pour faire l'observation de droite.

2° Quand l'objet direct est à droite, on tient l'instrument de la main droite, les miroirs vers le ciel pour faire l'observation de gauche, et les miroirs vers la mer, sans changer de main, pour l'observation à droite.

Ces positions étant quelquefois gênantes à cause du plan dans lequel se trouvent les astres, on peut ne pas employer le pied de l'instrument qu'on tient alors par le limbe; l'habitude indiquera rapidement les modifications que l'on peut faire à ces différentes manières de tenir l'instrument. Quand ce sont des distances de la lune aux étoiles, c'est à l'étoile que l'on vise. On met d'avance les curseurs sur les divisions du cercle intérieur indiquant la distance prise à vue dans la *Connaissance des Temps*, et on place successivement la grande alidade à toucher ces deux curseurs pour avoir immédiatement les deux astres dans le champ de la lunette.

311. Il y a deux espèces de verres colorés à mettre entre les deux miroirs, des petits qui se mettent au milieu de l'intervalle des deux glaces, et des grands qui se mettent presque à toucher le grand miroir; il ne faut se servir de ceux-ci que quand les angles à observer sont compris entre 5° et 34°.

312. Horizon artificiel. On appelle horizon artificiel une surface plane horizontale quelconque, réfléchissant la lumière. On emploie le mercure que l'on verse dans une boîte en fer ou en bois, en le faisant couler par un trou très-fin pour l'épurer; on le recouvre d'un chapeau qui est percé de deux trous fermés par des glaces à faces parfaitement parallèles. Les rayons solaires entrent par une glace, se réfléchissent sur le mercure et sortent par l'autre glace : pour se débarrasser des erreurs de parallélisme des deux glaces, on les change de place au milieu de la série des observations. Le chapeau sert à empêcher l'action du vent sur la surface du liquide.

On emploie quelquefois de l'huile, ou du goudron, ou de la lie de vin sur laquelle on verse une légère couche d'huile. (Voyez Ducom.)

Les horizons à glace sont formés d'un verre très-épais, plané et enduit d'une couche noire à la partie inférieure; on fait aussi usage d'un verre très-noir, et l'on a, comme dans le cas précédent, l'image donnée par la surface antérieure de la glace. Trois vis servent à caler la glace, on met un niveau entre deux vis et on en fait mouvoir une jusqu'à ce que la bulle arrive au milieu. On met le niveau dans une position perpendiculaire à la première, et on fait mouvoir la troisième vis pour amener encore la bulle au milieu. On remet le niveau dans la première position et on rectifie de nouveau s'il y a lieu. On renverse le niveau; si la bulle se dérange, on la ramène à sa place, moitié au moyen de la vis de rectification du niveau, moitié au moyen de la vis de l'horizon, puis on recommence dans la position perpendiculaire. Ces opérations répétées un certain nombre de fois, la glace restera horizontale assez de temps pour que l'on puisse prendre une série de hauteurs du soleil, car la dilatation de la partie exposée au soleil *renverse* toujours l'horizon vers l'observateur. Si le soleil n'est pas trop ardent, on laisse le niveau placé parallèlement au vertical de l'astre et on maintient la bulle du niveau à sa place en tournant de temps en temps la vis de calage.

313. Observer sur un horizon artificiel. On met des verres colorés derrière le petit miroir et devant le grand, et on vise directement à l'image qu'on voit dans l'horizon en se tenant dans le vertical du soleil ; on pousse l'alidade jusqu'à ce qu'on voie un deuxième soleil que l'on met en contact avec celui qu'on voit fixe dans l'horizon.

Si on observe avec la pinnule ou la lunette directe, il faut que le soleil mobile amené par le grand miroir soit en dessus pour avoir la hauteur du bord inférieur ; l'inverse a lieu lorsqu'on emploie la lunette astronomique. Dans ce cas, il est plus exact de remplacer les verres colorés des miroirs par un seul verre coloré vissé devant l'oculaire.

Quand on observe avec le cercle, il est commode de prendre pour une observation la hauteur d'un des bords et pour l'autre celle de l'autre bord. La moyenne donne la hauteur du centre.

Les hauteurs observées ainsi sont doubles de la hauteur instrumentale, et n'ont pas besoin d'être corrigées de la dépression.

314. Correction des hauteurs des astres. On emploie dans les calculs les hauteurs vraies du centre de l'astre. Pour cela il faut les corriger.

Hauteur vraie du soleil = haut. inst. ± err. inst. — dép. (tab. XV) — Réf. (tab. XVI) + paral. (tab. XVII) + 1/2 diam. (*Conn. des Temps*).

Si c'est le bord, supérieur qu'on a observé on retranche le 1/2 diam.

Haut. inst. = haut. vraie — 1/2 diam. + réfr. — paral. + dép. ± err. inst.

Quand la hauteur est petite, la réfr. — paral. prise la première fois est inexacte, on la reprend une deuxième fois avec la hauteur apparente approchée.

Haut. vraie ☾ = haut. instr. $\overline{☾}$ ± err. instr. + (paral. — réfr.) (tab. XVIII) + 1/2 diam. horiz (*Conn. des Temps*).

Dans les calculs de longitudes par les distances lunaires on a besoin de la hauteur apparente du centre de la lune. On se sert du demi-diamètre en hauteur accourci; pour cela, on trouve tab. XXV l'augmentation du 1/2 diamètre, et tab. XXIII l'accourcissement dû à la réfraction. La parallaxe-refr. se cherche alors avec la hauteur apparente du centre.

Haut. vraie ☾ = haut. inst. $\overline{☾}$ ± err. inst. — 1/2 en haut. acc. + (par. — réf.)

Hauteur ☆ = haut. inst. ± err. inst. — dép. — réfract.

La réfraction est donnée dans les tables en supposant le baromètre à 760 mill., et le thermomètre centigrade à + 10°; dans les observations de hauteurs un peu précises comme celles faites avec un horizon artificiel, il faut corriger la réfraction des différences produites par les variations de chaleur de l'air et par la pression atmosphérique. On trouve ces corrections avec leur signe dans la table XXI (*Caillet*). Il faut faire attention, lorsqu'on les applique à la hauteur de la lune, de les changer de signe pour la table XXVIII des (paral. — réf.)

315. Chronomètres. Les chronomètres ont pour moteur un grand ressort en spirale qui, tendu au moyen de la clef, revient lentement à sa forme primitive, en faisant tourner autour de son axe le *barillet* qui le renferme. Celui-ci transmet le mouvement de rotation aux rouages au moyen d'une chaîne articulée, enroulée sur un tronc de cône appelé *fusée*.

Le mouvement reste sensiblement constant, à cause du changement de grandeur du diamètre de la fusée, quoique l'effort du ressort diminue avec sa tension.

Le régulateur est un balancier doué d'un mouvement alternatif, produit par un ressort très-fin appelé *spiral*. Une roue d'échappement relie ces deux mouvements entre eux, et par le choc d'une des dents le ressort restitue au balancier la quantité de mouvement qu'il a perdu par le frottement. Les amplitudes des oscillations du balancier varient sensiblement avec l'âge des huiles; mais on parvient par tâtonnement à leur conserver sensiblement la même durée.

La grandeur du balancier faisant varier le temps des oscillations, tous les soins de l'artiste se portent sur la *compensation* de cette pièce, c'est-à-dire tendent à diminuer autant que possible l'influence de la température. Il faut donc faire en sorte que la masse du balancier reste toujours à la même distance de son centre, dans tous les changements de température. Pour arriver à ce résultat on compose le balancier de trois parties circulaires, indépendantes l'une de l'autre (*fig.* 165); chacune de ces parties d'arcs est construite avec des métaux différemment dilatables, et terminée par des vis d'un métal pesant, or ou platine : des deux métaux qui forment l'arc, celui de l'extérieur est le plus dilatable. En combinant convenablement les deux métaux des arcs, il arrive que les arcs se dilatant par la température, les arcs augmentent, mais en même temps les trois masses sont poussées en dedans, de telle sorte que

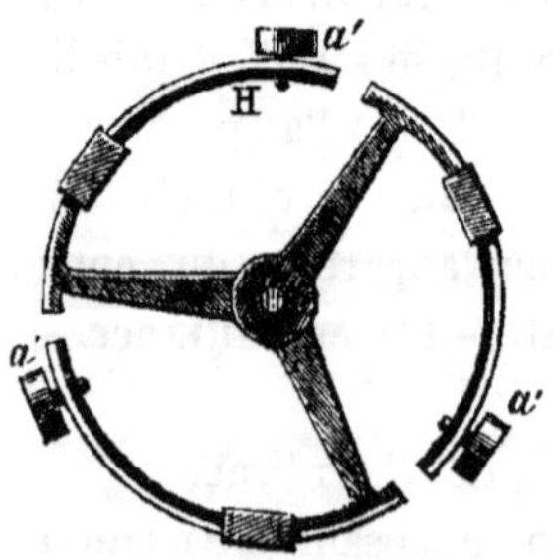

Fig. 165.

leur distance au centre ne change pas sensiblement. L'arc extérieur est en laiton, l'intérieur en acier.

Le mouvement ainsi régularisé est transmis par des roues dentées qui font mouvoir quatre aiguilles : la première indique depuis combien de temps le chronomètre est remonté ; la deuxième est destinée à marquer les heures ; la troisième les minutes, et la quatrième les secondes ou plutôt les demi-secondes. Les chronomètres se remontent en sens inverse des montres ordinaires. (Voir, à la fin du tome II, la note sur les chronomètres.)

316. **État et marche des chronomètres.** Les conditions essentielles pour l'installation d'un chronomètre à bord consistent à le mettre à l'abri de tout choc, à lui éviter surtout les mouvements horizontaux et à lui conserver autant que possible une température constante, ce que l'on obtient en mettant dans l'armoire une petite lampe avec un tuyau de dégagement pour la fumée. M. Becquerel cite des exemples où des masses de fer trop rapprochées ont eu une influence sensible sur la marche diurne du chronomètre, aussi indique-t-il cette précaution simple, de mettre à la place destinée aux montres une boussole, et de regarder si l'aiguille y est déviée. Si cela arrivait, il faudrait changer l'emplacement du chronomètre. On recommande aussi de ne pas mettre deux chronomètres à côté l'un de l'autre, de manière que les vibrations produites par les oscillations du balancier de l'un puissent se communiquer à l'autre.

317. Quand l'artiste remet au marin un chronomètre, il lui donne en même temps l'état absolu Co, c'est-à-dire la quantité dont la montre avance ou retarde sur le temps moyen à midi moyen de Paris, puis sa marche diurne a, qui est la quantité dont cet état change pendant l'intervalle d'un jour moyen.

Quelle que soit la perfection apportée à la construction de ces instruments, à leur compensation et aux huiles employées, il est certain que la température a une influence très-sensible sur la marche diurne des chronomètres. Les artistes les règlent à deux températures.

Un grand nombre de personnes ont cherché des formules qui puissent donner la marche diurne de chaque jour, en tenant compte de la température et de l'âge des huiles. Comme le cadre de cet ouvrage est trop restreint pour analyser les différents travaux faits sur cette question, nous nous contenterons d'indiquer simplement les formules qui sont données par MM. Lieussou et Pagel.

On a reconnu que dans une même température[1], la marche diurne avait une variation constante proportionnelle au temps, et qu'elle subissait un accroissement ou une diminution pour chaque variation de température à partir de la température de réglage: on appelle ainsi la moyenne entre les deux températures choisies par l'artiste pour régler la montre. Cette moyenne varie ordinairement entre 13° et 15°. Les formules ont pour but de donner d'après la loi de ces variations la marche m pour une date quelconque. M. Cornulier supposait que la variation de marche était proportionnelle à la variation de température; M. Lieussou a trouvé qu'elle devait être proportionnelle au carré; M. Pagel a introduit dans la formule de M. Lieussou un terme proportionnel à la température.

Si l'on pose :

m = marche de départ ;

x = variation journalière indépendante de la température ;

y = variation pour un changement de 1° centigrade;

T = température du réglage;

t = température du jour de l'observation ;

n = temps écoulé depuis la détermination de m,

la formule de M. Lieussou est :

$$m = a + nx - \frac{y}{2}(T - t)^2 ;$$

celle de M. Pagel :

$$m = a + nx + \frac{y}{2}(T - t)(T - t - 1).$$

Les quantités x et y qui sont les constantes du chronomètre, peuvent être déterminées par des observations directes. Les mémoires que nous avons cités donnent les méthodes pour y arriver. On pourra avoir recours à ces mémoires, publiés, par le dépôt des cartes et plans, sous le titre *Recherches chronométriques*. Les horlogers dans leur travail de réglage étant obligés de connaître x et y, pourraient les mentionner sur le certificat du chronomètre en même temps que C_0, a et T.

318. État et marche diurne. Nous renverrons à la partie *Hydrographie* de cet ouvrage, § 132, pour la manière de déterminer la marche diurne d'un chronomètre, par des observations faites à bord

1. M. Yvon Villarceau donne dans les *Annales de l'Observatoire* une formule analytique qui modifie ces résultats. Il s'appuie sur la remarque que le choc de l'ancre et des dents de la roue d'échappement a lieu entre des corps élastiques.

au moyen d'angles horaires ; il nous suffira donc d'établir ici le détail de ce calcul.

On prend une série de hauteurs dans les circonstances favorables au calcul d'heure, circonstances qui sont à petites hauteurs, quand la déclinaison et la latitude sont de noms contraires, et au moment du passage au premier vertical, ou quand l'angle de position est droit, si la déclinaison est de même nom que la latitude. (V. *Caillet*, tab. XXXIX.)

On corrige la hauteur, on calcule l'heure de Paris, et on a l'angle horaire par la formule :

$$\sin.\ \tfrac{1}{2}\mathrm{P} = \sqrt{\frac{\cos.\dfrac{l+h+\delta}{2}\ \sin.\left(\dfrac{l+h+\delta}{2}-h\right)}{\cos.\ l\ \sin.\ \delta}}$$

Le matin on retranche de 24 heures et on a l'heure T. V., on applique l'équation du temps, et on a l'heure T. M.

Le 30 mars 1863, vers l'heure $19^h\,30^m$, temps moyen, par une latitude $l = 11°\,48'\,54''$ N. et une longitude $g = 32°\,18'\,54''$ O., lorsque l'heure du chronomètre était $C = 22^h\,54^m\,35,6$, on a observé la hauteur du bord inférieur du soleil de $21°\,18'$; erreur instrumentale $-\,2'\,15''$; élévation de l'œil en mètres, $5^m,8$. On demande l'état absolu A du chronomètre sur le T. M.

	H.	M.	S.
Heure T. M., le 30.	19	30	»
g.. long........	2	9	15
θ..............	21	39	15
	°	'	"
Déclin. du ⊙....	3	41	4
[Diff. en 24 h., 23' 16]........			
Partie proportionn.	»	20	59,5
Décl. calculée.	4	2	3,5
Dist. polaire...δ.	85	57	56,5
	°	'	"
Haut. ⊙.........	21	18	»
Erreur instr.....	»	2	15
Haut. observée ⊙.	21	15	45
Dép. Table xv. —	»	4	16
Haut. apparente ⊙	21	11	29
Réfract. — par. —	»	2	21
Haut. vraie ⊙...	21	9	8
½ diamètre......	»	16	1
Haut. vraie ⊙	21	25	9

			°	'	"		
Calcul de la p. prop.		h..	21	25	9		
Col. 24h.	$\bar{5}$,063486	l..	11	48	54	C.L. cos.	0,009300
Log.	4,891847	δ..	85	57	56	C.L. sin.	0,000077
		s..	119	12	»		
		$\frac{s}{2}$..	59	36	»	Log. cos.	1,704179
..Log.	3,144885						
Log.	3,100218	$\frac{s}{2} - h$	38	10	50	Log. sin.	$\bar{1}$,791089
						Somme.	$\bar{1}$,504645
						Log. sin. ½ P. ½ Som.	$\bar{1}$,752322

	H.	M.	S.
½ P. ½ angle hor...	2	17	42,5
P. **Angle hor.**....	4	35	25

	H.	M.	S.
Heure T. V.	19	24	35
g... long..	2	9	15
θ.........	21	33	50
Éq. du T..	»	4	39,2
[D. 18",4] p. p. —	»	»	16,5
Éq. du T. cal. +		4	22,7

	H.	M.	S.
Heure T. V..	19	24	35
Éq. du T. +	»	4	22,7
H.T.M. ast.	19	28	57,7
C. H. du chro.	22	54	35,6
A........ +	3	25	37,9

Si la déclinaison était nulle, on calculerait l'angle horaire par la formule :

$$\cos. P = \frac{\sin. h}{\cos. l}$$

Si au contraire on était sous l'équateur, la latitude étant nulle, on aurait :

$$\cos. P = \frac{\sin. h}{\cos. d}.$$

Si les deux cas arrivaient simultanément, on aurait :

$$\cos. P = \sin. h.$$

319. Au lieu d'employer la hauteur du soleil, on peut employer une hauteur d'étoile ; mais il faut revenir de l'heure astronomique de l'étoile à l'heure temps moyen. On y parvient comme au § 310, en ajoutant l'heure astronomique de l'étoile à son ascension droite, et en retranchant celle du soleil, le tout calculé de la même manière que pour le passage d'une étoile au méridien.

$$\text{Heure moyen.} = \text{heure} \star + Æ \star - t \text{ sid.}$$

La partie proportionnelle du temps sidéral étant prise dans la table V de la *Connaissance des Temps*, pour l'heure

$$\theta' = \text{heure} \star + Æ \star - (\text{t. sid. à midi}) \pm g_0,$$

en se conformant à la règle, de conserver à θ' la même date qu'à bord, et en appliquant la partie proportionnelle en signe contraire de l'heure de Paris.

Le 25 septembre 1863, vers $6^h,29^m$, par une latit. $l = 34°20'$ N. et une longit. $g = 124°57'$ E., on a observé, au moyen d'un horizon artificiel, la H^r de l'étoile Antarès, dans l'ouest du méridien, et l'on a trouvé :

1re série.	° ' "	2e série.	° ' "
Haut^r obs. réfr. ☆ h_1...	20 26 »	Haut^r observ. réfractée.	19 40 »
	H. M. S.		H. M. S.
H^res corr. du chron. c_1.	17 41 18	.... c_2..	17 47 40

On demande l'état absolu du chronomètre sur le T. M.

Déclinaison de l'étoile. 26°7'33",9 A Æ ☆ ...... de l'étoile 16h21m3,9

δ... distance polaire. 116°7'33",9

$\sin \frac{1}{2} P = \sqrt{\frac{\cos s \sin(s-h)}{\cos l \sin \delta}}$

1re série.

	°	'	"		
h_r....	20	26	»		
XVI. R.	»	2	37,4		
h....	20	23	23		
l....	34	20	»	Co-Log. cos.	0,085141
δ....	116	7	34	Co-Log. sin.	0,046807
2 s ..	170	50	57		
s....	85	25	28,5	Log. cos.	$\bar{2}$,901846
s—h.	65	2	5,5	Log. sin.	$\bar{1}$.957409
				Somme.	$\bar{2}$,991203
				Log. sin ½ P = ½ Somme.	1,495602

	H.	M.	S.
½ P......	1	12	47,8
P........	2	25	35,6
H. ☆ de l'étoile ...	2	25	35,6
Æ ☆ de l'étoile ...	16	21	02,9
H ☆ + Æ ☆	18	46	38,5
Æ'm = T. sid. à 0h —	12	15	12,4
(*) H'm app. du lieu.	6	31	26,1 le
g. long. en t	8	17	08
H'm app. de Paris —	1	45	41,9

2e série.

	°	'	"		
h_r....	19	40	»		
R....	»	2	41,8		
h....	19	37	18		
l....	34	20	»	Co-Log. cos.	0,08314
δ....	116	7	34	Co-Log. sin.	0,04680
2 s...	170	4	52		
s.....	85	2	26	Log. cos.	$\bar{2}$,93676
s—h.	65	25	8	Log. sin.	$\bar{1}$,95874
				Somme.	1,02545
				Log. sin ½ P... ½ Somme.	1,51272

	H.	M.	S.	
½ P......	1	16	0,9	
P........	2	32	1,8	
H ☆	2	32	1,8	
Æ ☆	16	21	3,9	
H ☆ + Æ ☆....	18	53	5,7	
Æ'm = T. sid. à 0h —	12	15	12,4	le 25
(*) H'm	6	37	53,3	le 25
g	8	17	8	
H'm P	1	39	14,7	

	H.	M.	S.
XXXIV Col. I. {9,830 / 7,372 / 0,112}..	»	»	17,32
(*) H'm app. du lieu.	6	31	27,1
Hm exacte le	6	31	44,4
H1 du chron. c1...	17	41	18
A1 état absolu.....	11	9	33,6

	H.	M.	S.	
XXXIV Col. I. {9,830 / 6,389 / 0,041}..	+	»	16,3	
(*) H'm app.......	6	37	53,3	le 25
Hm exacte le	6	38	9,6	
c2	17	47	40	
A2	11	9	30,4	

CONCLUSION.

A1	11	9	33,6	le 25, à l'Hm exacte ...	6 31 44,4
A2	11	9	30,4	....	6 38 09,6
Somme.	»	»	64	Somme.	» 69 54
État moyen ½ s = .	11	9	32	le 25, à l'heure.......	6 34 57,0 T.M.

520. L'état absolu étant calculé par l'une des deux méthodes précédentes, et la marche diurne étant déduite de différents états absolus

(V. *Hydrographie*, 132), il faut maintenant trouver l'état absolu à midi moyen de Paris (C_0).

g = la longitude, A = l'état absolu,
t = l'heure du bord.

On a $$C_0 = A - g - \frac{a}{24^h}\left(t + g\right)$$

Appliquons ce calcul à l'exemple du § 319.

.... Le 25 septembre, dans un port situé par une longitude $g = 124^\circ\ 17'$ E. à l'heure $H_m = 6^h\ 34^m\ 57^s$ T. M., on a obtenu $A = 11^h\ 9^m\ 32^s$ pour l'état absolu du chron. dont la marche diurne est $a = 7^s,6$. On demande l'heure C_0 qu'indiquait ce chronomètre au moment du midi moyen de Paris qui a précédé l'observation.

	H.	M.	S.		
H_m = ...	6	34	57	24^h. Co-Log.	5,063486
g. en T. $\begin{pmatrix}+\text{O.}\\-\text{E.}\end{pmatrix}$	8	17	8	$a = 7^s,6$.. Log.	0,880814
θ de Paris.....	22	17	49	le 24 θ... Log.	4,904602
				Log. P. Pr. α.	0,848902

— P. Prop. α (de signe contr. à a) = 7,06

	H.	M.	S.
A.........	11	9	32
—P. pr. α.	»	»	7,06
som. alg..	11	9	24,94
$g.\begin{pmatrix}-o\\+e\end{pmatrix}$...	8	17	8
A_0 Som. alg.	19	26	32,94
C_0. le 24 ..	19	26	32,94

321. Calculer l'heure de Paris au moyen du chronomètre. Conservant les mêmes notations que précédemment, et appelant n le nombre de jours écoulés depuis le départ, on aura l'heure de Paris par la formule :

$$\theta = C - (C_0 + na) - \frac{a}{24^h}\left(C - (C^o + na)\right).$$

..... Le 3 mai, à midi moyen de Paris, un chronomètre dont la marche diurne est $a = -59^s,18$ indique $c_0 = 8^h\ 32^m\ 17^s,4$. Le 8 juin, de Paris, la date du bord étant le 8 au soir, on lit sur le chronomètre l'heure $c = 17^h\ 42^m\ 18^s,4$, et l'on demande l'heure correspondante de Paris, temps moyen.

	H.	M.	S.
C_0.. le 3	8	32	17,4
$n \times a$..................	»	35	30,48
$C_0 + n \times a$..............	7	56	46,92
C..................	17	42	18,4
θ'..................	9	45	31,48
x.... (de signe contr. à a).	»	»	24
θ **Heure T. M. astr. de Paris, le 8.**..	9	45	55,48

Calcul de la P. pr.

	Co-Log. 24^h.	5,063486
(a = 59,18)	Log.	1,772175
....	Log.	4,545695
....	Log.	1,381356

Chaque jour C_0 augmente algébriquement de a; alors on forme d'avance cette valeur sur le journal. Lorsque dans la correction du chronomètre on tient compte de la température, en employant les formules soit de M. Lieussou, soit de M. Pagel, il faut établir chaque jour l'état absolu correspondant; alors on n'a plus à faire $C_0 + na$, qui est *l'état absolu du jour* modifié par la marche diurne *du jour*. Il faut autant que possible avoir un état absolu C_0 très-faible, afin que le chronomètre marque l'heure de Paris assez exactement pour pouvoir prendre les déclinaisons solaires, dans les calculs journaliers, sans faire subir de corrections au chronomètre. Aussi, lorsque, par suite d'une négligence, le chronomètre s'est arrêté, il ne faut le remonter et le mettre en marche en le secouant, qu'à l'heure de Paris où il s'est arrêté. Supposons, par exemple, un chronomètre arrêté à 7^h dans un lieu où la longitude est de $60°$ O. Il faudra le mettre en marche à 3^h du bord.

322. Trouver l'heure du bord au moyen du chronomètre. Lorsqu'on a pris un angle horaire dans la matinée, on peut au moyen du chronomètre, trouver l'heure à un moment quelconque de la journée, en tenant compte du changement de longitude occasionné par la marche du navire. Soit c l'heure du chronomètre au moment t, soit c' la deuxième heure au chronomètre à l'heure t' que l'on cherche : on réduira l'intervalle $c' - c$ en temps moyen, en calculant une partie proportionnelle de la marche diurne que l'on retranchera algébriquement. On ajoutera cet intervalle ainsi corrigé à t, et on tiendra compte du changement en longitude suivant le sens où l'on a couru. On aura donc

$$t' = c' - c - \frac{a}{24}\left(c' - c\right) + t - g.$$

On comptait à bord l'heure $t = 5^h\ 42^m\ 17^s,8$, temps moyen, lorsqu'il était l'heure $c = 3^h\ 27^m\ 36^s,5$ à un chronomètre dont la marche diurne est $a = -58^s,6$. Environ 10 heures après, le navire s'étant déplacé en longitude de $4°\ 10'$ vers l'Est, on demande l'heure du bord au moment où le chronomètre indique $c' = 14^h\ 5^m\ 42^s,6$.

Calcul de la Marche p.p.

	H.	M.	S.		
c'... 2e h. du chr.	14	5	42,6	Co-Log. 24h..	5,063486
c.... 1re h. du chr .... —	3	27	36,5	a=58s,6. Log.	1,767898
Int. au chr..................	10	38	6,1	.... Log.	4,583041
Marche prop. (de signe contr. à a).	»	»	25,96	Log. x.	1,414425
Int. en T. M. entre les 2 stations..	10	38	32,06		
1re Stat. { 1re h. astr. don. de la 1re stat.	5	42	17,8		
2e h. ast. cal. de la 1re st. Somme	16	20	49,86		
Ch. en long. en t. { vers l'O. —long. / vers l'E. +long. }	»	16	40		
t' H. T. M. astr. de la 2e stat.	16	37	29,86		

323. Trouver l'heure que doit marquer le chronomètre à une heure déterminée. Le calcul est l'inverse du précédent, c'est c qui est l'inconnu, et on l'obtient par la formule :

$$c' = c + (t' - t + g) + \frac{a}{24}\left(t' - t + g\right).$$

Ex. Par un calcul d'angle horaire on a reconnu qu'au moment où le chronomètre indiquait $c = 4^h\ 25^m\ 40^s$, l'heure vraie du bord était $t = 8^h 50^m 17^s$ du matin ; un phénomène doit se passer à $t' = 7^h 18^m 20^s$ du soir. On demande à quelle heure du chronomètre il faudra se mettre en observation, en supposant qu'il doive y avoir en longitude un changement $g = 1°\ 10'$ est, et que $a = + 7^m,8$.

$t' =$	7	18	20 $+ 24^h$			
$t =$	20	50	17			
$t' - t =$	10^h	28′	3″		Log a	0,892095
g —		4	40		Co-Log 24	5,063486
$t' - t + g$	10	23	23	....	Log	4,572907
$p.p.a$			3, 37		Log	0,528488
	10	23	26, 37			
c	4	25	40			
$c' =$	14^h	49^m	$6^s,37$			

324. Dans le calcul de latitude par les hauteurs circumméridiennes (*Hydrographie*, 49), on se sert de l'heure du chronomètre à midi : cette formule donne le moyen de connaître cette heure en faisant $t' = 24^h = o$, suivant que c'est le midi suivant ou précédent, et en remplaçant a par a augmenté algébriquement du changement de l'équation du temps ε. On aura donc l'heure du chronomètre à midi vrai.

$$c' = c + (\text{midi} - t + g) + \frac{a+\varepsilon}{24}\left(\text{midi} - t + g\right).$$

525. La montre du bord qui règle l'emploi de la journée, se règle simplement au moment du lever vrai ou apparent du centre du soleil.

Le moment du lever vrai du soleil coïncide avec celui où le bord inférieur paraît élevé au-dessus de l'horizon des deux tiers de son diamètre. On marque l'heure à la montre et au moyen de la t. XXXV (*Caillet*), on a l'heure vraie que l'on réduit en temps moyen avec l'équation du temps prise à vue : cette heure permet de régler la montre pour la journée. On peut en faire autant au moment du coucher. Si on n'avait pas les tables on calculerait la différence ascensionnelle par la formule

$$\sin.\ \text{dif. asc.} = \text{tang.}\ d\ \text{tang.}\ l.$$

En se conformant à cette règle :

	Pour les levers.	Pour les couchers.
Décl. et lat. de même nom	retranchez de 6^h...	ajoutez à 6^h.
Décl. et lat. de différents noms	ajoutez à 6^h...	retranchez de 6^h.

Déterminer l'heure, temps moyen, du coucher vrai du centre du soleil, le 25 mars 1863, par une latitude $l = 23^\circ\ 36'\ 15''$ N. et une longitude $g = 61^\circ\ 37'\ 42''$ E.; heure présumée $6^h\ 10^m$.

	H.	M.	S.
H. T. M. astr. du lieu, le	6	10	»
g	4	16	30
θ Paris, le	1	53	30

	°	′	″
Déclin. ⊙ à 0^h le ..	1	43	48
Part. prop.	»	1	51
Décl. calc	1	45	39

	°	′	″		
Lat....	23	36	15	Log. tang.	$\bar{1}$,640457
Déc. cal.	1	45	39	Log. tang.	$\bar{2}$,487755
				Log. sin. diff. ascens.	$\bar{2}$,128212

	H.	M.	S.
Différence ascens. en temps...	»	3	4
(Diff. ascens. s'ajoute à 6 h. ou se retranche de 6 h.)	6	»	»
H. civ. T. V. du couch. vrai, le 25	6	3	4
Heure T. V. astr.	6	3	4
Équation du temps à vue.....	»	6	11
H. T. M. astr. du couc. vrai, le	6	9	15

2° Pour un lever ou un coucher apparent d'un des bords, c'est-à-dire quand l'un des bords du soleil touche l'horizon visible, on a la hauteur négative du bord du soleil.

$$h = -\ \text{dep.} - (\text{réf. par.}) \pm \tfrac{1}{2}\ D,$$

en prenant + lorsque c'est le bord supérieur et — pour le bord inférieur. On calcule d'abord l'heure du lever ou du coucher vrai par la table XXXV. Puis dans la table XXXVI, on trouve le temps que met le soleil à s'élever ou à s'abaisser de 100^{m} ; en multipliant le nombre par la hauteur et divisant par 100, on a la quantité de temps qu'il faut retrancher de l'heure du lever vrai ou ajouter à l'heure du coucher vrai. A défaut des tables on peut calculer l'heure par la formule ordinaire de l'angle horaire, en faisant attention que la hauteur est négative, et qu'on peut négliger les secondes dans les données.

Déterminer l'heure, temps moyen, du lever apparent du bord supérieur du soleil, le 29 mars 1863, par une latitude $l = 56^{\circ}\ 18'$ N., et une longitude $g = 150^{\circ}\ 32'$ O.; heure présumée 17^{h} 35^{m} ; élévation de l'œil en mètres 6,2.

	H.	M.	S.
H. T. M. astr. du lieu.	17	35	»
g	10	2	8
θ le 30..........	3	37	8
	°	′	″
Déclin. ⊙ à 0^{h} le...	3	41	04
Partie proportionn..	»	3	30
Décl. calc.	3	44	34
..............δ	86	15	26
	°	′	″
Table XV.......—	»	4	25
— (réfr. — paral.)—	»	33	39
Somme négative. —	»	38	4
½ Diamètre .....+	»	16	1
Haut. nég.. h.—	»	54	»

	°	′	″		
Haut. négat. h—	0	54	»		
Latitude..... l.	56	18	»	Co-L. cos.	0,255829
Dist. pol.... δ.	86	15	»	Co-L. sin.	0,000931
S. alg. (h se ret.).	141	39	»		
½ somme .... $\frac{s}{2}$.	70	49	30	Log. cos.	$\bar{1}$,516475
½ s—h (h s'ajoute)	71	43	30	Log. sin.	$\bar{1}$,977524
				Somme.	$\bar{1}$,750759
				Log. sin. ½ P... ½ som.	$\bar{1}$,875379

	H	M.	S.
½ P........................	3	14	33
P..........................	6	29	6
H. T. V. astr. du lever apparent	17	30	54
Équation du T. cal..................	»	4	38
H. T. M. astr. du lever apparent....	17	35	32

326. Les erreurs d'observations sur les hauteurs ayant une influence sensible sur les calculs d'angles horaires, il faut choisir les moments les plus favorables à cette sorte d'observation ; ces moments sont : 1° la déclinaison et la latitude étant de noms contraires, lorsque l'astre dégagé des vapeurs de l'horizon est le plus éloigné du méridien ; 2° la déclinaison et la latitude étant de même nom, et la première plus petite que la seconde, le moment favorable est lorsque l'astre passe au premier vertical, c'est-à-dire lorsque l'angle au zénith est droit. Quand la déclinaison est plus grande que la latitude, le moment favorable arrive lorsque l'angle à l'astre est droit. On trouve les heures d'une manière suffisamment exacte dans la table XXXIX. On détermine aussi la hauteur par interpolation, pour se débarrasser du calcul de l'heure. Nous verrons plus tard dans le calcul de la variation, la manière exacte de trouver ces résultats.

327. Quand on fait les observations, il est souvent difficile de compter avec le chronomètre. On emploie alors une montre à secondes, que l'on compare avec le chronomètre, avant et après les observations en marquant soigneusement les secondes, minutes et heures de chaque comparaison, et on ramène par une simple proportion l'heure intermédiaire de la montre, à l'heure correspondante du chronomètre.

Deux comparaisons entre un compteur et un chronomètre ont donné :

	HEURES DU COMPTEUR. h. m. s.		HEURES DU CHRONOMÈTRE. h. m. s.	
Prem. comp.. H_1.	3 18 24,6	C_1.	7 18 »	On demande l'heure du chronomètre C_i qui correspond à H_i. du compt.
Deux. comp.. H_2.	3 41 37,4	C_2.	7 41 »	
L'heure inter. H_i.	3 27 18,5			

	C_2-C_1. » 23 »	Log.	3,139879		h. m. s.
H_2-H_1.	» 23 12,8	Co-Log.	$\bar{4}$,856112	C_1.	7 18 »
H_i-H_1.	» 8 53,9	Log.	2,727460	x.	» 8 40
		Log. x.	2,723451	C_i.	7 26 40

328. Marche diurne par la comparaison à un chronomètre déjà réglé. Quand on a l'occasion de comparer son chronomètre à une montre déjà réglée, on peut en déduire la marche diurne au moyen de deux comparaisons. Soit c et c' les deux heures du chronomètre correspondantes à p et p' du chronomètre réglé, n le nombre de jours d'intervalles, et α la marche connue, on aura :

$$a = \alpha + \left(\frac{c'-c}{n} - \frac{p'-p}{n}\right)\frac{24^h+\alpha}{24^h+\dfrac{p'-p}{n}}.$$

Lorsqu'on prend les comparaisons à peu près aux mêmes heures, $\dfrac{24^h+\alpha}{24^h+\dfrac{p'-p}{n}}$ peut être considéré comme égal à l'unité; c'est le cas ordinaire.

Ex. $\alpha = -8^s,4$.

Le 10	$p =$	6^h	45^m	$27^s,4$	$c =$	2^h	17^m	21^s		
Le 24	$p' =$	11	28	37, 6	$c' =$	6	50	19		
$\overline{14}$	$p' - p =$	4	43	10, 2	$c' - c =$	4	32	58		
	$\frac{p' - p}{n} =$		20^m	$13^s,6$	$\frac{c' - c}{n} =$		19	29,9		
							20	13,6		
					—			43,7	log.	1,640481
$a = -8^s,4 - 43^s,09 = -51^s,49$						23	59	51,6	log.	4,936471
						24	20	13,6	C' log.	5,057431
								43,09	log.	1,634383

329. Boussoles. L'emploi de la boussole pour déterminer les directions des routes ou les relèvements des points à terre, suppose que l'on connaît la quantité dont le méridien magnétique s'écarte du méridien vrai, c'est-à-dire la déclinaison de l'aiguille aimantée, qu'on appelle aussi *variation.* Cette quantité, dans un même lieu, a des variations diurnes, annuelles et séculaires, mais qui sont très-lentes; l'emploi toujours croissant du fer rend l'usage de ces instruments comme indicateurs de la route souvent dangereux, aussi faut-il compenser les compas, c'est-à-dire annuler autant que possible l'effet des masses de fer du navire. Mais la compensation n'est ni parfaite ni permanente, surtout lorsqu'on change de latitude, et la tâche du capitaine est rendue plus difficile. La recherche de la variation doit se faire plusieurs fois par jour, et surtout lorsque après avoir couru assez longtemps sous un air de vent on prend une direction voisine de la perpendiculaire. Nous allons donc indiquer tous les moyens, surtout ceux qui sont expéditifs, de trouver la variation. Il faut bien se pénétrer de l'idée qu'une approximation grossière, où les degrés sont seuls exacts, est suffisante.

330. Variation par l'azimut. Lorsque le soleil est élevé au-dessus de l'horizon d'une dizaine de degrés, on relève le centre au compas pendant qu'un autre observateur prend la hauteur : avec l'heure approchée de Paris, la latitude estimée du lieu, la déclinaison calculée à vue et la hauteur calculée sans tenir compte des secondes, on calcule l'azimut, qui prend le nom de la latitude, par la formule :

$$\text{Cos.}\,\frac{z}{2} = \sqrt{\frac{\cos.\frac{s}{2}\cos.\left(\frac{s}{2} - \delta\right)}{\cos.\,l\cos h.}}$$

On fait compter l'azimut magnétique et l'azimut vrai du même pôle, s'ils tombent du même côté du méridien; dans le cas contraire, on en fait la différence et la somme en se conformant à cette règle : quand l'azimut calculé tombe à droite de l'observé, la variation est N. O., et N. E. dans le cas contraire.

Le 8 juin 1863, à l'heure $H_m = 4^h\,12$, temps moyen, par une latitude $l = 34^\circ\,15'$ N., et une longitude $g = 16^\circ\,54'$ E., on a observé la hauteur du bord inférieur du soleil, et on l'a trouvée de 20° 15′; erreur instrumentale + 2′ 12″; élévation de l'œil en mètres = 5,2; l'astre répondait alors au S. 79° O. du compas. On demande la variation.

	H.	M.	S.
H.T.M. ast. du lieu, le	4	12	»
g	1	7	»
θ le	3	5	»
	°	′	″
Déclin du ☉ à 0^h. . .	22	50	2
[Diff. en 24^h 319″].	»	»	»
Partie proportion . . .	»	»	40
Décl. calc	22	50	42
. . . . δ.	67	9	»
	°	′	″
Hauteur instr. ☉ . . .	20	15	»
Erreur instrument. .	»	2	12
Hauteur observée ☉.	20	17	12
Dépress. Table XV —	»	4	3
Hauteur appar. ☉ . .	20	13	9
Réfract. — paral. —	»	2	29
Hauteur vraie ☉ . . .	20	10	40
½ Diamètre	»	15	47
Haut. vraie ☉. h.	20	26	27

	°	′	″		
Dist. pol. δ	67	9	»		
Lat. . . l.	34	15	»	Co-Log. cos.	0,082710
Haut. . h.	20	26	»	Co-Log. cos.	0,028224
Som. . s.	121	50	»		
½ som. $\frac{s}{2}$.	60	55	»	Log. cos.	$\bar{1}$,686709
$\frac{s}{2} - \delta$. . .	6	14	»	Log. cos.	$\bar{1}$,997428
				Somme.	$\bar{1}$,795071
				Log. cos. $\frac{Z}{2}$ . . . ½ som.	$\bar{1}$,897535
	°	′	″		
½ Azim. vrai. . $\frac{Z}{2}$ . .	37	50	»		
Azim. vrai. Z_v. .	75	40	»	N. v O.	
Azim. magn. . . Z_m.	101	»	»	N. v O.	
Variation.	25°	20′	»	N. E.	

Le triédromètre de Zescevich, construit par Bellieni à Brest, donne un moyen aussi simple que prompt de résoudre les triangles sphériques. C'est une projection orthographique tournant autour de son centre, munie d'une règle qui reste parallèle aux parallèles, et portant un index qui glisse sur cette règle. Une instruction détaillée, faite par M. E. Garnault, professeur d'hydrographie, accompagne l'instrument. Il peut servir pour tous les calculs dont l'approximation ne dépasse pas un demi-degré. Si on refait, au moyen de cet instrument, le calcul du § 330, on trouve pour azimut 75° 30′. Il a suffi de prendre la déclinaison à midi, la hauteur corrigée à vue, et les degrés de la latitude.

M. Santi, opticien à Marseille, a fait au-dessus des compas une installation qui donne la variation au moyen du chronomètre. On se sert de l'heure du bord, déduite de la formule § 322, qu'on réduit en temps vrai en appliquant l'équation du temps en signe contraire. On a concentriquement à la rose des vents un cercle divisé, sur lequel est fixé perpendiculairement un demi-cercle de même rayon; autour du pôle du cercle horizontal tourne un demi-cercle qu'on peut écarter du premier suivant un nombre de degrés lu sur le cercle horizontal. Ce demi-cercle est fendu dans son épaisseur. Pour se servir de cet instrument, on écarte les deux cercles d'un angle égal à l'angle horaire déduit du chronomètre, comme nous l'avons dit plus haut. On place l'instrument sur la boussole, et on le fait tourner jusqu'à ce que le rayon solaire passant par la fente du cercle mobile fixé sur le cercle horizontal se projette sur le centre de la rose. Celui-ci étant alors dans le plan vertical du soleil, l'autre doit être dans le plan du méridien. Il indique alors la vraie ligne nord et sud, et son écartement avec celle du compas donne immédiatement la variation propre à cet instrument.

331. Variation par le lever et le coucher vrai. Au moment où le bord inférieur du soleil est élevé de $\frac{2}{3}$ de son diamètre au-dessus de l'horizon visible, on en fait relever le centre au compas de variation. Avec la latitude approchée et la déclinaison du jour, on entre dans la table XXXVII (*Caillet*), et on trouve l'amplitude vraie, c'est-à-dire l'écartement du centre du soleil du vrai point d'est ou d'ouest; l'amplitude porte le nom de la déclinaison. La différence avec le relèvement compté du même point donne la variation. A défaut de table, on peut faire le calcul par la formule

$$\text{Cos. } z = \frac{\sin. d}{\cos. l},$$

l'azimut étant toujours plus petit que 90°, et de même nom que la déclinaison.

Le 28 mars 1863, vers 6^h 25′ T. M., par une latitude $l = 47° 32' 15'' $ S., et une longitude $g = 125° 36' 40''$ O., on a relevé le centre du soleil au E. 17° N. du compas, lorsqu'il était à son lever vrai. On demande la variation.

	H.	M.	S.
H_p. du B. le 27..	18	25	»
g.. en T........	8	22	26
θ = de P. le 28..	2	47	26
	°	′	″
d_0. décl. ☉ à 0^h.	2	54	20 B
P. P. α.. à vue.	»	3	»
d... déc. calc....	2	57	»

d. d.c. 2° 57′..	Log. sin.	$\bar{2}$,711507
l.. lat. d. 47° 32′ 15″.	Co-Log. cos.	0,170627
	Log. cos. Z. som.	2,882134

	°	′	″	
Z .. Az. vrai.	85	38	»	N. v E.
Z′.. Az. mag.	73	»	»	N. E.
Variation.	12°	38′	»	N. E.

332. Variation par le lever ou le coucher apparent. On peut faire le même calcul quand l'un des bords touche l'horizon visible. En relevant le centre au compas, on calcule l'amplitude vraie dans la table XXXVII, et une partie proportionnelle que l'on ajoute, à l'amplitude vraie ou qu'on en retranche suivant que le point du lever ou du coucher vrai est plus éloigné ou plus rapproché des points d'est et d'ouest. On peut faire le calcul par la formule d'azimut, en considérant la hauteur négative.

Le 9 juin 1863, vers l'heure $7^h 15'$, temps moyen, par une latitude $l = 40° 54' 30''$ S., et une longitude $g = 36° 48' 45''$ O., on a relevé le centre du soleil au N. 40° Est du compas, au moment où son bord supérieur touchait l'horizon visible; élévation de l'œil en mètres 5,2. On demande la variation.

	H.	M.	S.
H.T.M. ast. du lieu, le 8	19	15	»
g.. long	2	27	»
θ	21	42	»
	°	′	″
Déclin. ☉ à 0^h le	22	50	»
[Diff. en $24^h = 5' 19''$].	»	»	»
Partie proport. à vue.	»	5	»
Décl. calc.......	22	55	»
.... δ.	112	55	»
	°	′	″
Table XV.. Dépr.—	»	4	3
—(réfract.—par.)—	»	33	39
Somme négative..—	»	37	42
½ Diamètre	»	15	46
Haut. nég.. h.—	»	53	28

	°	′	″		
Dist. pol.. δ.	112	55	»		
Latit..... l.	40	54	»	Co-L. cos.	0,121562
Haut. nég. h.	—0	53	»	Co-L. cos.	0,000052
Som. (h se ret.)	152	56	»		
½ som. $\frac{s}{2}$....	76	28	»	Log. cos.	$\bar{1}$,369236
½ $s-\delta$.....	36	27	»	Log. cos.	$\bar{1}$,905459
				Somme.	$\bar{1}$,396309
				Log. cos. ½ Z... ½ som.	$\bar{1}$,698154

	°	′	″	
½ Azimut vrai. $\frac{Z}{2}$..	60	3	45	
Azim. vrai... Z_v.	120	7	»	S. v E.
Azimut magn.. Z_m.	140	»	»	S. v E.
Variation.	19	53	»	N. E.

On peut employer le triédromètre à défaut de tables et préférablement au calcul.

333. Variation par le passage au premier vertical. Lorsque la déclinaison est de même nom que la latitude et plus petite qu'elle, on peut, au moment du passage au premier vertical, déterminer la variation. On calcule l'heure de ce passage et la hauteur instrumentale d'un des bords du soleil. Quelques moments avant l'heure que doit marquer le chronomètre calculée au moyen de la formule du § 323, on attend la hauteur marquée sur le sextant, tandis qu'un second observateur suit l'astre au compas, ou, s'il est trop élevé, maintient l'ombre du fil de la pinnule sur le centre de la rose des vents. Quand celui qui tient le sextant obtient la hauteur marquée sur l'instrument, on tient compte du relèvement qui, par son écartement avec l'est et l'ouest, donne la variation. Ici il faut calculer avec soin la hauteur et l'heure pour pouvoir saisir le plus exactement possible le moment du passage.

$$\text{Cos. P} = \frac{\text{tang. } d}{\text{tang. } l}; \quad \text{sin. } h = \frac{\text{sin. } d}{\text{sin. } l}.$$

Le 30 mars 1863, par une latit. $l = 10° 47' 30''$ N. et une long. $g = 31° 48' 17''$ O., on veut avoir l'heure T. M. du passage du soleil au premier vert., situé à l'est, et la haut. instr. de son bord inférieur au même instant; H. prés. $H_m = 19^h 30^m$; err. instrum. $- 3' 17''$; altit. en mèt. 6,8.

	H.	M.	S.	*Calc. de la Part. proport. α.*	
H_m du lieu.	19	30	»		
g. en T.......	2	7	13	Co-Log. 24^h.	5,063486
θ de P. le 30..	21	37	13	= θ. Log.....	4,891154

				Log. tang.		Log. sin.	
d.	4°	2′	1″	Log. tang.	$\bar{2}$,848308	Log. sin.	$\bar{2}$,847230
l.	10	47	38	Co-Log. tang.	0,719856	Co-Log. sin.	0,727605
				Log. cos. P.	$\bar{1}$,568164	Log. sin. *h*	$\bar{1}$,574835

	°	′	″		
déc. ☉ à 0^h....	3	41	4		
[D. 23′ 16″]...	»	»	»	....Log.....	3,144885
P. Pr. α.	»	20	57		
d... déc. ☉	4	2	1	....Log...α.	3,099535

	H.	M.	S.
P. en T.....	4	33	9
Hv du pass..	19	26	51
Equat......	»	4	23
H_m du pass..	19	31	14

	°	′	″
h_v. =	22	1	2
XVIII. 1/2 D......	»	16	2
h_v du B. ☉......	21	18	»
XVI. + } XVII. − } (R − p) +	»	2	17
h_r du B. ☉......	21	50	17
XV. dép. +	»	4	37
h_o du B. ☉......	21	54	54
err. instr......+	»	3	17
h. inst. du B. ☉.	21	58	11

334. Variation par les étoiles. Lorsque la nuit on veut vérifier un compas de route, on peut, en relevant au compas une étoile connue et marquant l'heure c' au chronomètre, avoir la variation sans prendre hauteur. En effet, de l'heure c' on déduit l'heure t' du bord au moyen de la formule du § 322. Puis on a l'angle horaire de l'étoile

$$\mathrm{H}a \star = t' + temps\ \text{sid.} - Æ \star.$$

Le temps sidéral pris encore à vue avec l'heure de Paris, on connait dans le triangle de position deux côtés et l'angle compris, et on peut calculer l'azimut. On emploiera le triédromètre, ou à son défaut les formules. En appelant c le complément de la latitude, z l'azimut, P l'angle horaire.

$$\text{Tang.}\, x = \text{tg.}\, \delta \cos.\, \mathrm{P} \qquad \frac{\text{cotg.}\, z}{\text{cotg.}\, \mathrm{P}} = \frac{\sin.\, (c - x)}{\sin.\, x}.$$

Il faut bien faire attention à la règle des signes pour voir si l'azimut est plus grand ou plus petit que 90°.

335. Lorsqu'un astre passe au méridien, on pourrait à la rigueur le relever au compas et en déduire immédiatement la variation. Cette méthode est défectueuse quand on détermine le moment du passage au méridien par la hauteur, parce que cette hauteur change trop lentement relativement aux mouvements en azimut. Il vaut donc mieux calculer l'heure du passage de l'astre au méridien; trouver cette heure sur le chronomètre (B 323), et tenir compte du relèvement au moment du passage calculé.

336. Loch. La vitesse du navire s'estime au moyen du loch. L'instrument se compose d'un secteur plombé à sa base, disposition qui le maintient vertical et lui donne de la fixité dans le sens horizontal : une ligne divisée en nœuds de 45 p. = $14^{m},6$, à partir d'un morceau d'étamine, appelé houache, fixé sur la ligne à une distance du secteur égale à la longueur du navire, donne par son déroulement pendant 30^{s} une partie proportionnelle du nombre de milles faits pendant une heure.

La lieue marine est de 20 au degré; elle a donc $5555^{m},55$. Le mille est le tiers de la lieue marine, il a donc $1851^{m},85$. Le nœud est considéré comme la 120e partie du mille : la pratique a fait réduire sa longueur à $14^{m},6$.

Il peut arriver que la ligne s'allonge ou se raccourcisse par les alternatives d'immersion et de sécheresse. On fait alors cette proportion :

45 p. : la Longueur actuelle :: le Nombre de nœuds filés : x,

$$x = \frac{L \times N}{45}.$$

Le sablier, qui doit être de 30ˢ, peut être altéré. On fait alors cette proportion :

Le Sablier : 30ˢ :: le Nombre de nœuds filés : x,

$$x = \frac{30 \times N}{S}.$$

Les deux cas peuvent arriver simultanément. On a alors :

$$x = \frac{2\,L \times N}{3\,S}.$$

Quand le navire va trop vite, on compte les demi-nœuds pour des nœuds, et on ne fait usage que d'un sablier de 15ˢ.

On peut estimer la marche du navire d'une manière suffisante en jetant à l'avant un morceau de bois et en comptant le nombre de secondes qu'il emploie pour arriver jusqu'à l'arrière. Doublant le chemin L que l'on a fait, estimé en pieds, et le divisant par le triple du nombre de secondes S, on a la marche du navire :

$$x = \frac{2L}{3\,S}.$$

337. On fait usage de lochs permanents, qui donnent de bons résultats; ils sont tous fondés sur la rotation d'une hélice d'un pas connu qu'on laisse filer derrière le navire, et qui porte avec elle un enregistreur composé de roues dentées. On peut citer entre autres celui de Favier, horloger à Dunkerque, qui paraît réunir toutes les conditions pratiques. Il peut servir aussi à sonder d'après le même principe.

CHAPITRE TROISIÈME.

NAVIGATION ESTIMÉE.

338. Direction de la route. La direction de la route se trouve au moyen de la boussole ou compas de route. Le timonier gouverne en tenant la ligne de foi, qui est une trace faite sur la boîte et correspondant à l'axe du navire, toujours sur l'air de vent donné. C'est ce que l'on appelle la route au compas. Quand on veut la route vraie, il faut la *corriger* de la variation, c'est-à-dire compter celle-ci à gauche de la route quand elle est N. O., et à droite quand elle est N. E.

Exemple :

ROUTES AU COMPAS.	VARIATION.	ROUTES VRAIES.
S. 10° E.	15° N. O.	S. 25° E.
N. 40 O.	29 N. O.	N. 69 O.
S. 12 E.	20 N. E.	S. 8 O.
N. 15 O.	30 N. E.	N. 15 E.

339. Dérive. Lorsque le vent prend le navire obliquement, celui-ci tombe sous le vent d'une quantité qu'on appelle la dérive. On obtient la valeur de cette quantité en relevant derrière le navire la *houache*, qui est son sillage dans l'eau, et en voyant l'angle que celle-ci fait avec la route. La dérive est dite bâbord ou tribord, suivant qu'elle tombe à gauche ou à droite de la route.

Ex. Le navire fait route au S. O, la houache reste au N. N. E, la dérive est 2 quarts bâbord.

Le navire fait route N. N. E., la houache reste au S. O., la dérive est de 2 quarts tribord.

On peint souvent sur le couronnement une demi-rose des vents, au moyen de laquelle on observe la dérive.

Il faut corriger la route de la dérive en suivant la même règle que pour la variation ; les deux corrections se font simultanément.

Exemple :

ROUTES AU COMPAS.	DÉRIVE.	VARIATION.	ROUTES VRAIES.
S. 10° E.	10° B.	25° N. O.	S. 45° E.
N. 40 O.	15 B.	18 N. O.	N. 73 O.
S. 15 E.	16 T.	16 N. E.	S. 17 O.
N. 12 E.	20 T.	18 N. E.	N. 50 E.
N. 30 O.	10 B.	15 N. E.	N. 25 O.
S. 25 E.	20 B.	12 N. E.	S. 33 E.

340. Renard. Pour noter les différentes routes qui se font pendant le quart, le timonier pointe sur le renard, qui est une planchette représentant une rose des vents. Chaque air de vent porte 12 trous, représentant à partir du centre les demi-heures. Une fiche, appelée *poule*, se met dans la direction correspondante et dans la demi-heure correspondante. On peut aussi y marquer les milles et la dérive.

341. Faire valoir une route. Quand on donne une route à gouverner, il faut tenir compte de la dérive et de la variation. On les compte alors en sens inverse, c'est-à-dire que la variation N. O. se compte à droite, et la variation N. E. à gauche. Il en est de même de la dérive.

ROUTE VRAIE.	DÉRIVE.	VARIATION.	ROUTE A GOUVERNER.
N. 10° O.	15° B.	12° N. O.	N. 17° E.
S. 25 E.	14 B.	30 N. E.	S. 41 E.
S. 40 O.	20 T.	10 N. E.	S. 10 O.

342. Journal de bord. A chaque quart l'officier qui le commande fait la réduction des routes pointées sur le renard et les porte sur le journal, avec toutes les circonstances particulières de la navigation. Chaque jour à midi on fait la réduction générale des routes estimées pendant les 24 heures; on en déduit la position estimée. La différence entre celle-ci et le résultat des observations astronomiques est attribuée aux courants généraux; on note leur force et leur direction moyenne.

343. Problèmes de route. Les problèmes de la navigation comportent la connaissance de six éléments : les latitudes et les longitudes de départ et d'arrivée, la direction de la route et les milles faits. Connaissant quatre de ces quantités, la recherche des deux autres est ce qui constitue les problèmes de route. On emploie pour les résoudre : 1° le quartier, 2° les tables de points, 3° le calcul, 4° la construction graphique, 5° les cartes. Le quartier étant un instrument qui se trouve entre les mains de tous les marins, il n'est pas nécessaire de le décrire; il sert à résoudre tous les cas des triangles rectangles. La table de point est le quartier mis en tables.

344. 1er Problème. *Connaissant la latitude et la longitude de départ, le rhumb de vent et les milles parcourus, trouver la latitude et la longitude d'arrivée.*

Par le quartier. On corrige la route de la dérive et de la variation, on tend le fil sur le rhumb de vent corrigé, compté à partir de la ligne N. S. On compte les milles à partir du centre, en faisant valoir à chaque carreau un nombre de milles déterminé par la longueur de la route, et on pique une aiguille à ce point. Le nombre de carreaux compris entre ce point et la ligne E. O. donne le nombre de minutes du changement en latitude. Il faut avoir soin de donner aux carreaux la même valeur que l'on avait prise pour les milles. Si le changement en latitude est de même nom que la latitude, on l'ajoute à la latitude de départ pour avoir celle d'arrivée; dans le cas contraire on en fait la différence.

On fait une demi-somme des deux latitudes si elles sont de même nom et une demi-différence si elles sont de noms contraires, ce qui donne la latitude moyenne. On tend le fil sur cet angle compté à partir de la ligne E. O., et, en descendant l'aiguille jusqu'à sa rencontre, on trouve, à partir du centre jusqu'à l'aiguille, le nombre de milles de changement en longitude, qui, combinés avec la longitude de départ, donne celle d'arrivée.

Par la table de point. L'hypoténuse, fil du quartier, est représentée dans la table de point (tab. IV de Caillet) par la colonne des milles, les côtés N., S., E., O. se trouvent dans les colonnes qui portent ces noms, de sorte que la construction même de la table indique son usage. La latitude moyenne doit être prise comme angle de route dans la recherche de la longitude, et les milles E. O. comptés dans la colonne N. S., tandis que les milles indiquent le changement en longitude.

Étant parti d'une latitude $l_1 = 50° 12'$ N. et d'une longitude $g_1 = 9° 15'$ O., on a fait 64 milles au N. 58° E. du compas; dérive 12° B.; variation 23° N. O. On demande le point d'arrivée.

	° '			° '		
Variation..	23 »		Chang. en lat.	» 58 N.	Chemin E. O.	25.
Dérive....	12 »		Lat. de d. l_1. =	50 12 N.		
Correct...	35 »	N. O.	**Lat. d'ar.** l_2 =	51 10 N.	Chang. en long.	» 40 E.
R. au comp.	58 »	N. E.	Somme différence (des lat.	101 22	L. de dép. g_1 =	9 15 O.
R. corrigée.	23 »	N. E.	Lat. moyenne.	50 41	**L. d'arr.** g_2 =	8 35 O.

Par le calcul. On calculé le changement en latitude par la formule $l = m \cos. V$, m étant les milles, V l'angle de route vraie. On combine l avec L, la latitude du départ, pour avoir celle d'arrivée; puis on prend dans la table des latitudes croissantes (tab. V) les deux latitudes croissantes de départ et d'arrivée; on en fait la différence algébrique $L'c - Lc = lc$, et on calcule le changement en longitude par la formule $g = lc$ tang. V qui se combine avec la longitude de départ G pour donner celle d'arrivée G'. On peut employer la règle à calcul en remarquant qu'il faut mettre un bout de la réglette en coïncidence avec le nombre de milles de route pris sur l'échelle supérieure, et qu'en face du *complément* de la route on trouve les milles N. S. et en face de la route les milles E. O. En mettant en face de ces derniers le complément de la latitude moyenne, on trouve le changement en longitude au bout de la réglette.

Par la construction graphique (peu employée). Cette construction suppose un rapporteur qui donne l'angle V, une échelle de parties égales ou bien un mètre et un compas. On construit, ou les deux triangles rectangles du quartier, ou ceux du calcul. Dans le premier cas, on construit un triangle rectangle connaissant l'hypoténuse m et l'angle V, et on mesure le côté adjacent N. S. et le côté opposé E. O.; puis avec ce dernier on fait un angle égal à la latitude moyenne, et l'hypoténuse représente g. On peut construire le triangle rectangle du calcul en prenant lc comme côté adjacent à V et le côté opposé sera g.

Cas particuliers. L'angle du rhumb de vent peut être 0, on a couru sur un méridien $l = m$; $g = 0$.

L'angle de rhumb de vent peut être de 90°, on a couru sur un parallèle. Il faut donc reduire le chemin E. O. appelé *milles mineurs* en changement en longitude appelé *milles majeurs*. Par le quartier, on tend le fil sur la latitude à partir du côté E. O. où on compte les milles de route, et l'hypoténuse donne le changement en longitude, par le calcul : $g = \dfrac{m}{\cos. L}$.

345. 2e PROBLÈME. *Connaissant* L *et* L', *latitudes des points de départ et d'arrivée* G *et* G', *longitudes de ces mêmes points, trouver les milles* m *et l'angle de rhumb de vent* V.

Par le quartier. On suit la marche inverse du premier problème. On tend le fil sur la latitude moyenne, on y pique une aiguille à une distance égale au changement en longitude, et on fait cadrer une deuxième aiguille piquée sur le côté N. S. à une distance égale au changement en latitude avec la première : le fil tendu sur ce point donne l'angle de rhumb de vent vrai et les milles de distance. Quand on veut donner cette route à gouverner, il faut avoir soin de l'*altérer* de la dérive et de la variation.

Par la table de point. On ne peut y arriver que par tâtonnement. Dans la colonne de la latitude moyenne comme angle de rhumb de vent en face du changement en longitude compté dans les milles, on prend dans la colonne N. S. le chemin E. O., puis l'on cherche où ce chemin E. O. et le changement en latitude N. S. cadrent le mieux. L'entête donne le rhumb de vent, et les milles de chemin se trouvent dans la colonne des milles.

Par le calcul. Au moyen des deux latitudes, on prend le changement en latitude croissante l_c et on a le rhumb de vent par la formule $\text{tang. } V = \dfrac{g}{l_c}$ et les milles $m = \dfrac{l}{\cos. V}$ (on peut employer la règle à calcul).

Construction graphique. Le premier triangle rectangle se fait connaissant les deux côtés de l'angle droit l_c, g. L'angle adjacent à l_c est V. Sur ce même côté on porte l, et élevant une perpendiculaire, l'hypoténuse représente m.

Étant parti d'une latitude $l_1 = 49° 54'$ N. et d'une longitude $g = 2° 12'$ O., on veut arriver par une latitude $l_2 = 50° 48'$ N. et une longitude $g_2 = 1° 25'$ O.; variation 23° N. O.; dérive supposée 14° T. On demande la route à suivre au compas et la distance à parcourir.

	° ′		° ′		° ′
Lat. de dép. l_1.	49 54	L. de dép. g_1.	2 12	Rhumb du m....	29 » N.E.
Lat. d'arr. l_2.	50 48	L. d'arr. g_2.	1 25	V. et dér. de sig. c.	9 » N.E.
Chang. en lat.	» 54 N.	Ch. en long.	» 47 E	**R. à suiv. au c.**	38 » N.E.
Somme différence } des lat.	100 42				
Lat. moyenn.	50 21			**Mill. de la dist.**	61

346. 3e Problème. *Connaissant la latitude de départ et d'arrivée, la longitude de départ et l'angle de rhumb de vent, trouver les milles et la longitude d'arrivée.*

Par le quartier. On corrige la route de la dérive et de la variation, on tend le fil sur cette direction, et on vient avec une aiguille piquée sur le côté N. S. à la distance de l, en suivant les parallèles jusqu'à la rencontre du fil; la longueur de l'hypoténuse donne les milles; la longitude s'obtient comme dans le premier problème.

Par la table. Sous la colonne de rhumb de vent on cherche l dans la colonne N. S.; on a les milles dans la colonne de ces quantités; la longitude comme dans le premier problème.

Par le calcul. On a $m = \dfrac{l}{\cos. V}$ et $g = l_c$ tang. V.

Par la construction graphique. Le premier triangle se fait connaissant l côté adjacent et V; l'hypoténuse donne les milles; le deuxième triangle comme dans le premier problème.

Étant parti d'une latitude $l_1 = 50° 11'$ N. et d'une longitude $g_1 = 6° 08'$ O., on est arrivé par une latitude $l_2 = 49° 15'$ N. après avoir couru au S. 38° E. du compas; dérive 18° Trib.; variation 22° N. O. On demande les milles et la longitude d'arrivée.

	° ′			° ′			° ′
Dérive.....	18 »		l_1..........	50 11		Milles.....	75
Variation...	22 »		l_2..........	49 15			
Correction..	4 »	N.O.	$l_2 - l_1$.......	» 56	S.	g_1..........	6 8 O.
Rhumb au c.	38 »	S.E.	$l_2 + l_1$=.....	99 26		Cht en long...	1 18 E.
Rhumb corr.	42 »	S.E.	$\frac{1}{2}s = l_m$......	49 43		g_2. long. d'ar..	4 50 O.

347. 4e Problème. *Connaissant la latitude de départ et celle d'arrivée, la longitude de départ et les milles, trouver l'angle de rhumb de vent* V *et la longitude d'arrivée.*

Par le quartier. On porte l et m sur le côté N. S.; on descend concentriquement de cette dernière position jusqu'à la rencontre du parallèle E. O. qui passe par l; le fil tendu dans cette direction donne V; on trouve g comme dans le premier problème.

Par la table de point. On cherche l'endroit de la table où cadrent m et l; l'entête de la colonne donne le rhumb de vent; la recherche de la longitude est la même que dans le premier problème.

Par le calcul. On a $\cos. V = \frac{l}{m}$ et $g = l_c$ tang. V (employer la règle à calcul).

Par la construction graphique. On fait un triangle rectangle connaissant le côté de l'angle droit l et l'hypoténuse m, l'angle V est adjacent à l; la longitude comme dans le premier problème.

Ces deux derniers problèmes servent à corriger la longitude estimée quand on vient d'avoir à midi la latitude. On fait le troisième quand l'intensité du vent a beaucoup varié et que, par conséquent, les milles sont mal connus, et le quatrième quand c'est la direction de la route qui n'est pas sûre. Avec les lochs permanents, c'est toujours le quatrième que l'on fait.

348. Route composée. Quand on fait le point, le navire a pu, forcé par les nécessités de la navigation, faire des routes à différents airs de vents : il faut les *réduire*. On emploie indifféremment la table, le quartier ou la règle à calcul; on pointe chaque route qui donne des milles N. S. et E. O. comme dans le problème I; on fait la somme des milles mis dans des colonnes intitulées N. S., E. O., et il reste des milles soit au N. ou au S., à l'E. ou à l'O. Les premiers donnent le changement en latitude, qui, combiné avec la latitude de départ, donne celle d'arrivée et la latitude moyenne. Au moyen de celle-ci et des milles E. O., on obtient le changement en longitude comme dans le premier problème. L'emploi du calcul serait trop long. Cependant on pourrait le faire en cherchant les milles N. S. par $l = m \cos. V$ et les milles O.E. par $e = m \sin. V$. V étant ici chaque rhumb de vent particulier, pour avoir le rhumb de vent direct V′, on ferait $\text{tang. } V' = \frac{\text{somme}(E \backsim O)}{\text{somme}(N \backsim S)}$ et $g = l_c$ tang. V′. On aurait au besoin les milles directs par $m = \frac{\text{somme}(N \backsim S)}{\cos. V'}$.

Quand on fait des bords dans un courant connu de direction et d'intensité, comme, par exemple, quand on *bat marée*, on tient compte de ce courant comme d'une route nouvelle à combiner avec les autres.

Étant parti d'une latitude l_1 = 49° 40' N. et d'une longitude g_1 = 8° 57' O., on fait les routes suivantes au milieu d'un courant qui filait 4,5 nœuds à l'heure, dans la direction du E. N. E. monde. On demande le point d'arrivée.

DURÉE.	VITESSE.	ROUTES AU COMPAS.	VARIATION.	DÉRIVE.	MILLES.	ROUTES CORRIGÉES.	N.	S.	E.	O.
H. M.										
3 40	6	S. 17° E.	23° 30	18 B.	22	S. 58° 30 E.	....	11,5	18,8	....
4 15	7,5	N. 71° 45' E.	N.O.	12 B.	31,8	N. 36° 15 E.	25,6	....	18,8	....
8 30	8	N. 35° O.	....	10 T.	68	N. 48° 30 O.	45	....	....	50,9
16 25	4,5	courant.	....	....	73,8	N. 67° 30 E.	28,2	....	68,2	....
							98,3	11,5	105,8	50,9
							11,5	....	50,9	....
							87,3	....	54,9	....

Ch^t en latitude.........	1°	27'	N.				
l_2... latitude de départ.	49	10		Ch^t en longitude	1	24	E.
l_2... latitude d'arrivée.	50	37	N.	Longitude de départ..g_1.	8	57	O.
Somme des latitudes....	99	47		Longitude d'arrivée..g_2.	7	32	O.
$\frac{l_1+l_2}{2}$ lat. m.........	49	53					

349. Usage des cartes. La théorie des cartes étant expliquée dans la partie hydrographique de cet ouvrage (§ 154), nous n'aurons à nous occuper que de leur usage à la mer.

Les instruments dont on se sert pour pointer la carte sont : deux compas, un rapporteur en corne et une règle.

Le rapporteur Burgade, qui est formé de deux règles parallèles et d'un rapporteur fixé par son diamètre sur une des règles, est un instrument très-commode. La règle rhumbée de Zescevich, faite par Bellieni, avec une instruction de M. E. Garnault, consiste en une règle large, dont une extrémité porte un rapporteur tracé sur la règle de degré en degré et dont le centre est visible à l'aide d'une fenêtre en corne; l'autre extrémité est divisée en rhumbs de vents.

Règle parallèle tournante du capitaine Toynbée.

« Afin d'éviter les réductions de la dérive et de la variation, le « capitaine Toynbée a proposé, en 1851, un appareil composé d'une « règle parallèle pouvant pivoter autour d'un centre commun à deux « cercles. Le pivot général est fixé au centre du cercle inférieur gra- « dué en degrés ; la plaque sur laquelle est tracé ce cercle a la forme « d'un carré ayant ses côtés parallèles aux diamètres qui passent « par 0° et par 90°; de sorte que la division 0° correspond au N. ou « S. de la carte dès qu'on applique un côté convenable du carré le « long du méridien.

« Le cercle mobile est placé au-dessus de la règle; il est divisé en « rhumbs de vents, et une poignée à vis permet de le fixer dans une « position arbitraire par rapport à l'autre cercle, sans gêner en rien « la rotation de la règle.

« Pour se servir de cet instrument, on dispose d'abord le cercle « mobile de manière que son nord s'écarte du zéro de l'autre dans « le sens de la variation, et d'un arc égal à cette quantité. Appli- « quant ensuite la plaque rectangulaire le long d'un méridien de la « carte, on obtient simultanément, au moyen des divisions du cercle « inférieur, les directions vraies du globe, et, au moyen de l'autre « cercle, les directions correspondantes du compas. Il est donc facile, « avec la règle parallèle tournante, de porter sur la carte un air de « vent au compas, et de connaître réciproquement l'air de vent du « compas qui répond à un alignement de la carte. »

Rapporteurs à compensation du général Mongin.

« On remplit encore le même but avec les deux systèmes de rap-
« porteurs à compensation que M. le général Mongin a fait exécuter
« en 1858. L'un de ces systèmes se compose d'un rapporteur circu-
« laire en corne tournant sur une plaque rectangulaire également
« transparente; l'autre est formé d'une aiguille en cuivre qui se
« meut à volonté autour d'un rapporteur circulaire. »

(Caillet, *Navigation.*)

550. Déterminer la position d'un point sur la carte. 1re *méthode.* On prend avec un compas la plus courte distance au parallèle le plus voisin, et on mesure cette distance sur l'échelle des latitudes, ce qui donne la latitude du point; on fait la même chose par rapport à un méridien, et on mesure la longitude sur son échelle à partir de ce méridien.

2e *méthode.* On place la règle rhumbée sur le point de manière que les deux divisions de 90° du rapporteur soient sur le cadre de la carte; le point de l'échelle des latitudes rencontré par le côté de la règle qui passe par le point donné détermine la latitude. On fait de même pour déterminer la longitude.

3e *méthode.* On place un des côtés de la règle parallèle sur un des parallèles de la carte et on l'ouvre jusqu'à ce que le côté mobile passe par le point donné; l'endroit de l'échelle des latitudes rencontré donne la latitude du point. On opère de la même manière en employant un méridien pour la longitude.

551. Placer un point sur la carte. 1re *méthode.* On prend sur l'échelle des latitudes la distance de la latitude donnée au parallèle le plus voisin, on fait de même sur l'échelle des longitudes avec un second compas, puis on fait glisser ces deux compas l'un sur le parallèle, l'autre sur le méridien, jusqu'à ce qu'en faisant décrire des cercles aux pointes qui sortent du parallèle et du méridien, elles ne fassent que se toucher, le point de contact est le point demandé (Méthode peu sûre).

2e *méthode.* On place la règle rhumbée parallèlement à un parallèle sur la latitude donnée, et on trace légèrement au crayon une ligne en dessus de la longitude. On place ensuite la règle parallèlement à un méridien par la longitude donnée, et l'intersection avec la ligne du crayon donne le point demandé.

3e *méthode*. En employant la règle parallèle, on agit comme précédemment, la position de la règle étant seulement déterminée par son parallélisme avec un parallèle ou un méridien.

352. Premier problème sur la carte. Le point de départ étant déterminé comme nous l'avons dit au § 351, on corrige la route de la dérive et de la variation; on prend en travers du point de départ sur l'échelle des latitudes un nombre de minutes égal au nombre de milles courus : en employant la règle rhumbée, on met un des côtés passant par le point et le centre du rapporteur sur un méridien et on fait glisser ce centre sur le méridien tout en maintenant le passage du côté par le point, jusqu'à ce que le méridien passe par le nombre de degrés de l'angle de route. Posant alors la pointe du compas sur le point et l'autre pointe le long de la règle dans la direction de la route, on aura le point d'arrivée, dont on déterminera la latitude et la longitude comme au § 350.

En employant la règle parallèle, on place sur un méridien le centre du rapporteur tourné de manière que cette ligne passe par la division du rapporteur correspondante au rhumb de vent. En plaçant la main sur le rapporteur on ouvre la règle jusqu'à ce que la règle mobile passe par le point donné. On achève comme précédemment. Si le point est trop éloigné, après avoir ouvert la règle on la referme en rapprochant le rapporteur, puis on l'ouvre une seconde fois en maintenant le rapporteur fixe. La règle s'est avancée, en conservant sa direction, de toute sa largeur. Quand on veut la faire reculer, on la met en position ouverte, et, en la fermant, l'autre côté recule.

353. Deuxième problème. Pour trouver les milles de distance il suffit de prendre la distance des deux points entre les branches d'un compas et de mesurer en minutes cette grandeur sur l'échelle des latitudes en travers de la position. Pour avoir la direction de la route on place un côté de la règle rhumbée sur les deux points et le centre du rapporteur sur un méridien. Le côté du rapporteur passant par le méridien indique l'angle. Avec la règle parallèle on place le côté qui n'a pas le rapporteur sur les deux points, et on ouvre la règle jusqu'à ce que le centre du rapporteur passe par un méridien; on lit alors l'angle de route vraie. Il faut altérer cet angle de la dérive et de la variation pour donner à gouverner dans cette direction.

§ 354. On peut faire les autres problèmes de route sur la carte, en employant la méthode graphique indiquée dans les § 344, 345, 346, 347, en se servant de l'échelle des longitudes comme échelle de parties égales, et de l'échelle des latitudes comme table des latitudes croissantes. La carte, du reste, sert rarement à cet usage.

535. Détermination du point de départ. *En vue de deux points.* Étant en vue de deux points bien déterminés et placés sur la carte, on relève ces deux points au compas, on corrige ces relèvements de la variation et on trace avec les règles des rhumbs de vents directement opposés passant par les points; leur intersection détermine la position du navire. Pour que la position soit bien déterminée il faut autant que possible que l'angle des deux relèvements soit de 90°. Ainsi un relèvement au N. O. et l'autre au S. E.

Si on peut voir deux points l'un par l'autre, ce que l'on appelle un *alignement,* il vaut mieux employer cette méthode, qui donne des résultats plus certains. L'intersection d'un alignement et d'un relèvement donne aussi la position.

536. *En vue d'un seul point.* On relève ce point au compas de variation, on trace par le point donné un rhumb de vent corrigé et directement opposé, et en prenant sur l'échelle des latitudes le nombre de milles estimés de la distance on a la position du navire. Quand l'objet est un feu, sa portée, ses aspects, indiquent sa distance : il faut se rappeler que toutes les indications de hauteur et de portée sont données pour le moment de la haute mer : à la basse mer, le phare étant plus élevé au-dessus de l'eau, sa portée est plus grande.

Quand on ne peut estimer la distance, après avoir fait un premier relèvement, on fait un bord en estimant bien la dérive et les milles; à bout de bord on fait un deuxième relèvement. On peut calculer les milles de distance du deuxième relèvement au moyen de la table X. On y trouve un multiplicateur pour le nombre de milles de route et on obtient ainsi les milles que l'on porte sur la direction opposée au deuxième relèvement corrigé, tracé par le point relevé.

Au moyen de la règle parallèle on peut avoir la position des deux points où l'on a fait les relèvements, sans employer la table. On trace par le phare les deux relèvements corrigés et opposés; on corrige la route de la dérive et de la variation, et on met la règle parallèle à cette direction; on prend entre les branches d'un compas sur l'échelle des latitudes le nombre de milles de la route, on ouvre alors la règle jusqu'à ce que la portion interceptée entre les deux relèvements ait une longueur égale au nombre de milles courus; les deux pointes du compas qui les mesurent donnent les deux positions du navire au moment des deux relèvements.

Quand on connaît la hauteur au-dessus de la mer de l'objet relevé, on peut obtenir la distance autrement. En même temps qu'on relève l'objet on prend sa hauteur au-dessus de la mer avec un sextant. Les tables XI et XII, suivant le cas, donnent la distance, qui, portée sur le relèvement inverse corrigé, donne la position du navire.

357. *En vue de trois points.* Lorsque la position du navire a besoin d'être connue le plus exactement possible, on emploie trois points à terre dont on prend les distances angulaires au sextant; on peut avoir alors la position du navire par deux méthodes : en traçant sur les distances des points des segments capables des angles mesurés, l'intersection donne la position du navire; ou bien en employant le calcul pour avoir les trois distances du navire aux trois points à terre. En décrivant des arcs de cercle avec ces distances mesurées sur l'échelle des latitudes, on aura à l'intersection des trois arcs la position du navire : un des arcs sert à la vérification.

Trois points, A, C, B, étant en vue, et connaissant les distances AC = 2190 mètres, BC = 2724 mètres, ainsi que l'angle ACB = 83° 15′, compté du côté du navire qu'on suppose en un point inconnu O, on a mesuré les angles AOC = 66° 20′ et BOC = 88° 17′; on demande les distances OA, OC, OB du navire aux trois points de la côte.

(1) $\text{tang. } \varphi = \frac{b \sin. \alpha}{a \sin. \beta}$

(2) $\text{tang. } \frac{1}{2}(x-y) = \text{tang. } \frac{1}{2}(x+y) \text{ tang. } (\varphi - 45°)$

	° ′ ″		
a = AC	2190	Co-Log. a ...	$\bar{4}$,659556
b = BC	2724	Log. b	3,435207
α = AOC ...	66 20 »	Log sin. α.	$\bar{1}$,961846
β = BOB ...	88 17 »	Co-Log. sin. β.	0,000195
ABC......	83 15 »	Log. tang. φ.	0,056804
Somme.	237 52 »	φ =	48 44 14
	360	$\varphi - 45°$ =	+ 3 44 14
$x+y$ = diff.	122 8 »		
$\frac{1}{2}(x+y)$ ..	61 4 »	Log. tang.	0,257441 +
		Log. tang. $(\varphi - 45°)$.	$\bar{2}$,814946 +
		Log. tang. $\left(\frac{x-y}{2}\right)$ ..	$\bar{1}$,072387 +
$\frac{1}{2}(x-y)$ ..	6 44 15		
x = som. alg.	67 48 15		
y = diff. alg.	54 19 45		

$OC = \frac{a \sin. x}{\sin. \alpha}$

Log. a	3340444
Co-Log. sin. α.	0,038154
Log. sin. x.	$\bar{1}$,966563
Log. CO ...	3,345161

CO = 2214

$OA = \frac{a \sin. (x+\alpha)}{\sin. \alpha}$

	° ′ ″
x = ...	67 48 15
α = AOC..	66 20 »
$x+\alpha$	134 8 15
Log. a	3.340444
Co-Log. sin. α.	0.038154
L. sin. $(x+\alpha)$.	1.855925
Log. AO,.....	3.234523

AO = 1716

$OB = \frac{b \sin. (y+\beta)}{\sin. \beta}$

	° ′ ″
y	54 19 45
β = BOC	88 17 »
$y+\beta$..	142 36 45
Log. b.....	3,435207
Co-Log. sin. β	0,000195
L. sin. $y+\beta$.	1,783335
Log. BO ...	3,218737

BO = 1655

L'angle φ de l'équation (1) est toujours $< 90°$: lorsque dans l'équation (2) les deux facteurs du second membre sont de même signe, on a $-\frac{1}{2}(x-y) < 90°$, et lorsqu'ils sont de signes contraires on a $\frac{1}{2}(y-x) < 90°$. Lorsque $x+y=180°$ le problème est indéterminé; les trois points et le navire sont sur une même circonférence.

358. Au moyen d'une sonde et de la latitude. Quand on veut atterrir, la connaissance de la distance à la terre est très-nécessaire; comme la détermination de la longitude est souvent douteuse, on emploie la combinaison de la latitude, qui est mieux connue, et d'une sonde pour déterminer la position du navire. On sonde au moment de la haute mer ou de la basse mer, en calculant les heures pour le port qu'on suppose le plus voisin : pour faire ce calcul on emploie les formules indiquées (100-109 *Hydrographie*) ou l'*Annuaire des marées* où les heures et les grandeurs des *marées totales* sont calculées, ou bien les *Éphémérides* de Dubus. En employant l'un quelconque de ces ouvrages on obtient très-facilement les données nécessaires pour faire le calcul dont on a besoin. Il faut corriger la sonde : 1° de l'inclinaison de la ligne; 2° de la montée de l'eau puisque les sondes des cartes sont réduites aux plus grandes basses mers. La première de ces corrections se fait au moyen du quartier : en halant la ligne à bord on la fait passer par le centre du quartier dont on tient le côté N.-S. vertical, et on regarde quel angle la ligne fait avec ce côté. Ensuite on tend le fil du quartier sur cet angle et faisant compter aux carreaux du quartier 1m, 2m, etc., suivant la grandeur de la sonde, on pique une aiguille sur le fil à la distance de la sonde comptée sur ce fil; le nombre de carreaux compris entre ce point et le côté E.-O. donnera la sonde corrigée de l'inclinaison. Quand on se sert du loch sondeur de Favier, il n'y a pas lieu d'appliquer cette correction. On retranche ensuite la marée totale, calculée d'après l'Éphéméride ou d'après l'Annuaire, et on cherche sur le parallèle de la latitude à quel point correspond la sonde. Quelque peu précises que soient ces corrections, il vaut toujours mieux les faire, puisqu'une sonde trop grande ferait estimer la position du navire plus éloignée de la terre qu'elle ne l'est réellement.

359. Navigation sur l'arc de grand cercle. Le navire qui suit une route faisant toujours le même angle avec le méridien décrit une courbe appelée *loxodromie*. Cette spirale n'est point la route la plus courte pour se rendre d'un point à un autre; il faudrait suivre l'arc de grand cercle qui joint ces deux points. Les hasards de la navigation ne permettent pas, pour de petites traversées, de tenir compte de ces différences. Cependant les paquebots à vapeur et même les navires à voiles ont trouvé, dans certaines traversées, de l'avantage à se servir du tracé de l'arc de grand cercle. L'économie de temps est sensible. On peut calculer l'angle que fait avec le méridien la route directe du point de départ au point d'arrivée et chercher par quelle latitude cette route coupe les méridiens intermédiaires (voyez Caillet, *Navigation*, §315). M. Keller, ingénieur hydrographe, a fait construire un planisphère orthodromique qui résout mécaniquement, d'une manière très-rapide, cette même question. L'instruction qui accompagne cette carte étant suffisante, nous y renverrons le lecteur pour en faire l'application. Le triédromètre sert aussi à résoudre cette même question. En effet, on voit bien que c'est un triangle sphérique à résoudre, connaissant les deux co-latitudes des points de départ et d'arrivée et l'angle compris donné par la différence des longitudes quand elles sont de même nom et par leur somme quand elles sont de noms contraires : cette application de l'instrument est donnée dans l'instruction de M. Garnault. Chaque jour on fait le point à midi; on peut chercher l'angle de route en prenant toujours la co-latitude et la longitude d'arrivée et ces données déterminées à midi. En résumé, au lieu de suivre l'arc de grand cercle, on suit un polygone loxodromique inscrit dans cet arc et dont les côtés ont la longueur du chemin fait en 24 heures.

CHAPITRE QUATRIÈME.

NAVIGATION ASTRONOMIQUE.

DÉTERMINATION DES LATITUDES.

560. Par les hauteurs méridiennes. *Par le soleil.* Quelques instants avant midi on se met en observation avec un instrument bien rectifié; on met le bord inférieur du soleil en contact avec l'horizon et on le maintient avec la vis de rappel jusqu'à ce que le soleil ait cessé de monter, en balançant l'instrument de manière à faire décrire à l'astre un arc tangent à l'horizon. Cette hauteur méridienne étant corrigée (§ 314) et la déclinaison calculée pour midi vrai du lieu (§ 388), on prend la distance zénithale, et la combinaison de ces deux quantités donne la latitude en suivant cette règle : on donne à la distance zénithale le nom du pôle situé derrière l'observateur. Le pôle situé devant l'observateur est celui qu'on rencontre en suivant cet ordre : zénith, astre et pôle. Lorsque la déclinaison et la distance zénithale sont de même nom, on en fait la somme qui donne la latitude de même nom que ces quantités; si cette somme dépasse 90°, on la retranche de 180°. Quand ces quantités sont de nom contraire, on en fait la différence qui conserve le même nom que la plus grande.

Le 5 juin 1863, par une longitude $g = 63° 47'$ O., on a observé du côté du pôle sud la hauteur méridienne du bord inférieur du soleil, et on l'a trouvée de 61° 48′; erreur instrumentale + 4′ 54″; élévation de l'œil en mètres 4,8. On demande la latitude du lieu de l'observation.

	H.	M.	S.			°	′	″	
Heure T. V. astr. le 5.	0	»	»		Hauteur instr.	61	48	»	
g	4	23	8		Erreur instrumentale. .	»	4	54	
θ T. V.	4	23	8		Hauteur observée.....	61	52	54	
Equat. du temps à vue.	»	1	54		Dépres... Table xv. —	»	3	53	
θ	4	21	14		Hauteur apparente....	61	49	1	
					Réfract.—Parallaxe. —	»	»	27	
Déclin. du ⊙ à 0^h le 5.	22	31	42	B.	Hauteur vraie.... ...	61	48	34	
[Diff. en 24^h 390″]..	»	»	»		½ Diamètre	»	15	47	
Partie proport. à vue..	»	1	10		**Haut. vraie ⊙..h.**	62	04	20	
					Dist. zénit. (90°—h)..	27	55	40	N.
Décl. calc......d.	22	32	52....		Déclinaison calculée. d.	22	32	52	B.
					Latit. du lieu....	50°	28′	32″	N.

361. *Par la lune.* On calcule l'heure du passage de la lune au méridien (§ 297). A cette heure prise sur le chronomètre (§ 323), on observe la hauteur méridienne du bord éclairé de la lune (§ 314); on la corrige; on calcule la déclinaison et on suit la même règle que pour le soleil.

Le changement de déclinaison de la lune étant très-rapide, la hauteur maximum de la lune ne se trouve pas dans le méridien; cette différence peut donner lieu à une petite erreur sur la latitude qui ne peut dépasser 3′ dans les plus hautes latitudes.

Le 28 mars 1863, par une longitude $g = 147^\circ\ 36'$ O., on a observé, du côté du pôle nord, la hauteur méridienne du bord inférieur de la lune, et on l'a trouvée de $57^\circ\ 42'$, erreur instrumentale $+\ 3'\ 15''$; élévation de l'œil en mètres 7. On demande la latitude du lieu d'observation.

	H.	M.	S.
Pas. ☾ au mér. de P., le 28.	7	14	»
[Retard du 28 au 29 = 46m]	»	»	»
Ret. prop. de même sig. que *g*	»	18	»
Pas. ☾ au mér. du l., le	7	32	»
g	9	50	»
H. T. M. ast. de Paris, le 28	17	22	»
	°	′	″
Décl. de ☾ le 28, à 17 h.	16	49	55
[Diff. 10m 75″]........	»	»	»
Partie proportionnelle...	»	2	50
Décl. calc .... *d*.	16	47	5 B.
Parall. équat. ☾ calculée.	»	54	28
½ Diam. horiz. ☾ calculé.	»	14	52

	°	′	″
Hauteur instrum. ☾ ...	57	42	»
Erreur instrumentale. +	»	3	15
Hauteur observée ☾ ...	57	45	15
Dépression.. Table XV. −	»	4	41
Hauteur apparente ☾ ...	57	40	34
Par.—réfr. Table XXVIII +	»	28	32
Hauteur vraie ☾......	58	9	6
½ Diamètre horizontal..	»	14	52
Haut. vraie ☾.. *h*.	58	23	58
Distance zénit. (90° — *h*).	31	36	2 S.
Déclinaison calculée. *d*..	16	47	5 B.
Latitude du lieu...	14	49	» S.

562. *Par une étoile.* On prépare une observation comme pour la lune, en calculant l'heure du passage par la formule (§ 299). En prenant simplement le temps sidéral de midi avec une chance d'erreur, qui ne va pas à 4^m, si c'est une étoile circumpolaire, on a pour un passage inférieur hre de pass. ☆ $= 12^h +$ Æ ☆ $-$ *t. s.* ⊙. On applique toujours les mêmes règles pour obtenir la latitude.

Le 9 septembre 1863, on a observé du côté du pôle sud la hauteur méridienne inférieure de l'étoile Arcturus, et on l'a trouvée de $10^\circ\ 25'$, élévation de l'œil $5^m,8$. On demande la latitude :

Angle hor. ☆	12h			H ☆	10°	25′						
Æ. ☆	14	9m	27s	dép. —	4	16″		déc.	19°	53′	46″	B
	26	9	27		10	20	44	dis. zén.	79	44	26	N
T.s. ⊙ à midi	11	12	7	Refr. —		5	10		99	38	12	
H. app. du pas.	14	57	20	H.v. ☆	10	15	34	Latitude	80	22		N

Quand la latitude n'a pas besoin d'être connue très-exactement, les marins ajoutent tout simplement 10′ aux hauteurs du bord inférieur du soleil et, prenant la déclinaison à vue, ils en concluent une latitude approchée avec une chance d'erreur de 3′. Pour les hauteurs d'étoiles, on retranche 5′. On fait cela seulement pour les passages supérieurs.

563. Par la hauteur d'un astre observée à une heure connue.

Quand, par des observations précédentes, on peut conclure l'angle horaire d'un astre, on peut trouver une latitude plus approchée, pourvu que l'astre ne soit pas très-éloigné du méridien.

1° *Par le soleil :* On a eu un angle horaire dans la matinée, et quelque temps avant ou après midi, on prend une hauteur et on tient compte du changement en longitude depuis le moment de l'angle horaire. On veut en conclure la latitude de la 2e station ; de l'heure du chronomètre au moment de la hauteur on conclut l'heure de Paris T. M. (§ 321), pour laquelle on calcule la déclinaison du soleil et l'équation du temps pour l'heure T. V. De cette même heure on conclut l'heure du bord (§ 322), et en y appliquant l'équation du temps en signe contraire, on a l'heure T. V. ; on corrige la hauteur et on calcule la latitude par les formules :

$$\text{tang. } x = \text{tang. } \delta \cos. \text{P} ; \quad \sin (l + x) = \frac{\sin. h \cos. x}{\cos. \delta}$$

x est toujours $< 90°$: il est négatif, quand tang. δ et cos P sont de signes contraires, sin. $(l + x)$ suit le signe de cos. δ ; $(l + x)$ peut donc être négatif ou positif $<> 90°$. La latitude estimée ne laisse jamais de doute sur la valeur à prendre.

Ex. :

Le 2 juin 1863, état du chronomètre $C_0 = 1^h 17^s 4^s$, $a = + 20^s,5$.

Le 10 juin, au matin, par 71° lat. N., l'heure $t = 10^h 10^m$ du matin T. M., le chronomètre indique $c = 0^h 50^m 25^s$. Le navire s'étant déplacé de $g = 54' 30'$ O. à $c' = 3^h 23^m 32''5$, on a observé le bord inféférieur du soleil 48° 48' 25". Élévation de l'œil en mètres 3,4. On demande la latitude.

$$\text{tang. } x = \text{tang. } \delta \cos. \text{P}. \quad \sin. (l + x) = \frac{\sin. h \cos. x}{\cos. \delta}$$

$C_0 =$	$1^h 17^m 4^s$	⊙	48° 48' 25"			$c' =$	$3^h 23^m 32^s,5$
$na =$	3 48	dép.	4 7			$c =$	0 50 25
	1 20 52		48 44 18	Éq. du T. cal.	$11^h 59^m 1^s,74$	$c' - c$	2 33 7,5
c'	3 23 32,5	(R − p) —	45	Décl. 10	23° 0' 15",7	$p. p.$ —	3,0
				$p. p.$	22,5		
θ'	2 2 40,5		48 43 33				2 33 4,5
$p. a.$	2,4	$\frac{1}{2} d$ ⊙	15 47	Décl. cal.	23 0 38,2	$t =$	10 10 0
$\theta =$	2 2 38,1			$\delta =$	66 59 21,8		12 43 4,5
		$h =$	48 59 20			g —	3 38
q. à *vue*	1					$t' =$	12 39 26,5
vrai.	2 3 38,1					Eq.	11 59 1,7
						P =	$40^m 24^s,8$

cos. P, log.	$\bar{1}$,993213
tang. δ, log.	0,371925
lg. tang. x	0,365138

$x = 66°39'57''$
$l+x$ 138 19 38
$l = 71$ 39 41 N.

C lg. cos. δ	0,407933
lg. cos. x	$\bar{1}$,597768
lg. cos. h	$\bar{1}$,817040
lg. sin. $(l+x)$	$\bar{1}$,822741

2° Quand on emploie une étoile pour faire ce calcul, il ne diffère du précédent que dans la conclusion de l'angle horaire. Les heures θ et t' étant obtenues, au lieu de l'équation du temps on calcule le temps sidéral correspondant à θ, et on conclut l'angle horaire astronomique de l'étoile par la formule

$$\text{Heur. ast.} \star = t' + t.\ sid. - \text{Æ} \star.$$

Le calcul logarithmique est le même que dans le cas précédent.

364. Par l'étoile polaire. (Voir hydrographie 52.)

365. Par les hauteurs circumméridiennes. (Voir hydrographie 50 et 51.)

M. Caillet remarque que l'on peut, à la mer, se débarrasser du calcul de l'angle horaire qui précède l'observation, ainsi que de l'estime du changement en longitude fait depuis ce moment, en opérant ainsi qu'il suit :

On observe deux hauteurs du soleil aux environs du méridien, et l'on note les heures correspondantes du chronomètre; on fait la différence des deux hauteurs $h' - h$, ramenées, s'il y a lieu, à un même bord de l'astre, et la différence t des deux heures qu'on peut se dispenser de convertir en $t.\ v.$ On calcule la déclinaison d de l'astre, au moyen du chronomètre ramené au temps de Paris et on corrige la hauteur la plus éloignée du méridien. On cherche la correction à lui appliquer pour la rendre méridienne par cette formule

$$x = \frac{\left(h' - h + \frac{2\sin.^2\frac{1}{2}t}{\sin.1''}\ \frac{\cos.l'\cos.d}{\sin.(l'-d)}\right)^2}{4\ \frac{2\sin.^2\frac{1}{2}t}{\sin.1''}\ \frac{\cos.l'\cos.d}{\sin.(l'-d)}},$$

on trouve dans la tab. XLI (*Caillet*) le nombre $\frac{2\sin.^2\frac{1}{2}t}{\sin.1''}$, en y entrant avec l'intervalle t, et dans la tab. XL le logarithme de $\frac{\cos.l'\cos.d}{\sin.(l'-d)}$, en y entrant avec la latitude estimée et la déclinaison. On ajoute ce logarithme avec celui du nombre de la table XL, et le nombre correspondant s'ajoute à $(h' - h)$, on double le logarithme de la somme qu'on ajoute au co-logarithme de 4 et à ceux des 2 premiers logarithmes trouvés; la somme donne le logarithme de la correction qui s'ajoute toujours à la hauteur, à moins qu'on n'ait fait le calcul près du passage inférieur. Ayant la hauteur méridienne, on achève le calcul comme au § 360. Au lieu de se servir du chronomètre pour conclure l'heure de Paris, on peut simplement prendre midi comme heure du bord, et se servir de la longitude estimée.

Le 15 septembre 1863, aux environs de midi, étant par une latitude 50° N, et une longitude 60° 30′ E, faisant face au nord, dépression 4^m, on a observé :

46° 10' 20" ⊙		$c =$	$3^h 50^m 20^s$
46 16 30 ⊙		$c' =$	3 58 30
$h'—h =$ 6 10		$t =$	8 10

On demande la latitude :

14 septembre	24^h 0						
long. —	4 2	Haut. ⊙	46 10 20	tab. XL lg.	0,280	Co-lg.	$\bar{1}$,720
∂ vrai 14 —	19 58	Dép.	3 33	tab. XLI lg.	2,117	Co-lg.	$\bar{3}$,883
Eq. du T.	11 55		46 6 47	(130,9).		Co-lg. 4	$\bar{1}$,398
θ le 14.	19 53	Réf. — p	0 50		2,397		
			46 5 57		4'		
Déc. ⊙	3° 30' 49"	$\frac{1}{2} d$	15 55	$h'—h =$	6' 10	lg.	2,929
$p.$ $p.$	16 42				14 10		2,929
Déc. cal.	3 14 7 B.	H.V. ⊙	46 21 52			12' =	2,859
		x +	12				
			46 33 52				
		dis. zén.	43 26 8 S.				
			3 14 7 N.				
		Lat.	40 12 1 N.				

L'emploi de la règle à calcul pour faire cette latitude est très-commode et très-rapide. On ne saurait trop recommander l'usage de cet instrument, qui donne toutes les parties proportionnelles, pour ainsi dire à vue, et les logarithmes à trois chiffres.

366. On peut encore simplifier ce calcul en prenant les hauteurs correspondantes de part et d'autre du méridien. On prend une hauteur quelques instants avant midi, en marquant l'heure à la montre, on laisse la hauteur marquée sur l'instrument, et on attend que le soleil revienne à cette hauteur; on marque l'heure et on fait le calcul

$$x = \frac{\dfrac{2\sin.\frac{1}{2}t}{\sin.1''}\,\dfrac{\cos.l'\cos.d}{\sin.(l'-d)}}{4}.$$

Prenons l'exemple précédent, en suppposant que les hauteurs correspondantes soient égales à 46° 10′ 20″. Le calcul de x se fera ainsi :

Table XL	lg 0,280
130,9, tab. XLI	lg 2,117
4′	2,397

dont le $\frac{1}{4} = x = 1'$. La hauteur méridienne sera donc 46° 34 52, et la latitude 40° 23′ Nord.

Il faut toujours négliger les secondes, comme l'indique, du reste, l'emploi des logarithmes à trois figures.

367. Par deux hauteurs prises l'une près de l'autre et l'intervalle de temps. On peut faire le calcul de latitude par deux hauteurs prises l'une près de l'autre, même quand l'astre n'est pas près du méridien; mais alors l'approximation du résultat est moins grande, l'intervalle des observations est pris au chronomètre considéré comme marchant sur le T. V. L'heure de Paris est déduite de la moyenne des heures du chronomètre. On réduit l'intervalle de temps t en degrés, et on obtient la latitude au moyen des formules suivantes :

$$\sin y = \frac{(h'-h)\cos.\frac{1}{2}(h'+h)}{t^0\cos.\delta}, \quad \cos.z = \frac{\sin.\frac{1}{2}(h'+h)}{\cos.y},$$

$$\sin.l = \cos.y\cos.(\delta \pm z).$$

La latitude estimée indique suffisamment s'il faut faire $\delta - z$ ou $\delta + z$. On n'a qu'un logarithmé à reprendre au cas où le premier résultat s'écarterait trop de la latitude estimée.

Le 13 février 1863, étant par une latitude de 68° S. estimée, élévation de l'œil 4^m, le 1er février à Paris $C_0 = 10^m 20^s$, $a = -6^s,8$.

On a fait les observations suivantes :

h'	$\underline{\odot}$	59° 29′ 2[illegible]″	$c = 5\ 25\ 17$
h	$\odot$	58 10 20	$c' = 5\ 26\ 21$

On demande la latitude :

			☉ 59 29 20		☉ 58 10 20
$c =$	$5^h 25' 17''$	Dép. —	3 33		3 33
$c' =$	5 36 21		59 25 47		58 6 47
	61 38	$R - p$	30		31
$\frac{c'+c}{2} =$	5 30 49		59 25 17		58 6 16
		½ d.	16 13		16 13
c_0 —	10 20		59 41 30		58 22 29
	5 20 29		58 22 29		59 41 30
$13\,a +$	81,5	$h - h'$	1 19 1		3 59
θ'	5 21 50,5			$\frac{h+h}{2}$	59 1 59
Décl.	13°25′15″ A.				
$p.\,p.$ —	4 33				
Décl.	13 20 42				

76 39 18 col. sin.	0,011890				
$\frac{h+h'}{2}$ ..... cos.	$\bar{1}$,711419	... sin.	1,933217		
$h - h'$ ...... log.	3,675870			cos. $(\delta + z)$	$\bar{1}$,986363
t^0 .... Comp. log.	$\bar{4}$,001741				
sin. y	$\bar{1}$,400920	col. cos.	0,014214	log. cos.	$\bar{1}$,985788
		cos. z	$\bar{1}$,947431	sin. l	$\bar{1}$,972151
$y =$	14° 34 45				
		$z =$	62 22 30		
		$\delta =$	76 39 18	$l =$	69° 42′ S
		$\delta - z$	14 16 48		

On peut prendre tous les logarithmes sans parties proportionnelles. Le résultat ne supporte pas une exactitude plus grande.

368. Par deux hauteurs du soleil et l'intervalle de temps. On prend deux hauteurs de soleil à quelques heures d'intervalle, en notant soigneusement l'heure au chronomètre; on relève l'astre au moment de la petite hauteur, en ayant soin de tenir compte le plus exactement possible de la route. De la moyenne des heures au chronomètre, on déduit l'heure de Paris pour laquelle on calcule une déclinaison moyenne : l'intervalle des observations au chronomètre se déduit en T. V., en remarquant que la marche diurne du chronomètre sur le T. M. se compose de sa marche diurne snr le T. M., plus la marche diurne du temps moyen sur le T. V., qui est le changement de l'équation du temps. On corrige les hauteurs et on les ramène à un même lieu en se procurant l'*angle de gisement* G qui est la différence entre la route corrigée de la dérive et le relèvement, et en calculant la quantité qu'il faut ajouter algébriquement à la petite hauteur pour la ramener dans le lieu de la grande par la formule

$$x = m \cos. G,$$

x ayant le même signe que cos. G. Il faut seulement faire attention que lorsqu'on doit avoir la latitude de la première station, il faut compter la route en sens inverse. Appelant t l'intervalle T. V. des observations, h et h' les deux hauteurs vraies, on calcule trois arcs auxiliaires x, y, z, qui font connaître la latitude par les formules suivantes :

$$\text{tang. } x = \text{tang. } \delta_m \cos. \tfrac{1}{2} t; \ \sin. y = \frac{\cos. \frac{h+h'}{2}}{\sin. \delta_m} \ \frac{\sin. \frac{h-h'}{2}}{\sin. \frac{1}{2} t},$$

$$\cos. z = \frac{\sin. \frac{h+h'}{2}}{\cos. y} \ \frac{\cos. \frac{h-h'}{2} \cos. x}{\cos. \delta_m}, \ \sin. l = \cos. y \cos. (x \pm z),$$

on fait d'abord la différence entre x et z, et si le résultat est trop éloigné de la latitude estimée, on fait la somme, ce qui ne donne qu'un logarithme à rechercher. On peut prendre les logarithmes de 10″ ou de 15″ sans prendre de parties proportionnelles. Cette méthode peut surtout s'employer vers les solstices, parce que les changements en déclinaison sont petits pour le soleil.

Le 5 juin 1863, à midi moyen de Paris, un chronomètre dont la marche diurne sur le T. M. est $a = +54^s$ indiq. l'h^re^ $c_0 = 3^h\,24^m\,16^s$ le 23 juin de Paris, la date du bord étant le matin par une latitude estim. 27° sud, on a fait les observations suivantes :

	1re *station.*	2e *station.*
Heures au chronomètre............	$c_1 = 11^h\,18^m\,33^s$	$c_2 = 1^h\,58^m\,59^s$
Haut. instrum. du bord infér. du sol.	18° 57' 10"	37° 26' 40"
Relèvement de l'astre au compas....	N. E. 4° E	

Élévation de l'œil en mètres, = 5,2. — Erreur instrumentale = +3′20″. — Milles parcourus dans l'interv., $m = 16$. — Route corrigée de la dérive : S. 10° O.

On demande la latitude la 2e station.

½ interv. T. M. et T. V.	H.	M.	S.
c_2	1	58	59
c_1	11	18	33
c_2-c_1	2	40	26
$\frac{1}{2}(c_2-c_1)$	1	20	13
$[a=54]$	»	»	»
—P. pr. α	»	»	3
(*) ½ interv. T. M.	1	20	10
$[\varepsilon=12^s\,88]$	»	»	»
— P. pr. x	»	»	0,7
$\frac{1}{2}t=\frac{1}{2}$ interv. T.V.	1	20	9,3
c_0	3	24	16
$na\ (n=18)$	»	16	12
c_0+na	3	40	28
c_1	11	18	33
$c_1-(c_0+na)$	7	38	5
—P. pr.	»	»	17,6
H_m Paris (1re stat.)	7	37	48
(*) ½ interv. T. M.	1	20	10
Ep. moy. le 23 ..	8	57	58
	°	′	″
Décl. ⊙ à 0^h	23	26	53
[D. en $24^h=50'',4$]	»	»	»
P. pr. α	»	»	18
Déclinais. moyen.	23	26	35

Correction des hauteurs

	°	′	″		
Relevᵗ petite Hʳ	49	»	»	N. E.	
Route (dir. / inv.)	190	»	»	N. E.	*Corr. = m cos. G.*
Angle Gis. G =	141	»	»	Log. cos.	$\bar{1}$,89050
Milles = m	16	»	»	Log.	2,98227
Corr. pet. Hʳ —	—	12	26	Log. x	2,87277

	1re station.				*2e station.*		
	°	′	″		°	′	″
Hʳ instr. .. ⊙	18	57	10		37	26	40
Erreur intrum.	»	3	20		»	3	20
h_0 .. ⊙	19	0	30		37	30	»
XV. dépr. —	»	4	3	—	»	4	3
h_r .. ⊙	18	56	27		37	25	57
XVII. p + / XVI. R — } —	»	2	40	R — / p + } —	»	1	9
h^v .. ⊙	18	53	47		37	24	48
XVIII. ½ diam. +	»	15	45	....	»	15	45
Corr. petite Hʳ	»	12	26	....	»	»	»
Hʳ ⊕ (1re stat.)	18	57	6	Hʳ ⊕ (2e st.)	37	40	33
Hʳ ⊕ (2e stat.)	37	40	33	Hʳ ⊕ (1re st.)	18	57	6
$h+h$. somme.	56	37	39	$h'-h$. diff.	18	43	27
$\frac{1}{2}(h'+h)$	28	18	49	$\frac{1}{2}(h'-h)$ ...	9	21	43

	°	′	″			
δ_m dist. pol...	113	26	35	L. tang. 0,362822	C-L. sin. 0,037424	C-L. cos. 0400246
$\frac{1}{2}t$	1	20	9	L. cos.. $\bar{1}$,972882	C-L. sin. 0,465168	
x même esp. δ_m	114	46	45	L. tang. 0,335704	....	Log. cos. $\bar{1}$,622340
$\frac{1}{2}(h'+h)$	28	18	49	....	Log. cos. $\bar{1}$,944667	Log. sin. $\bar{1}$,676035
$\frac{1}{2}(h'-h)$	9	21	43	....	Log. sin. $\bar{1}$,211335	Log. cos. 1,994176
y	27	6	15	L. cos.. $\bar{1}$,949478	Log. sin. $\bar{1}$,658594	C-L. cos. 0,050522
z	56	22	30	....	....	Log. cos. $\bar{1}$,743319
$x \mp z$	58	24	15	L. cos.. $\bar{1}$,719268		
l... latitude..	27	48	»	L. sin.. $\bar{1}$,668746		

369. Méthode de M. Pagel. En faisant des angles horaires avec les deux hauteurs et la latitude estimée, la latitude du second calcul étant corrigée du changement N.-S. fait dans l'intervalle des observations, on peut calculer l'erreur de sa latitude et celle de la longitude chronométrique (voir § 374). On fait les deux calculs d'angles horaires, en supposant $+ 1'$ d'erreur sur la latitude ; il suffit, en prenant les logarithmes, d'écrire les 4 derniers chiffres des logarithmes en supposant l'erreur 1' sur la latitude qui donne $+ 30''$ sur $\frac{s}{2}$ et sur $\left(\frac{s}{2} - h\right)$ de la formule d'angle horaire. La latitude du deuxième angle horaire étant augmentée des milles N.-S. fait dans l'intervalle. On a donc là par deux angles horaires, dont la différence donne l'erreur produite sur l'angle horaire, par 1' d'erreur

sur la latitude, soit H_1 la 1re heure et e_1 l'erreur } pour 1' en latitude.
soit H_2 la 2e heure et e_2 l'erreur }

Pour un nombre de minutes R' d'erreur sur la latitude les erreurs seront Re_1 et Re_2, il faut donc que la différence des deux heures *corrigées* des erreurs totales soit égale à l'intervalle **T. M.** des observations que l'on peut avoir en réduisant l'intervalle chronométrique. Il faut aussi avoir le soin de ramener la première heure dans le lieu de la seconde, au moyen du changement en longitude obtenu pour ce point.

La 2e heure corrigée sera donc $H_2 - Re_2$.

La 1re heure corrigée sera donc $H_1 - g - Re_1$.

Dont la différence $H_2 - H_1 - g + R(e_1 - e_2) = i$ (T. M.).

$$\text{Donc } R = \frac{i(\text{T.M.}) - (H_2 - H_1) - g}{e_1 - e_2}.$$

En faisant surtout attention à la règle des signes algébriques, qui n'offre aucune difficulté, on obtiendra R, l'erreur en latitude, au moyen de laquelle on corrigera la latitude et l'heure du bord en même temps par une simple proportion $\frac{1'}{e_1} = \frac{R}{x}$, qu'on appliquera avec le signe à l'heure du calcul.

Le 1er mars 1863, le chronomètre marquait $C_0 = 21^h\,54^m\,50^s,7$ $a = -8^s,6$. Le 7 mars de Paris, la date du bord étant le 7 au matin. Latitude estimée 53° sud.

h ☉.....	12° 35′ 20″	☉.....	30° 0′ 40″	Élévation de l'œil.....	7m
c........	22h 18 17	c'......	0 22 46	Milles courus..........	30
Rel......	S. 84° E.			Route corrigée de la dér.	N.59° E.

	H. M. S.		° ′ ″		° ′ ″	° ′ ″
c'.....=	0 22 46	Décl. le 7.	5 21 14,4	h ☉.....	12 35 20	30 0 40
c.....=	22 18 17	$p.p.$	23,6	Dép...—	» 4 41	» 4 41
	2 4 29	Décl.....	5 20 50,8		12 30 39	29 55 59
$p.p.$...+	0,8	Décl. le 7.	5 21 14,4	(Réf.—p).	» 4 9	» 1 33
i_m....=	2 4 29,8		2 31,5		12 26 30	29 54 26
		Décl.....	5 18 42,9	½ D.....	» 16 8	» 16 8
c_0.....=	21 54 50,7				12 42 38	30 10 34
na......	51,6	1re éq. du T..	11 17,7			
	21 53 59,1	2e.........	11 17,0	Route vraie.	N. 45° E.	
c......=	22 18 17			Chem. nord.	21′ 12″	
Le 7.....	0 24 17,9	Az. au triéd.	S. 98° E.	g.........	35′ E. = 2m 20s E.	
	2 6 29,8	Relev.....	S. 84° E.			
Le 7.....	2 30 47,7	Variat.	14° N.O.			

h. 12 42 40				30 10 30			
l. 53 » »	0,2205370	+1′	07047	52 38 50	0,2170111	+1	71766
δ. 84 39 10	0,0018941		18941	84 41 20	0,0018685		18685
150 21 50				167 30 40			
75 10 55	$\bar{1}$,4078164	+30″	75775	83 45 20	$\bar{1}$,0365111	+30″	59334
62 28 15	$\bar{1}$,9478138	+30″	78467	53 34 50	$\bar{1}$,9056299	+30″	56765
	$\bar{1}$,5780613		80230		1,1610206		06550
	$\bar{1}$,7890306		99115		$\bar{1}$,5805103		03275

	H. M. S.	H. M. S.
	2 31 52,6	2 31 51,8
	5 03 45,2	5 3 43,6
h T. V....	18 56 14,8	18 56 16,4
Éq. de T..	» 11 18	
H_2.......	19 07 33	$e_1 = +1^s,6$

	H. M. S.	H. M. S.
	1 22 29,5	1 29 27,16
	2 59 59	2 58 54,3
	21 01 01	21 1 5,7
	» 11 17	
H_2.......	21 12 18	$e_2 = +4,7$
H_1.......	19 7 33	
$H_2 - H_1$...	2 4 45	
i_m.......	2 4 30	
	» » 15	
g......+	» 2 20	

$$R \ldots = \frac{» \ 2^m 5^s}{3^s,1} \ldots 40',30$$

l corrigée.....= 53° 40′ 30″

l' corrigée.....= 53 19 20

H_1 corrigée....= 19h 8m 37s,7

H_2 corrigée....= 21 15 28

370. Latitude par deux hauteurs d'une même étoile. Ce calcul ne diffère de celui du soleil que dans l'intervalle de temps qu'il faut réduire en temps sidéral au lieu de le mettre en T. V.; pour cela on réduit l'intervalle chronométrique en T. M., puis l'intervalle T. M. en T. S. en ajoutant la partie proportionnelle prise dans la table VI (*Conn. des T.*).

Exemple :

Il s'est écoulé $7^h\ 50^m\ 25^s$ à un chronomètre dont $a = 8,6$; quel est l'intervalle T. S.?

i t. chr.	$7^h\ 50^m\ 25^s$
p. p. *a* —	2 ,96
i t. m.	$7^h\ 50^m\ 22^s,04$
	1 8 ,99
	8 ,21
	0 ,06
i t. s.	$7^h\ 51^m\ 39^s,30$

371. Latitude par deux astres de déclinaisons différentes. Lorsque le soleil est près des équinoxes, le mouvement en déclinaison en 24^h étant assez considérable, le calcul de la latitude avec la déclinaison moyenne donne une erreur appréciable, quoique de peu d'importance à la mer. On fait le calcul comme on l'a fait au § 368; puis, appelant α la différence entre la distance polaire moyenne et la distance polaire d'une des observations, on a la correction en cherchant un nouveau logarithme par la formule $e = \alpha \dfrac{\sin. y}{\cos. l \sin. \frac{1}{2} t}$. La correction est soustractive quand la plus grande distance polaire correspond à la plus grande hauteur, et négative dans le cas contraire.

Appliquons cette correction à l'exemple calculé au § 368.

$$\begin{aligned} \log. \sin. y &= 1,658 \\ \text{comp. log. cos. } l &= 0,053 \\ \text{comp. log. sin. } \tfrac{1}{2} t &= 0,465 \\ \alpha \log. 2',7 &= 0,981 \\ \hline 1,157 &= 14'',4 \end{aligned}$$

La grande distance polaire correspondant à la grande hauteur étant la plus petite, la correction a le signe — et la vraie latitude est donc 27° 47′ 45″,6. L'époque ne comportait pas cette correction.

372. On peut prendre les hauteurs de deux étoiles simultanément. L'intervalle des observations est alors donné par la différence des ascensions droites des deux astres; on procède alors au calcul de la latitude par les formules suivantes :

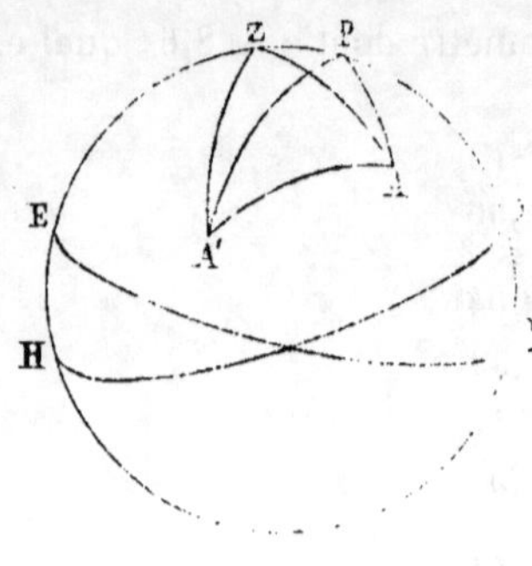

Fig. 166.

Soit $PZ = c = 90 - l$

$PA = \delta$

$PA' = \delta'$

$ZA = n = 90 - h$

$ZA' = n' = 90 - h'$

$ZA'A = A_1$

$PA'A = A_2$

$APA' = AR' - AR = t$

$AA' = \Delta$

(1) $\text{tang. } x = \text{tang. } \delta \cos. t$

(2) $\cos. \Delta = \dfrac{\cos. (\delta' - x) \cos. \delta}{\cos. x}$

(3) $\text{cotg. } A_2 = \dfrac{\sin. (\delta' - x) \text{ cotg. } t}{\sin. x}$

(4) $\sin. \dfrac{A_1}{2} = \sqrt{\dfrac{\cos. \dfrac{\Delta + h + h'}{2} \sin. \left(\dfrac{\Delta + h + h'}{2} - h\right)}{\cos. h' \sin. \Delta}}$

(5) $\text{tang. } y = \text{tang. } \delta' \cos. (A_1 \mp A_2)$

(6) $\sin. l = \dfrac{\cos. \delta' \sin. (y + h')}{\cos. y}.$

L'incertitude des hauteurs d'étoile prises à la mer permet de faire ce calcul sans parties proportionnelles pour les logarithmes. On fait tantôt la différence, tantôt la somme ou le supplément à 360° de de la somme des deux angles A_1 et A_2 pour avoir l'angle de position PA′Z; les règles étant compliquées, il vaut mieux faire approximativement la figure et déduire de son inspection ce que l'on doit faire. Il faut bien tenir compte des signes des lignes trigonométriques dans les formules (1), (2), (3), (5). Si les deux étoiles n'avaient point été observées en même temps, il faudrait réduire l'intervalle des observations en T. S. et l'ajouter à la différence des ascensions droites ou le retrancher de cette différence, suivant qu'on aurait pris la première la hauteur de l'étoile à l'est ou bien celle à l'ouest. Ainsi on aurait :

$$t = Æ' \pm S.$$

Il faudrait aussi ramener la première hauteur dans le lieu de la seconde. Ce calcul est peu usité.

575. Par le temps du passage du diamètre solaire dans l'horizon. Du Bourguet donne une méthode pour trouver la latitude par le temps que le soleil met à disparaître sous l'horizon depuis le premier contact jusqu'au dernier. Cette méthode, qui ne donne qu'une approximation, ne peut être utile que quand la disparition du disque ne dure pas plus de 7 à 8 minutes et qu'on est privé de tout autre moyen d'observations. Un observateur marque à la montre à secondes le moment où le disque touche l'horizon et le moment où le bord supérieur disparaît.

$$\cos. x = \frac{\sin. \frac{1}{2} d \odot}{\cos. d \sin. \frac{1}{2} t} \qquad \sin. l = \sin. x \cos. d.$$

Ex. Le 16 août vers 7^h du soir par 60° long. O., on a remarqué que le diamètre du soleil a mis $3^m 4^s$ à disparaître ; on demande la latitude :

h. du bord	7				$\frac{1}{2} t = 1^m 32^s$
g	4				
$\theta =$	11^h				
décl. le 16	13°	$50'$	$14''$, 8		
p. p.		8	42		
décl. cal.	13	41	32	8	
$\frac{1}{2} d$		$15'$	$50''$		

$$\begin{aligned} \log. \sin. \tfrac{1}{2} d \odot &= 3,663297 \\ c^t \log. \sin. \tfrac{1}{2} t &= 2,174549 \\ c^t \log. \cos. d &= 0,012520 \qquad \log. \cos. d = \bar{1},987480 \\ \log. \cos. x &\quad \bar{1},850366 \qquad \log. \sin. x = \bar{1},848599 \\ & \qquad\qquad\qquad\qquad \log. \sin. l \quad \bar{1},836079 \\ x &= 45^o 7' \qquad\qquad l = 43^o 17' \text{ N} \end{aligned}$$

LONGITUDES.

374. Longitudes par les chronomètres. La différence des heures observées simultanément en deux points donne la différence en longitude. Un chronomètre réglé sur le T. M. de Paris et une observation d'angle horaire donne la longitude avec toute l'exactitude que comporte l'état du chronomètre (voyez *Hydrographie*, 54).

Observations. Dans les circonstances favorables au calcul d'angle horaire (voyez § 318), on fait une série d'observations en notant les heures au chronomètre, ou à la montre à secondes comparée préalablement au chronomètre. On déduit l'heure de Paris du chronomètre par la formule $\theta = C - (Co + na) - \frac{a}{24}(C - (Co + na))$, pour laquelle on calcule la déclinaison et l'équation du temps, en ayant soin, pour cette dernière quantité, de réduire en T. V. l'heure de Paris. On corrige les hauteurs, et on calcule l'angle horaire par la formule

$$\sin.\frac{P}{2} = \sqrt{\frac{\cos.s \cos.(s-h)}{\cos.l \sin.\delta}}.$$

La différence entre l'heure T. M. du bord et celle de Paris donne la longitude qui sera E. si à bord on compte plus tard qu'à Paris, ou O. dans le cas contraire. On fait ordinairement trois séries de hauteurs, et on fait marcher les trois calculs de front. La comparaison des trois résultats, ou la moyenne des deux meilleurs donne la longitude avec une approximation suffisante, si le chronomètre n'a pas trop changé de température, ou si l'on a tenu compte de l'effet de la température dans la détermination de la marche diurne.

Quand on n'est pas sûr de la latitude, il faut alors agir comme dans la méthode Pagel, et corriger au moyen d'un second angle horaire fait quelque temps après (V. § 369).

Le 25 mai 1863, à midi moyen de Paris, un chronomètre, dont la marche diurne est $a = -37^s,8$, indique $C_0 = 52^m\ 19'',3$. Le 2 juin de Paris, la date du bord étant le 2 juin, par une latitude $l = 12^0\ 28'\ 45'$ N., au moment où l'heure du chronomètre était $C = 7^h\ 18^m\ 54^s,6$, on a observé du côté de l'ouest du méridien la hauteur du bord inférieur du soleil, et on l'a trouvée de $20^0\ 28'$; erreur instrumentale $+ 1'\ 34''$; élévation de l'œil en mètres 4,8.

On demande la longitude du navire.

	H.	M.	S.
C_0.. H. de la 1re date de Paris, le 25..	»	52	19,3
$n \times a$... M. diurne multipliée par 8 j.	»	5	2,4
$c_0 + na$. Heure de la 2e date de Paris.	»	47	16,9
C... H. actuelle sur le chronomètre..	7	18	54,6
θ... Heure approchée de Paris.....	6	31	37,7
x... M. prop. (de signe contr. à a)...	»	»	11,6
H. T. M. astr. de Paris, le .	6	31	49,3

	°	′	″
Déclin. ⊙ à 0h le	22	9	50
[Diff. en 24h 7′ 41].......	»	»	»
Partie proportionnelle.....	»	2	5,4
Déclin. calc.	22	11	55,4
Distance polaire........ δ.	67	48	4,6

	°	′	″
Haut. inst. ⊙	20	28	»
Err. instr...	»	1	34
Haut. obs. ⊙	20	29	34
Dépress.. —	»	3	53
Haut. app. ⊙	20	25	41
Réf. — par. —	»	2	27
Haut. vr.. ⊙	20	23	14
½ Diamètre..	»	15	47
Haut ⊙ h.	20	39	1

	°	′	″		
h...	20	39	1		
l....	12	28	45	C. L. cos.	0,010384
δ...	67	48	5	C. L. sin.	0,033447
s....	100	55	51		
$\frac{s}{2}$ ...	50	27	55	Log. cos.	$\bar{1}$,803829
$\frac{s}{2} - h$	29	48	54	Log. sin.	$\bar{1}$,696532
				Somme.	$\bar{1}$,544192
Log. sin. ½ P...				½ Som.	$\bar{1}$,772096

	H.	M.	S.
½ P..................	2	25	6,5
Angle hor............	4	50	13

H. T. V. astr. le	4	50	13
Eq. du temps calc.........	»	2	21,1
H. T. M. astr..........	4	47	51,9
θ Heure, le	6	31	48
Différ., ou longit. en temps.	1	43	56,1
Longitude du navire.	25°	59′	1″ O.

θ ... H. T. M. astr. de Paris, le ..	6	31	48
Eq. du temps (à vue) de signe contr..	»	2	21
H. T. V. astr. app. de Paris, le ..	6	34	9

Equation du T. à 0h le	2m	23s,6
[Diff. 9,2] part prop.	»	2s,5
Equation du T. calculée..........	2m	21s,1

375. Longitude par les distances horaires. La *Connaissance des Temps* donne les distances de la lune au soleil, à des étoiles et à des planètes, de 3 heures en 3 heures. L'observation de ces distances permet donc par interpolation d'en déduire l'heure de Paris; le reste du calcul se fait comme dans le cas précédent pour en conclure la longitude.

Observations. Trois observateurs agissent ensemble : l'un prend la distance, l'autre la hauteur de la lune, et un troisième celle du soleil; c'est celui qui prend la distance qui conduit l'observation. Après avoir déduit une heure de Paris du chronomètre dont on marquera l'heure à chaque contact, on corrige les observations pour avoir les hauteurs vraies et apparentes du centre du soleil et de la lune, et la distance apparente des centres des astres. On calcule la distance vraie par la formule de Borda, qui est

$$S = \frac{a + b + \Delta}{2}.$$

posant a = haut. app. ☉,
a' = haut. vraie ☉,
b = haut. app. ☾,
b' = haut. vraie ☾,
Δ = dist. app. des centres,
Δ' = dist. vraie des centres,

$$\sin. x = \sqrt{\frac{\frac{\cos. S \cos. (S - \Delta) \cos. a' \cos. b'}{\cos. a \cos. b}}{\cos. \frac{a' + b'}{2}}}$$

$$\sin. \frac{\Delta'}{2} = \cos. x \cos. \frac{a' + b'}{2}.$$

La distance vraie étant obtenue, on en fait la différence avec la plus rapprochée, dont on prend le logarithme qu'on ajoute à celui donné dans la *Connaissance des Temps*. Le résultat donne l'heure à ajouter à l'heure correspondante à la distance précédente ou à retrancher de la suivante : pour cette heure de Paris, on calcule les éléments d'angle horaire et on achève le calcul. On peut ainsi contrôler les données de son chronomètre. Comme le calcul est long, on peut le simplifier ainsi : on arrondit les secondes de a et b et Δ par 15, pour ne pas avoir de parties proportionnelles à prendre. On prend dans la *Connaissance des Temps*, table IX, si c'est le soleil, table X, si ce sont des étoiles. log. $\frac{\cos. a'}{\cos a}$. Il faut seulement rétablir sur Δ' les secondes négligées sur Δ.

Le 16 mars 1863, à midi moyen de Paris, un chronomètre dont la marche diurne est $a = +4^s,6$, indiquait l'heure $C_0 = 0^h\,24^m\,50^s$. Le 8 mai de Paris, la date du bord étant 9 soir, par une latitude $l = 13^\circ\,48'$ N., l'œil se trouvant élevé de 6 mètres au-dessus du niveau de la mer, on a obtenu :

Heure au chronomètre.. $= 17^h\,23^m\,40^s$
Distance observée du bord voisin de la lune au bord voisin du soleil...... $= 104^\circ\,49'\,30''$
Hauteur observée du bord supérieur de la lune.......................... $= 12^\circ\,41'$
Hauteur observée du bord inférieur du soleil.... .... $= 56^\circ\,28'$

On demande la longitude du lieu, conclue des observations.

	H.	M.	S.
C_0... Heure de la 1re date de Paris.	»	24	50
$n \times a$. Marche diurne multipl.	»	4	3,8
$c_0 + n\,a$... Heure de la 2e date......	»	28	53,8
C... Heure au chronomètre	17	23	40
H'. Heure approchée de Paris......	16	54	46,2
x. Marche prop. (de signe contr. à a)..	»	»	3,5
θ (par le chronomètre)............	16	54	42,7
	°	′	″
Parallaxe équat. ☾ calculée.........	»	59	22,9
½ Diamètre horiz. ☾ calculé.......	»	16	12,9
T. XXV. Augmentation.... .....+	»	»	4,1
½ Diamètre en hauteur ....+	»	16	17
½ Diamètre du ⊙................	»	15	52
Distance observée ⊙—☾	104	49	30
Δ' **Dist. appar. des centres**....	105	21	39

	°	′	″		
Δ'. Distance réduite..	104	31	7,2		
Secondes négligées...	»	»	9		
Dist. vr..........	104	31	16,2		
Dist. de la *Conn. des T.*	105	33	16	le , à H., Log. $\frac{3^h}{\text{diff.}}$	0,2576
d, différence........	1	2	»	.............Log....	3,5705
				Log..x.	3,2281

	H.	M.	S.
x. s'ajoute à l'heure de la distance ou se retr..	1	52	13
Heure de la distance des Tables...........	15	»	»
Heure T. M. de Paris.............	16	52	13
Heure T. M. de Paris, par le chronom.......	16	54	42
Différ. avec le chron.	»	2	30
	°	′	″
Déclin. du ⊙ à 0^h, le	17	1	35
(Différ. en 24^h $= 16'\,12''$) Partie proportionnelle......	»	11	23
Déclinaison calculée..............	17	12	58
Distance polaire..................... δ.	72	47	2

(*Suite*).

	Soleil. ° ′ ″		**Lune.** ° ′ ″
Hauteur observée ☉̲	56 28 »	Hauteur observée ☾	12 41 »
Dépression, T. xv. —	» 4 21	T. xv. Dépr.	» 4 21
Hauteur apparente ☉̲	56 23 39	Hauteur apparente ☾	12 36 39
½ Diamètre } T. xxiii. acc. }	» 15 51	½ *d*. en haut ☾	» 16 17
		b. **Haut. appl.** ☾	12 20 22
Haut. app. ☉	56 39 30	T. xxviii (p—R) . . +	» 53 40
T. xvii. } T. xvi. } (R—p) —	» » 33	*b*′ **Haut. vr.** ☾	13 14 02
a **Haut. vr.** ☉	56 38 57		

	H. M. S.		H. M. S.
T. M. astr. de Paris, le (par la dist.)	16 52 12	Elém. du T. à 0^h le.	» 3 40,81
Elém. du T. (à vue).	» 3 43	[Diff.] Partie pr. —	» » 2,48
T. V. astr. appr. de Paris, le ...	16 48 29	Elem. du T. calculé.	» 3 43,29

Méthode de Borda *pour calculer* Δ

$$\frac{\cos. s \cos.(s-\Delta)\cos. a' \cos. b'}{\cos. a \cos. b}$$

$$\sin.\tfrac{1}{2}\Delta' = \cos.\tfrac{1}{2}(a'+b')\cos. x.;\ \sin.^2 x = \frac{\cos. s \cos.(s-\Delta)\cos. a' \cos. b'}{\cos.^2 \tfrac{1}{2}(a'+b')}$$

(*On peut arrondir les secondes.*)

[+ 9″] T. xxix (A)

	° ′ ″		
Δ	105° 21′ 30″		
a	56 39 30	Différ. Log. .	0,000107
b	12 20 »	Co-Log. cos.	0,010140
2 *s*	174 21 »		
s	87 10 30	Log. cos.	$\bar{2}$,692720
s—Δ	18 11 »	Log. cos.	$\bar{1}$,977752
b′	13 13 40	Log. cos.	$\bar{1}$,988322
a′	56 38 57	Somme.	$\bar{2}$,669041
a′+*b*′	69 52 37	½ Somme	$\bar{1}$,334520
½ (*a*′+*b*′)	34 56 18,5	Log. cos.	$\bar{1}$,913691
		Log. sin. *x*. différ.	$\bar{1}$,420829
(arc auxil.) φ =	15 16 45	Log. cos. . *x*.	$\bar{1}$,984370
		½ (*a*′+*b*′) L. cos.	$\bar{1}$,913691
½ Δ′ =	50 15 33,5	Log. sin. ½ Δ′	$\bar{1}$,898061

$$\sin.^2 \tfrac{1}{2} P. = \frac{\cos. s \sin.(s-h)}{\cos. l \sin. \delta}$$

	° ′ ″		
$a = h$	56 38 57		
l	13 48 »	Co-Log. cos.	0,012721
δ	72 47 1	Co-Log. sin.	0,019908
2 *s*	143 13 58		
s	71 36 59	Log. cos.	$\bar{1}$,498830
s—*h*	14 58 2	Log. sin.	$\bar{1}$,412069
		Somme.	$\bar{2}$,943528
		Log. sin. ½ P . . . ½ Somme.	$\bar{1}$,471764

	H. M. S.
½ P . . . ½ angle horaire en temps.	1 8 56,8
P . . . **Angle horaire dans l'**	2 17 53,6
Heure T. V. astr. du lieu, le 9	2 17 53,6
Elém. du temps calculé	» 3 43,29
Heure T. M. astr. le 9	2 14 10,31
Heure T. M. astr. de Paris, le 8 (par la distance).	16 52 12,33
Différence ou longitude en temps.	9^h 21 57,98
Longitude du navire	140° 29′ 29″ Est.

376. Quand les circonstances ne sont pas favorables au calcul d'angle horaire, ou quand on fait le calcul pour des distances à des étoiles, on déduit l'heure du lieu au moment de la distance d'un angle horaire fait à un autre moment, au moyen du chronomètre, par la formule :

$$t = t + y + (c' - c) - \frac{a}{24}(c' - c) \qquad \text{(voir § 323).}$$

Il faut avoir soin, quand on prend des distances de la lune à une étoile, de bien distinguer si on a pris la distance des bords voisins ou des bords éloignés des deux astres, pour savoir s'il faut ajouter ou retrancher le demi-diamètre en hauteur de la lune. Il faut se rappeler que le bord éclairé de la lune est toujours du côté du soleil.

377. La formule de Borda est longue à calculer, malgré les abréviations qu'on a cherché à lui appliquer. Aussi vaut-il mieux se servir des tables de Mendoza, publiées par M. Richard, qui simplifient extrêmement le calcul de la distance vraie.

Conservant les mêmes notations que pour la formule de Borda, on a :

$$2 \cos. x = \frac{\cos. a' \cos. b'}{\cos. a \cos. b}$$

$$\text{sin. ver. } \Delta' = \text{sin. ver. } (a + b + x) + \text{sin. ver. } (a + b - x)$$
$$+ \text{sin. ver. } (\Delta + x) + \text{sin. ver. } (\Delta - x) + S u. \text{ sin. ver. } (a' + b') - 4$$

Voici comment on se sert de cette formule. On prend a et b, sans tenir compte des secondes. On fait la somme et on écrit dessous la correction de la table V prise avec a, puis la correction de la table XI prise avec b et la parallaxe corrigée de la lune; et en même temps et à la même place sur le recto, table XII, on trouve x qu'il faut corriger avec la table volante où on entre avec le mois et a. La somme des corrections, ajoutée avec $a + b$, donne $a' + b'$. Dans la table XIII, on trouve :

Nombre I $=$ sin. ver. $(a + b + x)$ + sin. ver. $(a + b - x)$
Nombre II $=$ $S u.$ sin. ver. $(a' + b') - 4$
Nombre III $=$ sin. ver. $(\Delta + x)$ + sin. ver. $(\Delta - x)$

La somme des trois nombres donne sin. ver. Δ' qui se trouve à côté.
Les secondes négligées sur Δ doivent être établies sur Δ'.
Le calcul s'achève comme dans le cas précédent.

Mêmes données qu'au calcul du § 375.

				Col. de φ.	
				Tab. XII...	6′ 24″,6
a=......	56° 39′			pp........	» 2″,7
b=......	12° 20′	Tab. XIII...		Tab. Vol...	» 4″,2
a+b=....	68° 59′	N I........	6,42445	φ=......	6′ 31″,3
Tab. V....	» 59 26,2	pp........	96		
Tab. XI ...	» 53 18,5				
pp.......	» » 22,5				
a′+b′.....	70° 52′ 07″,2	N II......	3,43933		
		pp.........	241		
Δ........	105° 21′	N III.....	2,63781		
		pp.........	65		
	104° 30′	Sin. ver. Δ..	2,50551		
			380		
	39″	pp.........	181		
Secon. nég.	» » 39″				
Δ′=......	104° 31′ 18″				

378. Dans les observations de distance de la lune aux étoiles, il peut se faire que l'horizon soit trop peu clair pour permettre de prendre des hauteurs; il faut alors les calculer au moyen de l'heure du bord déduite du chronomètre et calculer les éléments avec l'heure de Paris déduite aussi de la montre. Les erreurs des hauteurs influant peu sur la longitude, on trouve l'angle horaire des astres, lune ou étoile, par la formule :

$$P a ☆ = t' + Æ ⊙ - Æ ☆$$

t' étant l'heure de la distance, et Pa l'angle horaire astronomique de l'astre, on achève par les formules :

$$\text{tang. } x = \text{cotg. } l \cos. P; \ \sin. h = \frac{\sin. l \cos. (\delta - x)}{\cos. x}.$$

La règle des signes indique suffisamment si l'astre est levé.

Si on voulait calculer la hauteur du soleil, on aurait son angle horaire en réduisant l'heure du bord en T. V. en retranchant l'équation du temps.

Du reste, les erreurs des hauteurs ayant peu d'influence sur le résultat du calcul de distance, il vaut mieux les observer, même avec une chance d'erreur de 5 à 6 minutes.

Le 6 janvier 1863, à midi moyen de Paris, un chronomètre dont la marche diurne sur le T. M. est $a = +8'' 7$, indiquait l'heure $c_0 = 9^h 37^m 47^s$. Le 3 février de Paris, la date du bord étant la même, par une latitude 59° 43′ N., on a trouvé, au moyen d'un calcul d'angle horaire : Hre du bord, T. M., $t_1 = 3^h 21^m 40^s$. Heure correspondante du chronomètre, $c = 7^h 18^m 51^s$. Environ 5 heures après, le navire ayant changé en latitude de $\lambda = 2' 10''$ vers le sud et en longitude de $\gamma = 4° 06'$ vers l'ouest, au moment où l'heure du chronomètre est $c' = 12^h 18^m 24^s$, on veut calculer les hauteurs vraies et apparentes réfractées des centres de la lune et de l'étoile Pollux.

	H.	M.	S.
c'	12	18	24
c	7	18	51
Interv. au chron.	4	59	33
Marche prop.	»	»	1,81
Interv. en T. M.	4	59	31,19
c_0	9	37	47
$n \times a$	»	4	3,6
$c_0 + n a$	9	44	50,6
c	7	18	51,0
H'	21	34	0,4
x... Marche proport.	»	»	7,83
H. astr. de Paris, T. M., 1re stat., le 3.	21	33	52,57
Intervalle en T. M. . +	4	59	31,19
θ astr. de Paris, le 4.	2	33	23,6

	H.	M.	S.
Int. T.M. entre les 2 st.	4	59	31,19
1re stat. { t_1. 1re h. astr.	3	21	30
1re stat. { Somme. 2e h.	8	21	1,19
Changt en long. (vers l'Et + γ_1) (vers l'Ot − γ_0)	»	16	14
t'. **astron.,** 2e stat., le 3.	8	4	47,19

	°	′	″	
Latit. de la 1re stat.	59	43	»	N.
Changement en latit.	»	2	10	S.
l... **Lat. de la 2e st.**	59	30	30	N.

	H.	M.	S.
☉ ou temps sidéral, le	20	56	35,18
T. xxxiv, col. II, pour H_m Paris (2e station) { pr 2 h.	»	»	19,213
pr 36 m.	»	»	5,914
pr 23 s.	»	»	0,065
Temps sidéral...	20	57	0,372

(*Suite*).

Lune.

	H.	M.	S.
Ascension droite ☾ le 4, à 2 H.	9	33	31,44
[Différ. en 60 min.]			
Partie prop. . . . +	»	1	11,03
Ascension dr. ☾ calc.	9	34	42,47

	°	′	″
Déclinaison ☾ le , à H.	9	32	38
[Différ. pour 10 m].			
Partie prop.	»	6	35
Décl. ☾ calc. . . .	9	26	3 B.
δ ☾	80	33	57
Parall. équat. ☾ cal.	»	54	5,96
T. XXIV. Dimin. —	»	»	7,8
Parall. horiz. ☾ cal.	»	53	58,16

Étoile.

	H.	M.	S.
Ascens. dr. de l'ét.	7	36	58,735
Déclin. de l'étoile.	28	21	5,95
δ ☆	61	38	54,05

$$\text{H}_a\,☾ = t' + Æ\text{m} - Æ\,☾$$
$$\text{H}_a\,☆ = t' + Æ\text{m} - Æ\,☆$$

$$\text{tang. } x = \text{cos. } l \text{ cos. P}$$
$$\text{sin. } h = \frac{\text{sin. } l \text{ cos. } (\delta - x)}{\text{cos. } x}$$

$$\left(\begin{array}{l}\text{Si H}_a < 12^h.\ 24^h - \text{H}_a = \text{P. à l'O}^t.\\ \text{Si H}_a > 12^h.\ldots\ldots \text{H}_a = \text{P. à l'E}^t.\end{array}\right)$$

Lune.

	H.	M.	S.
T′. astron. de la 2ᵉ station.	8	4	47,19
Temps sidéral	20	57	0,87
Somme.	29	1	48,06
Æ de la lune (se retranche). . . . —	9	34	42,47
Heure astr. de la ☾ Différ.	19	27	05,59
Angle hor. ☾ à l'est P. ☾	4	32	54,41

P. ☾ . L. cos. P. $\bar{1}$,566309
C-L. tang. latit. $\bar{1}$,767014 L. sin. $\bar{1}$,936123
L. tang. φ. $\bar{1}$,333323

	°	′	″	
x. (même esp. que P.)	12	14	22,6	C. cos 0,009985
δ ☾	80	33	57	
$\delta - x$. Différ. . .	68	19	34,4	L. cos $\bar{1}$,567405
Log. sin. h^r ☾.				$\bar{1}$,513513

	°	′	″
Haut. vr. du ☾	19	2	22
Parall. — réfr. approch. —	»	49	12
Haut. appar. appr. du ☾	18	13	10
Parall. — réf. (se retr. de Haut. vr.). . . . . —	»	39	18
Haut. appar. du ☾. .	18	13	4

Étoile.

	H.	M.	S.
Somme.	29	2	48,06
Ascension dr. de l'étoile (se retr.) . . . . —	7	36	58,735
Heure astr. de l'étoile. Différ.	21	25	49,325
Angle hor. de l'ét. à l'E. P. . . . . =	2	34	10,675

P. L. cos . . . . . $\bar{1}$,891766
. . . . $\bar{1}$,767014 L. sin. $\bar{1}$,936123
L. tang. x. $\bar{1}$,658780

	°	′	″	
x.	24	30	14	Col. cos. 0,040990
δ ☆.	61	38	54	
$\delta - x$.	37	8	40	Log. cos. $\bar{1}$,901520
Log. sin. h ☆.				$\bar{1}$,878633

	°	′	″
Haut. vr. de l'étoile.	49	7	48
Réfraction moy. T. XVI. +	»	»	50
Haut. app. de l'étoile	49	8	38

379. Calcul simultané de la latitude. Quand on doit faire l'angle horaire en même temps que la distance, on peut ne pas être sûr de sa latitude et par suite être obligé de la calculer. On pousse le calcul jusqu'à l'heure de Paris et on calcule les déclinaisons du soleil et de la lune pour cette heure. En nous reportant à la figure du nº 93, ou AA' = Δ', on voit que dans les triangles PAA' et ZAA', on connaît les trois côtés et que par conséquent on peut calculer les deux angles A_1 et A_2 par les formules

$$\sin.\frac{1}{2}A_1 = \sqrt{\frac{\cos.\frac{\Delta'+a'+b'}{2}\sin.\left(\frac{\Delta'+a'+b'}{2}-b'\right)}{\sin.\Delta'\cos.a}} \qquad \delta = \text{dis. pol.} \odot$$

$$\sin.\frac{1}{2}A_2 = \sqrt{\frac{\sin.\left(\frac{\Delta'+\delta+\delta'}{2}-\Delta'\right)\sin.\left(\frac{\Delta'+\delta+\delta'}{2}-\delta\right)}{\sin.\Delta'\sin.\delta}} \qquad \delta' = \text{dis. pol.} ☾$$

on obtient la latitude par le même calcul qu'au § 372;

$$(5) \quad \text{tang.}\, y = \text{tang.}\,\delta \cos.(A_1 \mp A_2);$$

$$(6) \quad \sin l = \frac{\cos.\delta \sin.(y+a')}{\cos.y},$$

et l'angle horaire par la formule

$$\text{cotg.}\, P = \text{cotg.}\,(A_2 \mp A_1)\frac{\sin.\delta - y}{\sin y}.$$

La figure indique aussi comment il faut combiner les 2 angles A_1 et A_2 pour avoir l'angle de position.

380. Quand l'observateur est seul pour faire les observations, ce qui vaut mieux, il doit se munir de deux instruments, l'un pour les hauteurs et l'autre pour la distance. Il suit l'ordre des observations ci-dessous indiqué.

H_1 ⊙ .... c_1
H_2 ☾ .... c_2
⊙ ☾ c
H_3 ☾ .... c_3
H_4 ⊙ .... c_4.

On ramène les hauteurs à ce qu'elles eussent dû être à l'heure c de la distance par une proportion.

$$\frac{h_4 - h_1}{x} = \frac{c_4 - c_1}{c - c_1} \qquad \frac{h_3 - h_2}{y} = \frac{c_3 - c_2}{c - c_2}.$$

Les quantités x et y sont ce qu'il faut ajouter aux premières hauteurs si elles vont en augmentant, ou en retrancher si elles vont en diminuant. On ne peut opérer ainsi lorsqu'un de ces astres passe au méridien dans le cours des observations. La lecture de la distance se fait après que toutes les observations sont terminées. Si on devait faire un angle horaire avec la hauteur du soleil, on le ferait avec la hauteur h_4 qu'on prendrait alors avec soin, et on retrancherait de l'heure du calcul $c_4 - c$, qu'on réduirait en T. M. si la marche du chronomètre était assez forte pour être sensible sur cet intervalle.

381. L'exactitude du calcul de la longitude par les distances réside dans cette dernière donnée. C'est donc la distance apparente qu'il faut obtenir avec le plus de soin possible. Les demi-diamètres des deux astres sont influencés par la réfraction. On peut tenir compte de ce raccourcissement pris dans la table XXIII (*Caillet*). En calculant avec le triédromètre l'inclinaison de ces demi-diamètres, on ferait un triangle avec les degrés des distances zénithales solaires et lunaires et la distance apparente. Ainsi dans l'exemple du § 375, on trouve pour inclinaison du demi-diamètre lunaire 22° et du demi-diamètre solaire 40°; la première donne pour correction lunaire — 5" et pour le soleil 0",3. Pour avoir l'erreur que cela donnerait sur la longitude, il faut diviser $3^h = 45°$ par la différence des distances et multiplier ce quotient par 5",3.

On aurait :

$$\frac{45°}{1°40'}\ \frac{45}{1{,}66} = 22\ ;\ \text{d'où l'erreur serait } 5'',3 \times 22 = 1'\,46''.$$

D'après le sens de cette correction, l'heure de Paris est trop faible, par conséquent cette longitude orientale est trop forte.

382. On peut faire subir à l'heure de Paris la correction dite *des différences secondes* que l'on trouve dans la table XI de la *Connaissance des temps*. La correction serait ici de — 4^s, ce qui augmenterait la longitude de 1', et par conséquent, dans le cas présent, annulerait l'erreur précédente.

383. Les erreurs d'observations étant à la mer plus fortes que ces quantités, on en tient rarement compte : seulement, quand on a besoin d'une longitude exacte, on prend deux séries de distance de nuit d'une étoile à l'est et d'une étoile à l'ouest. D'un côté les distances augmentent, de l'autre elles diminuent, de sorte que les erreurs sur l'heure de Paris sont de sens contraire. La moyenne detruit donc en grande partie cette erreur. On dispose ainsi les observations :

H_1 ☾ .... c_1
H_2 ☆ e .... c_2
☾ ☆ e .... c_3
H_3 ☆ e .... c_4
H_4 ☾ .... c_5
H_5 ☆ o .... c_6
☽ ☆ o .... c_7
H_6 ☆ o .... c_8
H_7 ☾ .... c_9

On ramène les hauteurs de l'est au moment de la distance de l'est, et les observations ouest au moment de la distance ouest; la hauteur h_4 ☾ sert pour les deux distances.

384. La *Connaissance des temps* donne encore deux autres moyens de calculer les longitudes par les éclipses des satellites de Jupiter et par les occultations des étoiles par la lune; mais ces moyens nécessitent des lunettes fixes ou du moins d'une assez grande puissance : c'est ce qui empêche l'emploi de ces méthodes à la mer.

Instruments nécessaires.

Un sextant.
Un cercle de réflexion.
Un octant.
Un horizon artificiel.
Un chronomètre, une montre à secondes.
Un compas de relèvement.
Un baromètre.
Des thermomètres.
Un loch Favier.
Un triédromètre.
Une règle à calcul.
Une règle parallèle.
Une règle rhumbée.
Des compas.

Ouvrages à avoir ou à consulter.

Tables de logarithmes et co-logarithmes de Caillet.
Tables de Guépratte.
Tables de Mendoza, par Richard.

Tables de Ducom.

Tables de Bagay.

Tables de Callet, dernière édition.

Navigation de Caillet.

Navigation de Du Bourguet.

Navigation de Dubois.

Connaissance des Temps.

Éphémérides de Dubus.

Annuaire des marées.

Types de calculs nautiques, de MM. Darras, Boyer, Levessel du Tertre, professeurs d'hydrographie.

FIN DU TOME PREMIER.

Paris. — Imprimerie de P.-A. BOURDIER et Cie, rue Mazarine, 30.

www.ingramcontent.com/pod-product-compliance
Lightning Source LLC
LaVergne TN
LVHW011938220826
846092LV00001B/26

* 9 7 8 2 3 2 9 5 7 3 2 0 5 *